Chinas Innovationsstrategie in der globalen Wissensökonomie

Joachim Freimuth · Monika Schädler
(Hrsg.)

Chinas Innovationsstrategie in der globalen Wissensökonomie

Unternehmen, Hochschulen
und Regionen im Spannungsfeld
von Politik und Autonomie

Herausgeber
Joachim Freimuth
Hochschule Bremen
Bremen, Deutschland

Monika Schädler
Hochschule Bremen
Bremen, Deutschland

ISBN 978-3-658-17650-1   ISBN 978-3-658-17651-8   (eBook)
DOI 10.1007/978-3-658-17651-8

Die Deutsche Nationalbibliothek verzeichnet diese Publikation in der Deutschen Nationalbibliografie; detaillierte bibliografische Daten sind im Internet über http://dnb.d-nb.de abrufbar.

Springer Gabler
© Springer Fachmedien Wiesbaden GmbH 2017
Lektorat: Stefanie Winter

Gedruckt auf säurefreiem und chlorfrei gebleichtem Papier

Springer Gabler ist Teil von Springer Nature
Die eingetragene Gesellschaft ist Springer Fachmedien Wiesbaden GmbH
Die Anschrift der Gesellschaft ist: Abraham-Lincoln-Str. 46, 65189 Wiesbaden, Germany

Seit Jahrzehnten: China-Kompetenz „Made in Bremen"

Das Reich der Mitte ist für deutsche Unternehmen einer der wichtigsten Handelspartner und die Bedeutung Chinas wird vermutlich weiter zunehmen. Diese wachsende Verflechtung der deutschen Wirtschaft mit China, steigendes Wachstum von Exporten und Importen und die wachsende Wirtschaftsmacht Chinas haben vielfältige Folgen, auf die auch unser Hochschulsystem reagieren muss. Fundierte Expertisen, Erfahrungen und Kompetenzen von Fach- und Führungskräften sind zunehmend gefragt, um erfolgreich die Chancen und Risiken der wirtschaftlichen Modernisierung Chinas nach der Reform- und Öffnungspolitik seit 1978 verstehen, mitgestalten zu können und nicht zuletzt davon zu profitieren. Die Hochschule Bremen (HSB) ist eine der Hochschulen in Europa, die auf diese Entwicklung schon sehr frühzeitig reagiert haben.

Der Studiengang „Angewandte Wirtschaftssprachen und Internationale Unternehmensführung (AWS)" mit dem Schwerpunkt China legte bereits 1988 den Grundstein für die China-Kompetenz der Hochschule Bremen. Die nach und nach erweiterte breite Palette an Studienprogrammen mit China-Bezug, so z. B. im Bereich des Maschinenbaus und Master- und MBA-Programme, unterstreicht die Vorreiterrolle in Europa, die sich die Hochschule Bremen in den vergangenen Jahrzehnten in diesem Bereich erworben hat.

Seitdem profitieren Unternehmen – nicht nur in der Region Bremen – von den wertvollen sprachlichen, interkulturellen, ökonomischen und technischen Kompetenzen von mehreren Hundert Absolventinnen und Absolventen. Darüber hinaus steigt die Zahl chinesischer Studierender in Bremen weiter an. Ein internationaler Campus eröffnet frühzeitig die Möglichkeit für gemeinsame Lernprozesse und Erfahrungen. Projekte, Chinastudium, Abschlussarbeiten mit direktem Praxisbezug fördern den unmittelbaren „Transfer über die Köpfe" und die enge Kooperation mit Unternehmen und Organisationen mit Chinabezug. Bereits seit 1990 pflegt die HSB lebendige Partnerschaftsbeziehungen mit führenden Universitäten in China. Der Austausch betrifft heute nahezu alle Studiengänge der HSB. Vielfältige, international beachtete Veröffentlichungen und Studien unterstreichen den Beitrag der HSB im Bereich der angewandten Wissenschaften und ihre China-Kompetenz.

Das „China-Kompetenzzentrum" der HSB koordiniert die vielfältigen Aktivitäten in Aus- und Weiterbildung, Forschung und Beratung, um passgenaue Angebote für ganz unterschiedliche Zielgruppen und Ansprüche zu unterbreiten. Es ist der zentrale Ansprechpartner für Wirtschaft und Politik zu Chinafragen und unterstützt den Wissenschaftstransfer in die Wirtschaft und Gesellschaft.

Konsequent verfolgt die HSB dieses Profil weiter, sei es mit dem 2013 im Land Bremen gegründeten Konfuzius-Institut, das als erstes den Fokus auf die Förderung von Wirtschaftsbeziehungen legt, sei es mit der Planung eines Sino-German Colleges mit dem Schwerpunkt „Industrie 4.0" in Schanghai.

Der hier vorgelegte Herausgeberband steht im Kontext dieser vielfältigen China-Initiativen der Hochschule Bremen. Er befasst sich aus unterschiedlichen Perspektiven mit dem Kernproblem der ökonomischen und politischen Transformation in China, dem Übergang von einem eher extensiven Wachstumsmodell zu einer durch Innovation und Nachhaltigkeit gekennzeichneten Welle der wirtschaftlichen und sozialen Entwicklung. Dazu bedarf es vielfältiger Anstrengungen aller Akteure im Rahmen des nationalen Innovationssystems, Unternehmen, Kammern, Verbände, Hochschulen und politische Institutionen. Nachhaltige Wissensentwicklung, Innovation und Unternehmertum benötigen jedoch Spielräume. Dem steht der zentralistische Steuerungsanspruch der politischen Führung in der Wirtschaft und auch im Bemühen um gesellschaftliche Stabilität entgegen. In diesem Spannungsfeld entstehen in China gleichwohl zahllose unternehmerische Initiativen und Ideen. Davon legen die Beiträge dieses Bandes in vielfältiger Weise Zeugnis ab. Es kommen in erster Linie Autoren zu Wort, die in Unternehmen, in der Beratung, als Interessensvertreter oder an den Hochschulen eigene Erfahrungen mit dieser Transformation gemacht haben. Das Buch liefert insofern eine sehr gelungene Momentaufnahme der wirtschaftlichen, politischen und sozialen Entwicklung in China und weist darüber hinaus auch in die Zukunft.

Ich freue mich, dass wir an der Hochschule Bremen an diesen Entwicklungen partizipieren und wünsche den Lesern dieses Bandes viele Anregungen für ihr Engagement im Rahmen der Beziehungen mit China.

Prof. Dr. Karin Luckey
Rektorin der Hochschule Bremen (HSB)

Vorwort

Das chinesische Wachstumsmodell galt für viele Schwellenländer lange als Vorbild. Es beruhte jedoch primär auf der extensiven Nutzung der Ressourcen des Landes. Offenbar sind dort jetzt die Grenzen erreicht. Das Wachstum nimmt ab, die Schulden sind sehr hoch, die Binnennachfrage ist schwach und es zeigen sich schwere Folgeprobleme des alten Entwicklungspfades, etwa im Bereich der Umwelt. China ist als Investitionsstandort für global agierende Unternehmen auch nicht mehr die erste Wahl, weil die Arbeitskosten angestiegen sind.

Die Alternative zu einem ökonomischen und sozialen Stagnations-Szenario kann nur in einem klaren Umschwenken auf ein innovationsgetriebenes Wachstum bestehen. Das ist auch die einzige Möglichkeit, in einer wissensbasierten und in Wertschöpfungsketten vernetzten Ökonomie global wettbewerbsfähig zu werden. Die verantwortlichen Politiker in China haben das erkannt und entsprechende Entwicklungsprogramme initiiert, allem voran „Made in China 2025" sowie die Ansätze im Rahmen von Industrie 4.0.

Diese Neuorientierung stellt erhebliche Anforderungen an das nationale Innovationssystem, Netzwerke aus Unternehmertum, Hochschulen, innovativer Forschung, kooperativen Verwaltungen und flexiblen Banken. All das bildet sich in China nun schrittweise heraus, aber es braucht Zeit und eine entsprechende Kultur. Im vorliegenden Band wird an zahlreichen konkreten Beispielen dargestellt, welche Schwierigkeiten sich dabei ergeben und wie vielfältig dennoch die Bemühungen im Lande sind, diszipliniert zu lernen, Unternehmen zu gründen, Innovationen zu ermöglichen, Regionen zu entwickeln und neue Projekte zu starten. Eine innovative Gesellschaft benötigt Vertrauen, eine Kultur des Austausches, Freiräume für Selbstorganisation und verlässliche Institutionen. Das steht jedoch im Widerspruch zum unbedingten Steuerungsanspruch der Regierung bzw. der Partei und ihrer beständigen Sorge vor unkalkulierbaren Entwicklungen. Hinzu kommt, dass die Umsetzung von zentral initiierten Vorhaben durch die Größe des Landes, gegenläufigen Interessen in den Regionen und mangelnder Effizienz in den verzweigten Bürokratien oftmals verschleppt werden. In weiteren Beiträgen dieses Bandes wird nachgezeichnet, wie sich diese Spannungsfelder strategisch darstellen und welche Optionen sich abzeichnen.

Im vorliegenden Band kommen vornehmlich Autoren zu Wort, die in der chinesischen Innovationslandschaft selber eigene Erfahrungen in Betrieben als Führungskraft bzw. Berater gesammelt oder entsprechende Forschung betrieben haben. Wir haben darüber hinaus auch Texte chinesischer Experten übersetzt, die einen direkten Einblick in die Diskussion über die Reformbemühungen erlauben. Wir hoffen, dass es uns so gelungen ist, einen repräsentativen Einblick in die Entwicklungsdynamik des Landes zu geben und nicht zuletzt Verständnis für die Komplexität der Thematik zu erzeugen. Blaupausen und Patentrezepte gibt es nicht, niemand hat bislang eine Transformation dieser Dimension bewerkstelligt. Wir sind auch davon überzeugt, dass das Gelingen generell und speziell in Deutschland ein gemeinsames Interesse darstellt. China ist aus der globalen Ökonomie nicht mehr wegzudenken.

Bremen   Joachim Freimuth
Hamburg   Monika Schädler
Sommer 2017

Danksagung

Die Herausgeber danken Katjana Pieper für allseits umsichtige Autorenkorrespondenz, kompetente redaktionelle Bearbeitung und vor allem unermüdliches Am-Ball-Bleiben und freundliches Nachhaken. Ohne sie wäre das Buch nicht zustande gekommen. Unsere Interviewpartner in China haben uns wertvolle Einblicke in das chinesische Betriebsleben gewährt, chinesische Lehrende und Studierende an unseren „Experimenten" teilgenommen. Das Buchprojekt wurde finanziell unterstützt durch das Konfuzius-Institut Bremen und eine Spende der Familie Henning Melchers, unsere Recherchen in China von der Hochschule Bremen. Frau Winter vom Springer Gabler Verlag hat sich mit viel Geduld auf einige Fristverlängerungen eingelassen und das Projekt stets präzise und kollegial begleitet. Ihnen allen gilt unser ganz großer Dank.

Inhaltsverzeichnis

Teil I
Einleitung

Chinas dorniger Weg in die (post-) industrielle Moderne – Entwicklungen, Modelle und die gegenwärtigen strategischen Herausforderungen

Joachim Freimuth und Monika Schädler

> *„The question is how a nation provides an environment in which its firms are able to improve and innovate faster than foreign rivals in a particular industry."*
>
> (Michael Porter 1990, S. 20)

Zusammenfassung

Im vorliegenden Beitrag wird es darum gehen, Chinas Weg in die industrielle Moderne seit der Gründung der Volksrepublik nachzuzeichnen und diese Entwicklung mit anderen Ländern sowie den Anforderungen in einer globalisierten Ökonomie zu vergleichen. In diesem Kontext soll dann herausgearbeitet werden, wo aktuell die Notwendigkeiten und Anforderungen an den strategischen Wandel im Land liegen, um auf einen durch Innovation begründeten und nachhaltigen Pfad des ökonomischen Wachstums zu gelangen. Das ist spätestens seit dem 3. Plenum des 18. Zentralkomitees der KPCh im November 2013 der absolute Fokus der chinesischen Reformpolitik.

J. Freimuth (✉) · M. Schädler (✉)
Hochschule Bremen, Bremen, Deutschland
E-Mail: joachim.freimuth@t-online.de

M. Schädler
E-Mail: monika.schaedler@hs-bremen.de

© Springer Fachmedien Wiesbaden GmbH 2017
J. Freimuth und M. Schädler (Hrsg.), *Chinas Innovationsstrategie in der globalen Wissensökonomie*, DOI 10.1007/978-3-658-17651-8_1

Inhaltsverzeichnis

1.1   Aufbau und Argumentationsweg

Um ein Ergebnis gleich vorweg zu nehmen, Chinas Weg in die industrielle Moderne und insbesondere in eine von Innovation, Wissen und Technologie geprägte Phase der wirtschaftlichen Entwicklung, entzieht sich schlicht einer einheitlichen Beurteilung. Es gibt viele Hinweise, dass diese Transformation auf einem guten Weg ist, aber mindestens ebenso viele Faktoren, die eine eher skeptische Beurteilung nahelegen. Damit man sich im Angesicht dieser Komplexität eine kritische, differenzierte und distanzierte Meinung bilden kann, wird eine kontextuelle und systemische Perspektive benötigt. Aus diesem Grund wollen wir die gegenwärtige Situation in diesem Land zunächst aus einem geschichtlichen Blickwinkel betrachten und die relevanten Einflussfaktoren in einen Zusammenhang zu bringen. Das erscheint uns nicht zuletzt darum notwendig, weil es auch in China eine gewisse Tendenz gibt, nur auf einzelne „Highlights" zu schauen und diese zudem als Beweis für die Zukunftsfähigkeit zu nehmen oder eben nicht. Zum anderen sind viele Betrachtungen über das Land lediglich augenblicksgetrieben, bedingt durch Dynamik einer kompetitiven Ökonomie, in der China schon aufgrund seiner schieren Größe eine relevante Rolle spielt. „To big to fail" (Shambaugh 2016) ist eine sehr berechtigte Einlassung. Viele Medien spielen allerdings bei der Beurteilung eine wenig hilfreiche Rolle. Themen werden spekulativ aufgebaut und verschwinden dann ebenso schnell wieder aus der öffentlichen Aufmerksamkeit.

Wir wollen daher in diesem Beitrag wie folgt argumentieren:

- Zunächst skizzieren wir grob, welche Wege die industrialisierten Länder in die industrielle Moderne genommen haben und arbeiten dann heraus, welche Muster sich dort rekonstruieren lassen.
- Wir werden zeigen, dass Chinas Aufstieg primär einer extensiven Nutzung seiner Ressourcen geschuldet ist und die Faktor-Allokation weitgehend planwirtschaftlich erfolgte. Die deutsche Industrialisierung vollzog sich nach einem exakt gegenläufigen Muster, intensive Ressourcen-Nutzung sowie dezentrale Steuerung in einer marktwirtschaftlichen Ökonomie.
- Es wird dann dargelegt, dass infolge einer Veränderung in der Struktur der globalen Arbeitsteilung zunehmend in Wertschöpfungsketten von Unternehmen kooperiert wird. Diese Firmen weiten ihre Aktivitäten in Länder mit geringen Faktorkosten und geringerer Wertschöpfung aus. Dieser Trend wird noch verstärkt durch die technischen Möglichkeiten der elektronischen Kommunikation. China geriet dadurch in strategische Abhängigkeiten von ausländischen Investoren und ihren modernen Technologien.
- Hinzu kommen nun die Folgekosten, die einer extensiven Nutzung von Ressourcen geschuldet sind, namentlich im Bereich des Umweltschutzes. Darüber hinaus steigen die Arbeitskosten, was allerdings nicht durch innovationsgetriebene Produktivitätssteigerungen egalisiert werden kann. Zugleich fehlen Nachfrageimpulse aus dem Export und den Binnenmärkten.
- Der sich aus dem Zusammenwirken dieser zuvor beschriebenen Aspekte ergebende notwendige Schwenk auf einen veränderten und innovationsgetriebenen Wachstumspfad wird durch die besonderen Herausforderungen erschwert, die eine auf substanzielle Neuerungen und Wissen basierende Ökonomie benötigt. Innovationstreiber wirken in China nur punktuell und es gibt eher wenig Vertrauen und sicher auch nur wenige Erfahrung mit sich selbst steuernden Formen der ökonomischen Entwicklung, die für den regelmäßigen Austausch von Informationen und die Entwicklung von Wissen jedoch fundamental sind.
- Wir werden detailliert zeigen, dass das Land an einem Scheideweg steht, entweder diese Transformation zu bewältigen und auf Augenhöhe mit den entwickelten Ökonomien zu konkurrieren oder auf einem mittleren Niveau der Entwicklung stehen zu bleiben.
- Die bislang bewährte und durchaus recht erfolgreiche Strategie- und Wandlungsfähigkeit der chinesischen Regierung steht daher vor einer neuen und kaum zu unterschätzenden Herausforderung. Entsprechende Visionen und Programme wurden formuliert. Es wird jetzt entscheidend darauf ankommen, insbesondere die alte Steuerungslogik zu überwinden und auf die Selbstregulierungs-Kompetenz einer primär wissensbasierten Ökonomie zu vertrauen. Da sehen wir die größte Problematik, weil es auch um politische Reformen gehen muss.

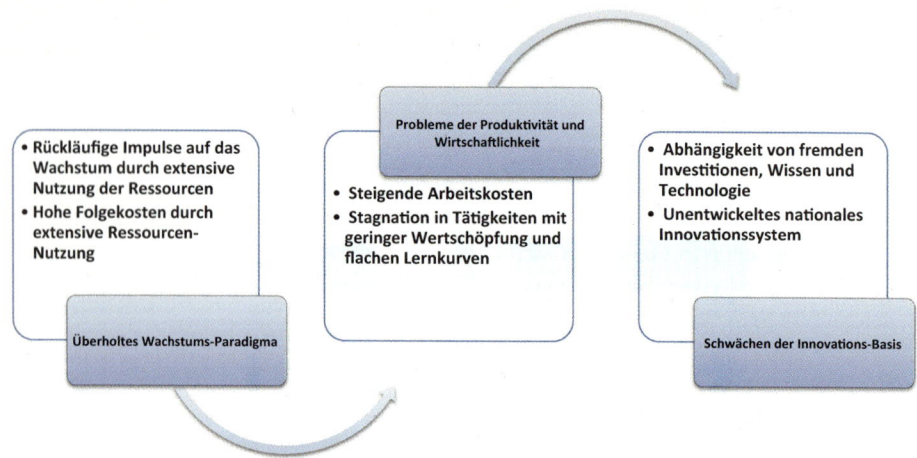

Abb. 1.1 Entwicklungs-Dilemmata der chinesischen Ökonomie. (Quelle: eigene Darstellung)

In Abb. 1.1 werden in vereinfachter Form die Problemketten verdeutlicht, in denen die chinesische Wirtschaft gegenwärtig steckt. Es handelt sich dabei um einen zirkulären Zusammenhang. Man muss also befürchten, dass die Faktoren sich in ihrer Wirkung gleichsam hochschaukeln und verstärken. Es wird infolge dessen darauf ankommen, diesen negativen Trend schnell zu unterbrechen und darüber hinaus Impulse zu setzen und Bedingungen zu schaffen, die eine eigenständige und nachhaltige Entwicklungsdynamik auslösen können.

1.2 Ausgangspunkt – Die Notwendigkeit eines neuen „Wirtschaftswunders" und die Bedeutung des Industrie 4.0 Paradigmas

Die chinesische Regierung und ihre Strategen bemühen sich gegenwärtig mit aller Kraft darum, Ansätze, Modelle und Rezepte gegen das seit einiger Zeit rückläufige wirtschaftliche Wachstum zu finden und insbesondere einen tragfähigen Pfad in eine neue Phase der nachhaltigen wirtschaftlichen Entwicklung zu initiieren. Dafür wurde eine langfristige Entwicklungsvision formuliert, „Made in China 2025", die den Schwerpunkt klar auf eine deutlicher innovationsgesteuerte Ökonomie sowie die Unabhängigkeit von Technologie- Importen legt. Ein wichtiger Aspekt sind dabei Normen und Standards für technische Entwicklungen, wo China versucht, auch eigene Wege zu gehen und sich möglichst Optionen offen zu halten. Einige Beobachter bezeichnen diese Trendwende sehr kritisch als Technologie-Nationalismus. Das trifft den Kern nicht wirklich. Es geht ganz offenkundig auch darum, sich die Unabhängigkeit zu bewahren und das Heft des Handelns in den eigenen Händen zu behalten (Suttmeier 2005). Diese Argumentation wird neuerdings auch bestätigt und der Überschrift „Infant Economy" bzw. „Infant Industry"-Argument (Stiglitz und Greenwald 2015).

Eines der Leitthemen der chinesischen Entwicklungsvision ist in diesem Zusammenhang das sogenannte Industrie 4.0 Paradigma. Es handelt sich hier, vereinfacht gesagt, um verschiedenartige Technologien und Internet-Anwendungen, die in Kombination mit moderner Produktionstechnik und Logistik eine völlig neue Dimension der Vernetzung und Integration von industriellen Fertigungsprozessen und komplexen Wertschöpfungsketten ermöglichen. Auf dem letzten nationalen Volkskongress im März 2016 in Beijing hat der Premierminister Li Keqiang nochmals den klaren Fokus auf derartige sogenannte „Wachstums-Maschinen" betont, wissensintensive Industrien, um reagible, intelligente Fertigungsprozesse zu ermöglichen und individualisierten Kundenbedürfnissen in zufriedenstellender Weise gerecht zu werden (Zhiming 2016, S. 2). Dem entspricht auch ein weiteres strategisches Ziel in China, nämlich die bisherige Struktur der Binnennachfrage nach Konsumgütern für einkommensstärkere Familien auf ein höherwertiges Niveau zu heben und den Anteil der billigen Massenprodukte zu reduzieren.

Warum betonen wir diesen Zusammenhang? Von vielen Beobachtern wird in dem Industrie 4.0 Paradigma das Potenzial für eine neue industrielle Revolution gesehen (Staufen 2015). Diese Potenzialschätzung beruht darauf, dass sich mit der Kombination von neuen und bekannten Technologien die produktiven Prozesse weitgehend ohne direkte menschliche Beeinflussung selber steuern können. Damit werden an den Schnittstellen von Wertschöpfungsketten Probleme bei der Abstimmung vermieden. Auf diese Weise lassen sich Ressourcen viel effektiver nutzen, weil die Prozesse kompletter abgebildet und schnellere Reaktionen ermöglicht werden. Mit anderen Worten, diese Innovation wird vermutlich eine entscheidende Wirkung auf die komplette Fertigungsproduktivität haben. Darüber hinaus werden von dort aus Normen und Standards u. a. für Software, Datentechnik und Fertigungstechnik festgelegt, die über Jahre hinweg bindend sein können. Es ist essenziell, rechtzeitig auf diesen Zug als Innovator aufzuspringen, um nicht als Follower auf die Zulieferung von Wissen und Technik sowie die damit verbundenen Standards und Normen angewiesen zu sein.

Definiert man Produktivität nicht nur als Leistung bezogen auf eine Faktoreinheit, sondern komplexer als das Produkt aus Kapazität, Verfügbarkeit, Auslastung und Qualität (OEE – Overall Equipment Effectiveness), dann bekommt man vielleicht eine gewisse Ahnung von der Dimensionierung des 4.0 Paradigmas. Die Steuerung komplexer Fertigungen und die produktive Nutzung von Ressourcen werden prinzipiell in vielerlei Hinsicht durch die menschlichen Beschränkungen bei der Wahrnehmung, der Kommunikation und den Reaktionsmustern beschränkt. Maschinen machen sich hingegen ein präziseres, aktuelleres und umfangreicheres Bild vom Prozess und reagieren dann schneller und leidenschaftslos. Damit können alle vier der oben genannten Dimensionen der Produktivitäts-Definition als OEE verbessert werden, Kapazitäten, Verfügbarkeit, Nutzungsgrad und Qualität. Genau darin besteht die Attraktivität dieses Paradigmas für die nachhaltige Modernisierung der chinesischen industriellen Basis.

Folgt man der klassischen Analyse von Michael Porter (1990), dann ist es ein hohes Niveau der Produktivität sowie ihre beharrliche Weiterentwicklung, die in der Tat als das

einzige sinnvolle Konzept für die Entwicklung von tragfähiger nationaler Wettbewerbsfähigkeit bezeichnet werden kann. Die Grundlage dafür bildet der technische Fortschritt
bzw. letztlich die Human Ressourcen mit einer entsprechend hohen Entlohnung. Daraus resultiert die Fähigkeit, dauerhaft global hohe Preise für wertige Produkte aus wer-
tiger Arbeit durchzusetzen (Porter 1990, S. 7). Bereits die erste industrielle Revolution
in England beruhte auf der Verdrängung natürlicher Stoffe und Energie durch künstlich
hergestellte Substitute sowie auf der Ersetzung menschlicher Arbeit durch Maschinen.
Sie mündete in deutlichen Steigerungen der Produktivität, höheren Einkommen pro Kopf
sowie einem nachhaltigen und sich dauerhaft selbst tragenden Wachstumspfad (Landes
1998, S. 186).

Das ist jedoch weitgehend das Gegenteil des Wachstumsparadigmas, das in China seit
Jahrzehnten verfolgt wurde: billige und wenig qualifizierte Arbeit sowie wenig werthal-
tige Produkte, die die Weltmärkte überschwemmt haben, das alles unterstützt u. a. durch
staatliche Subventionierung und einer entsprechend schwach bewerteten Währung. Es
war nur eine Frage der Zeit, bis sich Arbeitskosten erhöhten und große Überkapazitäten entstanden. Eine nachhaltige Lösung kann daher nicht darin bestehen, Preise politisch weiter zu subventionieren, auch wenn es kurzfristig zu Konflikten und unpopulären
Lösungen kommen wird. Die notwendige Trendwende wurde daher von der chinesischen
Regierung bereits eingeleitet, nämlich drastische Maßnahmen zur Reduktion der Überkapazitäten und ihre soziale Abfederung. Das alles dient gleichwohl aber nur der Vergan-
genheitsbewältigung, es liefert keineswegs eine zukünftige Perspektive.

Im Kern geht es für die Chinesen nun um einen entscheidenden Sprung in ihrer ökonomischen Entwicklung, wenn sie nicht in der fatalen Falle zwischen den großen Industrieökonomien einerseits und den noch kostengünstigeren Ländern in Asien, Südamerika
oder Afrika landen wollen (Heilmann 2015). Dieses Problem wird in der Entwicklungsökonomie unter der Überschrift „Middle Income Trap" diskutiert. Man versteht darunter eine sehr lange Phase der ökonomischen Stagnation, die grob gesagt durch steigende
Löhne, mangelnde Produktivitäts- und Innovationsimpulse und demzufolge Nachteilen
im globalen Wettbewerb mit führenden Industrienationen ausgelöst wird (Aiyar et al.
2013). Daher wäre ein mit der deutschen Nachkriegsökonomie vergleichbares Wirtschaftswunder genau das, was in China nach Ansicht von Beobachtern absolut notwendig wäre. Basis dafür soll eine sich selbst tragende Welle von Innovationen sein, nicht
nur im bereits erwähnten Bereich von intelligenten Produktionssystemen, der Informatik
und Elektronik, sondern auch etwa in der Biotechnologie, der Medizin oder der Luft-
und Raumfahrt.

Die chinesische Regierung hat in ihrer bereits erwähnten Entwicklungsvision „Made
in China 2025" daher folgerichtig erklärt, die dafür notwendigen Entwicklungen im
Vergleich zu den industrialisierten Ländern nicht nur aufholen zu wollen, sondern sich
mit an die Spitze dieser Entwicklungen zu setzen. Ob das alsbald möglich ist, wird von
den zahlreichen Beobachtern insgesamt recht differenziert gesehen. Aber es gibt kaum
jemanden unter ihnen, der nicht klar dazu rät, den Willen und das Potenzial für einen

substanziellen Wandel in diesem Land nicht zu unterschätzen. In China sollte man immer das Unerwartete erwarten, so David Shambaugh (2016, S. XV).

Um all das adäquat einordnen zu können, wollen wir zunächst einen kurzen und sehr skizzenhaften Vergleich anstellen, wie sich entwickelte Ökonomien in den letzten beiden Jahrhunderten auf ihren Pfad in die industrielle Moderne begaben und welche Faktoren dafür ausschlaggebend waren.

1.3 Pfade in die industrielle Moderne

Die erste industrielle Revolution, beginnend im 18. Jahrhundert in England (Freeman 1974 und Musson 1978), basierte einmal auf den beträchtlichen Ressourcen des britischen Empire sowie der extensiven Ausbeutung der Arbeitskräfte, die vom Land in die entstehenden Fabriken und Industriestädte wanderten. Angetrieben durch die aufnahmebereiten Märkte und durch das Gewinnstreben, stieg die industrielle Leistung an. Allerdings erwies sich die Verfügbarkeit von Arbeitskraft zunehmend als ein relevanter Engpass. Die in diesem Gefolge steigenden Löhne und die Zunahme von Protestbewegungen wurden zur eigentlichen Triebkraft der weiteren Mechanisierung (Landes 1998). Dabei handelte es sich einerseits um die systematische Nutzung von Dampfkraft als neuartige industrielle Energiebasis, andererseits die Ersetzung menschlicher Arbeit durch die Verwendung von Maschinen. Engpässe in der Ausstattung mit Basisfaktoren sind in der Tat oftmals die stärksten Treiber zur Ausbildung von kompensatorischen Strategien, während umgekehrt ein Überfluss an Ressourcen sehr trügerisch sein kann (Porter 1990, S. 83). Die beschriebenen Innovationen waren im Falle der Industrialisierung Englands im Wesentlichen das Verdienst von Praktikern und technischen Tüftlern. Es gab keine Impulse von entsprechend ausdifferenzierten Institutionen, wie etwa Hochschulen oder Forschungsinstituten. Was aber funktionierte bzw. begann zu funktionieren, waren Märkte und Unternehmertum.

Mit dem aufsteigenden Stern Deutschlands entstand ein anderes Muster der industriellen Modernisierung. Diese Entwicklung begann im letzten Drittel des 19. Jahrhunderts nach der Reichsgründung im Jahre 1871. In diesem Land, das über wenige bedeutsame Kolonien verfügte, war der Erfolgsschlüssel die breite industrielle Nutzung von Wissen und Technologien, die aus den überaus aktiven und systematischen Forschungs- und Entwicklungsaktivitäten stammten. Dabei handelte es sich in diesem Land der Dichter und Denker keinesfalls um abstrakte Theorien, sondern es wurde der enge Austausch mit praktischen Fragestellungen gesucht. Viele Gründer-Unternehmer waren zugleich Techniker und bauten ihre Unternehmen zu großen Imperien aus. Neben der Autoindustrie sind hier vor allem der Maschinenbau und die Hüttenindustrie zu nennen sowie die chemische Industrie (Landes 1973), die in Deutschland schnell einen einzigartigen Status erreichte. Gerade in dieser Branche zeigte sich früh die Relevanz der Institutionalisierung von Innovationsbemühungen, etwa an Hochschulen oder Forschungsinstituten. Sie schufen die wissenschaftlichen Grundlagen, hatten aber zugleich auch die praktischen Anwendungen im Sinn. Der Ort der Innovation in der chemischen Industrie wurde das analytische Labor, in dem systematisch und mit Versuch und Irrtum die Praktikabilität von Wissen erprobt und umgekehrt die Bildung von Wissen inspiriert wurde. Was sich erstmals in Deutschland abzeichnete, waren die Konturen eines nationalen Innovationssystems, das im Kern auf einer „Triple Helix" (Etzkowitz 2008) des engen Zusammenspiels von Hochschulen, Regierung und Industrie beruht.

Ein weiterer Erfolgsfaktor des deutschen Weges in die industrielle Moderne waren sehr gut ausgebildete und disziplinierte Arbeitskräfte, bedingt durch die lange handwerkliche Tradition sowie die systematisierte Berufsausbildung (Freeman 1995). Diese lange und enge Verbindung zwischen Lernen, Wissen, Technologie und ihrer praktischen Anwendung war und ist, im Vergleich zu fast allen anderen Nationen, eine schwer zu kopierende Besonderheit. Die über Jahrzehnte andauernde starke globale Rolle Deutschlands erklärt sich aus der hier wurzelnden Innovationskraft, gekoppelt mit der Tendenz zur technischen Perfektion in Produkten und in den Prozessen. Folglich beruhte der Vorteil von Deutschland im globalen Wettbewerb auf einer weit überdurchschnittlichen Produktivität sowie auf qualitativen Produktdifferenzierungen (Porter 1990), ganz im Gegensatz zu den USA, deren ökonomischer Aufstieg primär auf der kostengünstigen Produktion und weltweiten Vermarktung von standardisierten Massenprodukten zurückzuführen war.

Die lange Dominanz der Vereinigten Staaten im 20. Jahrhundert beruhte im Wesentlichen auf der extensiven Nutzung der umfangreichen natürlichen Ressourcen, über die das Land verfügte, zum anderen auf der ebenso extensiven Nutzung seiner Human Ressourcen. Den weitaus größten Teil der Arbeitskräfte bildeten jedoch kaum einschlägig ausgebildete und primär aus Europa stammende Emigranten. Die einzige Chance, sie zu nutzen, bestand in den hochgradig arbeitsteilig organisierten und disziplinierenden Formen der industriellen Fließfertigung, die wenig ausgebildete Fertigkeiten und geringe Fähigkeiten erforderten. James Taylor und Henry Ford waren bekanntlich die Treiber dieser Konzeption (Nye 2013), die zugleich auch eine Revolution in der Unternehmensführung auslöste, erstmals ein organisiertes Management ermöglichte und so zahlreiche auch weltbeherrschende Großunternehmen hervorbrachte (Chandler 1977).

Nach dem zweiten Weltkrieg gelang es den Amerikanern in vielen Sektoren, auch technologische Dominanz aufzubauen. Ein wichtiger Treiber waren dabei Spill-Over-Effekte aus dem Militärbereich, die Auswirkungen etwa in der Informationstechnologie, im Flugzeugbau oder in der Raumfahrt hatten. Der Ausbau des Universitätswesens wurde nicht zuletzt auch vom deutschen Modell inspiriert. Allerdings gelang es dort nur begrenzt, eine breite und solide Qualifikationsbasis zu schaffen, weil der Fokus der Ausbildung traditionell sehr einseitig auf Eliten und Spitzenleistung gelegt wurde. Aus diesem Grund ist der durchschnittliche Ausbildungsstand der amerikanischen Beschäftigten in der Breite deutlich schwächer als etwa in Deutschland oder Japan.

In den 1970er Jahren lehrte Japan den etablierten Industrienationen das Fürchten (Freeman 1987). Hier handelt es sich um ein eher kleines Land mit wenigen natürlichen

Ressourcen. Bedingt durch den Krieg standen überdies kaum männliche Arbeitskräfte zur Verfügung. Hinzu kamen die lange Isolierung Japans und seine eher konservativen Feudalstrukturen. Die einzige Chance zur Modernisierung dieses Landes bestand in der Bündelung der wissenschaftlich-technischen Ressourcen. Ein wesentlicher Treiber war die staatlich geförderte und organisierte Grundlagenforschung (Witt 2014a) durch das MITI (Ministry of International Trade and Industry), die ganz auf die Belange der Modernisierung der industriellen Basis ausgerichtet war. Ein zweiter relevanter Faktor war die intensive Qualifizierung und Bindung der verbliebenen Arbeitskräfte in den industriellen Kernbereichen (Porter 1990). Am stärksten ausgebildet sind diese Prinzipien im Toyota-Produktionssystem mit seinem Fokus auf Qualität, der sparsamen Nutzung von Ressourcen, der Vermeidung von Verschwendung und der konsequenten Bindung des strategischen Erfahrungswissens an die Betriebe. Diese Passion für Innovation und Produktivität, gleichermaßen für Produkte und Prozesse, ist vergleichbar mit Deutschland. Aber in keinem anderen Land ist der Fokus für die Ausbildung von Wissen und die Entwicklung von Technik so stark auf die Unternehmen ausgerichtet, wie in Japan. Sie konnten und mussten im globalen Wettbewerb einen Unterschied machen, der auf hoher Qualität, Produktivität sowie technischer Innovation und daher einem sehr günstigen Preis für die Produkte basierte. Der damals erstaunliche Erfolg der japanischen Minimalisten war also auf eine sorgsam gepflegte und gehegte operationelle Exzellenz in den Fabriken zurück zu führen, nicht auf Skalen-Effekte, die die tragende Säule der amerikanischen Massenproduktion bildeten, wie der geistige Vater des Toyota-Konzeptes in einem grundlegenden Text auch kritisch und süffisant bemerkte (Ohno 1988). Das Augenmerk in den japanischen Betrieben lag deutlich auf der Ausbildung von implizitem und schwer kopierbaren betrieblichen Erfahrungswissen (Nonaka und Takeuchi 1995 sowie Krogh et al. 2000). Diese Mentalität wurde immer begleitet und gestützt durch die Regierung, etwa im Rahmen einer großen Initiative zur Steigerung der Energie-Effizienz.

Die sogenannten Tigerstaaten, Singapur (Carney 2014), Hongkong, Taiwan (Lee und Hsiao 2014) und Südkorea (Witt 2014b), folgten im Prinzip während des letzten Drittels des 20. Jahrhunderts einem ähnlichen Pfad in die Modernisierung, wie er von Japan vorgezeichnet wurde. Es handelt sich hier um vergleichsweise sehr kleine Länder mit wenigen natürlichen Ressourcen und ebenso bescheidenen eigenen Märkten. Das besondere Augenmerk der strategischen Politik lag daher auch hier auf der nachhaltigen Entwicklung einer tragfähigen industriellen Technik- und Wissensbasis (Dent 2007). Unterstützt wurde das durch die staatlich geförderte Entwicklung von Wissenschaft und Technik sowie systematischen Investitionen in Schlüsseltechnologien. Besonderes Augenmerk lag schließlich auf einer frühzeitigen Förderung der schulischen und universitären Bildung (vgl. a.: Kuruvilla 2008).

China mit seiner riesigen Fläche (7 % der Erde) mit weit über einer Milliarde Menschen (über 20 % der Weltbevölkerung) ist im Vergleich zu diesen Ländern, bei allem Respekt vor ihrer Leistungsfähigkeit, wahrhaftig ein bedeutenderer Spieler im internationalen Wettbewerb. Das Land hat die Bühne der globalen Konkurrenz erst nach Japan und den Tigerstaaten betreten und sah sich so weiteren bedeutsamen Konkurrenten vor der eigenen Haustür gegenüber. Und nicht zuletzt mussten die Probleme bewältigt werden, die durch politische und ökonomische Fehleinschätzungen entstanden waren, etwa durch den vermeintlichen „großen Sprung nach vorn" oder die Kulturrevolution.

In der Beurteilung von Helmut Willke (2014) hat die chinesische Regierung bislang unter diesen schwierigen Bedingungen Steuerungs- bzw. Strategiekompetenz unter Beweis gestellt und stellt so auch ein Modell für alle sich entwickelnden Staaten mit ihren Ökonomien dar. Dieses mehr als erfolgreiche Wachstum Chinas beruhte einmal auf dem staatlich kontrollierten Kurs der dosierten und fokussierten Liberalisierung der Märkte sowie der extensiven Nutzung der Ressourcen des Landes, also der klassischen Produktionsfaktoren, Arbeit, Boden und Bodenschätze.

Bevor wir etwas detaillierter dazu kommen, diese Entwicklungen und ihre Probleme in China zu betrachten, zunächst noch eine kurze Bemerkung zu den Mustern, die sich hinter den skizzierten Entwicklungspfaden verschiedener Nationen in die industrielle Moderne zeigen. Sie werfen ein erstes Licht darauf, vor welchen Herausforderungen China steht.

1.4   Industrialisierungs- und Modernisierungsmuster

Es gibt eine Randnotiz in der Geschichte der industriellen Modernisierung, die den amerikanischen Pionier des Qualitätsmanagements betrifft, William Edwards Deming. Er entwickelte sehr früh seine revolutionären Ideen zur Verbesserung von Produkt- und Prozessqualität, fand aber in den 1950er Jahren in den Vereinigten Staaten, deren wirtschaftliche Vormachtstellung zu dieser Zeit unbestritten war, keinerlei Gehör. Er ging dann nach Japan, wo sich seine Konzepte mit staatlicher Unterstützung sehr schnell verbreiteten. Sein Einfluss auf das japanische Wirtschaftswunder, das in den 1980er Jahren durch die erstaunlichen Erfolge japanischer Unternehmen auf den globalen Märkten sichtbar wurde, war groß (Freimuth 2012) und führte in den USA zu einigen Zweifeln an der Industrialisierungspolitik, besonders der extensiven Nutzung von Ressourcen (Pascale und Athos 1981). Deming wurde daraufhin unter anderem von Ford als Berater wieder in die USA zurückgeholt (Locke 1996, S. 160–175). Er formulierte seine Diagnose in einem Buch mit dem bezeichnenden Titel „Out of the Crisis" (Deming 2000). Im Kern kann man sagen, dass es ihm darum ging, die amerikanischen Fabriken zu einem Ort des Lernens und des kollektiven Austausches von Wissen zu machen. Das war allerdings so ziemlich genau das Gegenteil von dem, was bis dato die vom Taylorismus und dem fordistischen Fließprinzip beherrschten Fertigungen in den USA charakterisierte (vgl. die zahlreichen Beiträge in: Beynon und Nichols 2006), Masse versus Klasse (Kenney und Florida 1993).

Demings Ansatz markiert einen fundamentalen Unterschied im Hinblick auf die Nutzung von produktiven Ressourcen, der mikro- und entwicklungsökonomisch äußerst relevant ist. Vom Minimalprinzip oder Ressourceneffizienz spricht man bekanntlich, wenn es bei einem gegebenen Ziel um die Minimierung der eingesetzten Ressourcen geht. Handelt es sich darum, mit gegebenen Ressourcen einen hohen Ausstoß zu erhalten, redet man vom Maximalprinzip bzw. Ressourcenproduktivität. Ressourcen bedeutet zunächst in der klassischen Ökonomie Boden, Stoffe, Arbeit, heute hingegen Technologie und Wissen (vgl. dazu im Zusammenhang mit Industrie 4.0 den Beitrag von Ramsauer 2013).

Demings Fokus lag auf Ressourceneffizienz, was u.a. für Japan mit seinen wenigen natürlichen und menschlichen Ressourcen lebenswichtig war, aber weniger für die USA, dem großen Land mit den vermeintlich unbegrenzten Möglichkeiten, was auch unbegrenzte Ressourcen impliziert. Diese Einstellung hat sich bis heute mehr oder weniger gehalten, wenn man beispielsweise das Thema Effizienz des Energieeinsatzes dort betrachtet. Ob eine nationale Ökonomie sich vornehmlich nach der Maßgabe von Ressourceneffizienz oder der Maximierung des Outputs entwickelt, ist ganz offensichtlich auch eine Funktion seiner Größe sowie der verfügbaren Ressourcen.

Als ein zweiter bestimmender Faktor des Modernisierungspfades kann die Form der Steuerung der ökonomischen Entwicklung angesehen werden. Wir verstehen Steuerung aus systemischer Sicht als die zielgerichtete Beeinflussung von natürlichen und sozialen Systemen (Willke 1998). Idealtypisch kann es sich dabei einerseits um Selbstorganisation handeln, wofür das marktlogische Zusammenspiel von Preisen und Mengen ein Beispiel ist. Im Gegensatz dazu stehen sämtliche Ansätze der zentralisierten staatlichen Steuerung, die ein differenziertes Spektrum von möglichen Hebeln zur Verfügung hat, von der Planung und Lenkung der gesamten Volkswirtschaft über die Sicherung von einheitlichen Rahmenbedingungen bzw. Infrastrukturen oder gezielten Regulierungen etwa mit dem Ziel der strategischen Sicherung und Vermeidung von Abhängigkeiten (Vietor 2007).

In der Beurteilung von Porter (1990, S. 378) verfügt Deutschland beispielsweise über eine der offensten Marktstrukturen in der Welt. Im Gegensatz zu Japan gibt es etwa kein Ministerium, das sich ausschließlich um internationale Wirtschaftsbeziehungen kümmert, das wird eher den Unternehmen selber zugeschrieben. Anderseits sind beide Länder vergleichsweise klein und verfügen insbesondere über keine nennenswerten natürlichen Ressourcen. So blieb und bleibt ihnen nur die intensive Nutzung ihrer Human Ressourcen. Bringt man diese beiden Parameter der industriellen Modernisierung, die Logik der Steuerung und die möglichen Varianten in der Ressourcen-Nutzung, in eine zusammenhängende Darstellung, ergibt sich ein recht interessantes Bild (Abb. 1.2):

Geht man von der hier dargestellten Logik aus, hat China ganz offenkundig ein doppeltes Problem, die Bewerkstelligung des Übergangs von der extensiven zur intensiven Ressourcen-Nutzung sowie die Entwicklung von Formen einer mehr selbstorganisierten Steuerung, jenseits von zentralistischer Einflussnahme und Kontrolle. Das bedeutet, dass es in dem Land schon einer außerordentlichen Wandlungsfähigkeit bedarf, die an

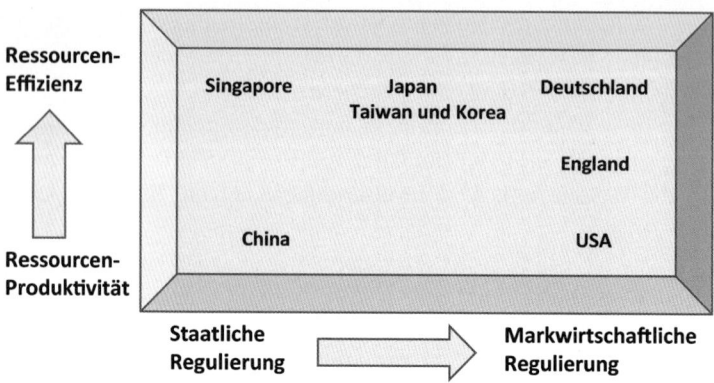

Abb. 1.2 Unterschiedliche Wege in die industrielle Moderne. (Quelle: eigene Darstellung)

die Substanz vieler bisher erfolgreicher Muster, etablierter Institutionen und der damit zweifellos auch verbundenen Interessenlagen geht. So gesehen geht es nur vordergründig um Technologien, Prozess- und Produktinnovationen, sondern als Voraussetzung dafür, um systemische Innovationen. Sie beziehen sich unter anderem auf Infrastrukturen sowie die institutionellen und nicht zuletzt kulturellen Prämissen, die Innovationen etwa im Bereich der Produkt- und Prozesstechnik überhaupt erst möglich machen. In diesem Sinne hat Karl Polanyi (1978) darauf hingewiesen, dass die industrielle Revolution in England in erster Linie auch eine Revolutionierung von sozialen Institutionen gewesen sei. Wenn Techniker und/oder Unternehmer ständig nach technischen Fortschritten, Innovationen und Produktivität suchen, dann muss es Institutionen geben, die das als lohnenswert erscheinen lassen. In diesem Sinne kann man Institutionen in der Tat als Anreize betrachten. Mit Mühen und gegen Widerstände Innovationen hervorzubringen, muss attraktiv sein, sonst bleiben sie im Ansatz stecken (North 2005, S. 48).

Der notwendige Wandel dorthin wird in China heute nicht gerade dadurch erleichtert, dass dieses Land im Vergleich zu den anderen BRICS-Staaten, Brasilien, Russland, Indien und Südafrika, bisher recht erfolgreich agiert hat. Die Veränderung eines erfolgreichen Musters, zumal unter großem Zeitdruck, ist immer eine recht schmerzhafte Herausforderung für alle Beteiligten und Betroffenen. Mit anderen Worten, so wie zu Institutionen geronnene Ideen wirtschaftliches Wachstum initiieren können, werden sie auch zu Barrieren, wenn eine institutionelle Transformation notwendig erscheint (Überblick bei: Evans 2005).

Die beiden hier betrachteten Faktoren, die Ausbeutung von Ressourcen und die Logik der ökonomischen Steuerung, darf man schließlich nicht unabhängig voneinander betrachten. Die Entfaltung des innovativen und produktiven Potenzials einer Volkswirtschaft kann vermutlich nur sehr schwer durch zentralstaatliche Regulierung bewerkstelligt werden – und schon gar nicht mit einer verunsicherten und in ihrer Rolle unklaren Intelligenz, wenn der wirtschaftliche Erfolg von Expertise und Wissen abhängt. Innovation beruht auf der freien Verfügbarkeit von Informationen und auf ihrer kreativen

Synthese zu geordnetem Wissen durch vertrauensvolle Kommunikation, spontane Selbstorganisation und reziproke Kooperation zwischen den beteiligten Spezialisten (vgl. ausführlicher zu diesen Fragen das abschließende Kapitel in diesem Band).

Die Analyse belegt schließlich auch, warum ausgerechnet Deutschland mit seiner langlebigen Innovationskraft für die Chinesen ein so wichtiger Partner sein kann. Es bezieht seine Produktivität und Wachstumskraft offensichtlich aus den genau gegenteiligen Ansätzen und Modellen, die China bislang getrieben haben, nämlich eine primär marktbasierte Ökonomie mit einem sich selbst organisierenden Innovationssystem als Grundlage sowie die intensive Nutzung der knappen Ressourcen, allen voran der knappen Human Ressourcen und des intellektuellen Kapitals und zwar sowohl in den technischen Entwicklungslaboren als auch in den Fabrikhallen.

Natürlich reduziert die hier vorgeschlagene Klassifizierung die Komplexität der Problematik und wir wollen damit auch keineswegs behaupten, es gäbe hier Standards oder Erfolgsrezepte für wirtschaftliche Entwicklungspfade. Und was für die Pioniere der Industrialisierung gültig war, ist für die nachfolgenden Nationen sicher nicht ohne weiteres zu übertragen (vgl. a. Landes 1998, S. 236). Die Betrachtung zeigt andererseits aber doch sehr klar, in welcher ökonomischen und politischen Bredouille China steckt, mehr qualitatives Wachstum zu ermöglichen und dezentrale Formen der Steuerung zu entwickeln. Diese zunächst nur nationalen Herausforderungen sind absolut zeitkritisch, bedingt durch Veränderungen in den Strukturen der globalen Arbeitsteilung. Der Wettbewerb wartet sicher nicht, bis die Chinesen ihre Hausaufgaben gemacht haben.

1.5 Transformation in der internationalen Arbeitsteilung

Die hier skizzierten Herausforderungen an den Wandel der politischen und ökonomischen Grundkonzeptionen in China muss man im Kontext einer globalen Veränderung in der Zusammenarbeit von Ökonomien betrachten. Seit Mitte der 1980er Jahre lässt sich in der Tat ein neues Muster der Kooperation in der globalen Wirtschaft beobachten. Bis dahin herrschten vornehmlich Formen der Arbeitsteilung zwischen Industrien in entwickelten und weniger entwickelten Ländern vor. Diese basierten auf David Ricardos Theorem der komparativen Kostenvorteile durch nationale Arbeitsteilung, unabhängig vom ökonomischen Stand der Entwicklung bzw. der Produktivität dieser Länder. Damit einher ging in der klassischen Ökonomie die logische Begründung des internationalen Freihandels, da beide Seiten vom Tausch profitierten. Diese Betrachtung wurde später durch das Heckscher/Ohlin-Theorem auf mehrere Produktionsfaktoren ausgedehnt und diente vielen Ländern lange als Basis für die Begründung ihrer globalen Wirtschaftsstrategien, Export von Produkten aus der eigenen üppigen Faktorausstattung, Import von Produkten, für die weniger entsprechende Ressourcen vorhanden sind.

Das Konzept der komparativen Kostenvorteile zur Begründung der globalen Arbeitsteilung berücksichtigt nicht, dass Wissen heute eine mehr als relevante Komponente des Faktors Arbeit ist, die mehr oder weniger frei ausgetauscht wird und sich nicht auf

Ländergrenzen begrenzen lässt. Vor allem aber setzt das Theorem internationale Partner auf Augenhöhe voraus, trotz bzw. gerade aufgrund einer unterschiedlichen Ausstattung mit Produktionsfaktoren. Allerdings beobachtet man nun seit mehreren Jahren globale Kooperationsformen innerhalb von Industrien und Unternehmen, die über nationale Grenzen hinausreichen und eine vollkommen andere Logik verfolgen. Weltweit agierende Unternehmen verlagern innerhalb ihrer Wertschöpfungsketten Aktivitäten in Länder, die weniger entwickelt sind, günstigere Arbeitskosten aufweisen und zum Teil auch über weniger restriktive rechtliche Standards sowie laxe Verwaltungen verfügen (Nolan 2002). Dieses schleichende Schleifen von nationalstaatlichen Grenzen durch Waren- und Ressourcenströme sowie heute zunehmend durch Finanztransaktionen und Informationsflüsse, stellt letztlich den eigentlichen politisch-ökonomischen Kern der Globalisierung dar (Beck 1997).

Länder wie etwa China wurden damit zu integralen Bestandteilen globaler Wertschöpfungsketten bzw. zu verlängerten Werkbänken. Ein großer Teil des chinesischen Wirtschaftswunders der letzten Jahrzehnte lässt sich darauf zurückführen. Das kann man auch an Zahlen erkennen, wie etwa den direkten Investitionen aus dem Ausland (Chow 2010). China wurde so sichtbar auf der weltökonomischen Bühne, zu einem zweifellos wichtigen Glied in der Kette der globalen Arbeitsteilung und auch zu einem relevanten strategischen Partner. Im Lande selber entwickelten sich große und moderne Unternehmen, zugleich riesige Vermögen, die Urbanisierung schritt überall zügig voran, viele große Projekte im Rahmen der Infrastruktur-Entwicklung wurden angestoßen und umgesetzt.

Das Problem derartiger Kooperationen besteht allerdings in der einseitigen Abhängigkeit von ausländischen Investitionen, Standards und Vorgaben aller Art sowie den volatilen Bewegungen der globalen Konjunktur. Es entstehen zahlreiche Pfadabhängigkeiten und es ist für die Unternehmen in den weniger entwickelten Ländern folglich nur sehr schwer möglich eine eigenständige wissenschaftliche und technologische Kompetenz aufzubauen, um selber auf dem Weltmarkt dauerhaft konkurrieren zu können. Tatsächlich entstand und entsteht durch diese technologisch getriebene internationale Arbeitsteilung sogar eine regelrechte Hierarchie von Abhängigkeiten, aus der man kaum herauskommt (Nolan et al. 2007).

Dieser Prozess verstärkt sich zirkulär. Japan, Taiwan oder Korea beispielsweise, Länder, die sich in der zweiten Hälfte des 20. Jahrhunderts industrialisierten, nutzen wiederum schwächer entwickelte Länder, wie etwa China oder Indien, für die Verlagerung von weniger wertschöpfenden oder unattraktiven Arbeiten. Sie profitierten dort insbesondere vom deutlich niedrigeren Lohnniveau, von stets löchrigen rechtlichen Vorgaben und den häufig schwachen regionalen Verwaltungen. Ihr Kernwissen verbleibt hingegen im eigenen Lande und kann dort im Windschatten großer Gewinne ungestört weiterentwickelt werden (Chow 1999). Für abhängige Länder wie China entsteht damit die reale Gefahr einer zunehmenden Asymmetrie der wirtschaftlichen, politischen und sozialen Entwicklung, die man naturgemäß so schnell wie möglich unterbinden möchte. Von einer belastbaren

Kooperation auf Augenhöhe und auf der Basis von komparativen Kostenvorteilen kann also gegenwärtig keine Rede mehr sein. Betrachtet man den bereits erwähnten Vorwurf des Techno-Nationalismus aus dieser Perspektive, dann sieht man vielleicht eher, dass es sicher auch darum geht, sich die strategische Unabhängigkeit zu bewahren und Optionen offen zu halten.

Da nun darüber hinaus in China inzwischen auch die Arbeitskosten spürbar steigen, verlagern sich ausländische Investitionen von dort in noch weniger entwickelte Länder, aktuell etwa nach Indonesien oder Vietnam. Die Kluft zwischen den Technologie-Führern und Ländern, die sich erst später und/oder langsamer industrialisiert haben, klafft so insgesamt immer weiter auseinander. Hinzu kommen die ökologischen und sozialen Folgen dieses Trends in den betroffenen Ländern.

Die Follower versuchen natürlich mit aller Kraft, die Lücken in der Entwicklung zu schließen, laufen aber den vielen Ressourcen und hohen Standards der Innovatoren tendenziell immer weiter hinterher. Selbst in China, das aufgrund der hohen Sparquoten seiner Bevölkerung über erhebliche finanzielle Mittel verfügt, stellt das aber ein bedeutendes Problem dar, weil das notwendige Wissen nicht so schnell aufgebaut oder gar staatlich verordnet werden kann. Es gibt wenige Erfahrungen, was es heißt, die notwendigen Rahmenbedingungen kurzfristig zu generieren (North 2005, S. 46), Verfügungsrechte zu garantieren und vor allem in einer durch Wissen getriebenen Ökonomie das so wichtige geistige Eigentum zu schützen (Freimuth 2011).

Ein Ausdruck dieser global zunehmend asymmetrischen Entwicklung in China ist beispielsweise, dass der Maschinenpark in den dortigen Fabriken zum großen Teil importiert ist und somit nicht auf eigenständigen Entwicklungen beruht. Hinzu kommt, dass die durchschnittliche Arbeitsproduktivität in den chinesischen Montagefabriken, im Vergleich zu Japan oder den USA, etwa ein Zwanzigstel beträgt (Angabe bei Chuang 2010, S. 10). Das impliziert nicht zuletzt, dass die Arbeitskräfte nicht wesentlich dazu lernen und sich nicht weiter entwickeln können. Ihnen fehlt die Möglichkeit dazu und so stagnieren sie auf ihrem geringen Stand der Qualifizierung. Relativ gesehen wird die Kluft sogar noch größer, weil in den modernen Fabriken der industrialisierten Länder ständig in die Ausbildung und Wissen investiert wird. Schlecht ausgebildete Arbeitskräfte sind in sich entwickelnden Ländern oftmals auch der limitierende Faktor für technischen Fortschritt und qualitatives Wachstum et vice versa (Evans 2005, S. 93).

Selbst in der IT-Industrie, wo China inzwischen eigene große und bekannte Unternehmungen mit relevanten internationalen Marktanteilen (Huawei oder Alibaba) hervorbringen konnte, werden viele der wichtigen elektronischen Bausteine mit dem entsprechenden technischen Know-how nicht selber von ihnen entwickelt, sondern vielmehr aus den industrialisierten Ländern importiert und in China dann lediglich zusammengebaut (Li und Ning 2010). Die exportierenden Unternehmen achten sehr sorgsam darauf, ihre strategischen Wissensvorteile nicht ohne Not aufs Spiel zu setzen. Die Kronjuwelen bleiben grundsätzlich erst einmal im Tresor und werden in aller Regel sehr sorgsam bewacht.

1.6   Die Welt ist flach

In seinem viel diskutierten Bestseller „The world is flat" beschrieb Thomas Friedman (2005) eine weitere Verstärkung des Auseinanderdriftens in der globalen Arbeitsteilung zwischen entwickelten und weniger entwickelten Ländern und Regionen. Vornehmlich angetrieben durch die Kommunikations- und Informationstechnologien werden globalisierte Wertschöpfungsströme zu den strukturbestimmenden Merkmalen in der Wirtschaft. In dieser vernetzten Welt bzw. in der „Netzwerkgesellschaft" (Castells 2001) wandern, jenseits von allen naturgegebenen, nationalstaatlichen oder gar Organisationsgrenzen, Wissen, Informationen und Finanzströme nahezu in Echtzeit um den Globus. Damit verbunden ist auch eine weitere institutionelle Transformation. Unternehmen flexibilisieren, virtualisieren und vernetzen sich. Auch hier spielen klassische systemische Grenzen eine immer geringere Rolle. Der Fokus liegt auf der Optimierung von globalen Wertschöpfungsketten (Beiträge in: Kuhlin und Thielmann 2005).

Trends setzen sich so schneller durch und vervielfältigen sich in ihren Wirkungen. Die Reagibilität von Unternehmen im Hinblick auf veränderte Kundenwünsche und die quecksilbrigen Märkte wird immer weiter vorangetrieben. Niemand kann sich dieser Verdichtung des Wettbewerbs auf die Dauer entziehen. Insgesamt führt das zu einer weiteren Integration in der globalen Arbeitsteilung und in ihrem Gefolge zur Verschärfung der bereits skizzierten technologischen, wirtschaftlichen und politischen Abhängigkeiten sowie entsprechender sozialer Gefälle und ökologischer Probleme in den sich entwickelnden Nationen.

Wieder ein Jahrzehnt später wird durch das eingangs bereits erwähnte Paradigma Industrie 4.0 und dem sogenannten „Internet der Dinge" mit der Vision von Friedman jetzt wirklich ernst gemacht. Nun stehen die notwendigen technischen und kommunikativen Mittel zur Verfügung, um komplette Wertschöpfungsketten über räumliche und zeitliche Grenzen hinaus derartig zu vernetzen, dass sie sich sogar selbstständig organisieren und die sich weiter dynamisierenden Märkte und Kundenwünsche flexibel bedienen können. Die Vision ist, dass sich produktive Prozesse und Produkte mit der Hilfe von sensorischer Erkennung, integrierten Rechnersystemen, Cloud-Technologien und einer neuen Generation von Mobilfunk- Kommunikation eigenständig steuern. Die Produktivitätspotenziale dieser Technologien und ihrer Integration sprengt nach Einschätzung von Experten alle bisher bekannten Maßstäbe (Kuhn 2016).

Nimmt man diese Entwicklungen hin zu einer vernetzten Weltwirtschaft, basierend auf modernsten Technologien, zum Ausgangspunkt und Maßstab, dann kann man noch mal aus einer weiteren Perspektive nachvollziehen, vor welchen Herausforderungen China aktuell steht. Abstraktes technisches Wissen alleine reicht zudem auch nicht aus, um global erfolgreich und dauerhaft konkurrieren zu können. Eine durch Wissen und Technik getriebene Industrialisierung benötigt auch in Fabrikhallen und Werkstätten eine entsprechende Kompetenz, wie sie etwa in Deutschland durch Techniker oder die Industriemeister repräsentiert wird, aber auch durch gut ausgebildete Produktionsfachkräfte. Und schließlich müssen die Produkte in einer globalen Ökonomie auch erfolgreich vermarktet werden, was eher eine Stärke von amerikanischen Unternehmen ist. Damit ist angedeutet, dass es für eine dauerhafte Rolle im globalen Wettbewerb nicht ausreicht, lediglich in einzelnen Themenfeldern Kompetenz aufzubauen. Es geht vielmehr um die Kontrolle von kompletten Wertschöpfungsketten. Das lenkt unsere Aufmerksamkeit auf einen weiteren Aspekt, der im folgenden Abschnitt behandelt werden soll. Ökonomisch abhängige Nationen sind mit ihren Fabriken in aller Regel in jenen Phasen der Wertschöpfungsketten positioniert, wo der Wertbeitrag am geringsten ist.

1.7 Die Smiling-Curve

Stellt man die Verlagerung der globalen Arbeitsteilung, die Fluidität von Wissen und die zunehmende technisch getriebene Vernetzung der produktiven Prozesse in Rechnung, dann verweist die sogenannte Smiling- Curve mit einer verschärften Linse auf das gegenwärtige Dilemma der chinesischen Ansätze zur Veränderung der Industrialisierungs- und Modernisierungspolitik (Abb. 1.3) sowie auf die strikte Notwendigkeit eines strategischen Wandels.

Die Kurve beschreibt zunächst nur den idealtypischen Verlauf der Wertbeiträge von einzelnen betrieblichen Funktionen entlang der Wertschöpfungskette. Das Konzept beruht auf der Annahme, dass substanzielle Wertbeiträge in erster Linie durch hoch qualifizierte und wissensbasierte Arbeit zu Beginn in den konzeptionellen Phasen (Forschung & Entwicklung, Konstruktion, Design etc.) sowie in der sich am Ende der Kette befindenden Vermarktungsphase (Logistik, Marketing, Kundenberatung etc.) erzeugt werden. In den mittleren Phasen des gesamten wertschöpfenden Prozesses, in der Produktion und

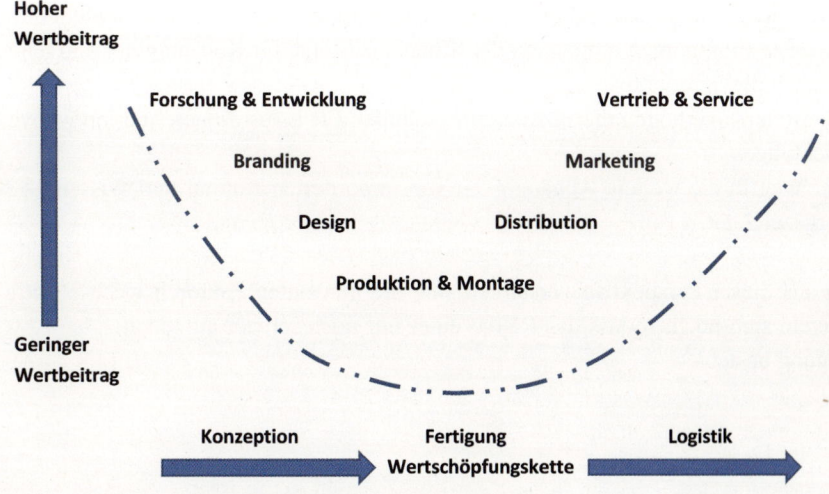

Abb. 1.3 Die Smiling- Curve. (Quelle: eigene Darstellung)

hier vornehmlich in der sehr arbeitsteiligen und arbeitsintensiven Montage, werden in erster Linie wenig qualifizierte und daher deutlich schlechter bezahlte Arbeitskräfte eingesetzt (Mudambi 2008). Der Rhythmus der Tätigkeiten ist dort durch die maschinelle Taktung bestimmt. Er ermöglicht somit wenig selbstregulierte Einflussnahme durch die Beschäftigten. Diese Tätigkeiten lassen sich schnell erlernen, demzufolge sind die Mitarbeiter leicht auswechselbar, entsprechend schmal fallen die Entgelte aus.

Die Smiling- Curve ist eine, Anfang der 1970er Jahre entstandene, Idee von Stan Shih, dem Gründer der in Taiwan beheimaten Computerfirma Acer. Sein Konzept bezog sich zunächst auf Unternehmen und vielleicht auf eine Branche, hat aber u. E. so viel Plausibilität, dass man es mutatis mutandis (etwas kritisch dazu: Baldwin et al. 2014) auch auf Industrien und industrielle Komplexe anwenden kann. In der Tat hat ja auch die taiwanesische Computer-Industrie, nachdem sie technologisch einen Weltstandard erreicht hatte, nahezu ihre gesamte Fertigung auf das chinesische Festland verlagert, um die dort reichlich verfügbaren billigen Arbeitskräfte zu nutzen. Diese Beobachtung gilt nicht nur für Hightech Produkte, sondern auch für teuer verkaufte globale Marken. China war und ist einer der bedeutendsten Produktionsstandorte für Sporttextilien und -schuhe. Ausgelöst durch die Olympiade in China und Proteststreiks gerieten die schlechten Arbeitsbedingungen und geringen Löhne in diesen Fabriken in die öffentliche Diskussion. Nachdem durch die chinesische Regierung Mindestlöhne festgelegt wurden und auch eigene chinesische Marken etabliert wurden, wanderten die Hersteller prompt in Länder wie Kambodscha, Laos, Vietnam und Indien ab (Lütge 2009).

Wenn sich so die ökonomische Rolle einer Nation in den weniger produktiven und weniger wirtschaftlichen Bereichen der globalen Wertschöpfungsketten verfestigt und sich keine Alternativen in hochwertigeren Bereichen abzeichnen, entstehen folgende Konsequenzen:

- Die Produktivität bleibt auf einem niedrigen Niveau, Mitarbeiter lernen nicht dazu
- Niedrige Einkommen reduzieren die Binnennachfrage für Konsumgüter und tendenziell auch die Sparquote
- Damit verringern sich die Finanzierungsquellen für Investitionen und innovative Entwicklungen.
- Der Weg in die weitere Abhängigkeit von importierten Kapital und Wissen ist somit vorgezeichnet.

Auch aus dieser Perspektive verstärken sich die genannten Faktoren wechselseitig und schaukeln sich hoch, sodass das Risiko einer nur noch schwer aufzuhaltenden Abwärtsbewegung besteht.

1.8   Die Grenzen des extensiven Wachstums

Ganz offenbar gib es keine dauerhaft nachhaltige ökonomische Entwicklung, die lediglich auf die Maximierung der Ressourcen setzen kann. Dieser Ansatz läuft auf massive Eingriffe in natürliche und soziale Gleichgewichte hinaus, die früher oder später von den betroffenen Systemen nicht mehr aufgefangen werden können. Die anfänglich vielleicht noch zu vernachlässigenden Nebenwirkungen kann man für eine gewisse Zeit gegen die vielen Vorteile aufrechnen, aber das ist eine recht begrenzte Form der Buchhaltung. Früher oder später werden, wie jetzt auch in China immer deutlicher wird, aus den vermeintlichen Nebenwirkungen nicht mehr zu verleugnende Konflikte und Probleme, die wir im Folgenden skizzieren wollen.

Zunächst ist klar, auch wenig qualifizierte Arbeitskraft wird nicht immer billig und unbegrenzt verfügbar sein, die Quellen erschöpfen sich. In der Ökonomie spricht man dann vom sogenannten „Lewis Turning Point", wenn der Zufluss von billigen Landarbeitern stagniert und die Löhne ansteigen. Eine Studie des IMF prognostiziert, dass diese Wende in China erst noch kommen wird (Das und N'Diaye 2013). Früher oder später kommt es auch zu Protesten oder es gibt sie bereits in leiser Form. Aus beiden Gründen werden die Arbeitskosten steigen. Das kann man in China in den entwickelten Regionen bereits gut beobachten. Noch wird der Effekt etwas egalisiert durch die anhaltenden Zuwanderungen aus ärmeren Regionen, aber dieser Trend wird nicht dauerhaft so bleiben. Auch hier werden Löhne steigen sowie die Bereitschaft, sich dafür aktiv einzusetzen (Ausführlich: Schucher 2014). Ein ernsthaftes ökonomisches Problem entsteht dann, wenn die Löhne schneller steigen als die ohnehin schon schwache Produktivität, ein Trend, der in China gleichfalls bereits beobachtbar ist (Hinweis bei: Böschen und Hirn 2015, S. 95).

Eine Folge daraus ist, wie bereits bemerkt, dass die global agierenden Unternehmen früher oder später in Länder ausweichen, die noch weniger entwickelt sind. Das gilt aktuell etwa für Vietnam, Indien, Indonesien oder die Philippinen. In China führt das zu einer weiteren Verringerung ausländischer Investitionen, einem Rückgang der Beschäftigung und der Nachfrage nach Leistungen auf dem Binnenmarkt.

All das erhöht die ohnehin schon länger zu beobachtenden Überkapazitäten in der chinesischen Wirtschaft, wie auch jetzt aus einer neueren Studie der Europäischen Handelskammer China (2016) hervorgeht, und zwar vornehmlich in den für das schnelle Wachstum basalen Bereichen wie Bergbau, Kohle-, Stahl- oder Zementindustrie. Es wird zu umfangreichen Entlassungen kommen, für deren Bewältigung die Regierung bereits umfängliche Mittel zur Verfügung gestellt hat.

Mangelnde Sicherheitsstandards und lückenhafte Kontrollen führen in der Industrie, im Bergbau und auf zahlreichen Baustellen zu unzumutbaren Arbeitsbedingungen, zum Teil zu schweren Unfällen oder ökologischen Ereignissen, die die öffentliche Aufmerksamkeit auch im Lande auf sich ziehen und international die beteiligten westlichen Firmen in die berechtigte Kritik bringen.

In diesem Zusammenhang sind auch die Lebensmittelskandale zu sehen, die in der Öffentlichkeit zu erheblichem Unmut und Protesten geführt haben. Mit wachsendem Einkommen und einem stärkeren Selbstbewusstsein steigen die Ansprüche der Bevölkerung an die Qualität ihrer Nahrung. Eine primär auf Massenproduktion orientierte Industrie kann diesen Standards nur schwer nachkommen. Teile des Ackerlandes sind zudem ökologisch stark belastet. Verstärkte Einfuhren von hochwertigeren Nahrungs- und Genussmitteln würden auf der anderen Seite zu strategischen Abhängigkeiten führen, die man vermeiden will.

Die lange anhaltende extensive Nutzung natürlicher Ressourcen hat insgesamt zu Umweltproblemen in einer nicht mehr zu ignorierenden Dimension geführt (Fischer und Oberheitmann 2014). Das gilt insbesondere für die Metropolen in den industriellen Ballungszentren. Beispielhaft nur einige wenige Daten dazu: 16 der 20 größten Städte der Welt mit hoher Luftverschmutzung liegen in China und 90 % der chinesischen Städte klagen über kontaminiertes Grundwasser (Chuang 2010, S. 15).

Nach einer Einschätzung der Weltbank belaufen sich die gesamten Folgekosten der bisherigen ökonomischen Entwicklung auf einen vergleichbaren Wert, mit dem die Wirtschaft jährlich wächst. Dazu gehören auch die Wirkungen auf Gesundheit, Mortalität und Leistungsfähigkeit der chinesischen Bevölkerung (World Bank 2007).

Eine weitere und mehr als unerwünschte Konsequenz aus den dargestellten Entwicklungen ist, dass sehr gut ausgebildete und selbstbewusste chinesische Führungskräfte und Experten, vor allem, wenn sie im westlichen Ausland studiert und dort andere Bedingungen erlebt haben, sich sehr häufig dafür entscheiden, ihre Heimat mit ihren Familien komplett zu verlassen, weil die Lebensqualität in einigen Metropolen inzwischen mehr als grenzwertig ist. Natürlich kommen auch Menschen zurück, weil die Entwicklungsperspektiven im Land nach wie vor attraktiv sind, wenn man über eine gute Ausbildung und Erfahrungen verfügt. Nach Zahlen des chinesischen Bildungsministeriums betrug der Anteil der rückkehrenden Studenten aus dem Ausland 2004 nur knapp 25 %, 2011 lag er bei 36,5 %. Im akademischen Jahr 2013/2014 waren 459800 Studenten im Ausland. Das bedeutet im Klartext, dass eine große Zahl der qualifiziertesten Nachwuchskräfte dem Land nicht mehr zu Verfügung stehen und gleichsam zur Konkurrenz wechseln. Wie soll vor diesem Hintergrund eine tragfähige innovative Kultur entstehen? (Angaben bei: Shambaugh 2016, S. 85).

Ein weiteres Problem ist schließlich, dass selbst für die gut ausgebildeten chinesischen Akademiker der Immobilienboom inzwischen schon zu derartig überhöhten Wohnungspreisen in den Metropolen geführt hat, dass sie das kaum noch, trotz überdurchschnittlicher Einkommen, finanzieren können. Auf der anderen Seite wächst in zahlreichen Städten die Anzahl der leer stehenden Häuser und Büros, die alle in der nun enttäuschten Erwartung eines länger anhaltenden Baubooms entstanden sind.

All das sind Indikationen für das Ende eines Wachstumspfades, der primär auf Menge und Maximierung der Ressourcenproduktivität zielte und durch eine regulative Staatsmacht vorangetrieben wurde. Darüber hinaus erleben insbesondere die möglichen Treiber einer innovativen Initiative die Beschränkungen im täglichen Leben besonders intensiv und entziehen sich, wenn sich die Gelegenheit bietet. Die Krux besteht darin, dass die chinesische Politik nicht schlagartig ihren alten Kurs verändern kann, weil die wirtschaftlichen Konsequenzen oder die sozialen Folgen in diesem komplexen System und dem ebenso komplexen Umfeld schwer zu kalkulieren sind. Es gibt auch keine Erfahrungen, wie die richtige Mischung aus Reform und Bewahren sein könnte.

Beispielhaft kann dafür die gegenwärtige Kampagne gegen die grassierende Korruption genannt werden. Im Parteiapparat gibt es darüber scharfe Konflikte zwischen reformerischen Kräften und Ideologen, die primär an der Stärkung der Partei interessiert sind. Es ist nicht immer klar, wer sich wo oder wie behaupten kann. Zudem wird offenbar auch hier und da das Kind mit dem Bade ausgeschüttet. Funktionäre brüsten sich beispielsweise damit, Top-Manager öffentlich maßregeln zu können, Minister und Manager stürzten sich nach dem Beginn von Ermittlungen wegen vermeintlicher Vergehen von einem Gebäude (Böschen und Hirn 2016).

Das sind sicherlich sehr spekulative Beispiele, die gerne auch in der Presse dargestellt werden. Sie stehen aber exemplarisch für die Komplexität der Problematik in China, die unternehmerische Initiativen und vertrauensvolle Kooperation der für Innovationen relevanten Akteure schwer machen. Aus der Sicht der westlichen Partner entsteht so nicht das Gefühl von Verlässlichkeit und man kann zudem nicht fest darauf vertrauen, dass einmal etablierte Netzwerke, die in China für das Geschäft bekanntlich sehr wichtig sind, in der nächsten Woche noch existieren (Hirn 2016).

1.9 Phasen der ökonomischen Entwicklung in China

Um die bisherige Leistung der chinesischen Wirtschaftsentwicklung einschätzen zu können, wollen wir einen kurzen Blick auf die Ausgangsbedingungen und die Geschichte werfen. Der Bürgerkrieg und die Revolution haben im Land naturgemäß ihre Spuren hinterlassen. Große Teile der Industrieanlagen wurden zudem als Reparation in die Sowjetunion verbracht (Taube 2014). Die Planwirtschaft kam nur sehr schwer in Gang und der geplante sogenannte „große Sprung" 1958/1962 endete in einer humanitären Katastrophe. Die Kulturrevolution und die Militarisierung der Wirtschaft führten zur inneren Stagnation. Verheerend war die Wirkung auf die Bildungseinrichtungen, die größtenteils geschlossen wurden und eine ganze Generation fast ohne Bildung zurückließ. Die Reform 1978 brachte auch hier die Wende und es gelang dem Land langsam und schrittweise, sich dann wieder zu konsolidieren. Insgesamt waren die Belastungen in den beiden Generationen nach der Gründung der Republik unvorstellbar. Umso mehr muss gewürdigt werden, was in den Jahren danach geleistet worden ist.

Geht man für die Beurteilung der Entwicklung der chinesischen Wirtschaft von dem Modell von Porter (1990, S. 543–565) aus, dann wurden in diesem Land, sicherlich etwas zeitversetzt, ab 1978 zwei Entwicklungsperioden in einer Generation parallel durchlaufen (Abb. 1.4). In der frühen Phase des Faktor-bezogenen Wachstums steht die bloße und extensive Ausnutzung der vorhandenen Produktionsfaktoren im Vordergrund,

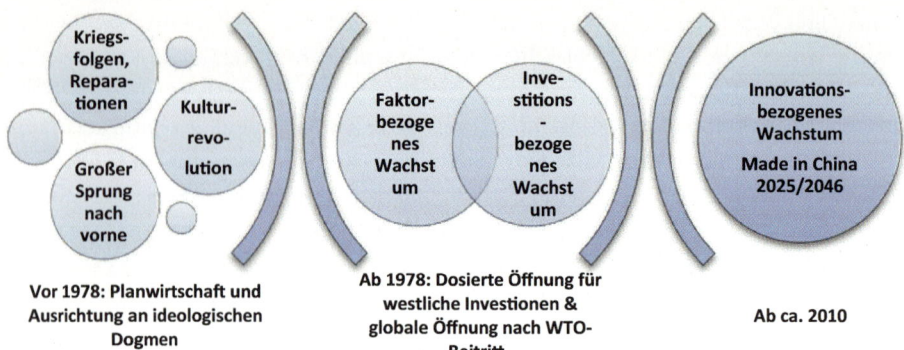

Abb. 1.4 Phasen der wirtschaftlichen Entwicklung in China. (Quelle: eigene Darstellung)

um sich zunächst eine wirtschaftliche Ausgangsposition zu verschaffen. In China waren das die Massen an billigen Arbeitskräften sowie die natürlichen Ressourcen des Landes. Beim Übergang in die nachfolgende Investitionsbezogene Wachstumsphase werden große Mittel in den Ausbau von Infrastrukturen und die Entwicklung von Unternehmen gesteckt. Das erforderliche Wissen und die notwendigen Technologien sind aber keine Eigenentwicklungen, vielmehr werden sie von den führenden Wettbewerbern importiert oder imitiert. Die Binnennachfrage gibt zudem wenig endogene Entwicklungsimpulse. Wie wir skizziert haben, erlahmt nicht nur die Dynamik dieses Wachstumspfades, es zeigen sich massive Kosten des extensiven Ressourcenverbrauchs. Hinzu kommt die wachsende strategische Abhängigkeit Chinas von importierten Technologien und Wissen am State of the Art. Die Verfügung darüber wäre aber die Bedingung für den Weg in die Phase des Innovationsbezogenen Wachstums, die zwar von der Regierung programmatisch umrissen und in ersten Schritten begonnen wurde, aber noch einigermaßen weit davon entfernt ist, eigene Fahrt aufzunehmen.

Treibt man diese Analyse noch einige Schritte weiter und betrachtet die wirksamen Faktoren in einem Zusammenhang, wird sichtbar, warum China heute an einem Scheideweg steht und warum es absolut notwendig ist, das Innovationspotenzial dieses großen Reiches freizusetzen (Abb. 1.5). Nach den Untersuchungen von Markus Taube (2014 und 2008) wurde das frühe Wachstum des Landes im Wesentlichen durch die folgenden Faktoren getrieben:

- Aus den wenig produktiven landwirtschaftlichen Betrieben strömten Landarbeiter in die entstehenden Industriebetriebe der Städte und sorgten dort für einen Sprung in der Produktivität.
- Nachholendes Wachstum ist ein ökonomischer Entwicklungspfad für Follower, der es auf der Grundlage der Lernerfahrungen früher modernisierter Länder erlaubt, Entwicklungen schneller, mit höheren Wachstumsraten und weniger entsprechender Risiken nachzuholen.

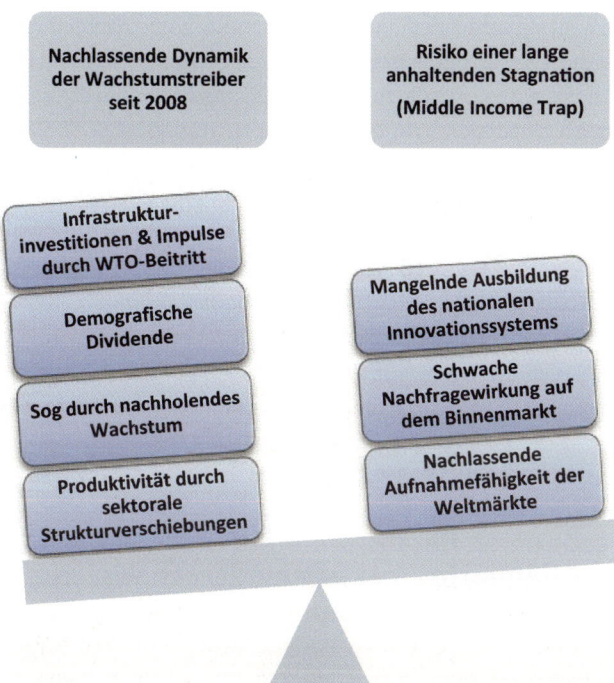

Abb. 1.5 Die Notwendigkeit eines innovationsgetriebenen Wandels in China. (Quelle: eigene Darstellung)

- Ein weiterer Entwicklungsschub entstand schließlich durch das Wachstum der Bevölkerung, die am Arbeitsmarkt zur Verfügung stand und durch eine hohe Sparquote für reichlich verfügbares Kapital für Investitionen sorgte.
- Schließlich sorgten die Öffnung 1978 und der WTO-Beitritt für weitere Impulse durch eine breite Investitionstätigkeit in- und ausländischer Spieler.
- Hinzu kamen zahlreiche institutionelle Reformen, die im Kern eine Reihe von marktwirtschaftlichen und unternehmerischen Impulsen freisetzten.

Diese frühen Treiber der wirtschaftlichen Entwicklung verlieren seit ca. 2008 an Dynamik. Hinzu kommt sowohl auf dem Binnenmarkt als auch auf den globalen Märkten eine insgesamt schwächelnde Nachfrage. Parallel dazu zeigt sich nun, dass es noch nicht gelungen ist, die notwendigen Impulse auszulösen, die einen neuen, endogenen und effektiven Wachstumspfad tragen könnten. Hier geht es vor allem um die Gestaltung eines umfassenden und zusammenwirkenden Konzeptes von innovativen Entwicklungen, die den globalen Benchmarks für neue Produkte und Prozesse, aber auch für unterstützende Institutionen und Infrastrukturen, etwa im Bereich der Hochschulen, mindestens entsprechen müssen (OECD 2013, S. 4). Es bedarf gleichsam einer Reihe von Innovationen, die wiederum Innovationen im Bereich von Wissen, Technologien, Produkten und Dienstleistungen initiieren.

Gelingt dieser strukturelle und kulturelle Wandel nicht nachhaltig, sehen Entwick-lungsökonomen die Gefahr der bereits erwähnten „Middle Income Trap". Der Indika-tor dafür ist, dass sich das Einkommen pro Kopf gemessen am Bruttosozialprodukt bei 10.000–12.000 US$ einpendelt. Auf diesem Plateau verharren Schwellenländer wie etwa Südafrika oder Brasilien seit Jahren.

Eine aussichtsreiche Perspektive ist nicht zu erkennen, weil Bewahren, Unsicher-heit und Zukunftsängste die dominierenden Einstellungen sind. In China zeigt sich das gegenwärtig etwa daran, dass die Bevölkerung aus einer eher unsicheren Zukunftserwar-tung heraus einen beträchtlichen Teil ihres Einkommens spart und nicht für Konsumzwe-cke ausgibt. Dieses Verhalten kann als mangelndes Vertrauen in die Zukunft gewertet werden. Es belegt auch die Notwendigkeit der Herausbildung von verlässlichen Instituti-onen, in denen innovative Akteure kalkulierte Risiken eingehen und Investitionen tätigen würden.

1.10   Die besonderen Herausforderungen an die Modernisierung in einer postmodernen Wissensökonomie

Die industrielle Modernisierung Chinas basierte, wie in anderen Nationen zuvor auch, auf der extensiven Nutzung von Arbeit, die Grundlage der Technologie bildeten Roh-stoffe und Energie. Die daraus resultierenden Impulse für das Wachstum erschöpfen sich gegenwärtig, zudem schlagen die Folgekosten jetzt immer mehr zu Buche. In den west-lichen Demokratien wurde schon vor Jahren mit den intensiv diskutierten Szenarien zu den Grenzen des Wachstums (Meadows et al. 1972) das Ende dieser Konzeption ange-kündigt. Mit dem von vielen Beobachtern proklamierten Übergang in die sogenannte postmoderne Wissensökonomie wird die Information bzw. das sich aus ihr kristallisie-rende Wissen die entscheidendere Ressource, wie unter anderem Daniel Bell gezeigt hat (1975). Daran knüpft heute eine mehr als umfängliche Diskussion über die soge-nannte Wissensökonomie an (beispielhaft dazu die zahlreichen Beiträge in: Moldaschl und Stehr 2010), wo die Bedeutung von Humanfaktoren, Qualifizierung und elaborierter Expertise für eine innovative und nachhaltige wirtschaftliche Entwicklung noch ausführ-licher begründet wird.

Die USA haben durch die Krise in den 1980er Jahren und den Schock durch die japa-nischen Erfolge begonnen, diesen Weg zu beschreiten. Sie arbeiten daran, den notwen-digen Wandel in Richtung einer intensiveren Ressourcen-Nutzung, insbesondere in den wissensbasierten Industrien, einzuleiten. Das gelang aber bei Weitem noch nicht flä-chendeckend, jedoch unumstritten in der IuK-Industrie oder auch der Biotechnologie. Grundlage dafür war und ist u. a. das pragmatisch und anwendungsorientiert arbeitende Hochschul- und Forschungssystem. Dieses System verfügt traditionell schon über sehr viele Ressourcen, u. a. weil seine Akteure immer auch nach einträglichen und innovati-ven Formen der Finanzierung bzw. des Fundraising Ausschau halten.

Durch die gezielte Bündelung und Clusterung von Gründungsaktivitäten und die staatlich gestützte Konzentration (Block und Keller 2016) der Forschung (Big Science) hat sich die Leistungsfähigkeit der amerikanischen Ökonomie gesteigert. Zugleich gelang eine Intensivierung der Zusammenarbeit mit der industriellen Entwicklung (Hiltzik 2015). So kommt es immer wieder dazu, dass dieses System innovative und konkurrenzfähige Produkte auf die internationalen Märkte bringen kann und dort die vorherrschenden Standards definiert. Das Rezept ist offenbar die Vernetzung von Wissen und Kapital sowie das Zusammenfließen von Ausbildung, Forschung und Anwendung, häufig konzentriert in bestimmten Regionen, die dann wie Attraktoren wirken und weitere Impulse für Wachstum setzen. Das kalifornische Silicon Valley wird gerne als das Paradebeispiel für solche regionalen Effekte zitiert (Saxenian 2005), unterschätzt wird aber, wie stark hier auch die Politik Einfluss genommen hat.

In der Tat basierte die Bildung tragfähiger nationaler Wettbewerbsvorteile eigentlich immer schon auf lokalen Zentren bzw. Clustern, wo sich im Zusammenspiel wissensbildender und -verwertender Institutionen die relevanten Technologien, die produktivsten Arbeitsplätze und die höchsten Qualifikationen bündeln, ergänzen und wechselseitig stimulieren (Porter 1990), nicht zu vergessen, unterstützt durch regionalpolitische Akteure. Henry Etzkowitz (2008) hat für dieses Zusammenspiel der Ebenen Hochschulen, Industrie und Regierung den Begriff Triple Helix vorgeschlagen.

Vergleichbare Konzepte gezielter regionaler Konzentration von Ressourcen in speziellen Clustern und innovativen Entwicklungszentren gibt es in China auch (Beiträge in: McKelvey und Bagchi-Sen 2015). Sie werden dort zudem gezielt politisch gefördert. Aber offenbar reicht das noch nicht aus und es benötigt vor allem auch mehr Zeit, um dauerhaft am Weltmarkt kompetitive Produkte zu entwickeln, zu fertigen und zu vertreiben.

Da diese Zeit nicht so ohne weiteres zur Verfügung steht, versucht man in China natürlich auch vor allem durch politische Einflussnahme innovative Prozesse zu stimulieren. Das führt tendenziell zu Fehlallokationen, unter anderem, weil staatliche Akteure nicht so vom Markt lernen, wie Unternehmer (Etzkowitz 2008, S. 62). Im Vergleich zu China gibt es in den USA ein gänzlich anderes Verständnis von Unternehmertum. Die großen Spieler in der globalen Welt etwa im Bereich der IT, des Internets, der Telekommunikation oder der sozialen Medien, die Industrien der Zukunft, sind zumeist und nicht zufällig Gründungen amerikanischer Unternehmer. Entrepreneuring ist in den USA in eine spezifische Kultur eingebunden, die mehr als in anderen Nationen dem Risiko zugewandt ist (Lipset 2000). Ihre Innovationen beginnen zunächst oftmals sogar jenseits von etablierten Institutionen (Chandler 1994). In China hingegen sind vor allem die großen Unternehmer überwiegend mit einflussreichen politischen Kreisen verbunden, sodass sie nicht wirklich frei agieren könnten (ten Brink 2014, S. 699–700). Daher müsste man viel mehr auf die Selbstorganisationsfähigkeit von innovativen Prozessen vertrauen.

Hier schließt sich der Kreis unserer Argumentation. Die Transformation in eine qualitative, durch Information, Wissen und Innovation getriebene Phase der nachhaltigen wirtschaftlichen Entwicklung kann nicht unabhängig von der Logik ihrer Steuerung gesehen werden. Wissen entwickelt sich nur organisch und benötigt freien Zugriff auf Informationen. China baut sich gegenwärtig eine eigene entsprechende Infrastruktur auf. Gleichwohl wird der freie Zugang zum Internet früher oder später eine der Nagelproben für die Innovationsfähigkeit in China sein.

Die Rolle der Steuerung durch die verschiedenen Ebenen des politischen Systems sollte sich mehr und ähnlich wie in Deutschland auf „factor creation" (Porter 1990, S. 80–81 und S. 378) konzentrieren, wobei auch hier weitgehende Unabhängigkeit gewährleistet werden muss. Systemtheoretisch könnte man diese Rolle als Kontextsteuerung bezeichnen, die sich auf die Sicherung von Rahmenbedingungen konzentriert, innerhalb derer die Handelnden sich darin entscheiden, korrigieren und lernen können (Willke 1998, S. 124).

Aus der Sicht der modernen Entwicklungs- und auch der Institutionenökonomie wird jedoch darauf verwiesen, dass die Bildung entsprechend verlässlicher Infrastrukturen, ob es sich um Wissensbildung oder Eigentumsrechte handelt, Zeit und Vertrauen braucht (Fukuyama 2005). Die Verlässlichkeit von Gesetzen ist Ausdruck einer spontanen Organisation und ermöglicht diese zugleich auch. Bevor eine verlässliche legalistische Form entsteht, machen Akteure unzählige Erfahrungen in konkreten Interaktionen. Eine Rechtsnorm kann nicht wirksam im Schnellverfahren und von oben einfach verordnet werden (Fukuyama 2011, S. 252). In Europa haben sie ihre Wurzeln in politischen Transformationen und in der Aufklärung, die Jahrhunderte zurückliegen.

1.11 Chinesische Versuche zur Verbesserung der Innovationsleistung

Natürlich haben die chinesischen Strategen sich nicht erst seit gestern mit diesen Thematiken befasst. Man kann rückblickend in China insgesamt vier unterschiedliche Phasen der Versuche unterscheiden, wissenschaftliche und technische Innovationen zu fördern und in der Ökonomie einen nachhaltigeren Wachstumspfad zu initiieren (Yang 2014).

Nach der Gründung der Volksrepublik China 1949 gab es unter dem Premier Zhou Enlai eine erste kleine Initiative unter der Überschrift „March towards Science", wo es schon damals darum ging, sich von der westlichen Übermacht etwas unabhängiger zu machen. Diese ersten Gehversuche wurden jedoch während der Kulturrevolution weitgehend zerstört und es entstand im Land eine breite und bis heute spürbare Verunsicherung hinsichtlich der sozialen Stellung und gesellschaftlichen Rolle der Intelligenz.

Nach dem Ende der gut zehn Jahre dauernden Kulturrevolution im Jahre 1976 kostete es unter Deng Xiaoping naturgemäß sehr viel Mühe, einen neuen Weg einzuschlagen, der glaubwürdig an die intellektuellen Ressourcen des Landes anknüpfen konnte. Sein neues Leitbild lautete: „Science and Technology is the first productive force" und richtete einen Schwerpunkt der Politik erstmals wieder auf die Bedeutung von Forschung und Wissen für ökonomisches Wachstum. Mit der zunehmenden Liberalisierung wurden auch westliche Unternehmen ins Land gelassen, mit der Hoffnung, von ihren Erfahrungen und Wissen zu lernen. Der vielfach kritisierte rigorose Umgang der Regierung mit den Studentenunruhen 1989 führte aber zu einer weiteren Verunsicherung der Intelligenz.

Die Regierung der dritten Führungsgeneration unter Jiang Zemin musste sehr viel Aufwand betreiben, um sie wieder in ihre so wichtige Rolle für den wirtschaftlichen und sozialen Fortschritt des Landes zu bringen. 1992 wurde auf dem XIV. Nationalen Parteikongress der KPCh der Leitsatz „Science and Technology must be geared to the main battlefield of economic construction" (Yang 2014) formuliert. Den Kontext dieser Initiative bildete die Transformation der globalen wirtschaftlichen Entwicklung in die sogenannte Wissensökonomie, die in Chinas sehr arbeitsdominierte Volkswirtschaft noch lange nicht angekommen war.

Unter Hu Jintao, der 2003 Präsident des Landes wurde, erfuhr die Förderung von Wissenschaft und Technologie unter dem Slogan „adhere to the road of independent innovation with Chinese characteristics and strive for constructing an innovative country" (Yang 2014) eine weitere deutliche Aufwertung. Die strategische Aufmerksamkeit verlagerte sich noch klarer darauf, einerseits in absehbarer Zeit die Weltspitze zu erreichen, sich dabei jedoch andererseits von der Abhängigkeit westlicher Einflüsse zu befreien und einen genuinen eigenen Weg zu finden. Im Auftrag des XVI. nationalen Parteikongresses der KPCh formulierte der Staatsrat 2006 dazu ein entsprechendes Programm, „The National Medium-term and Long-term Planning Outline of Scientific and Technological Development (2006–2020)".

1.12   Die Öffnung 1978

Die entscheidende Wende und der Weg Chinas in die Moderne begannen bekanntlich ab 1978 mit Deng Xiaoping, nachdem das Land sich zuvor durch innere Konflikte und kapitale Fehlsteuerungen nahezu am Rand des Chaos bewegte. China zählte zu diesem Zeitpunkt zu den ärmsten Ländern der Welt. Das war zweifellos für ein Land, das zu den ältesten Kulturen der Welt gehört, eine sehr demütigende Bilanz. Die neue Führung leitete eine bis dahin beispiellose Liberalisierung und Privatisierung der Ökonomie ein und öffnete seit den 1980er Jahren das Land für westliche Waren, Leistungen und Investitionen. Sie förderte Unternehmertum und ermutigte Investoren aus dem Ausland, in den Sonderwirtschaftszonen Fabriken zu bauen. Ihren Abschluss fand die strategische Neuausrichtung Chinas aus der Isolation und hin zur Teilnahme an der internationalen Ökonomie Ende 2001 mit dem Beitritt Chinas zur WTO (Panitchpakdi und Clifford 2002). Von 1978 bis weit in das 21. Jahrhundert hinein wuchs die chinesische Ökonomie, auch wenn man die Zahlen etwas skeptisch beurteilt, mit einer durchschnittlichen Rate von unglaublichen 9 %. Die Erklärungen dafür sind vielfältig und selten erschöpfend (Übersicht bei: Todaro und Smith 2006, S. 174–180), aber ganz offenkundig waren Bedarfe und Probleme in Wirtschaft und Gesellschaft derartig dringlich, dass schnelles Handeln und spürbare Erfolge absolut notwendig waren.

Von ihren japanischen Nachbarn haben die Chinesen gelernt, dass der Aufbau einer industriellen Basis unter kompetitiven Bedingungen eines staatlichen Schutzes bedarf. In China kam allerdings der weitgehende Wahrheits- und Steuerungsanspruch der Partei hinzu. Daher suchte man stets einen Ausgleich zwischen den ökonomischen Notwendigkeiten und politischen Erfordernissen (Bloom 2016, S. 53–62). Besonders gefördert wurden aus diesen Gründen Staatsunternehmen (SOEs) in den als strategisch besonders relevant wahrgenommenen Schlüsselbereichen der Industrie. Hinzu kamen gezielte Exportförderungen für Unternehmen, von denen man annahm, dass sie im weltweiten Wettbewerb erfolgreich sein könnten. Der staatliche Schutz und finanzielle Anreize sind jedoch auf Dauer wenig geeignet, dass Unternehmen sich systematisch weiterentwickeln, experimentieren und sich im globalen Wettbewerb mit eigenen oder gar innovativen Ansätzen bewähren.

Im Gegensatz zu Japan ermunterte China aber auch ausländische Investoren in das Land zu kommen. Die dafür üblichen Kooperationsformen waren zunächst Joint Ventures, die aus chinesischer Sicht primär das Ziel hatten, von den Partnern technologisches Wissen sowie Management-Kompetenzen zu erlernen. Für die Investoren waren die Treiber für ihre China-Engagements allerdings einmal der gigantische Markt und die billigen Arbeitskräfte, weniger der freie Wissens- und Technologietransfer, was zum Herd zahlreicher Konflikte wurde (Freimuth et al. 2005).

1.13 Das Projekt „Made in China 2025"/2049

Vor dem zuvor skizzierten Hintergrund verstehen sich die nun auch vielfach angekündigten Bemühungen der chinesischen Regierung, einen neuen und mehr auf Innovation setzenden Pfad der ökonomischen Entwicklung zu initiieren. Solche Trendwenden beginnen in China immer mit großen Programmen und Kampagnen. Kurz vor dem XVIII. Nationalen Parteikongress der KPCh, der die fünfte Führungsgeneration unter Xi Jinping ernannte, gaben KP und Staatsrat im September 2012 das Dokument „Opinions on Deepening Technological System Reform and Accelerating National Innovation System Construction" heraus, das darauf zielt, dass China bis 2049 – zum 100. Jahrestag der Staatsgründung – zu einer globalen technologischen Macht und einer Führungsnation in Innovation und wissenschaftlicher Entwicklung wird. Anfang 2015 wurde dann unter prominenter Beteiligung des Ministeriums für Industrie und Technologie (MIIT) in diesem Zusammenhang ein 10-Jahres-Entwicklungsprogramm mit der Überschrift „Made in China 2025" vorgeschlagen. Der Schwerpunkt der Aufmerksamkeit liegt ganz offenbar auf der Weiterentwicklung der industriellen Basis des Landes.

Die zentrale Idee von „Made in China 2025" ist in der Tat die Förderung der nationalen Innovationsfähigkeit sowie die systematische Automatisierung und Steigerung der Ressourcen-Effizienz der industriellen Produktionsbasis, u. a. um mindestens einen Teil der höheren Arbeitskosten zu kompensieren und global wieder kompetitiv zu sein.

Im Detail geht es um die folgenden Themenkomplexe (CSIS 2015):

- Innovationen als Basis der industriellen Produktion und Vertrauen auf das Humankapital, um den Sprung weg von der Quantität und hin zu mehr Qualität zu schaffen.
- Effizienzsteigerung in der industriellen Produktion und Ausbau von Wertschöpfungsketten mit dem Ziel, den Anteil im Inland gefertigter Bauteile und Materialien auf 40 % 2020 und 70 % 2025 zu steigern.
- Es soll ferner darum gehen, den Schutz geistigen Eigentums und Erfindungen zu verbessern, um insbesondere mittleren und auch kleineren Unternehmen einen Anreiz zu geben, in innovative Systeme zu investieren.
- Es soll Unternehmen auch erlaubt werden, mehr als bisher sowohl eigene als auch international leitende Standards etwa für Produktionssysteme zu setzen bzw. besser an solchen Standards zu partizipieren.
- In neuen Innovationszentren sollen darüber hinaus durch gezielte staatliche Förderung Kompetenzen im Bereich von Smarter Produktion und integrierter Wertschöpfung entwickelt werden, die weltweiten Standards genügen sollen.

Die Aufmerksamkeit des Programms liegt auf insgesamt 10 Schlüsselindustrien im traditionellen und im Hightech Sektor, unter anderem Informationstechnik, Luft- und Raumfahrt, Automatisierungstechnik und Robotik, Energie-effiziente Transportsysteme, Bio-Technologie und Medizintechnik. Im Zentrum stehen dabei primär wieder die SOEs, die von den entsprechenden Behörden gefördert und gesteuert werden. Sie sollen sich mit innovativen und qualitativ hochwertigen Produkten auf den Exportmärkten behaupten. Das wird als Kriterium für nachhaltigen Erfolg gesehen. Obwohl das Vorhaben durch staatliche Behörden initiiert und beobachtet werden soll, hat man offenbar auch erkannt, dass Innovation nicht verordnet werden kann, sondern endogene Anreize und Impulse benötigt. Dafür sollen nicht nur finanzielle und steuerliche Erleichterungen geschaffen werden, gefördert und gefordert werden auch neue Formen der Kooperation (etwa PPPs) und auch die Kooperation mit leistungsfähigen internationalen Investoren. Schließlich wird im Programm auch explizit erklärt, dass die unterschiedlichen staatlichen Ebenen sich erheblich kooperativer, offener und flexibler zeigen müssen, um dem geplanten Innovationsschub nicht hinderlich im Wege zu stehen und möglichst faire und freizügige Marktzugänge für ehrgeizige Innovatoren zu ermöglichen.

Das erklärte Ziel der chinesischen Strategen besteht darin, den Anteil von Ausgaben für industrielle Forschung und Entwicklung, gemessen am Anteil der Unternehmensgewinne, von 2013 bis 2015 nahezu zu verdoppeln (Trentini 2015). Durch Technologie und Innovation ausgelöstes Wachstum soll bis 2020 auf 60 % steigen, von ca. 40 % im Jahre 2011 (Hinweis bei Deiaco und Jeding 2015, S. 33). Das sind zunächst Absichtserklärungen und primär quantitative Ziele, die immer ein wenig an die sozialistische Tonnenideologie erinnern, Masse statt Klasse.

1.14 Humankapital

Die Kernfrage des vorliegenden Bandes ist, ob das Land die Bedingungen dafür schaffen kann, um die anvisierten Entwicklungssprünge zu initiieren. Dabei wird es ganz entscheidend auf die Etablierung eines spezifischen nationalen Innovationssystems ankommen (vgl. hierzu den abschließenden Beitrag von Freimuth in diesem Band). An dieser Stelle wollen wir uns zunächst auf einige Hinweise zum Aspekt des Humankapitals konzentrieren. Wir verstehen darunter die Summe der Erfahrungen, Kenntnisse, Fähigkeiten und Fertigkeiten der Erwerbsbevölkerung, die in produktiven und innovativen Prozessen zur Wirkung kommen (vgl. ähnlich: Kamaras 2010, S. 114). Technischer Fortschritt und eine entsprechende Bildung wird in der ökonomischen Theorie schon seit Jahren als der entscheidende Faktor für wirtschaftliches Wachstum begriffen. In der Humankapitaltheorie wird der Zusammenhang zwischen Bildung bzw. Humankapital und Produktivität systematischer begründet (vgl. beispielhaft zahlreiche Beiträge im Band von Psacharopoulos 1995). Es ist aus unserer Sicht jedoch wichtig, die Debatte um technischen Fortschritt und Humankapital mit den Erkenntnissen der Wissensökonomie zu erweitern (Moldaschl und Stehr 2010). Eine der wesentlichen Gründe dafür ist, dass man Wissen und Innovation nicht mit den klassischen Produktionsfaktoren vergleichen bzw. sie darauf reduzieren kann. Wissen vermehrt sich durch seinen Einsatz im Diskurs und es kommt so immer zu kleinen oder großen Innovationen, weil man Lernen nicht verhindern kann. Wie schon betont, gilt das sowohl für wissenschaftliche Labore, als auch für Fabrikhallen, also das sogenannte Shop Floor Management.

Für die Ausbildung des Humankapitals im Hightech-Sektor sind in erster Linie Institute und Hochschulen gefragt, die Forschung vorantreiben und einen entsprechend ausgebildeten naturwissenschaftlichen, technischen und ökonomischen Sachverstand hervorbringen müssen. Die Anzahl von Absolventen in den Naturwissenschaften und im Engineering ist in China zwischen 2000 und 2010 jährlich um durchschnittlich 14% gestiegen (Heng und Trensczek 2015). Auch die Zahl der Patentanmeldungen in China, bevorzugt im Bereich Industrie 4.0 (Staufen 2015), wird immer wieder als Hinweis oder gar als Beweis genommen, wie zielstrebig die Chinesen an der Umsetzung ihrer Vision arbeiten. Ähnliches gilt für den Vergleich der Anzahl von wissenschaftlichen Publikationen in den einschlägigen Journalen, wo China auch mehr als aufgeholt hat. Natürlich muss man das alles sehr ernst nehmen, andererseits wiederholen sich dort bislang auch bekannte und alte Muster zentralistischer Steuerungsversuche eines komplexen Prozesses. Dazu gehört besonders die reine Output-Orientierung (Deiaco und Jeding 2015). Im gleichen Zusammenhang werden immer gerne auch Leuchtturm-Projekte präsentiert, um die Leistungsfähigkeit des gesamten Systems zu belegen (Göbel 2014).

Das äußert sich auch in der Herausbildung von wenigen Elite-Universitäten, die zu einer Abwertung jener Forschungs- und Ausbildungsinstitute führt, die im Ranking nicht ganz oben angesiedelt sind. Es ist aus unserer Sicht ein strategischer Fehler, das amerikanische System des Hochschul-Rankings und des Starrens auf die absoluten Eliten zu kopieren. Das ist kein Argument gegen Leistung oder Eliten, sondern nur ein Verweis auf die Wirkung unterkomplexer Steuerungsinterventionen. Malcom Gladwell (2015) konnte am Beispiel der USA zeigen, dass dieses System eine große Zahl von gescheiterten Studenten erzeugt, die an anderen Hochschulen erfolgreich gewesen wären. Der dadurch entstehende volkswirtschaftliche Schaden ist kaum zu kalkulieren. Wirtschaft und Gesellschaft gehen damit solide Absolventen verloren, die für eine breite Basis an intellektueller Kapazität in diesem Land so wichtig wären.

In China geht man leider schon klar in die Richtung von Elitesystemen (Schulte 2014). Dort kommt noch erschwerend dazu, dass sich oftmals nur Kinder aus sehr wohlhabenden Familien teure Ausbildungen an elitären Instituten leisten können, denen dann aber aufgrund ihrer hohen Erwartungen nicht selten die Motivation zum Arbeiten fehlt, wie uns in unseren Recherchen in Unternehmen vor Ort auch bestätigt wurde. Das intellektuelle Potenzial des Landes wird so sicher nicht nachhaltig ausgeschöpft.

Die Situation in den Unternehmen ist nicht viel besser. Ein differenziertes und systematisches Personalmanagement, nennenswerte Investitionen in Trainings oder die Motivation von Mitarbeitern waren bislang kaum im Fokus der Strategie in Politik und Wirtschaft (Cooke 2005). Bis weit in das 21. Jahrhundert hinein stand im Bereich des Humankapitals Quantität und nicht Qualität im Vordergrund.

Die Mitte der 1990er Jahre angestoßenen Arbeitsmarktreformen dienten in erster Linie der Lösung der vielfältigen persönlichen Beziehungen und der strikten Liberalisierung der Beschäftigung, etwa durch die erstmalige Einführung von Arbeitsverträgen mit limitierter Dauer (Warner 2001). So standen Arbeitskräfte in großer Zahl zur Verfügung. Es gab wenige betriebliche Anstrengungen, parallel dazu die Human Ressourcen auf ein höheres Niveau zu bringen. Auch heute achten die Unternehmen noch häufig darauf, ihre Mitarbeiter eher betriebsbezogen zu qualifizieren, damit sie nicht auf Angebote von Konkurrenten eingehen. Die gesamte Berufsbildung steckt noch in den Kinderschuhen (Schulte 2014).

Für die Transformation der chinesischen Wirtschaft und Gesellschaft in die postmoderne Wissensökonomie wird schließlich die reine Ausbildung von fachlichen Kompetenzen nicht ausreichend sein, um dauerhaft global auf Augenhöhe konkurrieren zu können. Fachliche Expertise muss durch soziale, persönliche und methodische Kompetenzen ergänzt werden. Das innovative Potenzial von Experten entfaltet sich erst im kritischen Diskurs, in kreativen Netzwerken und unter Beteiligung unterschiedlicher Perspektiven, die sowohl zu innovativen Durchbrüchen als auch zu kontinuierlichen Verbesserungen führen (Schultz und Hölzle 2016). Eine der Schlüsselfragen wird sein, ob sich Schulen und Hochschulen auch in dieser Hinsicht öffnen und sich von eher autoritären Formen der Wissensvermittlung lösen.

Man muss allerdings sagen, dass all diese Problembereiche erkannt sind und an vielen Stellen zum Teil noch vorsichtige Reformen angestoßen werden, ob es sich um kreativere Lehrmethoden handelt oder praxisorientiertere Colleges, die an das duale System in Deutschland erinnern. Bis diese Prozesse in die Breite gehen und Wirkung zeigen, wird es noch Jahre dauern. Unser Eindruck ist, dass es für diese Transformationen durchaus reichliche monetäre Ressourcen gibt und auch die Bereitschaft, von westlichen Partnern zu lernen und mit ihnen zu kooperieren.

Die entscheidende Frage wird sein, wandlungsfähig das Land sein wird und welche Zerreißproben es aushalten kann, weil nicht zuletzt die bisherige Steuerungslogik durch die Partei zur Disposition steht.

1.15   Strategie- und Wandlungsfähigkeit

Es gibt offenbar eine Reihe von Argumenten, dass Formen der autoritären Modernisierung oder des autoritären Kapitalismus (Bloom 2016) unter den Bedingungen einer globalen Ökonomie eine mehr als relevante Option darstellen. Es gibt genügend Beispiele misslungener Liberalisierung von einst vielversprechenden Schwellenländern. Die unkontrollierte Hegemonie von global vernetzten und virtuellen Unternehmenskonstrukten, die lediglich nach Rentabilitäten suchen, erzeugt ökonomische Abhängigkeiten, ökologische und soziale Probleme und unterminiert die politische Souveränität. Das erklärt vermutlich unter anderem, warum die kommunistische Partei unter allen Umständen das Heft des Handelns in der Hand behalten will.

Ökonomischer Erfolg muss – so auch Helmut Willke (2014) – nicht notwendig mit demokratischen und liberalen Strukturen einhergehen (vgl. auch Friedman 2014). China habe bis dato zentrale Probleme sich entwickelnder Ökonomien gemeistert und ökonomisches Wachstum mit zentralstaatlicher Steuerung ermöglicht. Andere Volkswirtschaften, die sich hingegen auf die Beratung neoliberaler Ökonomen der Weltbank oder des IWF verlassen haben, können kaum als Erfolgsmodelle gelten, wie unter anderem das sehr traurige Beispiel von Russland zeigt (Stiglitz 2002). China habe hingegen Strategiefähigkeit unter Beweis gestellt, nämlich „… über punktuelle Maßnahmen und myopisches Krisenmanagement hinaus langfristige systemische Ziele zu setzen, durch die im Rahmen vorab definierter Entwicklungskorridore bestandskritische Qualitäten und Kompetenzen einer Gesellschaft aufgebaut werden können. Die Basis dafür ist Lernfähigkeit, die sich auf die Logik und Dynamik ganzer Systeme richtet und nicht auf detaillierte Kenntnisse isolierter Einzelmomente" (Willke 2014, S. 96).

Das gilt sicher weitgehend für die Vergangenheit, aber für die gegenwärtige Lage und die sich abzeichnenden zukünftigen Herausforderungen ist das Themenfeld deutlich kritischer zu sehen: „Die lange gepriesenen Meister der makroökonomischen Feinsteuerung tun sich beim Systemwechsel schwerer als gedacht" (Böschen und Hirn 2016, S. 87). Die Steuerung der zweitgrößten Volkswirtschaft der Welt gleiche „einem Flickenteppich zwischen Markt und Plan" (DIE WELT Digital 2016). Stattdessen reagiere man mit geldpolitischen Maßnahmen und pumpe liquide Mittel in den Kreislauf, um das Wachstum künstlich anzuregen. In den mächtigen Provinzen investieren einflussreiche Interessengruppen in unproduktive Staatsbetriebe, erhalten die ruinöse Massenproduktion aufrecht und tragen zu einer weiteren Verschärfung der oben geschilderten Symptome bei.

Darüber hinaus und im Zentrum unserer Diskussion muss die Strategiefähigkeit der chinesischen Regierung gerade bei der Herausbildung eines nationalen Innovationssystems mit den spezifischen Anforderungen an einer auf Wissen, Kooperation, Vertrauen und Selbstorganisation beruhenden Systemdynamik erst noch unter Beweis gestellt werden. Wie wir versucht haben zu zeigen, ist diese Frage sehr eng mit der Logik ihrer Steuerung verbunden. Hier stellt sich für uns sehr kritisch die Frage, ob das alles noch mit einem zentralistischen und planerischen Ansatz bewältigt werden kann und wo man wirklich vertrauen muss, dass Entwicklungen oft besonders dann gut gelingen, wenn man sie eine Zeit lang unbeobachtet lässt.

Interessant ist in diesem Zusammenhang eine Beobachtung von Markus Taube (2014, S. 667). Er beschreibt, dass die Entwicklung einer marktwirtschaftlichen Ordnung in China ganz spontan und zunächst im Bereich der semi-legalen Schattenökonomie vonstatten ging. Dort bildeten sich im Gefolge der eigendynamischen Kräfte des unternehmerischen Treibens institutionelle Rahmenwerke, die erst nach ihrem erwiesenen Erfolg von zentraler Seite formalisiert und institutionalisiert wurde. Das Ganze sei also gleichsam fast eine Art „Versehen".

Damit soll keinesfalls gesagt werden, dass die westlichen Wege in die Moderne das Nonplusultra sind und völlig ohne Probleme verlaufen würden. Es genügt, auch hier auf regelmäßig wiederkehrende ökologische Katastrophen hinzuweisen, auf die Risiken einer unkontrollierbaren Finanzökonomie, den kompletten Verfall ganzer Regionen oder Städte im Gefolge des Niedergangs einst blühender Industrien (LeDuff 2013) oder die massenhafte Entwertung von Arbeit mit ihren weitreichenden sozialpolitischen Konsequenzen (Stiglitz 2010).

1.16 Fazit und Ausblick

Es hat den Anschein, als ob in China und auch in anderen asiatischen Ländern ein lediglich linearer Zusammenhang zwischen Investitionen und Forschung und Entwicklung, Kommerzialisierung und ökonomischem Wachstum angenommen wird. Die geringe Tradition der Sozialwissenschaften in China, die in Europa und den USA ihre Wurzeln in aufklärerischen Traditionen haben, mag ein Grund dafür sein (De Meyer 2014). Planwirtschaftliche Steuerungskonzepte legen derartig deterministische Kurzschlüsse ebenfalls nahe.

Einige abschließende Beispiele mögen belegen, dass wir immer wieder auf die Logik der Steuerung organischer Prozesse der Wissensbildung zurückkommen. Die Bezahlung von Hochschullehrern ist zumeist immer noch vergleichsweise gering und eine akademische Laufbahn ist wenig attraktiv. Qualifizierte Hochschullehrer fehlen überall. Die Hochschulen müssen sich daher um Mittel und Projekte kümmern, je mehr, desto besser. Das geht auf Kosten der Qualität, vor allem in der Breite. Auf der anderen Seite sind die ausgewählten Elite-Institute überfinanziert und haben Mühe, ihre Ressourcen sinnvoll und gezielt für Projekte mit entsprechenden Rückläufen einzusetzen. Die Kurzfristorientierung des chinesischen Wissenschaftssystems zeigt sich auch darin, dass für

Grundlagenforschung 2011 nur gut 5 % des Forschungsetats ausgegeben wurde, für eher angewandte Forschung knapp 84 % (Angaben bei: Deiaco und Jeding 2015, S. 32 f.).

Wissenschaftlich-technischer Fortschritt und Wachstum sind jedoch keine Selbstläufer. Die Absorptionsfähigkeit von Institutionen für Ideen und Impulse muss sich entwickeln können, Kooperation und Kommunikation benötigen Vertrauen. Wir möchten in diesem Zusammenhang und in die Zukunft schauend auf den entwicklungsökonomischen Ansatz zum Capacity Building hinweisen (Beispielhaft: UNDP 2009). Er knüpft an die Ressourcen eines Landes an, lenkt aber die Aufmerksamkeit eher auf die Bildung von „Enablern", fördernden Institutionen, Bildung von Human Ressourcen und dezentraler Steuerung als die zentralen Hebel nachhaltiger Entwicklung. Aus unserer Sicht wird es in China auf die Mischung von Bottom up Ansätzen mit den Top Down Vorgaben ankommen.

Literatur

Aiyar S, Duval R, Puy D, Wu Y, Zhang L (2013) Growth slowdowns and the middle-income trap. IMF Working Paper. Asia and Pacific Department. March 2013

Baldwin R, Ito T, Sato H (2014) The smile curve – evolving sources of value added in manufacturing. www.unib.it/ricerca/dipartimenti/dse/e.g.i./egi2014-papers./ito, Zugegriffen: 7. Feb. 2016

Beck U (1997) Was ist Globalisierung? Suhrkamp, Frankfurt

Bell D (1975) Die nachindustrielle Gesellschaft. Campus, Frankfurt a. M.

Beynon H, Nichols T (Hrsg) (2006) Patterns of work in the post-Fordist era. Fordism and post-Fordism. 2 Volumes. Edward Elgar, Cheltenham

Block F, Keller M R (Hrsg) (2016) The U.S government's role in technology development. Routledge, New York

Bloom P (2016) Authoritarian capitalism in the age of globalization. Edward Elgar, Cheltenham

Böschen M, Hirn W (2015) Das Ende des Traums. Manag Mag, 12:84–95

Brink T ten (2014) Chinesischer Kapitalismus? Unternehmen und Unternehmertum in China. In: Fischer D, Möller-Hofstede C (Hrsg) Länderbericht China. Bundeszentrale für politische Bildung, Bonn, S 681–702

Carney RW (2014) Singapore: Open state-led capitalism. In: Witt M, Redding G (Hrsg) The Oxford Handbook of Asian Business Systems. Oxford University Press, S 192–215

Castells M (2001) Das Informationszeitalter I. Die Netzwerkgesellschaft. Leske + Budrich, Opladen

Chandler AD (1977) The visible hand. The Managerial Revolution in American Business, Harvard University Press, Cambridge

Chandler AD (1994) Scale and scope. Harvard University Press, Boston, The Dynamics of Industrial Capitalism

Chow PCY (1999) Technology, hierarchy, globalization of production networks, and international division of labour among pacific basin countries. Meiji Gakuin University, Yokohama

Chow CYP (2010) China as the World Market and/or the World Factory in the Global Economy. In: Chuang Y-c, Thomas S (Eds.) China and the World Economy. Berliner China-Hefte. LIT Verlag, Berlin, S 39–63

Chuang Y (2010) The rise of China and its implications for world economy. In: Chuang Y, Thomas S (Hrsg) China and the world economy. Berliner China- Hefte:37, S 3–21.

Cooke FL (2005) HRM. Work and employment in China. London, Routledge

CSIS – Center for Strategic & International Studies (2015) Made in China 2025. http://csis.org/publication/made-inchina-2025. Zugegriffen: 27. Dez. 2015

Das M, N'Diaye P (2013) Chronicle of a decline foretold: has China reached the Lewis turning point? IMF Working Paper 13/26. International Monetary Fund

Deiaco E, Jeding C (2015) To boldly go ... Characteristics of China's innovation policy. In: McKelvey M, Bachi-Sen S (Hrsg) Innovation spaces in Asia. Entrepreneurs, multinational enterprises and policy. Edgar Elgar, Cheltenham, S 22–45

Deming WE (2000) Out of the Crisis. Cambridge University Press

Dent CM (2007) The State and Transnational Capital in Adaptive Partnership: Singapore, South Korea and Taiwan. In: Yeung HW (Hrsg) Handbook of Research on Asian Business. Edgar Elgar, Cheltenham, S 223–249

Etzkowitz H (2008) The triple helix. University-industry-government. Innovation in action, Routledge, New York

Evans P (2005) The challenges of the „Institutional Turn": New interdisciplinary opportunities in development theory. In: Nee V, Swedberg R (Hrsg) The economic sociology of capitalism. University Press, Princeton, S 90–116

Fischer D, Oberheitmann A (2014) Herausforderungen und Wandel der Umweltpolitik. In: Fischer D, Möller-Hofstede C (Hrsg) Länderbericht China. Bundeszentrale für politische Bildung, Bonn, S 101–143

Freeman C (1974) The economics of industrial innovation. Pinguin Books, Harmondsworth

Freeman C (1987) Technology, policy and economic performance: Lessons from Japan. Pinter, London

Freeman C (1995) The 'National System of innovation' in historical perspective. Camb J Econ 19:5–24

Freimuth J (2011) Der Schutz geistigen Eigentums und das Management von Wissen in China. In: Mo Schädler (Hrsg) Freimuth J, Krieg R, Luo M, Müller C. Geistiges Eigentum in China. Gabler, Wiesbaden, S 181–211

Freimuth J, Lohoff H-G (2012) Das lange Ringen um Qualität – Von der Inspektion bis zum TQM in einer schlanken Fabrik. In: Freimuth J, Gebhardt J, Hauck O, Lohoff H-G (Hrsg) Die Gestaltung des Wandels zur operativen Excellence. Haufe, München, S 21–45

Freimuth J, Krieg R, Schädler M (2005) Kulturelle Konflikte in deutsch- chinesischen Joint-Ventures – Dargestellt am Beispiel der Einführung von Konzepten der Personalführung. Z Personalforschung. 19(2):159–180

Friedman B (2014) Kapitalismus, Wirtschaftswachstum und Demokratie. In: von Müller C, Zinth C-P (Hrsg) Managementperspektiven für die Zivilgesellschaft des 21. Jahrhunderts, Springer-Gabler, Wiesbaden, S 3–15

Friedman T (2005) The world is flat. A brief history of the globalized world in the 21st century. Allen Lane, London

Fukuyama F (2005) Still disenchanted? The modernity of postindustial capitalism. In: Nee V, Swedberg R (Hrsg) The economic sociology of capitalism. University Press, Princeton, S 75–89

Fukuyama F (2011) The origins of political order. Farrar, Straus and Giroux, New York

Gladwell M (2015) David und Goliath. Die Kunst, Übermächtige zu bezwingen. Piper, München

Göbel C (2014) Innovationsgesellschaft China? Politische und wirtschaftliche Herausforderungen. In: Fischer D, Möller-Hofstede C (Hrsg) Länderbericht China. Bundeszentrale für politische Bildung, Bonn, S 573–605

Heilmann S (2015) China will ein Wirtschaftswunder. Frankfurter Allgemeine. Fazit – das Wirtschaftsblog. http://blogs.faz.net/fazit/2015/08/28/china-will-ein-wirtschaftswunder-6395/. Zugegriffen: 2. Jan. 2016

Heng S, Trenczek J (2015) Industrie 4.0: China im „Jahr der Innovation" auf erfolgverspre-
chendem Weg. Deutsche Bank Research. https://www.dbresearch.de/servlet/reweb2.ReW
EB?document=PROD0000000000357404&rwdspl=1&rwnode=DBR_INTERNET_DE-
PROD$ERESEARCH&rwobj=ReDisplay.Start.class&rwsite=DBR_INTERNET_de-PROD.
Zugegriffen: 7. Mai 2016

Hiltzik M (2015) Big science. Ernest Lawrence and the invention that launched the military-industrial complex. Simon & Schuster, New York

Hirn W (2016) Treibjagd auf die Bosse. Manag Mag 3:96–97

Kamaras E (2010) Humankapital in der Wachstumstheorie. In: Moldaschl M, Stehr N (Hrsg) Wissensökonomie und Innovation. Beiträge zur Ökonomie der Wissensgesellschaft. Metropolis,
Marburg, S 112–144

Kenney M, Florida R (1993) Beyond Mass Production. The Japanese System and its Transfer to
the U.S. University Press, New York

Krogh v. G, Ichijo K, Nonaka I (2000) Enabling knowledge creation. University Press, Oxford

Kuhlin B, Thielmann H (Hrsg) (2005) Real-Time Enterprise in der Praxis. Springer, Berlin

Kuhn T (2016) Architekten für das Übernetz. Wirtschaftswoche, 7:52–55

Kuruvilla S (2008) Adjusting to globalization through skills development strategies. In: Rondinelli
DA, Heffron JM (Hrsg) Globalization and change in Asia. Lynne Rienner Publishers, Boulder,
S 127–148

Landes D (1973) Der entfesselte Prometheus. Kiepenheuer & Witsch, Köln

Landes D (1998) The wealth and poverty of nations. Why some are so rich and some so poor. Norton, New York

LeDuff C (2013) Detroit. An American Autopsy. Penguin Books, New York

Lee ZR, Hsiao HHM (2014) Taiwan: SME-Orientated Capitalism in Transition. In: Witt M,
Redding G (Hrsg) The Oxford Handbook of Asian Business Systems. Oxford University Press,
S 238–259

Li J, Ning Y (2010) The spatial competitiveness of global production networks and it's analysis in
China: a case study of the computer industry. In: Chuang Y, Thomas S. (Hrsg) China and the
World Economy. Berliner China-Hefte: 37, S 64–80

Lipset SM (2000) Values and entrepreneurship in the Americas. In: Swedberg R (Hrsg) Entrepreneurship. The Social Science View. University Press, Oxford, S 110–128

Locke RR (1996) The collapse of the american management mystique. University Press, Oxford

Lütge G (2009) Ein halber Dollar. In: DIE ZEIT, 29. Oktober 2009, Nr. 45. http://www.zeit.
de/2009/45/Verbraucher-Beistueck. Zugegriffen: 19. Apr. 2016

McKelvey M, Bagchi-Sen S (Hrsg) (2015) Innovation Spaces in Asia. Entrepreneurs, Multinational Enterprises and Policy. Edward Elgar, Cheltenham

Meadows D, Meadows D, Randers J, Behrens W (1972) Die Grenzen des Wachstums. DVA,
Stuttgart

Moldaschl M, Stehr N (Hrsg.) (2010) Eine kurze Geschichte der Wissensökonomie. In: Moldaschl
M, Stehr N (Hrsg.) (2010) Wissensökonomie und Innovation. Beiträge zur Ökonomie der Wissensgesellschaft. Metropolis, Marburg, S 9–74

Mudambi R (2008) Location, control and innovation in knowledge-intensive industries. J Econ
Geogr 8(5):699–725

Musson AE (1978) The Growth of the British Industry. Batsford, London

Nolan P (2002) China and the global business revolution. Camb J Econ 26:119–137

Nolan P, Zhang J, Liu C (2007) The global business revolution, the cascade effect, and the challenge for firms in developing countries. Camb J Econ 32:29–47

Nonaka I, Takeuchi H (1995) The Knowledge-creating company. University Press, Oxford

North DC (2005) Capitalism and economic growth. In: Nee V, Swedberg R (Hrsg) The economic
sociology of capitalism. University Press, Princeton, S 41–52

Nye D (2013) America's assembly line. MIT Press, Boston

OECD (2013) The People's Republic of China. Avoiding the middle-income trap: policy for sustained and inclusive growth. September 2013

Ohno T (1988) Toyota production system. Beyond Large-Scale Production. Productivity Press, Portland

Panitchpakdi S, Clifford ML (2002) China and the WTO. Changing China, Changing World Trade. John Wiley, Singapore

Pascale RT, Athos AG (1981) The art of Japanese management. Simon and Schuster, New York

Polanyi K (1978) The great transformation. Suhrkamp, Frankfurt

Porter ME (1990) The competitive advantage of nations. The Free Press, New York

Psacharopoulos G (Hrsg) (1995) The economics of education. Research and Studies. Pergamon Press, Oxford

Ramsauer C (2013) Industrie 4.0 – Die Produktion der Zukunft. WINGbusiness, 3:6–12

Saxenian A (2005) The Origins and Dynamics of Production Networks in Slicon Valey. In: Swedberg R (Hrsg) Entrepreneurship. The Social Science View. University Press, Oxford, S 308–331

Schucher G (2014) Chinas Arbeitsmärkte: Umbrüche, Risiken, Perspektiven. In: Fischer D, Möller-Hofstede C (Hrsg) Länderbericht China. Bundeszentrale für politische Bildung, Bonn, S 703–738

Schulte B (2014) Chinas Bildungssystem im Wandel: Elitenbildung, Ungleichheiten, Reformversuche. In: Fischer D, Möller-Hofstede C (Hrsg) Länderbericht China. Bundeszentrale für politische Bildung, Bonn, S 499–541

Schultz C, Hölzle K (2016) Die Motoren der Innovation. Gedanken zur Zukunft der Innovationsforschung. ZfO 85 (1):10–13

Shambaugh D (2016) Chinas future. Polity Press, Cambridge

Staufen AG (Hrsg.) (2015) China – Industrie 4.0 Index. Eine Studie der Staufen AG. Staufen, Köngen

Stiglitz J (2002) Die Schattenseiten der Globalisierung. Siedler, Berlin

Stiglitz J (2010) Im freien Fall. Vom Versagen der Märkte zur Neuordnung der Weltwirtschaft. Siedler, Berlin

Stiglitz J, Greenwald BC (2015) Die Innovative Gesellschaft. Wie Fortschritt gelingt und warum grenzenloser Freihandel die Wirtschaft bremst. Econ, Berlin

Suttmeier RP (2005) An new technonationalism? China and the development of technical standards. Communication of the ACH. April 2005. Vol. 48. No. 4, S 36–37

Taube M (2014) Wirtschaftliche Entwicklung und ordnungspolitischer Wandel in der Volksrepublik China seit 1949. In: Fischer D, Möller-Hofstede C (Hrsg) Länderbericht China. Bundeszentrale für politische Bildung, Bonn, S 645–679

Todaro MP, Smith SC (2006) Economic development, 9. Aufl. Pearson, Harlow

Trentini M (2015) "Made in China 2025" – Chinese Industrial Ambitions. The Market Mogul. 26th August 2015. http://themarketmogul.com/made-in-china-2025-chinese-industrial-ambitions/ Zugegriffen: 27. Dez. 2015

UNDP (2009) Capacity Development: A UNDP Prime. United Nations Development Program, New York

Vietor RHK (2007) How Countries compete. Strategy, structure, and government in the global economy. Harvard Business School Press, Cambridge

Warner M (2001) HRM in the People's Republic of China. In: Budhwar PS, Debrah YA (Hrsg) Human resource management in developing countries. Routledge, London, S 19–33

Willke H (1998) Systemtheorie III: Steuerungstheorie, 2. Aufl. Lucius & Lucius, Stuttgart

Willke H (2014) Demokratie im Zeitalter der Konfusion. Suhrkamp, Frankfurt

Witt MA (2014a) Japan: Coordinated capitalism between institutional change and structural iner-
tia. In: Witt M, Redding G (Hrsg) The Oxford Handbook of Asian Business Systems. Oxford
University Press, S 100–122

Witt MA (2014b) South Korea: Plutocratic state-led capitalism reconfiguring. In: Witt M, Redding G (Hrsg) The Oxford Handbook of Asian Business Systems. Oxford University Press,
S 216–237

World Bank (2007) World Bank – Cost of Pollution in China. Economic Estimates of Physical
Damage. Washington D.C.

Yang L (2014) Implementation of China's rejuvenation through knowledge. In: Shao K, Feng
X (Eds.) Innovation and Intellectual Property Management in China, Cheltenham U.K. und
Northampton, MA, USA, S 53–79

Zhiming X, (2016) Li confident of realizing growth target. China Daily USA, Ausgabe vom 17.
März, S 2–3

Quellen und Weiterführende Literatur

Amelung I (2014) Wissenschaft und Technik als Bestandteil nationaler Identität in China: Ent-
wicklungslinien vom 19. bis ins 21. Jahrhundert. In: Fischer D, Möller-Hofstede C (Hrsg) Länderbericht China. Bonn, Bundeszentrale für politische Bildung, S 543–571

Bachinger M, Pechlaner H (2011) Netzwerke und regionale Kernkompetenzen: der Einfluss von
Kooperationen auf die Wettbewerbsfähigkeit von Regionen. In: Bachinger M, Pechlaner H,
Widuckel W (Hrsg) Regionen und Netzwerke. Kooperationsmodelle zur branchenübergreifen-
den Kompetenzentwicklung. Gabler, Wiesbaden, S 3–28

Bell D (1969) Die nachindustrielle Gesellschaft. In: Grossner C (Hrsg) Das 198. Jahrzehnt. Eine
Teamprognose 1970–1980. Christian Wegner Verlag, Hamburg, S 351–363

De Meier A (2014) National R & D Systems and technology development in Asia. In: Witt MA,
Redding G (Hrsg) The Oxford Handbook of Asian Business Systems. University Press, Oxford,
S 465–484

Erling J (2016) Chinas Überkapazitäten bedrohen Europas Industrie. DIE WELT Digital. http://
www.welt.de/wirtschaft/article152532213/Chinas-Ueberkapazitaeten-bedrohen-Europas-Indus-
trie.html. Zugegriffen: 7. Mai 2016

European Union Chamber of Commerce in China (2016) Overcapacity in China. An impediment
to the party's reform agenda, Beijing

Fraunhofer IAO (2015a) Analyse der Entwicklung von Industrie 4.0 in China

Fraunhofer IAO (2015b) Industrie 4.0: China auf der Überholspur. http://www.iao.fraunhofer.de/
lang-de/ueber-uns/presse-und-medien/1585-industrie-4-0-china-auf-der-ueberholspur.html.
Zugegriffen 3. März 2016.

Keane M (2014) The cluster effect in China: real or imagined? In: Shao K, Feng X (Hrsg) Innovation and intellectual property in China. Edgar Elgar, Cheltenham, S 136–159

MERICS. Mercator Institute for China Studies (2015) Industrie 4.0: Deutsche Technologie für
Chinas industrielle Aufholjagd? China Monitor, Nummer 23, 11. März 2015

Mueller B (2015) Keine Angst vor 4.0. Technology Review. Das Magazin für Innovation, S 1–4.
http://www.heise.de/tr/artikel/keine-Angst-vor-4-0-2880799.html. Zugegriffen: 31. Jan. 2016

National Bureau of Statistics (2015) China Statistical Yearbook 2015. http://www.stats.gov.cn/tjsj/
ndsj/2015/indexeh.htm. Zugegriffen: 2. Mai 2016

Schucher G, Noesselt N (2013) Weichenstellung für Systemerhalt: Reformbeschluss der Kommunistischen Partei Chinas. GIGA Focus 10/2013. German Institute of Global and Area Studies. www.giga-hamburg.de/giga-focus. Zugegriffen: 1. Mai 2016

Schüller M (2014) China und die Weltwirtschaft. In: Fischer D, Möller-Hofstede C (Hrsg) Länderbericht China. Bundeszentrale für politische Bildung, Bonn, S 739–773

Shao Y (2015) Strategic Vision and Outlook of „Made in China 2025". Part 2. Possibilities and Challenges for Industry 4.0 China Version. Mizuho Bank. www.Mizuhobank.com/service/global/cndb/economics/monthly/R512-0072-XF-0102.pdf. Zugegriffen: 2. Jan. 2016

Taube M (2008) Ökonomische Entwicklung in der VR-China. Nachholendes Wachstum im Zeichen der Globalisierung. Duisburger Arbeitspapiere Ostasienwissenschaften. No. 74/2008

Wei D, Li J, Ning Y (2010) Corporate networks, value chains, and spatial organization: a study of the computer industry in China. Urban Geogr 31(8):1118–1140

Über die Autoren

Prof. Dr. Joachim Freimuth, Jg. 1951, studierte Betriebs- und Volkswirtschaftslehre sowie Betriebspädagogik in Bremen und Landau. Er verfügt über langjährige Fach-, Führungs- und Beratungserfahrungen, veröffentlichte zahlreiche Publikationen, u. a. über die Entwicklung in China. Joachim Freimuth ist ehemaliger Professor für Personalmanagement an der Hochschule Bremen und derzeit noch als freiberuflicher Trainer, Moderator und Berater für Change-Management tätig.

Dr. Monika Schädler ist Professorin für Wirtschaft und Gesellschaft Chinas an der Hochschule Bremen. Nach dem Studium der Volkswirtschaftslehre und der Sinologie in Berlin, Hamburg und Peking arbeitete sie an zahlreichen Forschungsprojekten zu China, u. a. zur ländlichen Industrialisierung, zur Regionalentwicklung oder zur sozialen Sicherung. Seit mehr als zwei Jahrzehnten an der Hochschule Bremen liegen ihre inhaltlichen Schwerpunkte auf der aktuellen Entwicklung in Wirtschaft und Gesellschaft Chinas. Als Lehrende und Forschende und Gründungsdirektorin des Konfuzius-Institut Bremen (2013) ist sie in engem Austausch mit China.

Teil II

Innovation und Innovationspolitik in China – Rahmenbedingungen und Kontexte

Von „Made in China" zu „Invented in China" – China auf dem Weg zur Industrie-Supermacht?

2

Christoph Angerbauer und Thomas König

Zusammenfassung

Der Innovationsstandort China blickt – zu Recht – mit Stolz auf eine lange Tradition der Erfindungen zurück. Doch ist China auch im 21. Jahrhundert fähig, diese Tradition fortzuführen? Jetzt, da China an die Grenzen seiner bisherigen Wachstumsstrategie stößt, müssen neue, innovative Wege gefunden werden, um zukunftsfähiges, innovationsgetriebenes Wachstum zu gewährleisten. China muss den Übergang vom quantitativen zum qualitativen Wachstum schaffen. Dieses Ziel ist auch eine der Kernaufgaben des 13. Fünfjahresplans – die Ausweitung der Innovationsfähigkeit ist eine mögliche Methode, um den Ungewissheiten der kommenden Jahre entgegenzuwirken. Dieses Kapitel beleuchtet den geschichtlichen Kontext sowie die aktuellen Chancen und Herausforderungen von Chinas Innovationspolitik.

Inhaltsverzeichnis

C. Angerbauer (✉)
DIHK, Berlin, Deutschland
E-Mail: angerbauer.christoph@dihk.de

T. König
AHK, Schanghai, China
E-Mail: koenig.thomas@sh.china.ahk.de

© Springer Fachmedien Wiesbaden GmbH 2017
J. Freimuth und M. Schädler (Hrsg.), *Chinas Innovationsstrategie in der globalen Wissensökonomie*, DOI 10.1007/978-3-658-17651-8_2

2.1   Vorbemerkung

Wenn man in den verwinkelten Straßenschluchten Shanghais auf der Suche nach einem guten französischen Restaurant vom Weg abkommen sollte, so ist die aktuelle Position mittels Baidu Maps jederzeit aufrufbar. Sollte man sich verspäten, kann man der Verabredung mit WeChat in Sekundenschnelle ein paar entschuldigende Worte tippen. Zu spät kommende Wiederholungstäter können im Convenience-Store um die Ecke mittels Alipay und eines schnellen Scans des Xiaomi-Handybildschirms – ohne das Portemonnaie je zücken zu müssen – in Nullkommanichts ein Mea-culpa-Blumenbouquet kaufen. Die Digitalisierung hat zumindest in den großen Städten an der Küste Einzug gehalten, und es gibt nicht die zuweilen angstbesetzten Reaktionen, die wir zum Teil dazu in Deutschland erleben.

Das Reich der Mitte scheint das 21. Jahrhundert in vollen Zügen auszukosten, während Kritiker sich fragen, ob die technischen Errungenschaften von chinesischen Großkonzernen wie Baidu, Tencent oder Xiaomi nicht nur bloße Kopien westlicher Vorlagen sind. Denkt man im Westen an China, so wird oft an das fälschlicherweise Konfuzius nachgesagte Zitat gedacht: Imitation sei die höchste Form der Schmeichelei. Innovation sei zudem eher sekundär in einem Land, welches in den letzten 30 Jahren unermüdlich in Küstenstädten wie Guangzhou oder Shenzhen den Titel der „Werkbank der Welt" innehat.

Dennoch werden auch im Jahr 2016 chinesische Gesprächspartner nicht müde zu erwähnen, dass China schon vor tausenden Jahren unter anderem die Tee- und Seidenproduktion, den Papierdruck, den Kompass und das Schießpulver erfunden habe. Sie glauben an ihr Land. Aber wie steht es heutzutage um Chinas tatsächliche Innovationsfähigkeit in einer sich globalisierenden und äußerst kompetitiven Wissensökonomie, wo Innovation wichtiger als je zuvor geworden ist, um dort mitzuspielen?

2.2   Grenzen der bisherigen Wachstumsstrategie in China

Wie bei rapidem Wachstum zu erwarten ist, verliert jedes goldene Zeitalter im Laufe der Zeit ein wenig an Glanz – das ist nicht weiter verwunderlich. Zudem werden früher oder später die Folgekosten dieses Wachstums präsentiert, die von der Marktlogik nicht mitkalkuliert werden. Daher muss China jetzt handeln: Entweder werden nun die Weichen für ein zukunftsfähiges Wachstumsmodell jenseits von fiebrigen Wachstumsraten gestellt, oder China läuft Gefahr, eine harte Landung zu machen, mit all den gesellschaftspolitischen und globalen Konsequenzen, die sich niemand wünschen kann. Dafür ist die globale Bedeutung des Landes schon zu groß.

Ganz in diesem Sinne verkündete der damalige Premierminister Wen Jiabao schon Anfang 2007 vor dem Nationalen Volkskongress, dass Chinas Wachstum „ungleichmäßig, unkoordiniert und nicht nachhaltig gewesen sei"[1] (IMF 2007). Einige Zahlen sprechen in diesem Zusammenhang schon für sich: In einem Land, welches 20 % der Weltbevölkerung ausmacht, befinden sich knapp 10 % des globalen Vermögens. Über 300 Mio Menschen gehören zum chinesischen Mittelstand, während mindestens genauso viele an der Armutsgrenze leben (FMW 2015). Bis zum hundertjährigen Jubiläum der Gründung der Volksrepublik China im Jahr 2049 soll die Urbanisierungsrate knapp 70 % betragen (momentan liegt sie bei 51 %). Und schließlich, bis zum Jahr 2020 soll es 200 Städte mit mindestens einer Million Einwohnern geben. All das kreiert einen vorher noch nie da gewesenen Bedarf an bezahlbarem Wohnraum, Zugang zu Strom- und Wasserversorgung, einem Ausbau des Gesundheitssystems und vor allem auch der Bildung. Die daraus resultierenden Probleme der Luftverschmutzung, des Verkehrschaos und der allgemein steigenden Frustration der Bevölkerung sind bekannt und weitreichend dokumentiert.

Ungleichmäßig, unkoordiniert und nicht nachhaltig – das hat konkrete Auswirkungen: Nach 30 Jahren rapiden, stellenweise zweistelligen BIP-Wachstums verlangsamte sich dieses in den letzten Jahren auf bis unter 7 % im Jahr 2015 (6,9 %). Zwei Hauptquellen des anfänglichen Wachstumsschubs – eine stetig steigende erwerbstätige Bevölkerung, historisch einzigartige Wanderungsbewegungen vom Land in die Städte sowie Großinvestitionen in die Infrastruktur und industrielle Kapazitäten – lassen in ihrer Wirkung seit einigen Jahren nach: Die arbeitsfähige Bevölkerung im Alter von 16 bis 60 Jahren wächst nicht mehr und wird bis zum Jahr 2050 sogar um bis zu 16 % schrumpfen (CRI online 2015), während Anlageinvestitionen lange schon nicht mehr so gewinnbringend wie früher sind (Woetzel et al. 2015, S. 17).

Chinas Schuldenstand im Verhältnis zum BIP lag bei über 240 % im dritten Quartal 2015 (im Jahr 2007 waren es noch knapp 160 %) (The Economist 2015) – das ist eine Summe von knapp 161 Trillionen Renminbi (23 Trillionen EUR) und damit ein Wert, der diejenigen von Deutschland (78 %) und den USA (96 %) weit übersteigt (The World Bank 2014). Ein Drittel der neuen Schulden ist im Immobilienmarkt und damit verbundenen Industrien angesiedelt. Weil der Immobilienmarkt inzwischen Überkapazitäten aufweist, vermindern sich die Ausschüttungen bei Anlageinvestitionen. Die Incremental Capital-Output Ratio (ICOR), die zeigt, wie viel Kapital benötigt wird, um einen zusätzlichen BIP-Punkt zu kreieren, lag zwischen 1990 und 2010 im Durchschnitt bei 3,4, ist mittlerweile aber auf 5,4 angestiegen – man braucht also 60 % mehr Kapital als damals,

---

[1]At the National People's Congress this March, Premier Wen Jiabao cautioned, „the biggest problem with China's economy is that the growth is unstable, unbalanced, uncoordinated, and unsustainable." (IMF 2007)

um einen zusätzlichen BIP-Punkt zu kreieren. Bis zum Jahr 2030 könnte Chinas ICOR 17 % höher sein als der Wert für die anderen BRIC-Länder Russland, Indien und Brasilien (Woetzel et al. 2015, S. 2).

Hinzu kommt, dass der Produktionssektor – die treibende Kraft der chinesischen Wirtschaft der vergangenen Jahrzehnte – seit einiger Zeit schwächelt. Der Caixin Purchasing Managers Index (PMI), ein von Industrieexperten oft genutzter Maßstab der nationalen Produktionsaktivitäten, sank im Dezember 2015 auf 48,2 – jeder Wert unter 50 signalisiert einen Rückgang von Produktionsaktivitäten im Zuge gesunkener Nachfrage im In- und Ausland (Shaffer 2016). Auch ausländische Unternehmen in China spüren, dass Fluktuationen im Wirtschaftswachstum sich etwa auf den Arbeitsmarkt auswirken: So erwarten deutsche Unternehmen im Jahr 2016 einen Lohnanstieg von 7,1 % für ihre insgesamt ca. 1,1 Mio Mitarbeiter in China, während weiterhin großer Mangel an qualifiziertem Personal herrscht, welches die zunehmend komplexer werdenden Technologien effektiv anzuwenden und produktiv zu nutzen weiß. (AHK 2015a, b, beide Berichte)

Eine Konsequenz der „Normalisierung" der Wachstumsraten ist, dass China sich nach neuen Quellen des Wirtschaftswachstums umsehen muss. Dementsprechend bedeutet das von Xi Jinping verkündete „New Normal" eben auch, dass die Wirtschaft zukünftig durch verstärkte Innovation vorangetrieben werden muss. (Xinhuanet 2014) Einige Analysen gehen in diesem Zusammenhang sogar so weit zu prognostizieren, dass China, um BIP-Wachstumsraten zwischen 5,5 % und 6,5 % pro Jahr aufrechtzuerhalten, zwei bis drei Prozentpunkte allein durch „Innovation im weitesten Sinne" generieren muss (Woetzel et al. 2015, S. 17).

2.3   Middle-Income-Trap

Nach der Veröffentlichung der finalen Version des 13. Fünfjahresplans im März 2016, welcher viele der vorher genannten Sorgenquellen der chinesischen Regierung anspricht, muss China sich auch davor hüten, nicht Opfer seines eigenen früheren Erfolgs zu werden: Laut des Nationalen Statistikamtes überstieg das chinesische BIP pro Kopf im Jahr 2012 5000 US$– die viel zitierte magische Schwelle, um China ein mittleres Einkommensniveau zu attestieren.[2]

---

[2]Es ist wichtig anzumerken, dass „mittleres Einkommensniveau" nicht eindeutig definiert ist. Es gibt verschiedene Erfassungsmethoden; dieser Artikel stützt sich auf die Definition und Eckdaten einer oft zitierten Studie des Levy Economic Institute of Bard College, welche auch anerkennt, dass es keine genaue Definition von „Middle Income" gibt, aber auf Erfahrungswerten basierend folgende Definition vorschlägt: „low-income below $2,000; lower-middle-income between $2,000 and $7,250; upper-middle-income between $7,250 and $11,750; and high-income above $11,750". (Felipe et al. 2012, S. 14)

Das pro-Kopf BIP pro Kopf stieg im Jahr 2014 auf 7590 US$ und wird im Jahr 2020 voraussichtlich 10,000 US$ erreichen. Wichtig ist, was danach passiert: Laut Statistiken der Weltbank schafften es in den letzten 60 Jahren nur 13 von 101 Ländern und Regionen, wie z. B. Korea und Taiwan, auf die nächsthöhere Einkommensstufe – alle anderen verblieben auf dem Niveau, welches sie schon in den 1960er Jahren erreicht hatten. Dies gilt besonders für Länder in Lateinamerika (China Daily 2015).

Laut einer Einschätzung der OECD kann China dieser sogenannten Middle-Income-Trap (vgl. dazu auch Kap. 1) nur dauerhaft entkommen, indem es „die Rahmenbedingungen für Innovation, vor allem für innovative Start-ups verbessert, indem es die administrativen Hindernisse vermindert und Finanzierungsmodelle für kleine und mittlere private Unternehmen ausweitet. Die Beziehung zwischen akademischer Forschung und der Industrie muss intensiviert werden." (OECD 2013). Dies ist besonders dringlich, wenn man bedenkt, dass momentan staatseigene oder staatsnahe Unternehmen knapp 50 % der Gesamtwirtschaft ausmachen (Szamosszegi und Cole 2011, S. 1). Kleinere Nationen wie Korea und Taiwan werden gerne als erfolgreiche Beispiele genannt, da sie der „Falle" entkommen sind, während viele Länder in Lateinamerika, wie Mexiko, Brasilien und Peru, in der Falle gefangen zu sein scheinen. Bis jetzt gibt es kein Beispiel für Länder mit einer so großen Bevölkerung wie China, wo diese Schwelle überwunden wurde.

Die strikte Notwendigkeit, schnell und wirksam zu handeln, ist somit nicht von der Hand zu weisen. Wie innovativ kann China also sein? Die Frage ist, wie effektiv die chinesische Bevölkerung mit ihrem Humankapital, Unternehmer mit ihrer strategischen Weitsicht und die Regierung mit gezielten Entwicklungsmaßnahmen und vertrauensbildenden Institutionen dieser Notwendigkeit begegnen werden.

2.4   Innovation – Zwischen Anspruch und Wirklichkeit

Auch wenn es schwierig ist, die tatsächliche Innovationsfähigkeit eines Landes empirisch zu messen (vgl. dazu auch Kap. 4), so verkündete die regierungsnahe Xinhua Nachrichtenagentur Anfang des Jahres 2015, dass China, zum vierten Mal in Folge, die meisten Patentanmeldungen weltweit verzeichnete. Konkret waren das laut des State Intellectual Property Office (SIPO) 928.000 Patentanmeldungen, das ist ein Anstieg um 12,5 % gegenüber dem Vorjahr. (Shaohui 2015) Die zweitplatzierten USA hatten im selben Zeitraum nur 615.243 Patentanmeldungen (U.S. Patent and Trademark Office 2015). Doch bei näherer Betrachtung der Zahlen stellt sich schnell heraus, dass ein Drittel der Patente von ausländisch-investierten Unternehmen in China stammen. Dies deckt sich mit den Ergebnissen einer chinesischen Studie aus dem Jahr 2012, die feststellte, dass über die Hälfte der im Jahr 2010 in Peking ausgestellten Patente ausländisch-investierten Unternehmen zuzurechnen sei. (Austin 2015). Darüber hinaus ist man sich weitgehend einig, dass viele Patente nicht wirklich weitreichendes innovatives Potenzial haben oder gar globale Bedeutung.

Hinzu kommt ein weiteres Problem: Trotz vielfältiger Großinvestitionen der chinesischen Regierung in Höhe von insgesamt 2,01 % des BIP bzw. 193 Mrd US$ im Jahr
2013 in die Forschung und Entwicklung des Landes verlassen gleichwohl knapp 300.000
junge Chinesen pro Jahr das Land, um im Ausland ihre Abschlüsse zu machen (The
Economist 2014). Zudem sind die meisten gegangen, um auch im Ausland zu bleiben,
offenbar weil sie vergleichsweise wenig Perspektiven in ihrem Land vermuten. Das
Oak Ridge Institute for Science and Education bestätigte in der Tat, dass 85 % der chinesischen Akademiker, die ihren Doktortitel im Jahr 2006 in den USA in Disziplinen
wie Informatik, Mathematik oder Physik erhielten, auch noch im Jahr 2011 nicht nach
China zurückgekehrt waren (Finn 2012, S. 19). Der Schaden für das Land ist nicht nur
der Braindrain, sondern besteht auch in der Signalwirkung, die von solchen Bewegungen
ausgeht.

Nach dem „Network Readiness Index" des World Economic Forum, einer Aufstellung
über die Wettbewerbsfähigkeit einzelner Länder, basierend auf Innovationen, Patentanmeldungen und der Einführung neuer Produkte, belegt China nur den 71. Platz von insgesamt 143 Ländern (World Economic Forum 2015). Das trifft wohl eher das Bild, auch
wenn es deutlich nüchterner ausfällt, als vielleicht erwartet.

2.5   Innovationspolitik in China und die Vision „Made in China 2025"

Innovation steht schon seit fast 40 Jahren auf der politischen Agenda der chinesischen
Regierung. Nach den turbulenten 1950er und 1960er Jahren, dominiert durch den „Großen Sprung nach vorn" und die Kulturrevolution mit ihren schlimmen Auswirkungen in
Wirtschaft und Gesellschaft, richtete der pragmatische Deng Xiaoping, beginnend in den
1980er Jahren, das nationale Augenmerk auf die großen strategischen Modernisierungs-
initiativen in der Wirtschaft sowie auf eine breite Reform- und Öffnungspolitik.

Laut einer Analyse von Forbes, durchlief die Innovationsentwicklung in China ins-
gesamt drei verschiedene Phasen, beginnend mit der bloßen Imitation über zunehmende
Konkurrenzfähigkeit bis schließlich hin zur Marktführerschaft in bestimmten Bereichen
(Yip und McKern 2015):

- Zunächst ahmten chinesische Unternehmen gegen Ende der 1970er Jahre bereits exis-
  tierende Produkte, wie Fernsehgeräte oder Modeaccessoires, zu billigen Preisen und
  mit generell niedriger Qualität schlichtweg nach.
- Die stetig steigende Kaufkraft der chinesischen Konsumenten resultierte bald in
  höhere qualitative Ansprüche. Chinesische Unternehmen passten sich an diese
  Bedürfnisse der heimischen Konsumenten an und hoben die Produktionsstandards an.
  Die Produkte unterschieden sich aber von ihren westlichen Pendants, da sie viele Ext-
  ras, an die sich Konsumenten in Deutschland oder den USA gewöhnt hatten, bewusst
  wegließen – die Produkte waren „good enough", eine Zweckmäßigkeit, die den chinesischen Kunden vorerst reichte.

- Die dritte Phase, die gezieltere Ausrichtung auf den Status als Marktführer, durchleben wir seit einigen Jahren. Trotz jahrzehntelanger, massiver Investitionen in den Forschungsbereich, der Mobilisierung einflussreicher Parteivertreter und der breiten Durchsetzung zahlreicher innovationsfördernder Richtlinien, ist wirkliche nachhaltige Innovation erst seit dem Jahr 2006 eine Priorität für die chinesische Führung (McGregor 2010, S. 4). Alles andere wäre auch kaum zu schaffen gewesen.

Unter Hu Jintao und Wen Jiabao verankerte der „National Medium- and Long-Term Plan for the Development of Science and Technology (2006–2020)" (abgekürzt MLP-2020) erstmals sehr nachdrücklich die chinesische Ambition, vom „economic powerhouse" zu einem „innovation powerhouse" zu werden. So verkündete der damalige Premier Wen Jiabao: „[China muss] sich auf zwei treibende Kräfte stützen: einerseits die Förderung der Reform- und Öffnungspolitik und andererseits die Weiterentwicklung der Wissenschaft und Technologie und der Stärke der Innovation" (Johnson 2015, S. 11).

Der MLP-2020 war die erste offizielle Betonung der Wichtigkeit von „heimischer Innovation" (自主创新, zìzhǔ chuàngxīn) und identifizierte sieben „strategische, aufsteigende Industrien" (战略性新兴产业, zhànlüèxìng xīnxìng chǎnyè)[3], wie z. B. Biotechnologie oder High-end-Betriebsmittel, die als Schlüssel zur Weiterentwicklung der chinesischen Wirtschaft galten. Strategische, aufsteigende Industrien sollten bis zum Jahr 2015 8 % und bis zum Jahr 2020 15 % der Gesamtwirtschaft ausmachen (CSIS 2015).

Mit der Veröffentlichung des MLP-2020 und der Weisung, sich einerseits global auszurichten und andererseits die Abhängigkeit von für die Produktion benötigten importierten Technologien auf maximal 30 % zu reduzieren, wurde die (Welt-)Marktführung in bestimmten Schlüsselindustrien zum offiziellen Ziel (Abrami et al. 2014) der volkswirtschaftlichen Entwicklung und der Industriepolitik erklärt.

Schon kurz nachdem die Hu-Wen-Administration am Ende des Jahres 2013 das Zepter an Xi und Li übergab, verabschiedete die chinesische Regierung einen weiteren und dezidierten Plan: Made in China 2025. Der Zeitpunkt der Veröffentlichung des Plans fiel mit der zunehmenden globalen Aufmerksamkeit auf der deutschen „Industrie 4.0"-Initiative zusammen, die nicht nur die unmittelbare Innovationsförderung im Sinn hat, sondern die Transformation kompletter Wertschöpfungsketten unter den Stichworten der Digitalisierung und Automatisierung vorsieht (vgl. dazu Kap. 21).

Insbesondere inspiriert durch das Industrie-4.0-Paradigma, will die chinesische Regierung die Ausgaben für Forschung und Entwicklung im Herstellungsbereich von 0,88 % des BIP im Jahr 2013 bis zum Jahr 2025 auf 1,68 % erhöhen. Die Produktivität

---

[3]Die sieben strategischen Industrien waren: 1. Energy efficient and environmental technologies, 2. Next generation information technology (IT), 3. Biotechnology, 4. High-end equipment manufacturing, 5. New energy, 6. New materials, 7. New-energy vehicles (NEVs). (Jiabao 2009; State Council of the People's Republic of China 2010)

der Arbeitskräfte soll bis 2020 jährlich um 7,5 % steigen und ab dann um 6,5 %. Dieses Ziel wird gegenwärtig allerdings dadurch erschwert, dass die allgemeine Produktivitätssteigerung mit den steigenden Lohnkosten derzeit nicht Schritt halten kann. So halten die deutschen Auslandshandelskammern Greater China eine Produktivitätssteigerung von 6 % jährlich bis zum Jahr 2020 für wahrscheinlicher (AHK 2014, S. 18).

„Made in China 2025" plant ferner die Einführung von Herstellungs- und Innovationszentren im ganzen Land (15 bis 2020 und 40 bis 2025), die Verstärkung des Schutzes geistigen Eigentums, mehr Schutz für mittelständische Unternehmen sowie ein Wachstum von heimischen Komponenten und Materialien auf 40 % bis zum Jahr 2020 und 70 % bis zum Jahr 2025 (CSIS 2015, S. 2). Kritiker des MLP-2020 betonen allerdings, dass der weitgehende Fokus auf „strategische, aufsteigende Industrien" zu kurzsichtig und „heimische Innovation" allein ein zu ungenaues Ziel sei (CSIS 2015, S. 3). Aber ohne Zweifel hat die chinesische Regierung wichtige Hebel identifiziert, die Wirkung der Maßnahmen muss man erst einmal abwarten.

Die positiven Effekte des „top-down approach" der chinesischen Regierung, der immer mit der Formulierung einer nationalen Strategie einhergeht, sind nicht von der Hand zu weisen. Schon im Jahr 2003 ermutigte die chinesische Regierung ein Bieterverfahren für Windparks – Staatsunternehmen wurden angewiesen, 70 % ihrer Komponenten von inländischen, chinesischen Unternehmen zu beschaffen. Bereits im Jahr 2009 waren sechs der zehn weltweit führenden Windturbinenfirmen chinesisch, mit einem Anteil von 20 % am globalen Gesamtumsatz der Windindustrie. (Abrami 2014, S. 3) Laut einer Studie aus dem Jahr 2015 des Renewable Energy Policy Network for the 21st Century belegt China sowohl bei der totalen Windgenerationskapazität, dem jährlichen Kapazitätsausbau als auch bei den jährlichen Investitionen seit Jahren Platz 1 der Statistiken (REN21 2015, S. 10). Es gibt einige sehr ernst zu nehmenden Forschungen darüber, dass grüne Technologien in der Tat zu einem weltweit tragfähigen Wachstumspfad führen und China dort eine herausragende Rolle spielen könnte (Mazzucato 2014).

Zwei weitere prominente Beispiele für vielversprechende staatliche getriebene Initiativen liegen im Transportbereich: Im Jahr 2008 startete die Regierung ein Programm, um eine neue Generation von Hochgeschwindigkeitszügen zu entwickeln und dotierte dieses Vorhaben mit 3 Mrd Renminbi (oder knapp 470 Mio US$) – das Zugnetzwerk Chinas ist mittlerweile weltbekannt und der CRH380, der chinesische Hochgeschwindigkeitszug, erreicht Geschwindigkeiten von 380 km/h. (Woetzel et al. 2015, S. 10) Frei nach dem Motto „the sky is the limit" stellte das Staatsunternehmen COMAC am 2. November 2015 die C919 vor, der chinesische Versuch, mit einer Passagiermaschine für 174 Menschen dem Duopol von Airbus und Boeing in der Luft entgegenzuwirken (Jiang 2015).

Die finanzielle Förderung einzelner, von der Regierung vorgegebener Branchen führt sicherlich immer auch mal zu Fehlallokationen. Die Unternehmen konzentrieren sich nur auf Bereiche, in denen sie Fördermittel erhalten, um kurzfristig Gewinne zu erzielen, langfristige Entwicklungen in anderen Bereichen werden demnach durchaus vernachlässigt. Solche Regularien beeinflussen die strategischen Entscheidungen innerhalb einzelner Unternehmen und entsprechen nicht dem westlichen Verständnis einer ungebundenen

Geschäftskultur – vor allem auch wenn man darauf vertrauen kann, dass bestimmte Industriesektoren ohnehin früher oder später große Förderung durch die Regierung erhalten werden.

2.6 Innovation und Akquisition

Ein weiterer Ansatz für Chinas Innovation und nachhaltiges Wachstum ist die ebenfalls „von oben" eingeleitete „Go global"-Strategie. Diese Investmentoffensive in Afrika, Amerika und Europa ist recht gut dokumentiert. Statt also selbst „innovativ" zu sein, eignen viele der chinesischen Unternehmen sich das Know-how und die Innovationsfähigkeit anderer Firmen an – so wie viele andere Unternehmen in der westlichen Hemisphäre weltweit auch.

Die Beispiele für Übernahmen deutscher Firmen durch China häufen sich in jüngster Zeit. Allein in den ersten zwei Monaten von 2016 verbuchten chinesische Unternehmen Shoppingtouren mit besonders hohen Beträgen: Mit einem Firmenwert von 925 Mio. EUR kaufte Chinas größter Chemiekonzern, ChemChina, den Münchner Kunststoffmaschinenkonzern KraussMaffei im Januar 2016. Kurz darauf kaufte der chinesische Investor Beijing Enterprises den niedersächsischen Abfallkonzern EEW – für 1438 Mrd. EUR, somit die bislang teuerste Übernahme eines chinesischen Unternehmens in Deutschland. (Spiegel online 2016). Auch hier darf man davon ausgehen, dass die Regierung und ihre strategischen Berater mit großer Beharrlichkeit einen Masterplan verfolgen.

2.7 Der Effizienz-Enklaven-Ansatz

Auch wenn China sich über Jahrzehnte hinweg mit Standorten wie Guangzhou und Shenzhen und den dortigen, teils zweifelhaften Arbeitsbedingungen als „Werkbank der Welt" etabliert hat, so ist eine positive Kehrseite dieser Entwicklung eine weltweit unvergleichliche Anhäufung von Kompetenzen. China ist von daher z. B. für 16 % des weltweiten Umsatzes und 9 % der weltweiten Exporte von elektronischen Geräten verantwortlich (Goodrich et al. 2013). Mit über 150 Mio. Fabrikarbeitern, einem riesigen Netzwerk von Zulieferern und einem modernen und zuverlässigen Transportnetzwerk kann China mit einzelnen Standorten wie Guangzhou und Shenzhen auf ein ausgezeichnetes Effizienz-Enklaven-System zurückgreifen. Das sind industrielle und logistische Agglomerationen mit einer besonderen Konzentration von Unternehmen, Infrastrukturen, Ressourcen und Know-how.

Das McKinsey China Institut benutzte die Stadt Shenzhen im Perlflussdelta (eine knappe Stunde von Hongkong entfernt) als ein Beispiel für diese Enklaven: Mit über 2000 Elektronikherstellern, 1300 Materialherstellern, einem Flughafendurchsatz (gemeinsam mit Hongkong) von über knapp 5 Mio. t (im Vergleich: Der Flughafen Frankfurt beförderte im Jahr 2015 2,08 Mio. t) (Fraport 2016) und einem Hafendurchsatz von 23,3 Mio. TEU[4] (im Vergleich: Der Hamburger Hafen beförderte im Jahr 2015 8,8 Mio. TEU) (Hafen Hamburg Marketing e. V. 2016), einer 9 Mio. Mann starken Arbeiterschaft im Durchschnittsalter von 33 Jahren und einer Vielzahl von „Geschäftsinkubatoren" wie HAX Accelerator, wo in einem Fünftel der ansonsten benötigten Zeit Blaupausen in geschäftstüchtige Prototypen verwandelt werden, sind nach oben kaum Grenzen gesetzt (Woetzel et al. 2015, S. 9). Effizienz-Enklaven wie Shenzhen werden bei der Umsetzung von Plänen wie „Made in China 2025" wichtige Schlüsselpositionen einnehmen. Bis zum Jahr 2025 könnte die Herstellung von Hightech-Waren für 450 Mrd. bis 780 Mrd. US\$ oder 12 % bis 22 % des BIP verantwortlich sein (Woetzel et al. 2015, S. 10).

Ein weiterer Vorteil, den sich andere Länder nur schwerlich aneignen können, ist die immer weiter steigende Anzahl von kaufkräftigen Konsumenten – in einem Land mit ca. 1,35 Mrd. Menschen ist es leicht, allein im Inland viel Umsatz zu machen und hergestellte Produkte schnell und gewinnbringend zu vertreiben. Gemessen am Anteil des globalen Umsatzes wachsen chinesische Unternehmen besonders in Sektoren wie Haushaltswaren (wo sie 39 % des globalen Umsatzes ausmachen), Internet-Software (15 %) und Smartphones (10 %). Nur bei Haushaltswaren und Unterhaltungselektronik machen Exporte mehr als 10 % des Umsatzes aus – alles andere wird auf dem Binnenmarkt vertrieben. (Woetzel et al. 2015, S. 9)

Effizienz-Enklaven, eine große Arbeiterschaft, ein großer Pool an kaufkräftigen, E-Commerce erfahrenen Konsumenten und eine effiziente Transportinfrastruktur sind einige der wichtigsten Grundlagen dafür, dass China sich in den kommenden Jahrzehnten an die neuen Gegebenheiten des Marktes anpassen kann. Auch wenn die Interkonnektivität von Initiativen wie Industrie 4.0 Flexibilität und Großinvestitionen von chinesischer Seite erfordern wird, so spricht eine Vielzahl von Faktoren für den Erfolg Chinas in der nächsten Phase der globalen industriellen Entwicklung.

2.8   Quo vadis, China?

Das Bild, das sich von China zeichnen lässt, ist also erwartungsgemäß nicht einheitlich. Ein sich abschwächendes Wirtschaftswachstum, steigende Lohnkosten, stetig steigende soziale Ungleichheiten, eine alternde Population, drastische und schnelle Urbanisierung und die Gefahren der „Middle-Income-Trap" – jede einzelne dieser Herausforderungen

---

[4]Twenty-foot Equivalent Unit (TEU) ist ein Maß für Kapazitäten von Containerschiffen und Hafenumschlagsmengen.

würde eine jede Regierung der Welt vor eine große, komplexe Aufgabe stellen. China muss – vom Rest der Welt genau beobachtet – all diese Problematiken gleichzeitig jonglieren. Viele der beschriebenen Problematiken lassen sich in einem Satz zusammenfassen: China muss den Übergang vom quantitativen zum qualitativen Wachstum schaffen.

Dieses Ziel ist demzufolge auch eine der Kernthemenstellung des 13. Fünfjahresplans. Die dort festgeschriebene systematische Ausweitung der Innovationsfähigkeit ist die einzig mögliche Methode, um den Ungewissheiten der kommenden Jahre entgegenzuwirken und das Land in jeder Hinsicht auf Kurs zu halten. Für den dringenden Bedarf an nachhaltigen Innovationen und Investitionen hat das Land auch einen Nationalplan auf die Beine gestellt, der im Idealfall spätestens bis zum Jahre 2049, dem hundertjährigen Jubiläum der Gründung der Volksrepublik China, ein weitgehend digitalisiertes, automatisiertes, effizientes China ermöglichen soll. Der Status quo der Innovationsfähigkeit in China ist allerdings wenig balanciert – einerseits verzeichnen einige bestimmte, „von oben" geförderte Industrien und Unternehmen Rekordgewinne, andererseits hat China weiterhin mit einem akuten Braindrain zu kämpfen. Eine ergänzende Möglichkeit, um die strukturellen Beschränkungen des politischen Systems etwas zu umgehen, ist – wie erwähnt – die schon erfolgreiche, allerdings recht kostspielige Akquisition ausländischer Firmen, um so vorhandene Wissens- oder Innovationslücken zu füllen.

Doch wie geht es weiter? Und welche Auswirkungen wird das auf die gesamtwirtschaftliche Entwicklung haben? Wir haben insbesondere zwei Faktoren hervorgehoben: Trotz einer Vielzahl von Herausforderungen, denen sich China in den nächsten Jahren stellen muss, ist das Potenzial für den innovativen Ausbau vieler Industrien enorm. Auch hat China bewiesen, dass der staatsgesteuerte „top-down approach" durchaus Erfolge verzeichnen kann. Ferner ist nicht von der Hand zu weisen, dass Effizienz-Enklaven wie Shenzhen ein wichtiges Alleinstellungsmerkmal sind, das China in Zukunft einen Startvorsprung auf dem Weg zur „Knowledge-based" Economy bieten kann.

Schnauft der Dauerläufer China also vor dem nächsten Wachstumssprint nur durch oder geht dem Wirtschaftsriesen doch die Luft aus? Hinsichtlich der Komplexität einer jeden Wirtschaft im Allgemeinen oder der chinesischen im Besonderen ist es schwierig, eine klare Antwort zu finden. Es ist nicht von der Hand zu weisen, dass die Zentralregierung die Notwendigkeit für einen Übergang zum qualitativen Wachstum erkannt hat und dezidiert angehen will. Gesprächspartner florierender Start-up-Akzeleratoren in Shanghai verweisen auf das ungeahnte und bei weitem noch nicht ausgeschöpfte Potenzial, welches knapp eine Milliarde potenzielle Konsumenten in China allein für die *big thinkers* (Vordenker) in der ganzen Welt bieten. Dem gegenüber steht ein Kreditwachstum, welches das Wirtschaftswachstum übersteigt, eine schnell alternde Gesellschaft (French 2016) und die Gefahr von Zinserhöhungen in den USA, welche sonst für den Zufluss von billigem Geld nach China sorgte (Herbst-Bayliss und Saphir 2016). Dementsprechend liegt die Antwort, auch wenn sie vielleicht weniger befriedigend ist, für das Reich der Mitte auch tatsächlich irgendwo in der Mitte: Die Chancen sind groß, die Herausforderungen ebenso. Es bleibt schwer einzuschätzen, welchen Weg China einschlagen wird.

Das bedeutet jedoch nicht, dass der Rest der Welt keinen Beitrag leisten kann und aus eigenem Interesse auch sollte, um China bei dieser Transformation beizustehen: Wie bereits weiter oben angesprochen, besteht gerade in Hinblick auf das erst kürzlich abgeschlossene Deutsch-Chinesische Innovationsjahr 2015 (Bundesministerium für Wirtschaft und Energie 2015) und Themenkomplexe wie „Industrie 4.0" (die Verzahnung der industriellen Produktion mit modernster Informations- und Kommunikationstechnik) aus deutsch-chinesischer Perspektive eine Vielzahl von noch nicht adressierten Synergiemöglichkeiten, die Chinas ambitionierte Pläne nach vorn treiben könnten (vgl. dazu auch Kap. 1 sowie 4). Doch diese Kooperationsmöglichkeiten setzen natürlich auch erst mal voraus, dass China beginnt, interne Transformationspläne flächendeckend von den Papierseiten von Staatsdokumenten und Regierungsstrategien in die Realwirtschaft zu übertragen – das ist bis jetzt nur stellenweise geschehen.

Trotz aller Unsicherheiten: China ist in vielerlei Hinsicht einzigartig und immer für eine Überraschung gut. Das betrifft sowohl die Methoden der kurzfristigen Problembehebung als auch die langfristige Strategie, um sich zur globalen Industrie-Supermacht zu entwickeln. Wir haben in diesem Zusammenhang hier in erster Linie Chinas nationale Innovationsfähigkeit, die staatlichen Strategien und die Industrieinfrastruktur betrachtet. Die Attraktivität des „Standortes China" haben wir nicht diskutiert. Auf lange Sicht wird aber auch das Thema der ausländischen Talente für China von zentraler Bedeutung sein. Das Center for Talent Innovation, eine Arbeitsgruppe, die 80 global operierende Unternehmen repräsentiert, sieht unternehmerische Innovationsfähigkeit als Schlüsselelement für wirtschaftlichen Erfolg und betonte auch in seinem Jahresbericht 2013: „Innovationsfähigkeit ist mit einer grundsätzlich vielfältigen Arbeitnehmerschaft verknüpft. […] Wenn Innovation der heilige Gral ist, so muss Diversität das Hauptziel einer jeden Firma sein" (Hewlett et al. 2013, S. 6).

Mit anderen Worten: Allzu homogene Unternehmenskulturen im Kontext einer relativ geschlossenen nationalen Innovationskultur, was tendenziell in China der Fall ist, laufen langfristig Gefahr, wegen eines Mangels an neuen Außenimpulsen ihre Innovationsfähigkeit einzubüßen. Insbesondere im Vergleich, wenn man sich die Vielfalt der Arbeitnehmerschaft an offensichtlich erfolgreichen Innovationsstandorten wie dem amerikanischen Silicon Valley anschaut: 36 % der Einwohner des „Innovations-Mekkas" sind im Ausland geboren und 44 % der durch Technologie und Engineering getriebenen Start-ups, die zwischen den Jahren 2006 und 2012 gegründet wurden, hatten mindestens einen im Ausland geborenen Gründer (Wadhwa et al. 2012, S. 3). Daher ist die folgende Aufstellung (s. Abb. 2.1) des McKinsey China Instituts sehr hilfreich, um einzuschätzen, welche Faktoren potenzielle (ausländische) Innovatoren von eventuellen Chinaplänen abbringen könnten. Erkennbar ist, dass die Hauptinnovationsstandorte wie Beijing und Shanghai sowie Effizienz-Enklaven wie Shenzhen und Guangzhou zwar eine relativ große Zahl von Patentanträgen verbuchen, im globalen Vergleich ist die Anzahl an Ausländern

China's top four cities have built innovation capacity but lag behind global peers on lifestyle metrics

	Innovation capacity		Lifestyle factors				
Low / Medium / High	Patent applications, 2011[1]	Applications compound annual growth rate, 2006–11 (%)[2]	Number of IPOs, 2014[3]	Air quality (PM 2.5)	Diversity (% foreign-born)	Traffic ineffi-ciency[5]	Property price/income[6]
Silicon Valley, United States[4]	6,912	1.8	35	10	36	179[7]	29
Boston, United States	3,553	0.4	18	6	27	89	6
Paris, France	748	4.1	6	15	13	101	31
Tokyo, Japan	12,041	9.9	55	16	2	132	34
London, England	678	0.6	34	16	31	275	47
New York, United States	3,698	-4.6	25	7	37	108	37
Seoul, South Korea	3,379	11.6	11	46	3	84	26
Beijing	2,634	31.5	38	83	1	202	52
Shanghai	1,439	22.2	13	52	1	192	40
Shenzhen	7,892	30.6	14	33	0.3	192[8]	39
Guangzhou	1,106	26.6	3	47	0.2	192[8]	31

1 PCT patents by inventor's residence.
2 Global compound annual growth rate over this time period is ~4.3%.
3 By issuer/company city.
4 California value used for Silicon Valley.
5 Index estimates of inefficiencies in traffic; with high inefficiencies it assumes driving, long commute times.
6 Average price of a 90 sq. meter property (in and out of city center) divided by the average disposable income after tax.
7 Uses San Francisco as proxy; likely an overestimate. As benchmark, Sacramento, which is not in Silicon Valley but is in Northern California, has an inefficiency index of 97.36.

Abb. 2.1 Chinesische Städte müssen Lebensqualität verbessern um Toptalente anzulocken. (Quelle: OECD, World Intellectual Property Organization, Dealogic, Air Quality Index Organization, Chinese Statistical Yearbook by city, Numbeo, McKinsey Global Institute analysis)

jedoch verschwindend gering. Eine mögliche Erklärung könnte darin zu finden sein, dass Faktoren wie Luftqualität, Stauaufkommen und Grundstückspreise in diesen Regionen extrem hoch sind, ausländische Arbeitskräfte aber auf eben diese besonderen Wert legen und andere Standorte dadurch attraktiver empfinden.

He Chuanqi, einer der wichtigsten chinesischen Innovationsforscher, konstatierte in einem Gespräch mit der Frankfurter Allgemeinen Zeitung: „Wenn China eine Führungsrolle in den neuen Technologieentwicklungen erobern [kann], dann werden wir die Innovationen und Patente der neuen industriellen Revolution hervorbringen und ein ‚Chinesisches Wunder' schaffen. Wenn China […] aber nicht vorankommt, wird es in seinem ökonomischen Wiederaufstieg zwischen etablierten Industrieökonomien einerseits und kostengünstigeren Industriestandorten in Asien, Afrika und Lateinamerika andererseits in die Klemme geraten."

Literatur

Abrami RM, Kirby WC, McFarlan W (2014) Why China can't innovate. Harv Bus Rev. https://hbr.
   org/2014/03/why-china-cant-innovate. Zugegriffen: 5. Juli 2016
AHK (Deutsche Handelskammer in China) (2014) Labor market and salary report 2014. AHK,
   Shanghai
AHK (Deutsche Handelskammer in China) (2015a) Geschäftsklimaindex 2015. AHK, Shanghai
AHK (Deutsche Handelskammer in China) (2015b) Labor market and salary report 2015. AHK,
   Shanghai
Austin G (2015) The problem with China's patents. The Diplomat. http://thediplomat.com/2015/03/
   the-problem-with-chinas-patents/. Zugegriffen: 5. Juli 2016
Bundesministerium für Wirtschaft und Energie (2015) Deutsch-Chinesisches Innovationsjahr
   2015: Unternehmer-Roundtable zu „Industrie 4.0". http://quality-infrastructure-china.org/
   de/activities/deutsch-chinesisches-innovationsjahr-2015-unternehmer-roundtable-zu-indust-
   rie-4-0/. Zugegriffen: 4. Okt. 2016
China Daily (2015) China enters key phase to avoid middle income trap. http://www.chinadaily.
   com.cn/business/2015-10/29/content_22310544.htm. Zugegriffen: 5. Juli 2016
CRI online (2015) Anteil der Arbeitsfähigen an der Gesamtbevölkerung sinkt seit 3 Jahren. http://
   german.cri.cn/3071/2015/01/22/1s229443.htm. Zugegriffen: 30. Juni 2016
CSIS (Center for Strategic International Studies) (2015) Made in China 2025. https://www.csis.
   org/analysis/made-china-2025. Zugegriffen: 9. Sept. 2016
Felipe J, Abdon A, Kumar U (2012) Tracking the middle-income trap: what is it, who is in it, and
   why? Working Paper No. 715. Levy Economics Institute of Board College, New York
Finanzmarktwelt (FMW) (2015) Chinas Mittelschicht jetzt die größte der Welt. http://finanzmarkt-
   welt.de/chinas-mittelschicht-jetzt-die-groesste-der-welt-20422/. Zugegriffen: 30. Juni 2016
Finn MG (2012) Stay rates of foreign doctorate recipients from U.S. Universities, 2009. Oak Ridge
   Institute for Science and Education. https://orise.orau.gov/files/sep/stay-rates-foreign-doctorate-
   recipients-2009.pdf. Zugegriffen: 5. Juli 2016
Fraport (2016) Fraport-Verkehrszahlen 2015: Frankfurt mit neuer Höchstmarke beim Passagier-
   aufkommen.   http://www.fraport.de/content/fraport/de/presse/newsroom/pressemitteilungen/
   fraport-verkehrszahlen-2015–frankfurt-mit-neuer-hoechstmarke-be.html. Zugegriffen: 9. Sept.
   2016
French HW (2016) China's twilight years – The country's population is aging and shrinking. That
   means big consequences for its economy – and America's global standing. The Atlantic. http://
   www.theatlantic.com/magazine/archive/2016/06/chinas-twilight-years/480768/. Zugegriffen: 4.
   Okt. 2016
Goodrich AC, Powell DM, James TL, Woodhouse M, Buonassisi T (2013) Assessing the drivers
   of regional trends in solar photovoltaic manufacturing. Energy & Environmental Science. RSC
   Publishing. doi:10.1039/c3ee40701b
Hafen Hamburg Marketing e. V. (2016) Umschlag 2015 in Millionen Tonnen. www.hafen-ham-
   burg.de/de/statistiken. Zugegriffen: 7. Juli 2016
Hewlett SA, Marshall M, Sherbin L, Gonsalves T (2013) Innovation, diversity and market growth.
   Center for Talent Innovation, New York
Herbst-Bayliss S, Saphir A (2016) China may slow Fed's interest rate rises: Fed officials. Reuters.
   http://www.reuters.com/article/us-usa-fed-rosengren-idUSKCN0UR1QY20160113.   Zugegrif-
   fen: 4. Okt. 2016
International Monetary Fund (IMF) (2007) China's difficult rebalancing act. http://www.imf.org/
   external/pubs/ft/survey/so/2007/car0912a.htm. Zugegriffen: 30. Juni 2016

Jiabao W (2009) Convenes and presides over third symposium on development of strategic and emerging industries September 22, 2009. http://www.gov.cn/ldhd/2009-09/22/content_1423493.htm. Zugegriffen: 6. Februar 2017

Jiang S (2015) China to take on Boeing, Airbus with homegrown C919 passenger jet. CNN Business Traveller. http://edition.cnn.com/2015/11/02/asia/china-new-c919-passenger-jet/index.html. Zugegriffen: 7. Juli 2016

Johnson WHA (2015) Innovation in China. The Trail of the Dragon. Business Expert Press, New York

Mazzucato M (2014) Das Kapital des Staates. Eine andere Geschichte von Innovation und Wachstum. Kunstmann, München

McGregor J (2010) China's drive for indigenous innovation. A web of industrial policies. https://www.uschamber.com/sites/default/files/legacy/reports/100728chinareport_0.pdf. Zugegriffen: 7. Juli 2016

Organisation for Economic Co-operation and Development (OECD) (2013) The People's Republic of China. Avoiding the middle-income trap: policies for sustained and inclusive growth. Paris

Renewable Energy policy Network for the 21st Century (REN21) (2015) Renewables 2015. Global Status Report. www.ren21.net/wp-content/uploads/2015/07/GSR2015_KeyFindings_lowres.pdf. Zugegriffen: 7. Juli 2016

Shaffer L (2016) Weak Caixin PMI revives China slowdown fears. CNBC. http://www.cnbc.com/2016/01/03/caixin-pmi-falls-to-482-in-december-below-expectations.html. Zugegriffen: 30. Juni 2016

Shaohui T (2015) China tops patent applications list in 2014. http://news.xinhuanet.com/english/china/2015-02/23/c_134012938.htm. Zugegriffen: 5. Juli 2016

Spiegel online (2016) Abfallkonzern EEW: Chinesen starten größte Übernahme in Deutschland. http://www.spiegel.de/wirtschaft/unternehmen/eew-chinesen-kaufen-deutschen-abfallkonzern-a-1075662.html. Zugegriffen: 7. Juli 2016

State Council of the People's Republic of China (2010) Decision on accelerating the development of strategic emerging industries. http://www.gov.cn/zwgk/2010-10/18/content_1724848.htm. October 2010. Zugegriffen: 6. Febr. 2017

Szamosszegi A, Cole K (2011) An analysis of state-owned enterprises and state capitalism in China. Capital Trade, Washington, DC

The Economist (2014) A matter of honours. China is trying to reverse its brain drain. http://www.economist.com/news/china/21633865-china-trying-reverse-its-brain-drain-matter-honours. Zugegriffen: 5. Juli 2016

The Economist (2015) Deleveraging delayed. http://www.economist.com/news/finance-and-economics/21676837-credit-growth-still-outstripping-economic-growth-deleveraging-delayed. Zugegriffen: 30. Juni 2016

The World Bank (2014) Central government debt, total (% of GDP). http://data.worldbank.org/indicator/GC.DOD.TOTL.GD.ZS. Zugegriffen: 30. Juni 2016

U.S. Patent and Trademark Office – Patent technology monitoring team (2015) U.S. Patent Statistics Chart. http://www.uspto.gov/web/offices/ac/ido/oeip/taf/us_stat.htm. Zugegriffen: 5. Juli 2016

Wadhwa V, Saxenian AL, Siciliano FD (2012) Then and now: America's new immigrant entrepreneurs, Part VII. Exing Marion Kauffmann Foundation, Missouri

Woetzel J, Chen Y, Manyika J, Roth E, Seong J, Lee J (2015) The China effect on global innovation. McKinsey Quartalsbericht 2015. McKinsey Global Institute, Shanghai

World Economic Forum (2015) Network readiness index. http://reports.weforum.org/global-information-technology-report-2015/network-readiness-index/#indicatorId=NRI.D.09. Zugegriffen: 5. Juli 2016

Xinhuanet (2014) Xi's "new normal" theory. http://news.xinhuanet.com/english/china/2014-11/09/c_133776839.htm. Zugegriffen: 5. Juli 2016

Yip G, McKern B (2015) The "Three Phases" of Chinese innovation. Forbes Asia. http://www.forbes.com/sites/ceibs/2015/03/23/the-three-phases-of-chinese-innovation/#6f27746c1988. Zugegriffen: 7. Juli 2016

Über die Autoren

Christoph Angerbauer ist deutscher Rechtsanwalt mit Spezialisierung in den Bereichen internationales Gesellschafts- und Steuerrecht. Seit Januar 2011 arbeitet und lebt er in Shanghai. Als stellvertretender Delegierter der Deutschen Wirtschaft und Geschäftsführer der Dienstleistungsgesellschaft der AHK Shanghai unterstützt er deutsche Unternehmen bei deren Markteintritt und Geschäftsaktivitäten in China. Dazu zählen u. a. Markteintrittsberatung, Gesellschaftsgründungen, Aus- und Weiterbildung sowie Media- und Veranstaltungsorganisation.

Thomas König ist der Manager for Executive Communications and Strategic Projects bei der AHK Shanghai. Davor war er unter anderem beim European Chamber of Commerce in China in Peking, dem pan-europäischen Think-Tank, dem European Council on Foreign Relations (ECFR) in London und Paris und dem United Nations Institute for Training and Research (UNITAR) in Genf tätig. Er hat einen Bachelor of Arts in Politikwissenschaften mit einem Fokus auf Ostasien von der Yale Universität und einen Master of Arts in Diplomacy and International Studies von der School of Oriental and African Studies (SOAS), University of London.

Innovationskultur und Innovationssysteme in China

3

Christian Göbel

Zusammenfassung

Chinas Innovationskapazität entzieht sich einer einfachen Bewertung. Während Optimisten China schon als Innovationsnation betrachten, assoziieren Pessimisten chinesische Unternehmen vor allem mit Billigprodukten und Fälschungen. Das vorliegende Kapitel soll zu einer realistischeren Einschätzung von Chinas Innovationskapazität beitragen, indem es die ungleichmäßige Performanz innovationsrelevanter Akteure thematisiert und historische Pfadabhängigkeiten identifiziert. Einen wichtigen Beitrag zum Verständnis des chinesischen Innovationssystems liefert auch die Untersuchung der chinesischen Innovationskultur, die der „westlichen" noch immer diametral entgegengesetzt ist. Es wird gezeigt, dass Innovation in China nicht als ein kreativer, zufallsabhängiger Prozess mit hoher Misserfolgswahrscheinlichkeit begriffen wird. Stattdessen betrachtet die chinesische Regierung Innovation als ein nationales Projekt, das der Erneuerung politischer, ökonomischer und gesellschaftlicher Strukturen bedarf.

Inhaltsverzeichnis

C. Göbel (✉)
Universität Wien, Wien, Schweiz
E-Mail: Christian.Goebel@univie.ac.at

© Springer Fachmedien Wiesbaden GmbH 2017
J. Freimuth und M. Schädler (Hrsg.), *Chinas Innovationsstrategie
in der globalen Wissensökonomie*, DOI 10.1007/978-3-658-17651-8_3

3.1   Einleitung

Die Innovationsfähigkeit einer Volkswirtschaft wird als ursächlich für die Konkurrenz-fähigkeit eines Landes im internationalen Wirtschaftssystem betrachtet (Utterback und Suarez 1993). Zwei Elemente, Innovationssystem und Innovationskultur, spielen hierbei eine Rolle. Der Begriff des Innovationssystems bezeichnet das Netzwerk staatlicher, wirtschaftlicher und sozialer Akteure, durch deren Zusammenwirken Erfindungen geschaffen, vermarktet und verbreitet werden. Hierzu zählen vor allem Regierungsorgane, Forschungseinrichtungen, Universitäten und Hochschulen, Unternehmen und Konsumenten (Lundvall 2007).

Innovationskultur bezieht sich demgegenüber auf die Werte und Einstellungen der an Innovationsprozessen beteiligten Akteure. In der zumeist auf entwickelte Industrieländer bezogenen Innovationsforschung wird hervorgehoben, dass Diversität, Kreativität, Kommunikationsbereitschaft, Selbstverantwortung und die Toleranz gegenüber Misserfolgen eng mit der Innovationsfähigkeit eines Unternehmens verbunden seien (Martins und Terblanche 2003).

Der vorliegende Beitrag soll zeigen, dass das chinesische Innovationssystem sich in den letzten vier Jahrzehnten strukturell den Innovationssystemen entwickelter Industrieländer angenähert hat, die Kompetenz- und Qualitätsunterschiede vor allem zwischen chinesischen Forschungsinstituten, Hochschulen und Unternehmen aber beträchtlich sind. Das erklärt, warum die Leistungsfähigkeit des chinesischen Innovationssystems von manchen Beobachtern über-, von anderen unterschätzt wird. Weder sind die Vorstöße einzelner Firmen in die *Industrie 4.0* repräsentativ für chinesische Unternehmen, noch sind es kleine Fabriken, die schlechte Imitationen westlicher Konsumgüter herstellen. Für eine realistische Einschätzung der chinesischen Innovationsfähigkeit ist es sinnvoll, sich mit den Ursachen dieser hohen Qualitätsunterschiede zu beschäftigen und zu analysieren, ob und wie sich diese Unterschiede erhöhen bzw. verringern.

Einen wichtigen Beitrag zum Verständnis des chinesischen Innovationssystems liefert auch die Untersuchung der chinesischen Innovationskultur, die der „westlichen" noch immer diametral entgegengesetzt ist. Innovation wird in China nicht als ein kreativer, zufallsabhängiger Prozess mit hoher Misserfolgswahrscheinlichkeit begriffen, der sich vor allem auf Unternehmensebene abspielt. Stattdessen betrachtet die chinesische Regierung Innovation als ein nationales Projekt, das der Erneuerung politischer, ökonomischer und gesellschaftlicher Strukturen bedarf (Göbel 2014). Der Staat hat hierbei Vorrang vor

Unternehmen, und Hierarchien werden Netzwerken vorgezogen. Mit Hilfe von mittel- und langfristigen Plänen will die chinesische Regierung das Land bis zum Jahr 2020 in eine Innovationsnation verwandeln, bis 2025 die Industrieproduktion revolutionieren, und China bis Mitte des 21. Jahrhunderts in die „weltweit führende Wissenschaft- und Technikmacht" (Serger und Breidne 2007) verwandeln.

Der Beitrag sieht die Nivellierung der Einkommens- und Entwicklungsunterschiede als größte Herausforderung für die Herausbildung eines Binnenmarktes, in dem hochqualitative Technologieprodukte „Made in China" nachgefragt und Unternehmen zur Bildung von Rücklagen für Forschung und Entwicklung (F&E) ermutigt werden.

3.2   Innovation und Innovationsdruck

Der Begriff *Innovation* bezeichnet sowohl den Prozess als auch das Produkt der Hervorbringung, Vermarktung und Nutzung von Erfindungen. Uneinigkeit besteht darüber, ob nur Weltneuheiten als Innovationen bezeichnet werden können, oder ob die erstmalige Herstellung eines in anderen Ländern bereits erhältlichen Produktes auch als Innovation gelten darf, oder ob es sich vielmehr um eine Imitation handelt (Segerstrom 1991). Bahnbrechende Erfindungen, die, ähnlich der Glühbirne oder des Smartphones, globale Lebens- und Konsumgewohnheiten beeinflussen, wurden im China der Neuzeit zwar nicht getätigt, doch leisten chinesische Unternehmen „durch die Verbesserung einzelner Fertigungsschritte zur Qualitätssteigerung und Preissenkung von Produkten vor allem im Konsumgüterbereich" einen wichtigen Beitrag für globale Innovationsprozesse (Göbel 2014).

Punktuelle technologische Höchstleistungen, die Zunahme internationaler chinesischer Patente und die Entstehung weltmarktfähiger chinesischer Unternehmen werden zudem oft als Anzeichen dafür gesehen, dass China rasch zu entwickelten Industrieländern wie den Vereinigten Staaten, Deutschland und Japan aufschließt. Allerdings wäre es ein Fehler, die Entwicklung des chinesischen Innovationssystems nur an diesen Indikatoren zu messen (vgl. Kap. 4). Wie zu zeigen sein wird, ist eine Handvoll Akteure für diese Leistungen verantwortlich, deren Fähigkeiten allerdings nicht von anderen chinesischen Unternehmen absorbiert werden.

Diejenigen Unternehmen, die für den Großteil von Chinas Hochtechnologieexporten verantwortlich sind und die viel zitierte „Werkbank der Welt" (Gao 2012) bilden, stecken vielmehr in einer Krise. Aufgrund des demografischen Wandels versiegt der Strom an billigen Wanderarbeitern, steigende Lebenshaltungskosten treiben die Löhne zusätzlich in die Höhe. Sie können nicht mehr konkurrenzfähig produzieren und werden langfristig entweder den Produktionsstandort wechseln oder in höherwertige Produktionssegmente vordringen müssen, wenn sie ihre Produktionskosten nicht verringern können (Fang et al. 2009). Ihr Innovationsdruck, sei es auf der Produkt- oder Produktionsebene, ist hoch, allerdings investieren diese Unternehmen kaum in F&E.

Eine dritte Gruppe an Unternehmen produziert hauptsächlich für den Binnenmarkt, der im Techniksektor vor allem durch die Nachfrage nach preiswerten Kopien
von hochwertigen Smartphones, PCs und Unterhaltungselektronikgütern geprägt ist.
Die hohen Einkommensunterschiede in China bedeuten, dass die Konsumkraft des
Großteils der Bevölkerung gering ist. Die meisten chinesischen Unternehmen zielen
auf Menschen mit geringen Einkommen, denen sie Nachbauten westlicher Produkte
zum Bruchteil des Preises des Ursprungsprodukts verkaufen (Breznitz und Murphree
2011). Weder ist der Innovationsdruck auf diese Unternehmen hoch, noch könnten
sie sich F&E-Abteilungen leisten, um neuartige Technologien hervorzubringen. Es ist
hervorzuheben, dass solche Unternehmen, beispielsweise der Smartphonehersteller
Xiaomi, ihre Produkte nicht nur in China, sondern auch in Indien und afrikanischen
Entwicklungsländern absetzen (Dou 2015).

Chinas Raumfahrtprogramm, hoch gerankte Universitäten, globale Unternehmen wie
Huawei, Hai'er, Alibaba und Tencent und andere Errungenschaften sollten daher eher als
Potenzial denn als stellvertretend für die Innovationsfähigkeit der chinesischen Volkswirtschaft begriffen werden. Der Verwirklichung dieses Potenzials stehen nicht nur die
bereits erwähnten Marktanreize gegenüber, sondern auch, wie zu zeigen sein wird, das
strukturelle Erbe der Planwirtschaft. Dieses Erbe ermöglicht es staatlich gesteuerten
Konglomeraten, die bereits erwähnten technologischen Spitzenleistungen hervorzubringen, verhindert aber gleichzeitig die Diffusion des so gewonnenen Wissens.

3.3   Grundlagen der chinesischen Innovationskultur

Drei eng miteinander zusammenhängende Faktoren haben einen maßgeblichen Einfluss
auf die Entwicklung des chinesischen Innovationssystems ausgeübt: das zentralisierte
autoritäre System, die Weitläufigkeit und Heterogenität des Landes, sowie die Notwendigkeit nachholender Entwicklung. Dem Anspruch des autoritären Einparteienregimes,
die Entwicklung Chinas zentral steuern zu wollen, standen hierbei die Weitläufigkeit des
Landes und der Mangel an finanziellen und Humanressourcen entgegen. Diese Faktoren bilden noch immer den Korridor, innerhalb dessen sich die Entwicklung des chinesischen Innovationssystems vollzieht. Die chinesische Innovationskultur lässt sich dabei
aus der Natur des politischen Systems sowie den Lehren, die verschiedene Regierungen
in den letzten 100 Jahren bei ihren Modernisierungsbemühungen gesammelt haben,
ableiten. Die Entwicklung von Innovationssystem und Innovationskultur in China kann
also als pfadabhängig betrachtet werden: in der Vergangenheit getroffene Entscheidungen beschränken den heutigen Handlungsspielraum der Akteure im Innovationssystem.
Das Verständnis, wie sich der chinesische Entwicklungsprozess unter den Einschränkungen von Autoritarismus, Zentralismus und Kapitalknappheit vollzogen hat, ermöglicht
eine realistische Einschätzung der Leistungsfähigkeit des gegenwärtigen Innovationssystems sowie der Herausforderungen, denen sich das Land in den nächsten Jahrzehnten
gegenübergestellt sieht.

3.3.1 Maos missglückte Industrialisierung

China unterscheidet sich von den westlichen Industrieländern dadurch, dass die Industrialisierung des Landes fast zwei Jahrhunderte nach dem Beginn der industriellen Revolution in Europa einsetzte. Das ermöglichte der chinesischen Führung einerseits, von den Erfahrungen Europas und Amerikas zu lernen, zwang das Land aber andererseits, denselben Prozess in weitaus kürzerer Zeit zu durchlaufen.

Nach der Gründung der Volksrepublik China am 1. Oktober 1949 stand die Führung der Kommunistischen Partei Chinas vor der Herausforderung, ein wiedervereinigtes, jedoch von Krieg und Bürgerkrieg geschwächtes Land wirtschaftlich zu stärken und somit vor dem erneuten Zerfall zu bewahren. China war unterentwickelt und agrarisch geprägt. Schwerindustrie war gar nicht, Leichtindustrie kaum vorhanden. Während der Republikzeit produzierten chinesische Firmen vor allem in den Küstenprovinzen Seide, Baumwollstoffe, Zigaretten und andere Gebrauchsgüter, und ausländische Unternehmen hatten Fabriken in den Vertragshäfen errichtet. Nur in der japanisch besetzten Mandschurei war eine rudimentäre Schwerindustrie vorhanden, die allerdings zu Kriegsende von der Sowjetunion beschlagnahmt wurde (Rawski 1989). An einheimischem Humankapital fehlte es, da ein Großteil der gut ausgebildeten Fachkräfte mit den im Bürgerkrieg unterlegenen Truppen Chiang Kai-sheks nach Taiwan geflohen waren (Meyer 2004), sodass der neuen Regierung Wissen und Ressourcen fehlten, um China schnell und nachhaltig zu industrialisieren.

Die Führung der KPCh erhielt allerdings Entwicklungshilfe von der Sowjetunion, mit der sie im Jahre 1950 einen Freundschaftsvertrag geschlossen hatte. China folgte dem Beispiel der Sowjetunion, indem es die Planwirtschaft einführte und in seinen Industrialisierungsbemühungen zunächst auf die Schwerindustrie setzte, um so schnell selbst Maschinen herstellen und damit unabhängig von Importen kapitalistischer Länder sein zu können. Der 1953 implementierte erste Fünfjahresplan enthielt fast 700 Bauprojekte, 156 davon maßgeblich unterstützt von der Sowjetunion (Lin 1999). Wie auch in den späteren Jahren sollten diese zentralisiert durchgeführten Projekte einen Grundstock an Fähigkeiten bereitstellen, die später dezentral absorbiert werden sollten. Ein bis heute nicht durchbrochenes Merkmal des chinesischen Entwicklungsmodells ist die Strategie, technologische Errungenschaften vor allem in zentralstaatlich dominierten Konsortien aus Forschern, Entwicklern und Produzenten zu erzielen und andere Akteure durch Wettbewerb zur Nachahmung zu ermutigen. So verordnete der Vorsitzende der KPCh Mao Zedong, dass Produktionsbrigaden sich gegenseitig in der Stahl- und Agrarproduktion übertreffen sollten, obwohl diese nicht über die notwendigen Fähigkeiten verfügten. Das Scheitern dieses sogenannten Großen Sprungs nach Vorn (1958–1961) kostete schätzungsweise 30 Mio. Menschen das Leben und bedeutete das Ende des Aufbaus der Schwerindustrie, zumal die chinesische Führung sich auch von ihrem wichtigsten Entwicklungshelfer, der Sowjetunion, abgewendet hatte (Shen und Xia 2011).

Die 1960er- und 1970er Jahre standen im Zeichen der Rückkehr zur Agrarproduktion und ländlichen Leichtindustrie, allenfalls bemühten sich chinesische Ingenieure, durch *reverse Engineering* die Fähigkeit zu erlangen, die von sowjetischen Ingenieuren schlüsselfertig hinterlassenen Industrieanlagen nachzubauen (Xue und Liang 2010). Da während der Kulturrevolution (1966–1976) die Forschung und Ausbildung an Chinas Universitäten zum Stillstand gekommen und das Lehrpersonal vertrieben, traumatisiert und sogar getötet wurde, war Chinas Innovationspotenzial im Jahre 1976, als Mao Zedong starb, nur marginal höher als 1949.

3.3.2   Plan, Markt und nachholende Entwicklung

Die neue Führung um Deng Xiaoping stand vor ähnlichen Herausforderungen wie Mao Zedong zur Gründung der Volksrepublik, konnte nach dreißig Jahren aber auf einen größeren Wissens- und Erfahrungsschatz zurückgreifen. Deng Xiaopings Entwicklungsstrategie unterschied sich dabei nicht komplett von der der vorangegangenen Führung. Wiederum wurde versucht, die Entwicklung Chinas staatlich zu planen, und abermals war die Regierung dabei auf ausländisches Kapital angewiesen. Eine weitere Kontinuität war die Strategie, technologische Durchbrüche in zentralstaatlichen Konsortien zu erzielen und den Gebietskörperschaften zwar Entwicklungsziele aufzuerlegen, diese aber in der Erfüllung der Ziele nur marginal zu unterstützen.

Die von der Regierung Deng Xiaoping initiierten Maßnahmen wirken bis heute fort und erklären sowohl die hohe Streuung von Innovationskapazität in der chinesischen Volkswirtschaft wie auch die Versuche der Regierung Xi Jinping, die Innovationsfähigkeit Chinas durch Stärkung des Binnenmarktes und politische Zentralisierung zu erhöhen. Auch wenn durch die Verwendung indirekter Steuerungsinstrumente Innovation zumindest nominell auf die Firmenebene verlegt wurde, sind die Pläne der Zentralregierung und zentralstaatliche Akteure noch immer ein wichtiger Taktgeber im Innovationsprozess.

Im Unterschied zu Mao setzte Deng auf die Stärkung der Grundlagen wirtschaftlicher Entwicklung, die heute als Innovationssystem bezeichnet werden. Im dritten Plenum des elften Parteitages der Kommunistischen Partei Chinas verkündete Deng 1978, Landwirtschaft, Industrie, Verteidigung sowie Wissenschaft und Technologie modernisieren zu wollen (*vier Modernisierungen*). In den Folgejahren wurden Programme zur Absorption von Schlüsseltechnologien in Landwirtschaft und Leichtindustrie (1982), zur Modernisierung der Verarbeitung von Agrargütern (*Funkenprogramm* 1986), zur Hochtechnologieproduktion (*Fackelprogramm* 1988) und zur Grundlagenforschung in marktfähigen Industrien (1997) verabschiedet (Göbel 2014).

Die Kapitalisierung der chinesischen Volkswirtschaft erfolgte einerseits durch die Öffnung des Landes für ausländische Direktinvestitionen ab 1979. Chinas niedrige Löhne und geringes Ausbildungsniveau machten das Land vor allem für die verarbeitende Industrie interessant. Unternehmen aus Hongkong und Taiwan, aber auch den

USA, Europa und Japan verlegten Teile ihrer Güterproduktion nach China, was dem Land die Bezeichnung als *Werkbank der Welt* einbrachte. In der Anfangsphase war die Tätigkeit der ausländischen Investoren vielfältigen Beschränkungen unterworfen, darunter der Notwendigkeit, Joint Ventures mit chinesischen (Staats-)Unternehmen einzugehen und einen Teil ihrer Gewinne in China zu reinvestieren (Beamish 1993). Auch wenn einzelne Unternehmen neue Fertigkeiten erlernten und schlechte Imitationen der in China produzierten westlichen Markenprodukte herzustellen vermochten, blieb das von der Regierung erhoffte breite Technologielernen aufgrund des geringen Vernetzungsgrads chinesischer Unternehmen jedoch aus (Young und Lan 1997).

Ein begrenzter Technologietransfer fand jedoch bei öffentlichen Aufträgen statt, bei denen ausländische Unternehmen im Gegenzug für die Beteiligung an staatlichen Großprojekten den chinesischen Partnern einen Teil der verwendeten Technologien überlassen mussten. Beispiele hierfür sind Hochgeschwindigkeitsstrecken im Schienenverkehr, der Drei-Schluchten-Staudamm und die Entwicklung eines emissionsfreien Kohlekraftwerks in der Stadt Tianjin. Diese Maßnahmen wurden durch den Erwerb ausländischer Technologien flankiert, die, wie schon in den 1950er Jahren, größtenteils schlüsselfertig geliefert wurden (Xue und Liang 2010).

Diese Entwicklungsschritte sind jedoch keinesfalls repräsentativ für China als Ganzes. Parallel zum Erwerb von Schlüsselkompetenzen in Stahlerzeugung und Maschinenbau wurden ab 1984 zehntausende ländlicher Unternehmen gegründet, die einen großen Teil der ländlichen Arbeitskraft absorbierten (Kung und Lin 2007). Diese Unternehmen standen unter der Verantwortung von Dorfverwaltungen und Gemeinderegierungen und erhielten finanzielle Unterstützung in der Form von Bankkrediten, produzierten aber überwiegend einfache Konsumgüter wie Kleidung, Nahrungsmittel und Haushaltsgegenstände. Die Zentralregierung hielt sich aus diesen Unternehmen heraus. Weder wurden Anforderungen in Bezug auf die Produktqualität gestellt, noch erhielten sie spezialisierte Förderung. Neue Technologien mussten sie sich selbst aneignen (Nee und Opper 2012). Ab Ende der 1990er Jahre wurden viele dieser Unternehmen privatisiert, was ihnen den Zugang zu Kapital erschwerte. Geringe Löhne, niedrige Umweltauflagen und verbilligter Zugang zu Land ermöglichte es diesen Unternehmen, ihre Produkte kostengünstig zu produzieren und lokal zu verkaufen. Da die Kaufkraft des Großteils der chinesischen Bevölkerung gering war und noch immer ist, war der Innovationsdruck gering.

Auch im Hochschulsektor ist eine Tendenz zur Inselbildung feststellbar (vgl. auch Kap. 5). Die Anzahl an Universitätsabsolventen ist seit 1978 steil angestiegen, der überwiegende Teil mit Abschlüssen in techniknahen Studiengängen wie Ingenieurswissenschaften und Maschinenbau. Diese Tatsache darf allerdings nicht darüber hinwegtäuschen, dass die Fähigkeiten dieser Absolventen stark divergieren. Tendenziell steigt die Qualität der Hochschulausbildung mit dem Bruttoinlandsprodukt der für eine Hochschule verantwortlichen Provinz, auch die Forschungsförderung der Zentrale spielt eine große Rolle. So wurden im sogenannten *985-Programm* im Jahre 1998 39 Universitäten von der Zentralregierung in besonderem Maße finanziell gefördert (Wu 2007). Hinzu kommt, dass Chinas Universitäten auf Studiengebühren angewiesen sind, die tendenziell umso höher sind, je höher eine Universität im nationalen Ranking steht. Schließlich sind die Zugangshürden für Kandidaten, deren Wohnort sich nicht am Standort einer der Top-Universitäten befindet, höher als für lokale Anwärter.

Das führt einerseits in einen Teufelskreis, in dem sehr gute Universitäten durch zusätzliche staatliche Förderung und hohe Studiengebühren Investitionen in Forschung und Bildung tätigen können, die sie für begabte Studierende und hervorragende Wissenschaftler attraktiv machen, wodurch sie ihre Stellung ausbauen können. Andererseits führen Studiengebühren dazu, dass Bewohner ärmerer Provinzen, und hierbei vor allem Landbewohner, ihren Söhnen und Töchtern keine Hochschulbildung ermöglichen können (Liu 2005). Da es kaum Hochschulstipendien gibt, ist ein Großteil der Bevölkerung qua Herkunft von der Hochschulbildung ausgeschlossen. Der Besuch von Chinas Topuniversitäten ist somit einer finanziell überdurchschnittlich gut gestellten Bürgerschicht vorbehalten, sodass das Land das vorhandene Humankapital potenziell nicht effizient nutzt, was Unternehmen bei der Qualität von Bewerbungen merken. (vgl. Kap. 15).

3.3.3 Stimulierung eigenständiger Innovationskapazitäten

Während die Wirtschaft der Volksrepublik China den Abstand zu den entwickelten Industrienationen verringern konnte, erkannte die chinesische Regierung die soeben geschilderte Dynamik als nicht nachhaltig. Erstens führt die Abhängigkeit von ausländischen Exportmärkten und Hochtechnologieprodukten zu einer Empfindlichkeit bei Währungsschwankungen und Wirtschaftskrisen in den Partnerländern. Zweitens sind die sozialen und ökonomischen Kosten eines auf geringen Löhnen und dem Konsum von Billigproduktion basierenden Modells sehr hoch, wie die steigende Anzahl an Arbeitsprotesten nahelegt (Lee 2007). Die Fortsetzung der Billigproduktion von Imitaten westlicher Produkte durch Niedriglohnarbeiter trägt weder zur Verringerung des hohen Einkommensunterschieds in der chinesischen Bevölkerung bei, noch ist sie mit dem Ziel der Regierung, umweltfreundlicher zu produzieren, vereinbar. Auch wenn der Innovationsdruck auf den Großteil der so produzierenden Unternehmen noch gering ist, so ist bereits absehbar, dass diese Art der Produktion bald an ihre sozialen und ökonomischen Grenzen stoßen wird (vgl. Kap. 14).

Die Regierung unter Hu Jintao hat aus diesem Grund 2005 ein Programm zur Steigerung der „eigenständigen Innovationsfähigkeit" vorgelegt. Ziel des „nationalen mittel- bis langfristigen Entwicklungsplans für Wissenschaft und Technologie (2006–2020)" ist nicht nur, die Abhängigkeit Chinas von im Ausland produzierten Schlüsseltechnologien zu verringern, sondern zudem ein modernisiertes Innovationssystem auch zu nutzen, um spezifischen Herausforderungen in Landesverteidigung, Gesundheitswesen, Umweltschutz, Nahrungsmittelproduktion, Kommunikation, Urbanisierung, innere Sicherheit und Energieversorgung zu begegnen. Bis zum Jahr 2020 soll der Anteil der nationalen Ausgaben für F&E am chinesischen BIP auf 2,5 % steigen und Innovationen für 60 %

des BIP-Wachstums verantwortlich sein. Ziel der Regierung ist es, China bis 2050 in eine „weltweit führende Wissenschaft- und Technikmacht" zu verwandeln (Serger und Breidne 2007).

Wiederum sind es vor allem zentral gesteuerte Leuchtturmprojekte, mit deren Hilfe China die formulierten Ziele erreichen möchte. Bestimmte wissenschaftliche Schwerpunktbereiche in der Grundlagenforschung werden Gegenstand gezielter Förderung, die Durchführung von 16 Megaprojekten soll das Erlernen von Schlüsseltechnologien und Innovationscluster die Vernetzung zwischen Unternehmen befördern. Versprochen wird ebenfalls, F&E auf der Unternehmensebene zu stärken, wobei Subventionen und gezielt vergebene öffentliche Aufträge sicherstellen, dass die im Entwicklungsplan formulierten Ziele nicht aus den Augen verloren werden. Potenzielle Nutznießer sind, insbesondere bei den 16 Megaprojekten, wie gehabt vor allem staatliche Konsortien aus Universitäten, Forschungsinstituten und Staatsunternehmen. Allerdings wird auch erwähnt, dass der Zugang des Privatsektors zum für F&E notwendigen Kapital verbessert werden wird (Serger und Breidne 2007). Die Mehrheit der kleinen und mittleren Unternehmen, die keine F&E betreiben, dürfte hiervon allerdings nicht profitieren. Wie an anderer Stelle festgestellt, zielt die Kombination der hier geschilderten Maßnahmen darauf, „Chancen, die die aus der Planwirtschaft ererbten Strukturen bieten, zu nutzen und zugleich die hiermit verbundenen Probleme zu lösen" (Göbel 2014).

Flankiert wird der Entwicklungsplan seit 2010 von einem ebenso ambitionierten *Programm für die mittel- und langfristige Entwicklung und Reform des Bildungswesens (2010–2020)*, dessen erklärtes Ziel die Nivellierung der gravierenden Unterschiede im Zugang zu Hochschulbildung ist. Auch hier wird weniger mit abstrakten Richtlinien als mit konkreten Planzahlen gearbeitet. So wird anvisiert, dass mindestens 40 % der Gymnasialabsolventen eine Hochschule besuchen, es ist geplant, die Anzahl der Hochschulabsolventen während der Laufzeit des Programms zu verdoppeln. Arbeitnehmer sollen zukünftig mindestens 13,5 Jahre Bildung erhalten und der Bildungszugang von Wanderarbeitern verbessert werden (Gu 2010).

3.4 Das chinesische Innovationssystem

Wie die vorherigen Betrachtungen gezeigt haben, hat die VR China seit 1978 einen erfolgreichen, wenn auch ungleichmäßigen Prozess der nachholenden Entwicklung vollzogen. Angeleitet durch zentralstaatliche Steuerungsinstrumente wurden in Konsortien aus staatlichen Universitäten, Forschungseinrichtungen und Staatsunternehmen technologische Spitzenleistungen vollbracht, die demonstrieren, dass in einem staatlich dominierten Innovationssystem technischer Fortschritt durchaus befördert werden kann. Allerdings wurde auch gezeigt, dass diese Leistungen lediglich „Leuchttürme" in einem größtenteils noch unterentwickelten Innovationssystem darstellen, eine breite Absorbierung der in den Konsortien erlernten Fähigkeiten durch chinesische Unternehmen allerdings nicht stattfindet. Im folgenden Abschnitt soll diese Einsicht vertieft werden, in dem die einzelnen Bestandteile des chinesischen Innovationssystems einer genaueren Betrachtung unterzogen werden. F&E-Indikatoren für die einzelnen Sektoren strukturieren die Analyse (vgl. auch Kap. 21).

3.4.1 Staatliche Akteure

Der größte Unterschied zu den Innovationssystemen der USA, Japans und Deutschlands liegt in der zentralen Rolle des Staates im chinesischen Innovationssystem. Ein weiterer Unterschied betrifft die Tatsache, dass vor allem Wissenschaft nicht als Selbstzweck gesehen, sondern per Gesetz zu einem Instrument der wirtschaftlichen Entwicklung Chinas reduziert wird. Diese Prioritäten spiegeln sich in der Struktur der nationalen Ausgaben für F&E wider. Obwohl die Ankündigung der Regierung, China in eine Innovationsnation verwandeln zu wollen, eine Präferenz für Grundlagen- und vor allem angewandte Forschung vermuten lassen würde, flossen 2016 84,6 % der chinesischen Ausgaben für F&E in die experimentelle Produktentwicklung. Die Ausgaben für angewandte Forschung machten dagegen nur 10,7 %, für Grundlagenforschung lediglich 4,7 % aus. Im Vergleich hierzu fließen in den USA, Japan und Korea mehr als ein Drittel der F&E-Ausgaben in Grundlagen- und angewandte Forschung (National Bureau of Statistics of China and Ministry of Science and Technology 2014). Die planwirtschaftliche Arbeitsteilung zwischen Forschung, Entwicklung und Produktion ist noch nicht überwunden: Grundlagen- und angewandte Forschung finden vor allem an den Universitäten und, in geringerem Umfang, in den staatlichen Forschungsinstituten (SFI) statt. Die Investitionen von Chinas Unternehmen in diese Sektoren sind zu vernachlässigen, auch auf Unternehmensebene fließt mit 97,1 % der Löwenanteil der Ausgaben für F&E in die experimentelle Produktentwicklung (National Bureau of Statistics of China and Ministry of Science and Technology 2014).

Staatliche Akteure beeinflussen Innovationsprozesse in China sowohl indirekt als auch direkt. Wie bereits erwähnt wird in zentralstaatlichen Gremien zunächst Chinas Zukunft imaginiert. Diese Visionen dienen wiederum als Grundlage für die Festlegung konkreter Ziele, die in bestimmten Sektoren kurz-, mittel- und langfristig erreicht werden müssen. Auch die Akteure, die für die Erreichung dieser Ziele verantwortlich sind, werden identifiziert. Über Gesetze und Verordnungen können Ministerien direkten Einfluss nehmen, beispielsweise das Bildungsministerium auf Universitäten und Hochschulen, das Wissenschafts- und Technologieministerium auf die F&E-Infrastruktur, das Ministerium für Industrie und Informationstechnologie auf Akteure im Informations- und Kommunikationstechnologiebereich, Chinas wichtigstem Hochtechnologiesektor, und die Reform- und Entwicklungskommission auf die chinesische Industrie (Göbel 2014).

Direkten Einfluss nehmen auch SFI ein, die an zentrale und lokale Ministerien angegliedert sind und in deren Auftrag spezialisierte Produkte entwickeln, beispielsweise in der Agrar-, Transport- oder Elektrotechnik. SFI bildeten lange das Herzstück des chinesischen Innovationssystems, ihre Anzahl wurde aber zwischen 1998 und 2010 von 6000 auf rund 3500 reduziert (Göbel 2014). Die freigesetzten Institute wurden entweder Staatsunternehmen angegliedert oder in Firmen umgewandelt, wobei die Zusammenarbeit mit den Ministerien stellenweise fortgeführt wurde. Zudem können die Leiter der neuen Unternehmen oft auf ihre persönlichen Kontakte in den Ministerien bauen, sodass diese Unternehmen gegenüber privaten Firmen einen Marktvorteil genießen, aber auch durchlässiger für die oben geschilderten staatlichen Maßnahmen sind. Immerhin 15 Prozent der gesamten nationalen F&E-Ausgaben flossen 2013 in die noch existierenden SFI (National Bureau of Statistics of China and Ministry of Science and Technology 2014).

Der Großteil der zentralstaatlichen Steuerung erfolgt allerdings indirekt durch Forschungsförderungsprogramme, Wettbewerbe, Kreditpolitik und Steuererleichterungen. Durch diese Instrumente kommt es zu einem Prozess der Selektion, in dem nur diejenigen Akteure, die die Bedingungen für staatliche Förderung erfüllen und sich im Wettbewerb gegen schwächere Konkurrenten durchsetzen, ein aktiver Teil des staatlich gesteuerten Innovationsprozesses werden. Strukturell benachteiligte Unternehmen, Universitäten und Hochschulen werden demgegenüber de facto ausgeschlossen. Bestehende Netzwerke werden dadurch gefestigt, die Diffusion von innovationsrelevanten Fähigkeiten erschwert.

3.4.2 Hochschulen

Während Forschung in Europa keinen unmittelbaren Beschränkungen unterworfen ist und die Freiheit des Forschers betont, sieht die chinesische Regierung Wissenschaft und Technologie als Instrument, das vorrangig der wirtschaftlichen Entwicklung des Landes dienen muss. Grundlagenforschung ist an chinesischen Forschungseinrichtungen also oft problemorientiert, zielt demnach auf die Ermöglichung vermarktbarer Produkte ab (Göbel 2014).

Die von den Innovationsplanern identifizierten Schwerpunkte finden ihren Niederschlag in thematischen Ausschreibungen. Einzelne Wissenschaftler oder Forschungsteams können sich in kompetitiven Verfahren um Drittmittel bewerben, um vorgegebene Probleme zu lösen oder bestimmte Gebiete zu erforschen. Drittmitteleinwerbung wirkt sich positiv auf die Karriere der Wissenschaftler aus, was im harten Kampf um unbefristete Stellen allerdings unerwünschte Praktiken wie Plagiate, die Fälschung von Forschungsergebnissen oder nachlässige Arbeit befördert (Looks Good on Paper 2013).

Die eingangs beobachtete Tendenz hoher Varianz in unterschiedlichen Sektoren ist auch bei den Hochschulen zu beobachten. Chinas 31 Provinzen beherbergen 1354 Universitäten und Hochschulen. 39 Universitäten erhielten im Jahr 1998 eine finanzielle Förderung von bis zu 1,8 Mrd. Yuan RMB, um ihre Entwicklung zu Universitäten auf Weltniveau zu befördern. Diese Universitäten sind nicht nur besser ausgestattet, sondern verfügen zudem über eine größere Autonomie bei hochschulpolitischen Entscheidungen als die nicht ausgewählten Institutionen (Zhang et al. 2013).

Die sichtbaren Ergebnisse der chinesischen Forschungsbemühungen beschränken sich auf eine noch geringere Anzahl an Akteuren – rund ein Viertel aller in China verfassten wissenschaftlichen Artikel wird an nur neun Einrichtungen produziert: Peking University [U.], Tsinghua U., Zhejiang U., Fudan U., Shanghai Jiao Tong U., Nanjing U., die Wissenschafts- und Technikuniversität in Hefei, das Harbin Institute of Technology und die Xi'an Jiaotong U. Einen Sonderfall stellt die Chinese Academy of Sciences (CAS) dar, die mit 100 Forschungsinstituten und -laboratorien, 50.000 Wissenschaftlern und 400 eigenen Unternehmen als „Lokomotive" des chinesischen Innovationssystems bezeichnet wird. An der CAS wurden im ersten Jahrzehnt des 21. Jahrhunderts 20 % der begutachteten Artikel in chinesischen wissenschaftlichen Zeitschriften verfasst (Göbel 2014).

3.4.3 Unternehmen

Unternehmen wird in der Forschung zu nationalen Innovationssystemen eine zentrale Rolle zugeschrieben. Hier können, eine innovationsfreundliche Unternehmenskultur vorausgesetzt, Humankapital, staatliche Unterstützung und die Vernetzung mit anderen Unternehmen als Innovationskatalysatoren dienen. F&E auf Unternehmensebene ist hierfür zentral. Auf den ersten Blick scheint sich der chinesische Unternehmenssektor, als Ganzes betrachtet, auf diesem Gebiet der OECD anzunähern. In China werden, wie auch in der OECD, mittlerweile rund drei Viertel aller inländischen F&E-Ausgaben auf Unternehmensebene getätigt (National Bureau of Statistics of China and Ministry of Science and Technology 2014).

Allerdings täuscht diese Zahl darüber hinweg, dass zehn Prozent der gesamten F&E-Ausgaben im Unternehmenssektor von nur 20 Unternehmen aufgebracht werden. Überhaupt wird F&E von nur etwas mehr als einem Viertel (28,3 %) der rund 46.000 großen und mittleren Unternehmen betrieben. Der Anteil an Staatsunternehmen an denjenigen Unternehmen, die in F&E investieren, ist überdurchschnittlich hoch (Göbel 2014). Schließlich beschränkt sich, wie bereits erwähnt, die F&E auf Unternehmensebene fast ausschließlich auf experimentelle Produktentwicklung. Grundlagen- und angewandte Forschung wird auf Unternehmensebene nicht getätigt, Ausnahmen sind lediglich global agierende Firmen wie Huawei, Hai'er, Lenovo und Alibaba. Hier steht die chinesische Praxis im extremen Gegensatz zu den USA, wo rund ein Fünftel der nationalen Ausgaben für Grundlagenforschung auf Unternehmensebene getätigt wird (Göbel 2014).

Diese Betrachtungen belegen, dass Einzelbeispiele und aggregierte Statistiken kein realistisches Bild des Innovationspotenzials chinesischer Unternehmen liefern. Der geringen Anzahl gut vernetzter Firmen, die ins Feld geführt werden, wenn über Chinas Innovationsfähigkeiten diskutiert wird, stehen zehntausende kleiner und mittlerer Unternehmen entgegen, die mit veralteten Technologien preisgünstige, aber qualitativ minderwertige

Güter produzieren. Es darf nicht vergessen werden, dass rund vier Fünftel der chinesischen Hochtechnologieexporte noch immer von Unternehmen in ausländischem Besitz und Joint Ventures getätigt werden.

3.5 Schlussfolgerungen und Ausblick

Die vorangegangenen Abschnitte haben die strukturellen Beschränkungen skizziert, mit denen sich die Führung der kommunistischen Partei seit Gründung der Volksrepublik China bei der wirtschaftlichen Entwicklung des Landes konfrontiert gesehen hat. Zudem wurden die Bemühungen der jeweiligen Führung, Chinas Innovationssystem, auch wenn es anfangs nicht diesen Namen getragen hat, im Kontext dieser Beschränkungen auszubauen.

Nach dem Scheitern der Industrialisierungsbemühungen Mao Zedongs leitete die Führung um Deng Xiaoping einen Prozess der nachholenden Entwicklung ein, in dem planwirtschaftliche Instrumente genutzt wurden, um das Bildungssystem zu modernisieren, Schlüsseltechnologien zu erwerben, strategische Industrien aufzubauen und die Grundsteine für eigenständige Innovationen zu legen. Gemessen an den technologischen Spitzenleistungen einzelner Akteure, dem Wirtschaftswachstum des Landes und der Entstehung international konkurrenzfähiger chinesischer Unternehmen war diese Strategie erfolgreich. Sie bewies, dass in China die Fähigkeiten vorhanden sind, um das Land in eine Innovationsnation zu verwandeln.

Falsch wäre es allerdings, aus diesen Leistungen auf China als Ganzes zu schließen. Genauso wenig wie die Wolkenkratzer Schanghais und die mit den modernsten Technologien ausgerüstete Mittelschicht Pekings repräsentativ für die Lebensumstände in anderen Teilen Chinas sind, dürfen einzelne technologische Spitzenleistungen und eine Handvoll international erfolgreicher Unternehmen nicht als Maßstab für die Innovationsfähigkeit der chinesischen Volkswirtschaft insgesamt gesehen werden. Euphorische Darstellungen des chinesischen Entwicklungsprozesses versäumen oft, in ihrer Analyse die Heterogenität des chinesischen Innovationssystems zu berücksichtigen. Die ungleichzeitige Entwicklung wissenschaftlicher und technologischer Fähigkeiten im chinesischen Gemeinwesen darf aber nicht ignoriert werden – weniger, weil sie punktuelle Spitzenleistung relativiert, sondern weil sie die größte Hürde in der weiteren Entwicklung des chinesischen Innovationssystems darstellt.

Die ungleichen regionalen und sektoralen Entwicklungsgeschwindigkeiten zu synchronisieren und die gewaltigen Unterschiede in Humanpotenzial und technologischen Fähigkeiten zu nivellieren ist eine große Herausforderung, der sich die chinesische Führung in den kommenden Jahren stellen muss. Beobachter der Innovationsfähigkeit der chinesischen Volkswirtschaft sollten Fortschritte also nicht nur daran bemessen, ob beispielsweise Huawei und Midea die weltweite Revolution in Industrie 4.0 anführen werden. Ebenfalls sollten sie in ihre Analyse einbeziehen, ob Chinas kleine und mittlere

Unternehmen in puncto Produktionsbedingungen, Effizienz und Vernetzung zu den Innovationsleuchttürmen aufschließen, ob sich Qualität und Zugang zu Bildung auch in armen Provinzen verbessern, und ob der Teufelskreis zwischen niedrigen Löhnen und dem Konsum von Billigprodukten durchbrochen wird.

Literatur

Beamish PW (1993) The characteristics of joint ventures in the People's Republic of China. J Int Mark 1(2):29–48

Breznitz D, Murphree M (2011) Run of the red queen: government, innovation, globalization, and economic growth in China. Yale University Press, Yale

Dou E (2015) Xiaomi to sell smartphones in Africa, in search of growth outside China. The Wall Street Journal, Technology, November 2. http://www.wsj.com/articles/xiaomi-to-sell-smartphones-in-africa-in-search-of-growth-outside-china-1446454804. Zugegriffen: 11. Okt. 2016

Fang C, Dewen W, Yue Q (2009) Flying geese within borders: how China sustains its labor-intensive industries? Econ Res J 9:4–14

Gao Y (2012) China as the workshop of the world: an analysis at the national and industry level of China in the international division of labor. Routledge, London

Göbel C (2014) Innovationsgesellschaft China? Politische und wirtschaftliche Herausforderungen. In Fischer D, Müller-Hofstege C (Hrsg) Länderbericht China. Bundeszentrale für politische Bildung, Bonn, S 573–606

Gu M (2010) A blueprint for educational development in China: a review of "the national guidelines for medium- and long-term educational reform and development (2010–2020). Front Educ in China 5(3):291–309

Kung JK, Lin Y (2007) The decline of township-and-village enterprises in China's economic transition. World Dev 35(4):569–584

Lee CK (2007) Against the law: labor protests in China's rustbelt and sunbelt. Univ of California Press, Berkeley

Lin G (1999) State policy and spatial restructuring in post-reform China, 1978–95. Int J Urban Reg Res 23(4):670–696

Liu Z (2005) Institution and inequality: the hukou system in China. J Comp Econ 33(1):133–157

Looks good on paper (2013). A flawed system for judging research is leading to academic fraud. The Economist. http://www.economist.com/news/china/21586845-flawed-system-judging-research-leading-academic-fraud-looks-good-paper. Zugegriffen: 7. Febr. 2014.

Lundvall B-A (2007) National innovation systems – analytical concept and development tool. Ind Innov 14(1):95–119

Martins EC, Terblanche F (2003) Building organisational culture that stimulates creativity and innovation. Eur J Innov Manag 6(1):64–74

Meyer M (2004) Ideen Und Institutionen: Die historischen Wurzeln der nationalchinesischen Industriepolitik. Nomos, Baden-Baden

National Bureau of Statistics of China and Ministry of Science and Technology (2014) China statistical yearbook on science and technology. Beijing

Nee V, Opper S (2012) Capitalism from below: markets and institutional change in China. Harvard University Press, Boston

Rawski TG (1989) Economic growth in prewar China. University of California Press, Berkeley

Segerstrom PS (1991) Innovation, imitation, and economic growth. J Polit Econ 99(4):807–827

Serger SS, Breidne M (2007) China's fifteen-year plan for science and technology: an assessment. Asia Policy 4(1):135–164

Shen Z, Xia Y (2011) The great leap forward, the people's commune and the sino-soviet split. J Contemp China 20(72):861–880

Utterback JM, Suarez FF (1993) Innovation, competition, and industry structure. Res Policy 22(1):1–21

Wu W (2007) Cultivating research universities and industrial linkages in China: the case of Shanghai. World Dev 35(6):1075–1093

Xue L, Liang Z (2010) Relationships between IPR and technology catch-up: some evidence from China. In Odagiri H, Goto A, Sunami A, Nelson RR (Hrsg) Intellectual property rights, development, and catch-up. An international study, Oxford University Press, Oxford, S 317–360

Young S, Lan P (1997) Technology transfer to China through foreign direct investment. Reg Stud 31(7):669–679

Zhang H, Patton D, Kenney M (2013) Building global-class universities: assessing the impact of the 985 project. Res Policy 42(3):765–775

Über den Autor

Christian Göbel ist Professor für Sinologie mit sozialwissenschaftlicher Ausrichtung an der Universität Wien. Er studierte Politikwissenschaft und Moderne Sinologie in Erlangen, Taipei und Heidelberg, promovierte an der Universität Duisburg-Essen, und forschte und lehrte an den Universitäten Duisburg-Essen, Lund, Heidelberg und Wien. Seine derzeitigen Forschungsprojekte untersuchen die Determinanten erfolgreicher politischer Innovationen in China sowie den Einfluss von Informationstechnologien auf Regimestabilität in China. Zu seinen Veröffentlichungen zählen die Monografien „The Politics of Rural Reform in China" (Routledge 2010) und "The Politics of Community Building in Urban China" (Routledge 2011, mit Thomas Heberer) sowie wissenschaftliche Artikel u. a. in the China Journal, the China Quarterly, Journal of Current Chinese Affairs, Politische Vierteljahresschrift und European Political Science.

Indikatoren für die Innovationsentwicklung in China – Patente und Publikationen zwischen Quantität und Qualität

Florian Keßler und Thomas Heine

Zusammenfassung

Die Analyse von Patenten und Publikationen als Indikatoren für den Stand der Innovationsentwicklung in China ergibt ein ambivalentes Bild. Quantitativ gesehen lassen sich positive Entwicklungen der chinesischen Innovationspolitik klar belegen. Auch in qualitativer Hinsicht spiegeln sich einzelne Erfolge, z. B. bei Patentanmeldungen für Basistechnologien im Bereich der Industrie 4.0 sowie in den Spitzentechnologien, wider. China belegt bei den Publikationen in den Ingenieurs- und Naturwissenschaften international Spitzenplätze. Im Rahmen der qualitativen Betrachtung verbleiben jedoch erhebliche Zweifel hinsichtlich der Nachhaltigkeit des derzeit verfolgten Innovationsmanagements. Trotz massiver Ausgaben für Forschung- und Entwicklung ist China in der industriellen Spitze wie in der Breite nach wie vor weit entfernt von „created in China" oder „Industrie 4.0". China hat jedoch die Zeichen der Zeit erkannt und reformiert derzeit die institutionellen Rahmenbedingungen zur Schaffung von mehr Anreizen für Innovation und Unternehmertum. Im Zuge der Modernisierung der Forschungsförderung und des Programmmanagements wird der Grundlagenforschung bzw. Transparenz und stärkeren Orientierung an internationalen Standards mehr Bedeutung zugemessen. Vor dem Hintergrund systemischer Hemmschuhe wie das chinesische Bildungs- und Justizsystem bleibt jedoch die Frage, ob in einem autokratischen System Innovation nicht per se Grenzen gesetzt sind.

F. Keßler (✉)
WRZ, Beijing, Peking, China
E-Mail: florian.kessler@wzr-china.com

T. Heine (✉)
ADTECH AG, Rotkreuz, Schweiz
E-Mail: heine@adtech-holding.com

© Springer Fachmedien Wiesbaden GmbH 2017
J. Freimuth und M. Schädler (Hrsg.), *Chinas Innovationsstrategie in der globalen Wissensökonomie*, DOI 10.1007/978-3-658-17651-8_4

Inhaltsverzeichnis

4.1   Einleitung

Ein stärker innovationsgetriebenes Wachstum ist notwendige Voraussetzung für die Neuausrichtung des chinesischen Wirtschaftsmodells in Richtung „created in China". Der Modernisierung des Innovationssystems kommt dabei eine zentrale Rolle zu (s. auch Steiger 2015, S. 11 ff.). Strukturreformen, internationale Partnerschaften und insbesondere massive finanzielle Investitionen in Bildung, Forschung, Technologie und Innovation sollen eigenständige Innovation ermöglichen. Im Zuge der „Made in China 2025" Strategie soll Chinas verarbeitende Industrie bis 2025 den Abstand zu den etablierten Industrienationen hinsichtlich Innovation, Qualität und Effizienz verringert und im Jahr 2049 – dem 100-jährigen Gründungsjubiläum der kommunistischen Partei – mit den USA, Japan und Deutschland in puncto Automatisierung und Digitalisierung aufgeschlossen haben (zu den aktuellen innovationspolitischen Strategien „Internet Plus" bzw. „Made in China 2015" s. Frietsch 2015, S. 14 ff.).

Forschungspolitische Vorgaben für dieses technologische catching-up formuliert China planwirtschaftlich und selektiv: So sollen im Rahmen des mittel- und langfristigen Programms zur Entwicklung von Wissenschaft und Technologie (2006–2020) bzw. dem 12. Fünfjahresplan (2011–2015) die Ausgaben für Forschung und Entwicklung (FuE) bis zum Jahr 2020 auf jährlich mindestens 2,5 % des BIP erhöht und die Einfuhr der benötigten Technologien auf 30 % beschränkt werden. Beim Ranking von Patenten und Zitationen soll China zu den Top 5 weltweit aufschließen (Schüller und Schüller-Zhou 2015, S. 2).

Den Industrien Informationstechnologie, Biotechnologie, hochwertige Ausrüstungen, neue (nicht-fossile) Energien, neue Materialien und alternative Kfz-Antriebstechniken misst China eine strategische Bedeutung bei (Abele 2015, S. 6).

Innovation ist nicht direkt messbar. Daher werden Input-, Throughput- und Output-Indikatoren wie Wohlstand und Wettbewerbsfähigkeit als übergeordnete Ziele der Innovationspolitik sowie Innovationsleistung und Innovationsfähigkeit als Indikatoren im engeren Sinne herangezogen. Zu den letzteren gehören unter anderem die jährliche Höhe der Ausgaben für Forschung und Entwicklung (FuE) eines Staates, das Humankapital (Wissen und Können der MitarbeiterInnen), Strukturkapital (organisationale und technische Strukturen), Beziehungskapital (Beziehungen der Unternehmen zu externen Forschungs- und Bildungseinrichtungen), die Anzahl von Patenten bzw. Patentanmeldungen sowie Publikationen (vgl. Europäische Kommission 2015; WIPO, Cornell University, INSEAD 2015).

Erfolgreiche Innovationsentwicklung ist immer ein komplexes Zusammenspiel einer Vielzahl von Parametern, die in ihrer Gesamtheit und nicht isoliert betrachtet werden dürfen („Darwin meets innovation"). Wenn sich ein Staat lediglich auf einen Parameter wie z. B. die Ausgaben im Bereich FuE fokussiert, aber auf der anderen Seite andere Parameter wie beispielsweise die effektive Durchsetzung von Patentschutz durch die Justiz vernachlässigt, werden private Unternehmen trotz hoher staatlicher Ausgaben im Bereich FuE nicht in die Entwicklung von neuen Technologien investieren. Denn die Unternehmen können die Früchte ihrer Investitionen nicht kommerziell ernten.

Im Folgenden wird Chinas Stand der Innovationsentwicklung speziell anhand der Indikatoren Patente sowie Publikationen analysiert. Patente spiegeln aus makroökonomischer Sicht den technologischen Output eines nationalen Innovationssystems wider (EFI 2015, S. 108; Neuhäusler et al. 2015, S. 3).

Sie stehen am Ende der Forschungs- und Entwicklungsarbeit und stellen den ersten Schritt in der Kette der kommerziellen Verwertung des erworbenen Wissens dar. Der Parameter Publikationen wird als Indikator herangezogen, da er die Qualität wissenschaftlicher Forschung indiziert (Europäische Kommission 2015, S. 86, 88). Beide Parameter werden zunächst aus quantitativer Sicht betrachtet. Im Anschluss daran wird die notwendige qualitative Betrachtung vorgenommen.

Um die Qualität von Patenten festzustellen, wird insbesondere das technologische Gebiet von chinesischen Patenten und Patentanmeldungen beleuchtet. In diesem Kontext macht es einen Unterschied, ob ein Patent eine neue Erfindung im Bereich der Industrie 4.0 oder nur die Weiterentwicklung einer vorhandenen Technologie im Kohlebergbau schützt. Neben der sektoralen Betrachtung ist insbesondere auch die Internationalisierung von Patenten zu berücksichtigen (WIPO, Cornell University und INSEAD 2015, XVII; Neuhäusler et al. 2015, S. 4). Denn Anmeldungen von Patenten im Ausland reflektieren die Globalisierung des Schutzes geistigen Eigentums und das Bestreben, ausländische Märkte zu erschließen. Da eine Anmeldung von Patenten im Ausland häufig mit höheren Kosten (z. B. Gebühren der Patentämter, Patentanwaltskosten, Übersetzungskosten) verbunden ist, indiziert eine solche Anmeldung, dass die Anmelder diesen Patenten ein hohes wirtschaftliches Wertpotenzial beimessen (WIPO 2015 World Intellectual Property Indicators,

S. 27; Martinez 2010, S. 8, 9 mit weiteren Nachweisen). Eine solche Internationalisierung kann z. B. durch die Anzahl von sog. Patentfamilien belegt werden. Auch im Hinblick auf Publikationen dürfen nicht nur die absoluten Zahlen bewertet werden. Es müssen vielmehr noch aus den bibliometrischen Daten gefolgerte Indikatoren wie Zitatrate, Internationale Ausrichtung sowie internationale Ko-Publikationen (mit Wissenschaftlern aus führenden Ländern) (Schmoch et al. 2012, S. 23) betrachtet werden, um eine Aussage hinsichtlich der Qualität von Publikationen treffen zu können (iFQ et al. 2014, S. 17).

Um Chinas Stand der Innovationsentwicklung besser in einen globalen Kontext einordnen zu können, wird im Folgenden insbesondere ein Vergleich zu Deutschland, den USA und Japan gezogen, da diese – vor Chinas Aufstieg zur zweitgrößten Volkswirtschaft – die ehemals drei größten Volkswirtschaften darstellten. Abschließend werden Lösungsansätze für das Spannungsverhältnis Quantität – Qualität beleuchtet. Dabei wird u. a. die Frage aufgeworfen, ob der Innovationsentwicklung in einem autokratischen System wie China nicht per se Grenzen gesetzt sind.

4.2 Status der Innovationsentwicklung in China anhand der Indikatoren Patente und Publikationen

4.2.1 Patente

4.2.1.1 Quantitative Betrachtung

Quantitativ gesehen ist China bereits weltweit mit Abstand an der Spitze. Seit 2011 weist China die größte Anzahl an Patentanmeldungen, die ein einzelnes Patentamt erhält, auf (WIPO 2014, S. 12). 2014 wurden in China 928.177 Erfindungspatente angemeldet (WIPO 2015, S. 23). Dies entspricht einem Wachstum von +12,5 % im Vergleich zum Vorjahr. Damit hatte China mehr Patentanmeldungen als die USA und Japan zusammen zu verzeichnen.

Auch bei den „kleinen Patenten", den Gebrauchsmustern liegt China an der Spitze. 2014 wurden in China 868.511 Gebrauchsmuster angemeldet (WIPO 2015, S. 32,59). Das stellt einen weltweiten Anteil von fast 9/10 dar. Dass in China eine im weltweiten Vergleich sehr hohe Anzahl von Gebrauchsmustern angemeldet wurde, wird insbesondere deutlich, wenn man den Abstand zum Weltranglistenzweiten Deutschland betrachtet. In Deutschland wurden im selben Jahr lediglich 14.749 Gebrauchsmuster angemeldet (WIPO 2015, S. 59).

4.2.1.2 Qualitative Betrachtung

4.2.1.2.1 Sektorale Betrachtung

4.2.1.2.1.1 Basistechnologien für Industrie 4.0
Im Rahmen des Programms „Made in China 2025" zielt China darauf ab, mit einem nationalen industriellen Modernisierungskonzept die Technologien der „Industrie 4.0" zu forcieren. Hinsichtlich der Basistechnologien für Industrie 4.0 überholte China seit

2013 mit 2541 Prioritätsanmeldungen bereits die USA (1065) und Deutschland (441). Mit 515 bislang erteilten Patenten im Bereich Industrie 4.0 liegt China hinter den USA (1467) und vor Deutschland (477) (Fraunhofer IAO Analyse 2015, S. 5, 6). Im Bereich der Industrie 4.0 hat China auf den Gebieten der energieeffizienten industriellen drahtlosen Sensornetze, eingebetteten Systeme, Niedrigkosten-Roboter sowie Big Data-Datenverarbeitungsverfahren wichtige Grundlagenpatente angemeldet. Neue Ansätze für den Betrieb energieeffizienter und zuverlässiger Industrienetzwerke wurden von führenden Institutionen wie dem SIA (Shenyang Institute of Automation) entwickelt und als Patent geschützt. Chinas größter Roboterhersteller, SIASUN, meldete in den letzten drei Jahren rund 140 Erfindungen jährlich an (Fraunhofer IAO Pressemitteilung 2015).

Hinsichtlich der Anwendung der Industrie 4.0 Technologien lässt sich jedoch eine relativ niedrige Innovationshöhe der Patentanmeldungen feststellen. Es wurden offenbar Erfindungen mit geringem Neuheitsgrad angemeldet, die überdies häufig auch ungenau formuliert waren (Fraunhofer IAO Pressemitteilung 2015). In qualitativer Hinsicht kann Chinas Spezialisierung auf die Basistechnologien für die Industrie 4.0 als eine „selektive Strategie" angesehen werden. China will ausdrücklich in Kooperation mit dem Wunschpartner Deutschland (Wübbeke und Conrad 2015, S. 1) auf den Zug der Industrie 4.0 aufspringen und mithilfe der Digitalisierung mit den führenden Industrienationen gleichziehen.

4.2.1.2.1.2 Spitzentechnologie und Hochwertige Technologie

Chinas selektive Strategie zeigt sich auch im Bereich der FuE-intensiven Technologien[1] China war im Bereich der Spitzentechnologie[2] hinsichtlich seiner weltweiten transnationalen Patentanmeldungen im Zeitraum 2005–2012 weit überproportional aktiv und führte und führt auch heute die Weltrangliste mit weitem Abstand gefolgt von den USA und Süd-Korea an. Japan hat nur durchschnittliche Werte. Deutschland ist in diesem Bereich hingegen weit unterdurchschnittlich positioniert. Spiegelbildlich verhält es sich hingegen im Bereich der hochwertigen Technologien (FuE-Intensität 3–9 %). Hier haben sich Deutschland[3] und Japan spezialisiert und positionieren sich überdurchschnittlich. In diesem Bereich ist China dagegen weit unterdurchschnittlich positioniert (USA: durchschnittlich) (EFI 2015, S. 108, 110).

---

[1]Patentaktivitäten auf den Gebieten der FuE-intensiven Technologien geben einen Aufschluss auf die technologische Leistungsfähigkeit eines Landes. Der Bereich FuE-intensive Technologien beinhaltet Industriebranchen, die mehr als 3 % ihres Umsatzes in FuE anlegen (EFI 2015, S. 108).

[2]Die FuE-intensive Technologie unterteilt sich in den Bereich der Spitzentechnologie (FuE-Intensität >9 %) und der hochwertigen Technologie (FuE-Intensität 3–9 %); Der Spezialisierungsindex ergibt sich aus den weltweiten transnationalen Patentanmeldungen (EFI 2015, S. 108).

[3]Grund dafür sind die für Deutschlands Wirtschaft traditionell bedeutende Industriesektoren Automobilindustrie, Maschinenbau und chemischen Industrie (EFI 2015, S. 108).

4.2.1.2.2 Internationale Betrachtung

Wie bereits eingangs dargestellt, indizieren internationale Patentanmeldungen eine hohe Patentqualität. Betrachtet man die absolute Anzahl internationaler Patentanmeldungen Chinas im weltweiten Vergleich, ergibt sich ein differenzierteres Bild. 2014 hat China lediglich 36.700 Patente im Ausland angemeldet und damit ungefähr genauso viel wie die Schweiz. Chinesische Patentanmeldungen machten 2014 nur einen relativ geringen Anteil bei den ausländischen Patentämtern aus, z. B. nur 6,1 % bei der USPTO (WIPO World Intellectual Property Indicators 2015, S. 27).

4.2.1.2.2.1 Patentfamilien

Die Qualität von Patenten spiegelt sich insbesondere in den sog. Patentfamilien wider. Eine Patentfamilie ist definiert als ein Komplex von Patenten, die in verschiedenen Ländern (d. h. von deren Patentämtern) zum Schutz ein und derselben Erfindung registriert werden. Im Zeitraum 2010–2012 betrug der Anteil der chinesischen Patentfamilien mit Auslandsbezug (der Anmelder hat das Patent an mindestens einem Standort außerhalb seines Heimatstaates angemeldet) lediglich 3,2 %. In Deutschland betrug der Anteil der Patentfamilien mit Auslandsbezug im gleichen Zeitraum mehr ca. 55 % und in den USA 45 % (WIPO 2015, S. 44).

4.2.1.2.2.2 Speziell: Triadische Patentfamilien

Insbesondere die sog. triadischen Patentfamilien indizieren eine besonders hohe Patentqualität (McKinsey 2015, S. 18; Martinez 2010, S. 8, 9, 20). Bei triadischen Patentfamilien handelt es sich um Patente, die eine oder mehr Prioritäten gemeinsam haben und beim Europäischen Patentamt (EPO), dem japanischen Patentamt (JPO) und dem Patent- und Markenamt der USA angemeldet sind (USPTO) (OECD 2015a Triadic patent families [indicator], S. 2). Auch betreffend die Anzahl triadischer Patentfamilien liegt China weiterhin mit deutlichem Abstand hinter den OECD-Ländern: 2013 waren lediglich 1896 triadische Patentfamilien chinesischen Ursprungs. Dahingegen waren 5524 deutschen, 16.196 japanischen und 14.211 US-amerikanischen Ursprungs (OECD Online Database 2016). China verzeichnete jedoch im Zeitraum von 2001 bis 2011 einen stetigen, sowie überdurchschnittlichen Anstieg triadischer Patentfamilien in Höhe von über 30 % pro Jahr. Im Gegensatz dazu verringerte sich der Anteil triadischer Patentfamilien europäischen (27,5 %), japanischen (31,4 %) und US-amerikanischen (29 %) Ursprungs im Vergleich zum Jahr 2001 um 1–2 Prozentpunkte (OECD 2014, S. 156 f.).

4.2.1.2.3 Patenintensität

Auch eine Betrachtung der Intensität der Patentaktivität in unterschiedlichen Ländern ist für eine qualitative Betrachtung aufschlussreich. Patente sind unter anderem ein wichtiges Instrument zur Sicherung von Marktanteilen im Rahmen des internationalen Technologiehandels. Eine hohe Patentintensität zeugt daher sowohl von einer starken internationalen Ausrichtung als auch von einer ausgeprägten Exportfokussierung der jeweiligen Volkswirtschaft (EFI 2015, S. 108). Indikatoren für die Patentaktivitätsintensität stellen

z. B. das Verhältnis der Anzahl durch Inländer getätigter Patentanmeldungen (resident patent applications) zum BIP oder das Verhältnis der Anzahl von durch Inländer getätigter Patentanmeldungen zur Bevölkerungszahl dar. Betrachtet man das Verhältnis der Anzahl von durch Inländer getätigter Patentanmeldungen zur Bevölkerungszahl, so ist festzustellen, dass dieses Verhältnis in China 2013 geringer ist als in Dänemark, dessen Bevölkerung weniger als 0,5 % der Bevölkerung Chinas beträgt (WIPO 2015 World Intellectual Property Indicators, S. 28).

4.2.1.2.4 Kommerzielle Verwertung

Wie bereits erläutert spiegeln Patente aus makroökonomischer Sicht den technologischen Output eines nationalen Innovationssystems wider. Die Anmeldung oder Erteilung eines Patents sagt jedoch noch nichts darüber aus, ob die patentierte Technologie auch tatsächlich wirtschaftlich erfolgreich im Markt eingesetzt wird. Ein Indiz zur erfolgreichen wirtschaftlichen Verwertung von geistigen Eigentumsrechten sind die Einnahmen einer Volkswirtschaft, die aus der Übertragung von Nutzungsrechten (z. B. in Form von Patentlizenzen) generiert werden. Nach Informationen der Weltbank hat China insoweit eine noch klar negative Bilanz. Während China im Jahr 2014 lediglich 614 Mio. US$ aus der Vergabe von Nutzungsrechten eingenommen hat, musste China 22.621 Mio. US$ zahlen. Im Vergleich zu China haben die USA und Deutschland eine positive Verwertungsbilanz. Deutschland konnte im Jahr 2014 Einnahmen von 13.797 Mio. US$ und lediglich Ausgaben von 8122 Mio. US$ vorweisen. Die USA liegen mit Ausgaben von 130.361 Mio. US$ und Ausgaben von 42.124 Mio. US$ an der Spitze (World Bank Online Database 2016).

4.2.1.2.5 Zwischenfazit

Der Aufstieg chinesischer Unternehmen zur Technologieführerschaft soll vor allen in den neuen strategischen Industrien gelingen. Die dargestellte beeindruckende quantitative Entwicklung der Patentanmeldungen lässt jedoch keine generelle Aussage über deren Qualität und innovativen Gehalt zu. Erste Erfolge zeigen sich zwar bereits deutlich bei den Patenten in den Bereichen Industrie 4.0 sowie in den Spitzentechnologien. In der Breite bestehen jedoch Zweifel an der Qualität der chinesischen Patente, was sich insbesondere bei der Betrachtung der Patentfamilien, der Patentintensität, der Hochtechnologie und bei der schwachen kommerziellen Verwertung zeigt. Zudem wirken Fehlanreize, einer auf quantitatives Wachstum ausgerichteten Patentpolitik, verzerrend auf das unternehmerische Handeln ein. Dies zeigt sich insbesondere an der hohen Zahl von Gebrauchsmusteranmeldungen. Ein Ziel der National Patent Development Strategie (2011–2020) war es, bis 2015 eine jährliche Anmeldungsquote von 2 Mio. Erfindungspatenten, Gebrauchsmustern sowie Geschmacksmustern zu erreichen. Diese Politik hat auch zu einem inkrementellen Anstieg der Anmeldung von sogenannten *junk patents* geführt. Darunter versteht man u. a. Gebrauchsmuster in China, die auf ausländischen Technologien beruhen, welche bereits auf andere Weise geschützt sind. Die Anmeldung eines Gebrauchsmusters (anders als beim Erfindungspatent) setzt keine materielle Prüfung voraus (Keßler und Ludwig 2011, S. 77). Diese rein auf quantitatives Wachstum ausgerichtete Top-down-Patentpolitik steht im Widerspruch zum aktuellen Programm „Made in China 2025", das auf qualitatives Wachstum ausgerichtet ist (Schüller und Schüler-Zhou 2015, S. 1).

4.2.2 Publikationen

4.2.2.1 Quantitative Betrachtung

Im Hinblick auf die absoluten Publikationszahlen im Science Citation Index Expanded (SCIE)[4] konnte China ein substanzielles Wachstum verzeichnen. Chinas absolute Publikationszahlen sind im Zeitraum 2003 bis 2013 um das 4,5-fache gestiegen (iFQ et al. 2014, S. 21). Damit liegt China 2013 mit 14,2 % quantitativ gesehen international nur noch hinter den USA (20,8 %). Der weltweite Publikationsanteil von Deutschland und Japan beträgt hingegen jeweils nur knapp 5 % (iFQ et al. 2014, S. 19).

4.2.2.2 Qualitative Betrachtung

4.2.2.2.1 Sektorale Betrachtung

Bei genauerer Betrachtung der absoluten Publikationszahlen hinsichtlich der spezifischen wissenschaftlichen Felder wird erkennbar, dass China auch hier eine selektive Strategie verfolgt. In den wissenschaftlichen Feldern, auf die China einen speziellen, wohl wirtschaftlich motivierten, Fokus legt, wird überdurchschnittlich viel publiziert. In den Ingenieurswissenschaften führt China mit einem Publikationsanteil von 20,6 %. (USA 14,0 %) Auch in den Naturwissenschaften liegt China (16,7 %) nur noch hinter den USA (18,4 %). Im Vergleich zu den Publikationen in den wissenschaftlichen Feldern Medizin (7,7 %) und Sozialwissenschaften (3,7 %) ist der Unterschied im Publikationsanteil Chinas signifikant. Chinas selektive Publikationsstrategie steht im Gegensatz zur Situation in Deutschland. Der Unterschied der Publikationsanteile in den wissenschaftlichen Feldern Ingenieurwissenschaften (3,9 %), Naturwissenschaften (4,9 %), Medizin (5,1 %) und Sozialwissenschaften (4,7 %) ist nicht gravierend. Auch ein Vergleich mit den USA ist interessant. So scheinen die USA konträr zu China einen Fokus auf die wissenschaftlichen Felder Medizin (26,8 %) und Sozialwissenschaften (33,5 %) zu legen (iFQ et al. 2014, S. 19).

---

[4]Die bibliometrische Datenbank „Web of Science" von Thomson Reuters besteht aus vier Teildatenbanken, darunter Science Citation Index Expanded (SCIE), Social Sciences Citation Index (SSCI), Arts & Humanities Citation Index (AHCI) und Conference Proceedings (CPCI). Während der SCIE hauptsächlich die Natur- und Lebenswissenschaften, Medizin sowie die Ingenieurwissenschaften erfasst, werden die Geistes- und Sozialwissenschaften im SSCI (Sozialwissenschaften) und AHCI (Geisteswissenschaften) erfasst. Der CPCI umfasst Konferenzbeiträge, s. www.webofknowledge.com.

4.2.2.2.2 Internationale Betrachtung

China kann zwar eine positive Entwicklung hinsichtlich seiner Publikationen mit internationaler Ausrichtung (IA)[5] aufweisen. Seit 2003 gelingt es China immer häufiger, Publikationen in höher zitierten Zeitschriften zu platzieren bzw. das Ansehen der Zeitschriften, in denen chinesische Publikationen veröffentlicht werden, erhöht sich. Gleichwohl liegt China mit einem Wert von -23 weiterhin weit unter dem Weltdurchschnitt (0). Der Weltranglistenerste, die USA, hat einen Index-Wert von ca. +35, das drittplatzierte Deutschland einen Wert von +15. Japan liegt knapp unter dem Weltdurchschnitt (iFQ et al. 2014, S. 32 f.). Auch bei den internationalen Ko-Publikationen ist Chinas Anteil im Vergleich mit anderen Ländern gering (iFQ et al. 2014, S. 40).

4.2.2.2.3 Publikationsintensität

Betrachtet man die Publikationszahlen im SCIE in Relation zur Bevölkerungszahl, so liegt die Publikationsintensität Chinas (0,1 %) unter dem weltweiten Durchschnitt (0,2 %). Die USA (0,9 %), Deutschland (0,8 %) und Japan (0,5 %) liegen über dem weltweiten Durchschnitt. Die Schweiz verzeichnet die höchste Publikationsintensität mit 1,8 %.

4.2.2.2.4 Zwischenfazit

Auch bei den Publikationen ist erkennbar, dass Chinas quantitätsorientierte, selektive Strategie erste Erfolge verbucht. Der rein mengenmäßig starke Zuwachs der Publikationszahlen ist dabei u. a. eng mit der Einführung eines monetären Anreizsystems für Veröffentlichungen in SSCI-Zeitschriften zu sehen. Bei der internationalen Betrachtung liegt China jedoch noch deutlich zurück. Dies ergibt sich auch aus einer Zusammenschau der Publikationen Chinas mit internationaler Ausrichtung (s. o. IA) und der sog. Zeitschriftenspezifischen Betrachtung (ZB). Der ZB-Index gibt an, ob Publikationen im Durchschnitt häufiger oder seltener zitiert werden als andere Publikationen in der Zeitschrift, in der die Publikation erschienen ist. Hier konnte China im Zeitraum 2003–2011 eine positive Entwicklung verzeichnen. Hinsichtlich der ZB hat China 2011 Deutschland (+4,2) knapp überholt und auf den vierten Platz verwiesen. Von den Werten der ZB und der IA können in der Gesamtschau u. a. Rückschlüsse auf die Publikationsstrategie eines Landes gezogen werden: China publiziert demnach häufiger in Zeitschriften mit weniger Reputation (negativer IA). Die Publikationen werden jedoch im Vergleich mit anderen in derselben Zeitschrift veröffentlichten Publikationen immer häufiger zitiert (positiver ZB). Eine mögliche Ursache hierfür ist, dass chinesische Autoren vor allem in von Chinesen herausgegeben Zeitschriften publizieren (Schmoch et al. 2012, S. 39), die (u. a. aufgrund der Sprachbarriere) keine internationale Leserschaft erreichen. Innerhalb dieser Zeitschriften gibt es jedoch eine große Leserschicht, die sie zitiert (iFQ et al. 2014, S. 35).

---

[5]Der IA-Index gibt an, ob die Zeitschriften in denen publiziert wurde, im Vergleich zum Weltdurchschnitt zu den höher oder niedriger zitierten Zeitschriften zählen, iFQ et al. (2014, S. 32 f, 92 ff.) (auch für methodische Erläuterung zur Ermittlungen der Zahlen).

4.3   Zusammenfassung, Einordnung und Ausblick

4.3.1 Zusammenfassung und Einordnung

4.3.1.1 Input-Faktoren

Betrachtet man lediglich Chinas Input-Faktoren FuE-Ausgaben und Humankapital, so zählt China bereits zu den forschungsstärksten Wissenschaftsnationen der Welt. 2013 betrugen in China die Ausgaben für FuE etwas mehr als 2 % des BIP[6]. Im Sommer 2015 absolvierte eine Rekordzahl von 7,5 Mio. Studenten eine Hochschule in China. China investierte in 2013 jedoch nur ungefähr 0,1 % des BIPs in Grundlagenforschung (USA 0,5 % des BIPs) und setzt damit offenbar massiv auf die (einseitige) Entwicklung von Spitzentechnologie in ausgewählten strategischen Industrien (OECD 2015b China in a Changing Global Environment, S. 32).

4.3.1.2 Output-Faktoren

Bezüglich der Output-Faktoren des chinesischen Innovationssystems konnten bei den Innovationsindikatoren „Patente und Publikationen" erste, zum Teil beeindruckende Erfolge erzielt werden. Die Ausprägung beider Indikatoren spiegeln -in quantitativer wie in qualitativer Hinsicht- den planwirtschaftlichen, selektiven Top-down-Ansatz der chinesischen Innovationspolitik jedoch auch in negativer Weise wieder. So ist es insbesondere das (bis dato) vorherrschende Verständnis der politischen Führung von Innovation als linearen (Top-down-) Prozess bzw. das Modell des einseitigen Technologietransfers aus dem Forschungssystem in die Unternehmen hinein, welches einer umfassenden und nachhaltigen Stärkung der unternehmerischen Innovationskraft in China entgegensteht (Schüller und Schüler-Zhou 2015, S. 4). Kritischen Einschätzungen zufolge konnten chinesische Unternehmen der internationalen Technologieentwicklung mehr durch staatliche Unterstützung, Unternehmenszukäufe im Ausland sowie internationale (Technologie-) Kooperation als durch substanzielle eigene Innovationen folgen. Ebenso können unterdurchschnittliche Gewinnraten in der chinesischen Informations- und Telekommunikationsindustrie als Indikator für weiterhin hohe Zulieferungen von ausländischen, technisch hochwertigen Zwischenprodukten gesehen werden, die somit den Wertschöpfungsanteil chinesischer Unternehmen reduzieren (Schüller und Schüler-Zhou 2015, S. 5).

4.3.1.3 Gesamtschau

Insgesamt betrachtet ist China noch ein gutes Stück weit entfernt von „created in China" und „Industrie 4.0". Der Großteil der Industrieanlagen arbeitet auf 2.0 und ist auf dem Weg zu 3.0. Industrieroboter und Industriesoftware wie „Enterprise Resource Planning" und „Manufacturing Execution Systems" sind deutlich weniger weit verbreitet als in führenden Industrienationen (Wübbeke 2015, S. 40–41). Zudem bleibt abzuwarten, ob

---

[6]Zum Vergleich: Japan ca. 3,4 % des BIP, USA ca. 2,8 % des BIP.

z. B. Technologien der Industrie 4.0 in China in der Praxis auch erfolgreich in der Wirtschaft eingesetzt werden können. Fehlende Datensicherheit, unzureichende Breitbandanschlüsse und das Fehlen von Normen und Standards stellen sicherlich ein deutliches Hindernis dar (Staufen 2015, S. 8). Die Abhängigkeit von ausländischen Technologien und hier insbesondere die Nutzung von fremden Eigentumsrechten (IPR) bleiben vor diesem Hintergrund weiterhin hoch. China gibt immer noch ein Vielfaches mehr für die Nutzung von fremden Eigentumsrechten aus, als es selbst Einnahmen aus eigenem IPR beziehen kann (BMBF 2015, S. 6).

4.3.2 Ausblick

4.3.2.1 Chinas Reaktion

China hat die Zeichen der Zeit erkannt und versucht durch eine Modernisierung der institutionellen Infrastruktur neue Anreize für Unternehmertum und Innovation zu schaffen. Für einen nachhaltigen Aufbau der Förderung von *Innovation* sind neue Anreize für ein erfolgreiches Zusammenspiel der unterschiedlichen Akteure im Innovationssystem – Staat, Forschungsgruppen, Universitäten und Unternehmen (sog. Beziehungskapital) – entscheidend (Schüller und Schüler-Zhou 2015, S. 4). Universitäten und FuE-Einrichtungen müssen sich mehr als Dienstleister für die Wirtschaft verstehen und die noch nicht sehr ausgeprägte Vernetzung von Wissenschaft und Industrie weiter vorantreiben (vgl. Frietsch 2015, S. 18 zu den geplanten Innovationsallianzen im Zuge von „Made in China 2015"). Gleichzeitig sind auch Herausforderungen und Problemstellungen auf Unternehmensebene „von unten bzw. bottom up" in die wissenschaftliche Forschung (und Ausbildungssysteme) hineinzutragen. Der derzeit in China geförderte Aufbau von Intermediären wie Wissenschaftsparks und Industrieclustern kann hier einen enorm wichtigen Beitrag zum Informations- und Know-how Austausch zwischen Wissenschaft und Industrie leisten (Frietsch 2015, S. 18). Wichtiges Anreizinstrument zur Förderung von *Unternehmertum* stellt der Anfang 2015 von der chinesischen Regierung mit 6,6 Mrd. US$ angekündigte Risikokapitalfonds dar, mit dem vielversprechendes Start- ups in neuen Industrien gefördert werden sollen (Schüller 2015, S. 7). Insgesamt soll bis zum Jahr 2018 ein erster Wachstumsschub durch neue, internetbasierte Geschäftsmodelle erzeugt werden. Mittelfristig sollen die Internetwirtschaft und die Industrie zu einem „industriellen Ökosystem" zusammenwachsen, welches dann – ähnlich der Digitalen Agenda in Deutschland – die Basis für die zukünftige wirtschaftliche Entwicklung bilden soll (Frietsch 2015, S. 16).

Neben der Schaffung neuer Anreize für Unternehmertum und Innovation setzt sich China zudem ambitionierte Ziele hinsichtlich der Reform der *Forschungsförderung und des Programmmanagements*. Insbesondere der Grundlagenforschung wird im Zuge des Umbaus des bisherigen Wissenschaftssystems nun größere Bedeutung zugemessen. Sie soll ausdrücklich zusammen mit Technologieentwicklung für strategische Industrien, anwendungsorientierte Forschung und Kooperation, Markteinführung und FuE in Unternehmen sowie Infrastruktur und Humankapital wesentlicher Gegenstandsbereich der fünf neu gegründeten professionellen Forschungsorganisationen sein. Im Bereich Modernisierung des Programmmanagements steht der Wunsch nach mehr Transparenz, stärkerer Orientierung an internationalen Standards bei der Projektauswahl sowie veränderte Zuständigkeiten einzelner Ministerien und Agenturen. So sieht zwar die derzeit sich im Aufbau befindende „Science & Technology Management Plattform" weiterhin eine politische Regulierung durch die Ministerien vor, externe Experten sollen aber die Evaluierung der Projekte übernehmen (Abele 2015, S. 5).

4.3.2.2 Kritische Betrachtung

Beide Bereiche, i. e. Schaffen von neuen Anreizen für Unternehmertum und Innovation und die Reform der Forschungsförderung und des Forschungsprogrammmanagements werden als die unablässigen Voraussetzungen für die Neuausrichtung des chinesischen Wirtschaftsmodells angesehen (Schüller 2015, S. 12). Ob nachhaltige Innovation für die High-Industrie dabei ohne parallelen Ausbau der Grundlagenforschung, die sich der Lösung von gesellschaftlichen Herausforderungen wie Umweltverschmutzung, sozialer Frieden oder Energieknappheit widmet, gedeihen kann ist kritisch zu bewerten.[7]

Des Weiteren lässt ein an dem Primat der Führung der kommunistischen Partei orientiertes starres Bildungssystem nicht genügend Raum für kreativ kritisches Denken in der akademischen Bildung zu. Die wenigen Berufsschulen bilden zudem nicht ausreichend leistungsfähige Fachkräfte aus. Bei der Neugestaltung von innovativen Produkten oder Produktionsprozessen werden chinesische – wie auch ausländische Unternehmen in China- wahrscheinlich noch lange mit den negativen Ausflüssen der strukturellen Nachteile des chinesischen Bildungssystems konfrontiert bleiben.

Auch gibt es in China keine unabhängige Justiz. Dies bedeutet, dass von der Partei gesetzte politische Normen neben dem Recht existieren und dieses relativieren. Die chinesische Regierung verwendet deshalb auch ausdrücklich den Begriff der „Rechtsstaatlichkeit chinesischer Prägung." In einem solchen System bleibt die Durchsetzung von Patenten oft dem Zufall oder dem persönlichen Netzwerk überlassen. Unternehmen, die Patentverletzungen durch Imitation befürchten, sind in einem derart ausgestalteten System grundsätzlich eher dazu bewogen, ihre Innovationsbestrebungen zu reduzieren als in einem Land, in dem ein effizienter Schutzmechanismus für Rechte am geistigen Eigentum besteht. Innovationen durch Unternehmen sind insoweit natürliche Grenzen gesetzt. Punktuelle Optimierungsmaßnahmen der chinesischen Regierung wie z. B. die Verbesserung der Richterausbildung, Aktualisierung der Patentgesetzte etc. werden in der internationalen Presse gelegentlich isoliert positiv hervorgehoben. Sie ändern jedoch nichts am grundsätzlichen Problem.

---

[7]Aktuelle gesellschaftliche Phänomene wie Brain-Drain aufgrund starker Umweltverschmutzung oder eine hohe Arbeitskräftefluktuation, u. a. aufgrund nicht ausreichend vorhandener sozialer Sicherungssysteme, sind hier nur exemplarisch anzuführen.

Trotz aller momentan getätigten strukturellen und inhaltlichen Anpassungsmaßnah-
men in der chinesischen Innovationspolitik bleiben damit alte, systemische Hemmschuhe
wie Bildung und Justiz, bestehen. Sie wirken als entscheidende Parameter negativ auf die
Innovationsentwicklung in China ein. Ein überdurchschnittliches Betonen sonstiger Ein-
flussgrößen (wie z. B. Ausgaben für FuE) kann diese Mängel offenbar nicht ohne weiteres
kompensieren. Vor diesem Hintergrund vertreten die Autoren die Auffassung, dass Innovation im autokratischen System China tatsächlich systemische Grenzen gesetzt sind.

Literatur

Abele C (2015) VR China setzt auf Innovation. In: VR China im Fokus – Auf dem Weg zum Inno-
vationspartner, S 4 ff. http://www.gtai.de/GTAI/Content/DE/Trade/Fachdaten/PUB/2015/03/
pub201503028002_19739_vr-china-im-fokus—auf-dem-weg-zum-innovationspartner–2015.
pdf?v=1. Zugegriffen: 15. Mai 2016
Bundesministerium für Bildung und Forschung (2015) China Strategie des BMBF 2015–2020
– Kurzfassung. Strategischer Rahmen für die Zusammenarbeit mit China in Forschung, Wissenschaft und Bildung. https://www.bmbf.de/pub/china_strategie_bmbf_kurzfassung.pdf.
Zugegriffen: 10. Nov. 2015
Europäische Kommission (2015) Leistungsanzeiger der Innovationsunion 2015/Innovation Union
Scoreboard 2015. doi:10.2769/247779. http://ec.europa.eu/growth/industry/innovation/facts-
figures/scoreboards/files/ius-2015_en.pdf. Zugegriffen: 15. Mai 2016
Expertenkommission Forschung und Innovation (EFI) (2015) Gutachten zu Forschung, Innovation
und technologischer Leistungsfähigkeit Deutschlands 2015. http://www.e-fi.de/fileadmin/Gut-
achten_2015/EFI_Gutachten_2015.pdf. Zugegriffen: 15. Mai 2016
Fraunhofer IAO Analyse (2015) Analyse der Entwicklung von Industrie 4.0 in China. White Paper
1: Analyse chinesischer Patentaktivitäten. http://www.iao.fraunhofer.de/images/iao-news/chine-
sische-patentaktivitaeten.pdf. Zugegriffen: 22. Mai 2016
Fraunhofer IAO Pressemitteilung (2015) Studie: Technologie- und Patentmonitoring chinesischer
Industrie 4.0 -Erfindungen veröffentlicht. Pressemitteilung. http://www.iao.fraunhofer.de/lang-
de/ueber-uns/presse-und-medien/1606-top-50-chinesischer-industrie-4-0-patente.html. Zugegriffen: 22. Mai 2016
Frietsch R (2015) Innovationspolitische Strategien in China: Internet Plus und Made in China
2015. In: Policy Briefs der deutschen Expertengruppe, Deutsch-Chinesische Plattform Inno-
vation. http://www.plattform-innovation.de/_media/DCPI%20Policy%20Briefs.pdf, S 14 ff.
Zugegriffen: 15. Mai 2016
Institut für Forschungsinformation und Qualitätssicherung (iFQ), Fraunhofer-Institut für System-
und Innovationsforschung ISI, Universität Bielefeld, Institute for Interdisciplinary Studies of
Science (2014) 4. Indikatorbericht Bibliometrische Indikatoren für den PFI Monitoring Bericht
2015.   https://www.bmbf.de/files/4_Indikatorbericht_Bibliometrische_Indikatoren_fuer_den_
PFI-Monitoring_Bericht_2015.pdf. Zugegriffen: 24. Nov. 2015
Keßler F, Ludwig J (2011) IPR Schutz in China aus Sicht der deutschen Wirtschaft. In: Freimuth J,
Krieg R, Luo M, Müller C, Schädler M (Hrsg) Geistiges Eigentum in China. Springer Gabler,
Wiesbaden, S 71–83
Martinez C (2010) Insight into different types of patent families. OECD Science, Technology and
Industry Working Papers, No. 2010/02. OECD Publishing, Paris. doi:10.1787/5kml97dr6ptl-en.
http://www.oecd.org/science/inno/44604939.pdf. Zugegriffen: 14. Nov. 2015

McKinsey Global Institute (2015) The China effect on global innovation. http://www.mckinsey.
    com/~/media/mckinsey/dotcom/insights/strategy/chinas%20innovation%20imperative/the_
    china_effect_on_global_innovation.ashx. Zugegriffen: 22. Mai 2016
Neuhäusler P, Rothengatter O, Frietsch R unter Mitarbeit von Feidenheimer A (2015) Patent appli-
    cation – structures, trends and recent developments 2014 (= Studien zum deutschen Innova-
    tionssystem Nr. 5-2015). Expertenkommission Forschung und Innovation (EFI), Berlin. http://
    www.isi.fraunhofer.de/isi-wAssets/docs/p/de/efi-studien/2015_StuDIS_05.pdf. Zugegriffen: 15.
    Mai 2016
OECD (2014) Die OECD in Zahlen und Fakten 2014: Wirtschaft, Umwelt, Gesellschaft. OECD,
    Paris. doi:10.1787/factbook-2014-de
OECD (2015a) Triadic patent families (indicator). doi:10.1787/6a8d10f4-en. Zugegriffen: 14. Nov.
    2015
OECD (2015b) China in a changing global environment. http://www.oecd.org/china/china-in-a-
    changing-global-environment_EN.pdf. Zugegriffen: 10. Nov. 2015
OECD Online Database, Research and Development (2016). Triadic patent families. https://data.
    oecd.org/rd/triadic-patent-families.htm. Zugegriffen: 22. Mai 2016
Schmoch U, Michels C, Neuhäusler P, Schulze N (2012) Performance and structures of the Ger-
    man science system 2011. Expertenkommission Forschung und Innovation. Studien zum deut-
    schen Innovationssystem Nr. 9-2012, Berlin. http://www.isi.fraunhofer.de/isi-wAssets/docs/p/
    de/efi-studien/2012_StuDIS_09.pdf. Zugegriffen: 22. Mai 2016
Schüller M (2015) Neue Konzepte der Innovationsförderung. In: Policy Briefs der deutschen
    Expertengruppe. Deutsch-Chinesische Plattform Innovation. http://www.plattform-innovation.
    de/_media/DCPI%20Policy%20Briefs.pdf, S 4 ff. Zugegriffen: 15. Mai 2016
Schüller M, Schüler-Zhou Y (2015) China: Die neue Innovationssupermacht? In: GIGA Focus
    (2015). Nummer 1. https://www.giga-hamburg.de/de/system/files/publications/gf_asien_1501.
    pdf. Zugegriffen: 15. Mai 2016
Staufen (2015) China – Industrie 4.0 Index 2015. http://www.staufen.ag/fileadmin/hq/survey/
    STAUFEN.-studie-china-industrie_4_0-index-2015-DE.pdf. Zugegriffen: 22. Mai 2016
Steiger J (2015) Akteure des chinesischen Innovationssystems. In: ITB 10. Schwerpunktausgabe,
    Innovation in China. http://www.kooperation-international.de/fileadmin/public/downloads/itb/
    info_15_08_28_SAG.pdf, S 11 ff. Zugegriffen: 15. Mai 2016
WIPO (2014) IP facts and figures. http://www.wipo.int/edocs/pubdocs/en/wipo_pub_943_2014.
    pdf. Zugegriffen: 15. Nov. 2015
WIPO (2015) World intellectual property indicators. http://www.wipo.int/edocs/pubdocs/en/wipo_
    pub_941_2015.pdf. Zugegriffen: 15. Mai 2016
WIPO, Cornell University, INSEAD (2015) The Global Innovation Index 2015: effective
    innovation policies for development. http://www.wipo.int/edocs/pubdocs/en/wipo_gii_2015.
    pdf. Zugegriffen: 15. Mai 2016
World Bank Online Database (2016) World development indicators: science & technology.
    Table 5.13. http://wdi.worldbank.org/table/5.13. Zugegriffen: 22. Mai 2016
Wübbeke J (2015) Industrie 4.0 in China. In: Innovation in China. ITB infoservice, 10. Schwer-
    punktausgabe 08/15. http://www.kooperation-international.de/fileadmin/public/downloads/itb/
    info_15_08_28_SAG.pdf. Zugegriffen 22. Mai 2016
Wübbeke J, Conrad B (2015) Industrie 4.0: Deutsche Technologie für Chinas industrielle Aufhol-
    jagd? In: Mercator Institute for China Studies. China Monitor Nummer 23. http://www.merics.
    org/fileadmin/templates/download/china-monitor/China_Monitor_No_23.pdf. Zugegriffen: 22.
    Mai 2016

Über die Autoren

Dr. Florian Keßler leitet derzeit das China-Buero der deutschen Sozietät Wülfing Zeuner Rechel, die im Jahr 2015 zur Kanzlei des Jahres für den Mittelstand gewählt wurde (juve award). Seit Dezember 2010 ist Herr Dr. Keßler Gastprofessor an der Chinesischen Universität für Politik und Recht in Peking. Im Jahr 2014 wurde er zum Schiedsrichter bei der China International Economic Trade Arbitration Commission (CIETAC) ernannt. Herr Dr. Keßler hat zahlreiche Publikationen im chinesischen Recht veröffentlicht und als Mitglied der Standardvertragskommission im Rahmen des gemischten Deutsch-Chinesischen Regierungsausschusses an der Erstellung von Musterklauseln für Deutsch-Chinesische Joint-Venture mitgewirkt. Zu den vorherigen beruflichen Stationen zählen Tätigkeiten beim Deutsch-Chinesischen Institut für Rechtswissenschaft in Göttingen und Nanjing sowie als Rechtsanwalt in Berlin. Von 2006 bis 2013 verantwortete er als Stellvertretender Delegierter der Deutschen Wirtschaft bei der AHK Peking die Dienstleistungen für deutsche Unternehmen beim Markteintritt in China.

Thomas Heine arbeitet seit November 2016 als Sekretär des Verwaltungsrates der ADTECH Advanced Technology AG, einem Handels- und Investitionshaus mit Hauptsitz in Rotkreuz, Schweiz. Herr Heine ist GIZ Nominee für den China International Friendship Award 2010 sowie seit 2005 Investmenet Ambassador der Stadt Qingdao. Zu den vorherigen beruflichen Stationen zählen Inhaber der China Managementberatung Heine in Baden-Baden, Leiter China-Desks der HWF Hamburgische Gesellschaft für Wirtschaftsförderung mbH sowie Unternehmensberater im Auftrag der Gesellschaft für Internationale Zusammenarbeit GIZ in der Handelskammer der Stadt Qingdao, China.

Teil III

Transformation in der chinesischen Hochschullandschaft

Hochschulen Chinas – Zwischen Traditionen und Reformen im Kontext der globalen Wissensökonomie

5

Barbara Schulte

Zusammenfassung

Das chinesische Bildungswesen hat seit den 1990er Jahren eine Vielzahl von Veränderungen und Reformen durchlaufen, die auf die Anpassung an die Herausforderungen der globalen Wissensökonomie abzielen. Ein zentraler Begriff ist hierbei die ‚Innovation': die kreative Erneuerung von Bildungsinhalten, -praktiken und -management; sowie die Fruchtbarmachung dieser neuen Bildungsansätze für die innovative Erneuerung von Wirtschaft, Industrie und Gesellschaft (MOE (Ministry of Education of the People's Republic of China), Jiaoyubu Guanyu Tuijin Zhongdeng He Gaodeng Zhiye Jiaoyu Xietiao Fazhan De Zhidao Yijian [Leitende Ansicht des Bildungsministeriums zum Voranbringen der koordinierten Entwicklung der beruflichen Bildung im Sekundär- und Tertiärbereich], http://www.gov.cn/zwgk/2011-09/20/content_1951624.htm, Zugegriffen: 23. Juni 2016, 2011b). Der Beitrag beleuchtet die Innovationsfähigkeit des chinesischen Hochschulwesens und berücksichtigt dafür folgende Aspekte: Erstens wird das chinesische Schulsystem als Rekrutierungsbasis chinesischer Studierender in seinen wichtigsten Grundzügen dargestellt; zweitens wird auf die Organisation, die Reformen und die Leistungsfähigkeit des chinesischen Hochschulwesens eingegangen; abschließend werden vier Dimensionen des chinesischen Innovationsdilemmas diskutiert: ideologische Kontrolle versus Kreativität; staatliche Planung versus Graswurzelinnovation; Seilschaften versus Antikorruption; sowie die Rekrutierung durch das Prüfungssystem versus flexible Rekrutierung.

Die Autorin dankt der Swedish Foundation for Humanities and Social Sciences (Projekt P11-0390:1) sowie dem Schwedischen Wissenschaftsrat (Projekt VR 2012-5630) für die großzügige Unterstützung ihrer Forschung

B. Schulte (✉)
Universität Lund, Lund, Schweden
E-Mail: barbara.schulte@soc.lu.se

© Springer Fachmedien Wiesbaden GmbH 2017
J. Freimuth und M. Schädler (Hrsg.), *Chinas Innovationsstrategie in der globalen Wissensökonomie*, DOI 10.1007/978-3-658-17651-8_5

Inhaltsverzeichnis

5.1 Einleitung: China auf dem Weg zur Wissensgesellschaft

Im April 2016 mahnte der chinesische Ministerpräsident Li Keqiang auf einem in Peking stattfindenden Symposium zu Bildungsreformen, dass „heutzutage der Wettbewerb zwischen den Nationen tatsächlich ein Wettbewerb in Innovation" sei (China Daily 2016).[1] Ausdrücklich betonte er dabei die Rolle der Hochschulen: Ihre Aufgabe sei es, auf breiter Massenbasis Innovation und Unternehmertum hervorzubringen.

Der Zusammenhang zwischen Innovation auf der einen Seite und Hochschulen auf der anderen kann in zweierlei Hinsicht begriffen und erforscht werden. Zum einen sind Hochschulen Orte, an denen innovatives Humankapital ausgebildet werden soll; zum anderen können Hochschulen auch selbst als Ziel von Innovationsbemühungen verstanden werden, was beispielsweise Lerninhalte, Lehr-/Lernmethoden und Hochschulmanagement angeht. Beide Aspekte haben Eingang in die chinesische Bildungs- und Industriepolitik gefunden, und sie stehen auch inhaltlich miteinander in Bezug: ‚Innovation' verweist schließlich nicht nur auf die anfängliche *Erfindung,* sondern auch auf die

---

[1]Übersetzung aus dem Englischen. Sämtliche Übersetzungen aus dem Englischen und Chinesischen wurden, soweit nicht anders gekennzeichnet, von der Autorin vorgenommen.

Integration und Adaption neuer Ideen im Zusammenspiel mit Nutzern. Dies setzt wiederum Innovationssysteme voraus, die anpassungs- und lernfähig sind, und damit unter anderem auch Akteure, die lern- und interaktionsfähig sind. Es sind vermehrt diese Kompetenzen – Lernfähigkeit, Flexibilität, Zusammenarbeit, Kommunikation – auf die auch in den chinesischen Bildungsreformen zunehmend Wert gelegt wird.

Hochschulen als Produktionsstätten für Humankapital Die Grundannahme hinter dieser Sichtweise ist der postulierte Zusammenhang von Bildung, Innovation und Wirtschaftswachstum. Wirtschaftswachstum in der Wissensökonomie kann aus dieser Perspektive nur auf Grundlage ständiger Innovation gewährleistet werden; diese wiederum ist auf hoch ausgebildete Talente angewiesen (Fagerberg und Srholec 2008; Lundvall 2008). In der Praxis bedeutet dies die Verschränkung von Hochschulforschung/-lehre und nationalen Innovationssystemen, beispielsweise durch koordinierte Forschungsaktivitäten und gemeinsam genutzte Infrastruktur (Bonaccorsi und Daraio 2007). Nicht nur die Universität selbst wird in dieser neuen Konstellation zum Unternehmer („entrepreneurial university"; Smilor et al. 1993), sondern auch die Studierenden werden als potenzielle Unternehmer konzipiert (Wu und Wu 2008). Ein Großteil der Forschungsliteratur zu Innovation und Hochschulsektor beschäftigt sich folgerichtig mit sogenannten „education hubs" und ihren Auswirkungen – der geografisch verdichteten Ansammlung von Bildungsinstitutionen, Firmen, Wissensindustrien sowie Wissenschafts- und Technologiezentren (Knight 2011). In China wurden solche Hubs schon seit den frühen 1990er Jahren geplant und schrittweise implementiert (Leydesdorff und Zeng 2001).

Inwieweit Entwicklungen und Erneuerungen des Hochschulwesens tatsächlich einen direkten Effekt auf nationale oder regionale Innovation haben, ist weniger erforscht. Saad et al. (2015) stellen einen Zusammenhang zwischen verschiedenen Typen von nationalen Hochschulsystemen und der Innovationsfähigkeit eines Landes fest, etwa in Bezug auf die positive Korrelation zwischen Innovation und Kapazität (d. h. der erfolgreichen, qualitätsorientierten Hochschulexpansion) sowie Innovation und Bildungsausgaben im Tertiärsektor. Für China wurde ein direkter Zusammenhang zwischen der Anzahl von Hochschulabschlüssen und Innovationsaktivität (in Form von Patentanmeldungen) beobachtet (Wei und Qian 2010). Inwieweit hier allerdings von einer einseitig wirkenden Kausalbeziehung ausgegangen werden kann – d. h. Hochschulbildung schafft Innovation – oder aber Faktoren vorliegen, die sowohl Innovation als auch Hochschulbildung positiv beeinflusst haben können, ist bisher nur unzureichend empirisch untersucht worden. Vor allem die Dominanz und Attraktivität wirtschaftlich und politisch starker Regionen (beispielsweise um Peking und Schanghai) im chinesischen Innovationssystem legen nahe, dass sich ein allgemein positives politisches und wirtschaftliches Klima auch günstig auf die Voraussetzungen sowohl für Hochschulbildung als auch für Innovationsstrukturen auswirkt.

Erneuerung der Hochschulen Die Hochschule ist aus dieser Perspektive nicht nur ein Motor der Innovation, sondern auch selbst ein Schauplatz von Erneuerung. Diese Erneuerung umfasst Lerninhalte, Lehr- und Lernmethoden,[2] Formen von außeruniversitärer und internationaler Zusammenarbeit sowie das Hochschulmanagement. Letzteres geht häufig einher mit Prozessen der Kommerzialisierung und Privatisierung, neuen Formen der Kontrolle und Qualitätssicherung sowie einem veränderten Verständnis von Autonomie und Transparenz (Christensen 2011). Auch das chinesische Hochschulwesen ist Zielscheibe dieses globalen Innovationsdiskurses geworden und hat seit den 1990er Jahren entsprechende Veränderungen erfahren (Postiglione 2015; s. den Abschnitt Chinesische Hochschulen).

Bevor konkreter auf den Zusammenhang zwischen Innovation und dem chinesischen Hochschulwesen im Kontext der globalen Wissensökonomie eingegangen werden kann, müssen zunächst zwei Fragen beantwortet werden. Erstens, was wird als Innovation verstanden, und wie lässt sich diese messen? Und zweitens, auf welchen Typus von Bildungssystem baut das chinesische Hochschulwesen überhaupt auf? Im Anschluss an diese beiden Fragen wird sich der Beitrag mit der Organisation, den Reformen und der Leistungsfähigkeit des chinesischen Hochschulwesens beschäftigen, um abschließend das chinesische ‚Innovationsdilemma' zu diskutieren.

5.2   Innovation: ein schwer fassbarer Prozess

Das Gabler Wirtschaftslexikon bezeichnet als ‚Innovation' „die mit technischem, sozialem und wirtschaftlichem Wandel einhergehenden (komplexen) Neuerungen" (Springer Gabler Verlag 2015). Wichtig sind dabei nicht nur das Neue oder die Erfindung an sich, sondern deren erfolgreiche Einbettung, Nutzung und Verstetigung/Institutionalisierung in verschiedenen Zusammenhängen. Schwierig gestaltet sich die Aufgabe, Innovation zu messen oder gar vorherzusagen. Was sind sinnvolle Innovationsindikatoren, und welche Indikatoren sind notwendig und hinreichend, um Innovation zu ermöglichen? Dieser Abschnitt kann keine umfassende Antwort auf diese Fragen geben, sondern wird nur einen kurzen Blick auf diejenigen Indikatoren werfen, die für die Erklärung und Ermöglichung von Innovation herangezogen werden – sowohl für Innovation im Allgemeinen als auch für Innovation im Bildungsbereich.

---

[2]Zu innovativen Veränderungen in der Hochschule gibt es mittlerweile eine unübersichtlich große Anzahl von Studien; s. den kritischen Beitrag von Winslett (2014) zum australischen Fall.

5.2.1 Innovation

Der von der OECD (2010) herausgegebene Bericht *Measuring Innovation* versucht, Innovationsprozesse als komplexes Phänomen jenseits traditioneller Innovationsindikatoren zu erfassen. Die im Bericht herangezogenen Indikatoren umfassen z. B. Daten zu Wirtschaftswachstum und Produktivität, immateriellen Werten (z. B. Humankapital, Organisationskapital), Patenten und Trademarks, nationaler/internationaler Zusammenarbeit sowie zu Innovationstraining von Firmen und Unternehmertum. Weiteres Augenmerk wird aber auch auf die Verschmelzung von Forschungsgebieten (z. B. Nanotechnologie), interdisziplinäre Forschung sowie Bildung und Ausbildung gelegt, hier vor allem auf durch PISA[3] geprüfte grundlegende Kompetenzen und Fertigkeiten, Hochschul- und Forscherausbildung, internationale Mobilität sowie nationale Ausgaben für Forschung und Entwicklung.

Patente sind sicherlich der am häufigsten verwendete Indikator für Innovationsfähigkeit, auch wenn, wie eingangs festgestellt, technologische Erfindungen erst systematisch, erfolgreich und langfristig in andere Systeme eingebettet werden müssen, um eine innovative Wirkung entfalten zu können. Eine Vielzahl von Patenten hat sich aus Innovationsperspektive als folgenlos erwiesen. Hinzu kommt, dass Patente nicht unbedingt auf innovationsbegünstigende Aktivität – wie etwa Forschung und Entwicklung – hinweisen müssen, sondern vielmehr das Ergebnis industriestrategischer Überlegungen sein können. Wie beispielsweise der Patentstreit zwischen Samsung und Apple gezeigt hat, dienen viele Patentanmeldungen in erster Linie dazu, die Produktentwicklung des Konkurrenten zu blockieren.

China ist derzeit am stärksten für den Anstieg von Patentanmeldungen verantwortlich; allein 2014 haben sich die chinesischen Patentanmeldungen im Vergleich zum Vorjahr um 12,5 % gesteigert (WIPO 2015). Wie Abb. 5.1 verdeutlicht, ist China im Laufe eines Jahrzehnts zu einem weltweit wichtigen Patentanmelder geworden.

In absoluten Zahlen führt China die Liste von Patentanmeldungen an, rangiert allerdings nur an neunter Stelle, wenn man die Anmeldungen zur Bevölkerungszahl gegenrechnet. Selbst im Verhältnis zur Bevölkerungszahl hat China jedoch, etwa im Vergleich zu Deutschland, deutlich aufgeholt: Konnte Deutschland im Jahr 2004 pro eine Million Einwohner noch 17-mal so viele Patentanmeldungen wie China vorweisen, so ist dieser Vorsprung im Jahr 2014 auf das Anderthalbfache geschrumpft. Chinas Patentanmeldungen haben sich zwischen 2004 und 2014 mehr als verzehnfacht (Deutschlands Anstieg im gleichen Zeitraum lag bei fünf Prozent).

---

[3]PISA steht für das von der OECD verantwortete *Programme for International Student Assessment,* eine alle drei Jahre durchgeführte internationale Schulleistungsstudie. Gesamtchina gehört derzeit noch nicht zu den Teilnehmerstaaten; jedoch ist Shanghai in den Pisa-Studien von 2009 und 2012 vertreten und konnte in beiden Studien Spitzenplätze belegen. Weitere Informationen finden sich auf der OECD-Webseite zu PISA: http://www.oecd.org/berlin/themen/pisa-internationale-schulleistungsstudiederoecd.htm (Zugegriffen: 29. Juni 2016).

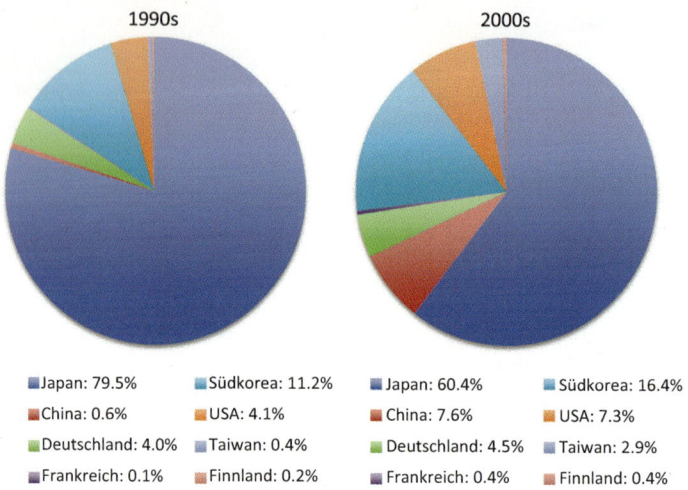

1990s   2000s

■ Japan: 79.5%	■ Südkorea: 11.2%	■ Japan: 60.4%	■ Südkorea: 16.4%
■ China: 0.6%	■ USA: 4.1%	■ China: 7.6%	■ USA: 7.3%
■ Deutschland: 4.0%	■ Taiwan: 0.4%	■ Deutschland: 4.5%	■ Taiwan: 2.9%
■ Frankreich: 0.1%	■ Finnland: 0.2%	■ Frankreich: 0.4%	■ Finnland: 0.4%

Abb. 5.1 Patentfamilien der 100 aktivsten Patentanmelder nach Herkunftsland. (Quelle: WIPO 2015, S. 10)

Ein anderer wichtiger Indikator sowohl für potenzielle Innovation als auch für die Leistungsfähigkeit eines Wissenschaftssystems ist die Anzahl häufig zitierter wissenschaftlicher Veröffentlichungen (s. zu Details den Abschnitt Chinesische Hochschulen). Wie im Fall der Patentanmeldungen gilt jedoch auch hier, dass Veröffentlichungen nicht notwendigerweise zu Innovation führen müssen. Denkbar ist ebenso, dass Veröffentlichungen in einem selbstreferenziellen System verbleiben – mit hoher Wirkungsmächtigkeit innerhalb des Wissenschaftssystems (oder seiner Teilbereiche), aber nur begrenztem Effekt in der weiteren Gesellschaft.

Überhaupt sind die Auswertung und Einordnung von Innovationsprozessen oft nur in der Rückschau möglich. Zwei Forschungstraditionen haben in dieser Hinsicht wichtige Beiträge geleistet. Zum einen betont die historische Innovationsforschung vor allem die Pfadabhängigkeit und die Beharrlichkeit nationaler (oder regionaler) Innovationskulturen (Fraunholz und Hänseroth 2012). Zum anderen hat die soziale Netzwerkforschung die Wichtigkeit von „strukturellen Löchern" herausgestellt: Erfolgreiche Erneuerungen entstehen oft daraus, dass Akteure bis dahin unverbundene Bereiche in Kontakt miteinander bringen, indem sie dazwischenliegende strukturelle Löcher entdecken und überbrücken (Burt 1992). Ableitend aus diesen beiden Einsichten – Pfadabhängigkeit und neuartige Verbindungen – lässt sich verallgemeinern, dass vor allem auf zwei Aspekte Rücksicht genommen werden sollte, will man die Entstehung von Innovation verstehen oder gar begünstigen: Erstens dürften angestrebte Neuerungen nur im Zusammenspiel mit bestehenden gesellschaftlichen und kulturellen Traditionen und Praktiken eine Wirkung entfalten; zweitens ist es die für politische Entscheidungsträger vermutlich beste Strategie, Voraussetzungen für größtmögliche Vielfalt zu schaffen, anstatt in technische Monokulturen zu investieren, denn neuartige Verbindungen zwischen verschiedenen Forschungs-, Industrie- und Anwenderbereichen können nur auf der Grundlage von Vielfalt und Offenheit zustande kommen – sie können *per definitionem* nur schwer antizipiert oder geplant werden, da das Potenzial und die Produktivität dieser neuen Verbindungen oft erst im Nachhinein erkannt werden.

5.2.2   Innovation und Bildung

Ähnlich wie für Innovation im Allgemeinen sind auch Definition und Messung von Innovation im Bildungsbereich komplex. Der OECD-Bericht *Measuring Innovation in Education: A New Perspective* (OECD 2014) orientiert sich an Kriterien wie Innovation in Lehrpraktiken und Lehrerzusammenarbeit, Klassenorganisation und Beurteilungsmethoden, Anstellungs- und Auswertungspraktiken sowie im Gebrauch von Schulbüchern und digitalen Medien. Ein näherer Blick auf die erfassten Daten zeigt dann jedoch, wie schwierig das Unterfangen ist, solche Kriterien in der Datenerhebung zu operationalisieren. Jeder Bildungsanthropologe, der längere Zeit mit Observation in Klassenzimmern verbracht hat, weiß, dass auch 'innovationsfördernde' Aktivitäten wie Gruppenarbeit und unabhängiges Arbeiten hoch formalisiert sein können. 'Innovation' und 'Kreativität' sind stark kulturell konnotiert und unterscheiden sich nicht nur von Land zu Land, sondern werden auch in unterschiedlichen Regionen oder gar individuellen Schulen unterschiedlich konzipiert und praktiziert. Zudem besteht die Gefahr der selbsterfüllenden Prophezeiung, die sich auch mit Blick auf den chinesischen Bildungsdiskurs erkennen lässt: In Ländern, deren Bildungsdiskurs stark von Schlagwörtern wie 'Innovation' und 'Kreativität' geprägt ist, macht sich die Tendenz bemerkbar, dass sämtliche Veränderungen in Lehr- und Lernpraktiken als 'innovativ' bezeichnet werden, da diese Veränderungen schließlich im Zeichen von Innovation veranlasst wurden. Der chinesische 10-Jahresplan zur Reform und Entwicklung der Bildung (MOE 2010) nennt „Innovation" an 63 Stellen – was einen starken Einfluss darauf ausübt, wie Akteure (lokale Bildungsverwaltung, Schulleitung, Lehrkräfte) die Umsetzung dieser Bildungsreformen wahrnehmen und beschreiben.[4]

Ob aber innovativ gemeinte Ideen und Praktiken tatsächlich *innovativ umgesetzt* werden und beispielsweise zu veränderten kognitiven Lernmustern oder neuartigen Ergebnissen führen, kann oft nur in mühevollen Mikrostudien erforscht werden. Auf Grundlage von Fragebögen basierende, internationale Vergleichsstudien mit relativ grobem Indikatorenraster wie der oben referierte OECD-Bericht vermögen diese Frage nur oberflächlich zu beantworten. Sowohl differenzierter angelegte Fragebogenstudien (z. B. Adams und Sargent 2012) als auch die wenigen existierenden Mikrostudien (z. B. Frambach et al. 2014; Tao et al. 2013) legen die Vermutung nahe, dass Veränderungen oft nur

---

[4]In der von der Autorin durchgeführten Feldforschung an 20 Schulen in drei verschiedenen Regionen (Beijing, Kunming und Provinz Zhejiang) wurden „Kreativität" und „Innovation" von fast allen Akteuren (hauptsächlich Schulgründern, Schulleitern und Lehrern) bemüht, um ihre Motivation, ihr Bildungsverständnis und ihre Unterrichtspraktiken zu beschreiben.

kosmetischer Natur sind und bestehende Lehr- und Lernmuster in den meisten Fällen beibehalten werden.

Beiden Begriffen – Innovation im Allgemeinen und Innovation in der Bildung – ist gemein, dass sie sowohl in der akademischen Literatur als auch in der Formulierung von beispielsweise innovationspolitischen Richtungsbeschlüssen als durchweg positiv wahrgenomen werden: Innovation führt zu Verbesserung. Denkbar ist jedoch auch das Gegenteil, oder zumindest der ungleich verteilte Nutzen einer Innovation. So sind beispielsweise Mechanismen der digitalen Kontrolle und Überwachung durchaus als innovativ anzusehen, während der Nutzen für bestimmte Gruppen oder Individuen kritisch gesehen werden muss. Auch im Bildungsbereich können Auswirkungen von Digitalisierung, wie z. B. in Form von ,smarten' Klassenzimmern oder digitalen Lehrplattformen, normativ unterschiedlich bewertet werden.

5.3   Das chinesische Bildungswesen: Merkmale und Besonderheiten

Müsste man sich auf drei Merkmale beschränken, um das chinesische Bildungssystem zu charakterisieren, so sind die folgenden drei Aspekte am besten dazu geeignet: Bildungsexpansion, Prüfungssystem und Ungleichheit.[5] Alle drei Aspekte wirken sich auch auf den Hochschulsektor aus, etwa was die Zusammensetzung der Studierendenschaft oder die Karriereaussichten von Hochschulabsolventen angeht. Diese drei Aspekte werden im Folgenden kurz erläutert, bevor im letzten Unterabschnitt auf die Curriculum-Reform und ihre Bedeutung für die globale Wissensgesellschaft eingegangen wird.

5.3.1   Bildungsexpansion und breiterer Zugang zu Bildung

Zwischen 1949 und heute ist das chinesische Bildungssystem umfassend expandiert, unterbrochen von zwei Dämpfern während des Großen Sprungs nach vorn (1958–1961) und der Kulturrevolution (1966–1976) (Abb. 5.2). Heute liegt die Einschulungsrate bei fast hundert Prozent, und die neunjährige Schulpflicht ist nahezu im gesamten Land verwirklicht.[6] Der Rückgang der absoluten Schülerzahlen seit den 1990er Jahren ist auf die demografische Entwicklung nach Einführung der Einkindpolitik zurückzuführen (spürbar zunächst in der Grundschule, dann zeitversetzt in der Mittelschule).[7]

---

[5]Für eine ausführlichere Beschreibung des chinesischen Bildungssystems s. Schulte (2014).

[6]In einigen wenigen Gegenden umfasst die Schulpflicht nur acht Jahre.

[7]In den Jahren 2014 und 2015 hat sich die Zahl der Grundschulkinder im Vergleich zu den Vorjahren leicht erhöht. Dies mag mit den verstärkten Anstrengungen seitens der Regierung zusammenhängen, den Kindern von Wanderarbeitern den Zugang zur lokalen städtischen Schule zu erleichtern (s. den Unterabschnitt Ungleichheit von Bildungschancen).

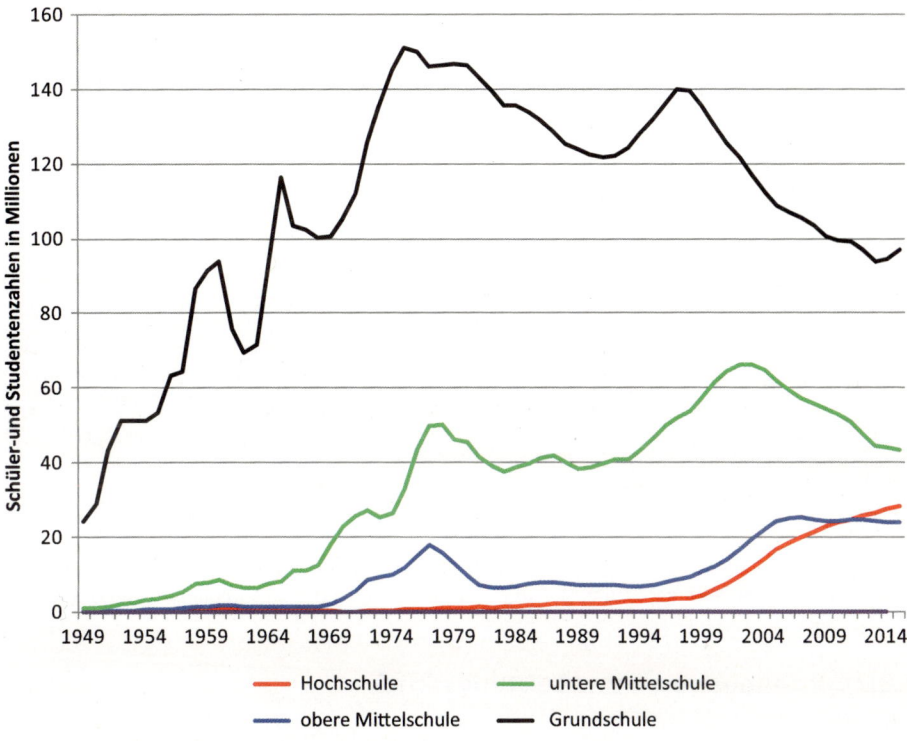

Abb. 5.2 Schüler- und Studentenzahlen zwischen 1949 und 2014.[8] (Quelle: Eigene Darstellung; Daten: statistische Jahrbücher und Jahresberichte der Volksrepublik China.)

Auch jenseits der allgemeinen Pflichtschule erhalten immer größere Teile der Bevölkerung einen Zugang zu Bildungsangeboten. Berücksichtigt man die beruflichen Mittelschulen, so lag die Einschulungsrate für die obere Mittelschule (Klassen 10 bis 12) im Jahr 2015 bei 87 % und ist damit doppelt so hoch wie im Jahr 2003 (Abb. 5.3). Der Anteil an Studienanfängern hat im Jahr 2015 40 % erreicht, verglichen mit 17 % im Jahr 2003. Heute studieren über 230-mal so viele Chinesen an einer Hochschule wie im Jahr 1949. Wenn derzeit auch noch über 60 % der 25- bis 34-Jährigen über keinen oberen Sekundarschulabschluss verfügen (OECD 2015), so wird sich dieser Anteil in nächster Zukunft entscheidend verringern.[9]

---

[8]Für die oberen Mittelschulen wurden lediglich die Statistiken für die allgemeinen Mittelschulen herangezogen. Würde man die beruflichen oberen Mittelschulen miteinbeziehen, wären die Zahlen deutlich höher [42 % der Schüler im oberen Sekundarschulbereich sind an beruflichen Schulen untergebracht]. Auch bei den Hochschulen sind nur die allgemeinen Hochschulen berücksichtigt worden. Bezieht man sowohl den beruflichen als auch den privaten Bildungssektor mit ein, so studierten im Jahr 2015 42,6 Mio. Chinesen im Tertiärbereich.

[9]36 % der 25- bis 34-Jährigen in China verfügen derzeit über einen Abschluss der oberen Mittelschule (beruflich oder allgemein) oder höher; in Deutschland sind es 87 % (OECD-Durchschnitt: 83 %).

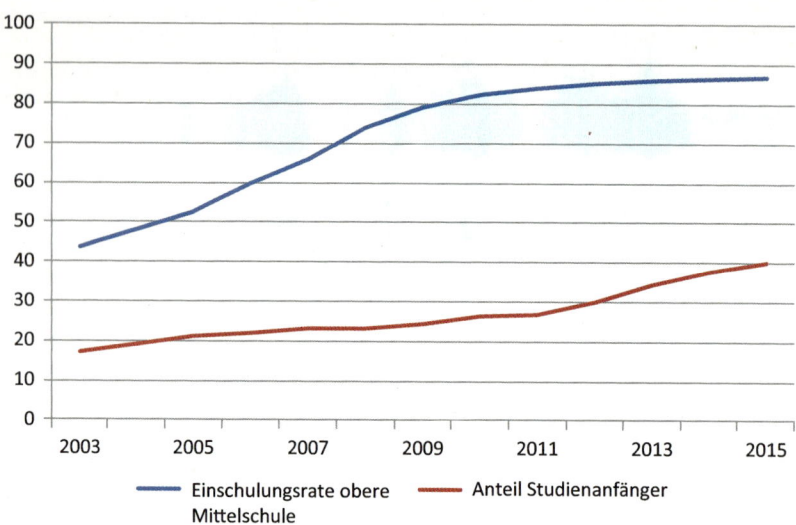

Abb. 5.3 Einschulungsrate obere Mittelschule und Anteil Studienanfänger (in %), 2003–2015. (Quelle: Eigene Darstellung, Daten: statistische Jahresberichte der Volksrepublik China)

5.3.2 Prüfungswesen und Leistungsdruck

Trotz des auf den ersten Blick ungegliederten Bildungssystems – im Unterschied zu Deutschland verteilen sich die Schüler nicht auf verschiedene Schultypen wie Hauptschule, Realschule und Gymnasium – ist das chinesische Schulsystem äußerst hierarchisch angelegt. Der Grund hierfür liegt vor allem in der im Verhältnis zur Bevölkerungszahl nach wie vor geringen Anzahl von Studienplätzen an prestigeträchtigen Hochschulen. Die im vorangehenden Abschnitt skizzierte enorme Expansion des Hochschulsektors führte gleichzeitig eine Differenzierung mit sich: Ein Hochschulabschluss ist bei weitem kein Alleinstellungsmerkmal mehr und für die Berufsaussichten macht die Wahl der Hochschule einen deutlichen Unterschied. An welcher Hochschule man studieren darf, hängt von der erreichten Punktzahl in der nationalen Hochschuleingangsprüfung ab (chinesisch: *gaokao*). Um optimal auf die Prüfung vorbereitet zu sein, ist der Besuch einer hervorragenden oberen Mittelschule Grundvoraussetzung. Für diesen bedarf es der erfolgreichen Ablegung der Prüfung für die obere Mittelschule (chinesisch: *zhongkao*), welche wiederum nur durch die Wahl einer renommierten unteren Mittelschule gewährleistet werden kann. Hieraus ergeben sich Auswirkungen auf die Wahl der Grundschule[10] bis hin zur Wahl des richtigen Kindergartens, was wiederum zu einer

---

[10]Obwohl sich der Schulbesuch in den ersten neun Schuljahren am Wohnbezirk orientiert, kann dieses Prinzip mit diversen Tricks umgangen werden.

Expansion und Professionalisierung des Vorschulbereichs geführt hat: Die Anzahl an Kindergartenkindern hat sich seit Beginn des Jahrtausends trotz Geburtenrückgang mehr als verdoppelt; heutzutage besuchen drei Viertel aller chinesischen Kinder einen Kindergarten.

Mit dem Argument, chinesischen Bürgern den Weg in die Wissensgesellschaft zu ebnen, wird zunehmend auch die berufliche Bildung als hochwertige Alternative zur allgemeinen Schule propagiert. Verschiedene Policy-Dokumente betonen die Schlüsselfunktion der beruflichen Bildung für die Entwicklung der Wissensökonomie und für technische Innovation (z. B. MOE 2011a) sowie den Beitrag der Berufsbildung zu einem „pluralistisch orientierten Lernen und einer ganzheitlichen Entwicklung" (MOE 2011b). In den Augen der meisten Familien ist der berufliche Ausbildungsweg jedoch nur dritte Wahl. Erste Wahl ist nach wie vor die allgemeinbildende öffentliche Schule und Universität, für deren erfolgreichen Besuch oft erhebliche Geldsummen in diverse Nachhilfeunterricht investiert werden. Sollten die Noten dennoch nicht reichen, ist der Besuch von Privatschulen eine immer häufiger gewählte, wenn auch zuweilen kostspielige Alternative: Im Tertiärbereich studieren mittlerweile schon über 14 % an privaten Hochschulen; über 10 % besuchen eine private untere Mittelschule, während der Anteil für die obere Mittelschule und die Grundschule 6 bzw. 7 % beträgt.

5.3.3 Ungleichheit von Bildungschancen

Prinzipiell ist das chinesische Bildungssystem meritokratisch angelegt, d. h. allein die Leistung des Individuums, abgerufen in Form von Prüfungen, soll über Bildungskarriere und zugeteilte Bildungschancen entscheiden. Faktisch wird dieser Grundgedanke der Bildungsgleichheit jedoch mehrfach unterlaufen.[11] So gibt es nach wie vor deutliche Qualitätsunterschiede zwischen Schulen in der Stadt und auf dem Land, und auch innerhalb des städtischen Schulsystems wirken sich ökonomisches, soziales und kulturelles Kapital von Familien auf die Bildungschancen ihrer Sprösslinge aus: Ökonomisches Kapital ist für die Bewältigung der enormen Bildungsnebenkosten erforderlich (z. B. Kosten für renommierte Vorschule und Nachhilfeschulen, versteckte Schulgebühren usw.); soziales Kapital in Form von Beziehungen kann dabei helfen, sein Kind an der Wunschschule unterzubringen; und kulturelles Kapital hilft nicht nur dabei, Kinder frühzeitig in Bildungs- und Schulkultur zu integrieren, sondern ist auch notwendig, um überhaupt die richtigen Entscheidungen bezüglich Schulwahl und Karriereplanung treffen zu können (Wu 2014). Untersuchungen zu der Verteilung von Bildungschancen in China

---

[11]Diese Kluft zwischen Ideal und Wirklichkeit – angestrebter Bildungsgleichheit und existierenden Ungleichheiten – ist keine chinesische Besonderheit, denn die Auswirkung von sozialer Reproduktion lässt sich in nahezu allen Bildungssystemen beobachten. Unterschiede bestehen jedoch in unterschiedlich stark ausformulierten steuerungspolitischen Antworten auf dieses Phänomen.

weisen auf eine wachsende Tendenz zu stärkerer sozialer Segregation und Reproduktion hin (Li 2006). Studierende an Eliteuniversitäten kommen zumeist aus der gebildeten städtischen Mittel- und Oberschicht, wie auch ein offener Professoren-Brief bereits 2010 anprangerte (Yang 2011).

An unterster Stelle der sozialen Hierarchie stehen die chinesischen Binnenmigranten: Wanderarbeiter und ihre Familien, die zwecks Lohnerwerb vom Land in die Stadt ziehen. Die Eingliederung von Migrantenkindern ins städtische Schulsystem gilt trotz diverser Beschlüsse zur Verbesserung ihrer Bildungschancen als nach wie vor problematisch.[12] Laut offiziellen Angaben lebten 2015 mehr als 13,5 Mio. Kinder von Wanderarbeitern in den Städten, während über 20 Mio. Migrantenkinder ohne Eltern auf dem Land aufwachsen (sogenannte „zurückgelassene Kinder"). Die allerjüngsten Zahlen – Zunahme von mitmigrierenden Kindern, Abnahme von zurückgelassenen Kindern; sowie eine signifikante Zunahme an Grundschulkindern, die angesichts der demografischen Entwicklung eigentlich nur die Aufnahme von Wanderarbeiterkindern an städtischen Grundschulen bedeuten kann – lassen hoffen, dass sich die Bedingungen für diese benachteiligte Bevölkerungsschicht nun endlich verbessern.

5.3.4   Die chinesische Curriculumreform: Innovation oder neuer Wein in alten Schläuchen?

Bereits gegen Ende der 1990er Jahre wurden in China Bildungsreformen angestoßen, die auf eine Erneuerung des Curriculums hinwirken sollten. Die Veränderungen, die im globalen Diskurs unter dem Banner von ‚postindustrieller Gesellschaft' und ‚Wissensökonomie' debattiert wurden, fanden auch Eingang in die chinesische Debatte; der Begriff ‚Wissensökonomie' (chinesisch: *zhishi jingji*) wurde spätestens 2005 durch das Buch des Wirtschaftswissenschaftlers Chen Shiqing über die „ökonomische kopernikanische Revolution" (Chen 2005) allgemein in China bekannt. Der Weg Chinas von einer reinen Produktionsstätte hin zu einer sich auf hoch ausgebildete Arbeitskräfte stützenden Wissensökonomie – im Volksmund auch verstanden als Wandel von ‚made in China' zu ‚created in China' – konnte aus Sicht von politischen Entscheidungsträgern und Politikberatern nur durch Veränderungen im schulischen Lernen zu bewerkstelligen sein. Die zu diesem Zweck konzipierte Curriculum-Reform wandte sich daher auch zuvorderst gegen die chinesische Lehr- und Lerntradition des prüfungsorientierten Auswendiglernens (chinesisch: *yingshi jiaoyu*) und propagierte stattdessen die „Qualitätsbildung" (chinesisch: *suzhi jiaoyu*) (Zhong und Cui 2001). Diese beinhaltet folgende Aspekte:

---

[12]Dies hat u. a. mit der Regelung der Wohnsitzregistrierung (chinesisch: *hukou*) zu tun, was hier aus Platzgründen nicht weiter ausgeführt werden kann. Eine ausführliche Diskussion dieser Benachteiligung findet sich in Schulte (2014).

- aktives, ganzheitliches Lernen statt Einpauken von Lerninhalten;
- stärkere Vernetzung zwischen den Fächern und fachübergreifendes Lernen;
- Einbeziehung von individuellen Schülererfahrungen und Betonung der Relevanz und Anwendbarkeit von Lerninhalten;
- Berücksichtigung der individuellen Persönlichkeitsentwicklung der Schüler;
- Förderung von Kreativität und gesellschaftlichem Verantwortungsbewusstsein;
- Betonung von Lernprozessen statt -ergebnissen und Informationskompetenz (Beschaffung, Analyse, Organisation von Information);
- Berücksichtigung lokaler Besonderheiten und Differenzierung des Lehrplans in nationale, regionale und schulspezifische Bestandteile;
- Formulierung von zu erreichenden Bildungsstandards statt detaillierter Input-Kontrolle;
- Förderung und Integration von Informations- und Kommunikationstechnologien im schulischen Lernen.

Abgesehen davon, dass die Umsetzung all dieser Punkte bezweifelt werden kann (Adams und Sargent 2012), ist es das größte Manko dieser Lehrplanreform, dass sie mit den Strukturen des bestehenden Bildungssystems im Grunde inkompatibel ist. Gegenwärtige Regelungen und Praktiken des Abprüfens von Lerninhalten lassen sich mit den oben genannten Aspekten kaum vereinbaren, denn die Prüfungen basieren weiterhin auf einer atomistischen Wissenskonzeption und einem enormen Zeit- und Leistungsdruck, der wenig Zeit lässt für kreative Umwege oder tiefer gehende Auseinandersetzungen mit Lerninhalten. Diejenigen, die es an eine prestigeträchtige Universität schaffen, müssen zwar nicht notgedrungen unkreativ sein – sie verfügen aber über Kreativität allenfalls *trotz* und nicht *dank* der durchlaufenen Ausbildung.

5.4   Chinesische Hochschulen: Organisation, Reformen, Leistungsfähigkeit

Im folgenden Unterkapitel werden die Entwicklung des chinesischen Hochschulwesens und die Schwerpunktsetzung in der chinesischen Hochschulpolitik dargestellt; ferner werden die nationalen Ausgaben für Forschung und Entwicklung sowie die Leistungsfähigkeit des chinesischen Wissenschaftssystems, was internationale Publikationen angeht, in Augenschein genommen.

5.4.1   Entwicklung des chinesischen Hochschulwesens

Die Universitäten waren nach der kommunistischen Machtübernahme im Jahr 1949 sowohl Symbol einer neuen Nation als auch Messlatte für die Leistungsfähigkeit dieser Nation. Beginnend mit den Ingenieurwissenschaften und in starker Anlehnung an die

Sowjetunion wurden bestehende Institutionen unter zentraler Führung vereint, fehlende Spezialausrichtungen aufgebaut sowie das Hochschulwesen im Hinterland, d. h. jenseits der traditionell starken Bildungsregionen, ausgebaut (Yang 2002). Die anfänglich 205 Universitäten wurden bis 1953 zunächst auf 181 Hochschulen reduziert, wuchsen dann aber bis 1960 kräftig auf 1289 Institutionen an. Nach einem dramatischen Schrumpfungsprozess in den 1960er Jahren verzeichnet der Tertiärsektor seit den 1970er Jahren ein fast durchgehendes Wachstum, mit einem verstärkten Anstieg vor allem seit der zweiten Hälfte der 1990er Jahre. Zusammen mit den privaten Hochschulen gibt es aktuell 3586 Universitäten (Abb. 5.4).

Ein Meilenstein in der Entwicklung des chinesischen Hochschulwesens war im Jahr 1993 die „Richtlinie für Reform und Entwicklung des Bildungswesens in China", die als Umorientierung hin zum US-amerikanischen Modell verstanden werden kann

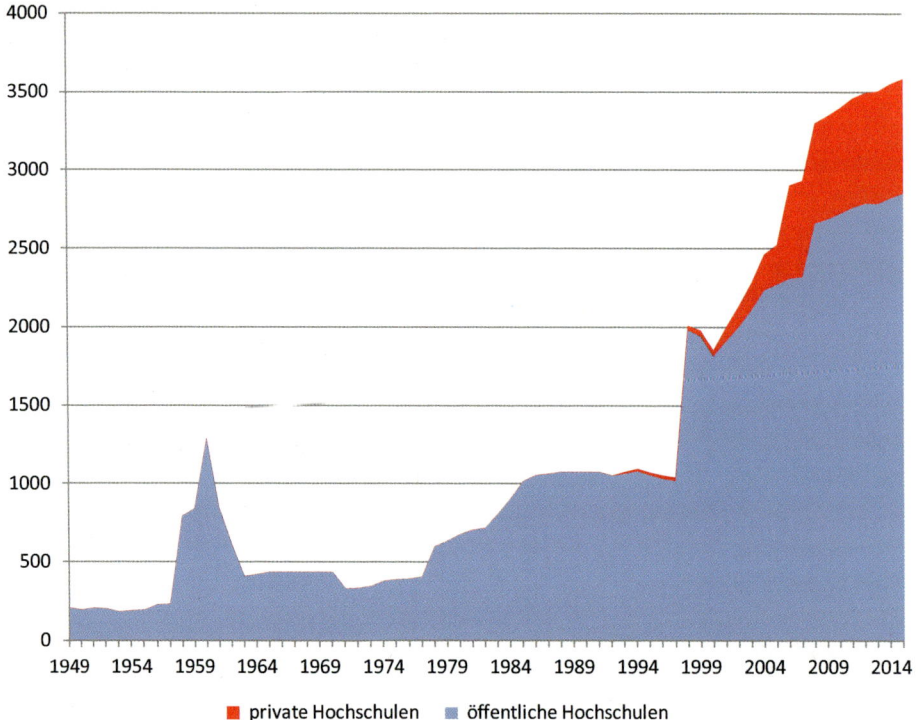

Abb. 5.4 Anzahl von öffentlichen und privaten Hochschulen in China zwischen 1949 und 2015.[13] (Quelle: überwiegend Volksrepublik China)

[13]Der Großteil der Daten ist den von der Volksrepublik China veröffentlichten statistischen Jahresberichten und Jahrbüchern entnommen. Lediglich die Daten für die privaten Hochschulen zwischen 1993 und 2002 entstammen den Angaben in Xu (2010). Xu schätzt die Anzahl der privaten Hochschulen vor 1993 auf zehn Institutionen; diese sind in Abb. 5.6 für die Jahre 1949 und 1992 nicht berücksichtigt worden.

(CPC 1993). Inhalte dieser Reformen waren u. a.: ein gemeinsam geführtes Hochschulmanagement auf verschiedenen Verwaltungsebenen (national, regional, lokal), die Einbeziehung lokaler Besonderheiten und Bedürfnisse, die Zusammenlegung von Institutionen für Synergieeffekte, die Kooperation zwischen Institutionen und deren gemeinsame Nutzung von Ressourcen sowie die Einbeziehung anderer gesellschaftlicher Sektoren (Unternehmen, Forschungseinrichtungen). Erklärtes Ziel war es, Hochschulen stärker in ihrer jeweiligen Region zu verankern, ihre Zusammenarbeit mit Industrie und Wirtschaft zu begünstigen und Studierenden eine größere Praxisausrichtung zu ermöglichen – im Großen und Ganzen also, die Hochschulausbildung an „die Entwicklungsnotwendigkeiten von Wirtschaft, Technologie und Gesellschaft anzupassen" (CPC 1993). Verschiedene Beschlüsse und Verlautbarungen in den darauffolgenden Jahrzehnten – zuletzt im Dezember 2015 – mit ganz ähnlichen Zielen lassen allerdings vermuten, dass Zusammenarbeits-, Nutzungs- und Synergiemomente zwischen Hochschulen und Gesellschaft weiterhin selten sind; Labore und Apparate werden oft als exklusives Eigentum wahrgenommen und nur ungern anderen zur Verfügung gestellt (MOE 2015b).

Ein weiteres Problem im chinesischen Universitätswesen, das vor allem seit Beginn des neuen Jahrtausends verstärkt Aufmerksamkeit erhält, ist die Korruption. Diese äußert sich beispielsweise in Form von Pfusch in der Forschung und Plagiaten, Veruntreuung und Verschwendung von Geldern,[14] der illegalen Vergabe von Verträgen (vor allem beim Bau neuer Universitätsgebäude), aber auch Unregelmäßigkeiten bei der Hochschulzulassung, überhöhten Annahmequoten für Doktoranden bzw. der Verquickung von Doktorandenstudien und lokaler Businesselite (welche pro forma einen Doktorandentitel erwerben) sowie in der Art und Weise, in welcher Professoren ihre Abteilungen zuweilen wie Könige regieren (Yang 2005). Seit 2003 ist eine Regelung zur Innovation im Bildungswesen in Kraft, nach der eine Hochschule alle fünf Jahre einer Qualitätsprüfung unterzogen werden muss (Li und Yang 2014). Vor allem aber die jüngsten Antikorruptionskampagnen des gegenwärtigen Führungsduos Xi/Li[15] haben nicht nur die Wirtschaft und die Politik ins Visier genommen, sondern sie erreichen auch verstärkt den Hochschulsektor (He 2013). Ironischerweise bietet gerade die von den Reformern so sehr angestrebte Zusammenarbeit zwischen Hochschulen und Industrie Nährboden für Korruption: So musste Ende 2013 der Vize-Präsident der renommierten Zhejiang-Universität zurücktreten, angeblich wegen seiner Verwicklung mit assoziierten Technologie-Firmen. Diversen anderen Korruptionsskandalen im Hochschulbereich sind oft Privatisierungs- und Kommerzialisierungsprozesse – ebenfalls Ergebnisse der seit den 1990er Jahren durchgeführten Reformen – vorausgegangen.

---

[14]Laut einem Bericht in den Epoch Times vom 16. November 2014 werden nur 40 % der chinesischen Forschungsgelder tatsächlich für forschungsrelevante Belange aufgewendet (Sun 2014).

[15]Maßnahmen gegen Korruption sind ein wichtiger Bestandteil des gegenwärtigen 5-Jahres-Plans (2013–2017).

Ein wichtiger Trend, der sich aus der immensen Expansion des Hochschulsektors ergibt und eine weitere Ähnlichkeit mit dem US-amerikanischen System aufweist, ist die sich verfestigende Spaltung der Hochschullandschaft in Forschungsuniversitäten und restliche Hochschulen. Letztere sollen die breite Bevölkerungsmasse mit den begehrten Tertiärabschlüssen versehen, sind aber mit ersteren, sowohl was Ressourcenzuteilung als auch Qualität von Forschung und Lehre angeht, nicht vergleichbar; private Hochschulbetreiber sind vor allem in diesem letzteren Bereich tätig und profitieren damit von der großen Nachfrage nach Hochschulabschlüssen. Die Zweiteilung der Hochschullandschaft ist bildungspolitisch durchaus gewollt und wurde bereits 1993 in der oben zitierten Reformrichtlinie angekündigt:

> Um den durch die globale neue Technologierevolution hervorgerufenen Herausforderungen begegnen zu können, müssen verschiedene zentrale, lokale usw. Kräfte konzentriert werden, um ungefähr hundert Schwerpunktuniversitäten sowie eine Anzahl an wissenschaftlichen Schwerpunktdisziplinen und Spezialgebieten aufzubauen, es muss alles unternommen werden, um zu Beginn des nächsten Jahrhunderts über eine Anzahl von Hochschulen, Wissenschaftsdisziplinen und Spezialgebieten zu verfügen, die weltweit ein relativ hohes Niveau erreichen, was die Qualität der Ausbildung, die wissenschaftliche Forschung und das Management angeht (CPC 1993).

Diese Exzellenzinitiative, bekannt geworden als „Projekt 211",[16] wurde seit 1995 umgesetzt und umfasst heute mehr als hundert Universitäten, bei denen neben generell hoher Qualität von Forschung und Lehre vor allem auch die kommerzielle Nutzbarmachung von Forschungsergebnissen, Reformen in der Universitätsverwaltung sowie internationale Zusammenarbeit und Austausch im Vordergrund stehen. In dem Versuch, ein chinesisches Äquivalent zur amerikanischen Ivy League zu schaffen, initiierte der damalige Präsident Jiang Zemin im Jahr 1998 zusätzlich zum „Projekt 211" das sogenannte „Projekt 985".[17] Die in diese Liga aufgenommen Universitäten – zunächst neun Hochschulen, gegenwärtig 39 Institutionen – erhalten erhebliche Zuwendungen seitens der Regierung.

Ein wichtiger Pfeiler der chinesischen Hochschulpolitik ist schließlich die Hinwendung zum Ausland. Immer mehr Chinesen studieren im Ausland;[18] in den USA, dem Zielland Nummer eins, stellen sie mittlerweile ein Drittel aller ausländischen Studenten, und in Japan kommen fast 70 % aller ausländischen Studierenden aus China (Deutschland steht als Gastgeberland für chinesische Studenten an neunter Stelle). Auch die Entsendung von Studenten ist teilweise in Exzellenzinitiativen eingebettet, die unter

---

[16]Die ersten beiden Ziffern stehen für das 21. Jahrhundert; die letzte Ziffer für die Zahl 100.

[17]Die ersten beiden Ziffern stehen für das Jahr 1998; die letzte Ziffer für den Monat Mai, in welchem Jiang Zemin anlässlich des hundertjährigen Jubiläums der Peking-Universität die Initiative verkündete.

[18]Das UNESCO Institute for Statistics (2014) gibt eine Gesamtzahl von 712.000 chinesischen Auslandsstudenten an (ohne Hongkong und Macao). Chinesische Auslandsstudenten übertreffen damit Studierende aus Indien – dem an zweiter Stelle stehenden Entsendeland – um das Vierfache.

der Federführung des China Scholarship Council durchgeführt werden. Eine Rolle spielen bei der Entsendung nicht nur die Auswahl geeigneter Studenten oder Doktoranden, sondern auch die Exzellenz der ausländischen Gasthochschule. War in den 1990er Jahren die Sorge noch groß, dass die wachsende internationale Mobilität chinesischer Studenten und Wissenschaftler zu einem Abfluss von Humankapital ('Brain Drain') führen würde (Deng 1992), haben in den vergangenen Jahren attraktive Rückholprogramme sowie die allgemein positive wirtschaftliche Entwicklung viele chinesische Wissenschaftler wieder ins Land locken können, sodass teilweise sogar von einem 'Brain Gain' die Rede ist (Kellogg 2012). Diese Politik wird durch die gezielte Anwerbung ausländischer Wissenschaftler ergänzt. Die weltweite Errichtung von Konfuzius-Instituten im Laufe der letzten zehn Jahre ist zudem ein wichtiges Instrument der weichen Diplomatie, um China nach außen als Kultur- und Wissenschaftsnation zu präsentieren (Lahtinen 2015). Inwieweit die verschärfte ideologische Kontrolle seit 2013 im Hochschulbereich wieder dazu führen wird, dass Wissenschaftler China den Rücken kehren, bleibt abzuwarten. Aus Innovationsperspektive werden die jüngsten Repressalien auf Universitäten und Hochschulangestellte als bedenklich eingeschätzt (Pan 2015).

5.4.2 Ausgaben für Forschung und Entwicklung

China verzeichnet einen erheblichen Anstieg von nationalen Ausgaben für Forschung und Entwicklung; ihr Anteil am Bruttoinlandsprodukt hat sich zwischen 2000 und 2014 mehr als verdoppelt.[19] Eine annähernd ähnliche Steigerung, wenn auch auf höherem Niveau, lässt sich in diesem Ausmaß nur für Südkorea konstatieren (Abb. 5.5). Im Vergleich zum OECD-Durchschnitt bewegt sich China allerdings noch immer auf niedrigem Niveau. Auch was die Anzahl von Forschern in Relation zur Bevölkerung angeht, steht China mit knapp zwei Forschern pro 1000 Einwohner relativ schlecht ausgerüstet da, obwohl es den Anteil an Forschern im Vergleich zum Jahr 2000 verdoppeln konnte (Abb. 5.6). Der OECD-Durchschnitt liegt bei knapp acht Forschern (auch hier führt Südkorea mit 13,5 Forschern pro 1000 Einwohner an; Deutschland liegt leicht über dem OECD-Durchschnitt). Wenn man Forscher nicht nur als Wissensproduzenten, sondern auch als Bindeglieder zwischen Forschung, Unternehmen und Gesellschaft versteht, so kann die Forscherdichte eines Landes erhebliche Auswirkung auf Innovationsprozesse haben: Ebenso wichtig wie die Innovatoren sind laut Lundvall (2008) auch die Ausgleicher und Vermittler, um Innovation nachhaltig in der Gesellschaft zu verankern.

Ein relativ hoher Anteil nationaler Forschungsausgaben – 77 % – entfällt in China auf Unternehmen, verglichen mit 68 % in Deutschland (OECD-Durchschnitt: 69 %). Der chinesische Hochschulsektor profitiert hingegen von nur sieben Prozent der Ausgaben

---

[19]Diese und folgende Daten (visualisiert in Abb. 5.5, 5.6, 5.7, 5.8 und 5.9) sind dem vom schwedischen Wissenschaftsrat erstellten Forschungsbarometer entnommen (VR 2016).

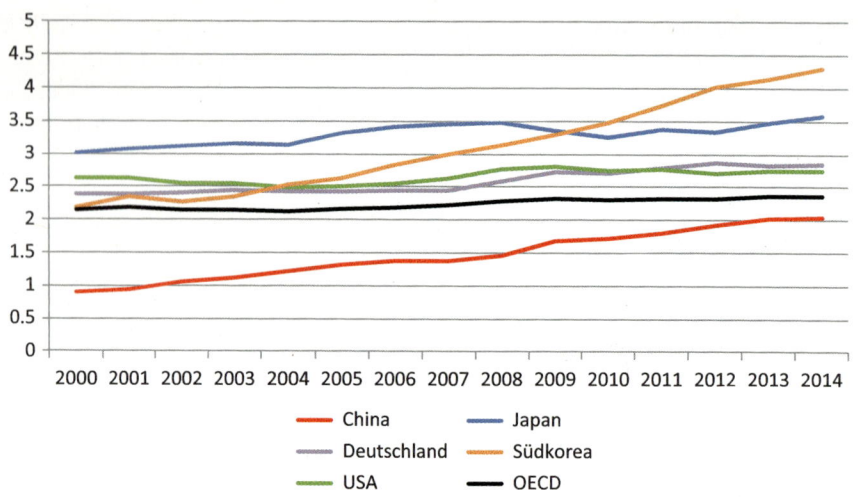

Abb. 5.5 Nationale Ausgaben für Forschung und Entwicklung (in % vom Bruttoinlandsprodukt). (Quelle: Eigene Darstellung, Daten: VR 2016)

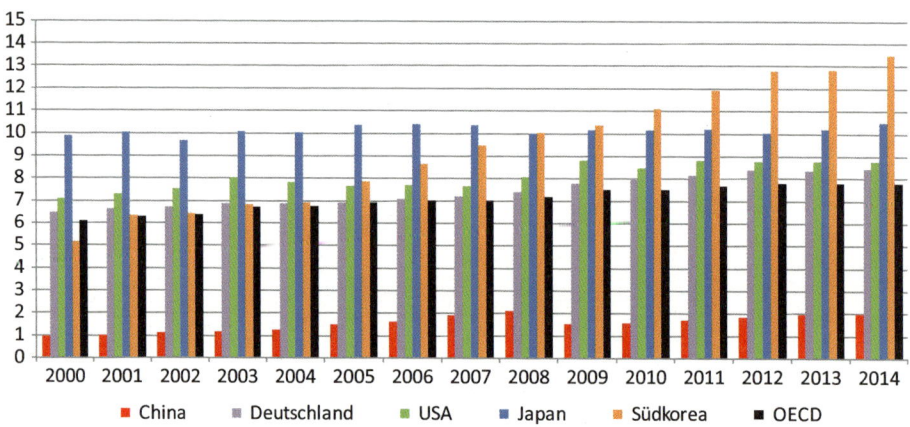

Abb. 5.6 Anzahl an Forschern pro 1000 Einwohner. (Quelle: Eigene Darstellung, Daten: VR 2016)

(Deutschland: 17 %; OECD-Durchschnitt: 18 %), was einen internationalen Tiefstwert darstellt. Die relative Vernachlässigung des Hochschulsektors bei den nationalen Forschungsausgaben hat in China Tradition: zwar erhielten Unternehmen in früheren Jahren weitaus weniger staatliche Gelder; allerdings waren auch hier nicht die Hochschulen die Profiteure, sondern der öffentliche Sektor, der sich über rund ein Drittel aller Ausgaben freuen durfte (VR 2016). Diese enge Verquickung von Staat und Unternehmen (bzw.

Staat und öffentlichem Sektor in früheren Jahren) in der Forschungsfinanzierung unter weitgehender Ausklammerung der Hochschulen kann aus Innovationsperspektive durchaus negativ gedeutet werden, vor allem auch mit Blick auf die personellen Verquickungen zwischen Politik, Wirtschaft und Industrie, die für Außenstehende oder neue Akteure ein unüberwindbares Hindernis darstellen können (McNally 2011).

5.4.3   Internationale wissenschaftliche Publikationen

China kann im internationalen Vergleich nur relativ wenige internationale wissenschaftliche Publikationen im Verhältnis zur Bevölkerungsanzahl vorweisen: 0,141 Publikationen pro 1000 Einwohner (Abb. 5.7). In Deutschland kommen auf jeden Einwohner sechsmal so viele Publikationen, in der Schweiz sogar die dreizehnfache Anzahl. Ein positiveres Bild ergibt sich für China mit Blick auf die Durchschlagskraft seiner Publikationen: ca. 10 % der chinesischen Publikationen wurden zwischen 2012 und 2014 in Zeitschriften veröffentlicht, die einen starken Wirkungsgrad haben und zu den obersten zehn Prozent der meistzitierten Zeitschriften gehören; der Wert für Deutschland (11 %) ist hier vergleichbar; die Schweiz, USA (beide 14 %) und Singapur (16 %) liegen deutlich höher, Japan (6 %) aber deutlich unter dem chinesischen Wert. Auch wenn man sich die Entwicklung der letzten zehn Jahre ansieht, lässt sich ein deutlich positiver Trend für China ausmachen: So hat sich die Anzahl seiner internationalen Publikationen pro 1000 Einwohner vervierfacht, und sein Anteil an Top-10 Prozent-Zeitschriften konnte um 67 % gesteigert werden. Eine ähnliche Steigerung erreicht nur Singapur mit 60 %,

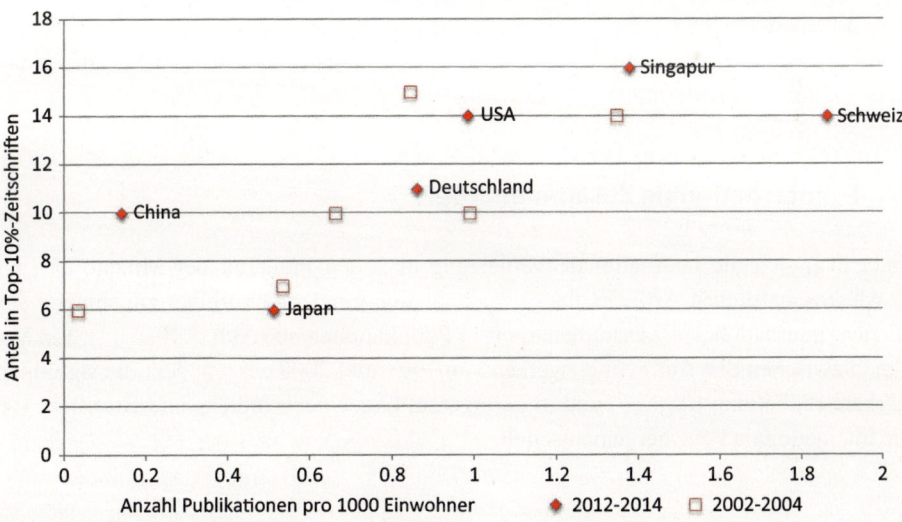

Abb. 5.7   Internationale Zeitschriftenpublikationen im geografischen und temporalen Vergleich. (Quelle: Eigene Darstellung, Daten: VR 2016)

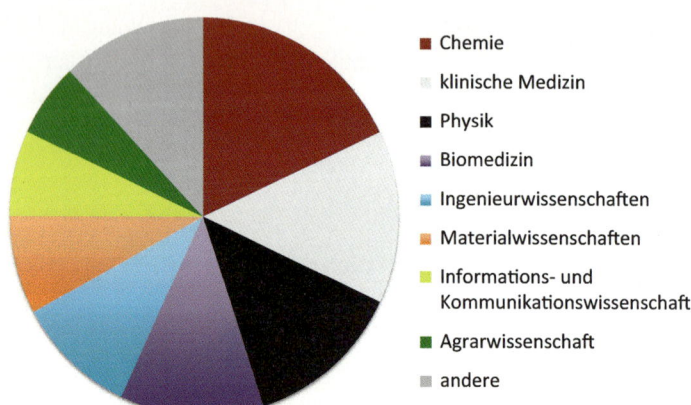

Abb. 5.8 Verteilung chinesischer internationaler wissenschaftlicher Publikationen nach Disziplin (TOP10 Publikationen, Jahr 2012–2014). (Quelle: Eigene Darstellung, Daten: VR 2016)

während die chinesische Steigerung bezüglich der absoluten Anzahl an internationalen Publikationen als international einzigartig gelten kann. Japan verzeichnet in beiderlei Hinsicht sogar einen Rückgang.

Die meisten internationalen Artikel chinesischer Autoren werden in den Bereichen Chemie (18 %), klinische Medizin (14 %), Physik (13 %), Biomedizin (12 %) und Ingenieurwissenschaften (10 %) veröffentlicht (Abb. 5.8). Im internationalen Vergleich ist der Anteil chinesischer Publikationen in den Top-10 Prozent-Zeitschriften vor allem in den Bereichen Chemie, Ingenieurwissenschaften und Materialwissenschaften hoch; China liegt damit deutlich vor Deutschland, jedoch hinter den USA (Abb. 5.9). Wie Abb. 5.9 erkennen lässt, haben südkoreanische Publikationen durchgängig eine geringere Durchschlagskraft, was aufgrund der hohen Investitionen Südkoreas in Forschung und Entwicklung verwundern mag.

5.4.4 Internationale Zusammenarbeit

Sieht man sich die internationale Vernetzung über den Indikator der Mitautorenschaft in wissenschaftlichen Artikeln an, so zeichnet sich ein Trend zu einer zunehmend vernetzten, internationalen Zusammenarbeit in Publikationen ab (Abb. 5.10, 5.11). Ein Vergleich zwischen den Autorennetzwerken von 1998 und 2008 zeigt zudem die signifikant stärkere Einbettung Chinas – und in geringerem Grade auch Indiens und Brasiliens – in die internationale Forschergemeinschaft.

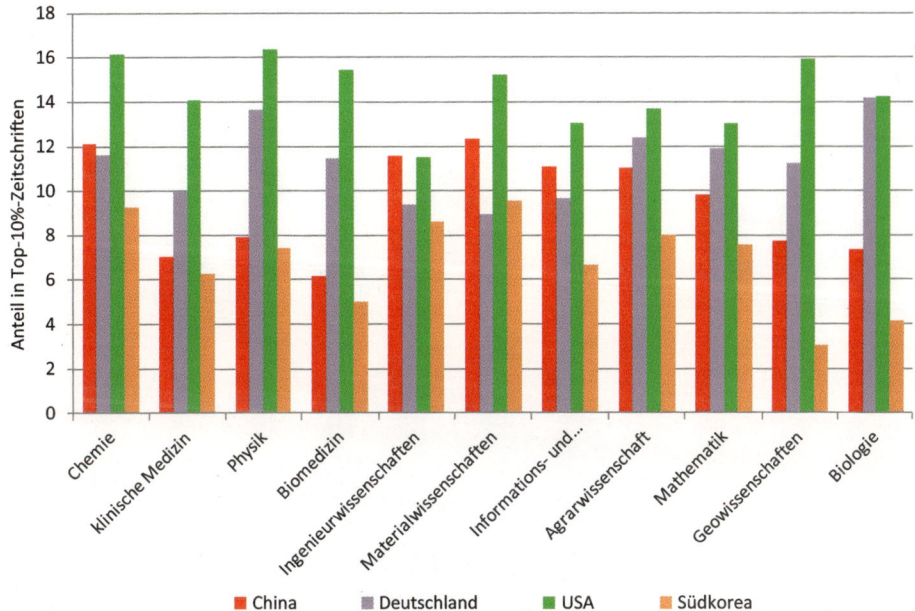

Abb. 5.9 Durchschlagskraft von Publikationen international (Anteil in Top-10%-Zeitschriften, 2012–2014). (Quelle: Eigene Darstellung, Daten: VR 2016)

5.5 Schlussbemerkung: Das chinesische Innovationsdilemma

In diesem letzten Abschnitt werden vier Dimensionen skizziert, welche dem ‚chinesischen Innovationsdilemma' innewohnen, d. h. Phänomenen und Entwicklungen, die in sich widersprüchlich zu sein und die chinesische Gesellschaft im Allgemeinen sowie das chinesische Hochschulwesen im Besonderen in aus Innovationsperspektive unterschiedliche Richtungen zu ziehen scheinen.

5.5.1 Ideologische Kontrolle versus Kreativität

Es ist ein gängiges Argument, dass sich autoritäre Kontrolle und Kreativität gegenseitig ausschließen und autokratische Herrschaftsformen das Entstehen von Innovation behindern. Cao et al. (2009, S. 253) etwa betrachten eine „Kultur der Kreativität" als Grundvoraussetzung für Innovation und geben mit Blick auf China zu bedenken:

> … there is the question of whether China can become an innovation-oriented nation without being open to different ways of thinking. This is more than just a philosophical question. While on the surface Chinese researchers and entrepreneurs are encouraged to think outside

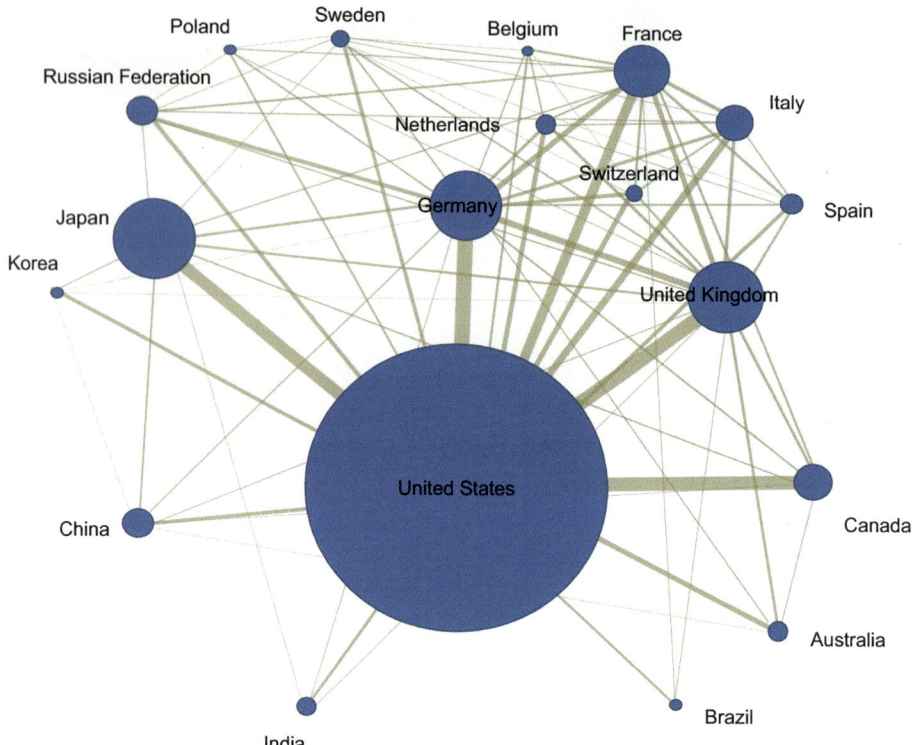

Abb. 5.10 Wissenschaftliche Zeitschriftenartikel und Mitverfasserschaft im Jahr 1998. (Quelle: OECD 2010, S. 30)[20]

the box and not to be afraid of failure, at least equally important is that other ingredients of a true innovation culture – autonomy, free access to and flow of information, and especially dissent, scientific as well as political – are not adequately applauded or tolerated (Cao et al. 2009, S. 258).[21]

Historische Fälle wie z. B. das nationalsozialistische Deutschland oder auch die Sowjetunion sind jedoch gute Gegenbeispiele für eine solche Annahme. Auch empirisch-vergleichende Studien zeigen, dass oft herangezogene politische Faktoren wie etwa eine demokratische Gesellschaftsordnung, politische Dezentralisierung oder die Existenz

---

[20]Die Größe der Kreise steht für die Anzahl an Publikationen, während die Dicke der Verbindungen die Intensität der Zusammenarbeit markiert.

[21]Diese Einschätzung teilte offensichtlich auch der US-amerikanische Vize-Präsident Joe Biden, als er am 13. Mai 2013 in einer Rede an der University of Pennsylvania – und in Anspielung an Steve Jobs' „think different"-Zitat – mit Blick auf China bemerkte: „You cannot think different in a nation where you cannot breathe free. You cannot think different in a nation where you aren't able to challenge orthodoxy, because change only comes from challenging orthodoxy" (Die Rede stellt die University of Pennsylvania auf ihrem Youtube-Kanal zur Verfügung: https://www.youtube.com/watch?v=q5LaYKUJ_w8; Zugegriffen: 04. August 2016).

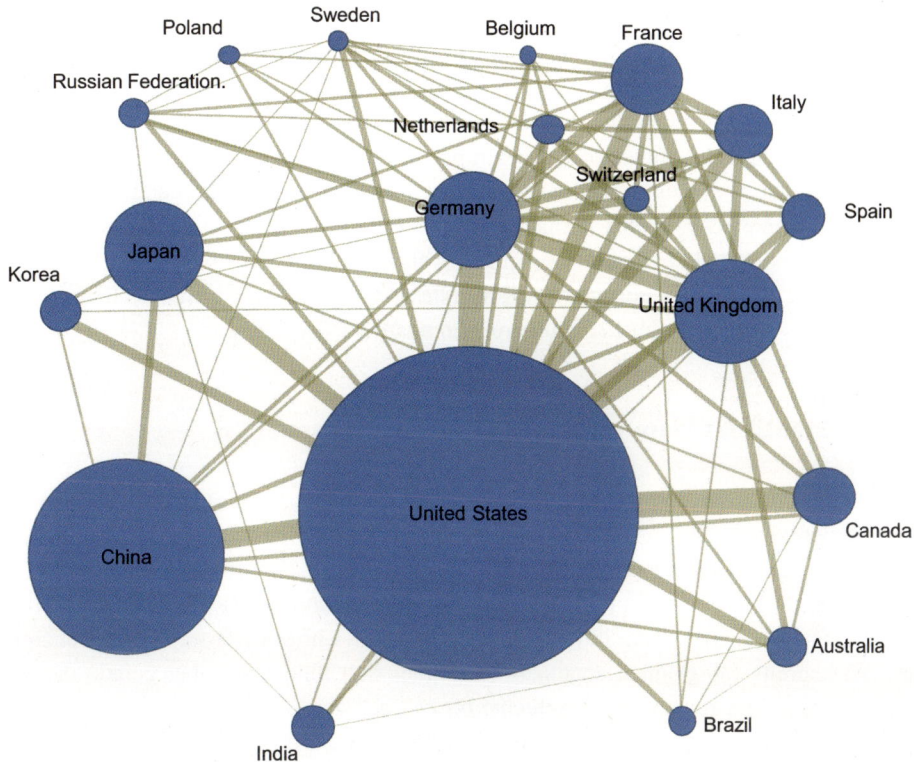

Abb. 5.11 Wissenschaftliche Zeitschriftenartikel und Mitverfasserschaft im Jahr 2008. (Quelle: OECD 2010, S. 30)

freier Märkte nicht unbedingt mit Innovation korrelieren (Taylor 2016). Zudem durchlaufen auch autoritäre Regime unterschiedliche Phasen der Liberalisierung, Ideologisierung und Restriktion, wie das Beispiel China zeigt; und Einschränkung und Kontrolle können sich auf unterschiedliche Gruppen unterschiedlich auswirken. Mit dem neuen Führungsduo Xi Jinping und Li Keqiang sind sicherlich auch für den Hochschulbereich ideologisch strengere Zeiten angebrochen; erst im März 2016 erließ das chinesische Bildungsministerium eine Verlautbarung, die auf die Verbesserung der ideologischen Erziehung an den Hochschulen abzielt (MOE 2016). Es bleibt abzuwarten, inwieweit solche und andere Richtlinien die Zirkulation von Information und Wissen mit nachteiligem Effekt für Innovation beschränken – oder aber lediglich in bestimmte Richtungen lenken.

Die chinesische Regierung scheint sich dieses Dilemmas – Information sowohl als Grundvoraussetzung für die Wissensökonomie als auch als Risiko für die gesellschaftlich-politische Stabilität – bewusst zu sein. Mit Blick auf die globale Terrorismusgefahr und digitale Überwachung etwa bemerkte der chinesische Polizeichef Guo Shengkun im November 2015, dass ein Gleichgewicht zwischen Innovationsförderung und Gefahrenvermeidung hergestellt werden müsse (Shanghai Daily 2015). Dies ist eine interessante

Abwandlung des westlich-liberalen Dilemmas zwischen (digitaler) Überwachung und individueller Freiheit. Die Frage im chinesischen Fall scheint zu sein, als wie innovationstechnisch wertvoll der freie Zugang zu Information eingeschätzt wird, wenn durch eben diesen Zugang auch die eigene Machtposition gefährdet ist. Es ist realistisch anzunehmen, dass die chinesische Regierung ihrem sich stetig verfeinernden Informationsmanagement zutraut, zunehmend treffsicher zwischen ‚guter' und ‚schlechter' Information unterscheiden zu können und daher ihre Wissens- und Informationspolitik nicht unbedingt als Innovationshindernis wahrnimmt. Auch ist derzeit noch nicht zu erkennen, ob diese neuen Formen von Kontrolle und Maßregelung China als Standort für zentrale, innovationsrelevante Akteursgruppen unattraktiv machen.

5.5.2   Staatliche Planung versus Graswurzelinnovation

Das zuletzt genannte Vertrauen in die Qualität und Kapazität des eigenen Informationsmanagements weist auf eine grundsätzliche Einstellung seitens der chinesischen Regierung hin, welche auch jenseits ideologisch aufgeheizter Phasen präsent ist: nämlich ein ausgeprägter Planungsoptimismus, der auf der Annahme basiert, dass die Führung in der Lage ist, den für eine innovative Entwicklung richtigen Masterplan zu konzipieren. Wie bereits weiter oben angemerkt, zeichnet sich Innovation aber gerade dadurch aus, dass man ihre Entstehungsgeschichte oft erst aus der Retrospektive versteht. Sie zu antizipieren oder gar planen zu können, gestaltet sich damit zu einer fast unmöglichen Aufgabe. Taylor (2016) verweist auf die Komplexität von Innovationsprozessen und ihre Verschränkung sowohl mit innergesellschaftlichen als auch mit globalen Entwicklungen, die in ihrer Gesamtheit zumeist außerhalb der Reichweite von politischen Maßnahmen liegen.

  Die Risiken von Masterplänen, die sich im Nachhinein als fehlgeleitet oder unrealistisch erweisen, sind bedeutend kleiner, wenn eine Vielzahl von Alternativplänen und Alternativakteuren vorhanden ist, sodass auch andere Wege erprobt werden können. Die auch seitens der Weltbank so oft eingeforderte Nähe von Hochschulen zum Rest der Gesellschaft – laut Lundvall (2008) die größte Herausforderung für das Hochschulwesen in weniger entwickelten Ländern – baut auf der Überzeugung auf, dass das größte Innovationspotenzial in Graswurzelinitiativen liegt: Innovation entsteht aus dieser Perspektive von unten her. Zumindest auf innovationsstrategischer Ebene hat diese Einsicht auch Eingang in die chinesische Bildungspolitik gefunden: In einer Verlautbarung vom Dezember 2015 erklärt das chinesische Bildungsministerium kleine und mittlere Unternehmen zur Priorität und gibt umfassende Anweisungen dazu, wie das innovative Engagement von Hochschulabsolventen in Zusammenarbeit mit diesen Firmen gefördert werden kann. Interessanterweise interpretiert das Dokument das Phänomen „Graswurzeln" (chinesisch: *jiceng*) gleich doppelt: neben kleineren Unternehmen zielt es auch darauf ab, Hochschulabsolventen für das weniger entwickelte Hinterland in Zentral- und Westchina zu gewinnen; Innovation erhält damit auch eine entwicklungspolitische Note

(MOE 2015a; s. auch den 9-Jahres-Plan zur Revitalisierung der Hochschulbildung in Zentral- und Westchina, MOE 2013). Auch hier bleibt abzuwarten, inwieweit der politischen Rhetorik finanzkräftige Taten folgen; derzeit sind es hauptsächlich die erfolgreich in industriepolitische Netzwerke eingebundenen Großunternehmen, die von staatlicher Unterstützung profitieren. Auch politisch-administrativ kann derzeit unter Xi Jinping eher die Rückkehr zu einem „Top-level-Design" (Holbig und Schachtschneider 2016) denn die Stärkung von Graswurzelinitiativen beobachtet werden, mit potenziell negativen Auswirkungen für Innovation:

> Die bislang gerade lokalen Kadern nachgesagte Experimentierfreude, die von verschiedenen Analysten als maßgeblich für die Flexibilität, Innovations- und Anpassungsfähigkeit des chinesischen Parteiregimes betrachtet worden ist, erscheint somit gefährdet. Insgesamt ist zu befürchten, dass die Rehierarchisierung politischer Steuerung nicht die gewünschte Effektivierung der Reformen, sondern eher deren Lähmung erreicht (Holbig und Schachtschneider 2016, S. 88).

5.5.3 Seilschaften versus Antikorruption

Mit Blick auf die im vorigen Abschnitt genannten industriepolitischen Netzwerke sollte sich der in den vergangenen drei Jahren verstärkt aufgenommene Kampf gegen Korruption eigentlich positiv auf das chinesische Innovationsklima auswirken. Zumindest was die Zuteilung von Ressourcen etwa im Bereich Forschung und Entwicklung angeht, wachsen theoretisch die Chancen für netzwerkexterne Akteure, aufgrund ihrer Expertise oder ihres Potenzials in den Genuss von staatlicher Förderung zu kommen oder Zugang zu bisher verschlossenen Märkten zu erlangen. Tatsächlich zeigt eine kürzlich veröffentliche Studie, dass die chinesische Antikorruptionskampagne bei Firmen zu höheren Investitionen in Forschung und Entwicklung und damit zu mehr Innovation geführt hat (Dang und Yang 2016). Die Autoren führen den bisherigen Innovationsmangel in chinesischen Firmen darauf zurück, dass die für Korruption aufzuwendenden Kosten in der Regel unter den Kosten lägen, welche man in Innovationsmaßnahmen hätte investieren müssen, zumal das chinesische Rechtssystem Firmen nur unzureichend Schutz beispielsweise für geistiges Eigentum biete: „Political connections thus edge out firm innovation. Conversely, if with a high cost of obtaining political connections, firms cannot gain benefits from political connections, such as cheap land and preferential bank loans, they will turn to innovation for development" (Dang und Yang 2016, S. 42). Vergleichbare Studien für die Auswirkung der jüngsten Antikorruptionskampagne auf Innovation im Hochschulbereich liegen derzeit noch nicht vor. Es ist jedoch durchaus vorstellbar, dass parallel zu Dangs und Yangs Ergebnissen die Kampagne dazu führen kann, dass Hochschulakteure ihre Ressourcen weniger mit Blick auf personelle Netzwerke und stärker nach wissenschaftlichen Kriterien einsetzen.

Allerdings kann ein solcher Effekt flächendeckend nur dann erwartet werden, wenn sich die Kampagne rechtsstaatlich und für jedermann gleichermaßen verfestigt. Denn wie auch schon frühere Maßnahmen gegen Korruption bewegt sich die gegenwärtige Anti-Korruptionskampagne weiterhin innerhalb eines Systems, das mehr von Willkür denn von Rechtsstaatlichkeit geprägt ist. In Bezug auf die aktuelle Antikorruptionskampagne stellen Griffin et al. (2016) fest, dass die Wahrscheinlichkeit einer Firma, zur Zielscheibe von Antikorruptionsuntersuchungen zu werden, signifikant sinkt, wenn deren Führungskräfte dieselbe Universität besucht haben wie Mitglieder der zentralen Regierung. Es ist anzunehmen, dass die meisten Akteure angesichts anhaltender staatlicher Willkür soziale Netzwerke weiterhin als unerlässlich betrachten; die Kampagne mag dann lediglich die politische Sensibilität dafür schärfen, ab welchem Punkt die Grenze von harmlosem Netzwerk zu dubioser Seilschaft als überschritten gilt.

5.5.4 Rekrutierung durch Prüfungssystem versus flexible Rekrutierung

Abschließend soll hier ein dem chinesischen Bildungssystem inhärentes und mit der Innovationsproblematik eng verbundenes Phänomen wiederaufgegriffen werden: das Prüfungssystem. Prüfungen scheinen nur begrenzt dazu in der Lage zu sein, die Kreativität und das Innovationspotenzial von Kandidaten zu identifizieren; zudem tragen sie erheblich dazu bei, dass Schüler und Studenten weniger problem- und interessenbezogen als prüfungsorientiert lernen. Der chinesischen Bildungspolitik ist diese Problematik seit Jahrzehnten bewusst. Dennoch tut man sich schwer, von der Prüfung als dem Instrument der Chancenzuteilung und Rekrutierung zu weit abzurücken. Dies hat vor allem zwei Gründe.

Erstens scheint der Weg über die Prüfung immer noch der gerechteste zu sein, gerade auch mit Blick auf die Landbevölkerung. Denn jede Verlagerung auf schwerer messbare Leistungen (wie z. B. eine so diffuse Eigenschaft wie ,Kreativität') verlangt aufseiten der Prüflinge Kompetenzen, welche die für ihren legendären Fleiß bekannten ländlichen Schüler oft nicht besitzen (Kipnis 2001). Damit ländliche Schüler kulturell opportune ,Kreativität' beweisen können, müssten schulisches Lernen und die dazugehörigen Prüfungen auch auf dem Land tief greifend verändert werden. Ein Blick auf die Prüfungsinhalte der vergangenen Jahre zeigt, dass tatsächlich in vermindertem Maße Auswendiglernen und vermehrt die Urteils- und Diskussionsfähigkeit des Prüflings gefragt sind. Auch haben neben dem reinen Prüfungsergebnis andere Kriterien Eingang in die Bewertung gefunden: Heute können besondere Fähigkeiten (z. B. in Kunst, Musik oder Sport) sowie gesellschaftliches Engagement (z. B. in Form von Freiwilligenarbeit) eine Rolle für die Hochschulaufnahme spielen – allesamt Kriterien, welche die Stadtbewohner gegenüber der Landbevölkerung bevorteilen. Einige Elite-Universitäten arbeiten mit ausgewählten Kooperationsschulen zusammen, die geeignete Kandidaten über ein Empfehlungssystem für die Aufnahme vorschlagen können; auch diese Schulen befinden sich ausschließlich in den städtischen Regionen. Hier steht die chinesische Bildungspolitik letztendlich an einem Scheideweg: Soll verstärkt in Bildungsgerechtigkeit und breiteren

Zugang zu Hochschulbildung investiert werden, oder aber sollen Elitegruppen priorisiert werden? Verschiedene Versuche in die erste Richtung – z. B. durch erhöhte Aufnahmequoten für benachteiligte Gruppen – stoßen auf heftigen Widerstand seitens der etablierten Mittelschicht (Hernández 2016).

Zweitens birgt die Auflockerung des strengen Prüfungs- und Rekrutierungssystems eine erhöhte Gefahr für Korruption und Vetternwirtschaft. Bisherige Experimente mit mehr Flexibilität in der Zulassung und mehr Eigenverantwortung der Universitäten bei der Auswahl von Kandidaten sind von Korruptionsskandalen nicht verschont geblieben. Erst jüngst wurde der Zulassungsbeauftragte der renommierten Pekinger Renmin-Universität, Cai Rongsheng, für die Entgegennahme von Bestechungsgeldern verurteilt; für insgesamt 3,6 Mio. RMB soll Cai im Gegenzug Studienbewerbern die Hochschulaufnahme oder den Wechsel des Studienhauptfachs ermöglicht haben (Forsithe 2015). Als Konsequenz hat die Renmin-Universität bis auf Weiteres jegliche Autonomie bei der Bewerber-Auswahl verloren, und diese Form der Aufnahmeprozedur ist auch für andere Hochschulen infrage gestellt worden.

Welche dieser hier nur kurz skizzierten Richtungen langfristig Chinas Entwicklung bestimmen werden, hängt vornehmlich vom Ausgang politischer Auseinandersetzungen ab. ‚Politisch' ist hier im weitesten Sinne gemeint: nämlich auf welche Art und Weise die ganz unterschiedlichen Interessen und Vorstellungen, wie sie sowohl in der breiteren chinesischen Gesellschaft als auch innerhalb der verschiedenen Regierungslager vorzufinden sind, im kommenden Jahrzehnt gewertet und geordnet werden. Ein Blick auf die Beschlüsse und Verlautbarungen der letzten Jahre lassen die vorsichtige Vermutung zu, dass sich die Hochschulpolitik wieder in Richtung Bildungsgerechtigkeit verschieben könnte. ‚Innovation' könnte bei dieser Weichenstellung eine Schlüsselrolle zukommen. Denn wurde ‚Innovation' in früheren Dokumenten vornehmlich mit Blick auf die Weltspitze in Forschung und Entwicklung verstanden – was einer elitären Auslegung des Bildungsgedankens nahekommt – so wird der Innovationsbegriff nun zunehmend auf die breite Bevölkerung und vor allem die weniger entwickelten Regionen angewandt. „Innovation für die Massen", wie der eingangs zitierte chinesische Ministerpräsident fordert, bietet somit die Möglichkeit, die Widersprüche zwischen Exzellenz und Bildungsgerechtigkeit miteinander zu versöhnen; inwieweit dies den Kunstgriff einer Beschwichtigungspolitik darstellt oder aber tatsächlich zu einem Schub lokal verankerter Innovation führen wird, wird erst in den kommenden Jahren zu beurteilen sein.

Literatur

Adams JH, Sargent TC (2012) Curriculum transformation in China: trends in student perceptions of classroom practice and engagement, Serie Gansu survey of children and families papers 34. University of Pennsylvania Scholarly Commons, Philadelphia

Bonaccorsi A, Daraio C (Hrsg) (2007) University and strategic knowledge creation: specialization and performance in Europe. Edward Elgar, Cheltenham

Burt RS (1992) Structural holes: the social structure of competition. Harvard University Press, Cambridge

Cao C, Simon DF, Suttmeier RP (2009) China's innovation challenge, innovation: management. Policy Pract 11:253–259

Chen S (2005) Jingji Lingyu De Gebaini Geming [Die Kopernikanische Revolution in dem Bereich der Wirtschaft]. Zhongguo Shidai Jingji Chubanshe, Beijing

China Daily (2016) Chinese premier urges higher education reform to boost innovation, 17. April. http://www.chinadaily.com.cn/china/2016-04/17/content_24614455.htm. Zugegriffen: 23. Juni 2016

Christensen T (2011) University governance reforms: potential problems of more autonomy? High Educ 62(4):503–517

CPC (Central Committee of the Communist Party of China and State Council) (1993) Zhongguo Jiaoyu Gaige He Fazhan Gangyao [Richtlinien für die Reform und Entwicklung der Bildung in China]. http://www.edu.cn/zong_he_870/20100719/t20100719_497964.shtml. Zugegriffen: 03. Aug. 2016

Dang L, Yang R (2016) Anti-Corruption, marketisation and firm behaviours: evidence from firm innovation in China. Econ Polit Stud 4(1):39–61

Deng Z (1992) China's brain drain problem: causes, consequences and policy options. J Contemp China 1(1):6–33

Fagerberg J, Srholec M (2008) National innovation systems, capabilities and economic development. Res Policy 37:1417–1435

Forsithe M (2015) Bribery confession in China calls into question integrity of college admissions. The New York Times, 4. Dezember. http://www.nytimes.com/2015/12/05/world/asia/china-renmin-university-admission-bribery.html?_r=1. Zugegriffen: 23. Juni 2016

Frambach JM, Driessen EW, Beh P, Vleuten CPM van der (2014) Quiet or questioning? Students' discussion behaviors in student-centered education across cultures. Stud High Educ 39(6):1001–1021

Fraunholz U, Hänseroth T (Hrsg) (2012) Ungleiche Pfade? Innovationskulturen Im Deutsch-Deutschen Vergleich. Waxmann, Münster

Griffin J, Liu C, Shu T (2016) *Is the Chinese anti-corruption campaign effective?* The Chinese University of Hong Kong, Hong Kong. http://www.cuhk.edu.hk/fin/event/symposium/SEFM_2016_paper_109.pdf. Zugegriffen: 3. Aug. 2016

He Z (2013) Research and investigation into corruption and control of corruption in the higher education sector. http://www.cn.undp.org/content/china/en/home/library/democratic_governance/research-and-investigation-into-corruption-and-control-of-corrup.html. Zugegriffen: 23. Juni 2016

Hernández JC (2016) China tries to redistribute education to the poor, igniting class conflict. The New York Times, 11. Juni. http://www.nytimes.com/2016/06/12/world/asia/china-higher-education-for-the-poor-protests.html?emc=eta1&_r=0. Zugegriffen: 23. Juni 2016

Holbig H, Schachtschneider J (2016) Chinas neue „Führungsgruppen zur umfassenden Vertiefung der Reform": Chancen und Risiken politischer Steuerung unter Xi Jinping, ASIEN. Ger J Contemp Asia 139:75–90

Kellogg RP (2012) China's brain gain? Attitudes and future plans of overseas Chinese students in the US. J Chin Overseas 8(1):83–104

Kipnis A (2001) The disturbing educational discipline of ‚peasants'. China J 46:1–24

Knight J (2011) Education hubs: a fad, a brand, an innovation? J Stud Int Educ 15(3):221–240

Lahtinen A (2015) China's soft power: challenges of Confucianism and Confucius institutes. J Comp Asian Dev 14(2):200–226

Leydesdorff L, Zeng G (2001) University-industry-government relations in China: an emergent national system of innovation. Ind High Educ 15(3):179–182

Li C (2006) Sociopolitical change and inequality in educational opportunity. Impact of family background and institutional factors on educational attainment (1940–2001). Chin Sociol Anthropol 38(4):6–36

Li M, Yang R (2014) Governance reforms in higher education: a study of China. Serie IIEP Research Papers. International Institute for Educational Planning. http://unesdoc.unesco.org/images/0023/002318/231858e.pdf. Zugegriffen: 23. Juni 2016

Lundvall B-Å (2008) Higher education, innovation, and economic development. In: Lin JY, Pleskovic B (Hrsg) Higher education and development. The World Bank, Washington, D.C., S 201–228

McNally CA (2011) China's changing Guanxi capitalism: private entrepreneurs between Leninist control and relentless accumulation. Bus Polit 13(2):1–29

MOE (Ministry of Education of the People's Republic of China) (2010) Guojia Zhongchangqi Jiaoyu Gaige He Fazhan Guihua Gangyao (2010–2020 Nian) [Entwurf zum staatlichen mittel- und langfristigen Programm der Bildungsreform und -entwicklung (2010–2020)]. http://www.gov.cn/jrzg/2010-07/29/content_1667143.htm. Zugegriffen: 23. Juni 2016

MOE (Ministry of Education of the People's Republic of China) (2011a) Jiaoyubu Guanyu Tuijin Gaodeng Zhiye Jiaoyu Gaige Chuangxin Yinling Zhiye Jiaoyu Kexue Fazhan De Ruogan Yijian [Einige Ansichten des Bildungsministeriums zur wissenschaftlichen Entwicklung der beruflichen Bildung durch das Voranbringen der Reform und Innovation der beruflichen Tertiärbildung]. http://www.edu.cn/zong_he_801/20111020/t20111020_696513.shtml. Zugegriffen: 23. Juni 2016

MOE (Ministry of Education of the People's Republic of China) (2011b) Jiaoyubu Guanyu Tuijin Zhongdeng He Gaodeng Zhiye Jiaoyu Xietiao Fazhan De Zhidao Yijian [Leitende Ansicht des Bildungsministeriums zum Voranbringen der koordinierten Entwicklung der beruflichen Bildung im Sekundär- und Tertiärbereich]. http://www.gov.cn/zwgk/2011-09/20/content_1951624.htm. Zugegriffen: 23. Juni 2016

MOE (Ministry of Education of the People's Republic of China) (2013) Jiaoyubu Guojia Fazhan Gaigewei Caizhengbu guanyu yinfa „Zhong Xi bu gaodeng jiaoyu zhenxing jihua (2012–2020 nian)" de tongzhi [Verlautbarung des Bildungsministeriums, des Komitees für Nationale Entwicklung und Reform und des Finanzministeriums zur Veröffentlichung des „Plans zur Revitalisierung der Hochschulbildung in Zentral- und Westchina (2012–2020)"]. http://www.moe.edu.cn/srcsite/A08/s7056/201302/t20130228_148468.html. Zugegriffen: 23. Juni 2016

MOE (Ministry of Education of the People's Republic of China) (2015a) Jiaoyubu guanyu zuohao 2016 jie quanguo putong gaodeng xuexiao biyesheng jiuye chuangye gongzuo de tongzhi [Verlautbarung des Bildungsministeriums zur guten Umsetzung der Arbeit mit Beschäftigung und Unternehmertum bezüglich der Absolventen der allgemeinen Hochschulen des Landes im Jahr 2016]. http://www.moe.edu.cn/srcsite/A15/s3265/201512/t20151208_223786.html. Zugegriffen: 23. Juni 2016

MOE (Ministry of Education of the People's Republic of China) (2015b) Jiaoyubu Bangongting guanyu jiaqiang gaodeng xuexiao keyan jichu sheshi he keyan yiqi kaifang gongxiang de zhidao yijian [Leitende Ansicht des Generalsekretariats des Bildungsministeriums bezüglich der Stärkung der gemeinsamen Nutzung von Einrichtungen zur Grundlagenforschung und Forschungsapparaten an Hochschulen]. http://www.moe.edu.cn/srcsite/A16/s3336/201601/t20160111_227492.html. Zugegriffen: 23. Juni 2016

MOE (Ministry of Education of the People's Republic of China) (2016) Jiaoyubu Bangongting guanyu tuijin shishi gaoxiao sixiang zhengzhi lilunke tepin jiaoshou zhidu de tongzhi [Verlautbarung des Generalsekretariats des Bildungsministeriums bezüglich der Verbesserung der Umsetzung des Systems der speziell zugewiesenen Lehrkräfte für die Unterweisung in ideologischer und politischer Theorie an den Hochschulen]. http://www.moe.edu.cn/srcsite/A13/moe_772/201604/t20160412_237724.html. Zugegriffen: 23. Juni 2016

OECD (2010) Measuring innovation: a new perspective. OECD, Paris

OECD (2014) Measuring innovation in education: a new perspective. OECD, Paris

OECD (2015) Education at a glance 2015: OECD indicators. OECD, Paris

Pan L (2015) Signs of resistance to China's latest ideological crackdown, Foreign Policy, 3. März. http://foreignpolicy.com/2015/03/03/china-crackdown-western-ideas-resistance/. Zugegriffen: 23. Juni 2016

Postiglione GA (2015) Research universities for national rejuvenation and global influence: China's search for a balanced model. High Educ: Int J High Educ Res 70(2):235–250

Saad M, Guermat C, Brodie L (2015) National innovation and knowledge performance: the role of higher education teaching and training. Stud High Educ 40(7):1194–1209

Schulte B (2014) Chinas Bildungssystem Im Wandel: Elitenbildung, Ungleichheiten, Reformversuche. In: Fischer D, Müller-Hofstede C (Hrsg) Länderbericht China. Bundeszentrale für Politische Bildung, Bonn, S 499–541

Shanghai Daily (2015) Better response to terror threat needed, 20. November. http://www.shanghaidaily.com/nation/Better-response-to-terror-threat-needed/shdaily.shtml. Zugegriffen: 23. Juni 2016

Smilor RW, Dietrich GB, Gibson DV (1993) The entrepreneurial university: the role of higher education in the United States in technology commercialization and economic development. Int Soc Sci J 45(135):1–10

Springer Gabler Verlag (Hrsg) (2015) Gabler Wirtschaftslexikon. Stichwort: Innovation. http://wirtschaftslexikon.gabler.de/Archiv/54588/innovation-v10.html. Zugegriffen: 29. Juni 2016

Sun Q (2014) China's anti-corruption squads crack down on universities and research institutions, Epoch Times, 16. November. http://www.theepochtimes.com/n3/1084446-chinas-anti-corruption-squads-crack-down-on-universities-and-research-institutions/. Zugegriffen: 23. Juni 2016

Tao Y, Oliver M, Venville G (2013) A comparison of approaches to the teaching and learning of science in Chinese and Australian elementary classrooms: cultural and socioeconomic complexities. J Res Sci Teach 50(1):33–61

Taylor MZ (2016) The politics of innovation. Why some countries are better than others at science and technology. Oxford University Press, Oxford

UNESCO Institute for Statistics (2014) Global flow of tertiary-level students. http://www.uis.unesco.org/Education/Pages/international-student-flow-viz.aspx. Zugegriffen: 03. Aug 2016

VR (Vetenskapsrådet) (2016) Forskningsbarometern [Research Barometer]. http://www.vr.se/nyheterpress/forskningsbarometern2016.4.11c1cb331544d75b0ebc3c14.htm. Zugegriffen: 27. Juni 2016

Wei C, Qian X (2010) The role of education in regional innovation activities: spatial evidence from China. J Asia Pac Econ 15(4):396–419

Winslett G (2014) Resisting "innovation talk" in higher education teaching and learning. Discourse: Stud Cult Polit Educ 35(2):163–176

WIPO (2015) World Intellectual Property Indicators, serie economics & statistics series. World Intellectual Property Organization, Geneva

Wu S, Wu L (2008) The impact of higher education on entrepreneurial intentions of university students in China. J of Small Bus Enterp Dev 15(4):752–774

Wu X (2014) School choice in China. A different tale? Routledge, New York

Xu X (2010) Xin Shiqi Zhongguo Minban Gaodeng Jiaoyu Lilun Yanjiu [Theoretische Untersuchung zur privaten Hochschulbildung in einem neuen Zeitabschnitt]. Zhejiang Daxue Chubanshe, Hangzhou

Yang D (2011) Xuezhe Huyu Cujin Gaodeng Jiaoyu Jihui Gongping De Gongkaixin [Offener Brief, in dem Wissenschaftler daran appellieren, die Chancengerechtigkeit in der Hochschulbildung voranzutreiben]. In: Yang D (Hrsg) Zhongguo Jiaoyu Fazhan Baogao (2012) [Jahresbericht zur Entwicklung der chinesischen Bildung (2012)]. Shehui Kexue Wenxian Chubanshe, Beijing, S 320–323

Yang R (2002) Third delight. The internationalization of higher education in China. Routledge, New York

Yang R (2005) Corruption in China's higher education system: a malignant tumor. Int High Educ 39(Spring):18–20

Zhong Q, Cui Y (2001) Weile Zhonghua Minzu De Fuxing, Weile Mei Wei Xuesheng De Fazhan: „Jichu Jiaoyu Kecheng Gaige Gangyao (Shixing)" Jiedu [Für die Verjüngung des chinesischen Volkes, für die Entwicklung jedes Schülers: Eine Lektüre des „Entwurfs für eine Curriculumreform der Grundbildung (Testversion)"]. Huadong Shifan Daxue Chubanshe, Shanghai

Über die Autorin

Barbara Schulte ist seit 2012 Associate Professorin für Bildungsforschung am Institut für Soziologie und assoziierte Forscherin am Zentrum für Ost- und Südostasienstudien, Universität Lund, Schweden, an der sie sich 2012 habilitiert hat (schwedisch: docentur). Frühere berufliche Stationen waren u. a. das Nordic Institute of Asian Studies (NIAS) in Kopenhagen und das Institut für Erziehungswissenschaften, Humboldt-Universität zu Berlin. Ihre 2007 vorgelegte Dissertation in den Fächern Vergleichende Erziehungswissenschaft, Sinologie und Geschichte wurde mit dem Julius-Klinkhardt-Preis der Deutschen Gesellschaft für Erziehungswissenschaft ausgezeichnet. Derzeit arbeitet Frau Schulte an zwei Forschungsprojekten: „Nation versus Ethnicity: Educating Ethnic Minorities in South-West China" (2016–2018, Crafoord Foundation) und „Networked Authoritarianism: China in the Digital Age" (2013–2018, Swedish Research Council). Frühere Projekte erforschten Privatschulen in China und berufliche Bildung in China und Argentinien. Frau Schultes Veröffentlichungen befassen sich u. a. mit der globalen Diffusion und lokalen Aneignung von Bildungsmodellen und -programmen, Privatisierung und Kommerzialisierung im Bildungsbereich, Bildung und neuen Technologien sowie Bildung in Entwicklungskontexten.

Aktuelle Reformstrategien chinesischer Universitäten: Das Beispiel der Sichuan-Universität

6

Xin Wang und Jian Shi

Zusammenfassung

Am Beispiel einer der größten Universitäten Chinas, der Sichuan-Universität, skizziert der Beitrag hochschulpolitische Reformen an chinesischen Universitäten seit 2005. Insbesondere findet seitdem eine Wende von der quantitativen Expansion von Studienplätzen hin zu einer qualitativen Reform statt, die sich verstärkt an den Belangen der wirtschaftlichen und gesellschaftlichen Entwicklung wie auch den individuellen Anforderungen und eigenen Lebensentwürfen der Studenten der 1990er-Generation ausrichten soll. Berücksichtigung finden dabei eine erhöhte Gewichtung der Lehre, kleingruppenorientierte und studentenzentrierte Lehrveranstaltungen einschließlich der räumlichen Ausstattung dafür sowie die Schlagworte Digitalisierung, Internationalisierung, Unternehmertum und Innovation. Die Sichuan-Universität will diese Ziele gemäß den nationalen Richtlinien in speziell formulierten Programmen (323+X-Modell, University-Immersion-Programme, Double Top, Double Innovation u. a.) umsetzen und damit zu einer globalen Eliteuniversität mit weltweit führenden Disziplinen werden.

X. Wang (✉) · J. Shi (✉)
Sichuan University, Sichuan, China
E-Mail: joywang2002@163.com

J. Shi
E-Mail: Jishi@scu.edu.cn

© Springer Fachmedien Wiesbaden GmbH 2017
J. Freimuth und M. Schädler (Hrsg.), *Chinas Innovationsstrategie in der globalen Wissensökonomie*, DOI 10.1007/978-3-658-17651-8_6

Inhaltsverzeichnis

6.1   Kurzer historischer Abriss

Bildung hat in China zwar eine einzigartige lange Tradition – erste konfuzianische Akademien werden für die Han-Zeit (206 v. Chr. bis 220 n. Chr.) erwähnt und schon davor bildeten Schulen und Meister die Kinder des Adels aus –, aber die höhere Bildung im modernen Sinne blickt auf eine relativ kurze Geschichte von nur ca. 120 Jahren zurück. Neben der heutigen Tianjin University, der Jiaotong University und der Peking University war die Sichuan-Universität eine der ersten vier Universitäten, die in den 1890er Jahren in China gegründet wurden. Im frühen 20. Jahrhundert etablierte sich dann rasch ein System weiterer Universitäten und Colleges, darunter auch von Missionaren geführte Hochschulen westlicher Medizin. Die heutige Sichuan-Universität hat ihre Wurzeln in drei Einrichtungen: der früheren Sichuan University (1896), der Chengdu University of Science and Technology (1952) und der Westchina University of Medical Science (1910).

Öffentliche und private Universitäten und Colleges spielten eine tragende Rolle in der Neuen-Kultur-Bewegung in der ersten Hälfte des 20. Jahrhunderts. Sie waren Mittler neuer (westlicher) Ideen und ermutigten junge Studenten, sich für die Gesellschaft und im antijapanischen Kampf einzusetzen.

Mit Gründung der Volksrepublik 1949 erfolgte die Verstaatlichung fast aller Universitäten sowie vielfach eine Spezialisierung der Ausbildung. Investitionen in die höhere Bildung waren in den ersten drei Jahrzehnten gering, Bildungsinhalte und Zugang in den Jahren der Kulturrevolution extrem eingeschränkt und politisiert.

Erst mit der Öffnungspolitik richtete sich auch die Hochschulpolitik wieder stärker nach den Bedarfen von Wirtschaft und Gesellschaft aus. In den landesweiten Hochschulzugangsprüfungen seit 1977 sind nicht mehr die politischen (red), sondern die akademischen (expert) Qualifikationen ausschlaggebend. Die Reformen der 1980er und 1990er Jahre umfassten eine Lockerung der Studienfachwahl und eine Aufhebung der Arbeitsplatzgarantie für die Absolventen. Weiterhin sandte der Staat Tausende von Lehrenden,

Professoren und Wissenschaftler in Länder wie die USA, Kanada, Australien, europäische Länder oder Japan, die dort Master- und PhD-Abschlüsse erwarben, um die große Lücke zu diesen Ländern zu überbrücken. Mit der Möglichkeit eines selbstfinanzierten Auslandsstudiums senden mehr und mehr chinesische Familien seit Ende der 1990er Jahre ihre Kinder zum Studium oder sogar schon zum Besuch der Highschool ins Ausland. Seit den 1990er Jahren erheben chinesische Universitäten und Hochschulen Studiengebühren bei gleichzeitiger Vergabe von Stipendien nach Leistung der Studierenden bzw. Einkommen der Eltern.

Die Zahl der Studienplätze hat sich seit etwa 1994 vervielfacht (siehe Kap. 5). Währenddessen durchliefen die Universitäten und Hochschulen einschneidende strukturelle Reformen durch Zusammenschlüsse und Neugründungen. Unternehmen gründeten allein oder gemeinsam mit bestehenden Universitäten neue private Universitäten. Den ersten großen Zusammenschluss bildeten die geisteswissenschaftlich ausgerichtete ehemalige Sichuan University mit der Chengdu University of Science and Technology im Jahr 1994 sowie mit der West China University of Medical Science im Jahr 2000. Damit wurde die Sichuan-Universität eine der größten Universitäten Chinas gemeinsam mit der Jilin University, der Shandong University und der Zhejiang University. Viele Universitäten verdoppelten oder verdreifachten die Campusfläche mit der Errichtung neuer Flächen am Stadtrand, so auch die Sichuan-Universität.

Heute hat die Sichuan-Universität drei große Campus mit 30 Fakultäten oder Schools in den Geistes- und Naturwissenschaften, Technik und Medizinwissenschaften. Sie unterhält 133 Bachelor-, 443 Master- sowie 349 Doktorandenprogramme mit 4882 Lehrenden, davon ca. 1370 Professoren, ca. 40.000 Bachelor-, mehr als 20.000 Master- sowie mehr als 2000 ausländischen Studenten (Sichuan University Net 2017).

6.2   Neuer Reformschwerpunkt seit ca. 2005

Im Jahr 2005 fand im Bildungsministerium Chinas ein großer Umbruch statt: Sowohl in Bezug auf die Immatrikulation von Studierenden als auch in Bezug auf die Bildung selbst wurde an höheren Bildungsstätten landesweit nunmehr mehr Wert auf Qualität anstatt auf Quantität gelegt. Es wurde eine landesweite Qualitätskontrolle des Bildungssystems durchgeführt, und zum ersten Mal seit mehr als 20 Jahren wurden Regelungen und Qualitätssicherungsmaßnahmen für Bachelorprogramme getroffen. Der Fokus von Bildungspolitikern und Hochschulverwaltungen verlagerte sich zudem von forschungsorientierten und weiterführenden Studiengängen auf hochwertige grundständige Programme und Bildungsaufbau.

Innerhalb der letzten 10 Jahre, vor allem während der letzten 5 Jahre, wurden im chinesischen Bildungssystem weit umfassende Änderungen implementiert. Durch die

Schulpflichtgesetzreform vom Juni 2006[1] wurde die 9-jährige schulische Ausbildung verbindlich eingeführt und beginnend mit dem Jahr 2008 voll umfänglich verpflichtend und gebührenfrei durchgesetzt. Ein weiterer Meilenstein dieser Zeit ist der „Nationale Entwicklungsplan zur mittel- und langfristigen Bildungsreform 2010–2020" (State Council Information Office of the PRC 2011), der im Februar veröffentlicht wurde. Diese und ähnliche politische und strategische Bildungsprogramme begünstigen die Entwicklung eines sehr viel besseren Bildungsmilieus. Wir vertreten die Auffassung, dass die rasante Entwicklung der höheren Bildung in China während der frühen Reformperiode vor allem dem Ziel diente, die physischen Kapazitäten der höheren Bildungsinstitute zu erweitern und die Ausstattung und Ausrüstung zu optimieren, während der Trend in diesem Bereich in den letzten 10 Jahren eher weg von diesen extensiven hin zu intensiven Entwicklungsmaßnahmen ging (State Council Information Office of the PRC 2011, 2013).

Teil dieser intensiven Entwicklungsmaßnahmen ist eine neue Perspektive auf die höhere Bildung, die den Belangen der wirtschaftlichen und gesellschaftlichen Entwicklung wie auch den individuellen Anforderungen und eigenen Lebensentwürfen der Studenten der 1990er-Generation mehr Bedeutung beimisst. In der fortlaufenden Entwicklung, die Chinas höhere Bildung derzeit erfährt, liegen die Kernbereiche in umfassender Bildung und Kultivierung, Qualität und Gerechtigkeit, Wissen und Fähigkeiten, Unterrichtstandards und -regelungen, Methodik und Innovation, internationalen Perspektiven und lokalen Diensten sowie in der Ausbildung und den Fähigkeiten von Lehrenden. Diese Punkte sollen eine neue Perspektive auf die Vielfalt der Ausbildung von Studenten eröffnen, damit diese ihren eigenen, individuellen Ansprüchen, denen des Arbeitsmarktes und denen von Chinas anhaltender rasanter Entwicklung genügen können.

Die Signifikanz der oben genannten Schlüsselbereiche zeigt deutlich, dass die Entwicklung der höheren Bildung nunmehr in eine objektivere und gesündere Richtung steuert. In den 20 Jahren seit Inkrafttreten der Reform haben sich alle Universitäten und Hochschulen hohe und vorbildliche Entwicklungsziele gesetzt, welche angesichts der Situationen und der Hintergründe oftmals wenig realistisch waren: Alle wollten um jeden Preis umfassend und international sein und auf hohem Niveau operieren. Den Studierenden blieb keine Wahl, wenn sie erst einmal eingeschrieben waren. Die Kurse und die Universitätsbildung kamen den individuellen und persönlichen Interessen und Fähigkeiten nur wenig entgegen. Die Zusammenstellung der Lehrpläne richtete sich nach den Anforderungen der Hauptfächer, nicht nach den persönlichen Bedürfnissen der Studenten, und das Credit-System der Universitäten ist noch immer ein straff durchgeplantes System, das keinen Raum für individuelle Talente oder Entwicklungen lässt. Egal ob an Spitzenuniversitäten oder lokalen Hochschulen: Alle Studenten werden nach den gleichen Leitlinien unterrichtet. Universitäten und Hochschulen haben es eilig, stets neue Grundstudiengänge einzuführen, die sich nach den Vorlieben des Arbeitsmarkts richten,

---

[1]Im April 1986 trat in China der „Compulsory Education Act" für die Schuldbildung von Kindern im Alter von 6 bis 14 Jahren in Kraft.

und die Studenten konkurrieren dann auf dem Arbeitsmarkt mit verschiedenen Zertifikaten und Diplomen anstatt mit ihren Fähigkeiten. Viele Studenten mussten feststellen, dass Studienabschlüsse in Fächern, die bei ihrem Studienantritt noch hart umkämpft waren, nach ihrem Abschluss nach 4 Jahren nur wenige bis gar keine Perspektiven boten. Was können die Universitäten angesichts dieser Probleme ändern?

Die Reformstrategien der Sichuan-Universität[2] regen zum Nachdenken an und verkörpern gleichzeitig einige der umfassendsten Reformmaßnahmen chinesischer Universitäten im Allgemeinen.

6.2.1 Reformbereiche

Mit den neuen Reformen und Perspektiven bezüglich der universitären Ausbildung in China stehen die Lehrenden und das Personal im Mittelpunkt. Die Qualifikation und die Perspektiven der Lehrenden sind von wesentlicher Bedeutung für eine umfassende und qualitativ hochwertige Bildung. In einem ersten Schritt in der weiteren Reform geht deshalb die Ausbildung des Lehrpersonals an der Sichuan-Universität weg von der reinen Orientierung auf akademische Forschung hin zu sowohl forschungs- als auch lehrorientierten Ausbildungsformen. Alle Professoren an der Sichuan-Universität sind verpflichtet, auch Grundkurse zu unterrichten, und alle Programme und Einrichtungen, wie die Forschungslabore, werden dazu angehalten, ihre Türen auch für Studenten im Bachelorstudium zu öffnen. Das akademische Evaluations- und Beförderungssystem für die Lehrenden stellt die Lehrtätigkeit vermehrt in den Mittelpunkt. Im Jahre 2014 führte die Sichuan-Universität einen Preis für eine exzellente Lehre ein, wobei der beste Platz mit 1 Mio. Yuan (RMB), der erste Platz mit 500.000, der zweite mit 300.000 und der dritte mit 100.000 Yuan (RMB) dotiert sind. Die insgesamt 3 Mio. Yuan Preisgeld werden jedes Jahr von Ehemaligen gespendet. Zwölf Dozenten, nominiert von ihren Studenten und Kollegen, haben im Jahr 2016 Preise für die Lehre erhalten. Insgesamt hat die Universität 21 verschiedene Awards: beste Lehre, beste Lehrbücher, beste Nachwuchsdozenten usw. Die Bewertung der Lehrtätigkeiten und der Forschungsarbeiten wird somit vielfältiger und individueller. Die Sichuan-Universität bietet nicht nur Nachwuchspersonal aus dem Ausland, und zwar sowohl internationalen als auch chinesischen Talenten, beste Bedingungen, sondern schickt ihre jungen, talentierten Nachwuchsdozenten auch für ein bis drei Jahre ins Ausland, damit sie dort Lehrerfahrungen in einem anderen Umfeld sammeln können. Die Lehrpositionen stehen nur Absolventen offen, die nicht nur über einen Doktorgrad verfügen, sondern auch ein Lehrzertifikat vom „Faculty Development Training Center", einem Weiterbildungszentrum für Lehrkräfte, das zusammen mit der Universität Michigan aufgebaut wurde, erworben haben.

---

[2]Ausführungen zur Sichuan University basieren auf Sichuan University Net, wenn nicht anders vermerkt.

Um eine bessere Lehr- und Lernumgebung zu schaffen, hat die Sichuan-Universität 2013 ihre Seminarräume und Lehreinrichtungen neu ausgestattet. Alle zuvor fixierten Stühle und Tische wurden durch bewegliche Möbel ersetzt, die digitale Ausrüstung wurde in alle Seminarräume und studentischen Bereiche integriert, um interaktiven Austausch anzuregen, und Vorlesungen wurden durch Seminare ersetzt. Kleine Gruppen und studentengerechte Lehrmethoden ersetzen nun die althergebrachten traditionellen Vorlesungen. Anstatt den Dozenten in den Mittelpunkt zu stellen, wird mehr Wert auf studentische Diskussionen und Austausch gelegt, wodurch die Dozenten mehr und mehr eine Mittlerrolle einnehmen. Die Größe der Studierendengruppen wurde von über 60, manchmal bis hin zu 150 Studenten, auf 30 reduziert. Fachliche, problembasierte Diskussionen ersetzen den Vorlesungsstil, um die Studenten dazu anzuhalten, sich zu äußern und gehört zu werden. Es wird sehr viel mehr Wert auf die Entwicklung dreier zentraler Fähigkeiten bei den Studierenden gelegt: die Fähigkeit zu lernen, die Fähigkeit schöpferisch zu sein und zu kritisieren und die Fähigkeit sich sowohl sprachlich als auch schriftlich adäquat auszudrücken. Mit der Diskussion und der individuellen aktiven Mitarbeit geschieht die Wissenserweiterung durch Praxiserfahrung, denn letztendlich sind es diese Erfahrungen, die die Studierenden an der Universität sammeln, die sie bereichern.

„Öffentliches Unternehmertum" und „öffentliche Innovation" sind die Schlüsselwörter, die sich zurzeit in China großer Beliebtheit erfreuen. Seit 2013 legt die Zentralregierung und auch das Bildungsministerium einen größeren Fokus auf den Wiederaufbau der Berufsausbildung, ein Bereich, der lange ignoriert wurde und somit nur von Studenten aufgegriffen wurde, die nicht so gut abgeschnitten hatten bei der nationalen Hochschulzulassungsprüfung. Auch diese Entwicklung hilft den Hochschulen und Universitäten Chinas dabei, ihre Bildungswege zu überdenken und Innovation und Unternehmertum zu fördern (Liu 2014). Auch an der Sichuan-Universität werden Innovation und Unternehmergeist immer wichtiger. Die Sichuan-Universität ermutigt Studenten, ihre eigenen Gesellschaften und Vereinigungen zu gründen und sich mit anderen Studenten mit ähnlichen Interessen oder Talenten zusammenzufinden. Die Lehrenden stehen als Tutoren zur Verfügung und geben praktische Anleitung für Studenten, und die Universität bietet Startkapital für Unternehmensgründungen, damit die Studenten ihre Ideen in die Praxis umsetzen können. Alle Absolventen können sich heute um Startkapital bewerben, um beim Studienabschluss ihr eigenes Unternehmen zu gründen. Bachelorprogramme verschiedenster Disziplinen bieten jetzt mehr Projekte, um innovatives Denken und Fähigkeiten zu fördern; Akademiker der Universität und von außerhalb sind dazu eingeladen, diese Projekte zu betreuen und ihre Karriereerfahrungen mit den Studenten zu teilen. Bei vielen der Tutoren von außerhalb handelt es sich um Ehemalige der Universität.

6.2.2 Das 323+X-Modell an der Sichuan-Universität

Um den individuellen Anforderungen der Studenten entgegenzukommen und um ihnen mehr Möglichkeiten zu bieten, hat die Sichuan-Universität das 323+X-Modell für

Grundstudiengänge ins Leben gerufen. Dabei handelt es sich um ein umfassendes Projekt der Ausbildung im Bachelorbereich, das traditionelle Methoden ablöst. Moderne Technologie und IT machen eine Eliteausbildung für alle Studenten der Universität zugänglich und verfügbar. Die erste 3 des 323+X-Modells steht dabei für die Eliteausbildung, individuelle Betreuung und umfassende Bildung; die 2 symbolisiert die zwei Phasen der Lehrplangestaltung: 1,5 Jahre und 2,5 Jahre (für ein 4-jähriges Bachelorstudium), dabei sind 1,5 Jahre für die umfassende Entwicklung und 2,5 Jahre für die Ausbildung in einer Fachrichtung vorgesehen. Die zweite 3 steht für die drei unterschiedlich talentierten Studententypen, ausgerichtet auf: Wissenschaft und akademische Forschung, Kreativität und Innovation und praktisch angewandte Fähigkeiten. Das X repräsentiert die 10.000 Kurse, die in den Bereichen Geisteswissenschaften, Sozialwissenschaften, Naturwissenschaften, Ingenieurswissenschaften und Medizin für die Studenten zur Verfügung stehen. Dieses Modell soll unterschiedliche Kurse und Feldarbeiten bieten, um den individuellen Bedürfnissen der Studenten entgegenzukommen, ihre speziellen Talente zu entdecken und zu fördern, ihre Persönlichkeiten zu entwickeln und Qualitäten offenzulegen. Somit hilft es den Studenten, sich besser zu orientieren, Methoden zu erlernen und sich eine interdisziplinäre und disziplinübergreifende Perspektive zu bewahren während ihres 4-jährigen Studiums.

6.2.3 Internationalisierung

Als Universität mit Sitz im Westen Chinas ist die Sichuan-Universität bemüht, Globalität einzubringen und sich gleichzeitig der Welt zu präsentieren. Durch Internationalisierung soll die Qualität sowohl der Ausbildung als auch der Forschung verbessert werden. Diese praktische Reform trat im Jahr 2000 in Kraft und schaffte es innerhalb von nur 5 Jahren bis 2005, Austausch- und Kooperationsprogramme mit mehr als 150 Universitäten und Hochschulen in 42 Ländern auf die Beine zu stellen. In diesen 5 Jahren wurden 2200 internationale Gastdozenten und Experten eingeladen, um sowohl kurz- als auch langfristig an der Universität zu unterrichten. Es wurden 6815 internationale Gäste im Rahmen von Konferenzen und Kooperationen empfangen und gleichzeitig wurden 3644 Mal Universitätsdozenten und -mitarbeiter zum Studieren oder auf Besuche ins Ausland entsendet. Diese Zahlen haben sich zwischen 2006 und 2015 verdoppelt, wenn nicht gar verdreifacht. Seit 2012 unterhält die Sichuan-Universität jeden Sommer das „University Immersion Program" (UIP). Sie lokalisiert damit die weltweite Bildung und bietet ihren Studenten eine internationale Studienerfahrung, indem sie internationale Forscher, Lehrende und Studenten direkt auf dem Campus zusammenbringt.

Im Jahr 2015 beteiligten sich 169 internationale Wissenschaftler und Dozenten und über 400 internationale Studenten von 96 verschiedenen Universitäten einschließlich Harvard, Cambridge, Oxford oder dem MIT am UIP. Dr. Xie Heping, der Präsident der Sichuan-Universität, verkündete: „Es liegt in der Verantwortung der Universität, eine

internationale Atmosphäre und Umgebung zu schaffen und erstklassige Studenten auszubilden. Das UIP spielt eine wichtige Rolle dabei, die Internationalisierung der Bildung
und der Bildungsqualität an der Sichuan-Universität voranzutreiben." Präsident Simon
Gaskell von der Queen Mary University of London sprach stellvertretend für alle internationalen Wissenschaftler und Dozenten, die am UIP teilnahmen und sagte im Zuge
der Eröffnungszeremonie 2015: „Wir alle kommen aus verschiedenen Ländern und von
verschiedenen Universitäten und kommen hier zusammen an der Sichuan-Universität.
Durch praktizierten Ideenaustausch und Forschung, die sich den kulturellen Unterschieden zuwendet, werden wir vielleicht letztendlich herausfinden, dass die Gemein-
samkeiten die Unterschiede überwiegen." Im Zuge des UIP 2015 wurden 188 Kurse in
englischer Sprache von internationalen Wissenschaftlern und Dozenten angeboten, die
sich über die Bereiche der Geisteswissenschaften, Sozialwissenschaften, Naturwissenschaften, Ingenieurswissenschaften und Medizin erstreckten. 30.000 Bachelorstudenten
hatten die Möglichkeit, diese Kurse zu besuchen, und auch die 400 ausländischen Studenten wählten ihre Kurse – sowohl bei internationalen als auch bei chinesischen Dozenten und Akademikern. In diesem Rahmen erreicht die Sichuan-Universität ihr Ziel, die
Lokalisierung von Internationalität, und ermöglicht es ihren Studenten, internationale
Erfahrungen vor Ort an der Universität zu sammeln.

6.2.4   Digitale Lehr- und Lernmethoden

Im Zeitalter von Big Data und dem Internet+ ändern sich die Lerngewohnheiten der Studierenden. Auf der einen Seite stellen sie ihre Fähigkeiten bei der Suche nach Ressourcen und der Nutzung moderner Kommunikationswege (WeChat) unter Beweis, auf der
anderen Seite sind sie sehr auf ihre Umgebung und die Kommunikation auf dem Campus
und in ihren Studierendengruppen bedacht. Die Nutzbarmachung moderner Technologien im Rahmen von effizienteren Lehr- und Lernmethoden betrifft sowohl die Verwaltung als auch die Dozenten.

Das „Faculty Development Training Center" an der Sichuan-Universität organisiert
internationale und nationale Konferenzen und bietet Schulungsprogramme für Lehrende,
die ihnen helfen sollen, besser mit den neuen technologischen Lehrmethoden und Einrichtungen zurechtzukommen.

Open Online Classes (Mooc), kurze Videoeinführungen, umgedrehter Unterricht etc.
– all diese pädagogischen Modelle, in denen die typischen Elemente von Lesung und
Hausaufgaben umgekehrt werden, werden hier diskutiert und zum Einsatz gebracht. Der
Wandel vom dozentenorientierten zum studentenorientierten Ansatz, die Reduzierung
der Vorlesungszeit und der Schwerpunkt von klassenorientiertem Lernen durch den Einsatz moderner Technologien führen zu einem Wahrnehmungswechsel im Hinblick auf
das Lernen und Lehren an der Universität. Den Studenten werden vermehrt Ressourcen
für unabhängigeres Lernen geboten und auch die Schlüsselwörter der Lehrveranstal-
tung verlagern sich: Recherche, Erforschung und Entdeckung ermutigen die Studenten,

ihre innovativen und kreativen Fähigkeiten auszubauen. Aufseiten der Lehrenden wird vermehrt Wert auf Ermöglichung, Aufklärung und Engagement in der Gestaltung ihrer Lehre und Lehrtätigkeit gelegt.

6.2.5 „Double Top" und „Double Innovation"

Mit der Fokusverlagerung in Chinas Bildungsreform auf Lehrqualität und studentenorientierte Gruppendiskussionen, von der Erhöhung der Immatrikulationszahlen zu einem qualitätsorientierteren Ansatz an den Universitäten, hörte auch der Wettbewerb zwischen den Hochschulen und Universitäten auf, eine bessere umfassende Hochschule oder eine „985"- oder „211"-Hochschule zu sein. Heute streben die Universitäten danach, ihre akademischen Stärken und Qualitäten auszubauen und ihre Bachelorprogramme attraktiver für talentierte Studenten zu machen.

6.2.5.1 „Double Top"-Aufbau

Chinas Bildungsminister Chen Baosheng verkündete auf der Nationalen Bildungskonferenz Mitte Januar 2017, dass chinesische Universitäten und Hochschulen 2017 umfassende „Double-Top-Projekte" („双一流") starten würden. „Double Top" steht für den „Aufbau weltbester Universitäten und Disziplinen (世界一流大学和一流学科建始)" und ist ein weiteres wichtiges nationales Aufbauprojekt nach den Projekten „985" und „211" (siehe dazu Kap. 5). Wie der Minister erklärte: „Wir halten auch weiterhin an der Grundausrichtung fest, den Bedürfnissen des wirtschaftlichen und gesellschaftlichen Wandels entgegenzukommen und die Bildungsstruktur schnellstmöglich zu optimieren. 2017 werden wir Double-Top-Projekte in großem Umfang angehen, ein Expertenkomitee aufstellen und Kriterien und Standards festlegen" (Minister of Education 2017). Der Grund für die doppelte Erstklassigkeit liegt darin, innovative Talente auf Chinas wirtschaftliche und gesellschaftliche Entwicklung vorzubereiten (Ministry of Education 2016; China Education News 2015).

Der strategische Plan für den „Double Top" (oder auch „Double First-rate") -Aufbau wurde erstmals im Dokument *The Comprehensive Plan of Overall Development of the World First-Rate University and World First-rate Discipline Construction* (统筹推进世界一流大学和一流学科建设总体方案) des Staatsrats am 24. Oktober 2015 veröffentlicht und 2016 im kleinen Rahmen bereits versuchsweise an einigen Eliteuniversitäten Chinas umgesetzt. Laut oben genanntem Dokument soll der Aufbau einiger Weltspitzen-Universitäten und -Disziplinen nun mit hohem Tempo erfolgen, eingebettet in die umfassende Entwicklungsstrategie der „The Four Comprehensives" (四个全面[3]), die

---

[3]„… comprehensively build a moderately prosperous society, comprehensively deepen reform, comprehensively implement the rule of law, and comprehensively strengthen Party discipline" – im Dezember 2012 von Xi Jinping zur Staats- und Parteidoktrin erhoben (Mu 2015).

Beschlüsse von Partei und Staatsrat. Er fokussiert auf die chinesischen Besonderheiten und die weltweite Spitze, basiert auf moralischen Werten und orientiert sich an Innovation und Entwicklung. Im Jahr 2016 wurden detaillierte Anforderungen an chinesische Universitäten und Hochschulen gestellt, und drei Kernphasen wurden dabei als Plan für die Hochschulpolitik Chinas für die folgenden 30 Jahre ausgearbeitet, die China zu einer Weltmacht im Bereich der Hochschulbildung werden lassen sollen. Diese Maßnahmen sollen Chinas Konkurrenzfähigkeit auf dem Bildungssektor erhöhen und allgemein die umfassenden Stärken der chinesischen Hochschulbildung fördern, um letztendlich Chinas zwei 100-Jahres-Ziele (两个一百年) und den Chinesischen Traum (中国梦)[4] in die Realität umzusetzen.

Konkret beinhaltet der „Double Top"-Aufbau zehn wichtige Aufgaben, eine schrittweise Umsetzung und eine gesellschaftliche Evaluation. Das umfassende Ziel des Plans liegt in der Umsetzung der zwei 100-Jahre-Strategien der Regierung und der drei Phasen des „Double Top"-Aufbaus. Die erste Phase besteht darin, dass sich bis 2020 gleich mehrere chinesische Universitäten in die Liste der weltweiten Eliteuniversitäten einreihen und auch mehrere Studienfächer und Disziplinen zur Weltklasse gehören. Bis 2030 sollen dann noch weitere chinesische Hochschulen zu den weltbesten gehören, und außerdem soll Chinas Hochschulbildung bis dahin wahrnehmbar an umfassender Stärke gewonnen haben. Bis Mitte des 21. Jahrhunderts sollen Chinas Universitäten und Disziplinen an der Weltspitze stehen (China Education News 2015; Minister of Education 2017).

Die zehn wichtigen Vorgaben sind in fünf Aufbauaufgaben und fünf Reformaufgaben unterteilt. Die fünf Aufbauaufgaben lauten: 1) Das Aufbauen von erstklassigen Lehrkörpern, um die unterstützende und anleitende Rolle der Akademiker und Talente zu stärken, um die Vorbereitung und Eingliederung von erstklassigen Wissenschaftlern, führenden Akademikern und Experten und innovativen Teams zu beschleunigen und exzellente Dozenten hervorzubringen; 2) Die Ausbildung von Talenten, indem diversifizierte, innovative, praktisch veranlagte und fachübergreifende Talente mit einem Sendungsbewusstsein und einem Verantwortungsgefühl gegenüber ihrem Land und sozialen Werten ausgestattet werden; 3) Stärken der wissenschaftlichen Forschung, um wichtige Anforderungen des Landes zu erfüllen, und die Verbesserung der Forschungsfähigkeiten mit dem Fokus auf Fähigkeiten, die dazu beitragen können, wichtige Probleme zu lösen und Innovationen hervorzubringen, um damit sowohl Innovationen in den Organisationsformen der Wissenschaft zu fördern als auch neue Denkfabriken an den Universitäten zu erschaffen, die der chinesischen Kultur treu bleiben und gleichzeitig weltweit Einfluss ausüben; 4) Pflege und Erneuerung einer herausragenden Kultur, durch die Stärkung der

---

[4]Bis zum 100-jährigen Bestehen der Kommunistischen Partei im Jahr 2021 eine „Gesellschaft mit bescheidenem Wohlstand" zu werden, bis zum 100-jährigen Bestehen der Volksrepublik China ein reiches und mächtiges, ein demokratisches und zivilisiertes sowie ein harmonisches, sozialistisches, modernes Land zu errichten – nach der Baidu-Enzyklopädie sind das die zwei großen Ziele des Ende 2012 von Xi Jinping geprägten Chinesischen Traumes (Baidu Baike 2017).

Universitätskultur, die Verflechtung von Grundwerten des chinesischen Sozialismus mit Lehr- und Bildungsaufträgen, um die Bildungsfunktion der traditionellen chinesischen Kultur zu berücksichtigen; und 5) Die Umsetzung von Bildungs- und Forschungsergebnissen, eine engere Verflechtung von Produktion und Bildung, indem die Einbringung der Hochschulen in die Umsetzung von Produktions- und Unternehmensprozessen weiter ausgebaut wird, um dabei zu helfen, wichtige wissenschaftliche und technologische Innovationen und technische Durchbrüche in Produktionskraft umzusetzen und gleichzeitig die Antriebskraft von Universitäten als innovative Ressourcenschmieden für die Wirtschaft und die soziale Entwicklung zu etablieren.

Die fünf Reformaufgaben lauten: 1) Stärkung und Ausbau der Führung der Partei an Universitäten und Hochschulen durch die Festigung und Stärkung der Verantwortlichkeiten von Universitätspräsidenten unter der Anleitung des Zentralkomitees der Partei, Festhalten an der ideologischen Arbeit der Universitäten und Ausbau der umfassenden parteilichen Arbeit an Hochschulen; 2) Verbesserung der internen Führungsstruktur durch die Etablierung eines institutionellen Systems mit umfassenden, einheitlichen Regelungen, welche die akademische Organisationsstruktur festigen und das demokratische Verwaltungssystem und die Aufsichtsmechanismen stärken; 3) Durchbruch bei Schlüsselverbindungen durch die Verbesserung und Reform des Personalsystems, Modelle zur Talentförderung, ein institutionelles, wissenschaftliches Forschungssystem und Mechanismen zur Mittelbeschaffung; 4) Mechanismen zur Verbesserung der gesellschaftlichen Mitwirkung durch die schnellere Etablierung von langfristigen Strukturen, durch welche die Gesellschaft die Entwicklung von Universitäten unterstützen kann, Einrichtung von Beratungssystemen und Verbesserung der Kooperationen zwischen den Universitäten und der Wirtschaft, 5) Förderung internationaler Kooperationen durch die Verbesserung der dauerhaften Zusammenarbeit mit erstklassigen internationalen Universitäten und Institutionen, Ausbau der internationalen Innovationskooperation und Stärkung der internationalen Wettbewerbsfähigkeit und Stimme von Chinas höheren Bildungseinrichtungen (Ministry of Education, Ministry of Finance, National Development and Reform Commission 2017).

Die phasenweise Umsetzung des „Double Top"-Aufbaus stimmt mit der Umsetzung des nationalen Fünfjahresplans überein. Der strategische Entwurf sieht vor, dass der Staat die differenzielle Entwicklung der verschiedenen Arten von hochkarätigen Universitäten und Fachrichtungen unterstützt. Ab 2016 wird alle fünf Jahre eine Regelung in Kraft treten. Die gesellschaftliche Evaluation des „Double Top"-Aufbaus wird als wichtige Überwachungsinstanz angesehen. Es geht dabei nicht nur um den Durchbruch einiger wichtiger Universitäten. Stattdessen werden alle Universitäten und Hochschulen im ganzen Land dazu ermutigt, selbst aktiv zu werden – basierend auf ihren jeweiligen Mitteln und Stärken. Auch die Zentralregierung sowie die lokalen Behörden ermutigen und fördern jedes Bildungsinstitut, eigene Maßnahmen zu ergreifen, um die eigenen Stärken auszubauen und ihre individuellen Spitzendisziplinen und Spezialgebiete geltend zu machen. D. h. es sollen nicht nur selektive Gruppen von Institutionen unterstützt werden.

Um die Umsetzung des Plans zu gewährleisten, haben die Regierungsinstanzen, darunter das Bildungsministerium, beschlossen, etwa 100 Disziplinen, die den meisten Nutzen für die wirtschaftliche und soziale Entwicklung Chinas versprechen, in vollem Umfang zu unterstützen, um das Ziel der Erstklassigkeit chinesischer Disziplinen zu erreichen. Die oben genannten Details waren zwar nicht Teil des vom Staatsrat am 19. Januar 2017 veröffentlichten Berichts „Plan on educational development for the 13th Five-Year Plan period (2016–2020)" (State Council 2017). Die Leitlinien zur Förderung des „Double Top"-Aufbaus wurden jedoch am 25. Januar 2017 offiziell aufgenommen im Dokument *Provisional Measures of Promoting the World First-Rate University and World First-rate Discipline,* veröffentlicht vom Bildungsministerium, dem Finanzministerium und der Staatlichen Kommission für Entwicklung und Reform (Ministry of Education u. a. 2017). Auch einige Lokal- und Regionalregierungen haben eigene Pläne bekannt gegeben, um Universitäten und Hochschulen in ihren Gebieten zu fördern.

Im Zuge der Umsetzung der eben genannten Provisional Measures nahm die Sichuan-Universität 2016 eine Gesamtbeurteilung aller 136 angebotenen Bachelorstudiengänge, der Fachrichtungen und ihrer Stärken vor. Dabei wurde entschieden, die Bachelorstudiengänge und die Fachrichtungen innerhalb von 4 Jahren von 136 auf 100 zu reduzieren, um Ressourcen und Stärken zu bündeln und damit zu einer weltweit anerkannten Eliteuniversität zu werden. Es wurde auch beschlossen, einigen Studiengängen wie Stomatologie oder Chemie mehr Aufmerksamkeit zu schenken, da sich diese in den weltweiten Top 500 der nachgefragtesten Disziplinen befinden. Die Sichuan-Universität nimmt nun durch Umsetzungen ihrer wissenschaftlichen und technologischen Errungenschaften vollen Anteil an den regionalen und überregionalen wirtschaftlichen und sozialen Entwicklungen. Zudem legt die Universität nun besonderen Wert auf die Lehre in den Bachelorstudiengängen und Graduiertenprogrammen und fokussiert sich durch ihr eigenes „Double Innovation"-Programm vermehrt auf die Entwicklung von Talenten.

6.2.5.2 „Double Innovation"

Der Präsident der Sichuan-Universität Xie Heping lenkte die allgemeine Aufmerksamkeit auf zwei schockierende Fakten: 25.800 Unternehmen wurden im Jahr 2009 weltweit mit den wissenschaftlichen und technischen Errungenschaften des MIT in Verbindung gebracht, und die 2016 durch Absolventen von Stanford erzielte Wertschöpfung betrug ein Zehntel des globalen BIP. Mit ihren 20.000 Angestellten und Lehrenden gelang es diesen beiden Universitäten einen derartigen wirtschaftlichen Nutzen zu generieren. Dieser Verdienst lässt sich auf ihren Innovations- und Unternehmergeist zurückführen. Das Hauptaugenmerk liegt auf der Ausbildung ihrer Studenten, ihrer Innovationsförderung und dem Ausbau von Talenten in den Bereichen Innovation und Unternehmertum. Gleichzeitig erfüllen sie wirtschaftliche und soziale Anforderungen, indem sie wissenschaftliche Erkenntnisse und Errungenschaften auf industrielle Produktions- oder Geschäftsbereiche übertragen. Präsident Xie betonte, dass auch die Sichuan-Universität innerhalb der Ausbildung ihrer Studenten mehr Wert auf Innovationsförderung und

Unternehmergeist legen, zu einer internationalen Plattform für Innovation und Unternehmertum werden und mit entsprechenden Produktionsumgebungen (Maker Space) für eine engere Zusammenarbeit zwischen der Universität und der lokalen Regierung und Unternehmen sorgen sollte (Xie 2016).

Vor diesem Hintergrund gründete die Sichuan-Universität, gemäß den nationalen Richtlinien zum „Massenunternehmertum und Innovation" (mass entrepreneurship and innovation), ihre nationale „Two Abilities Demonstration Base". Der Prämisse folgend, dass erstklassige Universitäten die Ausbildung ihrer Studenten an die erste Stelle setzen, nahm die Universität die Bereiche Innovation und Unternehmertum in ihren Lehrplan auf und machte sie zu Kernbereichen auf dem Weg zur Eliteuniversität (Xie 2016).

In allen Kursen, Seminaren, Lehrveranstaltungen, Diskussionen, Prüfungen und Praxis fokussiert sich die Sichuan-Universität nun vermehrt auf Wissensaufbau, Humanbildung, Fähigkeiten, Innovationsgestaltung und Unternehmergeist der Studierenden. Die Universität stellt dabei finanzielle Mittel und Räumlichkeiten zur Verfügung und ermutigt die Studierenden zur Gründung von Laboren und Werkstätten, um ihnen die Möglichkeit zu geben, praktische Erfahrungen zu sammeln und ihre Träume zu verwirklichen.

1372 Teilzeit-Tutoren und -Betreuer von außeruniversitären Unternehmen wurden eingeladen und beschäftigt. Sie bieten 339 Kurse und Workshops an und unterstützen die Studenten dabei, ihre innovativen und unternehmerischen Fähigkeiten weiter auszubauen. Dabei handelt es sich um das derzeit größte Projekt dieser Art an chinesischen Universitäten.

Die Hochschulbildung Chinas befindet sich gerade im Wandel, um die Anforderungen der wirtschaftlichen und sozialen Entwicklungen zu befriedigen und sowohl internationalen Standards als auch den Studenten gerecht zu werden und sie dabei zu unterstützen, sich Wissen, Bildung, Fähigkeiten und innovativen Unternehmergeist anzueignen.

Diese Ausführungen zu den rasanten Änderungen in Chinas Bildungspolitik, die am Beispiel der Bestrebungen der Sichuan-Universität erläutert wurden, zeichnen ein klares Bild der Entwicklung von Chinas Bildung, speziell der höheren Bildung. Gleichzeitig werden jedoch zukünftig weitere und tiefer greifende Reformen erwartet, wie bezüglich der nationalen Hochschulzulassungsprüfung und der Einschreibungen für 2017, der Umgestaltung und Revitalisierung der landesweiten Berufsausbildung, und der Überarbeitung der nationalen Bildungsrichtlinien und Qualitätskontrollen für alle Universitäten und Hochschulen.

Literatur

Baidu Baike 白度百科 (2017), 两个一百年 (Chinas zwei Hundert-Jahres-Ziele). http://baike. baidu.com/view/10004365.htm. Zugegriffen: 5. März 2017

China Education News中国教育报 (2015) 基本实现教育现代化进入全面攻坚阶段: 2015年全国教育工作会议召开(Basic realization of education modernization and entering a comprehensive critical stage: at the opening of 2015 national education conference), 教育新常态下的改革新思维—2015年全国教育工作会议观察 (The new thinking in reform under the new education normal: observation at the 2015 National Education Conference), 破冰, 破解, 破土—2014年教育工作亮点 (Ice-breaking, significance-cracking and ground-breaking: the bright spots of education work in 2014), 起点, 节点, 支点—2015年教育工作要点 (starting-point, node-point and pivot-point: the key-points of educational work in 2015)."[N]". 中国教育报, 2015年1月24日

Liu Yandong刘延东 (2014) 在世界语言大会开幕式上的致辞 (The opening remark at the world language conference by Vice Premier Liu Yandong). [R]. 2014年6月5日, 苏州

Minister of Education 教育部部长 (2017) 2017年中国大学双一流建设将全面启动 (Chinese Universities Launch „Double First-Rate" Construction in 2017). www.cingta.com. Zugegriffen: 15. Jan. 2017 青塔

Ministry of Education教育部 (2016), 教育部2016年工作要点 (The major work points in 2016, February, 2016)

Ministry of Education教育部 (2017) 国家教育事业发展"十三五"规划 (The national education development plan in 13th Five-Year, January 10, 2017)

Ministry of Education, Ministry of Finance, National Development and Reform Commission教育部、财政部和国家发展改革委员会 (2017) 统筹推进世界一流大学和一流学科建设实施办法(暂行) (The provisional measures of promoting the first-rate university and the first-rate discipline), January 25, 2017

Mu X (2015) China voice: Xi's „four comprehensives" a strategic blueprint for China, http://news. xinhuanet.com/english/china/2015-02/25/c_127517905.htm. Zugegriffen: 17. Febr. 2017

Sichuan University (2017) Net四川大学校网. http://www.scu.edu.cn/. Zugegriffen: 27. Jan. 2017

State Council Information Office of the PRC (2011) 国家中长期教育改革和发展规划纲要 (2010–2020) (The outline of China's national plan for medium and long-term education reform and development (2010–2020)). http://www.scio.gov.cn/xwfbh/xwbfbh/wqfbh/33978/34777/xgzc34783/Document/1483157/1483157.htm. Zugegriffen: 17. Febr. 2017

State Council Information Office of the PRC (2013) 中共中央关于进一步深化改革的重大决定 (CCP's document of important decisions for further deepening reform) [Z]

State Council (2017) 国务院关于印发国家教育事业发展"十三五"规划的通知 (国发〔2017〕4号) (Plan on educational development for the 13th five-year plan period (2016–2020). Issued January 19, 2017). http://www.gov.cn/zhengce/content/2017-01/19/content_5161341.htm. Zugegriffen: 5. März 2017

Xie H 谢和平 (2016) 四川大学国家级'双创'示范基地建设情况汇报 (Report on national level ‚double innovation' demonstration base of Sichuan University, December 21, 2016)

Über die Autoren

Xin Wang, Professor of English, Chair of English Department of Sichuan University, Ph.D. from Sichuan University, China, and visiting scholar at University of Hong Kong, University of Virginia, Arizona State University and University of Gottingen. Now member of the Steering Committee of the Undergraduate Programme Quality Control of Sichuan Province, deputy director of American Studies Centre at Sichuan University, member of the National Narratology Association and member of International Association of Ethical Literary Criticism. Present research focuses are British/American literature, literary criticism, undergraduate curriculum building, higher education quality control.

Jian Shi石 坚, Professor of English at English Department of Sichuan University, Ph.D. from Lehigh University, U.S.A. Former Vice President of Sichuan University for International Affairs and Human Resources. Now member of the Steering Committee of the Ministry of Education for Foreign Languages Teaching and the director of the Steering Committee of Higher Education Quality Control of Sichuan Province. Present research focuses are the European Integration, higher education reform and quality control, the internationalization of higher education in China and the higher education faculty development.

Kooperations- und Kommunikationskompetenz von Studierenden an chinesischen Hochschulen

Ping Fang

Zusammenfassung

Kooperations- und Kommunikationskompetenzen zählen zu notwendigen Fähigkeiten, die Absolventen für die berufliche Praxis benötigen. Die Realität an den chinesischen Hochschulen zeigt jedoch ein anderes Bild. Dieser Artikel stellt dar, welche Probleme Studierende mit Kooperations- und Kommunikationskompetenzen haben und wo die Ursachen dafür liegen. Er gibt einen Überblick über die politischen Anstrengungen der Regierung und der Universitäten zur Verbesserung der Kooperations- und Kommunikationskompetenzen von Studierenden. In der Betrachtung wird deutlich werden, dass vonseiten der Regierung und der Universitäten dieser Thematik bislang nur unzureichend Aufmerksamkeit gewidmet wurde. Die Hochschulreformen konnten hier kaum Erfolge erzielen, u. a. weil die familiären Sozialisationsfaktoren, die für die meisten Studenten gelten, völlig außer Acht gelassen wurden. Der Artikel zeigt auf, dass es sinnvoll wäre, die politischen Bemühungen zu verstärken und ein Bildungssystem zu erschaffen, das im Kontext von Politik, Universität, Gesellschaft und familiärer Sozialisation verortet ist. Insbesondere müssen Universitäten ihre Lehre so reformieren, dass Studierende in variierenden Feldern und Formen ihre Kooperations- und Kommunikationskompetenzen entwickeln und verbessern können. Auf der anderen Seite sollten aber auch die Studenten eigeninitiativ an diese Frage herangehen, um diese Fähigkeiten zu verbessern und ihre Persönlichkeit zu entwickeln.

Aus dem Chinesischen ins Deutsche übertragen von Minyan Luo und Monika Schädler.

P. Fang (✉)
Capital Normal University, Beijing, China
E-Mail: fangping@mail.cnu.edu.cn

© Springer Fachmedien Wiesbaden GmbH 2017
J. Freimuth und M. Schädler (Hrsg.), *Chinas Innovationsstrategie in der globalen Wissensökonomie*, DOI 10.1007/978-3-658-17651-8_7

Inhaltsverzeichnis

7.1   Einleitung

In der heutigen Gesellschaft und für die berufliche Praxis ist die Kooperations- und Kommunikationskompetenz eine der wichtigsten Fähigkeiten für Studierende. Eine Analyse der Princeton University von 10.000 Personaldaten hat etwa ergeben, dass „fachliche Techniken und Erfahrungen" nur ein Viertel des beruflichen Erfolgs ausmachen und der Rest abhängig von zwischenmenschlicher Kommunikation ist (Zhang 2013). Im Jahr 2014 stellte eine Studie zum Thema Berufschancen von Hochschulabsolventen ebenfalls heraus, dass Unternehmen wie beispielsweise der Internetgigant Alibaba bei der Einstellung besonderen Wert auf mündliche Ausdrucksfähigkeit, Kommunikations- und Führungskompetenz sowie Kooperationsfähigkeit bei Teamarbeit legen (Zhang 2016). Den meisten chinesischen Studierenden fehlen jedoch genau diese Fähigkeit zur Verständigung und das Bewusstsein für Kooperation und Teamarbeit. Einer der Gründe liegt im Umstand, dass sie in der Regel Einzelkinder sind und die Entwicklung eines kollektiven Geistes unter der umfassenden Fürsorge der Eltern kaum möglich ist (Nie et al. 2014). Hinzu kommt, dass mit der Entwicklung und dem steigenden Einfluss des Internets und neuer Medien, Studierende zunehmend weniger direkt kommunizieren. Dadurch wird ihre soziale Fähigkeit, sich mit anderen auszutauschen und zu kommunizieren, geschwächt. Dies führt dann dazu, dass es an notwendigen grundlegenden Fertigkeiten für den Beruf fehlt und auch die Fähigkeit, sich generell in soziale Bezüge zu integrieren, zunehmend zurückgeht. Aus diesem Grund stellt sich die Frage, wie Kommunikations- und Kooperationskompetenz an Hochschulen ausgebildet werden kann.

7.2 Probleme der Kommunikations- und Kooperationskompetenz und deren Ursachen

Die Kooperationskompetenz ist ein Zusammenspiel aus dem Wissen über die Wirkung von Zusammenarbeit, der Einsicht in ihre Bedeutung und dem Erlernen entsprechender Fertigkeiten. Diese Kompetenz ist notwendig, wenn mehrere Personen an einem gemeinsamen Ziel zusammenarbeiten und dafür ihre Handlungen koordinieren müssen (Li 2009). Die Kommunikationskompetenz bezieht sich auf die Interaktionen, in denen die Studierenden in ihren sozialen Bezügen Gedanken und Gefühle austauschen, um physisch und psychisch gesund zu bleiben, die Harmonie in der Gesellschaft voranzutreiben und die eigene Entwicklung mit der der Gesellschaft zu verbinden (Zhuo 2005). Kooperation und Kommunikation hängen natürlich zusammen. In beiden Themenfeldern stößt man allerdings auf Probleme.

7.2.1 Probleme der Kooperationskompetenz und deren Ursachen

Tab. 7.1 zeigt das Ergebnis von Studien zur Kooperationskompetenz oder auch den Kooperationsgeist der Studierenden im Zeitraum von 2000 bis 2016. Sie lassen drei Hauptprobleme erkennen:

1. Den meisten Studierenden fehlt ein kollektives Bewusstsein. Sie haben ein ausgeprägtes Streben nach Selbstverwirklichung, jedoch fehlt ihnen der für Teamarbeit notwendige Kooperationsgeist.
2. Zwischen den Studierenden herrscht anstelle von Kooperations- ein hohes Konkurrenzdenken. Sie vergleichen sich, ihren Lebensstandard und ihre Leistungen im Studium vermehrt mit ihren Kommilitonen.
3. Den Studierenden fehlt es schlicht an Fertigkeiten, um im Team zu kooperieren.

Die Ursachen dafür können auf die drei Einflussbereiche Familie, Universität und Gesellschaft zurückgeführt werden. Bedingt dadurch, dass die meisten Kinder heute aufgrund der Einkindpolitik Einzelkinder sind, an den Universitäten der Ausbildung von Kooperationskompetenz keine Aufmerksamkeit geschenkt wird und es in der Gesellschaft eine fortschreitende soziale Erosion gibt, bildet sich bei den Studierenden das Bewusstsein, im Mittelpunkt zu stehen (自我中心意识). Die Studierenden streben somit nach immer mehr Unabhängigkeit und Individualismus. Ihre Fähigkeit, mit anderen zu kooperieren, rückt hingegen immer weiter in den Hintergrund.

Tab. 7.1 fasst in diesem Sinne die Ursachen für die skizzierte Problematik, basierend auf Studienergebnissen, zusammen:

Tab. 7.1 Probleme der Kooperationskompetenz und deren Ursachen. (Quelle: Eigene Darstellung des Autors)

Jahr	Autor	Problem	Ursache
2016	Zhou Hong und Zhou Yebo	Starkes Ego-Bewusstsein, schwaches Kollektiv-Bewusstsein	Negativer Einfluss vom In- und Ausland, übermäßiges Selbstbewusstsein der Einzelkinder usw
2013	Tong Zhengquan und Zhu Zhongxiang	Schwaches Kollektiv-Bewusstsein, Spannungen zwischen Wohnheimbewohnern, schwaches Bewusstsein für aktive Kommunikation mit Lehrenden, stark auf Konkurrenz, aber wenig auf Kooperation ausgerichtet, schwache psychische Verfassung (心里素质)für Kooperation im Team	Einfluss der Kultur in der Gesellschaft und negative gesellschaftliche Phänomene; Einfluss durch familiäre Erziehung und die Umgebung, in der Einzelkinder aufwachsen; Einfluss durch das Ausbildungsziel der Universität und herkömmliche Lehrmethoden; Einfluss von Prüfungs- und Aufstiegsdruck
2012	Li Zhonghua	Mangelndes solidarisches Kooperationsbewusstsein, mangelnde kollektive Einstellung	Starker Einfluss der kleinbäuerlichen Tradition; soziale Faktoren wie das „Ich im Mittelpunkt"; prüfungsorientierte Ausbildung; das spezifische Ausbildungsmodell für Kooperationsbewusstsein an den Universitäten
2009	Li Feifei	Mangelndes Kooperationsbewusstseins, mangelnder Wissensfundus, mangelnde Kooperationsfertigkeiten und Kooperationsqualität	Bewusstsein und Einstellung, Umweltfaktoren, persönliche Faktoren
2006	Yang Huimin und Fu Ping	Mangelnder Kooperationsgeist	Mangelndes Bewusstsein und Erfahrungen für Teamarbeit; Ausbildungsmodell verstärkt das „Ich im Mittelpunkt"; starkes Selbstwertgefühl der Postgraduierten; Einzelkinder; Störungen durch die Diversifizierung der gesellschaftlichen Ansichten und der Medien
2004	Zhao Shimin und Yang Zhaomei	Mangelnde erfolgreiche zwischenmenschliche Kommunikation und Kompetenz für geistigen Austausch; Fokus auf Konkurrenz und mangelnde Beachtung von Verantwortung und Ansehen des Kollektivs	Einzelkinder; Veränderungen des Erziehungssystems; Fokus ausschließlich auf Kleingruppen hervorgerufen durch Zusammenschließung von Hochschulen und Fakultäten; Umstrukturierungen; gesellschaftlicher Einfluss

7.2.2   Probleme der Kommunikationskompetenz und deren Ursachen

Betrachtet man die in Tab. 7.2 dargestellten Forschungsergebnisse zur Kommunikationskompetenz von Studierenden im Zeitraum 2000 bis 2016, lassen sich insbesondere zwei
Probleme herausfiltern: Zum einen lässt sich ein Unwille der Studierenden überhaupt
und mit anderen zu kommunizieren feststellen. Zum anderen führen mangelnde Kom-
munikationsfertigkeiten und -techniken zu schlechten Ergebnissen der Kommunikation.
Mögliche Ursachen dafür sind die bereits erwähnten Einzelkinderbiografien sowie her-
kömmliche Erziehungseinstellungen mit einer geringen Beachtung der Selbstständigkeit
und Eigeninitiative. Es geht im Wesentlichen darum, gut durch die Prüfungen zu kommen und entsprechende Noten zu erzielen. Hinzu kommt eine weitere Entwicklung: Die
rasante Entwicklung des Internets und die Nutzung neuer Medien haben zur Folge, dass
reale Kommunikation durch virtuelle Kommunikation ersetzt wurde.

Tab. 7.2   Probleme der Kommunikationskompetenz und deren Ursachen. (Quelle: Eigene Darstellung des Autors)

Jahr	Autor	Probleme	Ursachen
2016	Zhang Fang-fang	Unwille zur Bildung, mangel-hafte Kommunikation, unfähig zur Kommunikation	„Ich im Mittelpunkt" – auf sich selbst fokussierte Psychologie und Gewohn-heit des Umgangs; herkömmliche Erziehungseinstellungen und prüfungs-orientierte Ausbildung; utilitaristische Tendenz usw
2014	Deng Li und Wang Wenjuan	Kein Kommunikationswille, fehlende Kommunikationsfä-higkeit	Mängel der herkömmlichen Ausbil-dungsmethoden, Einfluss der Familie, Veränderung der Umwelt an Universitä-ten und spätes Erwachsenwerden
2011	Liu Xu	Allgemein schwache Kom-munikationskompetenz, zeigt sich vor allem im mangelnden Willen zu Kommunikation, mangelhafte Kommunikation, Unfähigkeit zur Kommunika-tion	Keine Angaben
2008	Zhang Ershang	Übermäßig passive Kommuni-kationsform, Tendenz zu vulgä-rer/ordinärer Kommunikation	Familie, Umwelt, Gesellschaft, psychi-sche Faktoren
2006	Liu Xiping	Gestörter zwischenmensch-licher Umgang, schlechte Kommunikation	Abschwächung der Kommunikations-ausbildung, fehlende Zusammenarbeit zwischen Lehrenden und Lernenden bei der Ausbildung, Störung durch indivi-dualisiertes Wohnen

Entgegen einiger Forschungen, lassen sich doch an den einzelnen Universitäten, abhängig von ihrem Platz im nationalen Ranking, fachlichen Strukturen oder der Herkunft der Studierenden, unterschiedliche Probleme und Ursachen bezüglich der Kommunikationskompetenz feststellen.

So kommen beispielsweise einige Untersuchungen zu dem Ergebnis, dass es keinen Unterschied zwischen der Kommunikation Studierender geistes- und naturwissenschaftlicher Fächer gibt, sich die Kommunikationskompetenz von männlichen und weiblichen Studierenden jedoch stark unterscheidet. Männliche Studierende seien im Vergleich zu ihren weiblichen Kommilitonen kommunikativ schwächer, würden über eine geringere Motivation zu kommunizieren verfügen und seien oft passiv in der Kommunikation (Ma 2009). Bei den postgraduierten Studierenden besteht allgemein das Problem, dass sie stark auf ihren Doktorvater oder ihre Doktormutter fokussiert sind, zu dem oder der sie in einem starken Hierarchieverhältnis stehen. Dies wirkt sich negativ auf die freie Kommunikation und die Beziehungen dieser Studierenden zu anderen Lehrenden und unter den Studierenden untereinander aus (He 2011).

Universitäten, an denen hauptsächlich Bachelor-Studenten immatrikuliert sind, stehen außerdem vor der Herausforderung, ihre Studenten, die zumeist nach 1995 geboren wurden und damit zur „Internetgeneration" oder zur sogenannten „neuen Menschheit" gehören, überhaupt aus ihren Wohnungen zu locken, weil sie bevorzugt über Medien kommunizieren.

7.3   Politik und Maßnahmen zur Erhöhung der Kooperations- und Kommunikationskompetenz

7.3.1   Politik

Die Regierung hat folgende Konzepte zur Erhöhung der Kooperations- und Kommunikationskompetenz verabschiedet:

(1) Verstärkter Aufbau von Mentoren und ihre Aufgaben
Das Dokument Nr. 24 des Bildungsministeriums der VR China vom Juli 2006, „Regelungen für den Aufbau von Mentoren im Hochschulwesen" (Bildungsministerium 2006), stellt klar heraus, dass „die verantwortlichen Mentoren eine verbesserte Kompetenz für das Management und die Administration sowie für ihre mündliche und schriftliche Ausdrucksfähigkeit erlangen sollen".

Ihre Aufgaben sind:

- die Studenten dahin zu führen, eine gesunde psychologische Verfassung auszubilden und ihre Persönlichkeit für Respekt, Liebe, Disziplin und Selbststärkung auszubilden,
- sie dabei zu unterstützen, Schwierigkeiten zu überwinden, Belastungen und Niederlagen zu ertragen,

- ihnen zu helfen, zielstrebig mögliche Probleme beim Studium zu lösen, und sie bei der Auswahl von Beruf und von Freunden zu unterstützen,
- ihnen Möglichkeiten für ein gesundes Leben zu weisen
- sowie den Studenten dabei zu helfen, ihre Einstellungen (思想认识) und ihr geistiges Niveau (精神境界) zu erhöhen (Bildungsministerium 2006).

Aus dieser Aufzählung lässt sich ableiten, dass „eine gesunde psychische Verfassung" Kommunikations- und Kooperationskompetenz umfasst und von dort auch ein Zusammenhang zur Wahl von Beruf und Freunden gesehen wird.

(2) Die politische Erziehung in den Universitäten stärken
In den „Meinungen des Zentralkomitees der KPCh und des Staatsrats zur ‚Stärkung und Verbesserung der politischen Erziehung der Studenten'" (Dokument Nr. 16 (2004) des ZK der KPCh) heißt es:

> Einige Studenten zeigen mehr oder weniger Verwirrung über die politische Ideologie, verfügen über keine klare Überzeugung, haben aber stattdessen falsche Wertvorstellungen, ein schwaches Bewusstsein für Glaubwürdigkeit, ein mangelndes soziales Verantwortungsbewusstsein, eine mangelnde Bereitschaft sich hart anzustrengen, eine mangelnde Einstellung zu Solidarität und Kooperation sowie generell eine unzureichende psychische Verfassung [...] Wir müssen die Ausbildung der Persönlichkeit und des wissenschaftlichen Niveaus stärken, die Ausbildung des Geistes für Kollektivismus und Solidarität und Kooperation stärken und die harmonische Entwicklung der Moral, der Wissenschaft und Kultur und der körperlichen Gesundheit fördern (Zentralkomitee der KPCh und Staatsrat 2004).

Dieses Dokument hat sehr deutlich das Thema „Einstellung zu Solidarität und Kooperation" herausgestellt und damit gezeigt, wie dringend es ist, für dieses Problem eine Lösung zu finden.

(3) Transformation der Universitäten und Reform der Lehre
In den „Meinungen des Bildungsministeriums und des Staatlichen Komitees für Entwicklung und Reform und des Finanzministeriums über die Transformation einiger allgemeiner Universitäten mit Bachelor-Studiengängen zu Hochschulen der Angewandten Wissenschaften" (Dokument Nr. 7 (2015) des Bildungsministeriums) heißt es: „Das Modell für die Ausbildung von innovativen, anwendungsorientierten technischen Fachkräften" soll die „Selbstständigkeit der Studenten beim Studium erweitern sowie eine auf die Studenten fokussierte Lehre mit Anleitung, Kooperation und Partizipation umsetzen". Dabei sollen „Praxistauglichkeit, Berufsbefähigung und Innovationskompetenz zu Hauptkriterien für die Evaluation der Lehre werden" (Bildungsministerium, Staatskommission für Reform und Entwicklung, Finanzministerium 2015).

In einem weiteren Dokument, den „Ansichten des Bildungsministeriums zur Stärkung der Modelllehre als Vorbild für das Postgraduiertenstudium und des Aufbaus gemeinsamer Ausbildungszentren" (Bildungsministerium 2015, Nr. 1) wird nahegelegt, „die Interaktion zwischen Lehrenden und Lernenden zu stärken, die Studenten zu selbstständigem

Denken, zur aktiven Beteiligung, zur Teamarbeit heranzuführen und ein studentenzentriertes Lehrmodell zu entwickeln". Auch diese Aufforderungen beziehen sich wieder ausdrücklich auf die Ausbildung der Kooperationskompetenz von Studierenden.

(4) Entwicklung von Kunst- und Sportarbeit

Im Jahre 2012 haben das Bildungsministerium, die Kommission für Entwicklung und Reform, das Finanzministerium und das Sportministerium die „Meinungen zur weiteren Stärkung der Sportarbeit in Schulen und Hochschulen" (Bildungsministerium, Entwicklungs- und Reformkommission, Finanzministerium, Sporthauptamt 2012) herausgegeben. Darin betonen sie, dass es wichtig sei, „den starken Willen, Kooperationsgeist und Kommunikationsfähigkeit der Studenten" auszubilden, damit sie „angemessene Verhaltensmodelle für den Sport und eine gesunde Lebensweise erwerben" (Bildungsministerium, Entwicklungs- und Reformkommission, Finanzministerium, Sporthauptamt 2012). In diesem Dokument wurden die zwei Begriffe „Kooperationsgeist" und „Kommunikationsfähigkeit" der Studenten benutzt. Es wird gleichfalls eine klare Aufforderung an die Universitäten gerichtet, ihre Ausbildung der Fachkräfte dahin gehend auszurichten.

Nach diesen Weichenstellungen ergriffen alle Universitäten Umsetzungsmaßnahmen im Sinne dieser staatlichen Vorgaben. Beispielsweise betonte die Qinghua-Universität in ihrer Veröffentlichung „die Meinungen zur Umsetzung zur weiteren Stärkung und Verbesserung der politischen und ideologischen Erziehung der Studenten der Qinghua-Universität", dass mit der Vermittlung von wissenschaftlichem und kulturellem Wissen und Fähigkeiten zugleich auch patriotische, kollektivistische und sozialistische Erziehung sowie moralische Erziehung für Benehmen und Lernen vermittelt würden. Zudem beschrieben sie ein „Angebot von Trainingscamps für Teamarbeit" als ein weiteres außercurriculares Angebot. Der „Plan zur Vertiefung der Kampagne, zum Vorbild in den Parteiorganisationen und unter den Parteimitgliedern der Capital Normal University zu werden" hebt ebenfalls die große Bedeutung von Kooperationskompetenz hervor.

7.3.2 Praxis der Universitäten

(1) Reform des Ausbildungsmodells

Um die Kommunikationskompetenzen von Studierenden und ihre Teamfähigkeit nachhaltig auszubilden, sind zahlreiche Universitäten um eine Reform der Lehre bemüht. Ziel ist es, die Lehre weg von reiner Wissensvermittlung hin zu einer interaktiven Form zu entwickeln, in der Studierende gemeinsam Projekte bearbeiten, Probleme analysieren und lösen. Ein gutes Beispiel dafür bietet das College für Informatik und Technik der Peking Universität mit seinen studentenorientierten Lehrveranstaltungen (Mao und Wang 2015). Um praktische Anwendungen der Elektrotechnik in die Lehrveranstaltungen zu integrieren, bieten zusätzlich curricular eingebettete Seminare und Laborarbeiten den Studenten die Möglichkeit, eigene Experimente durchzuführen und Fragen offen zu diskutieren und zu beantworten. Diese Methode erlaubt den Studenten eine sonst eher seltene aktive Beteiligung an den Lehrveranstaltungen.

Viele Universitäten suchen zudem nach neuen Ausbildungsmodellen, beispielsweise in Kooperation mit Unternehmen. Die Fakultät für Chemie der Capital Normal University z. B. arbeitet mit dem Forschungsinstitut für Verfahrenstechnik der Academia Sinica zusammen. Mithilfe des „Weiterbildungszentrums für Chemie und Angewandte Chemie der Stadt Beijing" entwarfen sie ein neues Modell für eine gemeinsame Ausbildung von Universität und hervorragenden Forschungsinstituten. Es beinhaltet zahlreiche Angebote wie Praktika für Bachelor-Studenten, Laborarbeiten, Hilfestellungen beim Entwurf von Abschlussarbeiten, die gemeinschaftliche Ausbildung von Postgraduierten, die Möglichkeit zum akademischen Austausch zwischen Wissenschaftlern oder zu gemeinsamer Forschung. Bereits seit acht Jahren wird diese Kooperation erfolgreich praktiziert und leistet dadurch einen wertvollen Beitrag zur Verbesserung der Kommunikations- und Kooperationskompetenz der Studenten und dadurch auch ihrer Innovationsfähigkeit in der Praxis.

(2) Wissenschaftliche Praxis und Innovationswettbewerb
Die wissenschaftliche Praxis und der Innovationswettbewerb an den Hochschulen sind wichtige Mittel, um die Interessen der Studenten, das Training wissenschaftlicher Forschung und die Bildung von Kompetenzen zu verbinden. Zahlreiche Universitäten haben hierzu unterschiedliche Projekte in verschiedenen Formen und auf verschiedenen Ebenen entworfen. Betreuerprogramme können bei Innovations- und Start-up-Projekten der Studierenden genutzt werden, die zugleich aus den speziellen Wissenschaftsfonds für Bachelor-Studenten finanziell unterstützt werden. Hierbei arbeiten Teams aus drei bis fünf Studierenden unterstützt von ein bis zwei Betreuern und tauschen sich zu relevanten Themen aus.

Ein gutes Beispiel hierfür ist der nationale Pokalwettbewerb (Challenge Cup), auch bekannt als Chinesische Wissenschafts- und Technikolympiade für Bachelor-Studenten, der erstmalig 1989 von der Kommunistischen Jugendliga, der China Association for Science and Technology, dem Bildungsministerium und dem Chinesischen Studentenverband ausgerichtet wurde (tiaozhanbei.net). Im Jahr 2015 nahmen über zwei Millionen Studenten von mehr als 2000 Universitäten an Arbeitsgruppen teil. Allein von der Capital Normal University gab es dafür 88 Anmeldungen. Im Zuge des Projekts, das die Vorbereitung, einen Teamwettbewerb und eine Abschlussdiskussion beinhaltete, wurden unterschiedliche Kompetenzen der Studenten einschließlich der Kommunikations- und Kooperationskompetenz erhöht.

(3) Aufbau von Mentoren und Studentenbetreuung (学生工作)
Das Thema Studentenbetreuung ist in China sehr umfassend. Neben studienbezogenen Themen sind auch etliche soziale und gesellschaftliche Bereiche einbezogen, wie z. B. die Verwaltung der Studentenwohnheime, psychologische Beratung, politische Erziehung oder auch die Motivation und Anregung zu Hobbys und Freizeitaktivitäten. In diesem Zusammenhang legen derzeit viele Universitäten den Fokus auf den Aufbau von Mentorenprogrammen und bieten zur Ausbildung der Mentoren Weiterbildungskurse an. Die Capital Normal University beispielsweise stellte einen „Entwicklungsplan für Mentoren" auf und organisierte 2015 einen Wettbewerb der Mentoren. Dadurch wurde die professionelle und fachliche Entwicklung von Mentoren vorangetrieben.

Weiterhin tragen an allen Universitäten verschiedene Vereine zur Entwicklung der Kooperationskompetenz bei. Beispiele hierfür sind die Studentenvereine, die Vereine für junge Freiwillige/Volontäre oder Vereine für studentische Selbstverwaltung, in denen einzelne Klassen, Wohnheime oder Gruppen eine Rolle spielen. Unter dem Motto „Leben ist Ausbildung" soll der Kooperationsgeist über vielfältige wissenschaftliche, sportliche und kulturelle Veranstaltungen gestärkt werden und Studium und Leben der Studenten durchdringen.

Projekte der Abteilung für Wissenschaft in Kooperation mit dem Graduiertencollege der Capital Normal University sind weitere Beispiele. Bereits neun Mal haben diese soziale Praktika für Gruppen von Postgraduiertenstudierenden in deren Sommerferien organisiert. Ziel war es, das Bildungswesen in ärmeren Regionen durch Besuche bei Kindern von beispielsweise Wanderarbeitern und das Sammeln von Spenden zu unterstützen und durch gesellschaftliches Engagement und Wertschätzung dafür die Persönlichkeit der Studenten weiterzuentwickeln. Bislang konnten 1300 Studenten daran teilnehmen, 923 Kinder wurden besucht und Spenden in Höhe von 100.128 Yuan kamen zusammen.

(4) Psychologisches Training und Beratung

Einige Wissenschaftler, z. B. Ni Yanxia, haben entdeckt, dass psychologische Betreuung in einem Team den Teamgeist und die Kommunikationskompetenz der Studenten effektiv erhöhen kann und auch eine neue Methode für die Ausbildung der Studenten beim Anpassen an die Gesellschaft ist. Viele Universitäten haben diese Methode bei der Betreuung der Studenten übernommen. Zentren für Psychologische Beratung haben zahlreiche Seminare, Weiterbildungskurse und Trainings angeboten. An der Beijing Normal University führt das Zentrum für Psychologische Betreuung beispielsweise jedes Jahr Trainings zum emotionalen Management, Kleingruppentrainings zur geistigen Reifung oder für die persönliche Reifung der Postgraduierten durch. Zugleich unterstützt es Studenten aber auch dabei, ihren eigenen Verein „Trainingscamp für Entwicklung" zu gründen.[1] Durch diese beliebten Veranstaltungen und Spiele lernen die Studenten, mit anderen Menschen zu kommunizieren, eigene Gedanken zum Ausdruck zu bringen und wie sie die innere Balance und eine gesunde psychische Verfassung schaffen können, um mit noch mehr Freude und Selbstvertrauen zu studieren und zu leben.

---

[1]Der Begriff „Training for Students/Training by Students": Die Lehrenden vom Zentrum für Psychologische Beratung suchen geeignete Studenten aus, die zu Trainern ausgebildet werden; schließlich geben diese den Studenten Trainingskurse. Bis 22.12.2012 wurden 42 Trainer in zehn Kursen ausgebildet; sie haben 24 Seminare durchgeführt und 104 Kleingruppen angeleitet, insgesamt 1228 Studenten (Daten von der Website des Zentrums für Psychologische Beratung der Beijing Normal University; Anzahl der Teilnehmer: Personen, die an 4- bis 6-wöchigen Trainings teilnahmen; nicht eingeschlossen sind Tagesseminare).

(5) Career-Service

Angesichts der wirtschaftlichen Konjunkturschwäche ist die Frage des Arbeitsplatzes der Absolventen ein wichtiges Thema für die Gesellschaft, die Universität und die Eltern. Um die Studenten im Wettbewerb um Arbeitsplätze zu stärken, bieten an allen Universitäten Karrierezentren, Studentenvereine und andere Organisationen Trainingskurse für Bewerbungen und die Berufstauglichkeit an. Beispielsweise gibt es an der Chinesischen Volksuniversität seit Jahren regelmäßig Salons zur Erwerbstätigkeit mit Seminaren zur effektiven beruflichen Kommunikation, Treffen mit Alumni usw. Die Universität hat versucht, in allen Bereichen und unter verschiedenen Perspektiven die Berufsfähigkeit der Studenten zu erhöhen. Die Capital Normal University hat ihre eigene Stärke genutzt und eine systematische Berufsberatung aufgebaut mit einem Beratungssystem vom ersten Semester an bis zum Abschluss; in Bezug auf den Bedarf für Innovation und Existenzgründung bietet die Capital Normal University den Studierenden ERP-Simulationsspiele für Unternehmensführung und KAB-Existenzgründungsclubs als praktische Trainingsprojekte an. Die Zweigstelle der TU Peking in Yanqing hat die Verbindung zwischen Lehre und Studium verstärkt, damit die Studierenden ihre Persönlichkeit und ihre Fähigkeiten verbessern und für ihre Karriereentwicklung nutzen können. Mit diesen Maßnahmen will die TU Peking versuchen, die Zweigstelle in der Umgebung Pekings mit Besonderheiten aufzubauen, indem sie aus der Perspektive der Lehrenden und der Lehre effektive Methoden findet, die Studierenden nach Jahrgängen und Disziplinen punktgenau auszubilden, um die wichtigsten beruflichen Fähigkeiten und die Arbeitsmoral zu fördern und ihre Berufsbefähigung und Karriereentwicklung zu erhöhen (China News 2012).

7.3.3 Probleme der aktuellen politischen Maßnahmen

Zwar haben Staat und Universitäten sich einigermaßen erfolgreich bemüht, die Kommunikations- und Kooperationskompetenz der Studierenden zu verbessern. Die Ergebnisse, egal ob hinsichtlich der psychischen Verfassung der Studierenden oder des Feedbacks der Absolventen zur Bewerbung, sind bisher jedoch noch nicht zufriedenstellend. In Bezug auf die Politik und die Umsetzung an den Hochschulen bestehen laut der Regierung folgende drei Hauptprobleme:

1. Auch, wenn die Regierung derzeit viele politische Maßnahmen für die Reform der Lehre, die Berufsberatung und die Fachkräfteausbildung an den Universitäten verabschiedet hat, hakt es aus verschiedenen Gründen an der konkreten Umsetzung dieser politischen Maßnahmen.
2. An den Universitäten wurden zur Verbesserung der Persönlichkeitsbildung und Kompetenzverbesserung zwar Maßnahmen formuliert, beispielsweise für politische Schulung, zur Erhöhung der fachlichen Kompetenz der Lehrenden, für die Ausbildung der Persönlichkeit und die Berufsbefähigung der Studierenden ebenso wie für Innovation und Existenzgründung, diese sind allerdings zu abstrakt. Bei Begriffen wie

„Gesamtpersönlichkeit (综合素质)" oder „mentaler Charakter (心里品质)" fehlt es an konkreten Beschreibungen, ebenso bleibt unklar, wie die Kommunikations- und Kooperationskompetenz verbessert werden soll. Dadurch wird die Dringlichkeit dieses Problems in den formulierten Maßnahmen nicht deutlich.

3. Nach entsprechenden Forschungsergebnissen steht der Mangel an Kommunikations- und Kooperationskompetenz der Studierenden in Zusammenhang mit Universität, Gesellschaft und Familie. Die jetzige Politik fordert mehr von den Universitäten und der Gesellschaft (Unternehmen), aber weniger von der Familie. Das Dokument des Bildungsministeriums „Leitlinie für die Verstärkung der Erziehung durch die Familie" (Dokument Nr. 10 von 2015) hat vorgeschlagen, „mithilfe vielseitiger, lebendiger, sportlicher und kultureller Veranstaltungen können Kommunikation und Austausch zwischen Familie und Schülern verbessert werden und dabei die Gedanken und das Verhalten der Schüler rechtzeitig erkannt und ihnen Feedback gegeben werden. Schließlich wird eine gute Beziehung zwischen Familie und der Schule und eine gute Atmosphäre für die gemeinsame Erziehung hergestellt" (Bildungsministerium 2015). Dieses Dokument fokussiert leider nur auf die Schulausbildung, betrifft aber nicht die Funktion der Familie in der Hochschulausbildung.

Aus der Sicht der Hochschulen gibt es hauptsächlich vier Probleme.

1. Die Bildungsreform bleibt nur auf der Ebene von Theorie und Experimenten. Der Erfolg der Unterrichtsreform ist keineswegs deutlich. Mit der Ausweitung der Studierendenzahlen stehen die Hochschulen vor großen Engpässen hinsichtlich der Rahmenbedingungen. Generell fehlt es an Lehrpersonal und an Ausstattung, sodass die Qualität der Ausbildung sinkt (Xiao et al. 2007). So sind beispielsweise die Voraussetzungen für Laborarbeiten bzw. Plätze für den aus der Bildungsreform ermittelten Bedarf nur eingeschränkt vorhanden, wodurch Studierende, die eigentlich Laborarbeit und Training selbstständig durchführen sollen, nur dabei zusehen können. Dadurch sehen die Universitäten die Erfolge der Unterrichtsreform stark beeinträchtigt.

2. Der Spielraum für die selbstständigen Aktivitäten der Studierenden ist sehr begrenzt; insbesondere in den höheren Jahrgängen reduzieren sie sich auf die Studierendenvertretung. Beispielsweise stehen bei den Postgraduierten die individuellen Interessen im Vordergrund. Das Teambewusstsein ist vergleichsweise schwach ausgeprägt. Einige Postgraduierte wollen sogar nicht an Veranstaltungen oder Aktivitäten teilnehmen, bei denen eine Zusammenarbeit im Team erforderlich ist (Yang und Fu 2006). Graduierte ab dem dritten Studienjahr oder die Doktoranden nehmen grundsätzlich nicht mehr an Veranstaltungen teil. Es gibt auch Beispiele in den MINT-Fakultäten, deren Studierende noch viel weniger aktiv sind als die der Geistes- und sozialwissenschaftlichen Fakultäten; an dortigen Veranstaltungen nehmen oftmals nur die Studierendenvertreter teil.

3. Die Unterschiede zwischen den einzelnen Jahrgängen sind offensichtlich, deshalb ist es notwendig, die Betreuung und Beratung für die unterschiedlichen Gruppierungen und Altersgruppen der Studierenden differenziert zu analysieren und zu erneuern.

Wie kann man z. B. die neuen „Stubenhocker" („宅"一族) für gemeinsame Veranstaltungen aus ihrem Zimmer locken? Wie kann man z. B. die 1990er- und die 1995er-Generation unter Berücksichtigung der jeweiligen Besonderheiten zielgenau ausbilden?

4. Schließlich ist die Motivation der politischen Planer derzeit zwar gut, aber das Ergebnis der Umsetzung muss kontrolliert und evaluiert werden. Viele Universitäten haben beispielsweise Evaluationsmaßnahmen für das Praktikum, die Kontrolle durch das College beschränkt sich aber auf den Abschlussbericht des Praktikums und die Bescheinigung des Praktikumsgebers. Hinsichtlich des Erfolgs und der Qualität des Praktikums oder ob das Praktikum ein richtiges Praktikum ist, fehlen Kontrolle und Überprüfung.

7.4 Vorschläge zur Verbesserung der Kommunikations- und Kooperationskompetenz

Das Problem, die Kommunikations- und Kooperationskompetenz der Studierenden zu erhöhen, kann nicht allein durch die Regierung und die Hochschulen gelöst werden. Nur durch gemeinsame Anstrengungen seitens der Regierung, der Universitäten und der Studierenden selbst, nur durch große gemeinsame Kraftanstrengungen können Hindernisse und Schwierigkeiten der Praxis überwunden werden. Zukünftig können wir mit folgenden Anstrengungen diese Arbeit systematisch und ordentlich vorantreiben.

7.4.1 Die Regierung soll verstärkt eine Politik für ein von Regierung, Hochschulen, Gesellschaft und Familien getragenes Bildungssystem ausarbeiten

Die Regierung soll durch politische Maßnahmen die Aufmerksamkeit der Hochschulen, der Gesellschaft und der Unternehmen verstärkt auf diese Frage zu lenken. D. h. konkret:

(1) **Nach der Verabschiedung der Politik soll die Regierung Hochschulen, Gesellschaft und Unternehmen verstärkt in die Verantwortung nehmen, entsprechende Maßnahmen voranzutreiben.**

Die Regierung soll die Hochschulen und die entsprechenden Behörden in die Verantwortung nehmen, konkrete Konzepte und einen Zeitplan für die Umsetzung zu erstellen. Beispielsweise sollte die Politik in der Berufsberatung die Studierenden zur Existenzgründung ermutigen. Im Zuge dieser Politik soll die Regierung die Hochschulen dazu veranlassen, konkrete Maßnahmen zu ergreifen, um den Studierenden bei der Existenzgründung tatsächlich zu helfen. Außerdem sollen die Hochschulen zusammen mit Unternehmen und gesellschaftlichen Institutionen die Studierenden bei der Existenzgründung unterstützen. Die Hochschulen sollen die Studierenden durch die Unterstützung von Existenzgründungen nicht nur in Arbeit bringen, sondern schon bei Studienanfängern ein Bewusstsein für und die Fähigkeiten zur Existenzgründung schaffen und durch eine Reihe von Maßnahmen die professionellen Kernkompetenzen in der Vorbereitung auf eine künftige Selbstständigkeit erhöhen (s. hierzu auch Kap. 6 sowie 11).

(2) **Die Regierung soll in ihrer Politik die Aufmerksamkeit auf die Kommunikations- und Kooperationskompetenz der Studierenden legen.**

Die zuständigen Behörden sollen in Bezug auf den Mangel an Kommunikations- und Kooperationskompetenz der Studierenden entsprechende Vorschläge für die Politik machen, indem die Begriffe „Kooperationskompetenz" und „Kommunikationskompetenz" in die Dokumente aufgenommen werden. Beispielsweise sollten diese Begriffe in den Dokumenten zur Persönlichkeitsbildung und zu professionellen Fähigkeiten hervorgehoben werden, damit die Hochschulen dies bei der Ausbildung beachten. Gleichzeitig können auch entsprechende Kriterien ausgearbeitet (z. B. ein Angebot bestimmter Lehrveranstaltungen und die Organisation bestimmter Veranstaltungen) und die Ausbildung der Kommunikations- und Kooperationskompetenz der Studierenden dadurch zu einem Kriterium für Auszeichnungen und Evaluationen werden.

(3) **Ein Bildungssystem mit einer Verbindung zwischen Regierung – Hochschulen – Gesellschaft – Familie aufbauen.**

Die Familie spielt nicht nur eine wichtige Rolle bei der Bildung der psychischen Verfassung und der Persönlichkeit, sondern ist zugleich eine wichtige Kraft bei der Sozialisation der Studierenden. Die Kommunikations- und Kooperationskompetenz der Studierenden zu erhöhen, erfordert nicht nur die Bemühungen seitens Regierung, Hochschulen und Gesellschaft, sondern auch große Unterstützung seitens der Familie. Die Regierung soll eine entsprechende Politik verabschieden, damit die Familie auch in die Arbeit der Ausbildung dieser Kompetenzen integriert wird. So sollten sich Hochschulen und Familien regelmäßig austauschen, Eltern könnten die Studierenden zielstrebig anleiten oder nach Festlegung gemeinsamer Gesprächsthemen mit ihren Kindern kommunizieren und den Studierenden dabei helfen, richtige Lösungen bei Problemen der zwischenmenschlichen Kommunikation und der Teamarbeit zu finden. Auf diese Art und Weise soll die Familie in die Bildung der Studierenden integriert werden und die Funktion der Familie bei der Anleitung der Studierenden entfalten.

7.4.2   Die Hochschulen sollen die Unterrichtsreform verstärken

Die Hochschule ist der Hauptort für Studium und Leben der Studierenden und soll deshalb die entsprechende Verantwortung tragen, um die Kommunikations- und Kooperationskompetenz der Studierenden auszubilden.

(1) **Zuerst sollen die Hochschulen die Unterrichtsreformen verstärken, um die Praxis der Teamarbeit vielfältig zu gestalten und das kooperative Lernen voranzutreiben.**

Zwar haben derzeit schon einige Hochschulen damit angefangen, aber die Ergebnisse sind nicht zufriedenstellend. Die Hochschulen sollen mit dem Prinzip von „Wettbewerb und Zusammenarbeit(竞合论)"[2] die Unterrichtsreform vertiefen und zu einem kooperativen Lernen ermuntern. Beispielsweise kann man durch Vorträge oder Symposien usw. den Studierenden Teamgeist vermitteln und sie dazu bringen, auf der Basis von Zusammenarbeit am alltäglichen Wettbewerb teilzunehmen und die negativen Seiten des Wettbewerbs zu überwinden. An der Sloan School of Management des Massachusetts Institute of Technology (MIT) werden die Studierenden schon vom ersten Tag an in Teamgeist und Teamarbeit eingewiesen. Die Hochschulen sollen den Studierenden nicht nur Teamgeist vermitteln, sondern sie vielmehr dazu bringen, in der Praxis Teamarbeit einzusetzen. Ein typisches Modell für die Praxis ist Brainstorming (头脑风暴) (Tong und Zhu 2013). Die Hochschulen können erfolgreiche Unternehmen, Ingenieure etc. zu einem Vortrag einladen, um mit eigenen Erfahrungen den Studierenden Vorbilder für Teamarbeit und erfolgreiche Kommunikation zu geben. Somit können die Studierenden ihre Einstellung zum kollektiven Lernen und zum Unterricht entwickeln und mit dem Training in der Praxis verbinden. Auf diese Weise können die Studierenden systematisch Teamarbeit in ihrer ganzen Bedeutung verstehen und ihre Kommunikationskompetenzen bei der Teamarbeit erhöhen.

(2) **Die Funktion des Klassenverbandes, des Wohnheims und der Mentoren sollen entfaltet und die Studierenden entsprechend ihrer individuellen Besonderheiten betreut und unterstützt werden.**

Die Studierenden einer Hochschule kommen aus verschiedenen Regionen, haben verschiedene Nationalitäten und Alter, studieren verschiedene Fächer, haben unterschiedliche Wertvorstellungen und unterschiedliche Hobbys. Sie bilden eine diverse Gemeinschaft. Das erfordert bei der Betreuung und der Unterstützung der Studierenden entsprechend ihrer individuellen Besonderheiten zielgerichtet zu sein. Beispielsweise sind viele Studierende mit der Entwicklung des Internets und der neuen Medien zu Stubenhockern geworden, die lebhaft im Chat, aber lustlos beim direkten Gespräch sind (Zhang 2013). Das sind heutzutage die hauptsächlichen Erscheinungen bei der Kommunikation zwischen den Studierenden.

---

[2]Auch „Coopetition", im 20. Jahrhundert von amerikanischen Wissenschaftlern geprägt, nämlich Kooperation im Wettbewerb und Wettbewerb in der Kooperation. Der neue Wettlauf zwischen der Schildkröte und dem Hasen ist ein lebhaftes Beispiel für „Wettbewerb und Kooperation": Nach drei Wettläufen beschließen Schildkröte und Hase, beim vierten Wettlauf zusammenzuarbeiten: an Land hilft der Hase der Schildkröte, im Wasser hilft die Schildkröte dem Hasen, am Ende kommen beide gleichzeitig ins Ziel, haben viel Zeit gespart und genießen ein großes Erfolgsgefühl.

Was diese Gruppe betrifft, sollen Studentenwohnheime, Klassenverbände und Mentoren zusammenarbeiten, sie zu erziehen, anzuleiten und zu motivieren, an kollektiven Veranstaltungen teilzunehmen. Ihre Hobbys und Interessen sollen rechtzeitig erkannt und sie zum fachlichen Wettbewerb, zum Praktikum, zu Aktivitäten als Freiwillige motiviert werden. Dann können sie in der Praxis ihre Kommunikations- und Kooperationskompetenz erhöhen. Ein anderes Beispiel betrifft die 1990er- und 1995er-Generationen. Aufgrund der rasanten digitalen und medialen, gesellschaftlichen und wirtschaftlichen Entwicklungen und Herausforderungen weisen diese spezielle Charakteristika auf. Diese sollen die Mentoren verstärkt analysieren und entsprechende Maßnahmen ergreifen und den Studierenden attraktive Plattformen für ihr Praxistraining und ihre Kommunikation anbieten.

(3) **Die Hochschulen sollen die Zusammenarbeit mit Familie, Unternehmen und gesellschaftlichen Organisationen verstärken, damit die Studierenden auf vielfältige Weise durch gesellschaftliche Aktivitäten, Unternehmenspraktika etc. in die Gesellschaft integriert werden und ihre Kommunikations- und Kooperationskompetenz in der Praxis erhöhen.**

Das Leben ist der beste Lehrer, deshalb sollen die Hochschulen ganz aktiv mit Familie, Unternehmen und gesellschaftlichen Organisationen zusammenarbeiten, um eine Plattform für Familie, Gesellschaft und Unternehmen aufzubauen und die Studierenden zu motivieren, durch ihre gesellschaftlichen Aktivitäten und Praktika den Kontakt mit der Gesellschaft aufzunehmen und im Umgang mit der Gesellschaft ihre eigenen Schwächen zu erkennen und ihre Stärken auszubauen.

Die Hochschule kann z. B. mit Unternehmen zusammenarbeiten, indem Experimentierbasen für das Praktikum aufgebaut werden, damit die Studierenden in den Semesterferien dort praktisch arbeiten können. Außerdem soll jede Phase des Praktikums kontrolliert und geprüft werden. Die Hochschulen sollen nicht nur das Ergebnis des Praktikums berücksichtigen, sondern viel mehr auf die Qualität des Praktikums achten, um das Problem eines „gefälschten" Praktikums zu vermeiden.

2015 hat das Psychologische Zentrum der Capital Normal University ein Beratungsbüro für Familien errichtet und will zusammen mit den Eltern Lösungen für Kommunikationsprobleme, emotionale Probleme und Probleme bei der Entwicklung beruflicher Kompetenzen der Studierenden finden. Sie haben im Bildungsmodell der Zusammenarbeit von Hochschule und Familie einen weiteren Schritt getan.

7.4.3 Die Studierenden sollen selber die richtigen Einstellungen finden

Ganz egal wie gut die Politik der Regierung ist und wie optimal die Arbeit der Hochschulen, wenn die Studierenden nicht die richtige Einstellung zur Ausbildung ihrer Kommunikations- und Kooperationskompetenz finden und die Politik nicht akzeptieren oder passiv sind, dann wird auch das Ergebnis bestimmt nicht zufriedenstellend sein. Deshalb sollen sie die richtige Einstellung finden und ihr Bewusstsein ändern, und vor allem sollen sie die Wichtigkeit der Kooperations- und Kommunikationsfähigkeiten verstehen und auf dieser Grundlage selber aktiv an den Veranstaltungen der Hochschule teilnehmen. Sie sollen auch die von Familie und Hochschule angebotenen Ressourcen richtig nutzen, um die eigenen Fähigkeiten und ihre Persönlichkeit zu entwickeln. Nur auf diese Weise können die Bemühungen von Regierung, Hochschule und Gesellschaft Erfolge erzielen.

Die Studierenden sollen sich einerseits aktiv im Campusleben integrieren und bei ihren akademischen Arbeiten und Verbandsaktivitäten ihre Kommunikations- und Kooperationskompetenz trainieren. Anderseits sollen sie auch gesellschaftlich aktiv sein, z. B. in der unterrichtsfreien Zeit an entsprechenden Praktika teilnehmen, um die Arbeitsumgebung – eine kulturelle Umgebung, die ganz anderes als die auf dem Campus ist – kennenzulernen und mit Menschen anderen Alters, anderer Kulturen, anderen sozialen Status zu kommunizieren. Sie sollen in der Praxis ihre Berufsziele herausarbeiten und ihre Kommunikations- und Kooperationskompetenz stärken. Mit ihren erworbenen Fachkenntnissen, praktischen Erfahrungen und einer umfassenden Reflexion sollen die Studierenden immer weiter Fortschritte erzielen und ihre berufliche Wettbewerbsfähigkeit erhöhen.

Literatur

Bildungsministerium 教育部 (2006) 普通高等学校辅导员队伍建设规定 (Vorschriften zum Aufbau von Mentoren an den Hochschulen). Anweisung Nr. 24, (Z)

Bildungsministerium 教育部 (2015) 关于加强家庭教育工作的指导意见 (Anleitung zur Verstärkung der Erziehung durch Familie). (2015. Nr. 10), (Z)

Bildungsministerium, Entwicklungs- und Reformkommission, Finanzministerium, Sporthauptamt 教育部、发展改革委、财政部、体育总局 (2012) 关于进一步加强学校体育工作的若干意见 (Über die weitere Stärkung der Sportarbeit an den Schulen), 国办发 53号, bekanntgegeben vom Büro des Staatsrats am 22.10.2012

Bildungsministerium, Staatskommission für Reform und Entwicklung, Finanzministerium 教育部, 国家发展改革委员会,财政部 (2015) 关于引导部分地方普通本科高校向应用型转变的指导意见 (Beschluss zur Anleitung einiger regionaler Hochschulen mit Bachelorstudiengängen zur Transformation zur Fachhochschulen). (Z)

China News 中国新闻网 (2012) 大学生缺泛职业沟通团队合作能力成就业短板 (Mangel bei Misserfolg bei der Bewerbung wegen Mangel an Kommunikation- und Kooperationskompetenz und an Teamgeist der Studenten). (Z)

Deng L邓利, Wang W王文娟 (2014) 注重学生沟通能力提高, 培养学生全面成才 (Erhöhung der Kommunikationskompetenz der Studenten zur Ausbildung der Fachkräfte). (J), 赤子 Magazin Spiritual Leaders (中旬Mitte des Monats), (04), S 442–443

He H 何花宇 (2011) 构建合作式 互动机制,培养研究生团队精神,基于广州高校研究生团队精神调查的分析与思考 (Mechanismus für kooperative Interaktion aufbauen, den Teamgeist der Postgratulierten zu bilden – Analyse und Gedanken über die Untersuchung des Teamgeistes bei den Postgraduierten an den Hochschulen in Guangzhou). (J), 学位于研究生教育 (Hochschulabschluss und Ausbildung der Postgraduierten), (04), S 28–34

Li F李斐斐 (2009) 大学生合作能力培养研究 (Über die Bildung der Kooperationskompetenz der Studenten) (D). 南京航空航天大学 (Nanjing Universität für Luft- und Raumfahrttechnik)

Li Z李中华 (2012) 论当代大学生的合作呢管理培养能力的培养 (Über die Bildung der Koope-
rationskompetenz der heutigen Studenten) 郑州航空工业管理学院学报社会科学版 (Magazin
(Sozialwissenschaft) der Hochschule für Management der Luftfahrtindustrie Zhengzhou), (03),
S 172–174

Liu X刘喜萍 (2006) 浅析加强大学生沟通能力的哦诶样培养 (Analyse der Verstärkung der Bildung der Kommunikationskompetenz der Studenten). (J), 湖南科技学院学报 (Magazin der
Technischen Hochschule Hunan), (07), S 307 f

Liu X刘煦 (2011) 从就业能力需求看大学生沟通能力的培养 (Ausgehend von den erforderten
Berufsfähigkeiten die Kommunikationskompetenz der Studenten bilden). (J), 齐鲁师范学院学
报 (Magazin der Qilu Pädagogischen Hochschule), (06), S 26–29

Ma X马湘桃 (2009) 大学生人际沟通能力调查研究(Untersuchung der Kommunikationskompetenz der Studenten). (D), 湖南科技大学 (Technische Universität Hunan), S 65

Mao X 毛新宇, Wang Z 王志军 (2015) 实验课研讨式教学实际问题探讨, 以北京大学电子线路
试验棵为例 (Über die Probleme der seminarartigen Lehre für Lehrveranstaltungen im Labor –
zum Beispiel Experimentunterricht für Elektronische Schaltung der Beijing Universität) (J), 试
验技术于管理 (Technik für Experiment und Management). 32(2), S 32–35

Nie Y聂艳霞, Zhu W祝伟娜, Wang N王娜娜 (2014) 基于团体心里辅导的大学生团队合作精神
与沟通能力的研究 (Über Teamgeist und Kommunikationskompetenz der Studenten auf Grund
der psychologischen Betreuung in einem Team) (J) 唐山职业技术学院月报 (Magazin der
Hochschule für Technische Berufsbildung Tangshan), (04), S 9–11

Tong Z童政权, Zhu Z朱忠祥 (2013) 浅论大学生团队合作精神的培养 (Über Bildung der
Kooperationskompetenz in der Teamarbeit der Studenten) 教育研究于实验 (Forschung und
Experiment in Ausbildung), (5)

Xiao Y 肖云, Du Y 杜毅, Liu X 刘昕 (2007) 大学生就业能力与社会需求差异研究, 基于对重
庆市1618名大学生和272家用人单位的调查 (Über die Diskrepanz zwischen der Berufsfähigkeit der Studenten und dem Bedarf der Gesellschaft – Umfrage bei 1.618 Studenten und 272
Unternehmen in Chongqing). (J). 高校探索 (Forschung der Hochschulen). (06), S 130–133

Yang H杨惠敏, Fu P付萍 (2006) 培养研究生团队精神的探讨 (Erkenntnisse über die Bildung
des Teamgeistes der Postgraduierten). 华北电力大学学报社会科学版 (Magazin (Sozialwissenschaft) der Nord China Universität für Elektrizität). (04), S 127–129

Zentralkomitee der KPCH und Staatsrat 中共中央国务院 (2004) 关于进一步加强和改进大学生
政治教育的意见 (Über weitere Verstärkung und Verbesserung der ideologischen politischen
Schulung der Studenten). 2004, Nr. 16, (Z)

Zhang E 张尔升(2008) 大学生沟通能力培养教育探索 (Forschung über Erziehung und Bildung
der Kommunikationskompetenz der Studenten). 经济与社会发展 (Wirtschaft und Soziale Entwicklung), (01), S 199–201

Zhang F 张芳芳 (2016) 基于就业能力需求的大学生领导沟通能力培养 (Bildung der Kommu-
nikations- und Führungskompetenz basierend auf den Anforderungen der Berufsfähigkeit).
中国商论 (Business Forum China) (J)(ZI), S 200–202

Zhang H 张皓 (2013) 宅"时代下大学上沟通能力研究 (Über die Kommunikationskompetenz
der Studenten in der Zeit der „Stubenhocker") (J). In: 教育与职业 (Bildung und Beruf), (18),
S 180–182

Zhao S 赵世民, Yang Z 杨兆梅 (2004) 浅谈研究生团队合作精神的培养 (Über die Bildung des
Teamgeistes der Postgraduierten). (J), 山东省青年管理干部学院学报 (Magazin der Hochschule für jungen Beamte der Provinz Shandong). (01), S 42–43

Zhou H周红, Zhou Y周业波 (2016) 大学生团队精神培养路径的探究 (Suche nach dem Weg für
Bildung des Teamgeistes der Studenten) 大学教育 (Hochschulausbildung), (04), S 59–61

Zhuo C卓成霞(2005) 当代大学生人际沟通的有效性问题研究 (Über den Erfolg der Kommunikation der heutigen Studenten) (D) 苏州大学 (Suzhou Universität), S 54

Über den Autor

Ping Fang 方平 Der promovierte Psychologe ist Professor an der Capital Normal University in Beijing und Visiting Professor an der University of California in Berkeley und der Universität Konstanz. Darüber hinaus übt er folgende Funktionen aus: Mitglied im Leitungskomitee des Bildungsministeriums für die Lehre der Psychologie an Hochschulen, Mitglied im Leitungskomitee des Bildungsministeriums für Experten für eine psychologische gesunde Erziehung an Grund- und Mittelschulen, Mitglied im Arbeitskomitee des Bildungsministeriums für Experten für Unterrichtsmaterialien für Elementarbildung, Ständiges Vorstandsmitglied der Chinese Association of Social Psychology, Vorsitzender des Fachkomitees für Psychometrie der Chinese Psychological Society, Vizedirektor der Psychological Society der Stadt Beijing. Seine Forschungsschwerpunkte liegten auf Emotion und Kognition sowie psychologischen Messungen und Statistik und finden in mehr als 100 Veröffentlichungen ihren Niederschlag.

Ausbildung von Kommunikations- und Kooperationskompetenz und Transfer in Unternehmen: Das Beispiel der Capital Normal University, Beijing

8

Bao Tian

Zusammenfassung

Kommunikations- und Kooperationskompetenz spielen in der Globalisierung und sprunghaften wirtschaftlichen und technologischen Entwicklung Chinas eine bedeutende Rolle. Insbesondere bei der Diskussion um Innovation sind diese weichen Faktoren unabdingbar. Auf diese richten auch chinesische Universitäten seit einigen Jahren ein verstärktes Augenmerk. Am Beispiel der Capital Normal University schildert der vorliegende Beitrag zunächst das Analyseinstrumentarium für diese Kompetenzen, sodann die für die Stärkung dieser Kompetenzen verwendeten Trainingsmethoden. Diese kommen sowohl bei Studierenden und Absolventen der CNU als auch bei jungen Angestellten großer chinesischer Staatsunternehmen zum Einsatz.

Der vorliegende Beitrag wurde sinngemäß von Minyan Luo und Monika Schädler aus dem Chinesischen ins Deutsche übertragen. Er dient als Beispiel dafür, in welcher Weise zum einen der Ausbildung von Soft Skills an chinesischen Universitäten Rechnung getragen wird, zum anderen ein Transfer aus Universitäten in Unternehmen erfolgt. Beides sind wichtige Komponenten der Innovationsfähigkeit Chinas (Monika Schädler).

B. Tian (✉)
Capital Normal University, Beijing, China
E-Mail: tianbao65@126.com

© Springer Fachmedien Wiesbaden GmbH 2017
J. Freimuth und M. Schädler (Hrsg.), *Chinas Innovationsstrategie in der globalen Wissensökonomie*, DOI 10.1007/978-3-658-17651-8_8

Inhaltsverzeichnis

8.1   Einleitung

Seit inzwischen fast 20 Jahren verbindet die Fakultät für Psychologie der School of Education der Capital Normal University in Beijing (CNU) wissenschaftliche Forschung und Lehre mit Unternehmensberatung. Neben der Forschung und Lehre für die Studierenden unterstützt sie zahlreiche große chinesische Staatsunternehmen dabei, sogenannte Employee Assistance Programme (EAP) aufzubauen und umzusetzen. Beispielhaft genannt seien hier die Unternehmen China Shenhua, Macau Namkwong, China National Petroleum, CNOOC, China Grid, Mengniu, Capital Iron & Steel, China Mobile, China Unicom, China Telecom, Bank of China, China Construction Bank, China Agricultural Bank, Industrial & Commercial Bank of China, Minsheng Bank, Shanghai Pudong Development Bank, China Merchants Bank. Deshalb richtet sich die Ausbildung von

Kommunikations- und Kooperationskompetenzen der Psychologischen Fakultät sowohl an Studierende der CNU als auch an Absolventen bzw. junge Berufstätige. In unserer Arbeit stützen wir uns seit vielen Jahren insbesondere auf die Transaktionsanalyse (Tian et al. 2017a) und entwickeln diese weiter. Im vorliegenden Beitrag berichten wir über die bei uns in der Analyse und der Ausbildung der zwischenmenschlichen Kommunikations- und Kooperationskompetenz eingesetzten Methoden und einige Ergebnisse. Wenn wir von der Gruppe der Studierenden sprechen, sind immer auch junge Absolventen und Berufstätige einbezogen.

8.2 Analyse

8.2.1 Zielsetzung

Das Ziel der Analyse der Kommunikations- und Kooperationskompetenz besteht darin, eine umfangreiche und systematische Diagnose der Kompetenz und Voraussetzungen der Studenten zu erhalten. Das Ergebnis kann diese dabei unterstützen, sich ihrer Fähigkeiten und Schwächen bewusst zu werden, und die Unternehmen dabei, geeignetes Personal zu rekrutieren und einzuarbeiten.

8.2.2 Inhalte

In der Analyse führen wir fünf Messungen in Bezug auf die Kommunikations- und Kooperationskompetenz der Studierenden durch.

8.2.2.1 Messung des psychologischen Kapitals
In den Wirtschaftswissenschaften ist die Rolle von Humankapital und Sozialkapital für den Erfolg von Unternehmen inzwischen allgemein anerkannt. Ein weiterer Schlüsselfaktor ist das sogenannte psychologische Kapital, das den Fragen „Wer bist du?" und „Was willst du werden?" nachgeht.
    Unsere Messungen zum psychologischen Kapitel umfassen die Kennziffern:

1. Entscheidungskompetenz (管理决策),
2. Organisationskompetenz (组织协调),
3. Kommunikationskompetenz (人际沟通),
4. Einschätzung eigener Fähigkeiten (自我效能感),
5. Innovationsgeist (创新精神),
6. Professionelle Persönlichkeit (职业人格),
7. Identifikation mit der Institution (组织承诺),
8. Prinzipienfestigkeit (原则性),
9. Engagement (敬业度).

8.2.2.2 Messung der Ich-Zustände (自我状态)

Auf den Gründer der Transaktionsanalyse Eric Berne wird auch das Modell der Ich-
Zustände zurückgeführt, das den „state of mind" bzw. die geistige/seelische Verfassung
abbildet. Berne unterscheidet dabei nach dem Eltern-, dem Erwachsenen- und dem
Kind-Ich-Zustand. Wir differenzieren in unseren Analysen je sieben positive und sieben
negative Ich-Zustände, die sich jeweils nützlich oder eben abträglich auf den Aufbau har-
monischer Beziehungen auswirken (Tian et al. 2014).

Als positive Ich-Zustände begreifen wir:

1. Ich-Zustand elterlicher Fürsorge (照顾型父母自我状态),
2. Unbefangenes Kind-Ich-Zustand (自然型或自由型儿童自我状态),
3. Ich-Zustand eines kleinen Professors (小教授自我状态),
4. Meditationszustand (入定状态),
5. Erwachsenen-Ich-Zustand (成人自我状态),
6. Bestimmende Eltern-Ich-Zustand (坚定型父母自我状态),
7. Gut angepasstes Kind-Ich-Zustand (适应良好型儿童自我状态).

Sieben negative Ich-Zustände sind:

1. Ich-Zustand unerwünscht elterlicher Einmischung (拯救型父母自我),
2. Unechter Ich-Zustand (伪装型自我),
3. Abwehrendes Kind-Ich-Zustand (防御型儿童自我),
4. Bewusstloser Zustand (游离状态),
5. Vorgeblicher Erwachsenen-Ich-Zustand (冒充型成人自我),
6. Kritische Eltern-Ich-Zustand (批评型父母自我),
7. Hilfloses Kind-Ich-Zustand (无助型儿童自我).

8.2.2.3 Messung der Anerkennung

Auch die „Anerkennung" geht schon auf Eric Berne zurück und wurde seitdem ständig
weiterentwickelt. Anerkennung ist entscheidend in der Therapie und der Entwicklung
des Personalmanagements.

Als Kennziffern für Anerkennung (*stroke*/安抚) verwenden wir (Tian et al. 2014):

1. Positive „Strokes" geben (GPI),
2. Negative „Strokes" geben (GNI),
3. Positive „Strokes" empfangen (TPI),
4. Negative „Strokes" empfangen (TNI),
5. Positive „Strokes" fordern (API),
6. Negative „Strokes" fordern (ANI),
7. Positive „Strokes" verweigern (RPI),
8. Negative „Strokes" verweigern (RNI).

8.2.2.4 Messung des Arbeitsstils

Für den Teamaufbau sind die Stärken und der Arbeitsstil der einzelnen Teammitglieder entscheidend. Um diese einzuordnen, nutzen wir fünf Kennziffern verschiedener Arbeitsstile (Tian et al. 2014):

1. Streben nach Vollkommenheit,
2. Beharrlich und hartnäckig/stur,
3. Fleißig und genau,
4. Schnell und ungeduldig,
5. Gefallen wollen.

8.2.2.5 Messung der Persönlichkeitsstile

Das Modell der Persönlichkeitsstile (*personality adaptations*/人格适应[1]) geht auf Paul Ware und Taibi Kahler zurück und wurde später von Joines weiterentwickelt. Dieses Modell unterstützt uns bei der Behandlung und Vermittlung und dem Verständnis von Charakteren. Nach Joines und Stewart (2002, S. 7) legen wir unseren Messungen sechs Persönlichkeitsstile zugrunde, die jeweils die Spanne von positiv bis negativ umfassen (Joines und Stewart 2002, S. 7–8):

1. Enthusiastic – Overreactor (富有激情的过度反应者),
2. Responsible – Workaholic (负责任的工作狂),
3. Brilliant – Sceptic（杰出的怀疑者),
4. Creative – Daydreamer（富有创造性的空想家),
5. Playful – Resister（顽皮的抗拒者),
6. Charming – Manipulator (富有魅力的操纵者).

---

[1]Der Titel des hier zitierten Buches von Joines/Stewart: Personality Adaptations (2002) wurde in die deutsche Version mit „Persönlichkeitsstile – wie frühe Anpassungen uns prägen" übertragen. Im Klappentext der deutschen Publikation (Übersetzung: Claudia Fountain) heißt es: „Die Persönlichkeitsstile geben Hinweise auf den Kommunikationsstil, das Kontaktverhalten sowie Lebensmuster und -themen einer Person. Aus den Untersuchungen von Ware und Kahler sowie aus Beobachtungen und jahrelanger klinischer Erfahrung der Autoren kristallisieren sich sechs konkrete Persönlichkeitstypen heraus, die in diesem Buch ausführlich beschrieben werden. Neben entwicklungspsychologischen Aspekten wird ein besonderes Augenmerk darauf gelegt, wie bestimmte Verhaltensmuster – mithilfe des sogenannten Antreiberverhaltens – erfasst und diagnostiziert werden können. Dieses Buch versteht sich somit als praktischer Ratgeber für Psychotherapeuten und Berater, die ihre Klienten besser verstehen möchten." Die ÜbersetzerInnen des vorliegenden Beitrags danken Ian Stewart für diesen Hinweis.

8.3   Ausbildung der Kommunikations- und Kooperationskompetenz

8.3.1   Gruppentrainingsprogramm „Ausbildung der Kommunikationskompetenz der Studierenden"

8.3.1.1 Der Mensch hat drei Ich-Zustände

Je nach Situation tritt einer der Ich-Zustände Eltern, Erwachsener oder Kind in den Vordergrund. Ziel dieser Trainingseinheit ist es, dass die Studierenden 1) erkennen, in welchem Istzustand sie selbst oder ihr Gegenüber sich jeweils befinden, 2) die drei Ich-Zustände unterscheiden können, 3) kranke Istzustande erkennen können und zu aktiven und gesunden Mitarbeitern werden.

Inhaltlich umfasst diese Trainingseinheit die drei Techniken Definition und Klassifikation, Analyse und Unterscheidung des Ich-Zustands sowie Feststellung eines krankhaften Ich-Zustands und Fallstudien (Tian et al. 2014).

8.3.1.2 Den eigenen Kommunikationsstil kennen

Passen die Ich-Zustände der Gesprächspartner zueinander, so verläuft die Kommunikation gut, andernfalls entstehen Missverständnisse und Streitigkeiten. Passen die Zustände zueinander, spricht man von gleichrangiger Kommunikation; andernfalls wird zwischen Kommunikation mit Unterbrechungen und verdeckter Kommunikation unterschieden.

Nach Absolvieren dieser Trainingseinheit sollte jeder Teilnehmer 1) seinen eigenen Kommunikationsstil erkennen, 2) in der Lage sein, nach Kenntnis des Ich-Zustands des Gegenübers einen geeigneten Ich-Zustand einzunehmen und eine harmonische Kommunikation zu schaffen; 3) den Prozess des Austauschs des Ich-Zustands beherrschen und die zwischenmenschliche Kommunikation von Grund auf verbessern.

Inhaltlich umfasst die Einheit gleichrangige Kommunikation bzw. Win-win-Kommunikation; Kommunikation mit Unterbrechungen bzw. Aufbrechen behinderter Kommunikation; verdeckte Kommunikation bzw. schwierige Kommunikation; Rollenspiele (Tian et al. 2014).

8.3.1.3 Die „mentale Position" nach außen hin zeigen

Wir unterscheiden zwischen guten mentalen Positionen (心理地位), wenn wir uns selbst und den anderen wertschätzen, und schlechten mentalen Positionen, wenn wir uns und den anderen nicht wertschätzen. Der Ich-Zustand ist die externe Manifestation der mentalen Position, bzw. die mentale Position ist die Wurzel dafür, welchen Istzustand wir nach außen zeigen.

Die mentale Position bildet sich mit sechs oder sieben Jahren heraus, d. h. ohne Wahl und ohne Bewusstsein des Einzelnen dafür. Wir sind also ein „Hybrid mit komplizierten Erfahrungen" und begegnen oftmals inneren und äußeren Verwirrungen, die schwer auszuhalten sind. In dieser Hinsicht hat die Menschheit große Mängel, die mentale Position der Mehrheit ist mangelhaft. Um die zwischenmenschlichen Beziehungen von Grund auf zu verbessern, einschließlich der Beziehungen mit den Kunden, den Kollegen, den

Vorgesetzten, muss die mentale Position nach außen gezeigt werden. Eine schlechte mentale Position abzustreifen, bedeutet wirklich eine vollständige Veränderung eines Menschen.

Die Absolventen einer solchen Trainingseinheit 1) können die eigene mentale Position beurteilen und 2) haben es gelernt, ihre mentale Position zu erneuern.

Inhaltlich umfasst die Einheit: Ich bin okay, du bist okay – eine gesunde mentale Position; Ich bin nicht okay, aber du bist okay – ein schlechtes Selbstwertgefühl; Ich bin okay, aber du bist nicht okay – schlechte Erfahrungen, Selbstüberschätzung oder Überheblichkeit; Ich bin nicht okay, du bist nicht okay – die Ignorierung der mentalen Position; sowie Fallstudien (Tian et al. 2014).

8.3.1.4 Die übermittelten Informationen im Prozess der zwischenmenschlichen Interaktion analysieren

„Wenn ich mit dir kommuniziere, kann ich Signale aussenden, dass ich dich beachte, und du kannst mich beachten." Um in den Worten der Transaktionsanalyse zu sprechen, brauchen die Menschen „Strokes" (Anerkennung) für ihre körperliche und mentale Gesundheit.

Die Absolventen dieser Trainingseinheit können 1) sich der ihnen eigenen Art und Weise, Anerkennung zu geben und selbst Anerkennung von anderen zu erfahren, bewusst werden, 2) gute und schlechte „Strokes" im Umgang mit anderen analysieren, 3) ihr „Stroke"-Diagramm aufzeichnen und es verbessern.

Inhaltlich umfasst die Einheit die Definition von „Stroke", vier Arten von „Strokes", Geben und Erhalten von „Strokes", ein „Stroke"-Diagramm, Selbsttransformation und Gruppenfeedback (Tian et al. 2014).

8.3.1.5 Ineffiziente zwischenmenschliche Interaktionen analysieren

Erwachsene spielen oftmals „psychologische Spielchen", letztlich um Anerkennung zu erhalten, jedoch führen diese häufig zu Konflikten, Missverständnissen und Kritik am anderen.

Die Absolventen dieser Trainingseinheit 1) können die psychologischen Spielchen, die sie oft mit anderen spielen, erkennen, 2) beherrschen die Technik, diese zu beenden, 3) schlagen an jedem Lebens- und Arbeitstag eine neue Seite auf.

Inhaltlich umfasst die Einheit 1) Eric Bernes Spiele der Erwachsenen, 2) Stephen Karpmans Dramadreieck, 3) Fallstudien der Personen im chinesischen Klassiker „Geschichte der Drei Reiche" (Tian et al. 2014, 2017b).

8.3.2 Gruppentrainingsprogramm „Ausbildung der Kooperationskompetenz der Studierenden"

8.3.2.1 Kurshintergrund

Die Ausbildung der Kooperationskompetenz der Studierenden erfolgt durch die Einrichtung und Verwaltung hoch effizienter Teams, mit dem Ziel der Entfaltung der Stärken und der Vermeidung der Schwächen jedes einzelnen Teammitglieds, sodass jeder Einzelne mit Fokus auf das Organisationsziel seine eigenen Aktivitäten zeigen kann.

Ein Team ist eine mögliche Form der betrieblichen Organisation; richtige Beachtung und Anleitung können die Initiative und das Verantwortungsbewusstsein der Mitarbeiter steigern; erst mit grundlegender Kenntnis der Methoden und Prinzipien des Aufbaus exzellenter Teams durchdringt man die Kernschichten des Teamaufbaus, nur mit angstfreien und an gemeinsamen Zielen orientierten Teammitgliedern entfalten sich Schaffenskraft und Arbeitserfolg.

8.3.2.2 Kursziel

1. Die Studierenden darin unterstützen, die Beziehungen zwischen den Einzelnen und dem Team richtig zu verstehen und die Rolle und Verantwortung der Einzelnen festzulegen.
2. Mit Blick auf die Mentalität und das reale Arbeitsumfeld die Studierenden darin unterstützen, dass sie bei der Anpassung ihrer eigenen Lebensziele und Werte an die Mission und Ziele des Unternehmens ihren Teamgeist steigern.
3. Richtiges Karrierebewusstsein und Verhaltensnormen aufbauen, die die professionelle Qualität erhöhen, zwischenmenschliche Konflikte verringern, die Vitalität stärken.

8.3.2.3 Kursorganisation

Die Simulation hoch effizienter Teams wird unter Laborbedingungen verwirklicht.

8.3.2.4 Kursinhalt

Die Kursinhalte umfassen eine Reihe verschiedener von anderen Autoren sowie von uns selbst entwickelten bzw. veränderten Konzepten, die wir im Folgenden anführen:

- Sieben Schritte zur Festlegung der Teamvision nach Hugh Davidson (2002):
  STEP 1: eine Grundlage bauen (构建基础),
  STEP 2: eine starke Vision (强有力的愿景),
  STEP 3: ein starkes Wertesystem (强有力的价值观),
  STEP 4: Kommunikation (沟通),
  STEP 5: vertiefte Implementierung (深化植入),
  STEP 6: Branding (品牌化),
  STEP 7: Messung (衡量).
- Drei Ebenen der Vision:
  Makroebene: Organisationsvision,
  Mesoebene: Teamvision,
  Mikroebene: Individuelle Vision.
- 3C-Teams des dynamischen Gleichgewichts:
  CONCEPT: 创构力,
  COMPETITION: 竞争力,
  CONNECTION: 联系力.

- Teamrollen nach Belbin (Belbin 1996):
  PLANTS (PL): 智多星/Erneuerer
  RESOURCE INVESTIGATORS (RI): 外交家/Wegbereiter
  CO-ORDINATORS (CO): 统领者/Koordinator
  SHAPERS (SH): 鞭策者/Macher
  MONITOR EVALUATORS (ME): 审议员/Beobachter
  TEAM WORKERS (TW): 和事老/Teamarbeiter
  IMPLEMENTERS (IMP): 执行者/Umsetzer
  COMPLETER FINISHERS (CF): 完成者/Perfektionist
  SPECIALISTS (SP): 专业师/Spezialist
- Rollen:
  Rollenunterscheidung (角色清晰),
  Rollenüberfrachtung (角色超负荷),
  Rollenkonflikt (角色冲突),
  Rollenschaffung (角色制造),
  Rollenübernahme (角色承担).
- Eckpfeiler der Teamarbeit:
  Gewinner (赢家): I+U+,
  Vom Gewinner zum Verlierer (从赢家到输家): I+U−,
  Mittelmaß oder Verlierer (或平庸或输家): I−U+,
  Verlierer (输家): I−U−.
- Erfolgreiche Kommunikation:
  Empathie unterer Stufe,
  Empathie mittlerer Stufe,
  Empathie höherer Stufe.
- Koordinierte Operationen:
  Benchmark,
  Abstand,
  Problem,
  Ziel.

8.3.3 Einzeltraining

Studierende und Absolventen, bei denen relativ schwerwiegende psychologische Probleme festgestellt wurden, erhalten Einzelunterstützung, denn Teamausbildung oder Gruppentherapie lösen ihre Probleme nicht. Jedes Jahr führen wir im Auftrag mehrerer großer Unternehmen solche psychologischen Beratungen für deren junge Mitarbeiter durch.

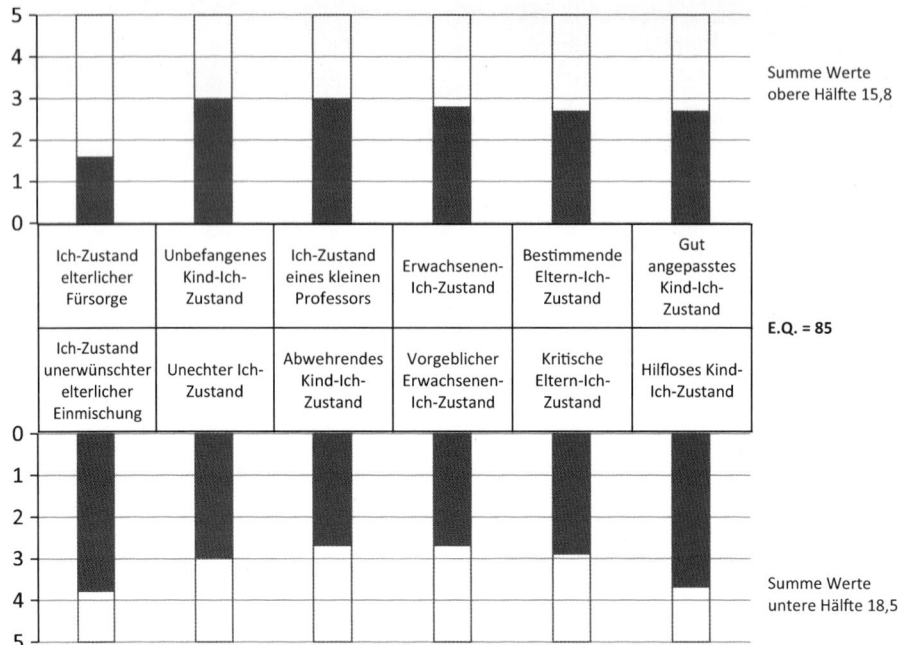

Abb. 8.1 Evaluationsergebnis des Ich-Zustands eines Studierenden (Beispiel). (Quelle: Internes Material der Projektgruppe Tian Bao; abgeändert nach Joines und Stewart 2002)

8.3.3.1 Einzelberatung auf Basis der Analyse des Ich-Zustands

Abb. 8.1 zeigt die oben beschriebenen Ich-Zustände[2] eines Beispielstudenten mit Werten von jeweils 1 bis 5. Die obere Hälfte stellt die positiven, die untere Hälfte die negativen Ich-Zustände dar. Der Emotionale Quotient (EQ) ist der Quotient der Summe der Werte der positiven Istzustande (15,8) und der Summe der Werte der negativen Istzustande (18,5) multipliziert mit 100. In diesem Fall liegt der EQ-Wert mit 85 unterhalb von 90, den wir in unseren Forschungen als Normalwert festgestellt haben, weshalb für diesen Studierenden eine Einzelberatung empfohlen wird. Seine Kommunikationskompetenz ist mangelhaft, was auch mit seiner Arbeitsleistung korreliert. Der „Ich-Zustand elterlicher Fürsorge" wie auch der „Gut angepasstes Kind-Ich-Zustand" sind bei diesem Studierenden nur gering ausgeprägt, während umgekehrt der „Ich-Zustand unerwünschter elterlicher Einmischung" sowie der „Hilfloses Kind-Ich-Zustand" hervorstechen. Ziel seiner Einzelberatung ist es deshalb, den „Ich-Zustand elterlicher Fürsorge" sowie den „Gut angepasstes Kind-Ich-Zustand" zu stärken.

---

[2]Bei Studierenden und jungen Absolventen benutzen wir die Kategorien „Zustand der Meditation" und „Bewusstloser Zustand" nicht. Hingegen spielen diese bei Sportlern eine große Rolle: Insbesondere neigen Schützen und Bogenschützen, bei denen wir sehr hohe Werte für den „Bewusstlosen Zustand" und geringe Werte für den „Meditationszustand" feststellten, leicht zu Panikattacken.

8.3.3.2 Einzelberatung auf Basis der Evaluation der Persönlichkeitsstile

Die vertikale Achse in Abb. 8.2 zeigt die oben genannten sechs Persönlichkeitsstile, die horizontale Achse die jeweiligen Evaluationsergebnisse für einen Beispielstudierenden. Nach Joines und Stewart (2002) sind die Persönlichkeitsstile mit den höchsten Werten die angeborenen oder Grundpersönlichkeiten. Die weiteren fünf Persönlichkeitsstile werden durch Umwelt etc. ausgebildet; sie stehen bis zum siebten Lebensjahr in ihrer Reihung fest und können nicht mehr verändert werden. Je nach Ausprägung der Persönlichkeitsstile gibt es unterschiedliche Methoden, die Welt wahrzunehmen, unterschiedliche Interaktionsstile, verschiedene zum Einsatz kommende Persönlichkeitskomponenten, gewohnte Kommunikationswege und andere unterschiedliche Persönlichkeitscharakteristika. Nach unseren Forschungen sind die Persönlichkeitsstile mit Werten über 60 jeweils die Formen, mit denen der Proband sehr vertraut ist und die er versiert einsetzt. In unserem Beispiel sind die Persönlichkeitsstile Playful – Resister sowie Charming – Manipulator sehr stark ausgebildet. Wenn der Proband diese Stile einsetzt, wird er leicht mit anderen zusammenarbeiten können. Mit unseren Tests und Untersuchungen stellen wir also die Reihung der Persönlichkeitsstile fest, kennen die Stärken und Schwächen dieser Probanden und haben damit einen Schlüssel für deren Interaktion mit anderen.

Wenn unser Beispielproband mit Menschen mit ähnlichen Persönlichkeitsstilen zusammenarbeitet, wird die Kooperation gut verlaufen; wenn er aber mit Menschen der vier anderen Persönlichkeitsstile zusammenarbeitet, kann es zu Schwierigkeiten und häufigen Konflikten kommen. Die Beratung muss sich deshalb auf die Interaktion

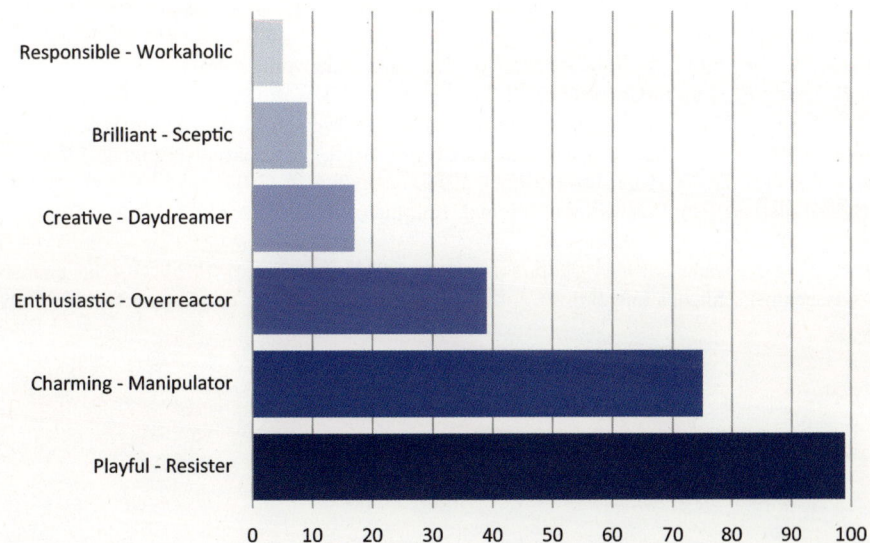

Abb. 8.2 Ausprägung der Persönlichkeitsstile eines Studierenden (Beispiel). (Quelle: Internes Material der Projektgruppe Tian Bao; abgeändert nach Joines und Stewart 2002)

mit genau solchen Menschen richten, um diese zu verbessern. Es ist wie beim Sport die schwachen Muskeln auszubilden. Im Endergebnis soll der Studierende oder Absolvent mit allen sechs Persönlichkeitsstilen gut zusammenarbeiten können.

8.4 Auswertung der psychologischen Intervention bei den Studierenden

Jede Intervention, ob Gruppentraining oder Einzelberatung, unterliegt am Ende einer Evaluation. Damit wird die Arbeit laufend nach Stärken und Schwächen untersucht und vertieft. Die Evaluation erfolgt mittels Interview, Fragebogen und Folgestudien. Interviews werden mit Einzelnen oder Gruppen durchgeführt, es wird Material zum Eindruck, zu Meinungen und Verhalten der Teilnehmer gesammelt, und Veränderungen der Teilnehmer werden reflektiert. Mit Fragebögen wird nach der Zufriedenheit der Teilnehmer mit den Kursen gefragt. Die Folgestudien holen nach einer bestimmten Zeit nach Kursabschluss Informationen zu Verhaltensveränderungen der Kursteilnehmer am Arbeitsplatz ein.

Literatur

Belbin RM (1996) Management teams: why they succeed or fail. Butterworth Heinemann; 2010 bei Routledge, Oxford

Davidson H (2002) The committed enterprise: how to make vision and values work. Routledge, London

Joines V, Stewart I (2002) Personality adaption. Lifespace, Kegworth

Tian B, Zhang S, Tian Y (Übersetzer) 田宝、张思雪、田盈雪译 (2017a) 今日TA: 人际沟通分析新论.世界图书出版公司, (出版中im Erscheinen) (Original: Stewart I, Joines V (2012) TA today: a new introduction to transactional analysis (2 Aufl.). Lifespace, Nottingham)

Tian B, Zhang S, Tian Y (Übersetzer) 田宝、张思雪、田盈雪译 (2017b) 人间无游戏. 世界图书出版公司(出版中im Erscheinen) (Original: Karpman SB (2015) A game free life. Drama, San Francisco)

Tian B, Zong X, Wang L 田宝、宗小力、王陵宇 (2014) 人际交互作用分析学 (Nutzenanalyse zwischenmenschlicher Interaktion) 首都师范大学出版社 (Verlag der Capital Normal University)

Über den Autor

Bao Tian 田宝 Associate Professor Dr. Tian lehrt und forscht an der Fakultät für Psychologie der School of Education der Capital Normal University (CNU) in Beijing. Er ist Direktor des Employee Assistance Programme (EAP)-Forschungszentrums der CNU, Mitglied im Komitee der Section of Psychology of Decision-Making der Chinese Psychological Society sowie Mitglied im Komitee der Section of Applied Psychology der Chinese Association of Social Psychology.

Teil IV

Konkrete Ansätze und Beispiele für beginnende Innovationsdynamik

Neuartige Innovationsmuster in der chinesischen Industrie – Entrepreneurship in China

9

Doris Fischer

Zusammenfassung

Die chinesische Regierung propagiert seit einiger Zeit „Massengründungen und Masseninnovation", um die wirtschaftliche Entwicklung zu stabilisieren und den Aufstieg Chinas in die Reihe moderner Industrienationen zu ebnen. Der Beitrag stellt diesen Fokus auf Unternehmertum und Innovation in den historischen Kontext. Dazu werden die Entwicklung des Privatunternehmertums und der Innovationspolitik seit Beginn der Reformen zusammengefasst und ihr Zusammenspiel beleuchtet. Hieraus wird eine ambivalente Haltung der Politik erkennbar: Obwohl der Privatwirtschaft mehr Raum gegeben wurde, konzentrierte sich die Innovationspolitik nicht auf Privatunternehmen. Da andererseits viele der heute als innovativ geltenden Unternehmen aus der Privatwirtschaft entstanden sind, versucht die chinesische Regierung aktuell, Start-ups zu fördern und für die eigenen Ziele zu nutzen. Der Beitrag zeigt, dass hierbei auch beschäftigungspolitische Erwägungen eine Rolle spielen. Zugleich verdeutlicht der historische Kontext, dass die Betonung von Massengründungen und -innovation nicht mit einer Lockerung der Verbindung zwischen Wirtschaft und Politik gleichzusetzen ist. Schon in der Vergangenheit hat die Regierung vor allem für größere Unternehmen eine Rolle spielt.

D. Fischer (✉)
Universität Würzburg, Würzburg, Deutschland
E-Mail: doris.fischer@uni-wuerzburg.de

© Springer Fachmedien Wiesbaden GmbH 2017
J. Freimuth und M. Schädler (Hrsg.), *Chinas Innovationsstrategie in der globalen Wissensökonomie*, DOI 10.1007/978-3-658-17651-8_9

Inhaltsverzeichnis

9.1 Einleitung.. 180
9.2 Unternehmertum und Innovation............................. 182
9.3 Unternehmertum in China.................................. 184
    9.3.1 Aufwertung des Unternehmertums....................... 185
    9.3.2 Probleme der Privatunternehmen....................... 186
    9.3.3 Privatunternehmertum und Innovationen................ 188
9.4 Innovation und Innovationspolitik in China................ 189
    9.4.1 Innovationsperformanz................................ 191
    9.4.2 Innovatives Unternehmertum........................... 194
9.5 Neuartige Innovationsmuster............................... 196
    9.5.1 Konsumentenorientierung.............................. 196
    9.5.2 Internationalisierung................................ 197
    9.5.3 Internetnutzung...................................... 198
    9.5.4 Masseninnovation und -gründungen..................... 198
9.6 Ausblick.. 199
Literatur... 200

9.1 Einleitung

China wird in der Zukunft nicht länger als „Werkbank der Welt" fungieren. Die Faktoren, die für den Erfolg der „Werkbank" in der Vergangenheit verantwortlich waren, werden in absehbarer Zeit nicht mehr in gleicher Weise den wirtschaftlichen Erfolg Chinas stützen können. Dies gilt, obwohl es verschiedene Erklärungsansätze für den Erfolg der chinesischen Wirtschaft in den letzten Jahrzehnten gibt. Zum einen erklärte sich der Erfolg aus dem komparativen Vorteil einer großen Reserve von jungen, vergleichsweise gebildeten, aber billigen Arbeitskräften. Dieser Vorteil schwindet aufgrund der demografischen Wende, also der Alterung der chinesischen Gesellschaft, welche wegen der Einkindpolitik der Vergangenheit beschleunigt voranschreitet (Cai und Lu 2016). Des Weiteren basierte der Erfolg der letzten Jahrzehnte auf Investitionen, insbesondere auf Investitionen ausländischer Unternehmen und des chinesischen Staates. Seit einigen Jahren zeigt sich aber, dass die das Wachstum ankurbelnde Wirkung der staatlichen Investitionen nachlässt, während sich der Zuwachs ausländischer Investitionen deutlich verlangsamt (Lee et al. 2012). Ein weiterer Erklärungsansatz für den Aufstieg Chinas zur Werkbank sind die Reformen ab 1978, die weitere Liberalisierung ab 1992 und die Reformen, welche der WTO-Beitritt Chinas im Jahr 2001 erforderte. In ihrer Gesamtheit haben diese Reformen China aus der Planwirtschaft herausgeführt und zu einer international integrierten, „sozialistischen" Marktwirtschaft werden lassen. Zwar ist die aktuelle chinesische Regierung mit dem Vorsatz angetreten, erneut eine „Reformdividende" zu schaffen (ZK 2013), doch erweist sich dies bisher als schwerer als erwartet, da es um mehr geht als die Liberalisierung von Bandagen der ehemaligen Planwirtschaft.

Da die alten Antriebsfaktoren an Kraft und China als Standort für lohnveredelnde, exportorientierte Produktion an Attraktivität verlieren wird, stellt sich die Frage, was die neuen Antriebsfaktoren sein können und wie China verhindern kann, dass der Erfolgskurs einbricht bzw. dass China in der sogenannten „middle income trap" hängen bleibt (Gill und Kharas 2015). Aus der Sicht der chinesischen Regierung ist diese Frage theoretisch bereits beantwortet: Sie strebt ein neues Wachstumsmodell an und setzt ihre Hoffnungen auf Innovation und Unternehmertum, ja, sie spricht sogar von „Masseninnovationen" und „Massengründungen".

Massengründungen und Masseninnovation sind notwendig als neue Antriebskräfte für Wirtschaft und Gesellschaft. Nachdem unser Land zunehmend die Knappheit von Ressourcen und Umwelt erfährt, die reine Expansion des Einsatzes von Produktionsfaktoren an Effektivität verliert, und damit das traditionelle, investitions- und ressourcenverbrauchende, extensive Wachstumsmodell nicht fortführbar ist, ist die Wirtschaftsentwicklung in einem neuen Normalzustand, in dem sie nicht mehr von [vermehrtem Einsatz von] Produktionsfaktoren und Investitionen angetrieben wird, sondern von Innovation (Staatsrat 2015a, Übersetzung D. F.).

Die Idee, dass Innovation und Unternehmertum die Grundlagen für die weitere chinesische Entwicklung sein sollen, ist zunächst einmal nicht überraschend (Krugmann 1994). Sie steht im Einklang mit gängigen volkswirtschaftlichen bzw. entwicklungsökonomischen Theorien und ist auch in China schon länger in der Diskussion. Sie bildet darüber hinaus einen wichtigen Bestandteil der politischen Vision bzw. der sogenannten „zwei Hundertjahresziele", dass China bis 2021 sein Bruttosozialprodukt im Vergleich zu 2010 verdoppeln und eine „mäßig wohlhabende Gesellschaft" werden will, und bis 2049 zu den moderat entwickelten Ländern aufgestiegen und weitgehend modernisiert sein will (Norton 2015, S. 5). Sie stimmt zudem mit dem globalen Ruf nach mehr Innovation und besseren Lösungen für die Probleme unserer Welt überein. Zugleich befindet sich die chinesische Intention in guter Gesellschaft mit vergleichbaren Ideen und Strategien in Amerika und Europa (Obama 2011; EU 2015). Und genau in diesem Kontext ist die chinesische Agenda von besonderem Interesse, denn sollte es China gelingen, in den nächsten Jahrzehnten in die Reihe der Industrienationen aufzusteigen, so wäre dies nicht nur ein großer Erfolg. Es wäre auch eine Entwicklung, welche die globalen wirtschaftlichen – und damit auch politischen – Kräfteverhältnisse nachhaltig verändern würde.

Vor diesem Hintergrund lohnt es sich, das Zusammenspiel von Innovation und Unternehmertum in China genauer zu betrachten. Welche Rolle spielt Unternehmertum in China mit Blick auf Innovation? Und welche Rolle sieht die chinesische Regierung für Unternehmertum in diesem Kontext vor? Soweit die neuen Politiken schon Wirkung zeigen, welche neuartigen Innovationsmuster lassen sich erkennen? Zur Beantwortung dieser Fragen gliedert sich der Beitrag im Weiteren wie folgt:

Das erste Kapitel gibt eine kurze Übersicht über allgemeine Erkenntnisse der Wirtschaftstheorie zum Zusammenhang von Unternehmertum und Innovation. Im Mittelpunkt stehen hierbei die Fragen, inwieweit bzw. in welcher Form „Unternehmertum"

im Hinblick auf Innovationen relevant ist und inwiefern ihre Relevanz durch die Ausge-
staltung der Wettbewerbsordnung und der Industriepolitik unterstützt werden kann. Im
Anschluss daran widmet sich das zweite Kapitel dem Unternehmertum in China, sowie
der Einbettung des Unternehmertums in die chinesische Wettbewerbs- und Industriepolitik und in diesem Kontext, dem Konzept der „Massengründungen". Das dritte Kapitel
fokussiert Innovation in China, wobei wiederum die relevante Wettbewerbs- und Industriepolitik betrachtet und hieraus das Verständnis von „Masseninnovation" abgeleitet
wird. Abschließend leitet das fünfte Kapitel neue Trends im Zusammenspiel von Unternehmertum und Innovation ab. Der Beitrag endet mit einem Ausblick, der einen Blick
auf die wahrscheinliche weitere Entwicklung des Zusammenspiels von Unternehmertum
und Innovation in China wirft.

9.2   Unternehmertum und Innovation

Es gibt verschiedene Definitionen von Innovationen, die abhängig vom jeweiligen Kontext Sinn machen. Für diesen Beitrag wird der Definition des „Oslo Manuals" gefolgt,
das als Handbuch zur Messung von Innovationen und deren Diffusion für die OECD
entwickelt wurde (OECD 2005). Demnach fallen unter den Oberbegriff einerseits Produktinnovationen, also signifikante Änderungen in den Funktionalitäten von Gütern oder
Dienstleistungen, egal ob es sich um neue Güter und Dienstleistungen oder die Verbesserung bestehender Produkte handelt. Des Weiteren fallen darunter Prozessinnovationen,
die eine substanzielle Änderung in den Produktions- oder Vertriebsmethoden bedeuten.
Zusätzlich zählt das Oslo Manual dazu auch organisatorische Innovationen, zum Beispiel
in Form neuer Geschäftspraktiken oder Arbeitsplatzorganisation sowie Marketinginnova-
tionen, wie zum Beispiel Veränderungen von Produktdesign, -verpackung oder auch von
Produktwerbung.

Relevant für die Beurteilung der Neuerung ist die Firmenebene: die Innovation muss
zumindest für die Firma neu sein (aber nicht notwendig neu für die gesamte Welt)
(Hobday und Perini 2009, S. 474). Diese Unterscheidung ist relevant, denn Innovationen von Unternehmen können zum Beispiel neu (und deswegen erfolgreich) im eigenen
Land sein, selbst wenn eine analoge Innovation in einem anderen Land schon seit längerem bekannt war und genutzt wurde. Ein weiteres wichtiges Innovationskriterium ist
die Anwendung bzw. Markteinführung (OECD 2005, S. 46–47). Das heißt Neuerungen,
die bisher nur im Labor oder in einer Strategieklausur der Unternehmensleitung relevant
sind, fallen (noch) nicht unter Innovationen. Durch den Fokus auf die Markteinführung
bzw. Anwendung grenzt die Definition Innovationen auch von Erfindungen ab. Entdeckungen im Labor einer Universität oder die Entwicklung eines Prototyps an einem
militärischen Forschungsinstitut stellen so lange keine Innovation dar, wie sie nicht angewandt, also in den Markt gebracht werden. Im Mittelpunkt des hier verwendeten Innova-
tionsbegriffs stehen damit Firmen (Unternehmen).

Diese Definition von Innovation ignoriert trotzdem nicht die Rolle der Politik. Im Gegenteil, das Olso Manual bezieht sich ausdrücklich auf das Konzept nationaler Innovationssysteme und geht davon aus, dass die Innovations- und Wettbewerbsfähigkeit einer Wirtschaft auf einem Zusammenspiel von Firmen, Politik und Forschungslandschaft basiert. Die Aufgabe der Politik ist es nach diesem Verständnis, die Rahmenbedingungen für die Innovationsfähigkeit der Firmen zu schaffen und das Innovationssystem dort zu stärken, wo der Markt regelmäßig versagt (market failure), also zum Beispiel in der Finanzierung von Bildung und Forschung. Ebenso kann staatliche Politik die Zusammenarbeit zwischen Forschungsinstitutionen und Firmen unterstützen, um Koordinationsversagen zu vermeiden (coordination failure) (OECD 1999, S. 63). Trotzdem bleibt die Annahme zentral, dass Innovationen sich über den Markt definieren und von Firmen getragen werden. Im Vergleich von nationalen Innovationssystemen und der Wettbewerbs- bzw. Innovationsfähigkeit von nationalen Wirtschaften spielt dann gleichwohl die staatliche Politik eine wichtige Rolle, da sie Innovationstätigkeit begünstigen oder auch behindern kann.

Die vermutete Rolle von Firmen im Zusammenhang mit Innovationen erklärt sich aus der Annahme, dass Firmen danach streben, Produkte und Prozesse zu verbessern, um Kosten zu sparen oder neue Kundengruppen zu erschließen, um letztlich im Wettbewerb mit anderen Firmen erfolgreich zu sein und Gewinne zu erzielen. Mit diesem Streben nach Erfolg einher geht die Bereitschaft, Risiken zu übernehmen und für Misserfolge zu haften. Dies gilt vor allem für private Firmen, da andere Akteure (staatliche Behörden, Universitäten etc.) im Hinblick auf Effizienzdruck und Haftung andere Parameter aufweisen und daher annahmegemäß weniger genötigt sind, den Markterfolg von Neuerungen zu garantieren bzw. zu testen.

Der Fokus auf Firmen stößt allerdings an gewisse Grenzen, sobald von Innovationen zum Beispiel im Kontext von China gesprochen wird, da hier staatliche Unternehmen noch eine erhebliche Rolle in der Wirtschaftsordnung spielen und damit die Abgrenzung von Staat und Firmen als Akteure im Innovationssystem schwierig wird. Der Definition des Oslo Manuals folgend bleibt das Kriterium für eine Innovation die Verbreitung über den Markt. Allerdings folgt aus den ökonomischen Theorien, die dem Oslo Manuals zugrunde liegen, die Annahme, dass Staatsunternehmen eher weniger dazu geeignet sind, am Markt erfolgreiche Neuerungen hervorzubringen (Fang et al. 2016, S. 5).

Nicht unproblematisch ist in der Definition des Oslo Manuals der Fokus auf „Firmen". Dieser Begriff umschließt grundsätzlich Familienbetriebe, Start-ups, den klassischen mittelständischen „Unternehmer", große multinationale Unternehmen und die verschiedensten Unternehmensformen, die man sich auf einem Kontinuum zwischen diesen Extremen vorstellen kann. Zugleich erläutert das Oslo Manual in der Ableitung seiner Definition die Bedeutung von „Unternehmergeist" als Treiber von Innovationen und beklagt, dass es in Entwicklungsländern häufig an Unternehmern fehle bzw. Unternehmertum hier Besonderheiten aufweise (OECD 2005, S. 136). Das Konzept des Unternehmergeistes oder Unternehmertums bleibt dabei weitgehend unklar, scheint aber über die

Tab. 9.1 Chinesische Firmen in internationalen Ranglisten der „innovativsten" Unternehmen. (Quellen: Dyer und Gregersen 2011; Forbes 2016; MIT 2016; BCG 2015)

Rang	Forbes 2016	Rang	Boston Consulting Group (BCG) 2015	Rang	MIT Technology Review 2016
16	Shanghai RAAS Blood Products	12	Tencent	2	Baidu
29	Baidu	45	Huawei	10	Huawei
48	Tencent	50	Lenovo	20	Tencent
49	BeTV New Media			21	Didi Chuxing
53	Ctrip.com International			24	Alibaba
91	Hikvision				
100	Avic Aviation Engine				

Anmerkung: Forbes 2016 erstellt die Rangliste durch den Vergleich der „Innovationsprämie" von 100 Unternehmen, die sich aus den Netto Cashflow im Vergleich zur Marktkapitalisierung berechnet; die BCG Rangliste von 50 Firmen basiert auf einer Managerumfrage und die MIT (ebenfalls 50) auf einer Auswahl der Herausgeber

erwähnte Kosten- oder Effizienzorientierung als Treiber von Innovationen hinauszugehen. In Anbetracht dieser Unschärfe spricht das Oslo Manual selbst davon, dass es mehr Forschung über die Rolle von Unternehmern („entrepreneurs") für und über ihre Einstellungen zu Innovationen bedarf (OECD 2005, S. 147; Hobday und Perini 2009 S. 474).

Internationale Innovationsranglisten für Firmen betrachten meist nur bereits relativ etablierte Großunternehmen. Dieser Fokus ist berechtigt, wenn es darum geht, rückblickend oder vorausschauend zu bewerten, welche Unternehmen mit ihren Innovationen gerade am Markt sehr erfolgreich waren und aufgrund ihrer Grundlagen auch voraussichtlich weiterhin sein werden. Die Art, wie diese Ranglisten generiert werden, bedingt allerdings, dass notwendiger Weise junge innovative Unternehmen, die gerade erst mit Innovationen in den Markt drängen, tendenziell übersehen werden. Dies gilt ungeachtet der Tatsache, dass die Unternehmen aus China, die in den letzten Jahren in derartige Ranglisten vorrücken konnten (s. Tab. 9.1), generell deutlich jünger sind als die Mehrheit der großen multinationalen – und innovativen – Unternehmen (Backaler 2014, S. 10).

9.3 Unternehmertum in China

Privatunternehmen in China konnten erst im Zuge der Reform- und Öffnungspolitik ab 1979 wieder entstehen. Da diese Politik zunächst nur vorsah, die planwirtschaftliche Ordnung zu reformieren, und weil private Unternehmen noch mit dem ideologischen Makel der kapitalistischen Ausbeutung behaftet waren, entstanden zwar bald zahlreiche Einzelgewerbebetriebe und Kleinunternehmen, das Wachstum zu größeren Unternehmen blieb aber verhalten. Dies änderte sich erst ab den 1990er Jahren, nachdem die chinesische Regierung beschlossen hatte, das Wirtschaftssystem in eine sozialistische

Marktwirtschaft umzuwandeln und dem Privatunternehmertum darin mehr Raum zu geben. Anfang der 1990er Jahre fassten daher nicht wenige zuvor im staatlichen Sektor Beschäftigte den Mut, Unternehmen zu gründen (Fischer 1995, S. 311). Häufig geschah dieser Sprung in den Markt („xiahai") noch mit einer Risikoabsicherung, indem entweder das Arbeitsverhältnis mit der staatlichen Institution nicht gekündigt, oder der sichere Job des Ehepartners im staatlichen Sektor nicht aufgegeben wurde (Bruun 1995, S. 190). Zum Teil wurde der private Charakter der Unternehmen auch dadurch versteckt, dass sie als Kollektivunternehmen registriert wurden (Wank 1995, S. 165). In der zweiten Hälfte der 1990er Jahre gesellten sich zu diesen freiwilligen Unternehmern zahlreiche unfreiwillige (Fischer 2006, S. 317): Nachdem die chinesische Regierung beschlossen hatte, einen Großteil der Staatsunternehmen, insbesondere kleine, mittelgroße sowie notorisch unrentable, aufzulösen oder zu verkaufen, setzte eine Welle des Personalabbaus in den Staatsunternehmen ein („xiagang"). Diese wurde zwar durch Beschäftigungsgesellschaften und Sozialprogramme abgefedert, führte jedoch letztlich auch zu einer Welle der Gründung von Kleinstunternehmen.

9.3.1 Aufwertung des Unternehmertums

Im neuen Jahrhundert wurde der Status der Privatunternehmer in der chinesischen Wirtschaft und Gesellschaft insbesondere dadurch aufgewertet, dass die Kommunistische Partei sich von ihren ideologischen Vorbehalten gegen Privatunternehmer verabschiedete und ihnen prinzipiell die Mitgliedschaft ermöglichte (Holbig 2002). Im Verlauf der rasanten wirtschaftlichen Entwicklung Chinas seit dem WTO Beitritt im Jahr 2001 entwickelten sich die Privatunternehmen zu einem wichtigen Bestandteil der Wirtschaft und ihr Beitrag zum Wirtschaftswachstum, zur Beschäftigung und zum Außenhandel stieg beträchtlich. Zugleich wuchsen einige Privatunternehmen zu Großunternehmen heran. Seit einigen Jahren entwickelt sich das Privatunternehmertum nicht mehr nur in den traditionellen Industriebranchen, sondern insbesondere auch durch Start-ups zum Beispiel in den Bereichen Bio- und Umwelttechnologien, Internetdienstleistungen und Fintech. Diese jüngere Entwicklung ist eng verbunden mit der Ausdehnung des Internets in China, mit dem Erfolg der großen Internetserviceanbieter Baidu, Alibaba, und Tencent (auch „BAT" genannt), der Verbreitung von Venture Capital und der Entwicklung von neuen Finanzierungsmöglichkeiten über das Internet. Die neuen Finanzierungswege treten immer häufiger an die Stelle von traditionellen informellen Finanzierungsnetzwerken über Familie und Freunde (Funk 2016). Das ist ein sehr bedeutsamer Schritt in Richtung einer verlässlicheren und transparenteren Institutionalisierung der Unternehmensfinanzierung.

Eine genaue Einschätzung der heutigen wirtschaftlichen Bedeutung von Privatunternehmen in China anhand üblicher statistischer Kennzahlen ist allerdings schwierig, da in den verschiedenen Teilstatistiken unterschiedliche Definitionen von Privatunternehmen verwendet werden (Fischer 2006; Lardy 2014) und die Eigentumsordnung von manchen

Unternehmen nach wie vor alles andere als eindeutig ist (Tse 2015, S. X).[1] Alternativ, aber auch nur grob, kann die größere Bedeutung der Privatunternehmen daran gemessen werden, dass immer reiche Unternehmer im Nationalen Volkskongress und in der Konsultativkonferenz des Chinesischen Volkes vertreten sind (Chen 2015).

9.3.2 Probleme der Privatunternehmen

Dieser Aufwertung des privaten Unternehmertums im Allgemeinen und ausgewählter sehr erfolgreicher Unternehmer im Speziellen steht allerdings entgegen, dass Privatunternehmen in der Gesamtheit nach wie vor in vielen Branchen mit Staatsunternehmen konkurrieren müssen, die leichteren Zugang zu Bankenfinanzierung, Bauland, staatlichen Fördermitteln und strategischen Branchen haben. Des Weiteren leben viele Privatunternehmen mit dem Problem, dass in ihrer Gründungsphase die rechtlichen Rahmenbedingungen und die Eigentumsrechte häufig unklar waren, sie also mehr oder weniger im rechtsfreien Raum gegründet wurden. Dies gilt zum Beispiel, aber nicht nur, für den Fall der Privatunternehmen, die zunächst noch unter dem Deckmantel „Kollektivunternehmen" registriert wurden. Auch ansonsten sind Privatunternehmen in der Vergangenheit in vieler Hinsicht auf enge Kooperation mit den lokalen Regierungen angewiesen gewesen, um zum Beispiel die notwendigen (und in großer Zahl erforderlichen) Genehmigungen zu bekommen, die für die Gründung und den Ausbau von Unternehmen wichtig sind (Wank 1995). Derartige Ursprungssünden („original sin") zeigen im Kontext der seit Ende 2012 implementierten Antikorruptionskampagne unter der Parteiführung von Xi Jinping nachhaltige Wirkung. Seither hängt die Unsicherheit, ob und wie die Partei die enge Verflechtung von Unternehmen und Politik im Einzelnen als Korruption ahnden wird, wie ein Damoklesschwert über den Unternehmen und führt zu geringer Investitions- und damit Innovationsneigung unter den privaten Unternehmern. Vor diesem Hintergrund sah sich die Regierung Ende 2016 gemüßigt, nicht nur den besseren Schutz privaten Eigentums, sondern auch einen umsichtigen Umgang mit Fragen von Ursprungssünden zu versprechen (Wang 2016a).

Die wettbewerbliche Situation der Privatunternehmen wird darüber hinaus ganz wesentlich von der staatlichen Industriepolitik, sowohl derjenigen auf zentraler wie auch auf lokaler Ebene geprägt (Eaton 2013; Fischer 2014). Ähnlich wie für ausländische Unternehmen sind auch für Privatunternehmen Investitionen in spezifische Branchen

---

[1]Der Anteil aller „nicht staatseigenen" (minying qiye) Unternehmen an allen Unternehmen betrug im Jahr 2014 laut dem Chinesischem Statistikamt 68 %, der Anteil der „Privatunternehmen" (siying qiye) an der Gesamtbeschäftigung betrug lediglich knapp 19 %. Der Anteil der Privatunternehmen *und* Einzelgewerbetreibenden an der *städtischen* Beschäftigung lag dagegen bei 42,9 %. In diesen Aggregaten der Privatunternehmen sind Firmen mit ausländischem Kapital jeweils nicht enthalten sind, obwohl diese sicher als private Unternehmen zählen könnten.

nicht oder nur in Kooperation mit Staatsunternehmen möglich, wobei sich die Markteintrittsbarrieren in Abhängigkeit von der Industriepolitik verändern (Wirtschaftsabteilung 2013, S. 148). Da die Öffnung (oder Beschränkung) von Branchen für private Investitionen und die prioritäre Unterstützung einzelner Branchen durch Industriepolitik staatlichen Strategien und Plänen entspringt und die Öffnung einzelner Branchen zumindest in der kürzeren Frist gute Entwicklungsmöglichkeiten und Renditen verspricht, hat sich ein Teil der Privatunternehmen in der Vergangenheit darauf konzentriert, in ihren Investitionsentscheidungen diesen politischen Signalen und Liberalisierungsschritten zu folgen.[2] Dieses Investitionsverhalten ist eine Ursache für das immer wieder beobachtbare Phänomen, dass einige Branchen sehr schnell expandieren, sodass in konjunkturell schwächeren Phasen erhebliche Überproduktion entsteht. Die ursprünglich staatliche Ermutigung zum Markteintritt bedingt allerdings Probleme staatlicherseits, diese Überkapazitäten abzubauen. Sofern ein solcher Abbau forciert wird, trifft er häufig die als unrentabel, umweltschädigend oder schlecht geführt gebrandmarkten kleineren Privatunternehmen (Zheng et al. 2014).[3] Im Vorteil sind in dieser Situation staatliche und größere Privatunternehmen, die aufgrund ihrer Größe, aber auch aufgrund ihrer guten Beziehungen zu staatlichen Institutionen auf lokaler oder zentraler Ebene tendenziell einen besonderen Schutz genießen.

Neben den in enger Symbiose mit dem Staat arbeitenden Privatunternehmern gibt es auch einen anderen Typ, der sich ausschließlich an den Marktentwicklungen orientiert und sehr darum bemüht ist, die Berührungspunkte zum Staat so gering wie möglich zu halten. Entweder, weil der Vorwurf staatlicher Unterstützung schlecht für die Position der Unternehmen im internationalen Markt ist, oder weil die Abschöpfung von Renten durch staatliche Institutionen im Zuge derartiger Kooperation den Unternehmern missfällt, aber auch weil sie befürchten in ihrer Entscheidungsfreiheit beschränkt zu werden (Interview 2013, Unternehmerin in Hangzhou). Dieser Typus der frei von staatlicher Unterstützung agierenden Privatunternehmen sieht sich allerdings häufig einem schwierigen Wettbewerbsumfeld gegenüber und muss ab einer bestimmten Größe damit rechnen, in die Kooperation mit staatlichen Institutionen gedrängt zu werden. Die Größe ist für erfolgreiche Privatunternehmen also zum einen eine Risikoabsicherung, zugleich aber auch ein Faktor, der die Möglichkeiten einer weiteren Entwicklung ohne staatliches Wohlwollen einschränkt. Die prominente Rolle von Unternehmern in den quasi-parlamentarischen Institutionen Chinas ist insofern nicht nur ein Spiegel des Erfolges der Privatunternehmer, sondern auch ein Indikator für die Bedeutung guter Beziehungen der Unternehmen zum Staat und die Rolle von Lobbying im politischen Prozess (Herrmann-Pillath 2016, S. 533).

---

[2]Interviewinformation, Wirtschaftsprofessor, Nanjing Universität, John-Hopkins Center, 16.09.2015.

[3]Interviewinformation, Forschungsabteilung der Jiangsu Provinzregierung, 26.09.2016.

9.3.3 Privatunternehmertum und Innovationen

Mit Blick auf Innovationen sind diese Rahmenbedingungen privaten Unternehmertums in China von erheblicher Bedeutung. Zum einen kann davon ausgegangen werden, dass industriepolitische Maßnahmen nicht völlig losgelöst von den Interessen der Privatwirtschaft entwickelt werden, da die enge Zusammenarbeit zwischen Staat und Unternehmen auch dazu führt bzw. genutzt wird, die Interessen der (großen bzw. gut vernetzten) Unternehmen zu berücksichtigen (Wang 2016c). Zugleich können die verschiedenen Regierungsebenen erwarten, dass auch die Privatunternehmen sich darum bemühen, industriepolitische Zielsetzungen zu internalisieren und als Chance für unternehmerische Entwicklung zu begreifen. Andererseits hemmt ein Investitionsverhalten, das sich vor allem an politischen Rahmenplänen ausrichtet, langfristige unternehmerische Strategien und Investitionen in Forschung und Entwicklung, die über den Horizont der staatlichen Industriepolitik hinausreichen (Huang 2010). Unternehmen, die versuchen, sich unabhängig von der staatlichen Politik zu positionieren, können alternativ davon profitieren, dass sie nicht im Fokus stehen, müssen aber auch mit Nachteilen im direkten Wettbewerb mit Firmen rechnen, die eng mit den politischen Institutionen zusammenarbeiten.

Der chinesischen Regierung scheint der Widerspruch zwischen dem Anspruch, wirtschaftliche Entwicklung durch Industriepolitik aktiv zu steuern einerseits und dem Ruf nach Innovationen andererseits, durchaus bewusst zu sein. Entsprechend lässt sich beobachten, dass die Regierung sich immer wieder gemüßigt sieht, auf die Rolle der Privatunternehmen und die Unterstützung derselben hinzuweisen. Dies geschah im Jahr 2005 zum Beispiel mit den „36 Regeln zur Förderung der nicht-staatseigenen Unternehmen", die im Jahr 2010 mit „Ansichten des Staatsrats zur Förderung und Anleitung einer gesunden Entwicklung der nicht staatlichen Investitionen" (auch „neue 36 Regeln" genannt) eine Neuauflage erfuhren. Während die Regeln von 2005 vor allem die Verbesserung der Rahmenbedingungen und Öffnung neuer Märkte für nicht-staatseigene Unternehmen fokussierten, machten die neuen 36 Regeln konkrete branchenbezogene Vorschläge. Diese wurden dann wiederum im Jahr 2011 durch Bestimmungen ergänzt, welche spezifisch Forschung und Entwicklung in den Privatunternehmen zu fördern versprachen und dafür erneut die Verbesserung der Rahmenbedingungen betonten. Diesem Tenor schloss sich im Jahr 2013 auch der Beschluss des dritten Plenums des 18. Zentralkomitees an, welcher das wirtschaftspolitische Programm der Regierung von Xi Jinping umriss. Zuletzt wurde in 2016, wie erwähnt, versucht, den Privatunternehmen Schutz ihrer Eigentumsrechte, Vertrauensschutz und Unterstützung zu versichern. Die Tatsache, dass diese Zusicherungen immer wieder notwendig sind, reflektiert allerdings zugleich das Problem, dass die Gleichberechtigung der Privatunternehmen nach wie vor in der Praxis nicht gegeben ist (Wirtschaftsabteilung 2013, S. 148), und die Privatunternehmen sich aus Unsicherheit mit Investitionen immer noch zurückhalten.

Der jüngste Ansatz der Regierung, Massengründungen (万众创业) zu propagieren (in einem Atemzug mit Masseninnovationen), ist vor dem geschilderten Hintergrund vordergründig überraschend, bei genauer Betrachtung aber kein Widerspruch. Der Ansatz folgt den Erfahrungen der 1980er und 1990er Jahre, indem er die Unternehmensgründung als Weg aus der Arbeitslosigkeit propagiert und sich mit dem Vorschlag, Unternehmen zu gründen, vor allem an Hochschulabsolventen, Migranten, die zurück in ihre Heimat gehen, Arbeitslose und entlassene Soldaten wendet (Staatsrat 2015a). Unter den Hochschulabsolventen der letzten Jahre ist die Arbeitslosenquote bzw. die Zahl derjenigen, die keine ihrem Abschluss entsprechende Beschäftigung finden konnten, stark angestiegen (Schucher 2014). Zugleich haben verschiedene von Überkapazitäten geplagte Industrien einen deutlich geringeren Bedarf an ländlichen Wanderarbeitern bzw. Migranten (Zhang 2016). Während Massengründungen insofern potenzielle Arbeitslosigkeit kaschieren können, haben sie zugleich das Potenzial auch in erfolgreiche Unternehmen zu münden. Auch dies ist ja eine Erfahrung der Unternehmensgründungswellen früherer Reformjahrzehnte. Anders als in der Vergangenheit scheint die Regierung gegenwärtig darum bemüht, Gründungen noch aktiver zu unterstützen. Diese Unterstützung reflektiert den Erfolg der Start-up-Bewegung der letzten Jahre, die zunächst ohne das Programm der Massengründung und -innovationen entstanden ist. Während die „Xiagang" Politik der späten 1990er Jahre an die Erfolge der „Xiahai"-Bewegung der frühen 1990er Jahre anzuknüpfen versuchte, kann die politische Unterstützung von Massengründungen entsprechend als Versuch gewertet werden, die Erfolge der Start-up Bewegung zu kopieren bzw. sozialpolitisch zu verstetigen.

9.4 Innovation und Innovationspolitik in China

Wenn die chinesische Regierung heute nicht nur zu Massengründungen, sondern auch zu Masseninnovationen aufruft, ist dies vor dem Hintergrund einer längeren Genese der chinesischen Innovationspolitik zu verstehen. Die Bedeutung von Innovation als Treiber von wirtschaftlichem Wachstum und als Faktor der Wettbewerbsfähigkeit Chinas im Kontext der Globalisierung steht seit Jahren hoch auf der politischen Agenda (OECD 2008). Allerdings haben sich im Zeitverlauf die politischen Konzepte zur Förderung von Innovationen und Innovationsfähigkeit gewandelt. Stand in den frühen Jahrzehnten der Reform- und Öffnungspolitik die Erwartung im Vordergrund, dass vor allem vermehrte ausländische Investitionen in China zu einer Diffusion von Know-how und – über die Kooperation mit chinesischen Unternehmen – zu einer größeren Innovationsfähigkeit der chinesischen Industrie führen würden, wurde mit dem „Staatlichen Mittel- und Langfristplan für die wissenschaftliche und technologische Entwicklung" (MLP) aus dem Jahr 2006 das Konzept der „selbstbestimmten" bzw. „unabhängigen" Innovationen in den Vordergrund gerückt (Schwaab-Serger und Breidne 2007).

Im Mittelpunkt des MLP stand die Diagnose, dass chinesische Unternehmen zu Beginn des neuen Jahrhunderts zwar sehr erfolgreich in der exportorientierten verarbeitenden Industrie tätig waren, dass sie aber im Rahmen der globalen Wertschöpfungsketten mehrheitlich auf die Produktzusammensetzung bzw. auf einfache Produktionsschritte beschränkt blieben. Der Wettbewerbsvorteil der chinesischen Unternehmen bestand darin, dass sie über Skalenerträge (economies of scale), niedrige Löhne und optimierte Produktionsprozesse trotz vergleichsweise geringer Margen beträchtliche Gewinne erzielen konnten (Breznitz und Murphree 2011). Allerdings sah die Regierung, wie auch viele Ökonomen, hierin eine Spezialisierung, die anfällig für Krisen in den Exportmärkten und langfristig nicht tragbar für eine alternde Gesellschaft sein würde. Des Weiteren wollte die Regierung durch eigene Innovationen die Abhängigkeit der chinesischen Unternehmen von ausländischem Know-how verringern, die Ausgaben für Lizenzen reduzieren und eine Positionierung Chinas auf den mehr Mehrwert schaffenden Stufen der globalen Wertschöpfungsketten vorbereiten (Zhou und Liu 2016, S. 42).

Das MLP bzw. seine Erfolgsbilanz ist bis heute umstritten. Zum einen ist China in vielen Ranglisten und Indikatoren, die international für die Messung und den Vergleich von Innovations- und Wettbewerbsfähigkeit herangezogen werden, in den letzten Jahren nach vorne gerückt.[4] Am auffälligsten war dies in den letzten Jahren bei Patentanmeldungen (Göbel 2014, S. 588 ff; vgl. hierzu auch Kap. 3 und 4). Zum anderen gibt es erhebliche Zweifel an der Aussagekraft derartiger Indikatoren für die Innovationsfähigkeit im Allgemeinen und Chinas im Besonderen (The Economist, 12.09.2015). Letztere drehen sich vor allem um die Frage, ob der rasante Anstieg von chinesischen Patentmeldungen und internationalen Veröffentlichungen, der seit dem MLP zu beobachten ist, tatsächlich einen substanziellen Trend widerspiegelt oder nicht eher ein durch das MLP und damit verbundene finanzielle wie politische Anreize ausgelöstes strategisches Verhalten chinesischer Unternehmen und Wissenschaftler ist (Böing 2016). Zugleich reflektiert die große Zahl von Publikationen zu Innovationen in China nicht nur ein wachsendes Interesse an der Innovations- und Wettbewerbsfähigkeit Chinas, sondern kann durchaus auch als eine Anerkennung der Tatsache verstanden werden, dass China – bei allen Zweifeln an der Verlässlichkeit der gängigen statistischen Indikatoren – im Hinblick auf Innovationen immer wichtiger wird (McKinsey 2015; WEF 2015).

Dabei sollte nicht übersehen werden, dass das MLP ein Programm bis zum Jahr 2020 ist und seither durch verschiedene andere industriepolitische Maßnahmen, Experimente und Programme flankiert wurde, die ihrerseits dokumentieren, dass die Regierung zum Erreichen der MLP-Ziele mit unterschiedlichsten Instrumenten experimentiert (Zhou und Liu 2016). So rief die Führungsriege unter dem Parteisekretär Hu Jintao in Reaktion auf die globale Finanzkrise ab 2009/2010 industriepolitische Programme zum Auf- und Ausbau von sieben „neuen strategischen Industrien" ins Leben (USBC 2013; Staatsrat 2010). Die nachfolgende Führungsriege unter der Leitung von Xi Jinping hat mit dem 3. Plenum des 18. Zentralkomitees die Bedeutung von Innovationen erneut betont (CCCPC 2013) und

---

[4]So stand China bei Global Innovation Index im Jahr 2012 auf Rang 34 von 141 Ländern; im Jahr 2015 erreichte China bei der gleichen Anzahl an Ländern den Rang 29, im Jahr 2016 bei insgesamt 128 Ländern den Rang 25 (Dutta 2012; Dutta et al. 2015, 2016, verschiedene Jahrgänge).

im Jahr 2015 das „Made in China 2025" Programm aufgelegt, das als Roadmap gedacht ist, um chinesische Unternehmen in zahlreichen Industrien schrittweise ins Zentrum globaler Wertschöpfungsketten zu bewegen (Staatsrat 2015b). Die Ziele reichen dabei de facto über 2025 hinaus, denn das Programm entwickelt eine Perspektive bis 2049 (vgl. hierzu Kap. 1 sowie Kap. 2).

Ein Unterschied zwischen den innovationspolitischen Ansätzen in Reaktion auf die Finanzkrise und den jüngeren Programmen liegt in der Rolle, die den Privatunternehmen eingeräumt wird. Vereinfacht gesagt legten die industriepolitischen Ansätze zur Bekämpfung der Finanzkrise einen Fokus auf Staatsunternehmen und die Allokation staatlicher Mittel zur Förderung von Forschung und Entwicklung sowie Innovation. Aus den Jahren unmittelbar nach der Finanzkrise ist daher der Stoßseufzer bekannt, dass Staatsunternehmen vermehrt auch in wettbewerblichen Märkte agierten und die Privatwirtschaft verdrängten (国进民退), wobei der Trend in diese Richtung schon vorher einsetzte (Wu 2010). Die jüngeren Äußerungen und Programme der Regierung betonen dagegen wieder stärker die Rolle der Privatunternehmen. Diese Verschiebung dürfte auf mindestens drei Aspekte zurückzuführen sein: Erstens auf die vergleichsweise geringe Performanz der Staatsunternehmen, wenn es um Innovationen geht (Boeing 2016), zweitens auf den Erfolg von zahlreichen Privatunternehmen, die aus früheren Wellen von Unternehmensgründungen hervorgegangen sind und drittens auf die „Entdeckung" von Start-ups und ihrer Bedeutung für die Innovationslandschaft im Kontext von Digitalisierung, sozialen Medien, „Internet of things (IoT)", „Big Data" etc.

9.4.1 Innovationsperformanz

Die Einschätzung der Innovationsleistungen chinesischer Unternehmen anhand der verfügbaren Statistiken führt – wie erwähnt – zu umstrittenen Ergebnissen, da die Aussagekraft von Patentdaten und ähnlichen Output bezogenen chinesischen Daten zu Innovationen fragwürdig und eine Analyse der Bedeutung von Unternehmen unterschiedlicher Eigentumsformen auf Basis dieser Daten zumindest problematisch ist. Im Folgenden wird daher zur Betrachtung der Innovationstätigkeit von Unternehmen einerseits auf unternehmensinterne Ausgaben für Forschung und Entwicklung (F&E) Bezug genommen und andererseits – ganz im Sinne der Definition des Oslo Manuals – auf Daten zu Ausgaben für die Entwicklung neuer Produkte. Tab. 9.2 gibt einen Überblick über entsprechende Daten und Kennzahlen für Industrieunternehmen mit mindestens 20 Mio. Renminbi Jahresumsatz in ihrem Hauptgeschäftsfeld für das Jahr 2014. Aufgelistet sind reine Staatsunternehmen ohne und mit beschränkter Haftung, reine Privatunternehmen sowie, zum Vergleich, Aktiengesellschaften (in denen der Staat häufig direkt oder indirekt die kontrollierende Mehrheit hat) und ausländische Unternehmen.

Aus den Daten ist erkennbar, dass die erfassten Privatunternehmen gemessen am Umsatz im Durchschnitt deutlich kleiner sind und dass sie pro Unternehmen deutlich

Tab. 9.2 Innovationskennzahlen nach Unternehmensform. (Quelle: National Bureau of Statistics, Ministry of Science and Technology, China Statistical Yearbook on Science and Technology, verschiedene Jahrgänge)

2014	Staatsunternehmen	Staatliche GmbHs	Privatunternehmen	Aktiengesellschaften	Ausländische Unternehmen (ohne HK/TW/MC)
Anzahl (A)	3437	3003	213.786	10.471	29.726
Unternehmen mit F&E Institution	351	588	24.471	3131	5338
Anteil an A (Prozent)	10,21	19,58	11,45	29,90	17,96
Unternehmen mit F&E Aktivitäten	581	874	31.354	4148	6552
Anteil an A (Prozent)	16,90	29,10	14,67	39,61	22,04
Umsatz mit Kerngeschäft, Mrd. RMB (B)	4933,74	4867,59	10527,1	37247,08	15783,85
davon mit neuen Produkten (B1)	390,12	595,61	2280,45	2735,65	3182,8
B/A (Mrd. Yuan)	1,435	1,621	0,049	3,557	0,531
Anteil des Umsatzes mit neuen Produkten am Gesamtumsatz	7,91	12,24	21,66	7,34	20,16
Ausgaben für Entwicklung neuer Produkte (C)	27,02	57,67	231,7	165,46	158,33
C/A (Mio. RMB)	7,862	19,204	1,084	15,802	5,326
B1/C (Yuan, Einheit Umsatz pro Einheit Ausgaben für neue Produkte)	14,438	10,328	9,842	16,534	20,102
F&E-Ausgaben, intern, Mrd. RMB, (D)	32,57	62,48	202,68	150,46	129,85
davon (Mrd. RMB)					
staatliche Mittel D1	2,77	6,03	5,82	6,4	2,097
eigene Mittel D2	29,37	56,1	193,87	142,55	124,3
ausländische Mittel D3	0,001	0,03	0,4	0,33	2,18
sonstige D4	0,43	0,32	2,59	1,18	1,28

(Fortsetzung)

Tab. 9.2 (Fortsetzung)

2014	Staatsunternehmen	Staatliche GmbHs	Privatunternehmen	Aktiengesellschaften	Ausländische Unternehmen (ohne HK/TW/MC)
F&E-Ausgaben je Unternehmen in Mio RMB (D/A)	9,476	20,806	0,948	14,369	4,368
Anteil staatlicher Mittel an F&E-Ausgaben gesamt in Prozent (D1/D)	8,505	9,651	2,872	4,254	1,615
Anteil eigener Mittel an F&E-Ausgaben gesamt in Prozent (D2/D)	90,175	89,789	95,653	94,743	95,726
Anteil ausländischer Mittel an F&E-Ausgaben gesamt in Prozent (D3/D)	0,003	0,048	0,197	0,219	1,679
Anteil Sonstige an F&E-Ausgaben gesamt in Prozent (D4/D)	1,320	0,512	1,278	0,784	0,986

weniger in die Entwicklung neuer Produkte investieren als alle anderen Unternehmensformen. Dies taten sie zudem mit geringerem Erfolg, da sie mit den Ausgaben für die
Entwicklung neuer Produkte relativ weniger Umsatz erzielten. Während die durchschnittlichen F&E-Ausgaben pro Privatunternehmen wesentlich geringer ausfielen als
die der staatlichen Konkurrenz und der anderen Unternehmenstypen, finanzierten sie
diese Ausgaben zu einem größeren Anteil aus Eigenmitteln. Von den in der Tab. 9.2. aufgeführten staatlichen F&E-Zuschüssen für die genannten Unternehmenstypen entfielen
gerade einmal 25 % auf Privatunternehmen, obwohl diese 82 % der betrachteten Unternehmen ausmachten. Staatliche Zuschüsse machten bei den Privatunternehmen zudem
nur 2,9 % der Gesamtausgaben für F&E aus, bei den Staatsunternehmen und staatlichen
GmbHs dagegen 8,5 bzw. 9,7 %.

Diese Momentaufnahme zu der Rolle der Privatunternehmen mit Blick auf Innovationen ist auf einen Ausschnitt der Gesamtwirtschaft (Industrieunternehmen ab einer
bestimmten Größe) beschränkt. Sie blendet also andere Sektoren und kleinere Unternehmen aus und kann auch nicht die unterschiedlichen Eigentumsstrukturen in unterschiedlichen Regionen Chinas widerspiegeln. In dem betrachteten Ausschnitt zeigt sie aber die
relative Schwäche der privaten Industrieunternehmen im Hinblick auf Innovationsoutput
insgesamt und die Effizienz mit der dieser Output generiert wird.

9.4.2 Innovatives Unternehmertum

Dem statistischen Einblick in die innovativen Stärken der Privatunternehmen stehen
zahlreiche Publikationen zur Seite, welche Beispiele von erfolgreichen Unternehmen
und Unternehmern und deren Bedeutung für Innovation in China in den Mittelpunkt stellen, wobei sie meist Aspekte hervorheben, die sich zwar in der Gesamtprofitabilität der
Unternehmen niederschlagen sollten, aber nicht unbedingt in den klassischen numeri-
schen Indikatoren für Innovationsfähigkeit von Industrieunternehmen. So argumentiert
Shaun Rein (2014, S. 25), dass Innovation für chinesische Unternehmen nicht notwendig war, solange sie mit Massenproduktion und auch Produktimitationen gute Ergebnisse
erzielen konnten. Da diese Zeiten vorbei seien, würden sie sich nun auf Innovationen
konzentrieren, wobei zunächst innovative Geschäftsmodelle im Vordergrund stünden.
Edward Tse (2015) ist insbesondere fasziniert von den Internetserviceanbietern BAT, die
in weniger als zwei Jahrzehnten quasi aus dem Nichts entstanden sind und untereinander in heftigem Wettbewerb stehen. Diesen Wettbewerb und vor allem den großen chinesischen Binnenmarkt, der den BAT besondere Möglichkeiten der Entwicklung eröffnet,
sieht Tse als wichtiges Sprungbrett für diese Unternehmen, um sich auf die Expansion
in internationale Märkte vorzubereiten. Demgegenüber haben Zeng und Williamson auf
Basis der Untersuchung von Industrieunternehmen frühzeitig prophezeit, dass chinesische Unternehmen – und hier meinten sie vor allem private – dank der Gewinne, die sie
mit dem exportorientierten und arbeitsintensiven Produktionsmodell erzielen konnten, in
der Zukunft auch erhebliche finanzielle Ressourcen haben würden, um sich technisches

Know-how einzukaufen und schlussendlich auch in Forschung und Entwicklung Ska-lenerträge zu erzielen (Zeng und Williamson 2007). In einer neueren Publikation bekräf-tigt Williamson (2014) auf der Basis von empirischen Untersuchungen diese These, indem er zeigt, dass chinesische Industrieunternehmen ihre Wettbewerbsfähigkeit vor allem über die Optimierung von Innovations- und Produktanpassungsprozessen gene-rieren, weniger mit der Entwicklung neuer Technologien. In ähnlicher Weise argumen-tiert eine Studie von McKinsey (2015), die vier Typen von Innovationen unterscheidet (kundenorientiert, Effizienz getrieben, Ingenieur getrieben und forschungsbasiert) und zu dem Schluss kommt, dass chinesische Unternehmen bisher zum einen in Effizienz getriebener Innovation (z. B. Solarpanels) erfolgreich seien, zum anderen in kundeno-rientierter Innovation (z. B. Haushaltsgeräte). Zugleich prognostiziert die Studie ähnlich wie Williamson, dass Chinas Ansatz, Innovation „kostengünstiger, schneller und mit gro-ßen Skaleneffekten verbunden" hervorzubringen, die globalen Wettbewerbsverhältnisse grundlegend verändern könnte.

Den zuvor genannten Studien ist eines gemein: Sie zweifeln an den Zweifeln, die in Bezug auf Innovationen und Innovationsfähigkeit in China formuliert werden. Zwar sehen auch die Autoren dieser Studien Unsicherheiten hinsichtlich ihrer Prognosen, letzt-endlich eint sie aber der Eindruck, dass die Innovationsfähigkeit und die Innovations-entwicklungen in China im Allgemeinen unterschätzt würden. Während die Skeptiker in der Regel die Probleme des chinesischen Ausbildungs- und Bildungssektors, insbeson-dere die mangelnde Förderung von Kreativität in demselben, in den Vordergrund stel-len, betonen Optimisten gerade die Kreativität chinesischer Unternehmer und Start-ups. Die Skeptiker stellen zudem in den Vordergrund, dass chinesische Technologie in vie-len Bereichen auf ausländischer Technologie (und der Kopie derselben) oder ausländi-schem Know-how aufbaut. Dagegen stützen die Optimisten ihre positive Sichtweise auf Beispiele von Unternehmen, die sich auf dieser Basis zu Marken entwickelt und Pro-dukt- und Prozesstechnologien weiterentwickelt bzw. neu definiert haben. Und während die Skeptiker vor allem sehen, dass die Zahl innovativer „Global Player" chinesischer Provenienz noch gering ist, heben die Optimisten die Dynamik der chinesischen Grün-derszene und die Bedeutung der großen, Technologie affinen Bevölkerung als Asset für die Innovationsfähigkeit hervor. Nicht zuletzt, während die Skeptiker betonen, dass die sicht- und spürbare Steuerung und Kontrolle durch den Staat, z. B. im Bereich von Inter-netinhalten, Innovation unterdrückt, sehen die Optimisten, dass der Staat den Unterneh-men Förderung und Schutz bietet, selbst dann, wenn er kontrollierend eingreift, indem er beispielsweise mit der Parallelwelt des chinesischen Internet einen Raum für indigene Innovationen schafft.

Das Problem der Argumente der Skeptiker besteht darin, dass sie seit Jahren eigent-lich unverändert vorgebracht werden können, sie aber den – trotzdem – zu beobach-tenden „Aufstieg" Chinas in Bezug auch auf Innovationen nicht zu erklären vermögen. Unternehmen wie Huawei, Alibaba, Geely, BYD, Wanda, Goldwind, Yingli, um nur ein paar der bekannteren Namen zu nennen, sind trotzdem groß geworden und werden heute in ihren Branchen als Beispiele für innovative Firmen genannt. Diese unternehmerische

Leistung ist, so könnte man argumentieren, eher noch höher zu bewerten, berücksichtigt
man die für Privatunternehmen und Innovationen nicht durchweg günstigen Start- und
Entwicklungsbedingungen (s. oben). Es gibt also auch für die chinesische Regierung
gute Gründe anzunehmen, dass privates Unternehmertum ein wichtiger Impulsgeber für
den Übergang zu einem neuen Wachstumsmodell sein könnte, das auf Innovation basieren soll.

9.5   Neuartige Innovationsmuster

Es gibt verschiedene Möglichkeiten, neuere Muster bzw. Trends in der chinesischen
Innovationslandschaft zu identifizieren. In der Literatur verbreitet ist der Versuch
bestimmte Branchen zu identifizieren, in denen China besonders gut im Innovationswettbewerb aufgestellt ist. Alternativ werden Regionen identifiziert, die sich als besonders innovativ herausstellen bzw. herausstellen könnten. Für diesen Beitrag werden im
Folgenden, aufbauend auf den vorangegangenen Überlegungen, Muster vorgeschlagen,
die sich aus der Rolle der Privatunternehmen und ihrer Stellung im Wettbewerb ergeben.
Vereinfachend lässt sich deren Herangehensweise an Innovationen als „mit dem Konsumenten", „mit dem Ausland", „mit dem Internet" und „mit Nestwärme" charakterisieren.

9.5.1   Konsumentenorientierung

Die internationale Diskussion um die Innovationsfähigkeit chinesischer Unternehmen
kreiste in der Vergangenheit, gerade wenn es um private Unternehmen ging, häufig um
die Frage, inwieweit chinesische Unternehmen sich bei der Entwicklung neuer Produkte
vor allem auf das Kopieren von ausländischen Produkten konzentrierten. Dabei wurde das
Kopieren mehr oder weniger als Indiz dafür angesehen, dass es mit der Innovationsfähigkeit letztlich nicht so weit her sei und entsprechend wurde dieses Verhalten mit abwertenden
Begriffen wie „Produktpiraterie", „copycat" etc. in Verbindung gebracht. Für internationale
Unternehmen und aus juristischer Sicht ist Produktpiraterie selbstverständlich ein Problem,
aus chinesischer Sicht galt dies nicht, solange das Verständnis vorherrschte, dass China
wirtschaftlich nicht aufholen könne, wenn Produktimitation ernsthaft unterbunden würde.
Zugleich hat der ruinöse Wettbewerb, der entstanden ist, weil Produktfälschung nur unzureichend geahndet wurde, sich negativ auf die Bereitschaft von Unternehmen ausgewirkt, in
Forschung und Entwicklung und damit letztlich in Innovationen zu investieren. Allein vor
diesem Hintergrund hat die chinesische Regierung den Schutz von Marken und anderem
geistigen Eigentum inzwischen verbessert (Haour and Zedtwitz 2016, S. 73).

Aus innovationstheoretischer Sicht hat sich die Wahrnehmung inzwischen allerdings dahin gehend verschoben, dass die Perfektionierung der Produktnachahmung, wie
sie in einigen Branchen in China platziert wurde, bereits ihrerseits innovativ war. Beispielhaft wird hierfür gerne das „shanzhai"-Phänomen angeführt (vgl. auch Kap. 12),

das ursprünglich auf spezialisierte Bergdörfer verwies, in denen die Produktpiraterie gemeinschaftlich organisiert stattfand, heute aber als Wurzel einer chinesischen Form von „open innovation" und Vorläufer der „maker spaces" angesehen wird (Li 2014). Die positive Bewertung dieses Phänomens basiert darauf, dass die Nachahmung häufig mit einer besseren Anpassung der Produkte und ihrer Funktionen an die Kundenbedürfnisse einherging, sei es, dass sie einfacher, dafür aber günstiger gestaltet wurden, sei es, dass Funktionen weggelassen oder hinzugefügt wurden, die insbesondere den chinesischen Kunden ansprachen. Die Grenze zwischen Produktpiraterie, -nachahmung und –entwicklung ist vor diesem Hintergrund fließend (Luo und Müller 2011).

Darüber hinaus sind aus dem Shanzhai-Phänomen inzwischen Unternehmen erwachsen, denen zwar immer noch gelegentlich nachgesagt wird, dass sie Ideen ausländischer Marktführer kopierten, die aber tatsächlich inzwischen zumindest im chinesischen Markt zu Marktführern geworden sind und dies nicht zuletzt aufgrund der Art, mit der sie Kundenkommentare und -wünsche in die Produktentwicklung integrieren. Hersteller von Endgeräten für die Mobiltelefonie wie Huawei und Xiaomi, sind Firmen, denen in der Vergangenheit vorgehalten werden konnte, dass sie auf Produktimitation und Shanzhai zurückgehen, denen aber heute kaum mehr abgesprochen wird, dass sie – nicht zuletzt auf der Basis von systematischer Einbindung von Kundenideen – eigenständig innovativ und in wachsenden Marktsegmenten international wettbewerbsfähig sind.

9.5.2   Internationalisierung

Die Einschätzung der Innovationsfähigkeit sozusagen „rein" chinesischer Unternehmen wird zunehmend schwieriger, bzw. zum Teil auch sinnentleert, wenn berücksichtigt wird, dass viele Unternehmen nicht nur im Ausland investieren und Produkte verkaufen, sondern inzwischen auf ausländisches Know-how zurückgreifen, indem sie Managementpersonal einstellen, das zuvor für internationale Unternehmen gearbeitet hat, ausländische Berater heranziehen, im Ausland mit Forschungs- und Entwicklungsabteilungen bzw. -instituten kooperieren oder im Ausland innovative Firmen aufkaufen. Innovationsprozesse in international aufgestellten Unternehmen sind heutzutage kaum mehr national begrenzt, und das gilt zunehmend auch für chinesische Unternehmen (Liefner 2014). Zudem gehen zahlreiche heute erfolgreiche chinesische Unternehmen auf Gründungen durch chinesische Rückkehrer aus dem Ausland zurück, seien es Universitätsabsolventen, promovierte Wissenschaftler oder Manager. Es ist sicherlich sinnvoll, die Wettbewerbsfähigkeit von Unternehmen zu vergleichen. In einer globalisierten Welt ist die Rückführung der Wettbewerbsfähigkeit allein auf nationale Faktoren allerdings zunehmend problematisch. Chinesische Beispiele für derartige Entwicklungen sind das Unternehmen Lenovo, das auf der Basis der Übernahme der IBM Laptop Sparte zu einem globalen Anbieter aufgestiegen ist, oder die Firma Goldwind, der größte chinesische Windturbinenhersteller, der gezielt die Kooperation mit europäischen Firmen für die Entwicklung seiner Innovationsfähigkeit gesucht hat (Lema et al. 2011; Dai et al. 2014).

9.5.3 Internetnutzung

Neben der internationalen Kooperation hat der große chinesische Binnenmarkt eine besondere Bedeutung für Innovation in China. Zwar ist der chinesische Binnenmarkt nicht frei von Barrieren, da es für die Zulassung von Firmen und Produkten spezielle Regeln auf Provinz- und anderen Ebenen der Lokalregierungen gibt. Derartige Barrieren, die als eine Kehrseite der oben erläuterten engen Verflechtungen zwischen Unternehmen und Lokalregierungen anzusehen sind, bilden für chinesische Unternehmen ebenso kritische Hürden wie für ausländische. Nicht umsonst wird in China gelegentlich gescherzt, dass es für chinesische Unternehmen einfacher sei im Ausland zu investieren als in der Nachbarprovinz.

Dieses Problem betrifft aber sehr viel weniger jene Branchen, die aufgrund ihrer Technologie nicht an physische Märkte gebunden sind, insbesondere Unternehmen, die sich das Internet zunutze machen können. Typische Beispiele hierfür sind aus heutiger Sicht die BAT-Firmen mit ihren Suchmaschinen (Baidu), Online-Handelsplattformen und Finanzdienstleistungen (Tmall, Taobao und AntFinancial) oder Sozialen Netzwerkangeboten (Wechat), aber auch viele andere Anbieter von Service-Portalen wie CTrip.

Diese Entwicklung profitiert zugleich von erheblichem politischen Rückenwind. Die chinesische Regierung hofft ganz offensichtlich, dass die Kombination eines großen nationalen Binnenmarktes und des geschützten nationalen Internetraums, es den chinesischen Internetserviceanbietern ermöglicht, Serviceinnovationen zu schaffen, die letztlich auch global – und demnach außerhalb des chinesischen parallelen Internetuniversums – erfolgreich sein können bzw. gleich dazu dienen können, die chinesischen Standards des Internets global zu verbreiten. Hieraus sollen dann auch Innovationen und Wettbewerbsvorteile wieder für die Produkte der realen Welt entstehen, also in Bereichen, die unter „Internet+", „Internet of Things" oder „Industrie 4.0" fallen.

9.5.4 Masseninnovation und -gründungen

Die jüngsten politischen Plädoyers für „Masseninnovation und -gründungen" sind auch, aber nicht ausschließlich, in diesem Zusammenhang zu sehen. Tatsächlich hat die Entstehung des Onlinehandels dazu geführt, dass viele kleine Privatunternehmen entstanden sind, die im Onlinehandel aktiv sind (Yip und McKern 2016, S. 60). Ähnlich entstehen ständig Firmen, welche die Nutzungsmöglichkeiten des sozialen Netzwerks Wechat weiterentwickeln und mit Geschäftsmodellideen bzw. Anwendungen verbinden. Die BAT selber fördern diese Entwicklung innerhalb ihrer Unternehmen, sie kaufen aber auch entsprechend erfolgreiche Start-ups auf und ermutigen junge Unternehmen dazu Ideen zu entwickeln.

Die aktuelle politische Strategie der Massengründungen und Masseninnovationen ist aber auch im Zusammenhang mit der Entwicklung des Unternehmertums in den letzten Jahrzehnten zu sehen. So wie aus den vielen Gründungen Ende der 1990er Jahre und Anfang des neuen Jahrhunderts die heutigen großen Privatunternehmen hervorgegangen sind, so erhofft sich die Regierung mit der Förderung von Start-ups und der Schaffung günstiger Rahmenbedingungen heute erneut den Nährboden für die Technologieführer der Zukunft zu bereiten. Aus diesem Grund unterstützt bzw. initiiert die Regierung die Schaffung von „Inkubatoren", „maker spaces", oder „Startup-Cafés", um Unternehmensgründern eine Heimat zu bieten.[5] Lokalregierungen, die dieser politischen Linie folgen, kopieren damit zugleich die Erfolgsrezepte des Stadtteils Zhongguancun in Beijing (vgl. hierzu auch Kap. 11), der schon seit längerem mit dieser Gründer- und Innovationskultur experimentiert (Wang 2016b). Dabei ist nicht anzunehmen, dass die Zentral- oder die Lokalregierungen tatsächlich erwarten, dass alle diese Gründungen letztendlich mit Erfolg gekrönt sein werden. Wie erwähnt dient die Initiative auch beschäftigungspolitischen Zielen. Gleichwohl kann es aus der Sicht der nationalen Entwicklung ausreichend sein, wenn von den vielen Start-ups und Kleinstunternehmen ein gewisser Prozentsatz mit Ideen groß wird, die Erfolgsgeschichten ähnlich denen der heute bereits bekannten chinesischen Privatunternehmen hervorbringen. Die Masse der Gründungen wäre insofern nur ein Mittel zum Zweck, da sie die Wahrscheinlichkeit erhöht, dass dabei auch Unternehmensideen hervorkommen, die sich langfristig und international durchsetzen können.

9.6   Ausblick

Es ist geradezu vermessen, in Anbetracht der Größe des Landes und der raschen Veränderungen der globalen politischen und ökonomischen Dynamiken unserer Zeit, einen Überblick ausgerechnet über neue Innovationsmuster in China geben zu wollen. Der Beitrag hat daher einen besonderen Aspekt, den Zusammenhang von Unternehmertum und Innovation bzw. Innovationspolitik in China, in den Mittelpunkt gestellt. Dieser Blickwinkel zeigt, dass trotz der Veränderungen in den Umweltbedingungen einige Kontinuitäten erkennbar sind, die es erlauben, aktuelle Entwicklungen besser einzuschätzen. So zeigt die Entwicklung der chinesischen Privatunternehmer, dass diese nicht im Gegensatz zur Politik entstanden sind, sondern dass die Beziehungen zur Politik zumindest immer dann eine Rolle spielen, wenn Unternehmen größer werden. Daher sollte die aktuelle Initiative zu Masseninnovation und -gründungen auch nicht dahin gehend missverstanden werden, dass die Politik sich aus der Wirtschaft zurückziehen will. Des Weiteren ist aber auch deutlich, dass eine Betrachtung von Innovationsdynamiken, die an den nationalen Grenzen Halt macht, ebenso den realen Entwicklungen hinterherhinkt wie eine, die sich nur auf die etablierten Firmen und „üblichen Verdächtigen" konzentriert. Vielmehr zeigt die Geschichte jener chinesischen Unternehmen, die heute

---

[5]Laut Wan Gang, China's Forschungsminister, gab es 2014 im ganzen Land 1600 technologische Unternehmensinkubatoren, 115 Wissenschaftsparks und mehr als 80.000 Unternehmen in den Inkubatoren, in denen 1.750.000 Personen beschäftigt waren.

international Aufmerksamkeit erzielen, dass ihre Wurzeln in Phasen der chinesischen
Wirtschaftsentwicklung liegen, die durchaus krisenbehaftet waren und in denen chinesischen Unternehmen Innovationsfähigkeit noch weitgehend abgesprochen wurde. Vor
diesem Hintergrund ist es sinnvoll anzunehmen, dass auch in diesem Moment in China
Unternehmen geboren werden, deren Innovationen uns in der Zukunft beeindrucken werden. Und dies nicht trotz, sondern gerade wegen der aktuellen wirtschaftlichen Schwierigkeiten des Landes.

Literatur

Backaler J (2014) China goes west – everything you need to know about Chinese companies going global. Palgrave MacMillan, New York
BCG (2015) The most innovative companies 2015 – four factors that differentiate leaders. The Boston Consulting Group, Boston (December 2015)
Böing P (2016) China's R&D explosion – analysing productivity effects across ownership types and over time. Research Policy 45:159–176
Breznitz D, Murphree M (2011) The run of the Red Queen: government, innovation, globalization, and economic growth in China. Yale University Press, New Haven
Bruun O (1995) Political hierarchy and private entrepreneurship in a Chinese neighborhood. In: Walder A (Hrsg) The waning of the communist state – economic origins of political decline in China and Hungary. University of California Press, Berkeley, S 84–212
Cai F, Lu Y (2016) Take-off, persistence and sustainability: the demographic factor in Chinese growth. Asia Pac Policy Stud 3(2):203–225
CCCPC (2013) Decision of the central committee of the communist party on some major issues concerning comprehensively deepening the reform vom 12.11.2013 (中共中央关于全面深化改革若干重大问题的决定). http://www.china.org.cn/chinese/2014-01/17/content_31226494.htm. Zugegriffen: 2. Dez. 2012
Chen M (2015) From economic elites to political elites: private entrepreneurs in the people's political consultative conference. J Contemp China 24(94):613–627. doi:10.1080/10670564.2014.975952
Dai Y, Zhou Y, Xia D, Ding M, Xue L (2014) The Innovation Path of the Chinese Wind Power Industry. Discussion Paper 32/2014. Deutsches Institut für Entwicklungspolitik (DIE) / German Development Institute, Bonn
Dutta S (2012) The Global Innovation Index 2012. Insead und WIPO, Fontaineblaeu
Dutta S, Lanvin B, Wunsch-Vincent S (2015) The Global Innovation Index 2015. Cornell University, INSEAD und WIPO, Fontaineblaeu
Dutta S, Lanvin B, Wunsch-Vincent S (2016) The Global Innovation Index 2016. Cornell University, INSEAD und WIPO, Fontaineblaeu
Dyer J, Gregersen H (2011) The Innovation Premium: Our Methodology. https://www.forbes.com/sites/innovatorsdna/2011/10/20/the-innovation-premium-our-methodology/#14c7be915c48. Zugegriffen: 10. Aug. 2017
Eaton S (2013) Political Economy of the Advancing State: The Case of China's Airlines Reform. The China Journal 69:64–86
EU (2015) State of the innovation union 2015. European Commission, Brussels. http://ec.europa.eu/research/innovation-union/pdf/state-of-the-union/2015/state_of_the_innovation_union_report_2015.pdf#view=fit&pagemode=none. Zugegriffen: 3. Jan. 2017

Fang L, Lerner J, Wu C (2016) Intellectual property rights protection, ownership, and innovation: evidence from China. Havard Business School Working Paper 17-043. doi:10.2139/ssrn.2877179. Zugegriffen: 2. Dez. 2016

Fischer D (1995) Gibt es den chinesischen Privatunternehmer – Neue Verbindungen zwischen „guan" und „shang" im China der 90er Jahre. Osteur Wirtsch 40(4):299–316

Fischer D (2006) Privatwirtschaft in China: Vom Randphänomen zum Hoffnungsträger. Osteur Wirtsch 51(3–4):303–332

Fischer D (2014) Green industrial policies in China – The example of solar energy. In: Pegels A (Hrsg) Green industrial policies in emerging countries. Routledge, S 69–103

Forbes (2016) The World's Most Innovative Companies. http://www.forbes.com/innovative-companies/list/#tab:rank_header:innovationPremium_sortreverse:true. Zugegriffen: 10. Aug. 2017

Funk A (2016) Crowdfunding as an alternative to informal finance. Beitrag im Rahmen der Jahrestagung des Arbeitskreises Sozialwissenschaftlicher Chinaforschung in der DGA, Bochum, 25.11.2016

Gill IS, Kharas H (2015) The middle income trap turns ten. Policy Research Working Paper WPS7403. World Bank, Washington D.C.

Göbel C (2014) Innovationsgesellschaft China? Politische und wirtschaftliche Herausforderungen. In: Fischer D, Müller-Hofstede C (Hrsg) Länderbericht China. Bundeszentrale für politische Bildung, Bonn, S 573–606

Haour G, Zedtwitz M von (2016) Created in China – how China is becoming a global innovator. Bloomsbury, London

Herrmann-Pillath C (2016) China's economic culture – the ritual order of state and markets. Routledge, London

Hobday M, Perini F (2009) Latecomer entrepreneurship: a policy perspective. In: Cimoli M, Dosi G, Stiglitz JE (Hrsg) Industrial policy and development – the political economy of capabilities accumulation. Oxford University Press, New York, S 470–505

Holbig H (2002) The party and private entrepreneurs in the PRC. Copenhagen J Asian Stud 16:30–56

Huang Y (2010) Entrepreneurship in China. In: The World Financial Review, 28.12.2010. http://www.worldfinancialreview.com/?p=2782. Zugegriffen: 1. Nov. 2016

Krugman P (1994) The myth of the Asian miracle. Foreign Aff 73(6):62–78

Lardy N (2014) Markets under Mao. Peterson Institute for International Economics, Washington D.C

Lee Il H, Syed M, Liu X (2012) Is China over-investing and does it matter? IMF Working Paper WP/12/277. International Monetary Fund, Washington D.C.

Lema R, Berger A, Schmitz H, Song H (2011) Competition and cooperation between Europe and China in the wind power sector. IDS Working Papers 377, IDS, Brighton

Li D (2014) The new Shanzhai: democratizing innovation in China. In: ParisTech Review, 24.12.2014. http://www.paristechreview.com/2014/12/24/shanzhai-innovation-china/. Zugegriffen: 2. Dez. 2016

Liefner I (2014) Explaining innovation and regional development in China: how much can we learn from applying established western theories? In: Liefner I, Wei YD (Hrsg) Innovation and regional development. Routledge, New York, S 21–40

Luo M, Müller C (2011) Imitation oder Innovation – Das shanzhai-Phänomen in der Debatte um geistiges Eigentum. In: Freimuth J, Krieg R, Luo M, Müller C, Schädler M (Hrsg) Geistiges Eigentum in China. Gabler, Wiesbaden, S 47–68

McKinsey Global Institute (2015) The China effect on global innovation. McKinsey&Company. https://www.mckinsey.de/2015-10-27/china-effect-global-innovation

MIT Technology Rewiew (2016) 50 Smartest Companies 2016. https://www.technologyreview.com/lists/companies/2016/. Zugegriffen: 10. Aug. 2017

Norton S (2015) China's grand strategy. Chinese Studies Centre. University of Sydney. November 2015. https://sydney.edu.au/china_studies_centre/images/content/ccpublications/policy_paper_series/2015/chinas-grand-strategy.pdf. Zugegriffen: 2. Dez. 2016

Obama B (2011) State of the union address. In: The Guardian, 26.01.2011. https://www.theguardian.com/world/2011/jan/26/barack-obama-address-full-text. Zugegriffen: 3. Jan. 2017

OECD (1999) Managing national innovation systems. OECD, Paris

OECD (2005) Oslo manual – guidelines for collecting and interpreting innovation data, 3. Aufl. OECD, Paris

OECD (2008) OECD reviews of innovation policy: China. OECD, Paris

Rein S (2014) The end of copycat China – the rise of creativity, innovation, and individualism in Asia. Wiley, Hoboken

Schucher G (2014) A ticking "time bomb"? Youth employment problems in China. GIGA Working Papers 258, GIGA, Hamburg

Schwaab-Serger S, Breidne M (2007) China's fifteen-year plan for science and technology: an assessment. Asia Policy 4(July):135–164

Staatsrat (2010) Beschluss des Staatsrats zum beschleunigten Heranziehen und Entwickeln von strategischen neuen Industrien (国务院关于加快培育和发展战略新兴产业的决定). Dekret des Staatsrats Nr. 32/2010 vom 18.10.2010. www.gov.cn/zwgk/2010-10/18/content_1724848.htm. Zugegriffen: 15. März 2013

Staatsrat (2015a) Ansichten des Staatsrates bezüglich einiger Politikmaßnahmen zur kraftvollen Förderung von Massengründungen und Masseninnovationen (国务院关于大力推进大众创业万众创新若干政策措施的意见). Dekret des Staatsrats Nr. 32. http://www.gov.cn/zhengce/content/2015-06/16/content_9855.htm. Zugegriffen: 2. Dez. 2016

Staatsrat (2015b) Mitteilung des Staatrats über die Veröffentlichung von "Made in China 2025" (国务院关于印发《中国制造2025》的通知). Dekret des Staatsrats Nr. 28/2015. http://www.miit.gov.cn/n11293472/n11293877/n16553775/n16553792/16594486.html. Zugegriffen: 1. Dez. 2016

Tse E (2015) China's Disruptors – how Alibaba, Xiaomi, and other companies are changing the rules of Business. Portefolio Penguin, New York

USBC (2013) China's strategic emerging industries: policy, implementation, challenges, & recommendations. The US-China Business Council. https://www.uschina.org/sites/default/files/sei-report.pdf. Zugegriffen: 2. Dez. 2016

Wang X (2016a) From property rights to original sin, how Beijing is reassuring China's entrepreneurs. In: South China Morning Post. 04.12.2016. http://www.scmp.com/week-asia/opinion/article/2051327/property-rights-original-sin-how-beijing-reassuring-chinas. Zugegriffen: 3. Jan. 2017

Wang X (2016b) Gründung und Entwicklung von Zhongguancun (中关村德创业与发展). In: Wu J, Liu H, Fangang YG, Wu X, Xu S, Cai F (Hrsg.) Ein Neuanfang für die chinesische Wirtschaft (中国经济新开局). China Citic, Beijing, S. 106–118

Wang Y (2016c) Beyond local protectionism: China's state-business relations in the last two decades. China Q 226:319–341

Wank D (1995) Bureaucratic patronage and private business: changing networks of power in urban China. In: Walder Andrew (Hrsg) The waning of the communist state – economic origins of political decline in China and Hungary. University of California Press, Berkeley, S 153–183

WEF (2015) Emerging best practices of Chinese globalizers: develop the innovation models. World Economic Forum, Genf

Williamson P (2014) Accelerated innovation: the new challenge from China. MIT Sloan Management Review, Summer 2014, S. 27–34

Wirtschaftsabteilung der Nationalen Föderation für Industrie und Handel (全国工商联经济部) (2013) Bericht der Nationalen Föderation für Industrie und Handel zur Untersuchung der größeren nicht-staatseigenen Unternehmen im Jahr 2011 (2011年度全国工商联上规模民营企业调研分析报告). In: Wan Q (Hrsg.) Jahresbericht zur nicht-staatseigenen Wirtschaft in China (中国民营经济发展报告), Nr. 10 (2012–2013), S. 104–218

Wu J (2010) Neue Gefahren des "Guojin Mintui" und der Angriff auf die Reform (新"国进民退" 风险与改革攻坚战). Informationswebseite des Forschungszentrum beim Staatsrat 17.09.2010. http://expert.drcnet.com.cn/Showdoc.aspx?doc_id=200202. Zugegriffen: 2. Dez. 2016

Yip GS, McKern B (2016) China's next strategic advantage – from imitation to innovation. MIT Press, Cambridge

Zeng M, Williamson PJ (2007) Dragons at our door – how Chinese cost innovation is disrupting global competition. Harvard Business School, Boston

Zentralkomitee der Kommunistischen Partei Chinas (2013) Beschluss des 3. Plenums des 18. Parteitags zu einigen wichtigen Fragen der umfassenden Vertiefung der Reform vom 12.11.2013 (中共中央关于全面深化改革若干重大问题的决定). http://www.china.org.cn/chinese/2014-01/17/content_31226494.htm. Zugegriffen: 2. Dez. 2016

Zhang C (2016) China reaches for the safety net as heavy industry culls jobs. In: chinadialogue 18.03.2016. https://www.chinadialogue.net/article/show/single/en/8737-China-reaches-for-the-safety-net-as-heavy-industry-culls-jobs. Zugegriffen 2. Dez. 2016

Zheng W, Kulwant S, Mitchell W (2014) Buffering and enabling: the impact of interlocking political ties on firm survival and sales growth. Strateg Manag J 36(11):1615–1626. doi:10.1002/smj.2301

Zhou Y, Liu X (2016) Evolution of Chinese state policies on innovation. In: Zhou Y, Lazonik W, Sun Y (Hrsg) China as an innovation nation. Oxford University Press, Oxford, S 33–67

Über die Autorin

Prof. Dr. Doris Fischer hat Betriebswirtschaftslehre und Sinologie in Hamburg und Wuhan, VR China, studiert und in Volkswirtschaftslehre an der Universität Gießen promoviert (2000). Ihr akademischer Werdegang erfolgte unter anderem über Positionen als wissenschaftliche Mitarbeiterin an den Universitäten Gießen, Düsseldorf und Duisburg sowie Gastprofessuren an der Seikkei Universität (Tokyo) und der Freien Universität Berlin. Ab 2007 war sie mehrere Jahre am Deutschen Institut für Entwicklungspolitik in Bonn tätig. Seit 2013 ist sie ordentliche Professorin für China Business and Economics an der Universität Würzburg.

Der Cluster-Effekt in China: Tatsache oder Einbildung?

10

Michael Keane

Zusammenfassung

Der potenzielle Nutzen von industrieller Clusterbildung wird von Politikern, Stadt-planern und Wirtschaftsgeografen gleichermaßen gemeinhin anerkannt. Cluster sind interessant für politische Entscheidungsträger, da sie offensichtlich die Möglichkeit bieten, Ballungszentren mit Innovation und Humankapital mit Investition zu verbin-den. Stadtplaner sehen durch Clusterbildung die Möglichkeit, kreatives Humankapital anzuwerben – die sogenannte „kreative Klasse" – beruhend auf der Annahme, dass kreative Menschen sich eher in Regionen ansiedeln, die eine kreative Infrastruktur und eine Vielfalt von Annehmlichkeiten bieten.

Inhaltsverzeichnis

Der vorliegende Beitrag wurde von Sylke Schulte aus dem Englischen (The cluster effect in China: real or imagined. In: Shao K, Feng X (eds.) (2014) Innovation and Intellectual property in China: Strategies, Contexts and Challenges. Cheltenham. Edward Elgar, S. 136–159) ins Deutsche übersetzt.

M. Keane (✉)
Technical University of Brisbane, Brisbane, Australien
E-Mail: m.keane@curtin.edu.au

© Springer Fachmedien Wiesbaden GmbH 2017
J. Freimuth und M. Schädler (Hrsg.), *Chinas Innovationsstrategie in der globalen Wissensökonomie*, DOI 10.1007/978-3-658-17651-8_10

10.1 Einführung

Der potenzielle Nutzen von industrieller Clusterbildung wird von Politikern, Stadtplanern und Wirtschaftsgeografen gleichermaßen gemeinhin anerkannt. Cluster sind interessant für politische Entscheidungsträger, da sie offensichtlich die Möglichkeit bieten, Ballungszentren mit Innovation und Humankapital mit Investition zu verbinden. Stadtplaner sehen durch Clusterbildung die Möglichkeit, kreatives Humankapital anzuwerben – die sogenannte „kreative Klasse"[1] – beruhend auf der Annahme, dass kreative Menschen sich eher in Regionen ansiedeln, die eine kreative Infrastruktur und eine Vielfalt von Annehmlichkeiten bieten. Wirtschaftswissenschaftler und Geografen haben es sich zur Aufgabe gemacht, Clusterbildung als Lösung für die stagnierende Regionalentwicklung anzupreisen (Porter 1996, 1998; zur kritischen Auseinandersetzung s. auch Martin und Sunley 2002).

Über die letzten zehn Jahre entwickelte sich die Clusterbildung in der Volksrepublik China zum Standard für kulturelle und kreative Industrien, wobei sich hinter dem Begriff der Kreativwirtschaft die quantifizierbaren Leistungen sowohl von Künstlern, Designern, Medienschaffenden als auch angrenzenden Servicebereichen wie Tourismus, Werbung und Management verbergen.[2] Der Hintergedanke bei vielen Cluster-Projekten liegt darin „Sieger auszuwählen". Vor diesem Hintergrund unterscheidet sich der rasante Anstieg von kulturellen und kreativen Clustern in China innerhalb der letzten zehn Jahre nicht wesentlich von den Innovationsparks, die in den frühen 1990er Jahren aus dem Boden schossen, von denen es allerdings nur wenigen gelang, tatsächlich messbare Fortschritte zu erzielen. Letztendlich dienten diese den Bezirksregierungen vielmehr als Einnahmequellen durch Grundstücks- und Immobilienspekulationen (zur Diskussion dieser Thematik s. Wang 2007).

Bereits seit Anfang des neuen Millenniums wird das Cluster-Modell immer wieder für kulturelle Entwicklung instrumentalisiert. Vor den 1990er Jahren ging es im Hinblick

---

[1]Dieser Begriff wurde 2002 von Richard Florida geprägt und beschreibt einen „super kreativen Kern", einen Zusammenschluss von Wissenschaftlern, Ingenieuren, Akademikern, Dichtern, Schauspielern, Autoren, Unterhaltungskünstlern, Architekten, Künstlern und Designern, kulturellen Größen, Denkfabriken, Analytikern und Meinungsbildnern (s. Florida 2002).

[2]Die nationale Regierung gibt den Gebrauch des Begriffs „kulturelle Industrien" in politischen Dokumenten vor, während städtische und regionale Regierungen den Begriff kreative Industrien oder den zusammengesetzten Ausdruck „kulturelle kreative Industrien" bevorzugen. Die Benutzung des Begriffs „kulturell" durch die Zentralregierung ist bewusst gewählt, um Chinas Entwicklungsweg von westlichen Nationen abzugrenzen (s. Keane 2013).

auf Kultur vor allem um die nationale Sicherheit und die ruhmreichen Errungenschaften der chinesischen Zivilisation. Mit dem Eintritt Chinas in die Welthandelsorganisation (WTO) im Dezember 2001 erlangte die Kultur schnell den Status einer „Industrie" *(chanye)*. Kulturelle Cluster wurden binnen kürzester Zeit zum Standard für wirtschaftlichen Ausbau. Gleichzeitig eskalierte die „Kulturalisierung der Wirtschaft" indem immer mehr alltäglichen Bedarfswaren kulturelle Attribute zugesprochen wurden (Lash und Urry 1993).[3] Obwohl die Definition eines kulturellen Clusters sehr dehnbar scheint – es werden auch Medienquartiere, Stadtteile, Bezirke, Korridore, kulturelle Viertel und sogar Freizeitparks mit eingeschlossen – ist es wenig überraschend, dass die Idee von Agglomeration und das Potenzial Talente anzulocken, die nach Entwicklungsstrategien suchenden Zentral- und Lokalregierungen anspricht. Doch können solche – wie auch immer definierten – Cluster tatsächlich Agglomeration und Innovation verbinden? Noch konkreter: Sind Arbeiter in derartigen kulturellen Projekten und Umgebungen eher geneigt, ihre Ideen und Gedanken untereinander auszutauschen?

Dieses Kapitel befasst sich mit den Zusammenhängen von Clusterbildungen in Chinas Kulturwirtschaft.[4] Ich beginne mit der Behauptung, Cluster lieferten die Rahmenbedingungen für die Entstehung eines „starken kulturellen Chinas" – eine aktuelle Thematik, mit der sich die nationale chinesische Kulturpolitik derzeit auseinandersetzt. Der zweite Teil liefert den Hintergrund zur Entstehung von kulturellen Industrieclustern in China und deren rasanter Verbreitung auf nationaler und regionaler Ebene. Darauf folgend befasse ich mich näher mit den Prozessen, die hinter diesen Projekten stehen – von der Idee bis zur Umsetzung. Basierend auf den Resultaten verschiedener Cluster-Projekte in verschiedenen Industriezweigen, untersuche ich danach die Zusammenhänge zwischen Clusterbildung und Innovation. Das Hauptaugenmerk der Auseinandersetzung liegt in der Untersuchung der Effektivität von Clustern im Hinblick auf gemeinschaftliches Lernen. Es stellt sich die Frage: Fördern kulturelle und kreative Industriecluster Vertrauen und stimulieren damit Kooperationen zwischen Unternehmen? Abschließend betrachte ich Chinas kulturellen Innovationsverlauf und welche Rolle kulturelle und kreative Industriecluster bei der Entstehung einer starken chinesischen Kulturnation tatsächlich spielen.

---

[3]Der Ausdruck „Kulturalisierung der Wirtschaft" (eng. Culturalisation of the economy) bezieht sich auf kulturelle und kreative Ressourcen, die in modernen Arbeitsprozessen etabliert werden. Die Einbindung von Möbelherstellung, Freizeitparks, Friseuren und Restaurants in kulturelle Industriebereiche zeigt, wie sich Wissenschaftler und Akademiker zweckmäßig ausbreiten, während gleichzeitig die wirtschaftlichen Zuordnungen zusammenbrechen (Zur Diskussion dieses globalen Trends s. Yudice 2003).

[4]An einigen Stellen wird anstatt des Begriffs „kulturelle Industrien" der Ausdruck „kreative Industrien" gebraucht.

10.2 Ein kulturell stärkeres China

Im Jahr 2011 machte der damalige Präsident Hu Jintao ein klares Eingeständnis in Bezug auf Chinas kulturelle Schwäche als er sagte: „The overall strength of China's culture and its international influence is not commensurate with China's international status. The international culture of the West is strong while we are weak" (Hu 2012). Diese Worte wurden oft zitiert und galten als Handlungsappell an das Kulturministerium (MoC = Ministry of Culture). Hus gesalbter Nachfolger, Xi Jinping, nahm die Herausforderung umgehend an, wobei er auch weiterhin keinen Hehl aus seiner Bewunderung für die kreative Arbeit Hollywoods machte. Innerhalb weniger Monate nach seiner Übernahme prägte Xi Jinping den Begriff des „Chinesischen Traums" *(Zhongguo meng)* und setzte alle Hebel der Denkfabriken in Bewegung, um herauszufinden, was dieser Traum eigentlich beinhalten könnte. Innerhalb des Kulturministeriums wurden einige Ausdrücke vorgeschlagen, wie zum Beispiel „Soft Power" *(ruan shili)*, „Revitalisierung" *(zhen xing)* und „Starke Kulturnation" *(wenhua qiang guojia)*. Doch bedeutet chinesische „Soft Power" ein Kopf-an-Kopf-Rennen mit Hollywood, mehr Kulturtruppen im Ausland, mehr Investment in Tourismus oder einen größeren Fokus auf die Entwicklung kreativer Talente? Bezieht sich „Revitalisierung" auf die traditionelle Kultur oder auf die zeitgenössische Volkskultur? Und was genau könnte Chinas Kultur stärken?

Der Diskurs um eine starke Kulturnation ist tief verwurzelt im Chinesischen Traum. Dieser Ansatz bietet einen patriotischen Schlachtruf, der weitaus massentauglicher ist als Hu Jintaos Ansprache zu einer „starken sozialistischen Kultur", angelehnt an ein marxistisch-leninsches Erbe von heldenhaften Schlachten und aufopfernden Vorbildern. Aber wie könnte sich die chinesische Kultur selbst revitalisieren? Auch den chinesischen Tagträumern im Politbüro war der Erfolg japanischer und koreanischer Kultur in China nicht entgangen. Die ostasiatische Popkultur überschwemmte China; sie war kreativ, modern und faszinierend. Die chinesische Kultur sollte mitreißen und nicht nur die eigenen Regionen, sondern die ganze Welt erreichen, ganz nach dem Vorbild chinesischer Wirtschaftsunternehmen. Im März 2011 verkündete der Kulturminister Cai Wu, dass die Kulturindustrie nunmehr zu einem wichtigen Pfeiler der Wirtschaft *(zhizhu chanye)* (Xinhua 2011) werden und bis 2016 fünf Prozent zum Bruttoinlandsprodukt beitragen sollte (der Schätzwert lag 2010 bei 2,78 % [Keane 2011b, Creative Industries in China]).

Die chinesischen Bestrebungen, die Kultur der Nation zu stärken, müssen in den Zusammenhang der globalen Kulturwirtschaft eingeordnet werden. Der Ausdruck „Kulturwirtschaft" ist weit verbreitet in nationalen und regionalen politischen Kreisen. Dieser globalisierte Wirtschaftszweig ist geprägt von einem entwicklungsorientierten Ansatz, der eine Vielfalt von Waren und Services beinhaltet. Die Konferenz der Vereinten Nationen für Handel und Entwicklung (UNCTAD) prognostiziert im Hinblick auf die Kulturwirtschaft, vor allem in Entwicklungsländern, wirtschaftliche Gewinne durch den Handel mit kulturellen Produkten und Services (UNCTAD 2010). Dieser neue Wirtschaftszweig

wird oft als „grüne Wirtschaft" bezeichnet – ein reizvolles Bild für China, wo die Luftverschmutzung durch die industrielle Entwicklung in den Städten ihre Spuren hinterlassen
hat. Dementsprechend befürworten sowohl Wissenschaftler als auch Berater aller kreativen Indizes (Peng 2012), anhand derer nun Nationen, Regionen und Städte eingestuft
werden. Verwaltungsbezirke wetteifern um Auszeichnungen für kreatives, tolerantes, kulturelles, unternehmerisches und investitionsoffenes Wirtschaften. Dieser Wettbewerbs-
gedanke wird vor allem angeheizt durch die Aussicht auf kulturgeprägte urbane
Entwicklung. Auf internationaler Ebene beinhalten derartige Projekte unter anderem
Sanierungsvorhaben für Stadtteile und Städte, die Bereitstellung von öffentlichen kulturellen Dienstleistungen, die Errichtung von kulturellen und sozialen Zentren der Wirtschaftsentwicklung und Touristenattraktionen (s. Montgomery 2003; Evans 2001, 2009;
Roodhouse 2006; Sugden et al. 2006; Belussi und Sedita 2010, S. 1–20; Potts 2011).

In China ist das Cluster quasi zur Standardvoraussetzung für den urbanen Auf-
schwung geworden. Der Cluster-Effekt übt einen starken Einfluss auf politische Entscheidungsträger in China aus. Schon bevor Xi Jinping seinen Traum verkündete, hatten
Kulturpolitiker auf die Bedeutung von Clustern verwiesen. Im Jahr 2007 sprach Hu
Jintao im Bericht zum 17. Nationalkongress bereits von der Zusammengehörigkeit von
kultureller Kreativität und „Soft Power". Wichtig war ihm vor allem: „accelerating the
construction of cultural industry bases and regional cultural industry clusters, cultivating
key industry enterprises and strategic investors, enriching the market and achieving international competitiveness" (Hu 2007).

Zweifellos bietet das Cluster-Modell einige Vorteile. In vielen Ländern und Regionen nutzen Unternehmen die Vorteile von räumlichen Zusammenlegungen innerhalb
von Clustern, um von den Zusatzerträgen zu profitieren. Diese Zusatzerträge beschreibt
Michael Storper als „complex outcomes of interaction between scale, specialization, and
flexibility in the context of proximity" (Storper 1997, S. 27). Zusatzerträge oder -nutzen
können auf verschiedene Arten entstehen. Die Zusammenführung von Humanressourcen ist einer der Hauptfaktoren. Erfolgreiche Cluster bieten eine Fülle von Arbeitsplätzen und Möglichkeiten für die Karriereentwicklung, so zieht Hollywood zum Beispiel
nicht nur Techniker (Programmierer, Zeichner und Filmteams) an, sondern auch kreative
Schöpfer (Künstler, Autoren und Designer) und Kulturmittler (Unternehmer, Anwälte der
Unterhaltungsindustrie und vermittelnde Serviceanbieter).

Dennoch verfügen nur wenige Cluster über die Ausmaße und die Reputationswirkung
von Hollywood. Im Idealfall zieht ein Cluster Arbeiter mit speziellen Fähigkeiten und
Kenntnissen an und senkt somit die Kosten der Unternehmen auf der Suche nach geeignetem Personal. Eine Ansammlung von Unternehmen aus der gleichen Branche zieht außerdem weitere Firmen an, die diesen Unternehmen auf ihre Produktionskette zugeschnittene
Dienstleitungen anbieten[5] und oftmals auch den Vertrieb oder das Marketing erleichtern.

---

[5]Ich verwende lieber den Begriff „Unternehmen" (engl. „enterprise") als den Begriff „Firmen"
(engl. „firms"), da der Ausdruck qiye (Unternehmen) in China vorzugsweise als Bezeichnung für
kulturelle und kreative Geschäftsaktivitäten genutzt wird.

Dies ermöglicht den Unternehmen, sich auf ihre Kernkompetenzen zu konzentrieren, was wiederum die Produktivität steigert und allen Unternehmen innerhalb des Clusters einen Wettbewerbsvorteil verschafft. Infrastruktur, Betriebsmittel, Transportmöglichkeiten und andere betriebliche Anforderungen lassen sich effektiver für ein Cluster bereitstellen, was auch zu positiven Skaleneffekten, Senkung der Kosten und einer Erhöhung der globalen Wettbewerbsfähigkeit führt.[6]

In offenen Volkswirtschaften entwickeln sich Cluster ganz natürlich: Die erfolgreichen unter ihnen treiben durch zunehmenden Wettbewerb und ein gegenseitiges voneinander Lernen der Akteure Innovation voran. Organische, unternehmensübergreifende Netzwerke bilden einen der begehrten Cluster-Effekte (Zheng und Chan 2013, S. 604–632). Dieser Effekt ist für Cluster der High-End-Technologie wahrscheinlich weniger bedeutend, doch in Wirtschaftszweigen, die von der Suche nach Neuerungen bestimmt werden – die Kreativindustrien – stellt er ein wichtiges Standbein für das Cluster dar (Potts 2011). Hollywood bietet ein klassisches Beispiel für unternehmensübergreifende Netzwerke. Obwohl ein Erfolg nach dem Vorbild Hollywoods Teil der Markenstrategie einer Vielzahl von vermeintlich weltweit erfolgreichen Filmzentren in China ist, Beispiele hierfür sind „Zhejiang's Hengdian World Studios", manchmal auch Chinawood genannt, und trotz ehrgeiziger „Träume" wie den des chinesischen Milliardärs Wang Jianlin vom „Qingdoa Oriental Movie Metropolis" (Olivarez-Giles 2013), sind diese Projekte noch immer auf die Großzügigkeit der Regierung angewiesen.

10.3   Was ist ein kulturelles Cluster in China?

Chinas Umgang mit kulturellen und kreativen Clustern kann am besten im Zusammenhang der urbanen Entwicklung nachvollzogen werden. Die Wandlung von Chinas Städten wird in hohem Maße durch Gentrifizierung beeinflusst. Der Diskurs rund um die Kulturindustrie, mit seiner intensiven Behandlung in nationalen und regionalen Fünf-Jahres-Plänen, bietet einen Anreiz für Projektinvestitionen. Für viele Projekte wäre allerdings die Bezeichnung „Property-led Clusters" (Zeng und Chan 2013, S. 606) zutreffender, da sie vielmehr als Mittel zum Zweck dienen, um Flächennutzungen neu zu definieren. Aufgrund der Zuwanderung der Menschen aus den ländlichen Regionen im Zuge der Urbanisierung, erhielt die Umgestaltung von Flächennutzungsregelungen eine ganz neue kommerzielle Signifikanz: von der landwirtschaftlichen zur industriellen und von der industriellen zur kommerziellen Nutzung. Flächennutzungsregulierungen werden oft durch Bauunternehmer angeregt, denn sie sind die Schlüsselfiguren der Wachstumskoalitionen. Im weiteren Sinne gehören zu einer Wachstumskoalition Ämter der Wirtschaftspolitik und zuständige politische Beratungsausschüsse sowie nationale und

---

[6]Für eine Diskussion, in wie weit kulturelle und kreative Cluster Talente anziehen, (s. Mommaas 2004).

internationale Wirtschaftsinteressenten. Auf regionaler Ebene bestehen Wachstumskoalitionen aus Vertretern der Bezirksregierungen, die mit Bauunternehmern, Geldgebern
und Unternehmern zusammenarbeiten (für eine ausführliche Diskussion s. Keane 2011a,
China's New Creative Clusters).

In früheren Arbeiten habe ich aufgezeigt, dass die Entwicklung von Clustern mehrere, sich teils überschneidende Phasen durchläuft. In China wurde die erste Phase durch
Schanghais erste Welle von Clustern in den frühen 2000ern im Zuge der Schaffung von
Arbeitsplätzen im Industriedesign, Antiquitäten-, Schmuck- und Animationsgeschäft,
Malerei und Bildhauerei eingeläutet. Stillgelegte Industriegelände boten neue Möglichkeiten für Kunsthandwerker und unterschiedlichste Ressourcen für Angehörige dieser
und verwandter Branchen. Der Nutzen der Verbindung von Spezialisierung und Agglomeration wird vor allem in den Industriestädten der Provinz Zhejinag erkannt, als diese
sich der Massenproduktion von billigen Artefakten verschreiben. Diese groß angelegten
Stadtprojekte mit ihren horizontalen und vertikalen Verknüpfungen unterscheiden sich
stark von kulturellen Clustern, deren Produkte und Services in viel höherem Ausmaß
den unbeständigen Trends und Vorlieben der Konsumenten unterliegen. Die Schwäche
von spezialisierten Clustern im Hinblick auf Innovation liegt in der fehlenden Integration
in und Ergänzung durch verwandte Branchen. Das bedeutet jedoch nicht, dass Unternehmen nicht von der Beobachtung der Geschäftspraktiken anderer Firmen profitieren
könnten. Auf der anderen Seite schränkt dieses Gefühl des „Beobachtetwerdens" die
Experimentierfreudigkeit auch nachweislich ein. Der Mangel an Bewusstsein und Respekt hinsichtlich geistigen Eigentums dämpft den Wunsch zu experimentieren und sich
auszutauschen.

Ein zweiter Ausdruck kreativer Cluster ist das Modell der „Related Variety", zu Deutsch
„verwandte Vielfalt". Der Hauptunterschied zu spezialisierten Clustern liegt in der Bran-
chenvielfalt, die zum Beispiel Animation, Design, Medienberatung und -produktion, Mode,
Malerei, Fotografie und Bildhauerei umfassen kann. Oberflächlich betrachtet bietet das
„Related Variety"-Modell bessere Möglichkeiten für unternehmensübergreifende Netz-
werke, die im Idealfall Vertrauen, Zusammenarbeit und Wissensaustausch begünstigen
(Zheng und Chan 2013). Ein Beispiel für dieses Modell ist Qingdaos „Creative 100" – ein
Mix aus Multimedia, Software, Animation und Kunst. Weiter im Norden, in Dalian, wird
das „Xinghai Creative Island" als neuer Kreativraum angepriesen: Die Unternehmen des
Clusters produzieren Ölgemälde, Grafikdesign, Medieninhalte, Animation, Porzellan und
Nachbildungen traditioneller Artefakte der Shang Dynastie. In Schanghai gibt es darüber
hinaus einen umgebauten Schlachthof namens „1933 Old Millfun", in dem Design, Mode
und neue Medien präsentiert werden. Die Idee der kulturellen Wiederbelebung wird hier
greifbar: von der Bewirtung der anströmenden Massen bis hin zur Befriedigung ihres Kon-
sumverlangens nach modernen Markenartikeln.

Andere Beispiele für „Related Variety" in Schanghai sind „No. 8 Bridge", der „Media
Culture Park" und der „Modern Industry Masion Park". Hangzhou bietet das „Loft 49"
und die „A8 Art Commune", während im nahe gelegenen Nanjing das „Nanjing 1912"
und der „Creative East No. 8 District" zu finden sind. Shenzhen im Süden Chinas hat

das erfolgreiche „OCT Loft" und den „F518 Creative Fashion Park", während die Stadt Tianjin im Südosten Beijings das „No. 6 Warehouse", die „Hualun Creative Factory" und den „Lingoa Creative Industries Park" gegründet hat. In Zentral-Chongqing gibt es das „Tank Loft", eine umgebaute Munitionsfabrik, die einst von Chiang Kai-shek (Jiang Jieshi) genutzt wurde. Auch der „Foshan Creative Industries Park" in der Guangdong Provinz ist ein weitläufiges Entwicklungsprojekt, das Elemente von verschiedenen Medien und Produktionen der Volkskultur vereint, und sich einerseits der Porzellanherstellung und andererseits einem Mix angegliederter Design-, Branding- und Softwareunternehmen widmet. Tatsächlich gibt es heute zahllose Beispiele solcher Cluster – einige von ihnen offiziell anerkannt, andere tauchen immer wieder sporadisch in verlassenen Fabrikgebäuden auf.

Eine frühere Generation von Cluster-Projekten erlebte das Aufkommen von Künstlerzonen und kulturellen Bezirken – Projekte, die touristische Attraktionen mit Konsumangeboten verbanden. In Chinas großen Küstenstädten, oft in direkter Nachbarschaft zu Geschäftsvierteln, entstanden organisch Areale und Gebiete, in denen Künstler und Medienschaffende eine größere Autonomie erlebten – wenn auch noch weit entfernt von der Ausdrucksfreiheit des Westens. In Beijing ist der bekannteste Kunstbezirk die „798 Art Zone" in Dashanzi, eine umgebaute ostdeutsche Fabrik für Elektroanlagen. Nicht weit entfernt befindet sich Caochangdi, ein Distrikt in dem sich einst der Überlauf von 798 ansiedelte, der heute allerdings als zu kommerzialisiert gilt. Ein Beispiel für ein zentrumsnäheres Innovationsmilieu ist Beijings Nanluo guxiang hutong Bezirk. Im direkten Umfeld von Kunsthochschulen, Galerien, Medienschulen und historischen Schauplätzen wie dem Konfuzius Tempel sowie dem Haus des berühmten Autoren Lao She gelegen, zieht Nanluo guxiang sowohl Designer, Autoren und Künstler als auch Handwerker an und kreiert dabei eine Art Schattenwirtschaft für Kaffee, Pasta und lokale Biersorten (Für eine Diskussion zum Thema s. Wang et al. 2011, S. 10–22).

Eine weitere Phase ist die Entstehung von Medienstandorten. Diese entwickeln sich oftmals innerhalb bereits existierender Industriegebiete, insbesondere im Animationsbereich, und konzentrieren vor allem sich auf das Outsourcing. Als Teil der Entwicklungsstrategie der staatlichen Kommission für Pressepublikationen in Radio, Film und Fernsehen (SAPPRFT) wurden Animation und Videospiele zu den Hauptzielbranchen. Die Verleihung des Status' „nationales Zentrum" ist sehr begehrt. Seit 2005 hat China mehr als 30 anerkannte „Nationale Animationszentren" etabliert; davon wurden einige durch die SAPPRFT und andere durch das Kulturministerium ernannt. Die Hauptzentren, oft in bereits vorhandenen Industriegebieten angesiedelt, liegen in Schanghai, Beijing, Hangzhou, Suzhou, Shenzhen, Dalian, Suzhou, Changzhou und Wuxi. Lokale Regierungen bieten eine Reihe von wirtschaftlichen Anreizen, wie zum Beispiel Vorzugsbehandlungen wie Steuervergünstigungen, Unterkünfte und Bildungsangebote für Mitarbeiter von Start-ups und ihre Familien sowie finanzielle, erfolgsbasierte Vergütungen. Inhalte und Leistungen gelten meist als erfolgreich, wenn sie vom chinesischen Staatsfernsehen, China Central Television (CCTV), erworben werden.

Außerdem haben sich eigenständige Film- und Fernsehproduktionszentren gebildet, die den heimischen audiovisuellen Markt bedienen und sich an Co-Produktionen oder ausgelagerten Produktionen aus Taiwan, Korea oder den Vereinigten Staaten beteiligen. Um die zyklischen Schwankungen der audiovisuellen Produktion auszugleichen, fungieren viele dieser Zentren auch als Themenparks, die so aus cineastischen Erfolgen oder TV-Produktionen Kapital schlagen. Im Norden Beijings konnte sich in den letzten Jahren das „Huairou Film Zentrum" trotz der etablierten Konkurrenz einen Namen machen. Das größte Filmzentrum bilden die „Hengdian World Studios" in der Zhejing Provinz. Dort können Touristen Nachstellungen von Kinofilmen besichtigen und die Sets von *Hero* (Zhang Yimou) und *Der Kaiser und sein Attentäter* (Chen Kaige) besuchen. Die Binnenlage von Hengdian ist ein großer Nachteil gegenüber den großen urbanen Zentren von Schanghai und Beijing. Um diesen Nachteil auszugleichen, übernimmt Hengdian den Großteil der Low-cost-TV-Dramenproduktion, mit dem Schwerpunkt auf dynastischen Kostümdramen. Der neueste Zuwachs in dieser Kategorie ist die „Qingdoa Oriental Movie Metropolis". Mit der finanzkräftigen Hilfe eines chinesischen Milliardärs gelang es ausländische Studios und Berühmtheiten anzulocken. Auch der Bau der „Shanghai Oriental Dreamworks" in Shanghai verspricht Investoren und kreatives Potenzial in den Xuhui Bezirk zu locken.[7]

Ein weiteres Gründungsmodell legt seinen Fokus vor allem auf die Forschung und Entwicklung und zielt darauf ab, Wissenschaftsparks kreativer zu gestalten. Die Nähe vieler Wissenschafts- und Technologieparks – manchmal auch Innovationsparks genannt – zu renommierten Universitäten und Entwicklungszonen reflektiert das nationale Bestreben, mehr als nur standardisierte Produkte zu schaffen. Selbsternannte „kreative Brutstätten" finden sich heute in Chongqing (das „Ideas Industry Centre"), Tianjin (der „Heping District Creative Animation Park" und der „Taida Science and Technology Park"), Dalian (der „Creative Incubator Garden"), Hangzhou (die „Hangzhou Innovation and Creative Industry New Base"), in Beijing („Zhongguancun Creative Industries Pioneer Base"), Pudong („Zhangjiang Hi-tech Zone") und die KIC („Knowledge Innovation Community") im Yangpu Bezirk.

10.4   Prozesse und Akteure

Kulturelle Cluster-Projekte entstehen sporadisch, in Abhängigkeit von Investitionsmöglichkeiten und der Unterstützung durch Gemeinderegierungen. Die grundsätzliche Philosophie hinter Cluster-Projekten ist die Geschäftsentwicklung, die dem politischen Begriff

---

[7]Shanghai Oriental Dreamworks ist ein Joint-Venture zwischen dem US-Unternehmen Dreamworks und lokalen chinesischen Medienunternehmen wie der Shanghai Media Group. Geografisch gesehen ist es Teil eines kulturellen Großprojekts mit dem Namen „West Bank" im Xuhui Bezirk, welches auf einer Fläche von 70 Hektar angesiedelt ist.

der Kulturentwicklung *(wenhua jianshe)* innewohnt. Obwohl die Reform der Kulturindustrie hauptsächlich durch Parteifunktionäre auf den Weg gebracht wird – unterstützt durch Akademiker aus regierungsnahen Denkfabriken wie der Chinesischen Akademie der Sozialwissenschaften (CASS) – erfolgt der Großteil der Auseinandersetzung mit der Reform in epistemischen Gemeinschaften. Regierungsfinanzierte Denkfabriken nutzen die Kompetenzen einer breiten Auswahl an Fachkräften, von denen viele bereits über Projekterfahrung im Ausland verfügen oder Verbindungen zu bekannten ausländischen Wissenschaftsberatern hegen (Xufeng 2013). Sowohl Bauunternehmer, Investoren, Kunstbetriebe, Funktionäre als auch Akademiker und Anwohner reichen Vorschläge ein – einige davon nach ausländischen Vorbildern, andere lokale Abbilder von bereits realisierten chinesischen Projekten. Viele epistemische Gemeinschaften gehören Entwicklungskoalitionen an, die einzig gegründet wurden, um das Interesse an „kreativem Grundbesitz" (engl. *creative estate*) zu nutzen – eine treffende Wortschöpfung für derartige Immobilienspekulationen. Akademiker mit Qualifikationen für die kulturelle oder kreative Industrie sind in der Lage, durch eine Beratungsfunktion bei lokalen Projekten ein gutes Nebeneinkommen zu erwirtschaften. Ausländische Experten, manchmal mit wenig bis gar keinem Hintergrundwissen, werden zu den Prozessen und Versuchen, die Regierung von einer Idee zu überzeugen, herangezogen. In China ist es oft schon ausreichend, einen ausländischen Experten zu präsentieren, der das Vorhaben unterstützen will.

Gemeindeverwaltungen sind die Schlüsselfiguren bei der Entwicklung der meisten großen urbanen Kulturprojekte. Nach McGee et al. fungieren Gemeindeverwaltungen „not only as the chief decision-maker but also the largest investor directly responsible for investment, development and operation of key industrial, transport and urban projects" (McGee et al. 2007, S. 19). Regionale Regierungen übertreffen sich gegenseitig darin, ihre Standorte zu positionieren, um von den Vorzügen dieser Entwicklung zu profitieren. An dieser Stelle kommen die Wissenschaftler und Berater ins Spiel und erstellen Angebote, die Elemente wie Anziehungspunkte für die Kreativszene und gewinnorientierte Immobilienentwicklung miteinander verbinden. McGee et al. beschreiben vier verschiedene Wege, um Projekten in China zu Investitionen zu verhelfen: staatliche Haushaltsmittelzuwendungen, ausländische Investitionen, Bankdarlehen und regionales Fundraising. Aufgrund der wachsenden Übertragung von Befugnissen auf die Provinzen und Stadtverwaltungen in den letzten zehn Jahren wird das meiste Kapital aus regionalen Fundraising und Bankdarlehen generiert. Dazu werden oft scheinbar unabhängige Firmen oder Institutionen gegründet und auf Regierungsziele ausgerichtet, um Bankkredite zu erhalten (McGee et al. 2007, S. 19).

Erfolge werden schnell von anderen Regionalregierungen kopiert. Taucht ein erfolgreiches Modell auf, wird es sofort übernommen, wobei auch weniger erfolgreiche Projekte oft im Wettbewerb um Investment and Subventionen nachgeahmt werden. In der Praxis ist die Clusterbildung somit zu einer Bedingung für die urbane Expansion geworden. Verbindungen zu hohen Regierungsämtern bieten eine Referenz, die den Wert von Grundbesitz ganz konkret in die Höhe treibt. Ein Beispiel hierfür bildet der „Qujiang Bezirk" von Xi'an, eine große Stadt im Nordwesten Chinas, berühmt als Kaiserstadt des ersten Kaisers Qinshi Huangdi. Da er außerhalb des Stadtzentrums liegt, verfiel der Bezirk Qujiang mit den Jahren zusehends. Trotz seiner historischen Bedeutung, waren nur noch wenige der geschichtsträchtigen Sehenswürdigkeiten übrig geblieben. Da die Grundstückspreise einen Tiefpunkt erreicht hatten, sah die Qujiang Bezirksregierung eine einmalige Gelegenheit; sie teilte das Land neu ein und ernannte ein großes Gebiet zum kulturellen Cluster. Im August 2007 wurde der Xi'an Qujiang New District durch das Kulturministerium zum nationalen Kulturindustrie-Modellpark ernannt. Inmitten des Bezirks wurden Kultureinrichtungen gebaut und Künstler wurden dazu eingeladen, Lofts und Studios zu eröffnen. Das Projekt wurde dann zu Xi'ans mustergültigem Kreativcluster erklärt. Als sich der Wert der Grundstücke verdoppelte, verkaufte die Regierung den Grundbesitz mit Profit.

Ein Beispiel für die Clusterbildung als Grundlage für urbane Expansion ist Shenzhens nordwestlicher Longhua „New District". Der Bezirk wurde offiziell im Jahr 2011 gegründet. Im November 2013 war die Bezirksregierung offizieller Sponsor einer internationalen Konferenz. Damit wollte man die Aufmerksamkeit auf die Entwicklung des Longhua New Districts lenken, einem Verbund aus Ökotourismus, Kunst, Mode, Automobilindustrie, Unternehmen der elektronischen Informationsbranche und klimafreundlicher Volkswirtschaft. In dem jungen Bezirk hatten sich bereits 15 Werke der Foxconn Technology Group angesiedelt. Die Bezirksregierung sah dieses Hightech-Unternehmen, trotz der Niedriglöhne im Bearbeitungszentrum von Foxconn, als Sprungbrett zum Ausbau einer strategischen Wachstumsindustrie, die auch kulturelle Kreativindustrien beinhalten sollte. Zu diesen gehören der Guanlan Landscape Grange und der Idyll Tourism Cultural Park, die den Titel Zentrum der Landschaftsmalerei beanspruchen und ein Zuhause für viele Künstler bieten. Im Gegensatz zum Dafen Oil Painting Village im Nordosten von Shenzhen, wo tausende von Künstlern Kunstwerke kopieren, stellt dieses „Zentrum" seine Landschaft und „authentische" Malerei in den Mittelpunkt der Vermarktung. Ein weiteres Beispiel für ein kreatives Immobiliencluster ist der Qipanshan Bezirk in Shenyang. Wie auch Longhua New District, ist Qipanshan ein neuer Bezirk, in dem die Regierung die Grundstück- und Immobilienpreise durch den Bau und die Bewerbung einer kulturellen Infrastruktur erfolgreich angehoben hat. Doch obwohl Investoren viele Stadtvillen in diesem Bezirk verkaufen konnten, waren nur wenige Kulturprojekte an diesem Ort von Erfolg gekrönt.

In vielen Randclustern werden neue Strategien der Urbanisierung umgesetzt. Wohlhabende Chinesen mit Wohnsitzen in den Innenstädten haben großes Interesse an ländlichen „Rückzugsorten" in weniger bevölkerten, offeneren Gebieten. Bezirksregierungen haben diesen Trend erkannt und kommen ihm nach, indem sie Bäume pflanzen und neue Straßen bauen. Für viele Bewohner bedeutet der Umbau ihres Viertels in ein Cluster jedoch, dass sie neue Kompetenzen und Qualifikationen erwerben müssen, um weiterhin ihren Lebensunterhalt zu bestreiten. Als Alternative bleibt ihnen nur, der kreativen Klasse kostengünstige Dienstleistungen anzubieten oder wegzuziehen. Die Ansiedlung von Künstlern und Wirtschafsangestellten bedeutet steigende Grundstückspreise und

Steuervorteile für das lokale Bezirksamt *(dishuiju)*. Da die kommunalen Steuereinnahmen von Gewerbeanmeldungen abhängen, bevorzugt das Cluster-Management meist kleinere, regionale Unternehmen, anstatt Großunternehmen, die sich in anderen Verwaltungsbereich registrieren. Diese Art der Lokalpolitik verhindert allerdings eine Dynamisierung und Belebung der Bezirke und eine Vernetzung der Provinzen.

Die Strategie der Lokalregierungen liegt im Anstoßen von Investment und Geschäftsleben *(zhaoshang yinzi)*. Sie verfügen über die Ressourcen und die nötigen Mittel, Land und infrastrukturelle Unterstützung unter Gestehungskosten anzubieten; sie können spezielle Fördermittel und Steuervergünstigungen vergeben und offizielle Vorschriften bezüglich des Einsatzes von Arbeitskräften und Umweltschutzes umgehen (Huang 2011). Zwar reichen die Regionalregierungen Vorschläge ein, trotzdem müssen Grundstückstransaktionen normalerweise von der Zentral- oder Stadtverwaltung abgesegnet werden. Letztendlich investieren aber die Regionalregierungen in den Ausbau der Infrastrukturen. Philip Huang behauptet, dass diese Prozesse zusammengenommen, aufgrund von mangelnder Transparenz und einem sehr kleinen Kreis von Eingeweihten, eine „Schattenwirtschaft" bilden.[8] Bezüglich der Geschäftsprozesse gibt es große Unterschiede zwischen Projekten in Kontinentalchina und hochkarätigen Projekten wie dem „West Kowloon Cultural District" in Hong Kong SAR, in das sowohl Projektbeteiligte als auch die Zivilgesellschaft stark eingebunden wurden.[9] Solche Einbindungen und Auseinandersetzungen werden in China im Allgemeinen als überflüssig angesehen, da die Lokalregierung letztendlich in der Verantwortung steht. Diese boxt das Projekt durch, indem sie potenzielle Hindernisse aus dem Weg räumt und sich nicht mit unnötiger Bürokratie aufhält. Viele Lokalregierungen nehmen Verluste billigend in Kauf, um zu einem späteren Zeitpunkt Investment und Profite zu erwirtschaften. Huang schreibt: „most important are the chain reactions to follow: services and smaller businesses that will emerge to support the new enterprises and generate new sales and income tax revenues *(yingyeshui* and *suodeshui)*, which go 100 percent to local government" (Huang 2011).

Diese kulturelle Ausformung der Clusterbildung wird von der Nationalregierung durch die Benennung von „nationalen Champions" unterstützt und gehört damit heute zum Chinesischen Traum. Im Vergleich zur konservativen und weit gefassten Nationalpolitik ist regionale Politik in China oftmals sehr viel flexibler und zukunftsorientierter – was aber nicht zwangsläufig ein besseres Management von Cluster-Projekten nach sich zieht. Anstatt Gesetze zu erlassen, die erfolgreiche wirtschaftliche und soziale Einrichtungen fördern und Kreativität belohnen, liegt der Hauptaugenmerk auf der Schaffung

---

[8]Die mangelnde Transparenz stellt für Projektforscher auf diesem Gebiet immer wieder eine Herausforderung dar. Über die Beteiligung gibt es oft nur vereinzelte Belege und die Akteure äußern sich nur ungern zu spezifischen Details des Investments.

[9]Es dauerte mehr als zehn Jahre, bis das West Kowloon Projekt genehmigt wurde, wobei die Verzögerungen zum Großteil durch Machbarkeitsstudien und langwierigen Verhandlungen mit den verschiedenen Interessensgruppen verschuldet waren.

von physischen Räumlichkeiten, die später einmal wirtschaftlichen Gewinn einbringen könnten. Die Verwaltung ist mehr an Ergebnissen als an Kreativität interessiert. Trotzdem ergeben sich aus diesem Prozess soziale Vorteile – vor allem eine stärkere Liberalisierung. Im Gegensatz zur früheren strengen Überwachung von Kulturschaffenden, wirkt die aktuelle Kulturpolitik geradezu tolerant. Vor den 1990er Jahren waren Kulturarbeiter in ihrer Arbeit sehr eingeschränkt. Kulturschaffende und Medienunternehmen von heute verfügen über weit mehr Mobilität und Unabhängigkeit und lokale und regionale Cluster bemühen sich, Anreize für Nachwuchstalente zu schaffen (zur Diskussion zum Thema Arbeitermobilität in der Animationsindustries. Dai et al. 2012). Je weiter das Projekt von Beijing entfernt ist, desto wahrscheinlicher ist ein liberales Management. Kommerzielle Kultur ist die treibende Kraft hinter vielen Aktivitäten und wirtschaftlicher Entwicklung und wird als positiver Einfluss auf das Leben der Bevölkerung wahrgenommen – solange die Grenzen der Ausdrucksformen respektiert werden.

10.5   Anreize schaffen für Handel und Investment (ZHAOSHANG YINZI)

Angesichts der vielen verschiedenen aktuellen Modelle stellt sich mit jedem Regierungsantrag die wichtige Frage, welche Unternehmen sich in einem Cluster ansiedeln sollten. Während die Gründungskosten (je nach Art des Projektes) nicht zwangsläufig ausschlaggebend sind, legen die beteiligten Funktionäre, die letztendlich im Falle eines Misserfolgs die Verantwortung tragen, viel Wert auf Amortisation der Investitionen. Für Investoren mit guten Verbindungen ist es oft leichter, die lokalen Ämter zur Kooperation zu motivieren. Abhängig vom Konzept des Clusters können Mietzahlungen, die im Laufe der Zeit an die Investoren gezahlt werden, eine größere Rolle spielen als das Humankapital. Vor allem für Start-up-Unternehmen ist die Lage oftmals von besonderer Bedeutung. Obwohl die Registrierungskosten von Stadt zu Stadt und von Bezirk zu Bezirk unterschiedlich sind, ist es in China relativ einfach ein privates Medien- oder Kulturunternehmen zu gründen. Der Preis, zum Beispiel für die Eintragung eines Unternehmens oder für die Ausstellung einer Lizenz, hängt natürlich auch von der relativen Nähe zum lokalen Geschäftsbezirk ab. Aus diesem Grund sind die kostengünstigeren Flächen außerhalb der Stadt und in festgelegten Industriegebieten meist attraktiver für junge Unternehmen. Cluster bilden sich oft in Stadtrandgebieten, da hier die Bodennutzungsvorschriften und Verordnungen zur Gebietsaufteilung oft neu überarbeitet werden, um eine kommerzielle Nutzungen zu ermöglichen (Beispiele hierfür sind „The White Horse Lake Eco-Village" im Randbezirk von Hangzhou und das zuvor beschriebene Qujiang New District Projekt in Xi'an).

In urbanen Zentren ist der Cluster-Effekt noch einfacher umzusetzen. Staatskonzerne mit Fabrikanlagen zeigen großes Interesse daran, diese in neue Formen wissensbasierter Arbeitsumgebungen umzuwandeln. Ein Beispiel für diese Umstellung ist die Shanghai Textile Group (Shangtex), ein Staatsunternehmen, das viele von Shanghais bekanntesten

Kreativclustern verwaltet, darunter M50, Huifeng Creative Park, Huizhi Creative Park und Xinlin Creative Park. Staatskonzerne wie Shangtex geben an, ihre Geschäftsmodelle umzugestalten und gleichzeitig Industriedenkmäler zu erhalten. Im Vergleich zu anderen Modellen der Wirtschaftsentwicklung benötigt die städtische Wirtschaftsentwicklung durch Cluster keine massiven Regierungsinvestitionen. Sie wird als praktisch, kostengünstig und risikoarm angesehen, auch wenn die Gewinne relativ klein sind.

Auch die Verwaltung wird gemeinhin als risikoarm wahrgenommen und es besteht stets die Hoffnung auf einen neuen Durchbruch, eine Kopie des Erfolgs von Beijings 798 zum Beispiel. Kreativindustrien werden immerhin als „strategischen Wachstumsindustrien" und „Schlüsselindustrien" errichtet und so ist die Unterstützung für derartige Projekte groß. Aus diesem Grund sind viele Betreiber und Verwalter von Clustern für die Besiedlung der Areale auf der Suche nach Unternehmen aus den Design-, Software- oder Animationsbranchen. Ein Großteil dieser Unternehmen ist auf dem Dienstleistungssektor tätig und bietet externe Services für größere Konzerne und transnationale Unternehmen. Die verstärkte Auslagerung dieser Branchen ist verständlich, verschärft aber das Kernproblem von China als Verarbeitungsstandort.

Eine der vielen Ungereimtheiten der Clusterbildung in China ist die Tatsache, dass das Modell zur Erklärung für die obskuren Mechanismen der Kreativindustrie vorgeschoben wird. Das Cluster ist *ipso facto* eine Manifestation der Kreativindustrie – oder wenigstens der Neueinstufung der Kultur als „Schlüsselindustrie" durch die Regierung. Chinas Kulturbeauftragte sind meist sehr vertraut mit der Literatur in Bezug auf internationale kreative oder kulturelle Industrien, die kreative Klasse und kreative Viertel – Themen, die in den letzten Jahren stark an Bedeutung gewonnen haben. Zudem wissen sie natürlich um die Regierungserklärung der Chinesischen Kommunistischen Partei im Hinblick auf die Bedeutung von kultureller Entwicklung. Doch die Schwierigkeit tatsächlich originelle, kreative Produkte hervorzubringen in einem politischen System, das beharrlich an seinem Konservatismus und seiner politischen Ambiguität festhält, hinterlässt viele Unsicherheiten im Hinblick darauf, wie Kreativität denn nun am besten gefördert werden sollte. Wenigstens für die Lokalregierungen zahlt sich die Clusterbildung aus, da sie kreative Unternehmen, oder diejenigen, die sich für solche halten, identifizieren und an einem Ort ansiedeln können. Diese Unternehmen haben klangvolle, moderne Namen und Werbestrategien. Das bedeutet jedoch nicht zwangsläufig, dass diese Firmen auch innovative Ergebnisse liefern, erst recht nicht, wenn sie Outsourcing-Verträgen unterliegen. Viel liegt also an der Auffindung von Humankapital, welches im Vergleich zu den politisierten Kulturarbeitern vergangener Jahre heute jünger und mobiler daherkommt.

Im Hinblick auf die Aufgabe Humankapital anzulocken und anzusiedeln, stechen vier Entwicklungsstrategien der Clusterbildung im Bereich der Kulturproduktion in China hervor. Die erste Strategie liegt in der Vorlegung eines Cluster-Plans durch eine Wachstumskoalition oder als Reaktion auf eine Regierungsinitiative, mit der Hoffnung, dass die Kommunalverwaltungen dabei helfen werden, diese nachhaltig zu gestalten. In den meisten Fällen bestimmt der Förderungsausschuss und die „Führungsgruppe" einer Lokal- oder Gemeinderegierung ein Areal für das Projekt – oftmals ein ehemaliges Industriegebiet oder Neuland. Daraufhin wird ein Budget zugewiesen und eine Strategie ausgearbeitet, um Kulturkonzerne oder verbundene Unternehmen anzuwerben. Die Regierung stellt kostengünstige Grundstücke und Unterstützung für die Infrastruktur zur Verfügung, in der Erwartung später höhere Renditen zu erwirtschaften. Das Nutzenversprechen liegt dabei in den Grundstücksgeschäften, da das Land mit einem beachtlichen Gewinn an Bauunternehmen weiterverkauft werden kann.

Der nächste Schritt besteht in der Aufstellung eines Verwaltungskomitees für das Cluster, das die Belegung der Räume beaufsichtigt. Dabei versüßen viele Lokalregierungen den Deal, indem sie Unternehmen Miet- und Steuerfreiheiten oder zumindest Minderungen einräumen. Die Laufzeit solcher Anreize variiert zwischen drei bis fünf Jahren: in vielen Fällen eine Befreiung von Mietzahlungen und Steuern für drei Jahre und eine Miet- und Steuerminderung für die folgenden zwei Jahre. In dieser Phase liegt das Kerngeschäftsmodell der Clusterverwaltung in der Bereitstellung von Grundstücken oder Gebäuden und Infrastruktur durch staatliche Mittel oder Gelder der Regionalregierungen. An einer vollen Auslastung sind also sowohl die Clusterverwaltung als auch die Regierung interessiert – das Ziel liegt in der Ansiedlung möglichst vieler Unternehmen, damit die Verwaltungsgesellschaft Anspruch auf Fördermittel der Lokalregierungen erheben kann. Das primäre Ziel gilt als erreicht, wenn sich ausreichend Firmen registriert haben und die Regierung das Budget zugeteilt hat. Bei diesen Maßnahmen geht es allerdings vornehmlich darum Unternehmen anzuwerben: Es handelt sich nicht um Wirtschaftsförderungsmaßnahmen.

In der zweiten Phase gründet der Verwaltungsausschuss oft eine Entwicklungsgesellschaft *(kaifa gongsi)*. Wurde kein Firmengelände, sondern lediglich Land erworben, muss der Verwaltungsausschuss nun das Cluster von Grund auf aufbauen.

In diesen Fällen ist die Entwicklungsgesellschaft meist ein Bauunternehmen. Bestehen bereits Gebäude, setzt sich die Entwicklungsgesellschaft oftmals aus verschiedenen Gewerbebetrieben *(shangye yunying jigou)* zusammen. In dieser Phase reduzieren die Regierungen meist ihre finanzielle Unterstützung und die Entwicklungsgesellschaft übernimmt, indem sie professionelle Dienstleitungen im Cluster, wie zum Beispiel Human-Ressource-Schulungen, Informationsservices, Marketing oder sogar Markenförderung bereitstellt. Haben sich die Unternehmen erst etabliert, werden sie dazu angehalten, diese Dienstleistungen in Anspruch zu nehmen. Ist ein Unternehmen nicht erfolgreich oder nicht zufrieden, sieht es sich oft nach einem anderen Cluster um, in dem es mehr Entgegenkommen erwartet. Da es sich bei den meisten Firmen in Clustern um kleine und mittelständische Unternehmen handelt, die nur über wenig Erfahrung in der Kulturwirtschaft verfügen, benötigen viele von ihnen Hilfe bei der Vermarktung. Die Verwaltungsgesellschaft befriedigt diese Nachfrage gegen Gebühren. Sind die Dienstleistungen angemessen, werden durch die Gebühren die fehlenden Mieteinnahmen kompensiert. Sind die Leistungen nicht ausreichend oder bietet das Cluster keine entsprechenden Services, ist man gezwungen, weitere Regierungsunterstützung zu beantragen. Das Geschäftsmodell sieht also vor, die laufenden Kosten des Clusters durch Einnahmen aus

Dienstleistungsangeboten auszugleichen und dadurch weiterhin die Mietpreise auf einem niedrigen Niveau zu halten.

Dem Großteil der Cluster gelingt es allerdings nicht, über diese erste Phase hinauszukommen: Sie bleiben abhängig von Regierungsgeldern. Das Problem liegt oft auch darin, dass das Eingeständnis eines Misserfolgs einen Schandfleck in der Geschichte einer lokalen Behörde bedeutet. Doch es gibt durchaus einige wenige Erfolgsgeschichten. Die „Shenzhen City of Design", verwaltet durch die „Sphinx Cultural Industry Investment Company" ist hierfür ein bekanntes Beispiel. Nicht zuletzt aufgrund der vorteilhaften Lage inmitten von Kunden und Unternehmen aus dem Produktionsgewerbe ist die Shenzhen City of Design nun bereits seit fast zehn Jahren betriebsfähig. Während es sich hierbei im Wesentlichen um ein Produktionscluster handelt, ist der Profit, der aus professionellen Dienstleitungen generiert wird ausreichend, um nicht nur ein Weiterbestehen zu ermöglichen, sondern auch um Gewinne zu erwirtschaften und internationale Aufmerksamkeit auf sich zu ziehen; so wurde „City of Design" beispielsweise von UNESCO als „Creative City" ausgezeichnet. Als Verwaltungsgesellschaft bietet Sphinx Dienstleistungen rund um das Management eines nationalen kulturellen Kreativclusters an. Zusätzlich zur „City of Design" betreibt Sphinx derzeit zehn Standorte, unter ihnen „Shenzhen Yantian International Creative Harbor", „Hainan International Creative Harbor", „Jiangsu (Taicang) LOFT Industrial Design Park", „Shenzhen Design Center", „SZ-HK Design Center" und das „College of Industrial Design" der Shenzhen Universität.

Sphinx ist Teil eines Zweigs der kulturellen Clusterbildung, der sich auf den Aufbau von Clustern spezialisiert hat. Diese professionellen Konzerne oder Unternehmer akquirieren finanzielle Mittel durch Bankdarlehen oder Investments aus Börsengängen, mit dem erklärten Ziel, ein Netzwerk aus Clustern zu kreieren. In dieser Hinsicht ähnelt die Verwaltung eines Clusters im Grunde dem Immobilienmanagement mittels fachbezogener Dienstleistungsangebote. Für diese Projekte gibt es nur zwei denkbare Ergebnisse: Erfolg oder Misserfolg. Obwohl Gelder aus Mieteinnahmen und Dienstleistungen einen Ausgleich für dieses professionelle Franchise-Modell liefern, stirbt ein Cluster aller Wahrscheinlichkeit nach aus, wenn die angesiedelten Unternehmen nicht erfolgreich sind. Außerdem können die Unternehmen nicht wachsen, wenn die Verwaltung keine adäquaten Services bietet. In solchen Fällen ist ein Cluster wieder auf Regierungsgelder angewiesen, was problematisch sein kann, da die Regierung dann keinen Profit aus Steuereinnahmen erwirtschaften kann.

Können sich die Unternehmen eines Clusters profilieren, verbessert sich auch das Service-Angebot für die Firmen – so geschehen im Fall von Shenzhen City of Design. Davon wiederum profitieren sowohl das Cluster und die Unternehmen als auch die Regierung. Die chinesische Version kreativer Zerstörung: Erfolgsmethoden tragen den Sieg davon während die Schwachen einknicken. In den nächsten Jahren werden noch weitere Cluster-Entwicklungskonzerne entstehen. Doch das Grundprinzip bleibt das gleiche wie im Immobiliensektor. Ein wichtigerer Erfolgsfaktor ist das Humankapital. Wie können Cluster Talente finden und für sich gewinnen und wie arbeiten und „funktionieren" die Menschen in solch künstlich geschaffenen Umgebungen?

10.6   ZHAO CHUANG (Kreativität animieren)

Der Aspekt „Humankapital" *(rencai)* wirft eine Menge Fragen auf, zum Beispiel nach Bildungshintergrund, Fähigkeit der Ideenentwicklung und Bereitwilligkeit sich auszutauschen. Für die Clusterbildung ist hiervon die Breitwilligkeit sich auszutauschen wahrscheinlich von größter Bedeutung. Einer Studie von „China's Township and Village Enterprises" (TVW) zufolge ist das chinesische Volk sehr kooperationsbereit, was auf ein Grundvertrauen der Chinesen zurückgeführt wird, das auf dem traditionellen konfuzianischen Wertesystem basiert. Der Autor argumentiert, dass ein weniger starkes Vertrauensverhältnis ein größeres Vertrauen auf klar definierte Rechte und Verträge bedingen würde. Diese Gegenüberstellung wird anhand des internationalen IP-Systems illustriert (Marangos 2009). Tatsächlich wird heutzutage oft argumentiert geringerer Schutz geistigen Eigentums sei die Quelle der Innovation in der Kreativindustrie. Kreative Umgebungen wie Hollywood und Silicon Valley verdanken ihren Erfolg zu großen Teilen der Verbreitung und Mobilität von Ideen – und das trotz allgegenwärtiger IP-Anwälte. Daher liegt die Vermutung nahe, Chinas kreative Cluster seien Orte an denen Ideen gedeihen und die Menschen auf verschiedenste Arten miteinander kooperieren.

Eine Studie von Zheng und Chan, durchgeführt von 2008 bis 2010, identifizierte tatsächlich oberflächliche Formen der Kooperation zwischen Shanghais Kreativclustern. Doch vor allem die firmenübergreifende Kooperation entpuppte sich als sehr begrenzt: Dort wo sie auftrat, ging es vor allem um Kunden-Lieferantenbeziehungen, Vorstellungen von Geschäftsbeziehungen in Freundeskreisen und getrenntes Arbeiten in Teilbereichen des gleichen Produktes, ohne intellektuellen Austausch (Zheng und Chan 2013, S. 619). Während erfolgreiche Cluster Innovation durch Wettbewerb und gegenseitiges Beobachten und voneinander Lernen vorantreiben und fördern, als Beispiel sei hier Silicon Valley genannt, lässt sich diese Vorgehensweise, trotz wissenschaftlichen Diskurses und politischen Aufhebens um die Vorzüge des Übertragungseffekts, nicht ohne Weiteres auf chinesische Verhältnisse übertragen. Zudem zeigen diese Forschungsergebnisse, dass das Ausmaß der Beziehungen auch von äußeren Rahmenbedingungen beeinflusst wurde, wie dem Ansehen eines Clusters oder auch dessen Führungsstil und Mietpreisen. Außerdem fand man heraus, dass den befragten Personen die Bedeutung von Kooperationen zwar durchaus bewusst war, trotz allem aber der Konkurrenzgedanke überwog, der sich beispielsweise in Vorkehrungen zum Schutz von Geschäftsideen und Plänen äußert (Zheng und Chan 2013, S. 627).

Diese Resultate decken sich auch mit meiner eigenen Forschung. In der Zeit zwischen 2009 und 2013 führte ich Befragungen, sowohl online als auch in schriftlicher Form, durch. Unternehmen in fünf verschiedenen Clustern mit branchenübergreifenden Unternehmen (verbundene Vielfalt) bis hin zu Clustern mit nur einem Industriezweig (Animation) wurden befragt.[10] Es gelang mir dank meiner Verbindungen zu chinesischen Forschungseinrichtungen, speziell der CASS, diese Kontakte für die Befragung zu akquirieren. Zusätzlich führte ich Interviews mit Akademikern und Wissenschaftlern, die sich aktiv mit der Thematik der Industriecluster auseinandersetzen, besuchte Konferenzen, Foren und Workshops zur Cluster-Thematik und wurde bei mehreren Cluster-Angeboten und Ausschreibungen, manchmal unwissentlich, als „internationaler Experte", herangezogen. Die Cluster, in denen ich meine Befragungen durchführen konnte, lagen in Beijing, Suzhou und Qingdao: Die Geschäftsfelder reichten von Medienunternehmen, Fotografie, Industriedesign, Architektur und Medienberatung bis hin zu Grafikdesign.[11] Die Befragten waren Unternehmer und Angestellte wie CEOs, Geschäftsinhaber, Manager, Büroangestellte (Personalverwaltung), Techniker (Programmierer) und Kreative (Drehbuchautoren). Die Zielpersonen zur Ausfüllung des Fragebogens zu motivieren, gelang mir in einem Fall durch die Unterstützung von Parkvertretern, in einem anderen Fall mithilfe der Clusterverwaltung. Andernorts kannte ich Personen, die für ein Unternehmen im Cluster arbeiteten und die meinen Online-Fragebogen weiterleiteten. Ich wurde außerdem durch einen chinesischen wissenschaftlichen Mitarbeiter unterstützt, der sich um die Fragebögen in Papierform kümmerte. Obwohl die Umfrage sehr interessante Ergebnisse an den Tag brachte, möchte ich zu bedenken geben, dass sie zu einer Zeit durchgeführt wurde, zu der das Cluster-Fieber seinen Höhepunkt erreicht hatte.[12]

Die Antworten könnten durchaus von dem Enthusiasmus, an einem neuen, „kreativen" Industriezweig beteiligt zu sein, beeinflusst worden sein.[13] Im Zuge meiner ersten Befragung von Unternehmen der Animationsbranche im Suzhou Industrial Park kam ich zu dem Ergebnis, dass alle Befragten sich mit Überzeugung selbst als „kreativ" charakterisierten, sodass ich in den folgenden Durchläufen der Befragung in Beijing auf diese

---

[10]Die Anzahl der ausgefüllten, gültigen Fragebögen betrug 251 (166 in Papierform, 85 online) von insgesamt 400 ausgesendeten.

[11]Fangjia 46, Shijingshan Cyber Recreation Park (Beijing): Suzhou Industrial Park (Suzhou); Creative 100 (Qingdao).

[12]Die erste Befragung in Papierform im Bereich Animation wurde im Mai 2009 durchgeführt (96 Befragte); nachfolgende Befragungen wurden 2010 mit einigen Änderungen bezüglich der Formulierungen durchgeführt, mit dem Wissen, dass sich die Befragten selbst durchaus als „kreativ" identifizierten. Die Animations-Umfragen unterscheiden sich von den nachfolgenden auch dadurch, dass sie spezifische Fragen zur Einstellung gegenüber der Animationsbranche enthalten.

[13]Der Bogen bestand aus Multiple-Choice-Fragen (wählen Sie eine von fünf Aussagen, die ihre Meinung am besten wiedergibt) und Standard Likert-Skala Optionen (trifft zu, trifft eher zu, teilsteils, trifft eher nicht zu, trifft nicht zu). Da diese Vorgehensweise ihre Grenzen hat, wurden zusätzlich noch Interviews mit Unternehmen über das Wesen und die Herausforderungen ihrer Geschäfte geführt (s. zur weiteren Erörterung Keane 2011).

Bezeichnung verzichtete und stattdessen neutralere Ausdrücke wie Kommunikation, kulturelles Wissen, Ideenaustausch und Lernen benutzte.

Außerdem zeigte sich, dass auch die Branche selbst einen Einfluss auf das Selbstbewusstsein und die Überzeugung der Menschen hat. Mitarbeiter, die früh einem Cluster beitraten, hierbei tat sich vor allem die Animationsbranche hervor, tendierten eher zu einer positiven und zuversichtlichen Ansicht bezüglich ihrer Arbeit und Zukunft auf ihrem Sektor. So wählten 44,4 % der Mitarbeiter der Animationsbranche auf die Frage „Was ist der Hauptgrund, warum Sie für diese Firma arbeiten?" die Antwort „Ich schätze es besonders für eine Wachstumsbranche zu arbeiten"; die zweithäufigste Antwort (28,57 %) war „Sehr kreative Arbeitsumgebung und gute Möglichkeiten etwas zu lernen".[14] Mitarbeiter von Animationszentren stuften außerdem finanzielle Anreize als weniger wichtig ein, als ihre Kollegen in „Related Variety Parks" – natürlich ist die Arbeit in Animationszentren weitaus projektgebundener und die Mitarbeiter waren im Schnitt jünger, währen die Befragten aus den „Related Variety" Unternehmen in kleineren Firmen von manchmal sogar weniger als fünf Mitarbeitern beschäftigt waren. In diesen Fällen waren die befragten Personen Manager oder im Geschäftsaufbau tätig – für sie ging es letztlich um das Überleben.

Die Arbeitskräfte in diesen Clustern entsprechen der Beschreibung von Floridas kreativer Klasse. Die Umfrageergebnisse zeigten, dass mehr als 95 % der Personen, die in Chinas Clustern und Medienzentren arbeiteten einen Hochschulabschluss hatten; mehr als 54 % der Befragten gaben an einen Bachelorabschluss zu haben, während die Zahl der Masterabschlüsse, in Abhängigkeit vom jeweiligen Sektor, zwischen 11 und 24 % schwankte, wobei Animations-Parks weniger Masterabschlüsse aufwiesen als die „Related Variety" Cluster. In Animations-Parks arbeiteten zudem doppelt so viele Arbeiter ohne jeglichen Studienabschluss, was angesichts des hohen Anteils an technischer Arbeit in dieser Branche nicht weiter verwunderlich ist. Ein Großteil der Mitarbeiter auf dem Animationssektor hatte künstlerische oder literarische Abschlüsse und nur weniger als 20 % verfügten über Qualifikationen als IT-Spezialisten oder eine ähnliche animationsrelevante Ausbildung.

Genau wie die Forschung von Zheng und Chan in Shanghai zeigten auch meine Umfragen, dass sich die Beteiligten absolut mit der Clusterumgebung identifizierten. Im Hinblick auf die eigene Karrierelaufbahn wurde die Arbeit in branchenübergreifenden Clustern (76,78 %) allgemein als wichtiger eingestuft als in Animationszentren (46,04 %). Zudem zeigte sich in Animationszentren weitaus weniger Bereitschaft zum Wissenstransfer (39,68 %) als in branchenübergreifenden Clustern, wo 55,36 % der Befragten angaben, regelmäßig Ideen auszutauschen.[15] Auch diese geringere Bereitschaft

---

[14]1) Ich schätze es besonders für eine Wachstumsbranche zu arbeiten; 2) Es gibt eine sehr kreative Arbeitsumgebung und gute Möglichkeiten etwas zu lernen; 3) Bessere finanzielle Vergütung als an meinem alten Arbeitsplatz; 4) Es gibt eine starke Unternehmenskultur; 5) Die Arbeitszeiten sind flexibel.

[15]Auf einer Likert-Skala wurde dies von den Optionen „trifft zu" und „trifft eher zu" repräsentiert.

zum Gedankenaustausch in der Animationsbranche kann durch die Besonderheiten dieses Industriezweigs, wie den hohen Anteil an ausgelagerten Arbeiten und dem hohen Konkurrenzdruck, erklärt werden.

10.7 Fazit: Betrachtung der Chronik der Innovationskultur

Meine Rolle in Chinas kulturellen und kreativen Clustern war die eines Beobachters dieser wichtigen Entwicklungsphase in der aufkeimenden Kreativindustrie. Als erster internationaler Forscher auf dem Gebiet von Chinas noch jungem Bestreben eine große Kulturnation zu werden (Keane 2007), wurde ich dazu eingeladen verschiedene Cluster, Parks und Zentren zu besuchen. Wie viele meiner Interviewpartner und Befragten verspürte auch ich eine gewisse Zuversicht und Erwartung, sogar Optimismus. In den Jahren zwischen 2007 bis 2011 wuchs die Erwartungshaltung, dass die Clusterbildung einem Ziel diente und letztendlich alle von einer Bündelung der Arbeitskräfte und reduzierten Transaktionskosten profitieren würden und somit kreative Talente angelockt werden würden.

Um die Entwicklung der Cluster im Zusammenhang darzustellen, habe ich eine sogenannte „Chronik der Innovationskultur" (s. Tab. 10.1) entwickelt, um zu zeigen, inwiefern es chinesische Künstlern, Medienproduzenten und Designern gelingt, die Wertschöpfungskette zu erklimmen (Für eine ausführliche Untersuchung s. Keane 2013). Im Vergleich zu den länderübergreifenden Kultur- und Unterhaltungsindustrien der hoch entwickelten westlichen Wirtschaft sind Chinas Industrien erst nach der Öffnung des Landes in den 1980er Jahren entstanden. Beginnend in den frühren 1990er Jahren

Tab. 10.1 Chronik der Innovationskultur. (Quelle: Eigene Darstellung des Autors)

Thematik	Methode	Zeitlicher Ablauf
Kostengünstige Verarbeitung	Wettbewerb schaffen für regionale und internationale Aufträge	Statisch: manchmal als rückständig angesehen
Imitation	Importsubstitution und Nachbilden	Größere nationale Vielfalt aber Ablehnung durch das Publikum/den Konsumenten
Kooperation	Kooperation und Knowledge Sharing	Beschleunigung des kreativen und technologischen Austauschs
Marktdifferenzierung	Ausbrechen aus nationalen Markteinschränkungen (Märkte, Bestimmungen)	Beschleunigung der Entwicklungsphasen
Cluster	Versuch Produktion zu Industrialisieren (Arbeitskraft, Management, Organisationsstruktur)	Beschleunigung der Entwicklungsphasen

entwickelte sich der Kulturmarkt in China durch eine Abfolge von Strukturreformen.[16]
Innerhalb der ersten zehn Jahre nach Deng Xiaopings Öffnung von Chinas Kulturmarkt,
im Anschluss an die Reise durch die Sonderwirtschaftszonen in Südchina im Jahr 1992,
verschrieben sich viele Unternehmen der Produktion von billigen Artefakten, vor allem
Imitationen der berühmtesten Stücke, wobei sie geistige Eigentumsrechte meist schlichtweg ignorierten. Während dieser „Made in China"-Phase gab es kaum Originalität oder
Innovation. Die Beteiligten begnügten sich damit herzustellen, was immer der Markt
(oder der Staat) bevorzugte; sprich, sie folgten den Erwartungen und Vorgaben anderer
bezüglich Gestaltung und Inhalt.

In der zweiten Phase entwickelte sich ein Muster, nach dem die Hersteller lediglich
kopierten und imitierten. Nach dem WTO-Beitritt Chinas 2001 begannen erste Bestrebungen nach Innovation, um den kreativen und technologischen Austausch anzukur-
beln und um ausländische Märkte und Möglichkeiten zu nutzen. Dem Muster anderer
Industriezweige folgend, beschäftigte sich der kreative Sektor vor allem mit Imitationen im großen Stil und ignorierte dabei regelmäßig das Urheberrecht. Dieses Vorgehen
wurde durch die Besonderheiten der Medienmärkte unterstützt, da Vervielfältigung nun
vom System, das bis in die späten 1990er Jahre keinen nationalen Vertrieb erlaubt hatte,
gefördert wurde. Tatsächlich gab es durch die administrativen Verwaltungsgrenzen eine
Vielfalt von regionalen Versionen von TV-Sendungen, Zeitungen und Magazinen, die
gegenseitig ihre Inhalte ausschlachteten und wiederverwerteten. Zusätzlich zu dieser
Kannibalisierung wurde auch ein großer Teil von ausländischen Medieninhalten geplün-
dert.

In der dritten und vierten Phase trafen chinesische Hersteller Abmachungen zu
Koproduktionen und Wissensaustausch mit internationalen Akteuren. Dies galt zunächst
vor allem für unbedenklichere Medien wie Werbung oder Videospiele, als China der
WTO 2001 beitrat. Der rasante Erfolg der koreanischen Welle ließ chinesische Medien-
akteure und Politiker erkenne, dass ihr wahrer Markt in Asien und nicht im Westen lag.

Die vierte Phase war gekennzeichnet durch die Identifizierung ausländischer Märkte
und letztendlich durch die Gründung von Medienzentren, Kulturclustern und Kunstzo-
nen, oft unter der Heranziehung von Investoren und Mitarbeitern aus Ostasien. Cluster,
Zonen und Viertel schossen aus dem Erdboden, angetrieben von prominenten Erfolgsgeschichten wie der „798 Art Zone" in Beijing und Shanghais „Tianzifang". Die Anstrengungen der Regierung zur Etablierung einer Animationsindustrie in Konkurrenz zu Japan
und Korea lösten eine gewisse Zuversicht hinsichtlich der Erfolgsaussichten von Indus-
triezentren aus. Ein ähnlicher Optimismus herrschte in der Film- und Softwarebranche,
nach dem Motto: „Bau die Infrastruktur aus und sie werden kommen".

Doch das Phänomen der Clusterbildung führte unweigerlich in die Innovationsfalle.
Viele Unternehmen fanden sich selbst in Innovationsparks wieder, weil diese günstige

---

[16]Dieser Vorgang wird meist als Reform des Kultursystems bezeichnet *(wenhua tizhi gaige)* (s.
Keane und Thao 2014).

Geschäftsräume und eine Reihe von Dienstleitungen boten. Wie an anderer Stelle diskutiert, haben diese Zentren eine Anzahl von Strategien zur Kundenbetreuung entwickelt, um offen zu zeigen, dass sie zur nationalen und regionalen Politik beitragen (Keane 2011a). Die Prämisse, dass die Clusterbildung „Kreativität anlocken" *(zhao chuang)* könnte wird dabei jedoch als weit weniger bedeutend angesehen als das Potenzial Unternehmen anzuziehen *(zhao chuang)*.

Die Begeisterung für Cluster-Projekte schwindet. Schlussendlich haben die Cluster es nicht geschafft, die Qualität von Chinas Kulturproduktion zu verbessern. Die meisten „Beweise" für den Misserfolg von Clustern beruhen allerdings auf Einzelfällen: Leistung, oder eben ihr Ausbleiben, ist schwer messbar und Funktionäre sowie Regierungsvertreter, die diese urbanen Entwicklungsprojekte beaufsichtigen, sind nicht gewillt, diese öffentlich auf den Prüfstand zu stellen. Zudem sind Regierungsvertreter meist nicht in der Lage zu verstehen, wie ein effizienter Wissensfluss Innovation nach sich ziehen kann. In den meisten erfolgreichen internationalen Clustern und Vierteln wählen die Beteiligten selbst; das bedeutet, dass sie durch kulturelle Atmosphäre, Möglichkeiten der Interaktion und Arbeitsvoraussetzungen an einen Ort oder in ein Gebiet gelockt werden – daher der Ausdruck „Cluster". Die Voraussetzung für kreative Cluster ist also Kreativraum: Das können kreative Workshops, Studios oder Marktbereiche sein – dem liegen aber auch geistige Freiräume und Unternehmergeist zugrunde: die Bereitschaft mit neuen Ideen zu experimentieren. Außerdem beinhaltet Kreativraum auch wettbewerbsfördernde Zusammenarbeit über Unternehmensnetzwerke hinaus, interaktives Lernen und den Austausch erfolgreicher Ideen.

Meist wurden kreative und kulturelle Cluster-Projekte allerdings von Bauunternehmern ins Leben gerufen. Gentrifizierung und Servicefunktionen waren Mittel zum Zweck. Letzten Endes haben weder die Kreativität noch Intcraktionsnetzwerke die Grundlage für die Bauwelle bewirkt, sondern die Produktion und der Verkauf von touristisch vermarktbaren Produkten.

Man könnte zwar argumentieren, dass der kommerzielle Fokus den Wettbewerb ankurbelt, doch er beeinflusst auch die Entfaltung einer kooperativen Lernumgebung. Viele beklagten den Verlust von Authentizität und die starke Kommerzialisierung. All dies bewirkte letztendlich einen Anstieg der Grundstücks- und Mietpreise, doch keine gesteigerte Kreativität.

Zu behaupten, Cluster hätten in dieser Hinsicht versagt, könnte vielleicht als Spitzfindigkeit abgetan werden. Wie ich gezeigt habe, liefern diese Projekte durchaus Ergebnisse, einige davon sind beabsichtigt (gestiegene Mitpreise, Inanspruchnahme von Dienstleistungen) und andere sind nicht beabsichtigt und könnten so mit der Zeit doch noch zu Innovation und neuen Erkenntnissen führen. Der Verlauf von Chinas Kulturinnovation legt jedoch nahe, dass kreative Inspiration wahrscheinlich eher aus Online-Netzwerken bezogen werden wird und nicht aus Kooperationen zwischen Unternehmen. Diese kreativen Onlinenetzwerke betreiben eine andere Art des Austauschs, namentlich durch Open-Source-Software und „Hacker-Spaces".

Literatur

Belussi F, Sedita S (2010) Industrial districts as open learning systems: combining emergent and deliberate knowledge systems. Reg Stud 46(2):165–184

Dai J, Zhou S, Keane M, Huang Q (2012) Mobility of the creative class and city attractiveness: a case study of Chinese animation workers. Eurasian Geogr Econ 53(4):649–670

Evans G (2001) Cultural planning: an urban renaissance? Routledge, London

Evans G (2009) Creative cities, creative spaces and urban policy. Urban Stud 46(5):1003–1040

Florida R (2002) The rise of the creative class. Basic Books, New York

Hu J (2007) 17th National CCP Congress Report. In: Xiang Y (2013) 2011–2015: principles of national cultural strategy and cultural industries development in China. Int J Cult Creat Ind 1(1):75–6

Hu J (2012) Developing a strong socialist culture in China. Hu Jintaos Bericht auf dem 18. Parteikongresstag. http://news.xinhuanet.com/english/special/18cpcnc/2012-11/17/c_131981259_7.htm. The Communist Party of China, Beijing http://www.china.org.cn/english/congress/229611.htm. Zugegriffen: 30. Apr. 2013

Huang P (2011) The theoretical and practical implications of China's development experience: the role of iformal economic practices. Mod China 37(1):3–43, 18

Keane M (2007) Created in China: the great new leap forward. Routledge, London

Keane M (2011a) China's new creative clusters: governance, human capital and investment. Routledge, London

Keane M (2011b) Creative industries in China. Polity, London

Keane M (2013) Creative industries in China: art, design, media. Polity, London

Keane M, Thao E (2014) The reform of the cultural system: culture, creativity and innovation in China. In: Lim L, Lee H-J (Hrsg) Cultural policies in East Asia: dynamics between the state, arts and creative industries. Macmillan, London

Lash S, Urry J (1993) Economies of signs and space. Sage, London

Marangos J (2009) Why is China a high-lambda society? J Econ Issues 39(4):933–950

Martin R, Sunley P (2002) Deconstructing clusters: chaotic concepts or policy Panacea? J Econ Geogr 3(1):5–35

McGee TG, Lin CS, Marton AM, Wang YL, Wu J (2007) China's urban space: development under market socialism. Routledge, London

Mommaas H (2004) Cultural clusters and the post-industrial city: towards the remapping of urban cultural policy. Urban Stud 41:507–532

Montgomery J (2003) Cultural quarters as mechanism for urban regeneration. Part 1 conceptualising cultural quarters. Plann Pract Res 18(4):293–306

Olivarez-Giles N (2013) Can a billionaire build a new hollywood in China? The Verge. http://www.theverge.com/2013/9/23/4763386/billionaire-wang-jianlin-hollywood-china-qingdao. Zugegriffen: 29. Sept. 2016

Porter M (1996) Competitive advantage, agglomeration economies and regional policy. Int Reg Serv Rev 19(1):85–94

Porter M (1998) Clusters and the new economics of competition. Harvard Bus Rev 76(Nov–Dec):77–90

Potts J (2011) Creative industries and economic evolution. Edward Elgar, Cheltenham

Roodhouse S (2006) Cultural quarters: principles and practice. University of Chicago Press, Chicago

Storper M (1997) The regional world: territorial development in a global economy. Guilford, New York

Sugden R, Ping W, Wilson J (2006) Clusters, governance and the development of local economies: a framework for case studies. In: Wilson JR, Pitelis C, Sugden R (Hrsg) Clusters and globalisation: the development of urban and regional economies. Edward Elgar, Cheltenham, S 82–95

UNCTAD (Konferenz der Vereinten Nationen für Handel und Entwicklung) (2010) The global creative economy report 2010. UNCTAD, Geneva

Wang J (2007) Industrial clusters in China: the low road versus the high road in cluster development. In: Scott A, Farolofi G (Hrsg) Development on the ground: clusters, networks and regions in emerging economies. Routledge, London, S 145–164

Wang J, Zhang C, Wang C-N, Chen P (2011) Local Milieu in developing China's cultural and creative industry: the case of Nanluoguxiang in Beijing. Int J Asian Bus Inf Manage 1(1):1–12

Xinhua (2011) China's cultural industry predicted to become a pillar of the econmoy by 2016: Speech by minister, 11 March 2011. http://news.xinhuanet.com/english2010/indepth/2011-10/22/c_131206627.htm. Zugegriffen: 29. Apr. 2013

Xufeng Z (2013) The rise of think tanks in China. Routledge, London

Peng Y (2012) Report on development index of cultural industries in Chinese provinces, autonomous regions and municipalities (Zhongguo shengshi wenhua chanye fazhan zhishu baogao). Zhongguo Renmin Daxue Chubanshe, Beijing

Yudice G (2003) The expediency of culture. Duke University Press, Durham

Zheng J, Chan R (2013) A property-led approach to cluster development: creative industry clusters and creative industry networks in Shanghai. Town Plann Rev 84(5):605–632

Über den Autor

Michael Keane is Professor of Chinese Media and Cultural Studies at Curtin University. He is Program Leader of the Digital China Lab. The Digital China Lab investigates the transformative role of digital technology in everyday life in China and Australia, as well as producing critical academic insights into China's creative transformation. The Digital China Lab produces data, findings, and evidence for public policy, technology design, implementation, and public debate. Michael's key research interests are digital transformation in China; East Asian cultural and media policy; and creative industries and cultural export strategies in China and East Asia. His current funded research project with the Australian Research Council (ARC) concerns audio-visual media collaboration (film, TV, animation, documentary and online platforms) in East Asia with a focus on Mainland China (source: http://ccat-lab.org/ourpeople/professor-michael-keane/).

Innovation „von unten" – studentische Entrepreneure an chinesischen Hochschulen

11

Lixia Nie, Jingjing Huang und Meimei Yao

Zusammenfassung

Der Zhongguancun Science Park, eine selbstständige, nationale Demonstrationszone für Innovationen, beheimatet sowohl eine große Anzahl von Hochschulen, Universitäten, Akademien und Institutionen als auch unzählige Hightech-Talente und setzt das jährliche, hohe Investment aus Forschungsfonds in eine Vielzahl von großartigen Forschungsleistungen um. Allerdings ist nur knapp ein Fünftel der Existenzgründungen auf Technologietransfers von Hochschulen zurückzuführen. Dabei weisen Hochschul- und Universitätsstudenten – vor allem aus den Gebieten Naturwissenschaft und Ingenieurswesen – bereits einige sehr erfolgreiche Start-ups vor. Viele Studenten streben an, auf Grundlage ihrer Forschungsergebnisse oder selbstentwickelter Technologien ein Unternehmen zu gründen, und stellen dafür großes Potenzial dar. Aus diesem Grund sollten sowohl die Regierung als auch Hochschulen, Universitäten und andere gesellschaftliche Bereiche dazu angehalten werden, breit gefächerte Ressourcen bereitzustellen, um Studenten in Zhongguancun in ihrem Unternehmergeist zu unterstützen. Auf diese Weise kann die Nutzung von wissenschaftlichen und technologischen Ressourcen an Universitäten und Hochschulen verbessert und das Innovationspotenzial voll ausgeschöpft werden. Forschungsergebnisse würden optimal in Produktivität umgesetzt, was wiederum zu einem Anstieg industrieller Innovationen führt.

L. Nie · J. Huang · M. Yao (✉)
Innovations- und Forschungszentrum Inno Way, Peking, China
E-Mail: yaomeimei@z-innoway.com

© Springer Fachmedien Wiesbaden GmbH 2017
J. Freimuth und M. Schädler (Hrsg.), *Chinas Innovationsstrategie in der globalen Wissensökonomie*, DOI 10.1007/978-3-658-17651-8_11

Inhaltsverzeichnis

11.1 Einleitung

Der Technologiepark Zhongguancun ist Chinas erster Modellpark auf der zentralen Ebene für unabhängige Innovationen. Er ist auch das Gebiet mit der höchsten Dichte an Universitäten, Forschungseinrichtungen sowie renommierten Wissenschaftlern in China. In welchem Umfang basieren Start-up-Aktivitäten in Zhongguancun und Umgebung auf universitärem Technologietransfer? Der Bericht „Zhongguancun Startup Development Report 2015"[1] zeigt auf, dass nur 19,3 % der untersuchten 975 Existenzgründungen aus 49 Gründungszentren und „Accelerators" auf Technologietransfers von Hochschulen und Akademikern basieren.

Trotz der strategischen Ausrichtung von Zhongguancun, Innovationsführer anzulocken und als Stadtviertel selbst eine führende Rolle in der Innovationsentwicklung einzunehmen, strategische Wirtschaftszweige zu etablieren und zu einem weltweit einflussreichen Innovationszentrum für Wissenschaft und Technologie zu werden, spielt der Bezirk nur eine relativ unbedeutende Rolle im Technologietransfer – was im Widerspruch zu den Erwartungen der nationalen Regierung und Beijing steht. Landesweit gilt es daher, Entwicklungshindernisse zu überwinden, die dem Technologiewandel in China entgegenstehen.

11.2 Unzureichender Transfer von wissenschaftlichen und technologischen Leistungen der Hochschulen

Chinesische Universitäten und Hochschulen investieren viel Geld in die Forschung und Entwicklung, was jedes Jahr zu einer Vielzahl an wissenschaftlichen Ergebnissen führt. Aus marktperspektivischer Hinsicht gibt es jedoch so gut wie keine wissenschaftsbasierten Innovationsprodukte oder Technologieprodukte, die auf Technologieinnovationen beruhen.

---

[1]Zhongguancun Startup Development Report 2015 (2015年中关村创业发展报告), Verlag Beijing, im Erscheinen, im September 2016 noch nicht öffentlich zugänglich. Der „Zhongguancun Startup Development Report" wird jährlich für das Verwaltungskomitee des Wissenschafts- und Technologieparks Zhongguancun erstellt als Grundlage für dessen Politik hinsichtlich Start-ups und Innovationen.

Im Jahr 2014 gründeten laut dem Staatlichen Amt für Statistik der Volksrepublik China 2529 Universitäten und Hochschulen insgesamt 10.632 wissenschaftliche Einrichtungen. Tab. 11.1 zeigt, dass die Aufwendungen für Forschung und Entwicklung im Jahr 2014 bei 89,8 Mrd. Yuan lagen. Zum Vergleich: Im Jahr 2013 betrugen die Aufwendungen für Forschung und Entwicklung der Universitäten und Hochschulen in Beijing 15,78 Mrd. Yuan und die Anzahl der Patentgenehmigungen betrug 7645 (siehe Tab. 11.2). Trotz der enormen Investitionssummen in die Forschung und Entwicklung blieb die Zahl der technologischen Errungenschaften hinter den Erwartungen zurück. Da technologische Ergebnisse der staatlichen Vermögensverwaltung unterliegen, ist der Transfer im Bereich der Technologieentwicklung der Universitäten unzureichend. 2013 lag die Anzahl der Verträge im Bereich des Technologietransfers von Beijings Universitäten und Hochschulen bei nur 1022. Die Zahl der tatsächlichen Umsetzungen und Erfolge ist vermutlich noch weitaus geringer.

Im Juli 2015 veröffentlichte das McKinsey Global Institute (MGI) den Bericht „The China Effect on Global Innovation" (Woetzel et al. 2015), in dem dargelegt wurde, dass die Stärke von chinesischen Unternehmen in Märkten liegt, die auf kunden- und effizienzorientierten Innovationen basieren, während der größte Nachholbedarf in Wirtschaftsbereichen

Tab. 11.1 Wissenschaft und Technik an Hochschulen in China. (Quelle: Staatliches Amt für Statistik der Volksrepublik China 2015, „2015 China Statistical Yearbook", Tab. 20-3)

Indikatoren	2012	2013	2014
Zahl der Universitäten und Hochschulen	2442	2491	2529
Zahl der F&E-Einrichtungen	9225	9842	10.632
F&E-Ausgaben (in Mrd. Yuan)	78,06	85,67	89,81
Ausgaben für F&E-Projekte (in Mrd. Yuan)	60,73	66,27	70,18
Zahl der genehmigten Patente für Erfindungen	3.4441	35.873	39.468

Tab. 11.2 Wissenschaft und Technik an Hochschulen in Beijing 2013. (Quelle: Bildungsministerium der VR China (2014) 年高等学校科技统计资料汇编2014, Higher Educational Institutions Science and Technology Statistical Information)

Indikatoren	
F&E-Ausgaben (in Mrd. Yuan)	15,78
Zahl der F&E-Programme	45.509
Zahl der genehmigten Patente	7645
Zahl der Verträge über Patentverkauf	193
Zahl der Verträge über Technologietransfer	1022

besteht, die wissenschaftliche und technische Innovationen erfordern.[2] Diese Erkenntnisse decken sich mit der obigen Aussage, dass die Rate von Start-ups, die auf universitärem Technologietransfer basieren, bei nur 19,3 % liegt.

11.3 Technologietransfer – von der Universität in die Praxis

Aufgrund des wachsenden Interesses an Start-ups, gegründet und geführt von Universitätsstudenten, tauchen in diesen schwierigen Zeiten immer mehr Projekte auf, in denen Studenten Technologien aus den Laboren in Produkte transferieren und damit für Aufmerksamkeit sorgen.

Gute Beispiele für diese Entwicklung bietet die Qinghua-Universität (siehe Tab. 11.3). Das Unternehmen Zeegine ist eines der Start-up-Projekte. Das Hauptprodukt von Zeegine ist ein Desktop-3-D-Drucker, dessen Entwickler allesamt Maschinenbaustudenten der Qinghua-Universität sind. Sie haben bereits neun Patente angemeldet und das Urheberrecht für eine Software erworben. Ein weiteres Beispiel ist die Firma T. C. Air, die intelligente Luftbefeuchter und -reiniger entwickelt. Alle drei Gründungsmitglieder sind Doktoren der Fachbereiche Maschinenbau, Life Sciences und Verfahrenstechnik der Qinghua-Universität. Kürzlich wurde ihr Projekt von JD+ übernommen. Als drittes Projekt kann „BluePHA bio-plastics", gegründet von Zhao Hongyu, Doktor der Biologie an der Qinghua-Universität, angeführt werden. Das Projekt beschäftigt sich mit dem biologischen Abbau von Plastik mittels Meerwasserfermentation. Es gewann den ersten Platz im zweiten Wettbewerb der „Qinghua University Chancellor Cup Innovation Challenges" und wurde zusammen mit den Projekten von T. C. Air im Rahmen der „First National Mass Entrepreneurship and Innovation Week" von Ministerpräsident Li Keqiang geehrt.

In einer Untersuchung zum Thema Start-ups von Universitätsstudenten der Qinghua-, der Beihang- und anderer Beijinger Universitäten fanden wir heraus, dass die Basis für die Praxis dieser Projekte in den Forschungseinrichtungen und Laboren der Universität entwickelt wird. Diese technologischen Ergebnisse sind marktkompatibel und führen zu Anwendungen und Produkten, die Marktpotenzial aufweisen.

Viele dieser studentischen Unternehmerteams, vor allem diejenigen von Universitäten, die sich auf Naturwissenschaften und Ingenieurwesen spezialisiert haben, wie z. B.

---

[2]Das McKinsey Global Institute (MGI) unterscheidet vier Archetypen von Innovation: 1) Wissenschaftsbasierte Innovation beinhaltet Produktentwicklungen durch die kommerzielle Anwendung der Grundlagenforschung. 2) Technikbasierte Innovation beschäftigt sich mit dem Design und der Entwicklung neuer Produkte durch die Integration von Technologien von Zulieferern und Partnern. 3) Kundenorientierte Innovation beschäftigt sich mit Problemlösungen für den Verbraucher durch Innovationen für Produkt- und Geschäftsmodelle. 4) Effizienzorientierte Innovation beinhaltet vor allem Prozessoptimierungen zur Kostenreduktion, Verkürzung von Produktionszeiten und Qualitätsverbesserung.

Tab. 11.3 University student startup projects. (Quelle: Eigene Untersuchung der Autoren 2015/2016)

startup projects/ Company	Project introduction	Founder	University
T. C. Air 淘氪	New Air Purifier based on water	ZHAO Long	Qinghua University
Sunlectric 八度阳光	Research and sale the products of solar photovoltaic	LIU Yifeng	Qinghua University
ACTION VR 清显科技	Research on Virtual Reality and Visualization	SHEN Tianyi	Qinghua University
InnoSpeed 中影创捷	Research and sale of industrial film shooting equipment and provide special shooting service	LI Nian	Communication University of China
Serica Crypto-Chip 九州华兴	Design and research on high-performance digital encryption and decryption microchips	DING Dan	Qinghua University
Quick Feel Tech速感科技	Optimize the operating system of robot through the 3 D vision perception technology	CHEN Zhen	Beihang University
Neatrition 易净星科技	Research on coating material of the function of micron-nano multiple structure super hydrophobic	XIAO Pengfei	Qinghua University
Zeegine 紫晶立方	Research on low cost, high quality Desktop 3D Printer	WANG Shidong	Qinghua University

die Qinghua-Universität, die Beijing University of Posts and Telecommunications oder die Beihang-Universität für Luft- und Raumfahrt Peking, können auf eigene Technologie zurückgreifen. Nachforschungen haben ergeben, dass über 30 %[3] der Studenten ihre Unternehmensprojekte auf Grundlage eigener Patente und Technologien durchführen:

So beschäftigt sich das Unternehmen Sunlectric von der Qinghua-Universität beispielsweise mit der Erforschung von flexiblen Fotovoltaikzellen. Diese hochsensible Technik hat ihren Ursprung im Labor und wurde dann unabhängig weiter erforscht und entwickelt durch den Firmengründer Liu Yifeng und seinem Team. Somit gab es keinerlei Patentstreitigkeiten. Auch das Unternehmen „Endless Flow 弱水无极", gegründet von Chen Jiake, das sich mit der Behandlung von Abwasser aus der Galvanikindustrie beschäftigt, besitzt ein nationales Patent für die Aufbereitung von mit Schwermetallen versetzten Abwässern durch den Einsatz eines Komplexbinders.

---

[3]Die Daten entstammen einer kleinen Stichprobe, durchgeführt von den Autoren, und dienen nur als Referenz.

11.4   Studentische Start-ups als Methode für den universitären Technologietransfer

Studentische Start-ups haben offensichtliche Vorteile: Studentengruppen wohnt oft eine latente Kreativenergie inne, und sie wissen die Vorteile des Internets bei ihren Forschungen zu nutzen. Zudem entwickeln sie eher einen globalen Blickwinkel bei kommerziellen Überlegungen. Noch wichtiger ist ihre Nähe zur Pionierforschung und innovativer Technologie. Die daraus entstehenden Start-ups können effiziente Kanäle für universitäre technologische Erfolge, Industrialisierung und Technologieinnovation darstellen. Die Lebendigkeit dieser Gruppen hat das Potenzial, die technologische Stärke und das Innovationsniveau von Start-ups voranzutreiben.

Bisher wurden studentische Start-ups jedoch von der Gesellschaft eher argwöhnisch betrachtet und von der nationalen Strategie ignoriert. Aufgrund des Blicks auf kurzfristige Erfolgsquoten steht ihnen die öffentliche Meinung eher zurückhaltend bis kritisch gegenüber und missachtet ihre Potenziale hinsichtlich eines Transfers technologischer Innovationen. Da sie nur über wenig gesellschaftliche Erfahrung und kommerzielles Wissen verfügen, werden die Studenten als „Laienspieler" wahrgenommen, die dabei sind, ihre technischen Fähigkeiten zu erproben und praktische Erfahrungen auf dem Campus zu sammeln.

Im Gegensatz zur abwartenden Haltung Chinas hat man in den USA begonnen, innovationsorientierte Maßnahmen zu entwickeln, die den Unternehmergeist von Studenten fördern und damit die Reindustrialisierung und „Made in the USA" vorantreiben sollen. So fand im Jahr 2014 im Weißen Haus zum ersten Mal die „White House Maker Faire" (The White House 2014 – Fact Sheet) statt. Präsident Obama persönlich nahm an der Veranstaltung teil und rief den 18. Juni 2014 offiziell zum „National Day of Making" (The White House 2014 – Presidential Proclamation) aus. Im Zuge dessen verabschiedete er einige Maßnahmen zur Unterstützung von studentischen Produzenten: Die Behörden geben ihnen erweiterten Zugang zu modernen Design- und Forschungsmitteln, und verschiedene Organisationen, Unternehmen, Ämter und akademische Institutionen tragen ihren Teil bei, indem sie in Produktionsumgebungen (Maker Space) investieren, Mentorenprogramme für aufstrebende Erfinder ins Lebens rufen, das Interesse von Studenten für MINT-Fächer (Mathematik, Informatik, Naturwissenschaft und Technik) wecken, z. B. durch Ausbildungsprogramme, um Studierende für die Gründung von Start-ups zu begeistern. Die Bemühungen des Präsidenten wurden von den Hochschulen sehr positiv aufgenommen. Mehr als 150 Universitäten, einschließlich der Columbia University, und mehr als 3 Mio. Studenten meldeten sich für betroffene Fachbereiche, entfachten Kreativität und förderten Erfindungsgeist in ihren Gemeinden. Auf diese Weise ist es in den USA gelungen, Produktionsumgebungen und studentische Start-ups zu popularisieren.

Offenbar spielen politische Einflüsse, die zur Nutzbarmachung von universitären Forschungsmitteln geführt haben, eine wichtige Rolle für den Erfolg von Innovationen. Deshalb kommen wir zu einigen Vorschlägen, wie im Folgenden dargelegt:

(1) Wichtig ist zunächst eine rationale Interpretation und eine objektive Herangehensweise an studentische Start-ups auf nationaler Ebene

Es ist Aufgabe des Staates, die öffentliche Meinung zu studentischen Start-ups zu objektivieren und eine gute Umgebung für den technologischen Transfer und studentische Patente zu schaffen. Studenten, vor allem studentische Patentinhaber, die technologische Innovation zu ihrer Kernkompetenz gemacht haben, sollten nicht nur noch mehr Einsatz in Bezug auf unternehmerisches Handeln zeigen, sondern vor allem an die Innovationsfähigkeit ihres Start-ups glauben. Diese Vorgehensweise führt letztendlich zu einer höheren Anzahl an innovativen Hightech-Unternehmen. Es ist von großer Bedeutung, dass Universitäten ihre Verantwortung als Quelle der Innovationstechnologie übernehmen. Zhongguancun spielt in diesem Bereich eine exemplarische und führende Rolle.

(2) Als Nächstes sollten Hochschulen den Technologietransfer für Studenten übernehmen

Hochschulen müssen eine offene und kreative Umgebung für die Forschung bieten und Equipment, Raum und Führung für Experimente sowie Unterstützung für Studierende anbieten, damit diese erfinden, Neuerungen einführen und patentieren können. Den studentischen Unternehmensgründern mit eigenen Patenten sollten die Hochschulen erlauben, das Studium für die Zeit der Gründung ihres Start-ups zu unterbrechen und dabei universitäre Mittel, wie Wohnungen, medizinische Versorgung, Bibliotheken und Labore zu nutzen. Außerdem sollten die Hochschulen Professoren und Mentoren dazu anhalten, als Berater und Investoren für studentische Start-ups zu fungieren und ihnen kontinuierlich mit technischem Rat beiseitezustehen.

(3) Alle Bereiche der Gesellschaft sollten die optimale Nutzung von Ressourcen für studentische Start-ups fördern

Große Unternehmen sollten guten studentischen Technologieprojekten umgehend mehr Aufmerksamkeit schenken und hervorragende Projekte, die sich schon im Transfer in die Praxis befinden, kaufen und dort auch investieren, um diesen einen besseren Marktzugang zu ermöglichen. Der Zugang zu neuen professionellen Produktionsumgebungen und Innovationsraum sollte von Hochschulen und anderen Institutionen finanziert werden. Abhängig von den Charaktermerkmalen der Studenten und der Start-ups sollte man ihnen dabei helfen, clever und schnell an technologische und finanzielle Unterstützung sowie Kooperationen, Lieferketten und andere Ressourcen zu kommen, und damit die Effizienz der Start-ups erhöhen. Hochschulen sollten „Projekt-Pools" einführen, um zusammen mit Investoren, Gründungszentren und Crowdfundings ausgezeichnete Technologien und Projekte zu erkennen. Die Aufrechterhaltung und Kultivierung von potenziellen Projekten in frühen Phasen sowie ihre Förderung und Finanzierung ermöglicht die Weiterverfolgung und Entwicklung dieser Vorhaben.

Literatur

Bildungsministerium der VR China (2014) 2014年高等学校科技统计资料汇编 2014 Higher educational institutions science and technology statistical information. http://www.moe.gov.cn/s78/A16/A16_tjdc/201508/t20150804_197660.html. Zugegriffen: 4. Jan. 2016

Staatliches Amt für Statistik der Volksrepublik China (2015) 2015 China Statistical Yearbook. Tabellen S 20–3

The White House (2014a) Fact sheet: President Obama to host forst-ever White House maker faire. https://www.whitehouse.gov/the-press-office/2014/06/18/fact-sheet-president-obama-host-first-ever-white-house-maker-faire. Zugegriffen: 4. Jan. 2016

The White House (2014b) Presidential proclamation – national day of making, 2014. https://www.whitehouse.gov/the-press-office/2014/06/17/presidential-proclamation-national-day-making-2014. Zugegriffen: 4. Jan. 2016

Woetzel J, Chen Y, Manyika J, Roth E, Seong J, Lee J (2015) The China effect on global innovation. McKinsey global institute. McKinsey & Company. http://www.mckinseychina.com/wp-content/uploads/2015/07/mckinsey-china-effect-on-global-innovation-2015.pdf. Zugegriffen: 4. Jan. 2016

Über die Autoren

Lixia Nie聂丽霞 ist General Managerin von Inno Way und Supervisor des Inno Way Innovations- und Forschungszentrums. Frau Nie verfügt über 13 Jahre Erfahrung im Bereich Unternehmensgründung. Das Gründungs- und Innovationszentrum Inno Way (im Chinesischen: Zhongguancun Gründungsstraße 中关村创业大街, www.z-innoway.com) eröffnete 2014 auf dem Gelände der China Haidian Book City. Inzwischen beherbergt es 40 Inkubatoren, Investmentgesellschaften, Innovations- und Gründungsdienstleister sowie fast 1800 Start-ups, von denen 600 vor Ort entstanden sind (http://www.z-innoway.com/en/about.html, Zugriff 03.03.2017).

Jingjing Huang黄经 ist Abteilungsleiterin am Inno Way Innovations- und Forschungszentrum. Ihre Schwerpunkte sind Gründungsumgebung und Gründungspolitik.

Meimei Yao姚美美   ist Forscherin am Inno Way Innovations- und Forschungszentrum. Ihre Forschungsgebiete sind Gründungsagenturen und –dienstleistungen.

Teil V
Befunde aus Forschungsprojekten und Studien

Innovationspotenziale junger chinesischer Führungskräfte

12

Michael Zirkler

Zusammenfassung

Im folgenden Beitrag werden Erkenntnisse vorgestellt, welche aus Interviewdaten gewonnen wurden. Diese zeigen exemplarisch, über welche Innovationspotenziale junge chinesische Führungskräfte verfügen. Mit den ihnen jeweils zur Verfügung stehenden Mitteln und Möglichkeiten versuchen die jungen Führungskräfte ein (universelles) soziales Problem auf ihre Art und Weise zu lösen: Wie gelingt es, Menschen, die prinzipiell nicht vollständig verstehbar sind und die ihre Ressourcen unter sich ständig verändernden Bedingungen optimieren müssen, für die Erreichung organisationaler Ziele einzusetzen? Die chinesischen Führungskräfte, mit denen wir sprachen, führen uns überraschende Varianten sozialer Innovationen vor, die auch für die Führungsausbildungen im Westen von Bedeutung sein dürften. Insbesondere den Umgang mit Kontingenz und Mehrdeutigkeiten scheinen die asiatischen Führungskräfte im Alltag vergleichsweise gut zu beherrschen.

M. Zirkler (✉)
Hochschule für Angewandte Wissenschaft, Zürich, Schweiz
E-Mail: michael@zirkler.ch

© Springer Fachmedien Wiesbaden GmbH 2017
J. Freimuth und M. Schädler (Hrsg.), *Chinas Innovationsstrategie
in der globalen Wissensökonomie,* DOI 10.1007/978-3-658-17651-8_12

241

Inhaltsverzeichnis

12.1 Background und Einführung

Im Sommer 2015 brach ich gemeinsam mit einer Kollegin zu einem mehrwöchigen Forschungsaufenthalt nach China auf. Wir wollten uns näher mit den Führungsverständnissen junger chinesischer Führungskräfte befassen[1]. Die Ausgangsüberlegungen für das Projekt waren zunächst sehr einfach: China ist ein wesentlicher Player auf den internationalen Wirtschaftsbühnen. Chinesische Investoren akquirieren zunehmend europäische Unternehmen mit langjährigen technischen, produktionsbezogenen und wirtschaftlichen Erfahrungen und werden damit auch hierzulande zunehmend an Einfluss gewinnen. Chinesische Verständnisse von Menschen- und Unternehmensführung wird zukünftig verstärkt in Erscheinung treten und vielfache Implikationen für Arbeitnehmer, Politik, Investoren usw. haben. Wir denken, dass es aus diesem Grund hilfreich ist, sich mit dem Führungsverständnis des Personenkreises zu beschäftigen, aus dem sich in den nächsten ein bis zwei Jahrzehnten die Führungseliten entwickeln werden, die dann in vielen Organisationen volle Verantwortung übernehmen.

Zu Beginn dieses Beitrages werde ich einen kleinen Überblick darüber geben, welche Formen und Varianten von Innovationspotenzialen wir angetroffen haben. Anschließend wird dann vertiefend auf soziale Innovationen in der Führungsarbeit eingegangen. Der

---

[1]Ich danke meinem Kollegen Yungpin Lu von der Shanghai Jiao Tong University für die Kooperation bei unserer gemeinsamen Führungsforschung sowie die Einsichten in chinesische Verhältnisse sowie meinen Kolleginnen Berenice Bommeli bzw. Daniela Zimmermann von der Zürcher Hochschule für Angewandte Wissenschaften für die intensive Feldarbeit in China und die anspruchsvolle Arbeit bei der Auswertung der gesammelten Daten. Auch Meng Xia ist großer Dank geschuldet für ihre vielfältige wertvolle Unterstützung vor Ort sowie ihre Übersetzungshilfen.

Beitrag schließt mit einigen Ausblicken zur Bedeutung des vorgefundenen Führungsverständnisses für China selbst sowie für die mögliche Führungsentwicklungsarbeit in Europa bzw. Regionen außerhalb Chinas.

Unsere Daten sind nicht repräsentativ und erheben auch keinen Anspruch darauf. Vielmehr liegt das Augenmerk auf der Frage, was sich bei einer jüngeren Generation in China getan hat, wie diese jungen Führungskräfte ihre eigene Arbeit, ihre Mittel und Methoden, aber auch ihre Zukunft einschätzen. Explorative Studien zeigen grundsätzliche Möglichkeiten auf, sie geben keine Auskunft über den Mainstream oder Trends (vgl. zum Forschungsverständnis Zirkler 2011). Wir haben 25 Menschen zu vertieften Gesprächen getroffen, die voller Ambitionen sind und zum Teil starke Visionen für sich, ihre Familien, Mitarbeiter/-innen, teilweise für die Gesellschaft haben[2]. Wir waren dabei überrascht vom Grad der Reflexivität und der Klarheit unserer Gesprächspartnerinnen und -partner.

12.2   Formen von Innovationspotenzialen

Die Führungskräfte, denen wir begegnet sind, lassen sich nach unserer Einschätzung mit Blick auf ihre Innovationspotenziale im Hinblick auf drei Aspekte unterscheiden:

Erstens finden wir Entrepreneure im Bereich technologischer Innovationen, die ihr Wissen aus dem Ausland beziehen, beispielsweise durch Studien in den USA oder Europa, und dieses nach Beendigung ihrer Ausbildung nach China zurückbringen. Dort gründen sie – häufig ohne ausreichende Grundlagen im Bereich Unternehmensgründung, Betriebswirtschaft und Management, quasi autodidaktisch – eine erste Firma, und sind dann vor allem mit möglichen Investoren und regulatorischen Hürden der chinesischen Bürokratie beschäftigt. Sie zahlen vergleichsweise viel Lehrgeld für das fehlende Know-how im Aufbau von Organisation sowie in der Beschaffung finanzieller Mittel, scheitern häufiger, gründen neu und professionalisieren sich mit der Zeit.

Zweitens finden wir Entrepreneure, welche in China selbst ausgebildet sind, möglicherweise eine kürzere Zeit im Ausland verbracht haben und sich der IT-Industrie verschrieben haben, welche mit Beginn der 1990er Jahre in China aufkam. Auch hier finden wir auffällig viele Autodidakten, die ihre Programmierfähigkeiten bereits in der Schule entwickelt haben und später dann Firmen gründen, die sich vor allem mit Software-Entwicklungen beschäftigen. Es lassen sich vielfältige Geschichten des Scheiterns

---

[2]Die Stichprobe war breit gewählt und beinhaltet Führungskräfte im Alter von 25 bis maximal 45 Jahren mit mindestens einem Jahr Führungserfahrung und einer Teamgröße von mindestens 5 Personen. Zum Teil waren dies Angestellte im Mittelmanagement, zum Teil Entrepreneure, die als selbstständige Unternehmer tätig sind, darunter insgesamt 4 Frauen. Die Rekrutierung der Interviewpersonen wurde über das persönliche Netzwerk von Prof. Lu sowie mithilfe von Swissnex Schweiz in Shanghai vorgenommen. Die Gespräche wurden in Shanghai, Bejing, Wuxi und Suzhou geführt.

und Neugründens erzählen, die Entwicklungen verlaufen selten linear. Interessanterweise finden sich hier auch Menschen, die man als „Randständige" bezeichnen könnte, also Menschen, die nicht in die Normalvorstellungen passen. Beispielsweise ist es das zweite Kind einer Familie, die unter der Einkindpolitik gegen die Regel verstößt, sodass das zweite Kind jegliche staatliche Unterstützung verliert. Oder es handelt sich um ein Kind aus einer sehr reichen Familie, bei dem Geld lediglich eine untergeordnete Rolle spielt, das sich jedoch auf der Suche nach gesellschaftlicher Anerkennung befindet und auf diesem Gebiet den Vater überholen möchte. Auch können es Menschen sein, die früh Probleme in der Schule haben, mit den Systemen nicht zurechtkommen, die Schule irgendwann abbrechen oder früh verlassen und sich daraufhin auf die Suche nach eigenen Möglichkeiten machen.

Eine dritte Perspektive auf Innovationspotenziale liegt sozusagen „quer" und beschäftigt alle Führungspersonen, bei den Entrepreneuren mit Neugründungen allerdings erst, sobald die überlebenswichtigen Themen des Anfangs überwunden sind: Hier geht es um die Frage, wie man in China Unternehmen erfolgreich führen kann, sei es als „freier" Unternehmensgründer[3] oder als angestellte Führungskraft in einer Organisation. Bei letzteren beziehen wir uns auf Unternehmen am „freien" Markt, also nicht auf *state owned companies,* in denen wir wiederum – immer noch – andere Verhältnisse vorfinden, auf die ich hier aber nicht eingehen werde.

Die Führung von Organisationen oder Teilen davon wird im Kern als Gestaltung *(design)* und Unterstützung *(support)* von Menschen verstanden, die zu einer formalen Struktur zusammengefasst sind. Menschen werden als zentrale, vielleicht sogar als einzig wirkliche Ressource aufgefasst. Das Zusammenspiel der Menschen, welches sehr unterschiedlich möglich ist, wird dadurch zum eigentlichen Erfolgsfaktor. Auf das Verständnis von Führung bei jüngeren chinesischen Führungskräften komme ich später ausführlich zurück.

Einen weiteren Aspekt von Innovationspotenzialen finden wir bei einem Begriff, der (bislang) abwertend verwendet wurde: Shanzhai (山寨) (s. zum Begriff und zur Anwendung auch ausführlicher Luo und Müller 2011). In der Regel eher als *fake* und damit als „billiger" Imitationsversuch aufgefasst, kann Shanzhai in einem erweiterten Sinne verstanden werden, über den der Philosoph Byung-Chul Han Folgendes schreibt: „Sie sind eigentlich mehr als plumpe Fälschungen. In Bezug auf Design und Funktion stehen sie dem Original kaum nach. Technische oder ästhetische Modifikationen verleihen ihnen eine eigene Identität. Sie sind multifunktional und modisch. Vor allem eine sehr hohe Flexibilität zeichnet Shanzhai-Produkte aus. […] Das Shanzhai schöpft voll aus dem

---

[3]Alle Entrepreneure, mit denen wir im Laufe unserer Untersuchung sprechen konnten, waren männlich. Unser Sample enthält auch einige weibliche Führungskräfte, deren Geschichte sehr interessant und unseres Wissens generell bislang noch weitgehend unbeachtet ist. Der Fokus dieses Beitrags liegt aber auf einem anderen Thema, so dass wir hier nicht vertieft auf Genderunterschiede im Bereich Führung und Entrepreneurship eingehen können. Jedenfalls sei angemerkt, dass sich männliche Sprachformen auch deshalb häufiger im Text wiederfinden, weil sie den derzeitigen Verhältnissen im Feld entsprechen.

Situationspotenzial. Schon aus diesem Grund stellt es ein genuin chinesisches Phänomen dar" (Han 2011, S. 76; zum Begriff des Situationspotenzials im Zusammenhang mit chinesischer Kultur vgl. auch Jullien 2008, S. 7–29).

Shanzhai wird in der Führungsarbeit nach unserer Beobachtung angewendet, wenn es um die Legierung aus westlichen Management- und Führungsansätzen mit traditionellen chinesischen Ansätzen geht. Auch auf diesen Aspekt gehe ich noch ausführlicher ein.

12.3 Soziale Innovationen in der Führungsarbeit

Führungsprozesse als soziale Innovationen zu verstehen, erscheint auf den ersten Blick vielleicht ungewöhnlich. Die Neugierde und Lernfähigkeit der jungen Chinesinnen und Chinesen ist jedoch beachtlich. Sie ruhen sich nach unseren Beobachtungen weniger als westliche Führungskräfte auf dem bereits Erreichten aus und verstehen dies nicht als sicheres Terrain. Vielmehr sind sie an ständigen Entwicklungen und Veränderungen hin zum Besseren (nach ihrem Verständnis) interessiert. Selbst vergleichsweise erfahrene Führungskräfte stellen das Lernen deutlich in den Vordergrund. Die Führungskräfte sind insgesamt offen für Inputs, Erfahrungen, „Experimente" und erhoffen sich durch innovatives Verhalten jeweils einen Vorteil in Bezug auf das wichtigste Ziel überhaupt: *achievement* (Zielerreichung).

12.3.1 Das soziale Problem

Einer Definition der Stanford Graduate School of Business, Center for Social Innovation folgend kann eine soziale Innovation so verstanden werden: „A social innovation is a novel solution to a social problem that is more effective, efficient, sustainable, or just than current solutions. The value created accrues primarily to society rather than to private individuals" (Stanford Graduate School of Business, Center for Social Innovation 2016).

Im Sinne dieser Definition lässt sich das Führungsverständnis junger chinesischer Führungskräfte als ein konzeptioneller Lösungsversuch mit unterschiedlichen Alltagspraktiken für ein sich wandelndes soziales Problem deuten: Wie gelingt es, die Ressource Mensch so aufeinander zu beziehen, dass die Erreichung von Zielen möglichst gut gelingt?

Das Problem ist alt und bekannt, die Lösungsansätze jedoch insofern neu, als sie bislang nur teilweise durch die klassische Führungsforschung (Avolio et al. 2009) und ihre jeweiligen Modelle ausreichend beschrieben und abgebildet werden. Eine induktive Beschreibung der alltäglich gelebten Führungsverständnisse und vor dem Hintergrund der nationalen wie lokalen Kulturen kommt zu anderen Erkenntnissen als eine Forschung, die das Ausmaß von Faktoren deduktiver (westlicher) Modelle an einer bestimmten Stichprobe ermitteln möchte (Cheng et al. 2009).

12.3.2 Ansätze zur Lösung des sozialen Problems

Es ist interessant zu sehen, wie chinesische Führungskräfte ihre zum Teil sehr limitierten Möglichkeiten nutzen, um spielerisch zu versuchen, die Blackbox Individuum
(Mitarbeiter/-in) bzw. Team (soziales Gefüge) einerseits besser zu verstehen und andererseits besser zu gestalten. Es geht ihnen dabei nicht – wie häufig im Westen – um ultimative Lösungen des Führungsproblems, sondern um kleine und stetige Verbesserungen.
Was immer an Mitteln zu Verfügung steht, wird genutzt – was uns übrigens auch an den
Begriff der *jugaad innovation* in Indien erinnert (vgl. Radjou et al. 2012).

12.3.2.1 Klassische Beschreibungs- und Erklärungsversuche

Ich möchte an dieser Stelle auf ein grundsätzliches Problem aufmerksam machen, das
zwangsläufig ins Spiel kommt, wenn chinesische Verhältnisse mit westlichem Hintergrund beschrieben werden sollen: Die Autologie des Beobachters führt nicht nur
zu blinden Flecken (Ich sehe nicht, dass ich nicht sehe!), sondern auch zur Problematik der fehlenden Vergleichbarkeit (in der Wissenschaft als Kommensurabilitätsproblem
bekannt). Zwei Größen oder Konzepte sind dann nicht kommensurabel, wenn man sie
nicht ineinander überführen kann. So sind beispielsweise viele Konzepte der Traditionell
Chinesischen Medizin nicht in die westliche Schulmedizin überführbar, weil die dahin-
terliegenden Grundannahmen sehr verschieden sind.

Wir sind bei unserer Feldforschung auf dieses Problem aufmerksam geworden, weil
es bereits bei der Übertragung unserer Fragen in die chinesische Sprache eines intensiven Prozesses der Klärung bedurfte, welche *Konzepte* gemeint sind. In vielen Fällen waren nur Näherungen möglich, auf die wir uns vereinbart hatten, jedoch keine
1:1-Übersetzungen; es blieben erhebliche Unschärfen in den möglichen Bedeutungen der
Fragen.

Das Führungsmodell, welches ich im nächsten Abschnitt vorstellen möchte, beinhaltet
Aspekte aus den „klassischen" Beschreibungsversuchen (transactional, transformational,
paternalistic, distributed, shared leadership usw.). D. h. die „klassischen" Führungsmodelle beschreiben jeweils Aspekte der Führungsverständnisse, die wir in der Praxis
finden. So wird etwa das Modell der paternalistischen Führung in der Literatur für den
asiatischen Raum als weitverbreitet und vorherrschend beschrieben (Pellegrini und
Scandura 2008, S. 567). Die Führungsmodelle sind aber nicht in der Lage, die gelebte
Praxis umfassend abzubilden.

Wie sieht nun die soziale Innovation im Bereich der Führungsvorstellungen und des
Führungshandelns im Einzelnen aus?

12.3.2.2 Führung als Balancierung sozialer Kräfte

Zahlreiche Führungskräfte haben früh (häufig schon in der Schule) gelernt, dass der Einsatz von reiner Positionsmacht nicht die erwünschten Effekte bewirkt. Einerseits muss
schon die Positionsmacht ausreichend legitimiert sein, was häufig nicht der Fall ist.

Andererseits helfen *command and control* kaum weiter, wenn man auf die aktive Unterstützung einer Gruppe angewiesen ist. Die jungen Führungskräfte entwickeln mit der Zeit elaboriertere Modelle von Führung, die sich im Wesentlichen auf zwei Einflussfaktoren stützen:

1. die Unterstützung der beteiligten Menschen und des Teams (als soziale Struktur): Supporting,
2. die Gestaltung von Strukturen und Prozessen (des sozialen Feldes): Forming/Designing.

Metaphorisch gesprochen bezieht sich der erste Faktor auf Tätigkeiten, die einem Gärtner entsprechen, der möglichst optimale Bedingungen für das Wachstum und die Entwicklung der verschiedenen Pflanzen durch laufende Arbeiten herstellen möchte. Der zweite Faktor stellt mehr die strategische Ebene dar, bei der sich ein Landschaftsarchitekt generelle Gedanken über das Anlegen eines Gartens macht sowie Infrastrukturfragen klärt und ein Konzept erarbeitet.

12.3.2.3 Supporting

Im Sinne des *servant leadership style* bedeutet Unterstützung der Personen und des Teams als Ganzes all das zur Verfügung zu stellen, was das Team effizient macht und die Personen sich möglichst zufrieden und wohlfühlen lässt:

> A servant-leader focuses primarily on the growth and well-being of people and the communities to which they belong. While traditional leadership generally involves the accumulation and exercise of power by one at the ‚top of the pyramid', servant leadership is different. The servant-leader shares power, puts the needs of others first and helps people develop and perform as highly as possible (Robert K. Greenleaf Center for Servant Leadership 2016).

Dazu gehören insbesondere Unterstützungen bei offenen Fragen oder Schwierigkeiten bei der Aufgabenerfüllung, Lernprozesse und alle Formen der Zusammenarbeit. Besondere Aufmerksamkeit wird den Feedback-Prozessen gewidmet, welche häufig noch wenig geübt und kulturell eigentlich kontraindiziert sind. Hier geht es vor allem darum, seine Mitarbeiter/-innen zu ermutigen, ihre Ideen einzubringen, ihre Meinung ehrlich mitzuteilen und kritische Rückmeldungen zu geben. Auch die persönliche Weiterentwicklung spielt eine wichtige Rolle. Die Bereitschaft für und der Wille zum Lernen ist bei den Führungskräften und den Mitarbeiter/-innen – wie schon angedeutet – ausgesprochen hoch.

12.3.2.4 Forming/Designing

Gestaltung von Strukturen und Prozessen bedeutet bildlich beschrieben, das Haus so einzurichten, dass die Menschen sich darin gut und effektiv bewegen können und sich auch wohlfühlen. Dies betrifft die Auf- und Zuteilung von Aufgaben genauso, wie die

Festlegung von Teammeetings, Einzelgesprächen, Reporting-Systemen usw. Auch die Gestaltung einer positiven Atmosphäre ist sehr wichtig. Hierzu gehören aber auch alle gestaltenden Maßnahmen, die dazu führen, seine Mitarbeiter/-innen besser zu verstehen und sich über ihre Funktionalität in der Organisation hinaus für sie zu interessieren. Ein Beispiel hierfür sind Unternehmensausflüge mit den Mitarbeitern/-innen und deren Familien. Dabei bleibt das grundsätzliche Problem, wie Menschen überhaupt zu verstehen sind, bestehen. Dieses wird noch durch eine selbst für Chinesen anspruchsvolle kommunikative Grundsituation in China verschärft, bei der man nie wirklich wissen kann, was der andere meint. Vielmehr begegnen sich Menschen kommunikativ in mehr oder weniger klaren Räumen, das Gesagte kann Mehreres bedeuten, Interpretationen sind notwendig. Wir führen diese psychologisch interessante Situation auch auf kulturelle Hintergründe zurück und dort insbesondere auf den Umstand, dass Gesichtsverlust in China besonders stigmatisiert ist. Deshalb finden wir selten „klare" Kommunikation, und auch ein deutliches Nein wird man nur äußerst selten zu hören bekommen[4].

12.3.2.5 Helden der Kontingenzsteuerung

Es existiert bei jungen Führungskräften eine überraschend hohe Klarheit darüber, dass Menschen prinzipiell mit Kontingenz ausgestattet sind. Deshalb braucht es im idealen Fall gute Führung, damit eine Gruppe, ein Team als Lösung für unternehmerische oder organisationale Ziele fungieren kann. Die Ziele selbst spielen dabei insofern eine untergeordnete Rolle, als sie in der Regel von außen oder oben vorgegeben werden und letztlich willkürlich sein können. Es geht (nur) darum, wie man es schafft, mit einer Gruppe von Menschen die Zielerreichung möglichst „gut" (also schnell, effektiv, effizient) hinzubekommen. Der Erfolg von Führung wird entsprechend exakt daran gemessen.

Die Vorbilder und Helden sind dann Führungspersonen, denen es gelungen ist, gleichsam aus dem Nichts heraus viele Menschen für ihre Ideen zu begeistern und sie auf eine Art und Weise zu führen, dass das Gesamte (Unternehmen) erfolgreich ist. Jack Ma von Alibaba wird zum Star einer ganzen Generation, weil er zeigt, dass man es mit guten Führungsqualitäten vom einfachen Englischlehrer zum Chef eines Multimilliardenunternehmens schaffen kann.

12.3.2.6 Shanzhai (山寨) in der Führungsarbeit

Die Fähigkeit der Chinesen zum Kopieren ist legendär. Diese Fähigkeit verlangt jedoch Lernprozesse, die alles andere als trivial sind. Man muss zunächst grundlegend verstanden haben, was die Features eines Produktes oder einer Dienstleistung sind, die man kopieren möchte. Zudem muss man sich darüber im Klaren sein, welche Aspekte des Originals unbedingt ausreichend zu berücksichtigen sind bzw. welche man weglassen

---

[4]Ein weiterer wichtiger Aspekt im Verständnis der kulturellen Beziehungslogik Chinas liegt im „Guan Xi" (关系/關係), welches das soziale Netzwerk der persönlichen Beziehungen meint und konzeptionell in der Nähe der Sozialkapitaltheorien liegt (vgl. Bourdieu 2005).

oder verändern kann (Material, Verarbeitung, Funktionen etc.). Mit anderen Worten: Es ist Expertise darüber erforderlich, welche Wahrnehmung der Markt von einem Produkt oder einer Dienstleistung hat. Die zur Kopie befähigende Intelligenz steigt mit laufenden Kopierproblemen und deren Lösungen. Zunehmend werden die solchermaßen gesteigerten Fähigkeiten genutzt, um nicht nur Fake-Produkte herzustellen, sondern diese beim Kopieren gleichzeitig zu veredeln. Dies führt zu einem erweiterten Begriff von Shanzhai (山寨)[5], der auch als Verwandter des Upcyclings[6] aufgefasst werden kann.

Der Schweizer Filmemacher Jürg Neuenschwander schreibt in den Anmerkungen zu seinem Dokumentarfilm:

> Mich interessierten die Unternehmer, die hinter den anderen Shanzhai-Produkten stehen, die weit mehr sind als simple Kopien, die von Ideenreichtum und Variantenvielfalt strotzen, die „das chinesische Rezept" der geschickten Kombination von Bestehendem und der kontinuierlichen Weiterentwicklung anwenden. […] Diese Produkte schaffen es immer wieder, die Vorlagen in Funktionalität und Qualität zu überbieten und zu Verkaufshits zu werden. Shanzhai-Anbieter unterlaufen mit ihrem Angebot die gängigen Monopolstellungen und kratzen damit auch an herrschenden Marktregeln und Machtstrukturen. Das Beste aus aller Welt vereinend, steht Shanzhai für Globalisierung. Shanzhai denkt und handelt gleichzeitig lokal und global. Eine freche Mischung, die Sprengstoff birgt – vor allem, wenn die Shanzhai-Produkte sich besser verkaufen als ihre Vorbilder und dadurch die etablierten Konzerne das Fürchten lehren.
>
> Hinter „Shanzhai" steht das althergebrachte Verständnis der Chinesen, dass alles in ewiger Bewegung und Entwicklung ist, dass es keinen Anfang und kein Ende gibt. Deshalb fehlt im traditionell chinesischen Verständnis der Begriff des unantastbaren, absoluten Originals. Vielmehr sind Werke und Erfindungen nie abgeschlossen und werden durch ständiges Kopieren und Kombinieren in die Aktualität transformiert und erneuert: das chinesische Rezept. […]
>
> Sobald die Kopie zum neuen Original geworden ist, ist das kopierte Original Abfall. Häufiges Kopieren bedeutet große Wertschätzung für ein Werk bzw. ein Produkt. Byung-Chul Han: „Nicht eine einmalige Schöpfung, sondern der endlose Prozess, nicht die endgültige Identität, sondern die ständige Wandlung bestimmen die chinesische Idee des Originals." (Neuenschwander 2016, Presseheft zum Film).

Shanzhai lässt sich auch bei den Führungsverständnissen junger chinesischer Führungskräfte wiederfinden. Sie integrieren westliche Management- und Führungsmethoden spielerisch mit traditionellem chinesischen Verständnis. Die westlichen Ansätze helfen

---

[5]Eindrückliche Beispiele hierzu finden sich im Dokumentarfilm von Jürg Neuenschwander (2016) mit dem Titel „The Chinese Recipe" (https://www.thechineserecipe-movie.com/).

[6]Beim Upcycling wird aus „alten" Produkten oder Produktteilen ein „neues" Produkt. Etwa eine Halskette aus (gebrauchten) Legosteinen, die gleichsam ihrer ursprünglich zugedachten Verwendung entnommen und einer neuen zugeführt werden. Es existiert eine konzeptionelle Nähe zum „cultural hacking" (Düllo und Liebl 2004) und seinen Sonderformen, etwa dem „Ikea hacking" (vgl. www.ikeahackers.net/).

bei der Steigerung von Effizienz und Qualität mit Orientierung an Regeln und Normen, wohingegen sich menschliche Kontingenz *(people management)* aus ihrer Sicht nur mit chinesischen Ansätzen sinnvoll bearbeiten lässt. Auf der einen Seite steht die versuchte Herstellung von Eindeutigkeit und Klarheit (aristotelische Logik), auf der anderen die Mehrwertigkeit menschlicher Kontingenz mit allen Potenzialen und Steuerungsproblemen, welche einen Umgang mit Doppeldeutigkeiten und Dialektiken erfordert. Die jungen Chinesinnen und Chinesen verstehen den Unterschied zwischen Ein- und Mehrdeutigkeit mit allen möglichen Zwischenformen und sind fähig, diese jeweilige „Mischung" oder „Legierung" als Basis für die tägliche Führungsarbeit zu nutzen.

12.4   Ausblick

Die Innovationspotenziale der jungen Generation in China sind nach unserer Einschätzung heute insgesamt sehr hoch. Hinzu kommen eine ausgeprägte Lernbereitschaft sowie die Fähigkeit, Ideen und Ansätze, auch in Teilen, rasch aufzugreifen und zu integrieren. Visionäre Haltungen gehen mit nüchternem Pragmatismus Hand in Hand. Zu den chinesischen Stärken gehört ein unaufgeregter Umgang mit Dialektiken, die im Westen häufig als Widersprüche verstanden werden. Die chinesischen Führungskräftefinden in einer anspruchsvollen kommunikativen Grundsituation brauchbare Lösungen für Mehrdeutigkeiten. Das Brauchbare ist als *functional practice* gut genug, ultimative Lösungen sind nicht das ultimative Ziel.

Die Führung von Menschen in sozialen Systemen ist heute das zentrale Steuerungsmittel, welches maßgeblich über die Leistungsfähigkeit der entsprechenden Sozialsysteme entscheidet. Je besser die Führungsqualitäten, desto größer das Lösungspotenzial für wirtschaftliche, soziale und politische Herausforderungen einer Gesellschaft. In China wächst eine zunehmend selbstbewusste Generation heran, die sich deutlich von den bisherigen *Command-and-control*-Strukturen distanziert. Sie drängt danach, ihre Potenziale im eigenen Land ausschöpfen zu können und ist dabei überraschend reflexiv.

Die Kombination zwischen westlichen und östlichen Führungsansätzen könnte auch für (junge) westliche Führungskräfte interessant sein. Gerade das Problem der Steuerung von Kontingenz müsste hierzulande eine stärkere Aufmerksamkeit erfahren. Entsprechend wären aus unserer Sicht Führungsausbildungen anzupassen, wenn sie den zunehmenden Komplexitäten in Wirtschaft und Gesellschaft ausreichend Rechnung tragen wollen.

Gleichzeitig bestünden hier große Chancen für eine interkulturelle Führungsausbildung, bei der beide Seiten voneinander und miteinander lernen, wirtschaftliche wie gesellschaftliche Probleme der Zukunft sinnvoll zu lösen – zum Wohle der nächsten Generationen.

Literatur

Avolio BJ, Walumbwa FO, Weber TJ (2009) Leadership: current theories, research, and future directions. Ann Rev Psychol 60:421–449. doi:10.1146/annurev.psych.60.110707.163621

Bourdieu P (2005) Die verborgenen Mechanismen der Macht. VSA-Verlag, Hamburg

Cheng B-S, Wang A-C, Huang M-P (2009) The road more popular versus the road less travelled: An „Insider's" perspective of advancing chinese management research. Manag Organ Rev 5(1):91–105. doi:10.1111/j.1740-8784.2008.00133

Düllo T, Liebl F (2004) Cultural Hacking. Kunst des strategischen Handelns. Springer, Wien

Han B-C (2011) Shanzhai 山寨. Dekonstruktion auf Chinesisch. Merve, Berlin

Luo M, Müller C (2011) Imitation oder Innovation? Das *shanzai*-Phänomen in der Debatte um Geistiges Eigentum in China. In: Schädler M, Freimuth J, Krieg R, Luo M, Müller C (Hrsg) Geistiges Eigentum in China. Gabler, Wiesbaden, S 47–70

Neuenschwander J (2016) The Chinese recipe. Movie. (https://www.thechineserecipe-movie.com/). Zugegriffen: 7. Aug. 2016

Jullien F (2008) Umweg über China. In: Baecker D, Jousset P, Jullien F, Kubin W, Pörtner P (Hrsg) (2011). Kontroverse über China. Sino-Philosophie. Merve, Berlin

Pellegrini EK, Scandura TA (2008) Paternalistic leadership: a review and agenda for future research. J Manage 34(3):566–593. doi:10.1177/0149206308316063

Radjou N, Prabhu J, Ahuja S (2012) Jugaad innovation. Jossey-Bass, San Francisco

Robert K (2016) Greenleaf center for servant leadership. The servant as leader. https://www.greenleaf.org/what-is-servant-leadership/. Zugegriffen: 7. Aug. 2016

Stanford Graduate School of Business. Center for Social Innovation. https://www.gsb.stanford.edu/faculty-research/centers-initiatives/csi/defining-social-innovation. Zugegriffen: 6. Juli 2016

Zirkler M (2011) Wissenschaft als relationale Konfiguration. Entwurf einer „angewandten" Organisations- und Managementforschung als Co-Operation mit der Praxis. In: Kenklies K, Brunner JE, Tschacher W (Hrsg) Selbstorganisation von Wissenschaft. IKS Garamond, Jena, S 199–210

Über den Autor

Dr. Michael Zirkler studierte Psychologie und Sexualwissenschaften an der Universität Hamburg. Zuvor sammelte er berufliche Erfahrungen als autodidaktischer Entrepreneur im Medienbereich. 1999 kam er als Assistent an das Wirtschaftswissenschaftliche Zentrum der Universität Basel, wo er 2004 zum Assistenzprofessor für Organisation, Führung und Personal berufen wurde. Seit 2008 ist er als Professor an der Zürcher Hochschule für Angewandte Wissenschaften tätig und leitet dort die Fachgruppe Organisationsentwicklung und -beratung am Departement Angewandte Psychologie. Seine derzeitigen Forschungs- und Lehrschwerpunkte liegen in der angewandten Systemtheorie, der kritischen Managementforschung sowie der internationalen akademischen Zusammenarbeit mit Kolleginnen und Kollegen insbesondere aus Indien, China und Israel. An der Schnittstelle von sozialwissenschaftlich angewandter Forschung und Praxis befasst er sich mit allen (sozialen) Steuerungsfragen von Organisationen.

Verhungert der Meister, wenn er den Lehrling unterweist? Austausch von Wissen in Chinas Unternehmen

13

Constanze Wang

Zusammenfassung

Der vorliegende Beitrag beleuchtet den Aspekt des Austauschs von Wissen in Chinas Unternehmen im Hinblick auf den Weg zu einer innovationsgetriebenen Wirtschaft. In einem vierjährigen Forschungsprojekt wurden kulturelle Prämissen identifiziert, die für den Wissensaustausch chinesischer Mitarbeiter wesentlich sind. Häufig stehen diese einem offenen Austausch zunächst entgegen. Es zeigt sich, dass Unternehmen insbesondere in China selbst am Zuge sind, eine Umgebung zu schaffen, die die Mitarbeiter zum Wissensaustausch ermutigt. Nur dann kann sich das vorhandene Potenzial für Innovationen entfalten.

Inhaltsverzeichnis

C. Wang (✉)
KHD Humboldt Wedag, Köln, Deutschland
E-Mail: constanze.wang@yahoo.de

© Springer Fachmedien Wiesbaden GmbH 2017
J. Freimuth und M. Schädler (Hrsg.), *Chinas Innovationsstrategie in der globalen Wissensökonomie*, DOI 10.1007/978-3-658-17651-8_13

13.1 Einleitung: Zwiespältiger Austausch von Wissen in China

In China steht eine große Strukturveränderung hin zu einem wissens- und innovationsbasierten ökonomischen Modell auf dem Programm – das steht außer Frage. Fraglich ist hingegen, ob und wie das Land die Weichen für diese Transformation stellen kann. Hierfür kommen neben infrastrukturellen und institutionellen Wegbereitern auch kulturelle Prämissen in Betracht (vgl. auch Kap. 1). Alles, was das Verhalten in Bezug auf Wissensentwicklung angeht, unterliegt immer auch kulturellen Gesichtspunkten. Für die Vermehrung von wertschöpfendem Wissen und die Entstehung von Innovationen wäre ein reger Wissensaustausch zwischen verschiedenen Akteuren die Voraussetzung (vgl. auch Abschn. 21.1).

In Unternehmen in China passiert es allerdings allzu oft, dass Mitarbeiter ihr Wissen intern nur unzureichend mit Kollegen teilen. „Wissen ist Macht" (Li und Scullion 2006; Huang et al. 2008) lautet die Devise. Eine „Kultur des Hortens von Wissen" (Ramasamy et al. 2006) steht dem Austausch von Wissen entgegen. Während Wissensteilung in kleineren Arbeitsgruppen unproblematischer ist (Shin et al. 2007; Michailova und Hutchings 2006), findet in der sogenannten „Outgroup" – d. h. einem Kreis von Kollegen, die einem persönlich weniger nahestehen – sehr wenig Wissensteilung statt (Wilkesmann et al. 2008; Voelpel und Han 2005; Chow et al. 2000). Es bestehen also Hindernisse für den offenen Austausch von Wissen in komplexeren Netzwerken oder Wertschöpfungsketten, was vermutlich die Innovationsfähigkeit von Unternehmen in China beeinträchtigt.

Der vorliegende Beitrag resultiert aus einem Forschungsprojekt[1], in dem der Umgang mit Wissen in Unternehmen in China in einem Zeitraum von vier Jahren untersucht wurde. Die Ergebnisse lassen eine nähere Einschätzung zu, inwieweit die Austauschpraktiken von Wissen in Unternehmen in China tatsächlich ein Hindernis auf dem Weg zu eigenständigen Innovationen darstellen.

13.2 Forschungsdesign und -verlauf

Ziel des genannten Forschungsprojektes war es, Erkenntnisse über den Umgang mit Wissen im Sinne von Wissensschutz und Wissensteilung in ausländisch-investierten Unternehmen in China zu erlangen. Es ging ausschließlich um Wissen, womit in diesen Unternehmen täglich gearbeitet wurde, was also nicht als Patent o. Ä. eigentumsrechtlich geschützt ist bzw. höchstens unter Umständen in Form von Unternehmensgeheimnissen

---

[1]Das Forschungsprojekt „Geistiges Eigentum in der deutsch-chinesischen Zusammenarbeit" (2008–2012) wurde vom Bundesministerium für Bildung und Forschung (BMBF) gefördert und von der Hochschule Bremen durchgeführt. Die Datenerhebung erfolgte hauptsächlich im September 2009 und April 2010.

im Falle einer Verletzung nachträglich rechtlichen Schutz erlangen könnte und wo die Grenzen im Unternehmensalltag ohnehin fließend sind. Im Vordergrund stand die Frage, wie die Grenzen beim Austausch und Schutz von Wissen vonseiten der Mitarbeiter gesetzt werden, die damit täglich zu tun haben und gleichsam Träger dieses oft impliziten und schwer zu greifenden Wissens sind.

In diesem Beitrag werden lediglich die deutschen Unternehmen in China aus dem Sample berücksichtigt, da hier die Konflikte im Zusammenhang mit dem Teilen bzw. Nichtteilen von Wissen besonders evident sind. Gleichzeitig ist auch der Vergleich mit den deutschen Angestellten sowie deren Beobachtungen der chinesischen Verhaltensweisen selbst aufschlussreich. Es handelt sich dabei um 14 Unternehmen – 10 vollständig im ausländischen Besitz (WFOE) und 4 Gemeinschaftsunternehmen (JV) mit deutscher und chinesischer Beteiligung. Die meisten davon sind kleine und mittlere Unternehmen (KMU) mit einer Mitarbeiterzahl ab 60 Personen, nur wenige Großunternehmen mit mehr als 50.000 Mitarbeitern sind vertreten. Alle Unternehmen sind im produzierenden Gewerbe tätig – zumeist im Maschinenbau oder der Automobilbranche. Die Unternehmen sind im weiterentwickelten Ostteil des Landes ansässig, einige wenige davon im Nordosten. Damit spiegeln die der vorliegenden Betrachtung zugrunde liegenden Unternehmen die typischen Charakteristika deutscher Unternehmen in China wider.

Insgesamt wurden 68 Mitarbeiter dieser Unternehmen befragt, davon 44 Chinesen und 24 Deutsche. Die chinesischen Mitarbeiter bildeten absichtlich – und im Unterschied zu den bisher vorliegenden Studien zu dieser Thematik – den Schwerpunkt. Interviews mit deutschen Mitarbeitern lieferten wertvolle ergänzende Beobachtungen. In sich waren beides recht homogene Gruppen, d. h. keiner der chinesischen Mitarbeiter hatte längere Zeit im Ausland verbracht, und alle Deutschen waren für einen gewissen Zeitraum, meist den typischen Expatriate-Zeitraum von drei oder fünf Jahren, in der Niederlassung in China. Die chinesischen Mitarbeiter hatten zumindest einen College-Abschluss *(dazhuan)* oder höher, die Qualifikation der deutschen Mitarbeiter war zumeist ein Diplom. Die im Schnitt zehn Jahre älteren deutschen Interviewten spiegeln das tatsächliche Verhältnis zu dem in China meist jüngeren chinesischen Personal wider (s. Tab. 13.1). Die Interviewten kamen aus diversen Abteilungen wie Ein- und Verkauf, Produktmanagement, Marketing, Forschung und Entwicklung, Personal, Finanzen, Recht und Produktion. Während die deutschen Mitarbeiter eher dem höheren Management angehörten, waren die chinesischen auf mittleren oder unteren Führungsebenen bis hin zur Assistenz des Geschäftsführers zu finden. Diese Konstellation ist typischerweise so vorzufinden. Alle Interviewten entsprechen damit den einschlägigen Definitionen von Wissensarbeitern (Machlup 1962, S. 326; North und Güldenberg 2008, S. 22; Davenport 2005, S. 10–11; Willke 2001, S. 21), deren

Tab. 13.1 Nationalität, Alter, Geschlecht und Unternehmensform der befragten Mitarbeiter

Nationalität	Anzahl	Alter	Männl./weibl. (in %)	WFOE/JV (in %)
Chinesisch	44	24–46 (Ø 34)	70/30	68/32
Deutsch	24	30–63 (Ø 44)	96/4	46/54

roter Faden ist, dass sich ein Wissensarbeiter dadurch auszeichnet, dass der Hauptteil seiner täglichen Arbeit aus *Kommunikation* besteht.

Halbstrukturierte Interviews bildeten den methodischen Kern der Datenerhebung. Der Interviewleitfaden ließ Raum für genügend Tiefe in den ein- bis zweistündigen Interviews. Die Interviews wurden vollständig aufgezeichnet, was eine detaillierte Datenanalyse mit induktiven und konstruktivistischen Codierungstechniken (nach Bernard und Ryan 2010, S. 55–67) ermöglichte. Methoden der teilnehmenden Beobachtung ergänzten diese. Das Forschungsteam hielt sich dafür ein bis zwei Tage in den Unternehmen auf und konnte viele Gelegenheiten für informelle Gespräche wahrnehmen. Insgesamt sorgte die fast überall zu konstatierende Offenheit der Interviewten für reichhaltiges empirisches Datenmaterial.

Aus diesem Material kristallisierten sich in der Analyse übergeordnete kulturelle Praktiken heraus, die den Austausch und Schutz von Wissen in der täglichen Praxis bestimmen und Konflikte mit den deutschen Mitarbeitern auslösen (detaillierte Ausführungen dazu finden sich bei Wang 2016). Ein Auszug daraus, der insbesondere im Hinblick auf den Wissensaustausch relevant ist, wird im Folgenden vorgestellt und auf die Fragestellung dieses Beitrages, d. h. inwiefern diese Praktiken zu- oder abträglich für Innovationen sind, hin untersucht.

13.3 Sicherung des eigenen Wissensvorsprungs

Das Wissen chinesischer Mitarbeiter wird von deutschen Unternehmen in China als sehr bedeutend für einen Wettbewerbsvorteil auf dem chinesischen Markt erachtet. Umso mehr Missbilligung erzeugt die häufig geäußerte Beobachtung, chinesische Mitarbeiter seien wenig aktiv, wenn es darum gehe, ihr Wissen mit Kollegen zu teilen und es dem Unternehmen zur Verfügung zu stellen oder auch nur Rückmeldungen über den Stand eines Projektes zu geben:

> Wenn ich da nicht nachfrage, dann ist manchmal der Informationsfluss sehr spärlich. […] Wenn ich dann zum Beispiel sage, hier bitte erledige dies und dies, dann erwarte ich irgendwann auch ne Rückmeldung, ist erledigt, oder das und das ist dabei passiert oder sonst was. Da kommt nichts. Erst wenn man nachfragt, hast du das gemacht. Jaja, hab ich gemacht. Also insofern, das ist aber nicht nur bei uns so, das ist allgemein so, glaub ich. […] Im Allgemeinen, ich glaub, die Chinesen wollen erst mal nicht ihr Wissen preisgeben. […] Und äh gerade im Verkauf, wenn Li zum Beispiel, der hat nen Projekt, und er redet aber nicht darüber. Li, du warst doch bei dem und dem Kunden, was ist denn da jetzt los. Da war doch nen Projekt, das war doch da. Jaja, is still ongoing, ne. […] Sehr vage, ja. […] Also man muss den Leuten manchmal die Sachen so aus der Nase ziehen, Manchmal kommen sie halt nicht von alleine und sagen irgendwas (Deutscher Mitarbeiter eines WFOE in Guangdong).

Hier wurde klar erwartet, dass die Mitarbeiter aus eigenem Antrieb regelmäßig Rückmeldungen geben, wobei der zitierte deutsche Manager den Eindruck hatte, dass es sich dabei bereits um Wissen handelt, was für die Person schützenswert ist. Egoistisch und für den eigenen Vorteil werde gehandelt, so auch hier das Credo:

> Das eine ist dieses Glauben, ich habe einen persönlichen Vorteil, wenn ich was weiß und nicht weitergebe. Das beobachte ich sehr oft in dieser Firma, nicht nur bei meinen Mitarbeitern, sondern auch bei anderen. Die wissen oft viel mehr, können oft viel mehr, geben das aber nicht preis. Behalten das für sich. Häufig versuchen sie damit auch bestimmte Strategien und Taktiken einzusetzen. […] Also das ist schon manchmal ärgerlich und kostet unheimlich viel Nerven. Das Zweite ist wirklich, Wissen zu nutzen für sich selbst. Wobei das ist ja nicht nur, das gibt es auch in Europa, da gibt es auch Leute, die so agieren, das ist klar. Aber hier ist das noch ein bisschen ausgeprägter, eben aufgrund dieser, wie ich eben sage, sehr, dieses sehr verbreiteten Egoismus, den es hier gibt (Deutscher Mitarbeiter eines Joint Venture in Shanghai).

Was die Dokumentation von Wissen angeht, stimmten chinesische Mitarbeiter durchweg zu, dass eine Aufzeichnung und Archivierung von Lösungsansätzen eines Problems durchaus von Vorteil für das Unternehmen sei, und waren auch der Ansicht, dass das in China nicht so selbstverständlich wie in Deutschland sei. Denn in China behalte man Überlegungen zur Lösung eines Problems üblicherweise zunächst einmal für sich.

Was jedoch in den Interviews vielmehr ins Gewicht fiel als die Anerkennung der Nützlichkeit von Dokumentation, ist das Streben nach einem persönlichen Wettbewerbsvorteil in Form eines Wissensvorsprungs. Dieser erscheint in Anbetracht der starken Konkurrenz im Umfeld des Mitarbeiters essenziell. Die Konkurrenz resultiert vor allem daraus, dass die Mitarbeiter mit einer großen Gruppe von Absolventen mit ähnlichen Voraussetzungen hinsichtlich der schulischen und universitären Ausbildung in den Arbeitsmarkt starten. Im Zuge der Ausweitung der universitären Bildung seit den 1990er Jahren taucht zudem das Phänomen der arbeitslosen Hochschulabsolventen auf und nur gut zwei Drittel finden einen Job im Anschluss an die Universität (Lin und Sun 2010, S. 230; Seffert 2003, S. 589). Und erst im beruflichen Umfeld gibt es die Möglichkeit, sich von der Peergroup abzuheben und eigene individuelle Kenntnisse und Fähigkeiten zu erwerben. Dazu kommt der gesellschaftliche Druck, sich eine dem Status entsprechende Wohnung und ein Auto zuzulegen.

Allein aufgrund der Tatsache, dass Informationen im chinesischen Unternehmenskontext nicht allzu leicht zu bekommen sind und die Suche derselben einen großen Teil des Tagesgeschäfts einnimmt, wird die Information an sich schon zu einem wertvollen Gut. Permanent wird geprüft, wo man wie eine gewünschte Information auf schnellstem Wege bekommen kann. Ohne genügend Information fühlen sich die Mitarbeiter hilflos und nicht dazu in der Lage, ihre tägliche Arbeit zu meistern. Auch Vorsorge für eine adäquate Informationsbeschaffung muss ständig geleistet werden, indem potenzielle Kanäle ausgelotet und bereitgehalten werden.

Die Herausgabe von Informationen läuft dementsprechend nicht ad hoc, sondern unter ständiger Bewertung, was und wie viel an wen zu welchem Zeitpunkt weitergegeben werden kann. Hierbei wird bewusst oder unterbewusst immer der eigene Wissensvorsprung im Auge behalten, der trotz Herausgabe von Informationen stets gewahrt bleiben muss. Es wurde besonders betont, dass es sich bei bestimmtem Wissen um das „eigene" Wissen handele, das man brauche, um wettbewerbsfähig zu bleiben:

> 如果你这里讲的是。。。, 嗯, 我的Know-how 的话[。。。]那Know-how 是 需要去保
> 护的。因为这是你的核心竞争力。
> [Falls Sie…, ja, von meinem Know-how sprechen […] dieses Know-how muss geschützt werden. Denn das ist dein zentraler Wettbewerbsvorteil.] (Chinesische Mitarbeiterin eines Joint Venture in Shanghai).

Dabei war es für die Interviewte schwierig zu umreißen, was nun genau das persönliche Kern-Know-how darstellt. Bei näherer Beschreibung ihrer Tätigkeit wurde deutlich, dass es sich eher um implizites Erfahrungswissen handelt, was sie z. B. während vieler Lieferantenbesuche und in dem Bemühen um die bestmögliche Anpassung der eingekauften Produkte an die Bedürfnisse des Kunden gesammelt hatte. Es geht also nicht um rein technisches Know-how, sondern vielmehr darum, zu antizipieren, wie der Kunde beispielsweise Zeichnungen der Firma interpretiert und wie die Zuliefererprodukte dementsprechend aussehen werden.

Dieses Wissen wird als Schutz gegen den allgegenwärtigen Wettbewerb am Arbeitsplatz angesehen. Sofern man etwas von diesem Wissen preisgibt, wird der Wettbewerb richtiggehend fühlbar:

> 因为只有当我把这些经验公布大家了, 他就会感到有竞争, 因为他就不能出类
> 拔萃了。
> [Denn nur wenn ich die Erfahrungen für alle öffentlich mache; wird er [ich] die Konkurrenz fühlen, da er [ich] sich [mich] nicht mehr von den Kollegen abheben kann.] (Chinesischer Mitarbeiter eines Wholly Foreign-Owned Enterprise in Shanghai).

Allerdings ist dieser Wettbewerbsvorteil – so nötig er auch dem Einzelnen einerseits erscheint – andererseits nur in begrenzter Form mit den moralischen Vorstellungen der Interviewten vereinbar. Sobald man darüber hinaus Wissen für sich behält, ist eine moralische Grenze erreicht. Auch chinesische Mitarbeiter begriffen den Austausch von Informationen als wichtigen Faktor für Innovationen im eigenen Unternehmen und nicht zuletzt auch für die Gesellschaft. Da zumindest ein begrenzter Wettbewerbsvorteil als eine persönliche Notwendigkeit gesehen wird, agiert man in China also nicht unmoralisch, wenn man bis an diese Grenze nichts teilt. Erst wenn der Wettbewerbsvorteil gesichert ist und jemand darüber hinaus eine ganze Menge mehr an Wissen hat und immer noch zu zögerlich weitergibt, gilt das auch in China nicht als moralisch akzeptabel.

Was bedeutet das für die Innovationskompetenz Chinas? Informationen und Erfahrungswissen sind für den einzelnen Mitarbeiter offenbar ein ungemein wichtiges Gut im alltäglichen Konkurrenzkampf um Arbeitsmarktfähigkeit. Solange der Druck, seinen eigenen Wettbewerbsvorteil aufrechtzuerhalten, in diesem Maße bestehen bleibt, steht dieses dem chinesischen Umfeld geschuldete Bestreben ganz sicher einem offenen, regelmäßigen und zwanglosen Austausch von Wissen in Unternehmen in China entgegen, insbesondere in komplexen Netzwerken und Wertschöpfungsketten. Es hängt jedoch auch vom Unternehmen selbst ab, wie es damit umgeht. Gewährleistet das Unternehmen, dass Mitarbeiter viele Erfahrungen machen und sich durch diesen – als implizites Wissen ohnehin schwer zu transferierenden – Erfahrungsschatz sicherer fühlen können, ist dennoch genügend Austausch möglich. Wenn dieser Grundstock vorhanden ist, können Informationen darüber hinaus durchaus ausgetauscht werden. Wenn also Lernen systematisch gefördert und Erfahrungen im Überfluss gemacht werden können, entfällt tendenziell die Gefahr, dass man sich durch Horten von Wissen allzu sehr auf Kosten der Gesamtheit profilieren kann.

13.4   Prüfen und überzeugen beim Wissenstausch

Innerhalb von Wissensinteraktionen sind bei chinesischen Mitarbeitern verschiedene Prozesse beobachtbar. Bevor sie Informationen oder Wissen weitergeben, unterziehen chinesische Mitarbeiter ihre Kollegen zunächst gleichsam einer bewusst oder unbewusst ablaufenden Prüfung. Dabei stehen die persönlichen Ziele des Gegenübers im Mittelpunkt. In den Interviews wurde betont, dass jeder Mitarbeiter naturgemäß unterschiedliche Ziele verfolge. Es sei somit nötig zu schauen, inwieweit eine Person private Ziele, die Ziele der Abteilung oder die Ziele des Unternehmens verfolge und wie diese im Einklang miteinander stünden. Häufig kam man zu dem Ergebnis, dass in der Tat persönliche Interessen von Kollegen mit den Unternehmensinteressen konfligierten. Dabei handelt es sich nicht unbedingt um gänzlich private Interessen, sondern auch oft um die Interessen von Abteilungen oder anderer Gruppierungen im Unternehmen. Der Austausch von Wissen ist also sehr stark von taktischen Kalkülen begleitet und erfolgt keinesfalls spontan.

Im Umkehrschluss hat dann auch derjenige, der Informationen nachfragt, entsprechend Überzeugungsarbeit zu leisten, um diese auch in gewünschter Weise hinsichtlich Vollständigkeit, Genauigkeit und Schnelligkeit zu bekommen. So ist es wichtig deutlich zu machen, dass man mit den Informationen verantwortlich im Sinne des Unternehmens umgeht. Hierbei hilft es, die eigene Kompetenz glaubhaft zu machen. Die Offenlegung des eigenen Hintergrundes und der Position im Unternehmen sowie die Gründe, wofür die Informationen gebraucht werden, können überzeugend wirken, wie beispielsweise auch dieser chinesische Mitarbeiter betont:

> 因为据我工作经历，这么像这五年到六年的工作经历，我觉得我的工作障碍这方面还比较少。因为首先我能说服对方，我做这个，我要这个信息是做什么用的。我有一个明确的目的，不是我个人目的，而是公司目的。所以这块，应该还好。我觉得这可能跟个人的一个工作能力也有关系的。
>
> [Angesichts meiner Arbeitserfahrung, dieser fünf oder sechsjährigen Arbeitserfahrung, denke ich, dass meine Hindernisse auf der Arbeit in dieser Hinsicht relativ überschaubar sind. Denn erstens bin ich in der Lage mein Gegenüber zu überzeugen, wofür ich eigentlich diese Informationen, die ich von ihm brauche, benötige. Ich habe ein klares Ziel, was

nicht mein persönliches ist, sondern das Ziel der Firma. Also sollte das ganz okay sein. Ich
glaube, dass das auch mit den persönlichen Fähigkeiten auf der Arbeit zu tun hat.] (Chinesischer Mitarbeiter eines Wholly Foreign-Owned Enterprise in Jiangsu).

Nicht nur die erworbene Kompetenz, sondern auch die erhaltene Bildung kann ein Kri-
terium für die Wissensweitergabe sein. Sie wird für Rückschlüsse auf den moralischen
Charakter einer Person in Betracht gezogen. Eine gewisse Bildung gilt geradezu als eine
Voraussetzung für ein moralisches Bewusstsein. Des Weiteren wird die Umgebung, in
der jemand aufgewachsen ist, d. h. in der Stadt oder auf dem Land sowie die soziale
Schicht, als aufschlussreich angesehen. Je geschützter und abgeschotteter von der zum
Teil als wenig moralisch angesehenen Gesellschaft diese Umgebung wahrgenommen
wird, desto eher wird derjenige auch nach moralischen Kriterien handeln – so die mehr
oder minder unbewusst ablaufende Bewertung bei einer Informationsweitergabe. Ein
Absolvent einer renommierten Universität hätte somit also beste Voraussetzungen, als
würdiger Adressat von Informationen bewertet zu werden.

Ein Vergleich mit den Aussagen deutscher Manager in den befragten Unternehmen
zeigt das Ausmaß dieser kontrollierten Weitergabe. Aus deutscher Sicht wird von einer
– idealerweise – nahezu automatischen Weitergabe von Informationen ausgegangen, und
zwar sobald diese Informationen vorliegen. Auch Kollegen im eigenen Unternehmen
zunächst überzeugen zu müssen, die Information weiterzugeben, löst Befremden aus.
Bei der Wissensweitergabe an Kollegen ziehen deutsche Manager höchstens die Kompetenz des Wissensempfängers in Betracht, also inwiefern derjenige in der Lage ist, mit
dem Wissen umzugehen. Eine moralische Komponente ist jedoch für die deutschen Kollegen – zumindest in der Anfangszeit in der chinesischen Niederlassung – nicht dabei.
Nach einiger Zeit im chinesischen Kontext allerdings ziehen auch deutsche Manager in
einem gewissen Umfang den Charakter der Kollegen in Betracht, wenn es um die Weitergabe von – sensiblen – Informationen geht, und übernehmen damit teilweise diese in
dem Kontext üblichen Verhaltensmuster:

[…] ich durchaus mal hingehen kann, ihm was erzählen oder am Telefon, was ich schriftlich
nie machen würde, was ich wohl auch nicht dürfte. Aber ich weiß, er kann damit umgehen
(Deutscher Mitarbeiter eines Joint Venture in Shanghai).

Wird also regelmäßig und systematisch – bei sensiblen und auch weniger sensiblen
Informationen – Vorsicht an den Tag gelegt und erst einmal eine Prüfung des Gegenübers
durchgeführt bzw. ist es nötig, das Gegenüber zunächst davon zu überzeugen, wofür die
Informationen benötigt werden, so kann man gewiss nicht von einer offenen, für Austausch von Informationen und Wissen prädestinierten Atmosphäre zu sprechen. Vielmehr
ist Wissensweitergabe in diesem Kontext geprägt durch sehr viel Aufwand, strategische Kalküle, selektives Vorgehen und schließlich eine beträchtliche Anstrengung. Im
Sinne des Schutzes von Informationen kann dieses Verhalten unter bestimmten Bedingungen sinnvoll sein. Dies gilt gegenüber Kunden, Lieferanten oder sonstigen Partnern,
aber auch bei Kollegen im eigenen Unternehmen, wenn etwa die Fluktuationsrate hoch

ist und der interne Partner als wenig firmenloyal wahrgenommen wird. Da der ungezwungene Austausch jedoch für das potenzielle Entstehen von Innovationen insgesamt schwerer wiegt, muss in diesen skizzierten kulturellen Interaktionsmustern ein klares Innovationshemmnis gesehen werden.

13.5   *Guanxi* ist nicht gleich *guanxi*

Ein weiterer bedeutender Aspekt für Wissensinteraktionen in Unternehmen ist, neben der eben beschriebenen Bewertung der Person, das Verhältnis im Netzwerk, in dem die Personen zueinander stehen. Mit mehr oder weniger Zögern betonten die meisten Interviewten die Wichtigkeit von Beziehungen für die tägliche (Wissens-)Arbeit. Das Zögern hat den Grund, dass Beziehungen – bezeichnet mit dem idiosynkratischen Ausdruck *guanxi* – auch negative Aspekte enthalten. Zu viel Gewicht auf *guanxi* – so einige chinesische Mitarbeiter – könnte dazu führen, dass die Arbeit vernachlässigt werde oder dass Kollegen, mit denen man Informationen teilt, diese als die ihrigen ausgeben könnten. Sogar bei Vorgesetzten würde es vorkommen, dass sie Ideen als die eigenen ausgeben. Solche Situationen kämen besonders häufig in Staatsunternehmen vor.

Beziehungen sind natürlich nicht nur in China unerlässlich für Wissensinteraktionen. Ob Informationen weitergegeben werden und wie bzw. wie gut sie bei Anfragen von Personen – insbesondere von anderen Unternehmen – geschützt werden, kann nicht losgelöst von der Beziehung der jeweiligen Personen betrachtet werden. Insbesondere für chinesische Wissensarbeiter, die auf Informationen angewiesen sind, scheint es gleichwohl besonders notwendig zu sein, täglich die Beziehungen zu pflegen und den Status quo ständig in Betracht zu ziehen, um überhaupt den Job ausüben zu können. Es spricht also einiges dafür, dass nicht leichtfertig geschenkt und umgekehrt auch nicht erwartet wird, etwas zu bekommen. Vielmehr wird ständig beobachtet und situativ bewertet.

Bei der detaillierteren Befragung der chinesischen Mitarbeiter zu ihrem Beziehungsgeflecht kristallisierten sich verschiedene Kategorien heraus, in die Beziehungen und Netzwerke differenziert wurden. Vor allem wurden sie zunächst in „gesund" und „ungesund" unterteilt. „Ungesunde" Beziehungen und Netzwerke sind demnach solche, die besonders häufig in Staatsunternehmen vorkommen, wo Akteure nicht primär das Ziel des Unternehmens, sondern das persönliche Fortkommen und den persönlichen Nutzen im Auge haben. Die Sorge, ausgenutzt zu werden, steht also sehr stark im Vordergrund.

„Gesunde" Beziehungen können prinzipiell dem fruchtbaren Wissens- und Erfahrungsaustausch im Sinne des Unternehmensziels dienen. Aber wenn eine Beziehung als „gesund" bewertet wird, heißt das noch nicht automatisch, dass auch Informationen und Wissen fließen, wenn sie benötigt werden. „Gesunde" Beziehungen differenzieren sich in der Praxis weiter aus in „gute" und „schlechte" bzw. effiziente und ineffiziente Beziehungen. Nur bei „guten" bzw. effizienten Beziehungen kann mit einer höheren

Wahrscheinlichkeit von einem eher zwanglosen Informationsfluss ausgegangen werden, wie es dieser Mitarbeiter auf den Punkt bringt:

> 你不能说你知道对方关系了，人家就会乐意给你提供信息，你还要搞好人际关系。
>
> [Du kannst nicht sagen, dass wenn du eine Beziehung mit jemandem hast, dass derjenige dir auch fröhlich Informationen liefert. Du musst das schon auch gut machen mit den Beziehungen.] (Chinesischer Mitarbeiter eines Joint Venture in Shanghai).

Für effiziente Beziehungen ist es wichtig, aktiv und permanent ein gutes Miteinander zu pflegen. Tut ein Mitarbeiter das nicht, wird das nicht als neutral, sondern als mangelnde Aufmerksamkeit wahrgenommen und kann sich schnell negativ auswirken. In eine Beziehung muss also ständig investiert werden. Auch ist Achtsamkeit angeraten, denn einmal mühsam aufgebaute Beziehungen können durch eine einzige Handlung im Handumdrehen zerstört werden. Eine Verschlechterung einer bestimmten Beziehung kann sich auch gleich negativ auf das gesamte Beziehungsgeflecht auswirken. Die Folge könnten verspätet übermittelte Informationen sein, was im schnelllebigen chinesischen Kontext verstärkt ins Gewicht fällt. Das kann sogar so weit gehen, dass ein Mitarbeiter für sich keine Chance mehr sieht, seine Arbeit auszuführen und deswegen das Unternehmen verlässt:

> 这个人际关系肯定要处理好，如果你，如果大家都说你不好了，你这个人就不愿意跟你来说话了，不愿意跟你做一些什么事情上的一些什么交割了，那你这个人也就算了，你这个人在这个地方肯定待不下了。
>
> [Du musst diese zwischenmenschlichen Beziehungen auf jeden Fall gut pflegen. Falls du, falls jeder über dich sagt, dass du nicht gut bist, dann sind die Leute gar nicht bereit, mit dir zu sprechen, wollen nicht mit dir irgendwas zusammen bearbeiten, dann hast du verloren und brauchst gar nicht an diesem Ort zu verweilen.] (Chinesischer Mitarbeiter eines Wholly Foreign-Owned Enterprise in Shanghai)

Gute und effiziente Beziehungen werden noch weiter in Arbeitsbeziehungen und Beziehungen mit einem privaten Charakter differenziert. Arbeitsbeziehungen meint hier nicht nur den offiziellen Sachverhalt, dass zwei Mitarbeiter beim gleichen Unternehmen angestellt sind, sondern auch die soeben geschilderte unerlässliche aktive Pflege von Beziehungen. Erhält diese Beziehung darüber hinaus noch einen privaten Charakter, der sich beispielsweise auch darin äußert, dass man sich über private Dinge austauscht und sich bereits in einigen Fällen persönlich weitergeholfen hat, so ist das umso hilfreicher für den effektiven Informations- und Wissensaustausch. Braucht ein Schlüsselkunde beispielsweise schnellstens eine Auskunft darüber, wann eine bestimmte Ware lieferbar ist, so muss etwa ein Vertriebsmitarbeiter eine Fülle von Informationen in kürzester Zeit einholen, um die entsprechende Einschätzung abzugeben. Wenn er zu den jeweiligen Auskunftsgebern eine Beziehung eher privater Natur unterhält, dann werden diese sich sofort bemühen, die Informationen zugeschnitten auf die Anfrage des Kunden zu liefern und damit den Vertriebsmitarbeiter bestmöglich zu unterstützen. Austausch von Wissen und Informationen setzt also offenbar in China eine vorgängig deutlich höhere und selektivere Aufmerksamkeit für Beziehungen und Netzwerke voraus, als wir das aus unserem Arbeitsalltag kennen.

An Schlüsselinformationen kommt man nur über diese Art von Beziehungen, andernfalls hat man kaum eine realistische Chance. So beschrieben die Interviewten, dass äußerst wertvolle und strategische Informationen etwa über die Richtung, in die sich der Kunde entwickelt, nur über eine entsprechende Beziehung mit einem Mitarbeiter des Kunden erlangt werden könnten. Würden diese Informationen bei der Entwicklung eines Prototyps für diesen Kunden berücksichtigt und ist dieser Entwurf entsprechend auf dessen Bedürfnisse zugeschnitten, so ist es sehr viel wahrscheinlicher, dass das eigene Unternehmen diesen Auftrag dann auch bekommt.

Gleichwohl sind selbst Beziehungen privater Natur niemals ein Garant für das Erlangen jedweder Information. Das gilt insbesondere für Beziehungen außerhalb des Unternehmens. Da das Unternehmen im direkten Zusammenhang mit der eigenen Zukunft gesehen wird, ist der Umgang mit Informationen hier sehr restriktiv. Das bedeutet, selbst wenn ein früherer Studienkollege oder ehemaliger Arbeitskollege im anderen Unternehmen nach Informationen fragt, werden keine Informationen aus dem eigenen Unternehmen weitergegeben, falls diese dem Unternehmen schaden könnten. In diesem Falle wird eine genau kalkulierte Distanz selbst innerhalb eher privater Beziehungen gewahrt bzw. diese werden wieder geschickt auf die Arbeitsebene lanciert. So hat die differenzierte Pflege von Beziehungen auch eine nicht zu unterschätzende Bedeutung für den Schutz von Informationen zugunsten des Unternehmens.

Dass Beziehungen in China eine nicht zu unterschätzende Rolle spielen, ist keinesfalls eine neue Erkenntnis und war auch den deutschen Managern schon vor ihrem Aufenthalt in China bekannt. Was aber selbst oft nach Jahren in der chinesischen Niederlassung noch nicht durchschaut wurde, war die Tatsache, dass es nicht darum geht, ob man Beziehungen hat oder nicht, sondern dass jegliche Wissenstransaktion vor dem Hintergrund einer Beziehung passiert, welche hinsichtlich ihrer Stoßrichtung und ihres Nutzens in starkem Maße differenziert wird. Die Deutschen unterschieden eher nach gröberen Gesichtspunkten, etwa in formelle und informelle Beziehungen. In der Praxis spielt diese Ebene von Beziehungen für die deutschen Mitarbeiter in der chinesischen Niederlassung auch eine Rolle, um nicht völlig isoliert von allen Interaktionen dazustehen. Das ist jedoch maximal die Oberfläche, sie stiegen nie voll und ganz in die Tiefe und Differenziertheit der Beziehungen und Netzwerke der chinesischen Kollegen ein. Diese Dimensionen ließen sich für sie allenfalls erahnen.

Es ist wichtig zu erwähnen, dass es sich bei der beschriebenen Fähigkeit zu differenzierten Beziehungen nicht um eine genuin chinesische Eigenschaft handelt, es sind eher Lernerfahrungen, die einerseits auf eine wenig kalkulierbare soziale Grundstruktur verweisen, andererseits spiegelbildlich das Bedürfnis nach geschützten Räumen reflektieren, deren man sich aber ständig versichern muss. Für die chinesischen Mitarbeiter ist es ein herausfordernder Lernprozess, durch die in den Unternehmen vorhandenen komplexen Netzwerke zu navigieren, sie zu bewerten und sich selbst bestmöglich dort zu positionieren. Es handelt sich also keinesfalls um eine „in die Wiege gelegte" Fähigkeit, die ganz selbstverständlich angewendet wird.

Die ständige Überprüfung des Beziehungsgeflechts nach Interessen, Qualität und dem Grad der Nähe, der gerade als gesund angesehen ist, macht Innovationsdynamiken in höchstem Maße davon abhängig, wie Personen zueinander stehen und die Bewertungen ausfallen. Das ist schwerfällig und wenig kalkulierbar. „Ungesunde" *guanxi* sind naturgemäß wenig innovationsförderlich, da hier schlicht zu viel Zeit und Mühe auf die Beziehungen verwendet wird und die Zusammenarbeit von Misstrauen dominiert wird.

Jenseits davon, wenn sich ein kalkulierbares Beziehungsfeld etabliert hat, bergen *guanxi* jedoch auch erhebliche innovative Potenziale. Wenn es also gelungen ist, enge (gesunde) Beziehungen aufzubauen,

- die effizient gestaltet sind,
- wo beide Parteien ähnliche Ziele verfolgen,
- die keinem der involvierten Unternehmen schaden und
- die ggf. auf privater Ebene auch gestärkt werden,

ist die Wahrscheinlichkeit sehr groß, besonders viele und genaue Informationen in einer kurzen Zeit zu bekommen. Wenn diese in innovative Diskurse über Neuerungen einfließen, können innerhalb kurzer Zeit anwendungsorientierte und auch gut kommerzialisierbare Innovationen die Folge sein. Allerdings ist, wie erläutert, der Aufwand für Investitionen in diese Beziehungsmannigfaltigkeit hoch, und er muss ständig erneuert werden. Man kann sich nie ganz darauf verlassen.

13.6 Mitarbeiterintegration als Bedingung für Wissensaustausch

Chinesische Mitarbeiter haben in der Regel sehr klare Erwartungen hinsichtlich ihrer professionellen Entwicklung an ihr Unternehmen. Das ist besonders ausgeprägt bei neuen Mitarbeitern, die sich zunächst erst einmal einarbeiten müssen. Insbesondere für Universitätsabsolventen bedeutet diese Phase, das an der Universität erworbene Wissen – soweit möglich – in der Praxis anzuwenden und zu konkretisieren. Die Mehrheit der Interviewten gab in diesem Sinne an, dass das an der Universität erlernte Wissen für die Bewältigung ihrer Arbeitsanforderungen eher zu theoretisch sei und sich daher als kaum hilfreich erwies. So waren sie ganz besonders am Anfang von den Kollegen und deren Wissen bzw. deren Bereitschaft zu teilen regelrecht abhängig. Aus ihrer Sicht stecken sie gerade in der Anfangsphase selbst viele Bemühungen in die Anpassung und Entwicklung ihres Wissens und bauen auch gleichzeitig hohe Erwartungen an das Unternehmen auf.

Um nach einer gewissen Zeit Wissen und Fähigkeiten anwenden zu können, ist nach Ansicht der chinesischen Mitarbeiter also auch das Unternehmen gefragt, die Bedingungen für eine gelungene Integration sicherzustellen. Damit ist nicht notwendigerweise ein Einstiegstraining gemeint. Dieses wird eher als selbstverständliche Voraussetzung dafür gesehen, auf der Position überhaupt aktiv werden zu können. Vielmehr sollte das Unternehmen kontinuierlich eine systematische Plattform für die persönliche Entwicklung bereitstellen und genug Gelegenheiten zur Wissensanwendung bieten. Es sollten also beispielsweise in kurzer Zeit viele neue Aufgaben angeboten werden. Hier zählt vor allem, dass der Mitarbeiter mit vielen unterschiedlichen Arbeitssituationen, Umgebungen und Menschen in Berührung kommt und sein Wissen verbreitern kann.

Dabei spielt der direkte Vorgesetzte eine entscheidende Rolle. Chinesische Mitarbeiter erwarten regelrecht, dass er sie genau kennt und sie darin unterstützt, ihr Potenzial voll und ganz auszuschöpfen und ihr Wissen und ihre Fähigkeiten anzuwenden. Dazu gehört das Ermutigen zu neuen Aufgaben oder zu neuen Positionen, sobald der Mitarbeiter das Gefühl hat, auf einer bestimmten Position nichts Neues mehr dazulernen zu können. Dieses Gefühl tritt in der Regel in einem Zeitraum von ein bis zwei Jahren ein. Vom Vorgesetzten wird teilweise sogar erwartet, dass er antizipiert, in welche Richtung sich der Mitarbeiter entwickeln könnte und wo sein Potenzial liegen könnte:

因为有的员工 [。。。] 不会处理关系, 你 [领导] 把他安到公关部,他就很头疼. [。。。] 领导是应该掌握, 比如[…]这个人 [。。。], 很快就能拿到结果,就说明这个人, 肯定他 有自个儿有关系网, 然后呢肯定人际关系处理得不错[。。。], 因此你[领导]就必须知 道这个员工他喜欢做这个 [。。。]。他 [员工]可能也就也是无意识的 [。。。]。

[Manche Mitarbeiter […] können keine Beziehungen pflegen, und wenn du [Vorgesetzter] ihn in die Abteilung für Öffentlichkeitsarbeit schickst, dann ist das sehr hart für ihn. […] Der Vorgesetzte sollte gut verstehen, dass z. B. […] diese Person […] Ergebnisse sehr schnell erzielen kann, was bedeutet, dass sie garantiert ihre eigenen Netzwerke hat, was wiederum bedeutet, dass sie auch nicht schlecht Beziehungen pflegen kann […] Daher *musst* du [Vorgesetzter] *wissen*, welche Arbeit der Mitarbeiter mag […]. Er [Mitarbeiter] ist sich dessen vielleicht gar nicht bewusst.] (Chinesischer Mitarbeiter eines Joint Venture in Shanghai).

Der direkte Vorgesetzte spielt auch für die Weitergabe von Wissen durch den Mitarbeiter eine entscheidende Rolle. Die Weitergabe von Wissen wird als eine zusätzliche Aufgabe angesehen, und die Bereitschaft dazu ist nur vorhanden, wenn das materiell oder immateriell anerkannt wird. Wenn beispielsweise offizielle Gelegenheiten dazu gegeben werden, wie Workshops oder Ähnliches, hat der Mitarbeiter das Gefühl, dass das Wissen ihm zugerechnet wird und damit auch ihm zugutekommt. Wird es weniger sichtbar auf informellem Wege weitergegeben, kann er sich nicht sicher sein, ob jemand, an den er es weitergegeben hat, nicht selbst daraus persönlichen Nutzen zieht (ganz im Sinne von *jiaohui tudi, ersi shifu* – Wenn der Meister alles an seinen Lehrling weitergibt, wird er verhungern). Auch hier herrscht zunächst Skepsis oder gar Misstrauen vor, bevor bereitwillig reziproker Austausch von Informationen oder Wissen stattfindet.

Angesichts der vorwiegend theoretischen Bildung an den Universitäten ist es besonders wichtig, dass sich der Mitarbeiter durch die konkrete Anwendung von Wissen in der Praxis von den anderen Kollegen abhebt und sich seinen persönlichen Wettbewerbsvorteil schafft. Darüber hinaus ist das permanente und dringliche Bedürfnis zu spüren, obsoletes Wissen zu aktualisieren und nicht zurückzufallen. Selbst bei langjähriger Berufserfahrung bekommt die ständige praktische Weiterentwicklung, wenn man so will lebenslanges Lernen, eine ausschlaggebende Bedeutung. Nur so kann der eigene Wert, wie es in den Interviews ausgedrückt wurde, kontinuierlich gesteigert werden.

Aus Sicht der deutschen Manager sind Investitionen in das Wissen der Mitarbeiter auch vorgesehen. Sie meinen jedoch meist das formale Training am Anfang der Beschäftigung, während chinesische Mitarbeiter viel mehr Wert und Aufmerksamkeit auf die Anwendung ihres Wissens in der Praxis legen. Anders ausgedrückt, deutsche Mitarbeiter fokussieren sich auf den Input und chinesische auf den Output. Das im Training außerhalb des Arbeitsplatzes vermittelte Wissen hat für chinesische Mitarbeiter nicht a priori einen hohen Wert, da es noch nicht angewendet wurde.

Was bedeutet das aus der Perspektive der Innovationsfähigkeit? Mitarbeiter müssen sich erst sicher fühlen, dass für ihren persönlichen beruflichen Erfolg, besonders während des fragilen Berufseinstieges, aber auch nach einigen Jahren Berufserfahrung, stets gesorgt ist. Hier sind Unternehmen und Vorgesetzte in der Pflicht. Werden alle notwendigen Voraussetzungen erfüllt, wird ein Mitarbeiter durchaus sein Wissen teilen, da er durch Anwendung und Tausch dann auch seinen eigenen Wert steigern kann. Wird vom Unternehmen und insbesondere vom Vorgesetzten eine stabile Atmosphäre geschaffen, in der sich das Teilen für den Mitarbeiter auszahlt, können dadurch durchaus innovative Diskurse entstehen. In China sind zunächst jedoch vergleichsweise hohe Anstrengungen zu leisten, damit ein Mitarbeiter sein Wissen dem Unternehmen zur Verfügung stellt und damit die Voraussetzung für Innovationen schafft.

13.7   Ein stabiler Raum als Bedingung für Wissensaustausch

Für die Bereitschaft chinesischer Mitarbeiter zum Austausch von Wissen ist das Entwickeln einer eigenen stabilen Wissensbasis eine notwendige, aber keinesfalls eine hinreichende Bedingung. Sie beurteilen darüber hinaus das konkrete Verhalten ihres Unternehmens sehr genau. Es wird auf Rechtmäßigkeit, Fairness sowie Langfristigkeit der strategischen Ausrichtung überprüft. Das beginnt mit einer genauen Beobachtung des Verhaltens, also ob das Unternehmen sich an gesetzliche Regelungen hält, ob es den Mitarbeitern gegenüber fair ist und nicht nur seine Interessen verfolgt sowie ob es langfristig handelt und nicht nur auf kurzfristige Profite aus ist. Solche grundsätzlichen, größtenteils moralischen Abwägungen sind insbesondere in China wichtig für Mitarbeiter. Das steht im Widerspruch zum häufig eher kurzfristig anlegten unternehmerischen Denkens und Handeln in diesem Land. Entsprechend zurückhaltend fallen Entscheidungen für innovative Wissensinteraktionen aus.

Darüber hinaus und eng mit diesen moralischen Abwägungen verbunden, ist die Unternehmenskultur bzw. das Klima im Unternehmen ein wichtiger Faktor, der die Entscheidung beeinflusst, ob und wie viel bzw. welches Wissen weitergegeben wird:

我愿意来传授给, 把我的知识, 积累这么多年的知识来传授给徒弟, 那么这种
是靠他对他自己公司这种热爱一种文化, 那我也可以不传授给你, 或者把我
的百分之五十我传授, 我自己再留百分之五十, 也, 也可以, 那不是不不可
以, 但是呢要想把这个我的经验很无私地这个传授给这个徒弟的话, 我觉得更
多的是靠一种, 这种文化

[Falls ich bereit bin, [mein Wissen] mir dir zu teilen, mein Wissen, was ich über so viele Jahre angesammelt habe, an den Lehrling weiterzugeben, das hängt davon ab, wie eng man sich mit der Kultur seiner Firma verbunden fühlt, ich kann es dir genauso gut nicht weitergeben oder gebe 50 % davon weiter und behalte 50 % für mich, das ist auch möglich, sowas ist doch nicht unmöglich. Aber angenommen, ich teile meine Erfahrungen ganz altruistisch mit meinem Lehrling, das hängt sehr stark von dieser Art, dieser Art Kultur ab.] (Chinesische Mitarbeiterin eines Joint Venture in Jilin).

Diese Mitarbeiterin hat offenbar klare Vorstellungen davon, unter welchen Bedingungen sie ihr Wissen zur Verfügung stellt. Sie würde es nur in einem kulturellen Kontext bzw. einer Atmosphäre tun, in der Kollegen in der Umgebung genauso handeln. So eine offene Atmosphäre würde sich sogar noch positiv verstärken, genauso wie eine negative Atmosphäre schnell in einem Teufelskreis enden kann, in dem jeder nur das unbedingt Nötigste preisgibt.

Ist die Atmosphäre nicht gut, wird also von vornherein davon ausgegangen, dass Kollegen sich nicht von ihrer aktivsten und kooperativsten Seite zeigen, und dann wäre es naiv, proaktiv die eigenen Kenntnisse zur Verfügung zu stellen. Bereitwilliges Wissensteilen ist ein Prozess, der dauerhaft nur in einer Umgebung stattfinden kann, in der die Chance auf Reziprozität, also des wahrgenommenen Gleichgewichts zwischen Geben und Nehmen, besteht. Die chinesischen Mitarbeiter sind daher einhellig der Meinung, dass erst eine entsprechende Atmosphäre geschaffen werden muss, die es ihnen überhaupt *ermöglicht,* ihr Wissen zu teilen.

Die Verantwortung für die Schaffung einer solchen Atmosphäre wird eindeutig beim Unternehmen gesehen. Die Betonung liegt auf Schaffung, da eine solche Atmosphäre über einen längeren Zeitraum wachsen muss. Die Interviewten machten deutlich, dass Strukturen, Regeln, Slogans oder ähnliche vom Unternehmen aufgestellte Formalismen allein nicht vertrauenswürdig sind, da sich diese von heute auf morgen ändern ließen. Erst wenn diese spezifische Kultur von allen Führungsebenen getragen und schließlich auch von den einzelnen Mitarbeitern gelebt wird, kann sie als verlässliche Grundlage gelten. Sie ist nicht von vornherein da, sondern muss entwickelt werden. Als Gradmesser für diese Atmosphäre dient die Anerkennung *(rentong)* durch die Mitarbeiter selbst. Entwickelt sich eine entsprechende Wahrnehmung, dann ist es viel weniger wahrscheinlich, dass ein Mitarbeiter nur Wissen für sich einbehält und vielleicht in ein anderes Unternehmen abwandert.

Darüber hinaus muss für einen offenen Wissensaustausch unabdingbar ein starkes Zusammengehörigkeitsgefühl vom Unternehmen geschaffen werden, da die Mitarbeiter sich nicht per se – nur, weil sie alle in dem Unternehmen angestellt sind – zusammengehörig fühlen. Zunächst sehen sie sich und ihre Kollegen als einzelne Personen, die sich in demselben physischen Raum aufhalten, aber noch keine wirkliche Gruppe oder ein

Netzwerk bilden. Nur schrittweise durch die Betonung einer gemeinsamen Richtung, eines Ziels oder bestenfalls eines gemeinsamen Glaubens, der gelebt wird, entsteht ein Kollektiv.

Natürlich erleben die Mitarbeiter schon beim Betreten des Unternehmens am ersten Tag etwas von der dort vorherrschenden Atmosphäre, jedoch können die tiefer liegenden Muster der Unternehmenskultur erst nach und nach aufgenommen und gelebt werden. Erst dann fällt die Entscheidung, wie genau jeder einzelne Mitarbeiter am innovativen Austausch von Informationen, Ideen und Wissen teilnimmt:

> 我作为我自己的话我肯定会提出来， 提出来然后[。。。]我因为这个企业里面待了相
> 对来说久了， 我并不会刻意地说啊这个主意是我的。我应该获得就是说相应的一些概
> 念啊，所以说应该还是最主要看那个企业里面怎么样子考虑吧。
>
> [Was mich betrifft, ich würde definitiv [meine Ideen] vorbringen. Nachdem ich [diese] geäußert habe […] Da ich schon ziemlich lange in diesem Unternehmen bin, würde ich nicht darauf bestehen, dass das meine Idee ist. Ich sollte schon ein paar entsprechende Gedanken dazu verinnerlicht haben. Also, das sollte hauptsächlich davon abhängen, wie in dem Unternehmen darüber gedacht wird.] (Chinesische Mitarbeiterin eines Wholly Foreign-Owned Enterprise in Shanghai).

Wenn die meisten Mitarbeiter die Unternehmenskultur internalisiert haben und leben, wird das Unternehmen von ihnen als stabiles und verlässliches soziales Umfeld angesehen. Dabei wird das Unternehmen und jede einzelne Führungskraft in der Pflicht gesehen, Vorkehrungen dafür zu treffen, damit sich langfristig die gewünschten Attitüden einstellen und alle Mitarbeiter in die gleiche Richtung gehen und die gleichen Ziele verfolgen. Das ist längst nicht durch die einfache verbale Vorgabe der Unternehmensrichtung gewährleistet, sondern jeder Vorgesetzte muss dies auch leben, von der Unternehmensleitung angefangen. Ist abweichendes Verhalten beobachtbar, muss das sofort angesprochen und abgestellt werden, um Irritationen und die Ausbreitung von destabilisierenden Mustern zu vermeiden. Es gibt ein hohes Bedürfnis nach Kontrolle und Klarheit.

Je mehr sich ein Kollektiv in seinem Raum von der Umwelt abgrenzt, desto eher können sich dort eigene Werte und Zielvorstellungen entfalten. Es wird strikt davon ausgegangen, dass ein neuer Mitarbeiter erst einmal die kollektiven Werte und Normen internalisieren muss, weil diese in der gegenwärtigen chinesischen Gesellschaft weniger entwickelt sind. Sie wird eher als verunsichernd erlebt. Je spezifischer der soziale Raum des Unternehmens gestaltet ist, desto eher wird er sich von der Gesellschaft und den dort nicht klar und deutlich vorhandenen Wertvorstellungen abgrenzen. Erst das gibt den Mitarbeitern ein Gefühl der Sicherheit, ein Gefühl in einem geschützten Raum zu agieren, in dem sie selbst auch durch die Teilung des Wissens profitieren können.

Das Bedürfnis nach einem geschützten Raum, welches durch das Unternehmen befriedigt werden soll, entstammt der Annahme sowie der allgemeinen Erfahrung, dass man nach den geschützten Räumen von Familie, Schule und Universität in „die Gesellschaft eintritt" *(jinru shehui),* die jedoch als kompliziertes soziales und schwer durchschaubares Gefüge betrachtet wird. Die Gesellschaft mit all ihren verschiedenen Menschen, Beziehungen und Netzwerken spiegelt sich in der Vorstellung der Mitarbeiter im Unternehmen und stellt eine große Herausforderung für Universitätsabsolventen dar, die in der abgeschotteten und praxisfernen Universität damit nicht in Berührung kamen. In der neuen Welt des Unternehmens müssen Beziehungen erst neu gestaltet und dann dauerhaft etabliert werden, damit ein verlässliches Referenzsystem entsteht.

Wie oben beschrieben, findet jegliche Wissensarbeit und jeder Wissensaustausch vor dem Hintergrund von vertrauensvollen Beziehungen statt und kann nicht losgelöst davon betrachtet werden. Das Unternehmen im Allgemeinen und die Vorgesetzten im Besonderen haben daher die Aufgabe, die Mitarbeiter so im Netzwerk zu positionieren und zu halten, damit sie ihre Arbeit ausüben können – und zwar ungehindert von potenziell durch dieses Beziehungsgeflecht entstehenden Hürden – und sich vor allem am Austausch von Informationen, Wissen und Erfahrungen beteiligen.

Ein stabiler Raum wird außerdem besonders wertgeschätzt, weil bereits im Wettbewerb mit anderen Unternehmen desselben Marktes ein großes Durchsetzungsvermögen gefordert ist. Die Austragung von zusätzlichen Kämpfen im Unternehmen wollen Mitarbeiter gerne vermeiden. Je stärker sich das Unternehmen klar definiert und damit von der Konkurrenz abhebt, desto eher wird es als stabiler Raum betrachtet, in dem auch das Wissen nicht sofort durch zu durchlässige Wände nach außen dringt.

Für deutsche Manager hat das Unternehmen von vornherein mit seinen festen Strukturen und Regeln eine gewisse Stabilität, die Gestaltung der Unternehmensatmosphäre wird als weniger entscheidend für den Austausch von Wissen angesehen. In China trifft ein deutscher Kollege auf eine vermeintlich nicht änderbare tausendjährige chinesische Kultur. Beobachtungen aus einem rücksichtslosen und egoistischen chinesischen Umfeld, wie z. B. im Straßenverkehr, werden direkt auf das Unternehmen übertragen und das Verhalten der Mitarbeiter damit erklärt. Gerade auch für den deutschen Vorgesetzten ist es jedoch eine wichtige Aufgabe, eine stabile und schützende Atmosphäre zu schaffen. Zwar wurde ihre Bedeutung nach einiger Zeit in China den meisten deutschen Interviewten immer klarer, doch die wirkliche Tragweite dieses „Soft Factors" wurde auch nach Jahren nicht in der Differenziertheit wahrgenommen und geschildert, wie von den chinesischen Mitarbeitern.

Prozesse der Wissensteilung in China sind im höchsten Maße zunächst Führungsaufgaben. Das Unternehmen gibt Orientierung für das tägliche Handeln. Somit hat es die Führungskraft auch weitgehend in der Hand – auch wenn das sicher leichter gesagt ist als getan – eine innovationsfördernde Atmosphäre zu schaffen. Diese ist an elementare Bedingungen geknüpft, von der Legitimität des Unternehmens angefangen bis hin zur Sicherung eines abgegrenzten sozialen Raumes, in dem sich kontrolliert Beziehungen entfalten können. Diese sehr grundsätzlichen Dinge sind es, die den Wissensaustausch und Innovationen in China überhaupt erst möglich machen.

13.8   Diskussion: Das Unternehmen als Dreh- und Angelpunkt

Was heißt das für die Innovationsfähigkeit in Chinas Unternehmen? Offenbar stellen chinesische Mitarbeiter besondere Anforderungen an die Unternehmenskultur, damit bereitwillig ein Wissensaustausch stattfindet. Das schließt zunächst an Überlegungen an, in denen der Kontext für die Entfaltung von Wissen und Entstehung von Innovationen im Allgemeinen hervorgehoben wird (vgl. dazu Sollberger 2006, S. 67; Kakabadse et al. 2003, S. 86; Rooney und Schneider 2005, S. 33–34). Alle Prozesse rund um das Erlernen, die Verwendung und Weitergabe von Wissen hängen demnach von Faktoren wie Motivation, Bereitschaft und Fähigkeit der Mitarbeiter ab. Das wiederum kann größtenteils nur über einen sozialen Kontext, der diesen Faktoren zuträglich ist, beeinflusst und nicht von oben aufoktroyiert werden.

In China scheint dieser Kontext jedoch besonders ausschlaggebend zu sein. Motivation, Bereitschaft und Fähigkeit zur Anwendung und zum Austausch des eigenen Wissens hängen in überaus starkem Maße von der direkten Umgebung ab: von den Kollegen, die eine direkte Konkurrenz darstellen und deren Wissen auch den Gradmesser für den eigenen unerlässlichen Wissensvorsprung darstellt, von den Kollegen als potenzielle Empfänger von Wissen, die erst einmal auf ihre Bildung und Moral hin überprüft werden, von den Kollegen als notwendige Informationsquelle, die erst durch Überzeugungsleistung angezapft werden kann, von dem allgegenwärtigen Beziehungsgeflecht um den Mitarbeiter herum, das jedes Mal genau differenziert werden muss, von der Möglichkeit zur Anwendung des eigenen Wissens und damit der eigenen Wertsteigerung sowie von dem Unternehmen und seinem als legitim wahrgenommenen Verhalten selbst, repräsentiert durch die unmittelbar erlebten Führungskräfte, die eine Vorbildwirkung haben.

Das Unternehmen scheint bei allem eine überragende Rolle einzunehmen. Es hat einen großen Einfluss auf die Einstellungen und Handlungsweisen der Mitarbeiter. Sie benötigen das Gefühl von Zugehörigkeit, Stabilität, Zukunft und Legitimität und haben ganz offensichtlich starke Antennen für die vom Unternehmen erzeugte und von oben bis unten gelebte Atmosphäre. Diese Antennen brauchen sie, da sie in der allgemeinen Stimmung, die sich in der erlebten Führung und Kommunikation spiegelt, einen viel wichtigeren Orientierungspunkt für ihr Verhalten sehen als in offiziellen Ankündigungen und Verlautbarungen.

Es entsteht außerdem der Eindruck, dass das Unternehmen fehlende gesellschaftliche Orientierungspunkte und Institutionen substituiert. In der kollektiven Wahrnehmung ist wenig Vertrauen in die Stabilität der Gesellschaft und ihre Institutionen vorhanden. Was Gesellschaft und Staat an institutioneller Verlässlichkeit noch nicht bieten können und was sich noch nicht in gesellschaftlichen Konventionen niedergeschlagen hat – Aspekte, die so wichtig für die Funktionalität nationaler Innovationssysteme sind (vgl. auch Abschn. 21.7) –, das müssen Unternehmen in China mehr denn je ersetzen. Je stabiler und schützender sich das Unternehmen durch seine eigenen Werte und Überzeugungen zeigt, desto weniger sind die Mitarbeiter gezwungen, auf sich selbst zu achten, und desto mehr birgt es die Möglichkeit, dass alle darin an einem Strang ziehen. Das Unternehmen kann in der Wahrnehmung der Mitarbeiter also ein vermintes Gelände darstellen oder einem Felsen in der Brandung gleichen, der sich von der Gesellschaft abhebt.

Inwiefern das Unternehmen diesen geschützten und stabilen Raum bieten kann – wobei sich das auch immer nur um eine subjektiv wahrgenommene relative Stabilität handeln kann –, scheint auch maßgeblich für alle anderen kulturellen Praktiken des Wissensaustausches zu sein. Dass ein Mitarbeiter seinen persönlichen Wissensvorsprung in dem chinesischen Umfeld derzeit benötigt, steht außer Frage. Doch wie viel er darüber hinaus mit seinen Kollegen teilt, steht in engem Zusammenhang mit dem Unternehmen und seiner Atmosphäre, die ihm erst die nötige Sicherheit gibt, dass der Wissensaustausch für ihn lohnenswert ist. Auch wie die moralische Bewertung der Kollegen innerhalb jeder Wissensinteraktion ausfällt, hängt vom Unternehmen ab: Je mehr das Unternehmen bestrebt ist, die Moral der Mitarbeiter in eine gesunde Richtung zu lenken, desto eher ist davon auszugehen, dass das Gegenüber dieses positive Gedankengut selbst in sich trägt. Auch wird dem Unternehmen eine aktive Rolle in der Koordination der Beziehungen zugeschrieben, und je eher das Unternehmen diese Rolle wahrnimmt, desto zuträglicher werden die Beziehungen und Netzwerke gemeinhin dem Wissensaustausch sein. Auch da sich chinesische Mitarbeiter für den Aufbau und die praktische Anwendung ihres Wissens von den direkten Kollegen und insbesondere vom Vorgesetzten abhängig sehen, nehmen sie unterbewusst an, dass Situationen, in denen diese kooperieren, eher in einem entsprechenden stabilen und wohlwollenden Umfeld entstehen können. Das Unternehmen und sein Verhalten, seine Atmosphäre oder Kultur und seine dadurch empfundene Stabilität sind daher der Dreh- und Angelpunkt für die Entstehung und Förderung von Innovationen.

Welche Unternehmensformen in China können das am ehesten umsetzen? Hinsichtlich der gewünschten Stabilität kann man argumentieren, dass gerade für ausländische Unternehmen die Voraussetzungen nicht schlecht sind, sind sie doch in vielen Fällen nicht der Kurzlebigkeit chinesischer Privatunternehmen unterworfen. Andererseits entstehen gerade hier mehr Konflikte mit den deutschen Managern, die geneigt sind, das Verhalten der chinesischen Mitarbeiter schnell auf die chinesische Kultur an sich zu schieben, anstatt den Fokus auf Mitarbeiter und Unternehmenskultur zu legen. Dass die deutschen Mitarbeiter als Expatriates häufig nur drei Jahre im Unternehmen bleiben, hilft hier auch nicht gerade weiter. Den Fokus auf eine vertrauens- und respektvolle Atmosphäre zu legen, könnte chinesischen Unternehmen eher gelingen, wobei das hier möglicherweise bei den wenigen großen erfolgreichen privaten Unternehmen am ehesten der Fall sein dürfte. Gerade in vielen Staatsunternehmen dürften dagegen „ungesunde" *guanxi* vorherrschen, die trotz meist sicherem Arbeitsplatz nicht unbedingt ein Gefühl der Stabilität hinsichtlich der eigenen Position im Unternehmen vermitteln. Die Krux ist, dass vielen dieser Unternehmen eine bedeutende Rolle für Chinas zukünftige wirtschaftliche Entwicklung zugeschrieben wird und sie insbesondere im Rahmen von „Made in China 2025" als Hoffnungsträger für Innovationen gelten (Wübbeke et al. 2016, S. 33–34). Gerade hier werden Ideen und Wissen von anderen am ehesten, ohne zu zögern, als die eigenen ausgegeben – ein Umstand, der kaum Anreiz für Innovationen gibt.

Spätestens jetzt zeigt sich, dass längst nicht nur politische und ökonomische Faktoren zur Debatte stehen, wenn es um die Innovationskompetenz Chinas geht. Staatliche Steuerung, wie insbesondere durch „Made in China 2025" verkörpert, und Investitionen in die neuesten Technologien sowie eine Handvoll hochkarätiger Fachkräfte können allein noch keine nachhaltigen Innovationsimpulse schaffen. Vielmehr sind es die grundlegenden Dinge, die sich maßgeblich auf die innere Bereitschaft einer breiteren Basis von Wissensarbeitern auswirken. Vor dem Hintergrund, dass Innovationen besonders in China in der Gruppe entstehen (Wang 2016), gewinnen diese breite Basis und der Wissensaustausch zwischen einer Vielzahl von Mitarbeitern noch einmal an Bedeutung.

Vor dem geschilderten Hintergrund kann man annehmen, dass Grundlageninnovationen weniger Chancen in Chinas Unternehmen haben. Für chinesische Mitarbeiter ist kaum Anreiz da, länger auf einer Position zu bleiben und sich tief gehendes Wissen anzueignen. Ein breit gefächertes Wissen gilt als förderlicher für die Karriere. Auch sind Mitarbeiter – darauf verweisen die hohen Fluktuationsraten – nur relativ kurz in ein und demselben Unternehmen und sind bestrebt, selbst innerhalb eines Unternehmens zügig die Positionen und Aufgaben zu wechseln.

Allerdings ist für Innovationen, die im Gegensatz zur reinen Erfindung gerade die Kommerzialisierung und Entwicklung bis zur Marktreife fokussieren, ein breites, anwendungsbezogenes Wissen sehr vorteilhaft. Das macht sich besonders bei Innovationen bemerkbar, die die Anpassung von Produkten auf die chinesischen Bedürfnisse zum Ziel haben und die in China vom Markt stark nachgefragt werden (Luo und Müller 2011). Die Voraussetzungen für Innovationen im Hinblick auf ihre konkrete Anwendung und Vermarktung in China sind daher als positiv einzustufen.

Trotz der verhaltenen und selektiven Wissensweitergabe sind diesen Besonderheiten in China auch einige positive Aspekte abzugewinnen. Wenn die Beziehungen im Umfeld insgesamt als verlässlich und stabil wahrgenommen werden und dem Unternehmen Legitimität zugesprochen wird, funktioniert der Austausch sehr gut. Er muss eben nur immer gepflegt werden.

Nicht nur der Austausch von Wissen innerhalb von Unternehmen ist essenziell für die Entstehung von Innovationen, sondern auch der Schutz von Wissen bzw. Unternehmensgeheimnissen nach außen. Das gilt zumindest für eine gewisse Zeit, in der eine Innovation in der Entstehung ist. Eine genaue Prüfung des Kollegen vor einer Wissensweitergabe kann dazu beitragen, Unternehmensgeheimnisse länger im Unternehmen zu bewahren. Diese kulturelle Praxis kann sich in diesem Zusammenhang also als vorteilhaft für das Unternehmen erweisen.

Die kulturellen Prämissen, denen der Wissensaustausch unterliegt, erfahren unterschiedliche Bewertungen aus West und Ost. Während westliche Studien in erster Linie vom Horten von Wissen sprechen (s. Einleitung), heben chinesische Studien die Aspekte von *guanxi* und Vertrauen für die Bereitschaft zu einem qualitativen Wissensaustausch positiv hervor (Yin et al. 2011; Li und Wang 2013). Sowohl westliche als auch chinesische Autoren sehen das Verhalten beim Wissensaustausch in der chinesischen Kultur begründet – mit einem entscheidenden Unterschied: Aus Sicht westlicher Autoren gilt die chinesische Kultur bei diesem Thema als Hindernis, für chinesische Autoren wirkt sie gerade positiv auf Wissensinteraktionen. Erkennt man das mit etwas Unvoreingenommenheit, liegen hier unterschätzte Möglichkeiten und Chancen.

Damit diese Chancen genutzt werden und sich die Praktiken des Wissenstausches positiv verstärken können, ist und bleibt kulturbewusste Personal- und Unternehmensführung der entscheidende Hebel. Die hier vorgetragenen und diskutierten Erkenntnisse lassen zwar den Schluss zu, dass der Umgang mit Wissen in diesem gesellschaftlichen Umfeld tatsächlich komplex und reich an Hindernissen ist. Aber es gibt Ansätze, wenn man sich der skizzierten Zusammenhänge bewusst ist. In China müssen ein Unternehmen und seine Führungskräfte den Fokus auf Stabilität, Kontinuität und Respekt legen und sich damit von der Umgebung abheben. Ein stabiler sozialer Raum ist die Insel, in der innovativer Tausch möglich ist. Hier liegt ein großes Potenzial, das gerade den für Innovationen so nötigen Mikrokontext bieten kann. Eine breit gefächerte Ausschöpfung dieses Potenzials ist im derzeitigen schnelllebigen chinesischen Kontext jedoch noch nicht wirklich abzusehen. Mit anderen Worten: Noch wird der Meister in vielen Fällen zusehen müssen, dass er nicht verhungert.

Literatur

Bernard RH, Ryan GW (2010) Analyzing qualitative data: systematic approaches. SAGE, Thousand Oaks

Chow CW, Deng JF, Ho JL (2000) The openness of knowledge sharing within organizations: a comparative study of the United States and the people's republic of China. J Manag Acc Res 12:65–95

Davenport TH (2005) Thinking for a living: how to get better performance and results from knowledge workers. Harvard Bus Sch Press, Boston

Huang Q, Davison RM, Gu J (2008) Impact of personal and cultural factors on knowledge sharing in China. Asia Pacific J Manag 25:451–471

Kakabadse NK, Kakabadse A, Kouzmin A (2003) Reviewing the knowledge management literature: toward a taxonomy. J Knowl Manag 7(4):75–91

Li S, Scullion H (2006) Bridging the distance: Managing cross-border knowledge holders. Asia Pacific J Manag 23(1):71–92

Li W 李文忠, Wang L 王丽丽 (2013) Guanxi xinren dui zhishi fenxiang dongji ji fenxiang xingwei de yingxiang [关系信任对知识分享动机及分享行为的影响/Influence of guanxi trust on knowledge sharing motivation and sharing behavior]. Jingying yu guanli, 02(2013):101–105

Lin J, Sun X (2010) Higher education expansion and China's middle class. In: Li C (Hrsg) China's emerging middle class: beyond economic transformation. Brookings Institution Press, Washington, S 217–242

Luo M, Müller C (2011) Imitation oder Innovation – Das shanzhai-Phänomen in der Debatte um geistiges Eigentum. In: Freimuth J, Krieg R, Luo M, Müller C, Schädler M (Hrsg) Geistiges Eigentum in China. Gabler, Wiesbaden, S 47–68

Machlup F (1962) The production and distribution of knowledge in the united states. Princeton University Press, Princeton

Michailova S, Hutchings K (2006) National cultural influences on knowledge sharing: a comparison of China and Russia. J Manage Stud 43(3):383–405

North K, Güldenberg S (2008) Produktive Wissensarbeit(er): Antworten auf die Management-Herausforderung des 21. Jahrhunderts. Gabler, Wiesbaden

Ramasamy B, Goh KW, Yeung MCH (2006) Is Guanxi (relationship) a bridge to knowledge transfer. J Bus Res 59:130–139

Rooney D, Schneider U (2005) The material, mental, historical and social character of knowledge. In: Rooney D, Hearn G, Ninan A (Hrsg) Handbook on the knowledge economy. Elgar, Cheltenham, S 19–36

Seffert B (2003) China auf dem Weg zur Wissensgesellschaft: entwicklungen und Probleme im Pflichtschulbereich. China aktuell Mai 2003:578–591

Shin SK, Ishman M, Sanders LG (2007) An empirical investigation of socio-cultural factors of information sharing in China. Inf Manag 44:165–174

Sollberger BA (2006) Wissenskultur: erfolgsfaktor für ein ganzheitliches Wissensmanagement. Haupt, Bern

Voelpel S, Zheng H (2005) Managing knowledge sharing in China: the case of siemens sharenet. J Knowl Manag 9(3):51–63

Wang C (2016) The subtle logics of knowledge conflicts in China's Foreign enterprises. Springer VS, Wiesbaden

Wilkesmann U, Wilkesmann M, Fischer H (2008) Wissenstransfer auf Chinesisch: Besonderheiten in Hongkong. Wissens manag 8:28–30

Willke H (2001) Systemisches Wissensmanagement, 2. Aufl. UTB, Stuttgart

Wübbeke J, Meissner M, Zenglein MJ, Ives J, Conrad B (2016) Made in China 2025: the making of a high-tech superpower and consequences for industrial countries. Merics Papers on China, 2(Dezember), S 73

Yin H 尹洪娟, Yang J 杨静, Wang Z 王铮, Li C 李琛 (2011) ‚Guanxi' dui zhishi fenxiang yingxiang de yanjiu ['关系'对知识分享影响的研究/Research on the influence of ‚guanxi' on knowledge sharing]. Guanli shijie, 06(2011):178–179

Über den Autor

 **Dr. Constanze Wang** studierte Wirtschaftssinologie und Regionalwissenschaften China in Bremen, Köln und Beijing. Im Rahmen des BMBF-geförderten Forschungsprojekts „Intellectual Property in Sino-German Cooperation" an der Hochschule Bremen promovierte sie über den Umgang mit Wissen in deutschen Unternehmen in China. Seit Anfang 2015 ist sie für die kulturelle Integration eines deutschen Zementanlagenherstellers mit seiner chinesischen Muttergesellschaft zuständig.

Problemlösungs- und Interaktionsverhalten junger chinesischer Studenten. Ergebnisse aus vergleichenden Experimenten

14

Joachim Freimuth, Minyan Luo, Katjana Pieper und Monika Schädler

Zusammenfassung

Die Innovationskompetenz eines Landes ist auf der konkreten Mikroebene auf die Problemlösungs- und Interaktionskompetenz von Expertengruppen angewiesen. Die entsprechenden übergeordneten Kompetenzen bzw. Meta-Kompetenzen werden ihnen grundsätzlich durch die Hochschulsozialisation vermittelt. Das Thema ist in China lange erkannt, und es wird dort an Reformen gearbeitet, aber die aktuelle Praxis zeigt immer wieder, dass hier noch ein langer Weg zurückzulegen ist. Wir wollten dieses Thema etwas systematischer empirisch angehen und sind zunächst mit den Leitvorstellungen gestartet, die vermeintlichen Defizite genauer zu rekonstruieren und Verbesserungen anzuregen. Im Verlaufe der Untersuchungen zeigte sich allerdings, dass sich mit der von uns betrachteten Gruppe der jetzt ca. 20-jährigen Studenten, die also in den Anfangssemestern sind, die Konturen einer neuen Kohorte herauszubilden scheinen, die aufgrund ihrer Erfahrungen sehr viel offener, kritischer und kreativer sind, als ihre älteren Kommilitonen und die jetzigen Absolventen. Das passt zu dem Bild eines kommenden innovativen Potenzials an den chinesischen Hochschulen, das andere Beiträge in diesem Band ebenso hervorheben.

J. Freimuth (✉) · M. Luo · K. Pieper · M. Schädler
Hochschule Bremen, Bremen, Deutschland
E-Mail: joachim.freimuth@t-online.de

M. Luo
E-Mail: minyan.luo@hs-bremen.de

K. Pieper
E-Mail: K_Pieper@gmx.de

M. Schädler
E-Mail: monika.schaedler@hs-bremen.de

Inhaltsverzeichnis

14.1   Kontext und Problemaufriss

„Tigermama-Kinder in Freiheit", unter dieser Überschrift beschreibt das „Manager-Magazin" in einer aktuellen Ausgabe den Trend, dass insbesondere wohlhabende chinesische Eltern ihre Kinder bevorzugt an deutsche Internate schicken. „Chinas Elite will ihrem Nachwuchs mehr Selbstständigkeit gewähren und dessen kritisches Urteil stärken" (Werle 2016, S. 85). Persönlichkeitsentwicklung, Kritik, Kreativität und Dialogfähigkeit ihrer Kinder gewinnen für aufgeklärtere Eltern in China offenbar an Bedeutung, bemerkenswerterweise bereits in der Schulausbildung.

Ähnliche Beobachtungen lassen sich bei den Überlegungen der chinesischen Eliten in Bezug auf die zunehmend angestrebte Hochschulbildung machen. Eine Studie des Mercator Institute for China Studies in Berlin (Merics) zeigt zunächst, dass im Jahr 2003 knapp 2 Mio. Studenten einen Studienabschluss erreichten, 10 Jahre später verdreifachte sich die Zahl und 2015 waren es bereits 7,5 Mio. Tendenz weiter steigend (Lang 2015). Bevor das Studium beginnen kann, steht zunächst jedoch die landesweit einheitliche Massenzulassungsprüfung (Gaokao) am Horizont, die über den Zugang zu den renommierten

Hochschulen entscheidet und damit über die weitere Karriereentwicklung (vgl. zu diesem Thema Kap. 5 und 15). Dieses Verfahren, obwohl es inzwischen etwas liberalisiert wurde, versetzt Eltern wie Kinder gleichwohl noch immer in Angst und Schrecken, weil es so streng gehandhabt wird. 2015 nahmen fast 10 Mio. Chinesen daran teil. 90 % der Eltern zahlen für irgendeine Form der Vorbereitung und des Nachhilfeunterrichts (Werle 2016, S. 86). Insgesamt sind der Selektionsdruck und der Wettbewerb fast darwinistisch. Es überrascht nicht, dass daher ein Auslandsstudium eine relevante Option darstellt. „Mit dem chinesischen Bildungssystem verbinden viele Eltern Prüfungsdruck, stumpfsinniges Auswendiglernen und harten Konkurrenzkampf" (Lang 2015, S. 9). Das Resultat sei angepasstes und wenig flexibles Denken und Verhalten, während unter anderem auch in einem Auslandsstudium eher eine Chance für mehr Beweglichkeit und Kreativität im Rahmen der persönlichen Entwicklung sowie dann auch für die berufliche Karriere gesehen wird. Dass diese Kompetenzen zunehmend nachgefragt werden, wird sehr klar gesehen. Insgesamt handelt es sich hier schon um eine relevante Gruppe, 2014 waren es ca. 460.000 Studenten (Lang 2015, S. 8). Man kann daher mit Fug und Recht von Frühindikatoren für einen sich abzeichnenden Trend sprechen.

14.2   Die Entwicklung unserer Fragestellungen

Diese Beobachtungen in der chinesischen Gesellschaft belegen, dass die Themen Mündigkeit und Persönlichkeitsentwicklung und folglich auch eine Stärkung des Individualismus, als Werte an sich sowie als Prämisse für beruflichen Erfolg in das öffentliche Bewusstsein gelangen. Das könnte, wie in Deutschland, dann heißen, „dass am Ende des Studiums der Einzelne in der Lage sein sollte autonom zu handeln, d. h. gestützt auf von ihm selbst verantworteten Kriterien ohne Abhängigkeit von Anderen seine Entscheidungen zu treffen, seine Ziele zu verfolgen und dafür auch die Verantwortung zu übernehmen" (von Rosenstiel und Frey 2012, S. 53). Ganz offenbar ist jedoch die Wahrnehmung zumindest einer aufgeklärteren Elite so, dass diese Erwartungen vom Schulsystem und schon gar nicht von den Hochschulen in China adäquat bedient werden. Diese Eltern halten demzufolge Ausschau nach Alternativen. Klar bevorzugt werden englischsprachige Länder und Japan, Deutschland liegt im Ranking auf Platz 9, wie aus der zitierten Merics-Studie hervorgeht. In jedem Fall sind das Anzeichen für eine kulturelle Transformation, die von einer sehr ernst zu nehmenden Gruppe von Bürgern ausgeht, die durchaus die Rolle einer Avantgarde innehaben und einen viralen Veränderungsmodus für mehr Öffnung und Flexibilität im Lande auslösen können (Entwicklungstrend hier im Sinne von Gladwell 2000).

Die Anpassungsnotwendigkeiten von Hochschulen an die Entwicklungsbedingungen des 21. Jahrhunderts im Allgemeinen (Otte et al. 2014) und im Besonderen von Curricula und Prüfungswesen an die komplexen und kollaborativen Anforderungen der Wissensökonomie, gerade in den traditionell eher gegenteilig ausgerichteten Technik- und

Naturwissenschaften (Clasen 2016), ist in der internationalen Diskussion vollkommen anerkannt (Beiträge in: Gosper und Ifenthaler 2014 sowie Riopel und Smyrnaiou 2016). Das ist in China wie gesagt auch angekommen, und es sind eine Menge innovative Bewegungen im chinesischen Hochschulsystem zu erkennen, z. B.

- durch die Differenzierung Universitäten und Fach-(hoch-)schulen,
- durch das Angebot flexibler und praxisorientierter Qualifizierungen an Hochschulen, ohne einen formalen akademischen Abschluss,
- durch die Integration von betrieblichen Praktika als integralen Teil des Studiums,
- durch die Übernahme von mehr Übungen und Fallbeispielen in die Lehre und schließlich
- durch die ziemlich strenge und stark einkommensrelevante Evaluierung von Professoren für die Qualität ihrer Lehre.

Gleichwohl kann im Großen und Ganzen sicherlich davon ausgegangen werden, dass trotz all dieser Reformbemühungen das chinesische Hochschulsystem bislang nur in einem eher begrenzten Maße die Anforderungsprofile hervorbringt, die in einer wissensbasierten Ökonomie und als Voraussetzung für ein nachhaltiges Wirtschaftswachstum als unumgänglich angesehen werden. Das belegt auch der Beitrag von Barbara Schulte in diesem Band. Dabei ist weniger die fachliche Expertise gemeint, sondern vor allem die dialogische Verwendung und kreative Entwicklung von Wissen. Diese kritische Wahrnehmung wird auch in den bisherigen Erfahrungen zahlreicher Praktiker in Unternehmen gespiegelt, die in China tätig sind und dort Hochschulabsolventen rekrutieren und einarbeiten. Diese Erfahrungen sind im vorliegenden Band an verschiedenen Stellen dargestellt.

Allerdings gibt es wenig detailliertere empirische Studien zu dieser Thematik. Dazu möchten wir mit dem vorliegenden Beitrag wenigstens einen kleinen Beitrag leisten, der ein Ausgangspunkt für weitere und differenziertere Studien sein könnte. Das Ziel sollte sein, über die gängigen und wohlfeilen Hinweise hinaus, etwas genauere und belastbarere Aussagen sowie auch einige praktische Lösungshinweise zu bekommen.

Als wir in diesem Sinne mit der Arbeit zum vorliegenden Band begannen und über einen empirischen Ansatz konkreter nachdachten, sind wir exakt von der oben skizzierten Hypothese ausgegangen: Chinesische Studenten sind eher angepasst und wenig kritisch, sie verlassen vorgegebene Bahnen nicht und äußern sich auch nicht abweichend in Gruppen. Es fehlen insbesondere die überfachlichen Kompetenzen und sie überschätzen sich, sodass die chinesische Wirtschaft Probleme haben wird, die notwendige Transformation in eine wissensbasierte Ökonomie zu bewältigen.

Wir mussten allerdings umlernen und die Ausgangshypothesen differenzieren. Das Bild ist in der Tat bei weitem nicht mehr so einheitlich, wie es manchmal noch in den Medien erscheint. Wir haben in diesem Band bereits eine Reihe von Beispielen dargestellt, wie findig und innovativ und wie lernfähig und lernbereit Chinesen und vor allem junge Chinesen sein können, wenn man ihnen die Chance gibt. Das Innovationspotenzial für die Gründung eigener Start-up-Unternehmen aus technisch orientierten Studiengängen heraus belegt in diesem Band exemplarisch auch das Kap. 11.

Insbesondere in den letzten Jahren ist nun in China eine Generation von Studenten an den Universitäten, die geprägt von mehreren Faktoren neue Züge aufweisen, wie ein Artikel in der Zeitschrift Cheung Kong Graduate School of Business Knowledge anschaulich herausarbeitete (Russel 2016). Die sogenannten Millenials sind aufgewachsen mit dem atemberaubenden Wirtschaftswachstum Chinas und daraus resultierender steigender Macht und Ansehen ihrer Heimat in der Welt. Sie genießen große Freiheiten hinsichtlich Arbeit, Eheschließung oder Auslandsreisen. Weiter unterscheidet Russell, wie inzwischen allgemein üblich in China, zwischen denjenigen, die in den 1980er Jahren geboren wurden und den in den 1990er Jahren Geborenen. Letztere seien durch den steigenden Wohlstand und den Zugang zu Information sehr viel mehr in der Lage, ihre Individualität auszutesten. Er zitiert Eric Fish, Autor von „China's Millenials: The Want Generation": „Post-90s tend to be more open-minded, rebellious, individualistic and willing to challenge authority than the post-80s."

Die jahrelang vorherrschende Einkindpolitik führte zu einer sehr belastenden Sozialisation und überhöhten Leistungserwartungen an die sogenannten „kleinen Kaiser" (Xinran 2016). Dennoch mangelt es diesen, trotz des hohen Drucks in ihren Familien, keinesfalls an einem stabilen Selbstbewusstsein, ganz im Gegenteil, wie auch oft süffisant von ausländischen Arbeitgebern in China bemerkt wird. Bei den jetzigen Studienanfängern lässt sich allerdings aus unserer Beobachtung eine wichtige Differenzierung in Einstellungen, Attitüden und Motivationen ausmachen. Diese jetzt ca. 20-jährigen Studenten wurden eine knappe Generation nach der Beendigung der Kulturrevolution geboren und kennen die weitgehende Paralyse des damaligen intellektuellen Lebens nur sehr vereinzelt aus den Erzählungen älterer Generationen. Sie haben zudem in den prägenden Jahren ihres Heranwachsens einen gewissen materiellen Wohlstand kennen gelernt sowie ein relativ hohes Maß an politischer Freizügigkeit und nicht zuletzt deutlich mehr Optionen für persönliche Entwicklungspfade. Prägend waren aber nicht nur die Erfolge und Auswirkungen der bis dahin beispiellosen Öffnungs- und Reformpolitik Chinas, sondern auch die einhellige Parole in Partei und Gesellschaft, „international anzuschließen" (与 国际接轨). Der Westen war Sinnbild des Fortschritts und gerade junge Chinesen waren nur allzu bereit, sich am westlichen Vorbild zu orientieren. Gemeint sind damit sowohl der materielle Aspekt, wie Auto, Wohnungseinrichtung, Kleidung, als auch Werte, wie Moral oder Religion.

Auch Auslandsreisen wurden für Millionen von Chinesen zur Normalität. So sind Studenten, die schon als Schüler mit ihren Eltern in Australien und Neuseeland, den USA oder Europa reisten, keine Seltenheit mehr. Haben die Eltern keine Zeit, begleiten die Großeltern die Kinder in den Sommerferien zu Sprach- und Kulturkursen ins westliche Ausland. Eine zunehmende Zahl von chinesischen Schulen verfügt über internationale Schüleraustauschprogramme. Beim Auslandsstudium zählt nicht nur ein ausländischer Studienabschluss. Der Wert von kürzeren einsemestrigen oder einjährigen Studienaufenthalten wird in der Chance gesehen, dass die jungen Chinesen auf sich gestellt zu mehr Selbstständigkeit und Ausbildung ihrer Individualität finden.

In den Buchläden der großen Städte gibt es zahllose Übersetzungen mit Gedankengut aus der ganzen Welt und auch das Internet ist nicht flächendeckend kontrollierbar, sodass über Medien viel mehr aufklärerische Information zur Verfügung steht und genutzt wird. Es ist ja auch die Zeit der rasanten Ausbreitung der Telekommunikation, der digitalen Medien und der Informationstechnologien. Diese Generation wuchs auf in der Welt der „drei Bildschirme", Fernseher, Computer und Handy (Xinran 2016, S. 25). Trotz aller Restriktionen wurde ihnen damit eine Welt eröffnet, von denen ihre Eltern lediglich eine blasse Ahnung hatten.

Medien wirken aber nicht nur durch die Bilder, die sie aus anderen Realitäten vermitteln. Der Gebrauch von Medien verändert immer auch das Verhalten untereinander, die Kommunikationsgewohnheiten und die Austauschbeziehungen. Äußerst interessant ist in diesem Zusammenhang eine empirische Studie von Qiaping Lü (2008) über die Medienkompetenz an chinesischen Hochschulen. Sie belegt unter anderem anschaulich und mit vielen Daten, wie die Diffusion des Mediengebrauchs unter chinesischen Studenten verlief und welche Kompetenzfelder dort gleichsam nebenbei aus- bzw. fortgebildet wurden. Da die Ausstattung mit Medien unter den Studenten sehr unterschiedlich war, tauschten sie diese knappen Ressourcen sowie ihr schrittweise angeeignetes konkretes Anwendungs- und Kontextwissen darüber untereinander weitgehend freiwillig und bereitwillig aus. Das wurde durch die häufig enge Wohnsituation und die Campus-Struktur noch gefördert. Zweitens ließ sich offenbar ein sehr pragmatischer Aneignungsprozess bei der Handhabung der neuen Medien oder der Software im Sinne von Learning by Doing beobachten, wo bei Bedarf schnell auf die Hilfe von erfahreneren Kommilitonen zurückgegriffen werden konnte:

> Die Kommilitonen stellen das wichtigste Sozialkapital der Studierenden dar. Das Kollektivleben mit den Kommilitonen in einem Studentenheim auf einem Campus ermöglicht die Sozialisation der jungen Erwachsenen in Peergroups, fördert die Medienkompetenz, indem zum einem der Zugang zu Medien durch die Mitnutzmöglichkeit angeboten wird, und zum anderen bei Problemen immer Hilfe vorhanden ist (Lü 2008, S. 237).

Zwar ist die Ausstattung mit Kommunikationsmitteln heutzutage ungleich besser als zum Zeitpunkt von Lüs Studie – so besaßen bereits 2013 92 % der Chinesen zwischen 18 und 30 Jahren ein eigenes Smartphone (Russell 2016) –, dennoch sind die Aussagen der o. g. Studie weiterhin relevant: Was sich quasi als Subkultur parallel zu einer eher noch konservativen Lehre und Lernkultur an den Hochschulen herausbildet, sind exakt jene Kompetenzfelder, die heute in einer komplexen Wissensökonomie benötigt werden: kommunikative Kompetenz, Kooperation, bereitwilliger Austausch von Wissen und Erfahrungen sowie pragmatisches, problemlösendes Denken. Natürlich sind das erst einmal nur Spurenelemente, und es ist bei weitem nicht repräsentativ, aber es gibt gleichwohl einige klare Anzeichen für Veränderungen und Hinweise für mehr Differenzierung bei der Beobachtung chinesischer Hochschulabsolventen. Es bildet sich aus unserer Sicht möglicherweise eine Kohorte heraus, die über mutigere und hoffnungsvollere Lebensziele und höhere berufliche Erwartungen sowie über eine weitergehende

Offenheit verfügt, als vielleicht noch vor 10 bis 15 Jahren üblich war. Sie wissen sich zu helfen, tauschen sich aus, lernen voneinander und lösen Probleme pragmatisch.

In unseren kurzen Studien haben wir es primär genau mit dieser Zielgruppe der ca. 20-jährigen Studenten zu tun gehabt. Wir wollten genauer untersuchen, ob man die skizzierten Veränderungen in der Einstellung und den Denkmustern rekonstruieren kann. In diesem Zusammenhang noch eine methodische Anmerkung: Wenn wir in diesem Kontext von „Generationen" sprechen, in denen sich ein beobachtbarer gesellschaftlicher Wandel vollzieht, beträgt der Zeithorizont aus unserer Perspektive ca. 30 Jahre. In China kann hingegen, „weil der Wandel sich so rasch vollzieht, eine Generation, anders als im Westen, nur wenige Jahre umfassen" (Xinran 2016, S. 20). Man sieht an diesen Differenzierungen, dass man mit schnellen Verallgemeinerungen in einem komplexen Land, das sich derartig rasant entwickelt, stets vorsichtig agieren muss.

Unsere veränderte Fragestellung war also, ob die landläufige Behauptung noch so weitgehend uneingeschränkt zutrifft, dass diese Gruppe von Studenten im Vergleich zu ihren westlichen Kommilitonen weniger in der Lage ist, komplexe Probleme zu erfassen, sie strukturiert zu lösen, sich dabei über Vorgehensweisen kooperativ und kreativ zu verständigen, ihre Vorgehensprozesse kritisch zu reflektieren und ggfs. zu verbessern oder anzupassen. Zum Vergleich haben wir parallel die gleichen Untersuchungen mit Gruppen von deutschen Studenten durchgeführt.

Wie gesagt, betrachten wir in unserem Ansatz weniger die fachlichen Kompetenzen. Diese werden aus unseren Erfahrungen von den Praktikern in China auch nicht so kritisch beurteilt, oft sogar im Gegenteil. Es handelt sich vielmehr um die konkrete, situative und kreative Anwendung und Weiterentwicklung von Wissen, um kritische Dialoge und kollaboratives Vorgehen.

In Anlehnung an Peter Burke (2014) könnte man das als Wissenspraktiken bezeichnen, Wissen sammeln, analysieren, verbreiten und anwenden. Darüber hinaus geht es aber vor allem um das Teilen von Wissen, das mit der zunehmenden Kollektivierung wissenschaftlicher Erkenntnis und technischer Anwendung (Burke 2014, S. 212 ff.) in seiner Bedeutung gewonnen hat. Die Zeit der einsamen Tüftler ist lange vorüber (Johnson 2016). Das gilt gerade auch für die betriebliche Praxis, in der Gruppen von Experten permanent und täglich damit befasst sind, kreativ größere und kleinere Probleme zu lösen und dabei auf das implizite Wissen und die verstreute Erfahrung einer Vielzahl von spezialisierten Akteuren im organisatorischen Netzwerk zurückgreifen (Nonaka und Tateuchi 1995). In dieser Fähigkeit zur Vermittlung, Verbindung und Verknüpfung liegt der entscheidende Schlüssel für Kreativität, Innovation und Produktivität.

Das knüpft an eine große und wichtige Diskussion an, die in Deutschland vor einigen Jahren unter der Überschrift „Schlüsselkompetenzen" geführt wurde und heute mutatis mutandis etwa mit dem Begriff der „Metakompetenzen" fortgeführt wird. Wir kommen noch etwas ausführlicher an einer späteren Stelle des vorliegenden Kapitels auf die konzeptionellen Grundannahmen unseres Forschungsdesigns zurück.

14.3 Methodische Fragen – Triangulation

Wie kann man in sozialwissenschaftlichen Forschungen in einem komplexen Umfeld, in einer vielfältigen Gesellschaft mit zahllosen Konflikten, Ungleichzeitigkeiten in der Entwicklung und schwierigen Brüchen gleichwohl zu belastbaren Ergebnissen kommen? Die Antwort kann aus unserer Sicht nur sein, sich nicht allzu schnell auf der Mikroebene und in quantitativen Detailstudien zu vergraben, die auch oftmals nur eine Scheinobjektivität suggerieren. Die an einigen Stellen dieses Bandes kritisierte Präsentation von steigenden Patentanmeldungen in China als Indikation für den technischen Fortschritt ist ein Beispiel dafür (vgl. hierzu Kap. 3 sowie 4). Der Fokus muss daher eher darauf liegen, sich zunächst ein gesamtheitliches Bild des Feldes mit ersten Evidenzen und Plausibilitäten zu verschaffen. Um der Vielfältigkeit der Themen und Probleme im Land mindestens ansatzweise gerecht zu werden, müssen dann naturgemäß auch unterschiedliche Methoden und Forschungsstrategien in Betracht gezogen werden. Nicht zuletzt können auf diese Weise voreilige Schlussfolgerungen im Gefolge von Unschärfen oder Messfehlern, bedingt durch einzelne Methoden und isolierte Perspektiven, vermieden werden.

In den empirischen Sozialwissenschaften ist für derartig pluralistische Ansätze das Konzept der Triangulation schon seit längerem im Gespräch. Die Grundannahme besteht darin, dass die Limitation einzelner Beobachtungsformen und Forschungsdesigns durch ihr Zusammenwirken vielleicht nicht zu einer höheren Validität, aber doch zumindest zu einer größeren Reichhaltigkeit der Ergebnisse führen wird. Die Schwächen gleichen sich aus, und man bekommt einen breiteren und plausibleren Blick auf das beobachtete Feld. Optionale Zugänge werden in dieser Sichtweise also nicht als Problem betrachtet, sondern geradezu zum Programm erhoben (Reichertz 2014). Die erste systematische Begründung dieses Vorgehens geht auf Norman Denzin (1970) zurück. In Deutschland sind die Verfahren vor allem durch Uwe Flick (2000, 2002) weiterentwickelt und propagiert worden, später dann in einem interdisziplinären, größeren Arbeitskreis von entsprechend ausgerichteten Sozialwissenschaftlern (Mey und Mruck 2014).

Der pluralistische Ansatz der Triangulation unterscheidet unterschiedliche Formen, mit denen der Perspektivenreichtum auf den Beobachtungsbereich hergestellt werden kann:

- Als Datentriangulation bezeichnet man die Verwendung von Daten aus verschiedenen Quellen oder von Quellen, die unterschiedliche Daten ermöglichen.
- Beteiligen sich verschiedene Forscher am Untersuchungsprozess, ist die Rede von Forschertriangulation.
- Am weitesten verbreitet ist die Methodentriangulation. Darunter versteht man Variationen innerhalb einer Methode oder den Einsatz verschiedenartiger Methoden im Forschungsdesign.
- Schließlich können all diese Forschungskonzepte vor dem Hintergrund von verschiedenen Theoriegebäuden verwendet werden, mit denen jeweils ein wechselnder Beobachtungsfokus bzw. spezifisches Erkenntnisinteresse verbunden ist.

Insgesamt handelt es sich also um ein Plädoyer für multiperspektivisches Vorgehen, um im Prozess nichts Wesentliches zu übersehen bzw. um zunächst ein möglichst repräsentatives und breites Bild zu bekommen. In der Summe wirkt das alles auf den ersten Blick möglicherweise etwas willkürlich, ist aber unseres Erachtens der Komplexität des Betrachtungsbereichs geschuldet. Um gleichwohl einen adäquaten wissenschaftlichen Qualitätsstandard aufrechtzuerhalten und den kritischen Diskurs über die gewonnenen Erkenntnisse zu ermöglichen, ist es dann umso wichtiger, die jeweilige Vorgehensweise im Detail zu erläutern und so offenzulegen, dass die Ergebnisse klar nachvollzogen und nachgebildet werden können. Sonst würden derartige Ansätze der qualitativen Forschung die jeweilige Forschergruppe nicht überleben (Reichertz 2014). Dieser Anforderung werden wir weiter unten auch so nachkommen.

14.4   Besonderheiten qualitativer Forschung in China

Insbesondere der umstrittene Sinologe Francois Jullien (2002, 2006, 2008) hat in mehreren anregenden Texten herausgestellt, dass keine Kultur so weit entfernt von unserem westlichen Kausalitäts- und Fortschrittsdenken ist, wie die alte Kultur Chinas. Es gibt dort keine vergleichbare Ontologie und keine systematische Suche nach Universalien, so wie sie uns von der griechischen Philosophie vorgegeben wurde und sich durch alle unsere wissenschaftlichen Diskurse wie ein roter Faden hindurchzieht (vgl. auch: Andersen und Skaates 2004). Vielmehr werden im chinesischen Denken eher Beziehungen und Zusammenhänge in den Vordergrund gestellt, die sich außerdem in einer inneren Ordnung und stabilen Harmonie befinden. Diese muss man erkennen und respektieren. Wir sind schließlich immer auch ein Teil dieser in sich ruhenden Kosmologie und dort durchaus nichts Besonderes.

Wie auch Giana Eckhardt (2004) in ihrer einschlägigen Analyse sehr klar befindet, gehen diese Grundannahmen mehrere Hunderte von Jahren zurück auf den Konfuzianismus, Buddhismus und Daoismus und müssen insbesondere bei sozialwissenschaftlichen Forschungen in China berücksichtigt werden. Sie seien implizit in jeder Interaktion zwischen Chinesen eingewoben, ebenso in der Interaktion mit Repräsentanten anderer Kulturen. In jedem Fall könne man davon ausgehen, dass sie sich für einen außenstehenden Beobachter mit fundamental anderen Grundannahmen nicht ohne weiteres erschließen. Aus der Sicht von Giana Eckhardt spielen hier zwei Aspekte der chinesischen Kultur eine besonders wichtige Rolle. Das sei einmal der definierte Platz von Menschen in der harmonischen Ordnung der sozialen Hierarchie sowie auf der anderen Seite der Aspekt der Interdependenz, der sowohl auf die Verwobenheit als auch auf die Kontextualität unseres Seins verweise.

Spinnt man diese Gedanken fort, können im Forschungsprozess die Gesichtspunkte der Hierarchie und Ordnung etwa im Verhältnis des beobachtenden Forschers und der Beobachteten einen Einfluss haben. Westliche Gäste werden möglicherweise in der Rangordnung höher eingestuft, als Chinesen sich selber sehen. Sind die Beobachter auch noch sichtbar älter, könnte man in der Untersuchung Zurückhaltung erleben, kaum offene Kritik oder Widerspruch.

Die genuine Untersuchungseinheit in China ist – so Eckhardt – die Gruppenordnung, weil jeder Einzelne sich dort verortet. So werden die impliziten Normen auch durch soziale Kontrolle durchgesetzt. Aus Beobachtungen von und Gesprächen mit Einzelnen kann man demzufolge mit unseren Maßstäben kaum belastbare Ergebnisse erwarten, weil Chinesen sich eher in ihrem sozialen Referenzfeld definieren und nicht aus sich selbst heraus.

Das führt zum zweiten Aspekt der Interdependenz, der mit dem westlichen Denken kontrastiert, weil es traditionell eher analytisch ausgerichtet ist. Wir beobachten beispielsweise isolierte Verhaltensmerkmale und ziehen daraus Schlüsse. Im chinesischen Referenzsystem können solche Beobachtungen nur im Zusammenhang mit dem vorhandenen Normengefüge verstanden werden und ebenso lediglich im Kontext der Situation. Es hat aus dieser Perspektive also gar keinen Sinn abstrakt zu fragen, ob eine Person beispielsweise Führungseigenschaften hat. Was wir als Führungswirkung wahrnehmen, ist in der chinesischen Sichtweise der Teamdynamik und den Notwendigkeiten der Situation geschuldet (Brewer und Yuki 2007). Die Betrachtungsweise ist kontextuell und situativ, sie verändert sich folglich mit dem Kontext und den situativen Bedingungen.

Um also auch vor diesem spezifischen Hintergrund nicht in vorschnelle, unzulässige Verallgemeinerungen zu verfallen und falsche Konklusionen zu vermeiden, wird von Experten gleichfalls Triangulation als vernünftige Option bezeichnet. Um darüber hinaus überhaupt einen einigermaßen offenen Zugang zu der beobachteten Gruppe zu bekommen, eine kooperative Beziehung und anschlussfähige Kommunikation zu generieren, wird empfohlen, kulturelle „Insider" am gesamten Prozess zu beteiligen. Diese erleichtern den Zugang durch größeres Vertrauen in der beobachteten Gruppe, helfen bei der Bewältigung von Problemen, können kontextbezogen übersetzen und sind ebenfalls wichtig bei der Selektion und Bewertung der Beobachtungen sowie der Ordnung der Daten (Eckardt 2004, S. 412).

So weit zu einigen methodologischen Vorüberlegungen. Wir wollen im nächsten Abschnitt darlegen, von welchen konzeptionellen Rahmenbedingungen wir in unserem Untersuchungsdesign ausgegangen sind.

14.5 Kompetenzmodelle, Schlüssel- und Metakompetenzen

Unter einem Kompetenzmodell (Erpenbeck und von Rosenstiel 2003) versteht man eine systematische Sammlung von Eigenschaften, Fähigkeiten und Fertigkeiten, über die Personen verfügen sollten oder die sie prinzipiell erwerben könnten, um den Anforderungen in einer spezifischen Arbeitsumgebung flexibel gerecht zu werden (Übersicht: Krumm et al. 2012). In der Diskussion über Kompetenzmodelle wird also primär die persönliche Adaptionsfähigkeit reflektiert, die spezifische Kompetenz, situativ eine Lösung zu entwickeln, die nicht unmittelbar auf der Hand liegt. Es gehören somit Eigenschaften wie Kreativität, Flexibilität, Urteilsvermögen und Handlungsfähigkeit dazu. Fachliche Kompetenz wird in diesem Konzept zunächst als etwas Erworbenes oder Statisches verstanden, sie soll, darf und muss aber nicht „verwaltet" oder lexikalisiert, sondern lebendig und dialogisch weiterentwickelt werden.

Im Zusammenhang mit dem wirtschaftlichen und sozialen Wandel ist erstmals Anfang der 1970er Jahre in Deutschland das Konzept der Schlüsselqualifikation vorgeschlagen worden (kurze Übersicht bei: Freimuth und Hoets 1996). Gemeint damit ist die persönliche Fähigkeit, fachliche Kompetenzen in konkreten Problem- und Interaktionssituationen zur Entfaltung zu bringen. Damit verbunden ist auch die individuelle Kompetenz und Offenheit, sich beständig weiterzuentwickeln und zu lernen. Schlüsselkompetenzen müssen ergänzend und kombinativ mit Fachkompetenzen betrachtet werden. Sie zeigen sich, wenn Fachkompetenzen zur Problem- und auch zur Konfliktlösung proaktiv zur konkreten Anwendung kommen und neuartige Lösungen generiert werden. Dazu gehört auch die selbstkritische Fähigkeit, etabliertes Wissen zu hinterfragen und ggfs. hinter sich zu lassen, zugunsten neuer Erkenntnisse und Erfahrungen. Lernen und Lernbereitschaft sind dafür die Voraussetzung.

Die Diskussion zu diesem Themenkreis ist stetig angewachsen und inzwischen wenig einheitlich, was sicher auch die große Relevanz der Thematik zum Ausdruck bringt. Die etwas aktuellere Diskussion über sogenannte Meta-Skills (Neumeier 2013) bzw. Metakompetenzen geht in eine vergleichbare Richtung und hinterlegt die durchgängige Aktualität dieser Thematik. Der Fokus liegt auch hier auf Adaptions- und Lernfähigkeit (Dimitrova 2008) sowie etwas weitergehend auf systemischer Intelligenz und kollektiven Formen der Problemlösungsfähigkeit entlang des sogenannten Problemlösungszyklus (Bergmann 2008). Diese Diskussion ist besonders vom japanischen Konzept der schlanken und lernenden Produktion inspiriert worden, aber auch von aktuellen Ansätzen aus dem betrieblichen Wissensmanagement (von Krogh et al. 2000).

Man muss kaum betonen, dass eine derartige Diskussion und die Entwicklung entsprechender Curricula in China von einem bevorzugten Interesse sind, angesichts einer eher adaptiv orientierten Didaktikkultur, die auf Anhäufung und Reproduktion von Wissen zielt, weniger auf seine kritische und konkrete Anwendung oder die kreative Weiterentwicklung. Verbunden damit ist auch der kritische Mut der Infragestellung von Hierarchie und Autorität. Aber wie erwähnt, gibt es Anzeichen für eine entsprechende Disposition bei der jetzigen Generation von chinesischen Studienanfängern. Die notwendige Transformation könnte durchaus von ihnen mit in die Hochschulen hineingetragen werden, umgekehrt werden sie entsprechende Freiräume kreativ nutzen.

Wir gehen nun in unserem Untersuchungsansatz von einem Kompetenz-Modell aus, das die folgenden Meta- bzw. Schlüsselkompetenzen unterscheidet:

- Methoden-Kompetenz: Fähigkeit, Probleme strukturiert und geordnet anzugehen und logisch nachvollziehbar iterativ Lösungen zu finden, die nicht unmittelbar sichtbar sind und induktiv erschlossen werden müssen. Dazu gehört auch, bei der Lösungssuche ungewöhnliche und kreative Wege zu gehen.
- Soziale Kompetenz: Fähigkeit, sich in Teams kritisch auszutauschen, Wissen zu vernetzen, kollektiv zu Lösungen zu kommen und dabei auftretende Konflikte offen zu lösen, auch wenn Hierarchie im Raum ist.

- Persönliche Kompetenz: Fähigkeit, sich eigenverantwortlich in kritische Diskurse mit Experten einzubringen und dort stimmig und glaubwürdig zu argumentieren.
- Reflexivität: Darunter verstehen wir die Fähigkeit, sich selber zu beobachten, Feedback auf- und anzunehmen und sich infrage zu stellen. Dieser Aspekt hat viel mit Humor zu tun; übrigens eine äußerst interessante Frage, was das in China bedeutet.

Es handelt sich dabei zunächst um individuelle Kompetenzen, d. h., das Modell beruht auf einer sogenannten Eigenschaftstheorie (Asendorpf 2007), die analytisch auf die Beobachtung von Unterschieden zwischen Personen zielt und diese als zentral ursächlich für beruflichen Erfolg betrachtet. Dieser Ansatz ist auch in der westlichen Diagnostik umstritten und wird allenfalls als heuristische Vereinfachung betrachtet. In China kann man aus den oben beschriebenen Gründen ein derartiges Modell nicht einfach überstülpen. Wir wollten die skizzierten Kompetenzfelder in unserem Konzept daher als Verhaltensmuster verstehen, die situativ und emergent in der Interaktion in Gruppen entstehen und nicht linear Einzelnen zugeordnet werden können. Allerdings müssen wir selbstkritisch sagen, dass wir selber immer wieder ganz schnell in das gewohnte Muster verfielen, Beobachtungen einzelnen Personen zuzuschreiben. Man muss sich stets reflektieren, was man gerade sieht und wie man es interpretiert.

Die methodische Annahme, die Gruppe und ihre Dynamik als Beobachtungsebene zu betrachten, spiegelt jedoch sehr gut die praktischen Realitäten und Anforderungen, dass komplexe und kreative Problemlösungen in erster Linie in Gruppen passieren. Innovationskompetenz könnte die Orchestrierung individueller Leistungsvermögen zur kollektiven Intelligenz sein, die zu neuartigen Mustern führt und die aus dem simplen Zusammenfügen der Ausgangsimpulse nicht hinreichend und erschöpfend erklärt werden kann. Das ist, was Michael Polanyi (1985, S. 39) schon früh als Emergenz bezeichnet hat.

14.6 Innovationskompetenz

Der eben beschriebene Vorschlag für ein Kompetenzmodell ist inspiriert von der Diskussion des Übergangs von der klassischen industriellen Moderne in die Wissensökonomie. Wir gehen in diesem Sinne von der breit akzeptierten Annahme aus, dass Expertenteams oder Communities of Practice (Wenger et al. 2002) den Kern problemlösender Anwendung oder innovativer Produktion von Wissen ausmachen. Darüber hinaus betrachten wir das als einen Prozess, in dem sich die Komplexität einer debattierten Thematik vor den Augen der versammelten Experten entfaltet und eine kreative Spannung entsteht, aus der heraus dann innovative Ideen entwickelt werden. Dazu noch eine begriffliche Klarstellung: Wir haben in unseren einführenden und abschließenden Beiträgen zu diesem Band gleichfalls versucht, das Konzept der Innovationskompetenz begrifflich zu fassen. Er ist dort sehr viel breiter angelegt und umfasst aus der Sicht nationaler Innovationssysteme die systemische Kompetenz, global wettbewerbsfähige Produkte und Leistungen in einer Wertschöpfungskette zu entwickeln und zu vermarkten. Der Fokus liegt hier mehr auf der Inventionskompetenz in Gruppen von Wissensträgern.

Wir stellen uns also vor, dass es immer wieder Gruppen von Experten gibt und geben wird, die sich in ihrer Gesamtheit um die kreative Lösung eines konkreten Problems kümmern, ob es in einer Forschungsabteilung, einer Produktion oder in einem Kundendienst ist. Benötigt werden in solchen Gruppen Talente, die Probleme strukturiert angehen können, kreative Köpfe mit dem Mut zu neuen Wegen sowie Persönlichkeiten, die solche Prozesse steuern und reflektieren. Dazu gehört auch die reflektierte Fähigkeit, sich zu korrigieren, sich wahlweise und bewusst entweder zurückzunehmen oder klar Einfluss zu nehmen, je nachdem, wie es die Situation erfordert. Die Entfaltung dieser Dynamik ist Ausdruck der Beziehungen zwischen den Akteuren. Wir bleiben also auch hier bei einem systemischen Blickwinkel.

Innovationskompetenz in Gruppen verstehen wir also als einen kollaborativen Prozess, der auf den dort versammelten Schlüsselkompetenzen beruht und der die dort ebenso versammelten Fachexpertisen bündelt oder integriert, sodass neue Sichten auf Probleme und vorher nicht bekannte Lösungen ermöglicht werden. Als relevante Schlüsselkompetenzen haben wir Problemlösungsfähigkeit, soziale und persönliche Kompetenz sowie Reflexivität identifiziert (Abb. 14.1).

Wir wollten mit unserem Forschungsansatz herausfinden, welche Hinweise sich für derartige Prozessdynamiken auch in chinesischen Teams finden lassen bzw. auf welche Weise sie bei innovativen Fragen in Gruppen agieren und zu Problemlösungen gelangen.

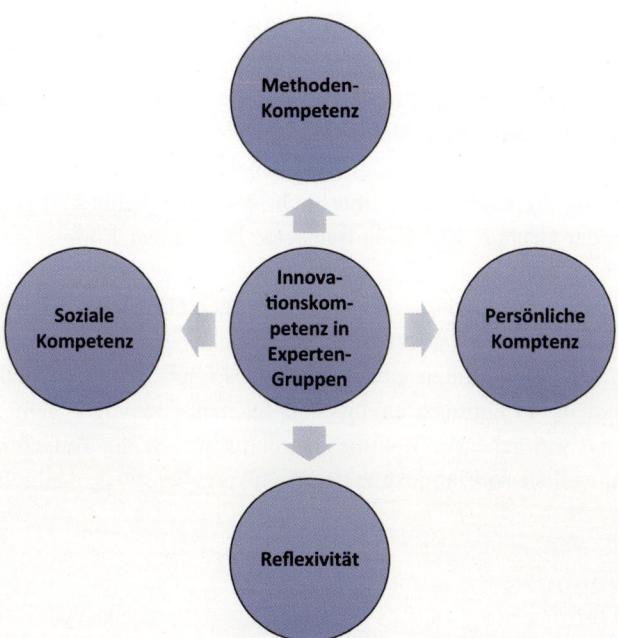

Abb. 14.1 Innovationskompetenz und ihre individuellen Bausteine in Expertengruppen. (Quelle: Eigene Darstellung)

Infolgedessen haben wir uns dafür entschieden, im Rahmen des Möglichen derartige Teamsituationen zu simulieren.

14.7   Das Prinzip Simulation

Kompetenzmodelle kann man als heuristische Ansätze im Bereich des Human Resource Management begreifen, die vor allem vermeiden helfen sollen, zu schnell Urteile über Personen zu fällen sowie krasse Irrtümer auszuschließen. Das bezieht sich besonders auf die Schlüssel- oder Metakompetenzen, die einerseits immer wieder gefordert, andererseits aber schwierig zu diagnostizieren sind, weil sie sich erst im Feld mit der jeweiligen Team- und Unternehmenskultur sichtbar entfalten. Angesichts dieser komplexen Herausforderungen ist man zunehmend sowohl in der Theorie als auch in der Praxis der Personalauswahl und der Personalentwicklung dazu übergegangen, sogenannte multimodale Verfahren mit unterschiedlichen Beobachtern, Beobachtungsebenen und verschiedenen Settings zu verwenden. Dieses pluralistische Vorgehen entspricht weitgehend den Empfehlungen aus der oben erwähnten sozialwissenschaftlichen Diskussion über Triangulation. Das valideste Verfahren in diesem Zusammenhang sind sogenannte Assessment-Center. Der Kerngedanke dieses Verfahrens ist, unabhängig vom Gedanken der Triangulation, das Prinzip der Simulation, d. h., man probiert in entsprechend konstruierten realitätsnahen Übungen, beobachtbares Verhalten nachzubilden, um daraus Schlüsse – in der Diagnostik – im Hinblick auf berufliche Eignung abzuleiten (Übersicht: Kleinmann 2013).

Wir haben uns zu einem ähnlichen Ansatz entschlossen, einmal um dem Prinzip der Triangulation gerecht zu werden, zum anderen um die Vorteile von Übungen zu nutzen, die möglichst nahe an unserem Modell kreativer Problemlösungsgruppen liegen, um entsprechend belastbare Daten zu ermöglichen. Im Unterschied zum Assessment-Center war die primäre Beobachtungsebene aber nicht das individuelle Verhalten, sondern das Zusammenspiel der Gruppe, in der die Bausteine innovativer Kompetenz zur Entfaltung gebracht werden.

Insgesamt haben wir vier unterschiedliche Übungen eingesetzt, die jeweils Urteile im Hinblick auf die skizzierten Facetten des Kompetenzmodells ermöglichen sollen. Wir haben mit den hier ausgewählten Übungen schon vorher die unterschiedlichsten Erfahrungen insbesondere in Führungstrainings und Teamentwicklungen gemacht, sodass ihre Durchführung mit weitgehender Routine möglich war. Für die Teilnehmer war das ein kleiner Gewinn, weil sie so Einblicke in derartige Vorgehensweisen erhielten.

14.8   Die Übungen

Wir wollen im Folgenden nun kurz die vier Übungen vorstellen und erläutern, welche der dargestellten Schlüsselkompetenzen dabei in unserem Beobachtungsfokus gestanden haben.

14.8.1 Übung 1: Kontinuierlicher Verbesserungsprozess (KVP)

Bei dieser Übung wird im Raum mit einem Seil ein Areal von 5 mal 5 Metern markiert. In diesem Feld befinden sich willkürlich verteilt 40 nummerierte Scheiben von 1 bis 40 (Abb. 14.2). Die Teilnehmer werden rund um das Seil herum verteilt. Die Aufgabe besteht darin, die Scheiben in aufsteigender Reihenfolge so schnell wie möglich zu berühren. Dabei darf immer nur jeweils ein Teilnehmer im Kreis sein. Die Zeit wird gemessen. Ein Fehler liegt vor, wenn eine Scheibe nicht berührt wurde und wenn sich mehr als ein Teilnehmer im Kreis befindet. Es gibt also ein Produktivitäts- (Zeit) und ein Qualitätsziel (Fehler), deren Ergebnisse in einem Diagramm, das neben dem Feld und für alle sichtbar positioniert ist, visualisiert werden.

Jede Gruppe hat insgesamt drei Versuche und kann sich so kontinuierlich im Rahmen ihres Ansatzes verbessern oder auch einen neuen Prozess ausprobieren. Die Position der Zahlenscheiben bleibt während der Runden gleich. Bevor der erste Versuch startet, muss die Gruppe sich auf eine konkrete Vorgehensweise einigen. Nach den einzelnen Versuchen werden die Ergebnisse gemessen und die erreichten Ergebnisse zurückgemeldet. Die Teams bekommen dann Zeit für eine Auswertung und können sich auf kleine Verbesserungen ihres alten Ansatzes oder einen neuen Vorschlag einigen.

Das De-Briefing nach Durchführung der Übung und Betrachtung der Ergebnisse (Abb. 14.3) erfolgte entlang der folgenden Leitfragen:

Abb. 14.2 Übung KVP – Teilnehmer diskutieren Strategien

Abb. 14.3 Übung KVP –
Feedback der gemessenen
Ergebnisse

- Welche Optionen des Vorgehens wurden erwogen, und für welche Option haben Sie sich warum entschieden?
- Wenn es der Fall war, warum wurde das Vorgehen verändert, warum haben Sie es beibehalten?
- Wie wurde das Vorgehen schrittweise verbessert und optimiert? Welche Ideen waren im Raum, welche Hilfsmittel waren im Raum?
- Wie verlief der Entscheidungsprozess in der Gruppe, wer hatte dort welche Rolle?
- Was waren die Erfolgsfaktoren, und was würden Sie künftig anders machen, wenn sich die Chance dafür ergäbe?

Aus diesen Auswertungsfragen ergeben sich die Beobachtungsbereiche der Instruktoren. In dieser Übung liegt der Schwerpunkt des Interesses einmal auf der Problemlösungs-kompetenz. Sie äußert sich in der Vielfältigkeit der diskutierten Ansätze, in der Bereitschaft, etwas Neues auszuprobieren, sowie in der Findigkeit, ein gewähltes Verfahren mit neuen Ideen schrittweise zu optimieren. Die zweite Ebene der Betrachtung ist die soziale Kompetenz. Hier kann beobachtet werden, wie die Gruppe sich zu Beginn einigt, zusammenfindet und zu ihren Entscheidungen kommt. Was auch dazugehört, ist der Umgang mit abweichenden Meinungen sowie das Verarbeiten von Fehlern.

14.8.2 Übung 2: Austausch von Wissen im Team

Dies ist eine Übung, die von Peter Senge (2011) und seinem Konzept der lernenden Organisation beeinflusst ist. Sie stellt kooperative Teamarbeit in das Zentrum der nachhaltigen Entwicklung von Organisationen. Die Kernidee dieser Simulation besteht für die Teilnehmer darin zu erkennen, dass ein Team nur dann zum Ergebnis kommen kann, wenn alle ihr individuelles Wissen teilen. Das Konzept sieht wie folgt aus: Jedes Gruppenmitglied erhält einen beschriebenen Streifen Papier, der eine Information enthält, deren Sinn sich nicht gleich erschließt. Insgesamt sind es 11 verschiedene Informationen. Hat eine Gruppe weniger als 11 Mitglieder, können Mitglieder zwei Streifen erhalten. Die Gruppe sitzt im (Halb-)Kreis, im Raum befinden sich ein Flipchart, eine Pinnwand und Moderationsmaterial.

Die Übung wird wie folgt anmoderiert:

- Sie sind eine Gruppe von Experten, jeder von Ihnen verfügt über einen Teil von relevanten Informationen.
- Es ist nicht klar, was Ihr Problem im Team ist, demzufolge ist auch unklar, was das Ziel ist und wie Sie es erreichen können.
- Jedoch befindet sich alles, was Sie benötigen, um beides herauszufinden, hier im Raum. Finden Sie einen Weg.

Dann werden die Akteure allein gelassen, sie sollen sich selbstständig organisieren. Es wird nicht gesagt, was sie machen und wie sie sich organisieren sollen, ob es besondere Rollen gibt oder ob die Gruppe das vorhandene Material benutzen darf. 10 der 11 Informationsstreifen enthalten eine Aussage, nur auf einem Streifen befindet sich eine Frage. Sie beschreibt das Problem, das die Gruppe lösen soll, die anderen Informationen enthalten Lösungshinweise, die teilweise aufeinander bezogen sind. Diese Zusammenhänge kann man aber nicht entdecken, wenn man sie isoliert betrachtet. Häufig wird die Frage lange übersehen.

Die Gruppe kann folglich nur zu einem Erfolg kommen, wenn die Gesamtheit der Informationen für alle sichtbar gemacht wird. Dazu kann die Pinnwand dienen. Dann wird in der Regel auch die Frage entdeckt.

Gefragt ist nun auch Problemlösungsfähigkeit. Aus den zunächst sehr kryptisch erscheinenden Informationen lässt sich eine einfache Matrix konstruieren, um die Lösung durch logische Schlüsse und nach dem Ausschlussverfahren zu erarbeiten. Viele Teilnehmer kommen durch eine Analogie zum Sudoku-Prinzip auf die Matrix-Idee. Das ist im Allgemeinen der Durchbruch. Die Matrix wird dann im idealen Fall gemeinsam von allen Teilnehmern ausgefüllt und komplettiert, bis die Lösung sich herauskristallisiert und klar ist (Abb. 14.4). Sie erleben diesen Moment nach der Spannung durch die anfängliche Unklarheit als eine Art von Befreiung und als gemeinsames Erfolgserlebnis.

Im Vordergrund der Beobachtung durch die Untersuchungsleiter steht zunächst der Gruppenprozess, also die sozialen Kompetenzen. Die Fragen sind u. a., wie die Gruppen mit der anfänglichen Unklarheit umgehen, welche Vorschläge kommen, um die verstreuten Informationen sichtbar zu machen oder zu visualisieren, wie werden diese verarbeitet,

Abb. 14.4 Übung Austausch
von Wissen – Beispiel für eine
Lösungsmatrix

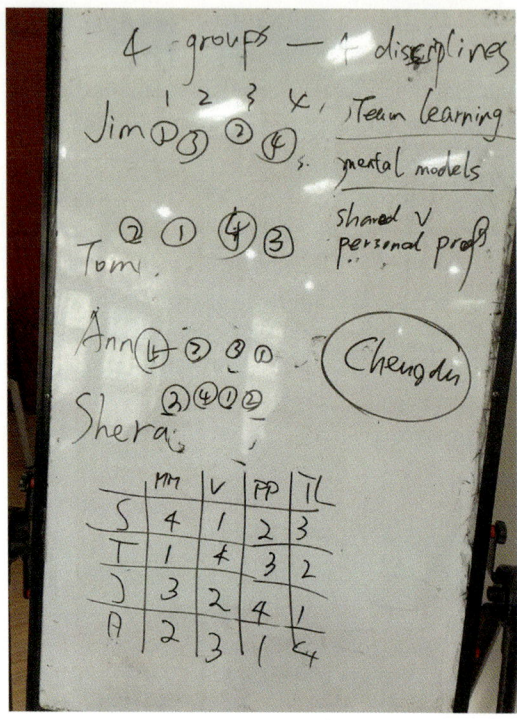

beteiligen sich alle oder übernimmt jemand die Moderation. Die Problemlösungskompetenz kann man daran erkennen, wie die unstrukturierten Informationen geordnet werden
und die Problemlösung sich mit der Matrix-Darstellung herauskristallisiert. Persönliche
Kompetenzen lassen sich erkennen, wenn etwa ein Teilnehmer die anfängliche Initiative
oder später dann die moderatorische Steuerungsrolle übernimmt und die Gruppe ihm folgt.
Entsprechend laufen die De-Briefing-Fragen:

- Wie hat sich die Gruppe gefunden? Wie war der Prozess, und wer hat welche Rolle
  gespielt?
- Wo gab es im Prozess Probleme oder Konflikte und, wie haben Sie diese aufgelöst?
- Was hat zur Klärung und Strukturierung im Problemlösungsprozess geholfen?
- Wenn Sie mit den gewonnenen Erfahrungen diese Übung noch einmal machen könn-
  ten, was würden Sie anders machen?

14.8.3 Übung 3: Kooperation und Konkurrenz

Diese Simulation beruht auf dem in der Literatur bekannten sogenannten Gefangenen-
Dilemma (Axelrod 1987 sowie Freimuth und Elfers 1992). Es spielen dort zwei Gruppen (A und B) gegen- bzw. miteinander. Ziel ist die Maximierung des eigenen Gewinns,

jedoch nicht, besser als die andere Gruppe zu sein, was jedoch oft miteinander vermischt wird. Sie haben dafür jeweils nur zwei Strategien zur Auswahl, Kooperation (k) oder Nicht-Kooperation (nk). Die entsprechende Entscheidung muss immer wieder in aufeinanderfolgenden Spielsequenzen im Team gefällt werden. Es ist offen, wann die Übung beendet wird. Die Teams haben keinen Kontakt, sollten sich idealerweise auch nicht sehen oder hören, sodass sie jeweils unbeeinflusst ihre Entscheidungen treffen können. D. h., sie machen sich im wahrsten Sinne ihr eigenes Bild vom anderen Team, weniger stark beeinflusst aus vorherigen Begegnungen. Dieses Arrangement des Versuchsdesigns führt dazu, dass bei Beratungen in der Gruppe eine geeignete Projektionsfläche für die eigenen Attitüden entstehen kann: „Wir wissen ja nicht, was die anderen machen, darum entscheiden wir uns für nk …".

Sind nun die Entscheidungen getroffen, legt eine sogenannte Auszahlungsmatrix fest, welche Gewinne/Verluste für beide Parteien erzielt werden, abhängig davon, wie sich die Teams entschieden haben und demzufolge welche Strategiekombinationen aufeinandertreffen (Abb. 14.5). Nicht-Kooperation wird durch einen hohen Gewinn belohnt, wenn die andere Gruppe kooperiert, das ist anfänglich das Irritierende für die Teilnehmer. Aber das ist gerade der Kern, nämlich die vermeintliche Chance, möglichst schnell einen hohen Gewinn auf Kosten des Vertrauens des Partners zu erzielen.

Die wichtige Botschaft aus der Simulation lautet, dass man auf Dauer eben nicht auf Kosten von anderen erfolgreich sein kann, weil Nicht-Kooperation im Allgemeinen mit Nicht-Kooperation beantwortet wird und bei einer entsprechend fortlaufenden Sequenz das Vertrauen verspielt ist. Man muss nicht wirklich am Wohl des anderen interessiert sein, aber man kommt aufgrund des eigenen Wohls nicht darum herum (Kliemt 1986). Für solche Konstellationen ist in der Spieltheorie später der treffende Begriff Cooptition (Brandenburger und Nalebuff 1996) vorgeschlagen worden.

Ein häufig beobachtbares Missverständnis von Gruppen ist ihre Zielvorstellung, besser sein zu wollen als ihre Kollegen, was kurzschlüssig mit Gewinnmaximierung gleichgesetzt wird. In der Anmoderation nennen wir nur das Ziel der Maximierung des Gewinns, damit die Einsicht in die Notwendigkeit der Kooperation selber entstehen kann. Manchmal wird dieser Unterschied auf Nachfragen schon geklärt, das ist aber eher die Ausnahme. Einen beispielhaften Spielverlauf mit dieser Problematik visualisiert Abb. 14.6.

Abb. 14.5 Vorgegebene Auszahlungsmatrix

		A	
		k	n.k.
B	k	3/3	-9/9
	n.k.	9/-9	-7/-7

Abb. 14.6 Beispiel für
die Entwicklung eines
Spielmusters

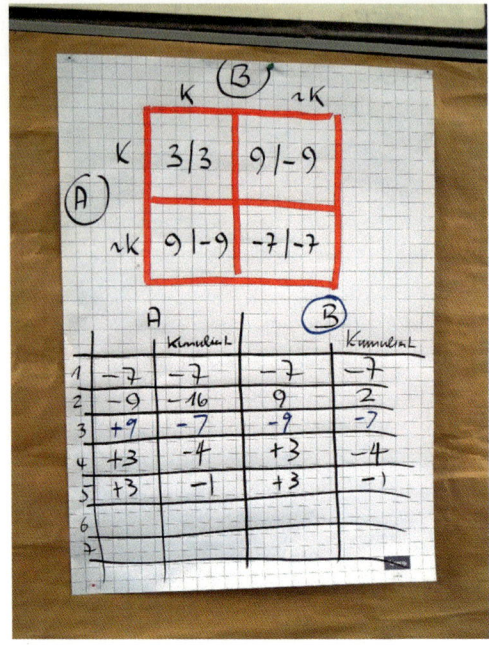

Wie dem auch immer sei, in der Interaktion der beiden Gruppen konstituiert sich ein Muster des Vertrauens und des Misstrauens, aus dem im letzteren Fall die Gruppen nur herauskommen, wenn ein hohes Maß an Reflexivität vorhanden ist. Andernfalls wird die Schuld für den ausbleibenden Erfolg und die Legitimation der eigenen fehlenden Bereitschaft für Kooperation und des mangelnden Vertrauens darin gefunden, dass man ja nicht wisse, wie die anderen agieren bzw. schon mit deren Egoismus kalkuliert wird, um dem eigenen Egoismus nicht ins Auge schauen zu müssen. Die Entwicklung von Reflexivität ist erkennbar, wenn innerhalb einer sich entwickelnden Spirale des Misstrauens ein Kooperationssignal gesendet und gegebenenfalls auch angenommen wird. Das ist aber keinesfalls ausgemacht.

Die Instruktoren haben die Option, wenn sich derartige Kooperationsmuster nicht ausbilden, den Gruppen eine Verhandlung anzubieten. Dazu wird jeweils ein Mitglied aus jeder Gruppe gewählt, die dann, etwas von den anderen Teammitgliedern separiert, gemeinsam aushandeln, wie in den nächsten Spielzügen verfahren werden soll. Verhandlungsangebote und Strategien werden vorher in den Gruppen abgesprochen und müssen anschließend dort wieder erläutert werden. Die nächsten Spielzüge sind naturgemäß die Nagelprobe für die Glaubwürdigkeit der getroffenen Vereinbarungen sowie der gesamten längerfristigen Kooperationsbasis.

Aus diesen Darlegungen lässt sich herleiten, welche Beobachtungskriterien hier im Zentrum der Betrachtung liegen, nämlich soziale und persönliche Kompetenz bzw. Reflexivität. Demzufolge haben wir das De-Briefing entlang der folgenden Fragestellungen konzipiert:

- Wie kam es zu den Entscheidungen, welche Argumente wurden abgewogen?
- Welche Wahrnehmungen entstanden von der anderen Gruppe?
- Wie kam es zu der Einsicht, dass es nicht nachhaltig ist, auf Kosten der anderen Gruppe seinen Erfolg zu erzielen?
- Was ist die tiefer liegende „Botschaft" dieser Simulation?
- Was macht es schwer, zu vertrauen, auch wenn nicht sicher ist, ob man enttäuscht wird? Warum ist es gleichwohl wichtig?

Eine abschließende Bemerkung zu der Aussagerelevanz dieser Simulation in unserem Forschungskontext: Ihr liegt die Hypothese zugrunde, dass es für den kreativen und innovativen Austausch von Wissen in Gruppen von Experten einer Vertrauensbasis bedarf. Sie besteht im Kern im Zutrauen des Gleichgewichts zwischen den eigenen Beiträgen zum Gruppenprozess und den Impulsen, die man für seine eigenen Themen und für die eigene Entwicklung von der Gruppe zurückbekommt. Dieser Aspekt ist sehr breit unter der Überschrift Reziprozität diskutiert worden (Gouldner 1984), was man als wechselseitige Herausbildung von Vertrauen in Interaktionen begreifen kann. Bei der Entwicklung von regionalen Innovationssystemen (vgl. Kap. 21) ist das Vertrauen in innovativen Netzwerken in China ein zentraler Punkt.

14.8.4 Übung 4: Systematische Fehlersuche

Die letzte Übung bestand in einer systematischen Fehlersuche, die auf die Vorlagen von Kepner und Tregoe (1973) zurückgeht. Die Teilnehmer erhielten eine schriftliche Beschreibung sowie eine grobe Skizze einer kleinen industriellen Fertigung mit einer Reihe von Angaben über Prozesse, Kapazitäten, Produkte, Fertigungsmengen, Stoffe sowie Personalbestand. Der Text enthält dann Hinweise, dass es am Ende der Produktion zu signifikanten Qualitätsproblemen gekommen ist. Die Aufgabe besteht darin, die Stelle im Prozess zu identifizieren, bei der mit einer hohen Wahrscheinlichkeit die Ursache dieses Problems liegt. Dazu muss nach dem Ausschlussverfahren logisch eingekreist werden, wo der Ursachenherd nicht sein kann bzw. wo er sein könnte. Die Schwierigkeit liegt darin, die Menge an Informationen so zu strukturieren und zu ordnen, dass mit logischer Stringenz und ohne etwas zu übersehen, zum Problemkern vorgedrungen werden kann. Methodisch können dazu Methoden aus dem Reservoir der schlanken Produktion eingesetzt werden, aber auch ohne Kenntnis dieser Vorgehensweisen ist es möglich, mit etwas gesundem Menschenverstand zu einem richtigen Ergebnis zu gelangen.

Abb. 14.7 Studenten bei der Analyse des Qualitätsproblems

Für diese Aufgabe werden Dreier-Gruppen gebildet, damit die Teilnehmer eine Chance haben, die Vielfältigkeit der Informationen auszutauschen und zu einem klar strukturierten Vorgehen zu kommen. Zunächst wird ihnen Zeit gegeben, das Material zu studieren und ggfs. offene Fragen zu klären. Das Material enthält eine Skizze des Fertigungsverlaufs. Wie man erkennen kann (Abb. 14.7) versuchen die Studenten anhand des Ablaufs, die mögliche Fehlerquelle im Team einzukreisen.

Zwar sind hier auch gewisse soziale Kompetenzen gefragt, im Schwerpunkt geht es aber darum, sich nicht von den vielen Fakten irritieren zu lassen und sich durch eine strukturierte Vorgehensweise auf jene Abschnitte der Fertigung zu konzentrieren, in denen der Problemherd liegen kann. Im De-Briefing präsentieren sie ihr Ergebnis und legen dann dar, wie sie dazu gekommen sind.

14.9   Konkrete Vorgehensweise bei unseren Untersuchungen

Insgesamt haben wir mit 6 verschiedenen Gruppen von chinesischen Studenten gearbeitet (beispielhaft Abb. 14.8) sowie mit 2 Gruppen deutscher Studenten zum Vergleichen (Tab. 14.1). Die Übungen fanden alle im Frühjahr 2016 statt.

Für die vier Übungen haben wir immer ca. 4 h benötigt. Nach den ersten beiden Übungen gab es eine kurze Pause. Um eine möglichst große Offenheit und Akzeptanz sicherzustellen, wurde von uns sehr viel Wert auf die anfängliche Erläuterung des Kontextes, der Vorgehensweise und der Zielsetzungen gelegt. Wir haben auch dargelegt, dass die von uns ausgewählten Übungen Anwendung finden in Assessments und Management-Trainings deutscher und globaler Unternehmen. Die Teilnehmer bekamen so auch einen gewissen Eindruck davon, welche Methoden dort eingesetzt werden.

Abb. 14.8   Gruppe 1ChD mit den Beobachtern

Tab. 14.1   Zeit und Orte der Untersuchungen

Gruppe	Datum	Name der Universität	Nationalität der Teilnehmer	Anzahl der Teilnehmer
1 ChD	08.01.2016	Hochschule Bremen	Chinesisch	9
2 DD	06.02.2016	Hochschule Bremen	Deutsch	7
3 DD	06.02.2016	Hochschule Bremen	Deutsch	8
4 ChC	14.03.2016	Capital Normal University	Chinesisch	5
5 ChC	14.03.2016	Capital Normal University	Chinesisch	5
6 ChC	16.03.2016	Sichuan- University	Chinesisch	6
7 ChC	16.03.2016	Sichuan- University	Chinesisch	6
8 ChD	21.05.2016	Hochschule Bremen	Chinesisch	10

Die Reihenfolge der Übungen haben wir ebenfalls bewusst festgelegt und grosso modo immer beibehalten. Sie entspricht der Reihenfolge, wie wir sie hier erklärt haben. Wir haben bewusst zu Beginn eine aktivierende und inhaltlich nicht allzu komplexe Übung gewählt, um die Gruppe an die Situation zu gewöhnen und auch Vertrauen zu den Instruktoren herzustellen. Das sollte die Bedingungen für ein Gelingen der zweiten Übung erbringen, die deutlich mehr Anforderungen stellt, weil die Studenten in der Anfangssituation hohe Spannung aushalten müssen, bevor sie wissen, was von ihnen erwartet wird. Die dritte Übung stellt aus unserer Sicht die höchsten Anforderungen, weil sie die Teilnehmer in eine Dilemma-Situation hineinbringt, deren Auflösung eine starke Gruppendynamik erzeugen kann und von ihnen weitsichtige Urteilsfähigkeit verlangt. Die vierte Übung ist eine deutlich ruhigere Arbeit, die man zum Abschluss an das Ende der Workshop-Dramaturgie platzieren kann, um den Spannungsbogen der gesamten Veranstaltung wieder etwas herunterzufahren.

In unserem Untersuchungsdesign haben wir versucht, den Empfehlungen aus der Triangulations-Diskussion so weit wie möglich gerecht zu werden. Im Einzelnen wären hier die folgenden der von uns getroffenen Arrangements zur Objektivierung der Befunde zu nennen:

- Wir hatten sechs chinesische Gruppen und zwei deutsche Gruppen im Vergleich. Zwei Untersuchungen fanden in Deutschland statt. Darüber hinaus hatten wir die Chance, mit vier chinesischen Studentengruppen in Beijing und Chengdu zu arbeiten. Die Studenten gehörten überwiegend einem Semester an, d. h., sie kannten sich vorher aus dem Studium. In einem Fall in Bremen (8ChD) haben wir eine größere Gruppe von Chinesen eingeladen, die sich nicht kannten und von verschiedenen Hochschulen und Fakultäten stammten.
- Bei den Untersuchungen in Bremen waren immer vier Instruktoren und Beobachter zugegen. In Beijing und Chengdu waren wir zu zweit. Es gab also immer verschiedene Beobachterperspektiven, auch mit verschiedenen kulturellen Hintergründen.
- Die Instruktionen erfolgten zunächst entweder in Deutsch oder in Englisch. In jedem Fall wurden Instruktionen für die chinesischen Gruppen anschließend ins Chinesische übersetzt, ebenso wurden anfallende und klärende Fragen im Verlaufe des Prozesses in diesen Sprachen beantwortet. Das gilt auch für die Auswertungen im Anschluss an die Übung.
- Die Instruktionen wurden alle visualisiert und Schritt für Schritt präsentiert, um Missverständnisse zu vermeiden.
- Insbesondere die Anwesenheit von kulturellen Insidern hat sich aus unserer Erfahrung als sehr vertrauensbildend und förderlich für eine entspannte Atmosphäre erwiesen.
- Es gab vier verschiedenartige Übungssituationen, die jeweils spezifische Anforderungen an die methodischen, sozialen und persönlichen Kompetenzen stellten.
- Bezüglich der sogenannten Daten-Triangulation haben wir drei verschiedene Arten von Ergebnissen erhoben. Das waren zunächst die konkreten Ergebnisse bzw. Lösungen, die jeweils erarbeitet wurden. Diese können teilweise richtig oder falsch bzw. auch ansatzweise richtig sein. Sie können als sehr kreativ oder pragmatisch wahrgenommen werden, sie spiegeln zudem den Verlauf des Prozesses, gradlinig oder mit Umwegen. Die zweite Ergebniskategorie bezieht sich auf die Prozesse, Prozeduren, Kommunikation, Kooperation und Einigungsverfahren in den Gruppen. Im Gegensatz zu den konkreten Ergebnissen, die gleichsam schwarz auf weiß vorliegen, sind diese Resultate Beobachtungen der Untersuchungsleiter. Schließlich konnten interessante Ergebnisse in den an die Simulationen anschließenden De-Briefings erzielt werden.

Dort gab es Aufschlüsse hinsichtlich der Selbst- und Kritikfähigkeit der Teams. Die diese Reflexion einleitende Frage lautete sinngemäß immer: Wenn Sie nochmals diese Übung mit der soeben gewonnenen Erfahrung machen könnten, was würden Sie verändern und was würden Sie beibehalten? Diese Frage bezieht sich auf die vierte der von uns betrachteten Schlüsselkompetenzen, die Reflexivität, die Fähigkeit, sich selber bewusst selbstkritisch zu hinterfragen und zu lernen.

14.10 Ergebnisse

Grundsätzlich kann man zunächst sagen, dass wir bei keiner der Gruppen, mit denen wir arbeiteten, in irgendeiner Weise Berührungsängste oder Bedenken im Hinblick auf die von uns vorgeschlagenen Konzepte und Methoden gespürt haben. Alle Gruppen kooperierten sofort und spontan, die Aufmerksamkeit und das Interesse waren immer hoch, die Studenten beteiligten sich mit Neugierde und hatten auch eine Menge Spaß an der gemeinsamen Arbeit und Begegnung. Die oben genannte methodische Thematik, dass das Hierarchiegefälle zwischen westlichen Wissenschaftlern und den chinesischen Teilnehmern die Kommunikation und die Ergebnisse der Übungen beeinträchtigen könnte, hat sich weder in Deutschland noch in China bewahrheitet. Die Zielgruppen waren offen, neugierig und bereit, sich auf etwas Neues einzulassen, genau wie ihre deutschen Kommilitonen. Der „ultimative" Beweis, dass es sich hier (s. Abschn. 14.2) um eine neue Zielgruppe handelt, war der ungenierte Umgang auch mit den westlichen Professoren wie das selbstverständliche Aufnehmen von Gruppenfotos oder sogar gemeinsamen „Selfies", die besonders in China sehr begehrt waren.

Interessant war darüber hinaus, dass es unter den chinesischen Studenten auch einige Teilnehmer gab, die den Kern der Problematik unserer dritten Übung, die auf dem Gefangenendilemma beruht, bereits aus ihrem Studium kannten, aber nur theoretisch, wie sie betonten, nicht als Simulation. Wir haben sie daher gebeten, an der Übung nur als stille Beobachter teilzunehmen, um die spontane Herausbildung der Interaktionsmuster nicht mit ihren Vorkenntnissen zu beeinflussen. Ihr Vorwissen ist auch ein kleiner Hinweis darauf, dass Erkenntnisse, hier aus der internationalen Kooperations- und Konfliktforschung, auch in China durchaus bekannt und verbreitet sind.

14.10.1 Übung 1: Kontinuierlicher Verbesserungsprozess (KVP) – Beobachtungen und Interpretationen

Die erste Beobachtungsphase zielt zunächst auf den Einigungsprozess der Gruppe, wie man optimal vorgehen kann, um die Ziele zu erreichen. Generell lässt sich sagen, dass die relevanten Optionen von allen Gruppen gefunden und diskutiert wurden, bis eine Entscheidung fiel. In den meisten Gruppen war das ein egalitärer Prozess, aber es gab auch Beispiele, dass in Teams ein oder sogar zwei Mitglieder den Ton angaben.

Allerdings hatte man nie den Eindruck von Dominanzstreben. In einer interessanten Epi-
sode, in der wir eine sehr präsente Studentin scherzhaft mit „Hallo Boss" ansprachen,
wies sie diese Zuschreibung zurück und sagte, ohne Gruppe wäre ihre Rolle gar nicht
möglich gewesen.

Im Vergleich zur deutschen Gruppe war der Zeitaufwand, bis eine Entscheidung für
einen Ansatz gefallen war, etwas länger als bei den deutschen Kommilitonen. Diese hatten eine strittige Diskussion, entschieden sich dann pragmatisch für ein Vorgehen, mit
der Option, sie ggfs. korrigieren zu können.

Es ließen sich auch zahlreiche sehr kreative Ansätze beobachten, die Ziele zu erreichen und den Prozess zu optimieren bzw. zu standardisieren, um eine gute Lernkurve
zu erreichen. Sie berührten die Scheiben mit Händen, Füßen und Stiften. Es gab ja keine
Vorgaben. Einige notierten sich die Zahlen, für die sie „zuständig" waren auf ihren Händen (Abb. 14.9). Beispiele für solche kleinen kreativen Ideen gab es einige mehr. Die
chinesischen Studenten wollten es dabei stets besonders gut machen, sich perfekt vorbereiten und erschienen im Vergleich zu ihren deutschen Kommilitonen ehrgeiziger.

Insgesamt bestätigt sich das Bild für chinesische Studenten, dass Geschehnisse eher
ganzheitlicher und als Teil des Prozesses eingeordnet werden. Wenn jemand einen Fehler

Abb. 14.9 Studentin schreibt
sich „ihre" Zahlen auf die
Hand

machte, wurde das getragen und gemeinsam optimiert. War jemand im Durchlauf unkonzentriert oder fand seine Zahl nicht gleich, waren die anderen Mitglieder sofort unterstützend zur Stelle, wenngleich aus der Enttäuschung heraus, wenn etwas nicht gelang, auch etwas Unmut deutlich wurde. Umgekehrt, wenn jemand aus unserer Sicht sich als besonders geschickt oder hilfreich erwies, wurde nicht gelobt, das Fortschreiten wurde als Teil des kollektiven Prozesses gesehen. In den deutschen Gruppen gab es ebenfalls Unterstützung und auch keine Probleme mit Fehlern, aber eher Anerkennung, wenn jemand mal einen sehr guten „Lauf" hatte. Bei den Versuchen der chinesischen Gruppen waren immer alle Teammitglieder an der Lösung beteiligt, in den deutschen Gruppen wurde auch der Versuch gemacht, nur ein Teammitglied „ins Feld zu schicken", was allerdings deutlicher weniger effizient ist. Insgesamt zeigten aber alle Ergebnisse, die der chinesischen wie der deutschen Gruppen, einen positiven Verlauf der Lernkurven. Abb. 14.10 zeigt ein repräsentatives Beispiel. Die chinesischen Studenten müssen sich also keinesfalls verstecken.

Bei der abschließenden Reflexion formulierten die Studenten, teilweise nach etwas Nachfragen, die Erkenntnis, dass die Reduzierung der Wegezeiten die entscheidende Variable für die Erreichung eines guten Ergebnisses war. Bis auf eine Ausnahme haben die Gruppen ihr Vorhaben nach einer Runde noch mal verändert, was man als Hinweis für ihre experimentelle Bereitschaft deuten kann. Eine Gruppe blieb bei ihrem ersten gewählten Verfahren, sagte aber, bei einem vierten Versuch würden sie es noch mal anders probieren. Insgesamt zeigte sich eine offene und lernbereite Grundhaltung. Auch im Detail zeigten sich viele kreative und pragmatische Ansätze, den Prozess entsprechend der vorgegebenen Zielsetzungen schrittweise zu optimieren.

Abb. 14.10 Beispiele für Lernkurven aus der KVP-Übung

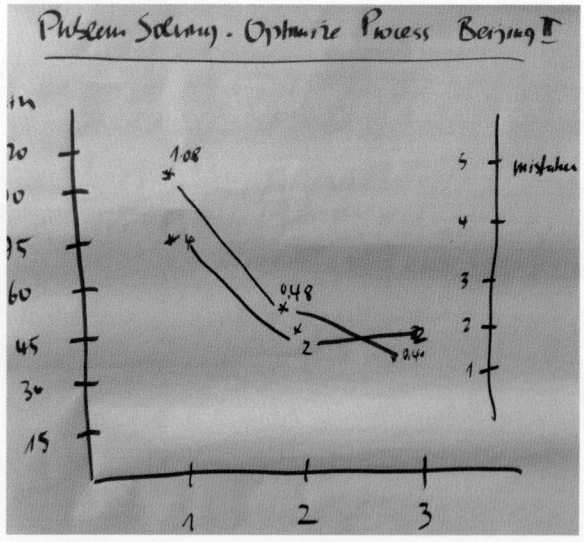

14.10.2 Übung 2: Kooperation und Austausch von Wissen im Team – Beobachtungen und Interpretationen

Diese Übung war besonders aufschlussreich, weil durch die Fragmentierung der Informationen und zum Teil auch aufgrund einiger kryptischer Formulierungen, die sich lediglich im Kontext als sinnhaft erschlossen, die Teilnehmer gleichsam künstlich vereinzelt wurden. Das konnte man am Anfang sehr gut beobachten. In zwei chinesischen Gruppen saßen die Teilnehmer eher verständnislos da und begannen teilweise auch für sich allein die Lösungen zu finden. Sie brauchtes etwas Unterstützung, etwa den Hinweis, erst einmal herauszufinden, was überhaupt das Problem ist. Sie fragten auch explizit, ob sie die Tafeln und das Moderationsmaterial benutzen dürfen.

Die anderen Gruppen, ebenso wie ihre deutschen Kollegen, kamen relativ schnell auf den Gedanken, die fragmentierten Informationen für alle in irgendeiner Weise sichtbar zu machen, damit ein gesamtes Bild entsteht und sich der Sinn der Einzelbausteine im Ganzen bzw. die Fragestellung und Lösungsrichtungen erschließen. Dazu wurde entweder die Pinnwand benutzt oder die Informationsstreifen lagen für alle sichtbar auf dem Boden. Die Visualisierung war der Schritt zur ersten Kollektivierung und der erste Durchbruch im Prozess. Die skizzierten Phasen der Problemlösung, vom individuellen Probieren über das Visualisieren bis hin zur Entdeckung einer strukturierten Problemlösung mithilfe einer einfachen Matrix kann man anhand der Abb. 14.11, 14.12 und 14.13

Abb. 14.11 Zaghafter Beginn des Teilens von Informationen

Abb. 14.12 Einsatz von Medien zur Visualisierung aller Teilinformationen

sehr gut nachvollziehen. Im Gegensatz dazu war das gemeinsame Problemlösen in den deutschen Gruppen weniger stark ausgeprägt. Dort war es immer eine Person, die die Lösung für sich auf einem Zettel entwickelte und sie dann in die Gruppe brachte.

Der zweite Durchbruch bestand darin, die bereits erwähnte Matrix zu konstruieren, ähnlich wie beim Sudoku (einige benutzten diese Analogie), um das Problem durch das Zusammensetzen der Informationen zu lösen. Diese sahen teilweise sehr unterschiedlich aus, führten aber alle zur Lösung. Die Idee tauchte in der Gruppe auf, verschwand und kam wieder hoch. In aller Regel gingen ein oder zwei Teilnehmer an ein Flipchart, machten Entwürfe, korrigierten sie durch Hinweise aus dem Team, bis die endgültige Struktur klar war und die einzelnen Informationen eingeordnet werden konnten (Abb. 14.13). Diese Spannung zog alle Gruppenmitglieder in den Bann, und man spürte förmlich die Erleichterung im Raum über das gemeinsam erreichte Resultat.

Die Übung wurde, wie erwähnt, angeregt durch den Ansatz von Peter Senge über die Merkmale einer lernenden Organisation und die besondere Bedeutung des Teamlernens durch das Teilen von Wissen. Basierend auf den Prozessen, die wir hier gesehen haben, ist das in allen chinesischen Gruppen ausgezeichnet gelungen, ganz ähnlich wie es Qiaping Lü (2008) beim Austausch von IT-Wissen zwischen Studenten auf einem Uni-Campus bereits beobachtete. Kollektive Problemlösung und die Teilung des erforderlichen Wissens stellte kein Problem dar. Nur in zwei Gruppen bedurfte es eines gewissen Anschubs.

Abb. 14.13 Erste Initiative
zur Konstruktion der
Lösungsmatrix

Wie auch in der ersten Übung legten die Studenten bei der abschließenden Reflexion den größten Wert darauf, dass ihr Erfolg ein gemeinsamer Prozess war. In einer der
Gruppen hatten wir einen „genuinen" Moderator beobachtet, der aus unserer Sicht in der
Gruppe eine Steuerungsrolle innehatte. Darauf angesprochen betonte er, jeder Einzelne
sei auf seine Weise wichtig. Einem Studenten, der in einem Team die Lösungsmatrix
maßgeblich konzipierte, gratulierte ein Instruktor persönlich zu seiner Idee. Unbeobachtet von der Gruppe war er sehr dankbar für dieses Feedback und stolz. Natürlich sind das
Einzelfälle und nur bescheidene Hinweise auf eine andere Selbstwahrnehmung.

14.10.3 Übung 3: Kooperation und Konkurrenz – Beobachtungen und Interpretationen

Auch diese Simulation versprach einige interessante Aufschlüsse, weil der Erfolg davon
abhängt, einer anderen Gruppe zu vertrauen, aber man weiß nicht, ob dieses Vertrauen
nicht missbraucht wird. In vielen Beiträgen des vorliegenden Bandes wird auf die mangelnde Ausbildung von verlässlichen Institutionen in China hingewiesen. Soziales

Kapital *(guanxi)* oder Vertrauen bilde sich daher dort eher in überschaubaren und familiären Verbänden. Hinzu kommt zudem, dass der extensive Kapitalismus, den China seit einigen Jahren erlebt, das Prinzip der Selbstoptimierung weiter priorisiert hat.

Tatsächlich hat sich schon beim Anmoderieren dieser Übung gezeigt, wie schwer sich teilweise Teilnehmer taten, den Sinn der Aufgabenstellung zu verstehen, und *last but not least* ihre Brisanz, wenn man reziproken Tausch und Kooperation als elementare Bausteine gesellschaftlicher Existenz begreift. Einige Gruppen trauten sich auch nicht, nach den einführenden Worten noch mal nachzufragen, wie sie später bei der Reflexion sagten, obwohl sie die Problemstellung nicht richtig verstanden hatten. Selbst nachdem explizit darauf verwiesen wurde, es käme nicht darauf an, besser zu sein als die andere Gruppe, ging sicher etwa die Hälfte der Teilnehmer mit der konträren Vorstellung in ihre Teams und agierte dort auch in der entsprechenden Weise.

Es gab keine Interaktionssequenz, wo von vornherein beide Teams auf Kooperation setzten. Die Auswertung ergab gleichwohl, dass es lange Kontroversen über die richtige Strategie gab, die Gruppen waren oftmals regelrecht gespalten. In einem Vierer-Team wurde sogar bei einem Patt über das Vorgehen einfach gelost. Insgesamt überwog Misstrauen, das auch nur schwer aus der Welt zu schaffen war. Häufig setzten sich zu Beginn die „Hardliner" durch, und in den Gruppen, die sich zunächst für Kooperation entschieden hatten, bekamen nach dem Verlust auch dort die „Hardliner" Rückenwind für ihre rigiden Positionen und behaupteten sich in den nächsten Spielzügen.

In den Abb. 14.14, 14.15 und 14.16 zeigen wir beispielhaft einige repräsentative Verläufe, wo die entstandenen Muster deutlich werden.

Nach ca. 4 bis 5 Interaktionen erkannten alle Teams und in ihnen zähneknirschend selbst die „Hardliner", dass das Prinzip Selbstoptimierung zum Scheitern verurteilt ist.

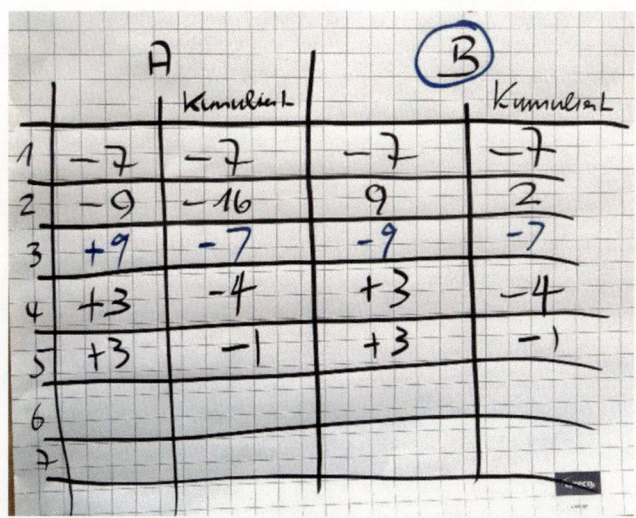

Abb. 14.14 Beispielverlauf eines Kooperationsmusters ohne Verhandlung

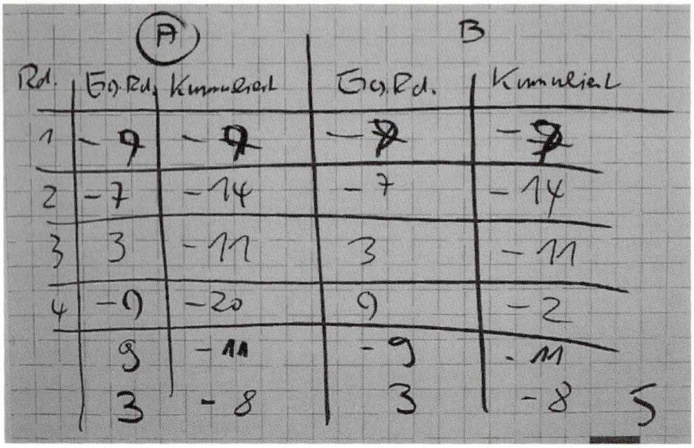

Abb. 14.15 Beispielverlauf eines Kooperationsmusters mit Verhandlung

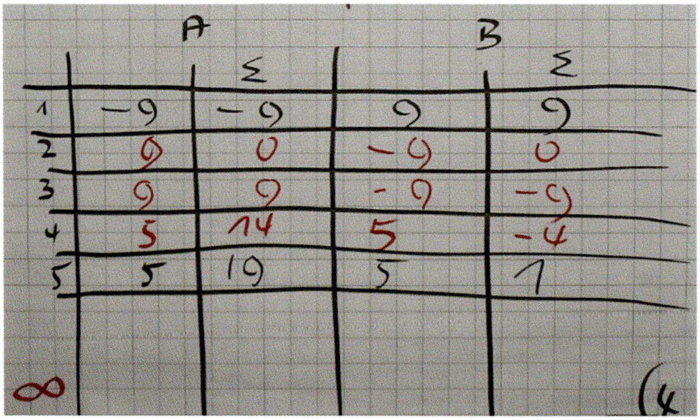

Abb. 14.16 Beispielverlauf eines Kooperationsmusters – Deutsche Vergleichsgruppe

Insofern haben wir hier vielleicht noch einen kleinen Lernerfolg als Nebeneffekt erzielt. Diese Einsichten ließen sich nicht mehr vermeiden, als gleichsam die Zahlen „auf dem Tisch lagen", ganz genau wie in einem Unternehmen, das von der Pleite bedroht ist. In den meisten Fällen wurden die „Friedensangebote" von Teams, die zunächst nicht kooperiert hatten, schnell verstanden, und es kristallisierte sich nach ca. 5 Runden ein Kooperationsmuster heraus. Daraufhin konnten wir die Sequenzen abbrechen, um in die gemeinsame Auswertung zu gehen.

In zwei Fällen waren die Interaktionen sowie die Diskussion in den Teams über das weitere Vorgehen so verfahren, dass wir ihnen die Chance zur Absprache des künftigen Vorgehens in einer Verhandlungsrunde einräumten. Abb. 14.15 zeigt so ein Beispiel. Die beiden Gruppen entschieden sich zu Beginn für Nicht-Kooperation, in der dritten

Runde für Kooperation. In Runde 4 entschied sich Team A wieder für Kooperation, B für Nicht-Kooperation. An dieser Stelle ließen wir sie verhandeln. A bestand darauf, in der nächsten Runde für Nicht-Kooperation votieren zu dürfen, um die Ergebnisse auf einen gleichen Stand zu bringen. B plädierte für Kooperation quasi als Vertrauensbeweis. Das verursachte im Team A einige Probleme, aber schließlich willigten sie ein und wie das Bild zeigt, wurde in der 6. Runde gemeinsam kooperiert. Man kann das Insistieren von A auf einen Gleichstand der Ergebnisse vielleicht verstehen, aber es zeigt auch, dass sie das Prinzip nicht verstanden hatten und ein wenig Genugtuung wollten. Einige Mitglieder waren sich in der späteren Auswertung daher auch nicht sicher, ob das Verhältnis stabil bleiben würde bei dieser „Geschichte", andere im Team zeigten sich erst einmal erleichtert. Es waren Lernprozesse mit Schmerzen, so könnte man es ausdrücken. „Business ist grausam", sagte in der Tat eine Teilnehmerin in der Auswertung, die anfänglich auf Kooperation gesetzt hatte.

Die gemeinsamen Reflexionen und Auswertungen dieser Übungen erbrachten mit Abstand die intensivsten Diskussionen und die wichtigsten Einsichten für alle. Es wurde nach der Erfahrung von allen sehr klar erkannt, wie wichtig es ist, anderen zunächst zu vertrauen, auch wenn man nicht sicher sein kann, ob damit angemessen umgegangen wird. In einer Gruppe wurde in diesem Kontext sogar von der besonderen Bedeutung einer tragfähigen Geschäftsethik gesprochen. Zwei weitere Gruppen erkannten die sich selbst verstärkende Dynamik der eigenen Projektionen, „die andere Gruppe habe sich wie ein Gegner angefühlt, man müsse also besser sein". Sie waren darüber tatsächlich ein wenig erschrocken, wie schnell solche Übertragungen geschehen.

Was weiter auffiel, war die Tendenz in allen Teams, auch in der deutschen Vergleichsgruppe, lediglich kurzfristig von einer Runde auf die nächste zu denken und zumindest zu Beginn der Interaktionen nicht die langfristigen Konsequenzen verbrauchten Vertrauenskapitals in Rechnung zu stellen. Das lässt sich sicher nur bis zu einem gewissen Grad auf die Kultur der Gewinnmaximierung zurückführen. Vermutlich müssen gerade junge Menschen erst persönlich erleben, was es bedeutet, sein soziales Kapital aufs Spiel zu setzen. In der Simulation wurde diese Erfahrung gemacht und die Konsequenzen waren allen sehr klar.

14.10.4   Übung 4: Systematische Fehleranalyse – Beobachtungen und Interpretationen

Im Vergleich zu den anderen Simulationen handelt es sich hier um einen etwas ruhigeren Fall, der primär analytisches Vorgehen und systematische Reduktion der Komplexität erforderte. Es fiel auf, dass die chinesischen Gruppen sehr genau lasen und die Grafik, die den Fertigungsprozess darstellt, gemeinsam durchgingen. Alle Teams kamen nach ca. 20 bis 30 min zu der wahrscheinlichen Lösung, die sie auch logisch begründen konnten. Sie beendeten die Fehlersuche jedoch, sobald sie eine mögliche Ursache gefunden hatten und die Aufgabe für sie damit gelöst war. Es hätte die Chance gegeben, die Ergebnisse auch anhand von Kennziffern zu objektivieren und zu begründen. So weit ist aber keine der Gruppen gegangen, auch die deutschen Kommilitonen nicht.

Die Arbeit verlief in kleinen Teams mit 3 bis 5 Teilnehmern, also ein eher intimes Setting. Die Studenten verrichteten ihre Aufgabe sehr intensiv und konzentriert, die Kooperation war wiederum eine echte Teamleistung.

Bei der abschließenden Auswertung betonten die Studenten, dass das systematische Vorgehen und das Ausschlussverfahren sie gleichsam zwangsweise auf das Ergebnis geführt habe. Dazu waren sie auch ohne einschlägige Erfahrungen aus Betrieben in der Lage. Das haben sie unter Beweis gestellt. Bei der abschließenden Frage, was sie nun machen würden, kamen weitere kreative und plausible Vorschläge von ihnen.

14.10.5   Zusammenfassung der Ergebnisse und Innovationskompetenz

Im Folgenden nun noch mal eine etwas systematischere Zusammenfassung und Interpretation der Ergebnisse.

1. Übung

- Die chinesischen Studenten lassen sich länger Zeit zur Vorbereitung, sie bereiten sich gut vor, entwickeln sofort eine Fehlervermeidungsstrategie vor und nach den Läufen. Es gab eine gewisse Tendenz zur Perfektion, die deutschen Studenten waren da weniger ehrgeizig, sie wirkten eher entspannter.
- Die chinesischen Studenten brauchten längere Zeit für die Entscheidungsfindung, es wurde so lange diskutiert, bis alle Gruppenmitglieder einer Meinung waren. Bei den deutschen Studenten dagegen wurde bei Uneinigkeit entweder abgestimmt oder dominante Persönlichkeiten setzten sich durch. Die Moderation bei den Chinesen war weniger spürbar.
- In den chinesischen Gruppen waren stets offene und respektvolle Diskussionen zu beobachten. Der Ton in deutschen Gruppen war direkter.
- Die chinesischen Kommilitonen erkannten spätestens bei der abschließenden Reflexion den entscheidenden Hebel für die Verbesserung der Zielgrößen und erarbeiteten ständig kreative Problemlösungsvorschläge, die vom Team sofort und mit Hingabe umgesetzt wurden.
- In chinesischen Gruppen wurde immer die Teamleistung betont, auch wenn einige Kommilitonen aus unserer Sicht eine dominantere Rolle spielten.
- In den chinesischen Gruppen waren immer alle Teammitglieder aktiv beteiligt, die deutschen Gruppen probierten auch aus, mit einem einzelnen Teammitglied im Kreis den Prozess zu optimieren.

2. Übung

- Zwei chinesische Gruppen benötigten anfänglich etwas Starthilfe, um sich als Team und in die Aufgabe hineinzufinden. Sie konnten die Spannung auch nicht gut aushalten, einige Teilnehmer flüchteten sich in Einzelaktivität oder Zweier-Gruppen.
- Insgesamt erkannten alle früher oder später, dass die verteilten Informationen in irgendeiner Weise für alle sichtbar gemacht und geteilt werden müssen. Sie erhoben sich dann auch und generierten ein verändertes Setting vor den Pinnwänden. So ergab sich ein reger Austausch auf Augenhöhe.
- Die Strukturierungsidee ergab sich aus der Teamdiskussion, wurde von Einzelnen aufgegriffen und dann visualisiert. Spätestens dann waren wieder alle im Boot.
- Auch in dieser Übung betonte die Gruppe mit aller Regelmäßigkeit, dass jeder eine wichtige Rolle im Team hatte, auch wenn sie nicht immer auf der Bühne so sichtbar war.
- Der Lösungsprozess war in den chinesischen Gruppen kollaborativer, während in den deutschen Gruppen die Lösung von einer Person ausgedacht wurde, die sie dann ins Team brachte.

3. Übung

- Etwas weniger als die Hälfte der chinesischen Teilnehmer erkannte sofort die strategische Bedeutung der Übung, konnten sich aber nur teilweise gegenüber den Kommilitonen durchsetzen, die nicht auf Vertrauen bauen wollten. Beim Patt wurde gelost, nicht abgestimmt.
- Es brauchte Zeit und das Erleben der destruktiven Ergebnisse, bis sich die Einsicht von der Notwendigkeit verlässlicher und vertrauensvoller Beziehungen einstellen konnte.
- Bei den meisten Teilnehmern stand das Kurzfrist-Denken im Vordergrund, eine längerfristige Perspektive auf Beziehungen stellte sich erst im Fortschritt des Spiels heraus.
- Die Reflexion in der Auswertungsrunde fand auf einem sehr hohen Niveau statt und erzeugte viele Einsichten hinsichtlich der Dynamik von Konflikten bzw. der Relevanz von Kollaboration.

4. Übung

- Alle chinesischen Gruppen fanden die Lösung und stellten ihre analytische Kompetenz und die Fähigkeit zu einem strukturierten Problemlösen bei einer komplexen Aufgabe unter Beweis.
- Allerdings hielten sie inne und dachten nicht weiter, als das erste Ergebnis feststand, sie waren schnell zufrieden.
- Die Lösungen waren auch wieder das Ergebnis von Teamwork.

Betrachtet man diese Ergebnisse vor dem Hintergrund unseres Leitgedankens, wie er oben formuliert war:

▶   Wir stellen uns also vor, dass es immer wieder Gruppen von Experten gibt und
      geben wird, die sich in ihrer Gesamtheit um die kreative Lösung eines konkre-
      ten Problems kümmern, ob es in einer Forschungsabteilung, einer Produktion
      oder in einem Kundendienst ist. Benötigt werden in solchen Gruppen Talente,
      die Probleme strukturiert angehen können, kreative Köpfe mit dem Mut zu
      neuen Wegen sowie Persönlichkeiten, die solche Prozesse steuern und reflek-
      tieren. Dazu gehört auch die reflektierte Fähigkeit, sich zu korrigieren, sich
      wahlweise und bewusst entweder zurückzunehmen oder klar Einfluss zu neh-
      men, je nachdem, wie es die Situation erfordert. Die Entfaltung dieser Dyna-
      mik ist Ausdruck der Beziehungen zwischen den Akteuren.

…, dann kommen wir zu dem Ergebnis, dass sich die chinesischen Gruppen, die wir beobachten konnten, hinsichtlich Problemlösungskompetenz, sozialen und persönlichen Kompetenzen sowie Reflexivität nicht wesentlich von ihren deutschen Kommilitonen unterscheiden. Einige kleinere Unterschiede, die der chinesischen Kultur zuzuschreiben sind, haben wir angedeutet. Die von uns beobachteten chinesischen Studenten erwiesen sich als etwas teamorientierter und kollaborativer in ihrem Vorgehen, in den deutschen Gruppen waren auch „Alleingänge" beobachtbar und wurden toleriert. Den größten Lernbedarf sehen wir in der Entwicklung von reziprokem Vertrauen und verlässlichen Beziehungen außerhalb der gewohnten sozialen Referenzfelder. Verlässliche Institutionen, damit etwa in regionalen Netzwerken Wissen ausgetauscht und Neuerungen entwickelt werden können, bilden sich in China nur sehr zögerlich heraus, zumal die Gesellschaft als sehr kompetitiv wahrgenommen wird. Bevor Wissen bereitwillig ausgetauscht wird, muss daher sehr viel in Vertrauen und Verlässlichkeit investiert werden (vgl. dazu auch Kap. 13).

14.11 Fazit

Hinsichtlich der Repräsentativität der von uns erzielten Ergebnisse müssen wir natürlich klare Einschränkungen machen, das ist uns sehr bewusst. Das bezieht sich einmal auf die Zahl der untersuchten Gruppen und auch auf die jeweilige Herkunft der Studenten. Hier kann man lediglich auffordern, es gleichfalls und mit ähnlichen oder mit modifizierten Ansätzen zu versuchen. Darum ging es uns auch. Wir hatten primär die Intention mit einem empirischen Ansatz über die zumeist sehr allgemeinen Betrachtungen des chinesischen Nachwuchses hinauszukommen und weitere Forschung dazu anzuregen.

Die von uns gewonnenen Erkenntnisse sind selbstverständlich insofern auch etwas zu relativieren, als es sich bei den Studenten, die bereit sind im Ausland zu studieren, um eine spezifische Auswahl handelt. Sie sind vermutlich deutlich offener, als manche ihrer Alterskollegen, die ihr Land nie verlassen haben. Sie sprechen teilweise recht gut Deutsch und/oder Englisch und sind darüber hinaus mit den kulturellen Gepflogenheiten in anderen Ländern vertrauter. Das gilt *mutatis mutandis* auch für die Studenten, mit denen wir in China gearbeitet haben. Sie sind zwar noch im Lande, studieren aber in den meisten Fällen mit einer internationalen Ausrichtung und werden vermutlich zumindest teilweise auch Zeiten im Ausland verbringen.

Gleichwohl denken wir, dass die Erkenntnisse, die wir hier vorgestellt haben, einige Aufschlüsse über sich abzeichnende Trends im Verhalten und den Einstellungen einer Kohorte von jungen Leuten geben, in Richtung auf mehr Offenheit, Kreativität, Kritik oder Kommunikation. Sie passen auch zu den Ergebnissen aus anderen Quellen, die teilweise ebenfalls in diesem Band zu finden sind. Aufgeklärte junge Menschen haben sich in der Geschichte sehr häufig als die treibenden Katalysatoren des Wandels in festen Strukturen erwiesen.

Literatur

Anderson PH, Skaates MA (2004) Ensuring validity in qualitative international business research. In: Marschan-Piekkari R, Welch C (Hrsg) Handbook of qualitative research methods for international business. Elgar, Cheltenham, S 464–485

Asendorpf JB (2007) Psychologie der Persönlichkeit, 5. Aufl. Springer, Berlin

Axelrod R (1987) Die Evolution der Kooperation. Oldenbourg, München

Bergmann G, Daub J (2008) Systemisches Innovations- und Kompetenzmanagement. Gabler, Wiesbaden

Brandenburger AM, Nalebuff BJ (1996) Co-Opetition. Currency-Doubleday, New York

Brewer MB, Yuki M (2007) Culture and social identity. In: Kitayama S, Cohen D (Hrsg) Handbook of Cultural Psychology. The Guilford, New York, S 307–322

Burke P (2014) Die Explosion des Wissens. Von der Encyclopédie bis Wikipedia. Wagenbach, Berlin

Clasen E (2016) Kreativität und Kompetenzen von IngenieurInnen. kontrolle, Steuerung und Eigensinn in wissensintensiver Arbeit. Hampp, München

Denzin N (1970) The research act in sociology: a theoretical introduction to sociological methods. Aldine, Chicago

Dimitrova D (2008) Das Konzept der Metakompetenz: theoretische und empirische Untersuchung am Beispiel der Automobilindustrie. Gabler, Wiesbaden

Eckhard GM (2004) The role of culture in conducting trustworthy and credible qualitative business research in China. In: Marschan-Piekkari R, Welch C (Hrsg) Handbook of qualitative research methods for international business. Elgar, Cheltenham, S 402–420

Erpenbeck J, von Rosenstiel L (Hrsg) (2003) Handbuch Kompetenzmessung. Schäffer-Poeschel, Stuttgart

Flick U (2002) Qualitative Sozialforschung – Eine Einführung. Rowohlt, Reinbek

Flick U, Kardorf E, Steinke I (Hrsg) (2000) Qualitative Forschung – Ein Handbuch. Rowohlt, Reinbek

Freimuth J, Elfers C (1992) Warum sollte man zusammenarbeiten? Zur Logik und Ethik von Kooperation. Organisationsentwicklung, 11(23):4–43

Freimuth J, Hoets A (1996) Schlüsselqualifikationen. In: Greif S, Kurtz H-J (Hrsg) Handbuch Selbstorganisiertes Lernen. Hogrefe, Göttingen, S 141–147

Gladwell M (2000) The tipping point. How little things can make a big Difference. Little, Brown & Co, Boston

Gosper M, Ifenthaler D (Hrsg) (2014) Curriculum models for the 21st century. Using learning technolgies in higher education. Springer, New York

Gouldner A (1984) Reziprozität und Autonomie. Suhrkamp, Frankfurt

Johnson S (2016) Wo gute Ideen herkommen, 4. Aufl. Bad Scoventa Verlagsgesellschaft, Vilbel

Jullien F (2002) Der Umweg über China. Ein Ortswechsel des Denkens. Merve, Berlin

Jullien F (2006) Vortrag vor Managern über Wirksamkeit und Effizienz in China und im Westen. Merve, Berlin

Jullien F (2008) Umweg über China. In: Baecker D, Jousset P, Jullien F, Kubin W, Pörtner P (Hrsg) Kontroverse über China. Sino-Philosophie. Merve, Berlin, S 7–29

Kepner CH, Tregoe BB (1973) Problem analysis and decision making. Princeton University Press, Princeton

Kleinmann M (2013) Assessment-Center. In: Sarges W (Hrsg) Management Diagnostik, 4. Aufl. Hogrefe, Göttingen, S 809–819

Kliemt H (1986) Antagonistische Kooperation. Alber, Freiburg

von Krogh G, Ichijo K, Nonaka I (2000) Enabling knowledge creation. Oxford University Press, Oxford

Krumm S, Mertin I, Dries C (2012) Kompetenzmodelle. Praxis der Personalpsychologie. 27. Hogrefe, Göttingen

Lang S (2015) Abenteuer Auslandsstudium. Wege vom Reich der Mitte nach Deutschland und in die Welt. Merics, Duisburg

Lü Q (2008) Medienkompetenz von Studierenden an chinesischen Hochschulen. VS Research, Wiesbaden

Mey G, Mruck K (Hrsg) (2014) Qualitative Forschung. Analysen und Diskussionen – 10 Jahre Berliner Methodentreffen. Springer VS, Wiesbaden

Numeier M (2013) MetaSkills. Five talents for the robotic age. Verlag New Riders, San Francisco

Nonaka I, Tateuchi H (1995) The knowledge creating company. How Japanese companies create the dynamics of innovation. Oxford University Press, Oxford

Ottc I, Prieu-Ribcke S, Michelsen G (2014) Hochschulbildung auf der Höhe des 21. Jahrhunderts. In: Müller C v, Zinth C-P (Hrsg) Managementperspektiven für die Zivilgesellschaft des 21. Jahrhunderts. Management als Liberal Art. Springer Gabler, Wiesbaden, S 183–203

Polanyi M (1985) Implizites Wissen. Suhrkamp, Frankfurt

Reichertz J (2014) Die Konjunktur der qualitativen Forschung und Konjunkturen innerhalb der qualitativen Forschung. In: Mey G, Mruck K (Hrsg) Qualitative Forschung. Analysen und Diskussionen – 10 Jahre Berliner Methodentreffen. Springer VS, Wiesbaden, S 87–102

Riopel M, Smyrnaiou Z (Hrsg) (2016) New developments in science and technology education. Springer, Switzerland

von Rosenstiel L, Frey D (2012) Universität als Stätte der Bildung und Persönlichkeitsentwicklung. In: Oerter D, Frey D, Mandl H, Rosenstiel L v, Schneewind K (Hrsg) Universitäre Bildung – Fachidiot oder Persönlichkeit. Hampp, München, S 49–68

Russell C (2016) New youth: understanding China's millenials. Cheung kong graduate school of business knowledge China-focused leadership and business analysis. http://knowledge.ckgsb.edu.cn/2016/02/03/demographics/new-youth-understanding-chinas-millennials/Knowledge. Zugegriffen: 10. Febr. 2017

Senge P (2011) Die fünfte Disziplin. Kunst und Praxis der lernenden Organisation, 11. Aufl. Schäffer-Poeschel, Stuttgart

Wenger E, McDermott R, Snyder WM (2002) Cultivating communities of practice. Harvard Business School Press, Boston

Werle K (2016) Tigermama-Kinder in Freiheit. Manager Magazin 2(Februar):85–87

Xinran (2016) Kleine Kaiser. Geschichten über Chinas Ein-Kind-Generation. Drömer, München

Über die Autoren

Prof. Dr. Joachim Freimuth, Jg. 1951, studierte Betriebs- und Volkswirtschaftslehre sowie Betriebspädagogik in Bremen und Landau. Er verfügt über langjährige Fach-, Führungs- und Beratungserfahrungen, veröffentlichte zahlreiche Publikationen, u. a. über die Entwicklung in China. Joachim Freimuth ist ehemaliger Professor für Personalmanagement an der Hochschule Bremen und derzeit noch als freiberuflicher Trainer, Moderator und Berater für Change-Management tätig.

Minyan Luo Der studierte Germanist Minyan Luo ist seit 1982 in Deutschland. Er ist Mitbegründer des ersten deutschen Studiengangs der Wirtschaftssinologie an einer deutschen Fachhochschule, der Hochschule Bremen. Annähernd 30 Jahre lang war er Lektor für Chinesisch und Wirtschaftschinesisch in diesem Studiengang, betreute das Fach Chinesisch und Wirtschaftschinesisch, organisierte das Sprach- und Kulturstudium der Bremer Studierenden an den chinesischen Partneruniversitäten und begleitete deren Praktikum in China. Über viele Jahre und noch heute unterstützt er die Chinaaktivitäten der Hochschule Bremen als Leiter des Kompetenzzentrums China und berät hochschulintern und -extern Institutionen und Unternehmen in ihren Chinaaktivitäten.

Katjana Pieper studierte Management im Handel an der Hochschule Bremen und verfasste ihre Bachelorthesis über die Weitergabe von Informationen in vollkontinuierlichen Fertigungen am Beispiel von Schichtübergaben. Seit ihrem Abschluss ist sie als selbstständige Projektkoordinatorin und Prozessbegleiterin in unterschiedlichen Projekten tätig. Zu diesen zählen insbesondere die Prozessbegleitung bei der Entstehung wissenschaftlicher Forschungsarbeiten. Frau Pieper engagiert sich außerdem in der Erwachsenenbildung und dem Bewerbertraining.

Dr. Monika Schädler ist Professorin für Wirtschaft und Gesell-schaft Chinas an der Hochschule Bremen. Nach dem Studium der Volkswirtschaftslehre und der Sinologie in Berlin, Hamburg und Peking arbeitete sie an zahlreichen Forschungsprojekten zu China, u. a. zur ländlichen Industrialisierung, zur Regionalentwicklung oder zur sozialen Sicherung. Seit mehr als zwei Jahrzehnten an der Hochschule Bremen liegen ihre inhaltlichen Schwerpunkte auf der aktuellen Entwicklung in Wirtschaft und Gesellschaft Chinas. Als Lehrende und Forschende und Gründungsdirektorin des Konfuzius-Institut Bremen (2013) ist sie in engem Austausch mit China.

Teil VI

Herausforderungen und Konzepte beim Übergang von der Hochschule in den Betrieb – Beispiele aus Unternehmen in China

Anspruch und Wirklichkeit bei der Auswahl von chinesischen Hochschulabsolventen und die Auswirkungen auf Verfahren der Personalauswahl – ein Erfahrungsbericht

Josef Lürkens

Zusammenfassung

Der chinesische Arbeitsmarkt hält für Hochschulabsolventen, die sich bei westlichen Unternehmen oder Joint Ventures mit westlichen Unternehmen bewerben, einige Herausforderungen bereit. Hier treffen in vielerlei Beziehung unterschiedliche Erwartungen aufeinander und stellen beide Seiten vor Herausforderungen. Manche Studienabgänger, die sich Hoffnungen auf einen sicheren Job, speziell in solchen Unternehmen machen, werden bitter enttäuscht, weil sie keinen der begehrten Jobs erhalten oder später in diesen Jobs scheitern. Das liegt einerseits daran, dass der Markt gar nicht so viele Jobs hergibt, andererseits daran, dass nach meiner Erfahrung das Profil vieler Bewerber nicht den Vorstellungen der einstellenden Unternehmen insbesondere hinsichtlich der Kompetenzen wie unternehmerisches Denken, Eigeninitiative, selbstständiges Handeln und oft auch Sprachkenntnissen entspricht oder die Bewerber in den Einstellungsgesprächen beziehungsweise später im Job in diesen Punkten nicht überzeugen können. Ursachen hierfür sind nach meiner Beobachtung eine mangelhafte Vorbereitung, ein negativer persönlicher Eindruck, unzureichende Fach- und Sprachkenntnisse und unrealistische Erwartungen und Forderungen. Häufig liegt es nicht an den Kandidaten allein, auch werden Fehler seitens der vermittelnden Agenturen und der einstellenden Unternehmen selbst gemacht.

J. Lürkens (✉)
Inhouse Consultant Brose China, Aachen, Deutschland
E-Mail: j.luerkens@luerkens.net

© Springer Fachmedien Wiesbaden GmbH 2017
J. Freimuth und M. Schädler (Hrsg.), *Chinas Innovationsstrategie in der globalen Wissensökonomie*, DOI 10.1007/978-3-658-17651-8_15

Inhaltsverzeichnis

15.1 Große Niveauunterschiede

Jährlich schließen über 7 Mio Studenten an chinesischen Hochschulen ihr Studium ab bzw. schreiben sich genauso viele Studenten neu an den Universitäten ein (Erling 2013; German.CHINA.ORG.CN 2014). Hierbei lassen sich jedoch gravierende Unterschiede in der Qualität der Universitäten und der Lehrkräfte sowie zwischen den Absolventen feststellen. Wie genau diese aussehen und welche Auswirkungen sie auf Unternehmen haben, zeigt dieses Kapitel.

15.1.1 Universitäten

In China gibt es eine große Anzahl von Universitäten und Hochschulen, wobei die besten oder besseren vornehmlich in den Ballungsgebieten Peking (z. B. Peking Universität) und Shanghai (z. B. Fudan und Tongji Universität) angesiedelt sind. Die Qualitätsunterschiede zwischen den Universitäten und den Regionen sind beträchtlich und die Plätze an den Elite-Instituten knapp bemessen und heiß begehrt. Studenten und ihre Eltern tun alles, um in den alljährlichen Abschluss- und Aufnahmeprüfungen („Gao Kao") bestmöglich abzuschneiden und einen Platz an einer der Elite-Universitäten oder zumindest an einer der renommierteren Hochschulen zugewiesen zu bekommen. Wer in der Aufnahmeprüfung unterdurchschnittlich abschneidet, bekommt entweder gar keinen Studienplatz oder einen in einer unbedeutenderen Hochschule. Schließlich kann es sein, dass dort nicht die gewünschten und den Fähigkeiten entsprechenden Studienfächer belegt werden können. Die Folgen für die Zukunft insbesondere für die Jobaussichten der Bewerber sind absehbar.

Der Konkurrenzdruck ist enorm und die Kandidaten tun alles dafür, um gegenüber Mitbewerbern erfolgreich zu sein. Es entsteht tendenziell eine Atmosphäre der Anpassung und der Unsicherheit, noch bevor die künftigen Studenten überhaupt einen Fuß in die Universität gesetzt haben. Das ist eher das Gegenteil davon, was für Kreativität, kritisches Denken und eine Reflexivität fördernde Lernumgebung benötigt wird.

15.1.2 Lehrkräfte

Die Qualität einer Hochschule hängt erst einmal von den dortigen Lehrkräften ab, deren Wissen und Qualifikation ebenfalls beträchtlich schwanken. Man kann sagen, dass mit zunehmender Entfernung einer Hochschule zu den Ballungszentren – insbesondere Peking, Shanghai und Guangzhou – die Qualifikation und die Qualität der Dozenten in der Regel abnehmen. Das ist in China bestens bekannt. Demzufolge sind die Chancen der Absolventen von Universitäten aus der Provinz auf dem Arbeitsmarkt eher schlechter. Sie sind tendenziell froh, überhaupt den Berufseinstieg zu schaffen, und neigen deshalb vermutlich dazu, sich stark anzupassen und nicht kritisch mitzudenken.

Hinzu kommen kulturelle Besonderheiten wie das Gehorsamkeitsprinzip. Professoren gelten als Autoritäten, deren Wissen und Erfahrung nicht hinterfragt wird. Entsprechend sind auch die Lehrveranstaltungen eher passivierend und regen selten zur kritischen Reflexion an. Die Lehrinhalte werden präsentiert, die Studenten lernen diese dann auswendig und reproduzieren den Stoff in den Prüfungen lediglich.

Was noch wichtiger ist, Professoren liefern auf diese Weise implizit ihren Studenten ein Rollenmodell für den Status eines Experten. Dieses Rollenmodell wird unbewusst kopiert und zu einem Teil des eigenen Selbstverständnisses. Ein Experte ist nach diesem Modell ein Wissender, weniger ein Lernender, er stellt keine Fragen, er weiß die Antwort. Das ist eine Grundeinstellung, die in Unternehmen, in denen die Fragestellungen eher komplex und unklar definiert sind, ein echtes Hindernis darstellt. Darüber hinaus zeigen sich die Probleme eines derart geprägten Selbstbildes erst, wenn Fehler passiert sind. Man darf vermuten, dass eine offene und tolerante Fehlerkultur, die auch eine Kultur des Lernens und gemeinsamen Fortschreitens ist, so kaum entstehen kann.

15.1.3 Absolventen

Die Folgen der regionalen Qualifikationsgefälle und der Hochschulsozialisation, die primär im adaptiven Lernen besteht, liegen auf der Hand. Die Absolventen sind nicht darin geschult, kritisch eigene Lösungen komplexer und unscharf definierter Probleme zu generieren. Das ist in einer modernen Arbeitsumgebung aber überlebenswichtig. Auf der anderen Seite ist das Selbstbild eines Experten, das implizit im Studium mitvermittelt wird, wenig dazu angetan, diese Limitationen zu erkennen und eine Lernhaltung einzunehmen. Die Abgänger sind also nur bedingt auf das Berufsleben vorbereitet und gehen demzufolge mit falschen Vorstellungen und Erwartungen auf Jobsuche.

Dazu kommt, dass viele überhaupt nicht wissen, wie sie sich „richtig" bewerben, sich auf ein Vorstellungsgespräch gut vorbereiten und dort überzeugend rüberkommen. Sie verstehen nicht, dass sie sich gut präsentieren und verkaufen müssen, demzufolge sieht man hier auch wenig Eigeninitiative. Sie wenden sich oftmals auch an eine Agentur in der Hoffnung „die wird es wohl schon richten". D. h., sie delegieren die Verantwortung für die Jobsuche und die damit verbundenen Anstrengungen. Entsprechend sind auch die Resultate. Anspruch und Wirklichkeit von Bewerbern klaffen in China oftmals weit auseinander.

15.1.4 Weibliche Kandidaten

Frauen sind nach meiner Beobachtung immer öfter die besseren Bewerber. Obwohl es in China offiziell die Gleichstellung von Mann und Frau gibt, ist dies jedoch nicht durchgängig gegeben. Frauen haben oft nur dann eine Chance gegen männliche Bewerber zu bestehen, wenn sie bei der Bewerbung und später im Job fachlich und persönlich überzeugender auftreten. Hier ist, nach meiner Erfahrung, eindeutig der Trend zu beobachten, dass Frauen diese Chancen auch wahrnehmen, und das nicht nur in administrativen oder kaufmännischen Bereichen, sondern zunehmend auch in technischen Berufen.

15.2 Einflussfaktoren auf die Entwicklung und die späteren Chancen

Die Ansprüche der Bewerber an Arbeitgeber und Jobs unterscheiden sich zum Teil erheblich und werden meines Erachtens im Wesentlichen von den vier Einflussfaktoren Geburtsort, Wohlstand, Erziehung und Schulausbildung bestimmt, wobei die Bedeutung jedes einzelnen Faktors stark variieren kann.

Stammt ein Kind beispielsweise aus einer wohlhabenden Familie mit guten Beziehungen zu staatlichen Stellen, aus einer der großen Städte im Osten des Landes und hat es eine gute Schule besuchen können, sind die Chancen auf einen Studienplatz im gewünschten Fach an einer renommierten Universität und später auf einen guten Job deutlich größer als bei einem Kind, bei dem einer oder mehrere dieser Einflussfaktoren nicht zutreffen. Entsprechend sind jeweils die Erwartungen.

Der Geburtsort ist im sogenannten Hukou dokumentiert. Eltern müssen ihre Kinder in der Regel auch in der Stadt oder Region zur Schule schicken, wo der Hukou registriert ist. Arbeitet ein Elternteil nachweislich (z. B. mit Arbeitsvertrag) in einer Stadt wie Peking oder Shanghai oder/und dort gar bei einer staatlichen Behörde, darf das Kind auch dort zur Schule gehen. Dieser Nachweis ist jährlich zu erbringen.

Verfügen die Eltern über Vermögen oder ein höheres Einkommen, besteht die Möglichkeit, das Kind auf eine bessere Privatschule, auch in Peking oder Shanghai, unterzubringen. Die Kosten der chinesischen Privatschulen orientieren sich oft an denen westlicher Privatschulen und sind somit nicht unbeträchtlich.

Von Bedeutung ist auch, wie die Eltern das Kind heranziehen. Ist es ein „Kleiner Kaiser", dem von Geburt an alles gewährt und in den Schoß gelegt wird, oder muss das Kind sich alles oder vieles selbst erarbeiten? Sind die Eltern „Tigereltern", die ihre Sprösslinge mit allen Mitteln fordern und ihnen alles an und in der Ausbildung abverlangen oder sind die Kinder sich bezüglich der Ausbildung eher selbst überlassen? Abhängig von der Sozialisation ist dann oft beobachtbar, dass die Kinder später über ein überzogenes Selbstbild verfügen oder eher unsicher sind.

Das alles hat nicht nur erhebliche Auswirkungen auf die schulische Ausbildung und Leistung, die Ergebnisse bei der Prüfung zur Zulassung an einer Hochschule und den beruflichen Werdegang, sondern auch auf die Entwicklung der Persönlichkeit und damit auf die Vorbereitung zur Bewerbung, die Erwartungen dort und das spätere Auftreten im Job.

15.3   Prinzipielle Vorbereitung auf den Job

Eine Vorbereitung auf den Job findet meines Erachtens in vielen Fällen nicht oder nur sehr unzureichend statt. Nur relativ wenigen Studenten ist es möglich, ein gutes praxisorientiertes Praktikum an einem renommierten (westlichen) Unternehmen zu durchlaufen und so verwertbare erste Erfahrungen zu sammeln. Die meisten Studenten können lediglich praktische Erfahrungen an der Hochschule, z. B. im Studentenrat oder bei der Gestaltung von Uni-Events, oder durch die freiwillige Mitarbeit in staatlichen (Hilfs-) Organisationen vorweisen.

Selten besteht auch eine klare Vorstellung, wie das spätere Berufsleben aussehen wird, welche konkreten Anforderungen zu erfüllen sind und wie die Herausforderungen im Job gemeistert werden können. Das mag sich auf den ersten Blick nicht zu sehr von den Gegebenheiten in Europa und den USA unterscheiden, aber der Umgang damit fällt in China doch sehr unterschiedlich aus.

Auch Fremdsprachenkenntnisse sind häufig unzureichend. Zwar können die Bewerber fast immer auf etliche Studienjahre und auch Zertifikate verweisen, die erworbenen Kenntnisse wurden allerdings nie in der Praxis angewendet und systematisch ausgebaut. Auch hierbei spielen kulturelle Besonderheiten eine Rolle. So spricht in internationalen Treffen immer nur der ranghöchste Vertreter des Unternehmens und die anderen am Tisch halten sich zurück oder äußern sich nur, wenn sie dazu aufgefordert werden – selbst wenn sie über die weitaus besseren Kenntnisse und Fähigkeiten verfügen.

15.4   Ziele und Einstellungen der Bewerber

Bewerber mit guter Ausbildung und guten Zeugnissen oder Referenzen sehen sich von Beginn an in einer Führungsposition oder zumindest rasch die Karriereleiter aufsteigen. Und wenn eine entsprechende Funktion zum Einstieg nicht geboten wird, wird sie zumindest nach kurzer Zeit erwartet. Weiterbildende Kurse und Trainings werden in der Regel nach den Kriterien Karriere und Gehalt geplant, ausgesucht und oft dann auch gefordert. Hoch im Kurs sind MBA-Studiengänge unter finanzieller Beteiligung des Arbeitgebers. Damit verbunden ist die Erwartung, bei erfolgreichem Bestehen automatisch eine höhere Position zugewiesen und/oder ein höheres Gehalt gewährt zu bekommen – unabhängig davon, ob danach entsprechende Leistungen erbracht werden, die dies auch rechtfertigen würden.

Hinzu kommt, dass besonders in den großen Städten wie Peking, Shanghai und Guangzhou das Thema der ausgewogenen Verteilung von Arbeit und Familienleben wichtiger geworden ist. Längere Reisetätigkeiten sind nicht mehr per se attraktiv, im Gegenteil. Am ehesten sind hier noch familiär ungebundene Bewerber offen. Es gab auch schon Interviews, in denen ein höherer Anteil an Geschäftsreisen, z. B. 2 bis 3 Tage die Woche, zur sofortigen Absage der Bewerber führte.

Schließlich darf nicht vergessen werden, dass Image und Marktposition des Unternehmens für die Bewerber sicherlich wichtig sind. Bedeutsamer sind aber noch die Beziehungen zum Vorgesetzten. Der Mitarbeiter fühlt sich dem Vorgesetzten zur Loyalität, zuweilen sogar zum Gehorsam verpflichtet. Entsprechend achtet ein Bewerber im Auswahlgespräch eher auf die Beziehung, während der Fokus der Interviewer mehr auf der fachlichen Eignung liegt. Hierin liegt ein großes Potenzial für Missverständnisse.

Darüber hinaus führt dieser Umstand eventuell dazu, dass Mitarbeiter Fähigkeiten, die erst im Job entfaltet werden können, wie eigenständiges und unternehmerisches Denken, Kritik und Verbesserungsideen äußern sowie Problemlösungskompetenz, nicht im gewünschten Maße entwickeln können. Die persönliche Weiterentwicklung eines Mitarbeiters hängt demnach maßgeblich davon ab, ob ihm sein Vorgesetzter die Möglichkeit dazu bietet.

15.5   Fehler im Personalauswahlverfahren

15.5.1 Bewerber

Für Unternehmen ist meiner Erfahrung nach eine sehr unterschiedliche und häufig unzureichende Vorbereitung der Bewerber auf das Interview am problematischsten bei der Rekrutierung neuer Mitarbeiter. Weibliche Kandidaten treten dabei oftmals besser vorbereitet auf als ihre männlichen Pendants. Wesentliche Schwächen in der Vorbereitung sind:

- Der vermittelnde Agent wird nicht zum Job befragt, es wird lediglich ein Standardformular ausgefüllt und an den potenziellen Arbeitgeber übergeben.
- Die Bewerber machen sich keine Checkliste (Inhalte, Fragen) zum Interview.
- Der geplante Zeitrahmen und die Teilnehmer des Unternehmens sowie deren Position werden nicht erfragt.

- Die Webseite wurde nicht besucht oder nur oberflächlich angesehen.
- Das Wissen über das Unternehmen (Eigentümer, Gesellschaftsform, Produkte, Standorte, Mitarbeiter, Umsätze, Kunden usw.) wird nicht erworben und ist demzufolge im Bewerbungsgespräch oft dürftig bis nicht vorhanden.
- Die Bewerber machen sich keine konkreten Gedanken zur angestrebten Tätigkeit (Inhalte, Regelarbeitszeit, Überstundenregelung, Reisetätigkeit usw.).

Auch können Fehler direkt während des Interviews auftreten. So haben einige Bewerber nur unzureichende, von den vorliegenden Angaben abweichende Englischkenntnisse und sich vorab keine konkreten Gedanken zur persönlichen Karriereplanung gemacht. Weiter stellen die Bewerber selten Fragen zur Organisation, der Abteilungsstruktur des Unternehmens, den Aufgaben und Zielen, zu Erwartungen des einstellenden Unternehmens und des künftigen Vorgesetzten oder zum Arbeitsplatz an sich. Auch ist zu beobachten, dass das Gehalt und weitere Leistungen des Arbeitgebers für Bewerber im Vordergrund stehen.

Aufgrund der oben beschriebenen Situation, ist es für Unternehmen oftmals ein langwieriger und dadurch kostenintensiver Prozess, einen qualifizierten und passenden Bewerber zu finden.

15.5.2 Vermittlungsagenturen

Leider sind aus meiner Sicht die meisten Personalagenturen rein am kommerziellen Erfolg ausgerichtet und haben oft weniger das Wohl ihrer Kunden und der Bewerber im Blick. Sie arbeiten meistens mit standardisierten Fragebögen, die die Bewerber mehr oder weniger vollständig und aussagefähig ausfüllen, wobei dann wichtige Basisinformationen fehlen oder nicht verwertbar sind. Dazu zählen:

- der Hukou- oder Resident-Status,
- der Familienstand und die Anzahl der Kinder,
- die berufliche Situation des Ehepartners oder des Lebensgefährten,
- die Motivation des Bewerbers, gerade in dem Unternehmen zu arbeiten,
- Erwartungen des Bewerbers an das Unternehmen,
- Sprachkenntnisse,
- Trainings außerhalb des Studiums – manchmal sind diese auch angegeben, aber dann unzureichend dokumentiert,
- zu große Spannen in der Unterteilung der anzukreuzenden Gehaltsvorstellungen, sodass die tatsächlichen Vorstellungen von Absolvent und Unternehmen sich nicht treffen können. Besser und präziser wäre ein leeres Feld, in dem die Absolventen ihre Vorstellungen selbst eintragen können.
- ein Foto des Bewerbers.

Insbesondere bezüglich der Sprachkenntnisse ist es wünschenswert, dass die Agentur den Bewerber einer Prüfung unterzieht, bevor er dem Unternehmen empfohlen und präsentiert wird.

15.5.3 Einstellende Betriebe

Auch hier besteht häufig eindeutig Handlungsbedarf. Oft mangelt es schon an grundsätzlichen Dingen wie einem geschlossenen Raum mit angenehmer Temperatur und guter Luft, einer angemessenen Bewirtung oder bereitliegendem Informationsmaterial über das Unternehmen. Während die Personalverantwortlichen meistens gut vorbereitet und mit einer Agenda in die Gespräche gehen, kann das von den Teilnehmern der anfordernden Stellen nicht immer behauptet werden. Häufig steht weder ein Organigramm der Abteilung noch eine Stellenbeschreibung zur Verfügung. Viele Interviews werden zum größten Teil in Chinesisch geführt (insbesondere, wenn der Interviewer selbst Chinese ist), Fremdsprachenkenntnisse und auch technisches Wissen werden oft nicht oder nicht ausreichend getestet. Ist der Kandidat interessant und soll er verpflichtet werden, wird weder eine Besichtigung des künftigen Arbeitsplatzes angeboten, noch eine Vorbereitungsmappe für den neuen Job übergeben.

15.6   Fazit und Ausblick

In China kommen zwar derzeit mit jährlich über 7 Mio. erfolgreichen Studienabschlüssen eine riesige Anzahl an Studienabgängern auf den Arbeitsmarkt, aber nur ein Teil der Absolventen ist wirklich fit für das Arbeitsleben oder bereitet sich gezielt darauf vor. Die Gründe hierfür liegen nach meiner Beobachtung vorwiegend in der Herkunft, der Erziehung, im sozialen und kulturellen Umfeld und insbesondere in der Ausbildung an den Hochschulen. Wesentliche Hard und Soft Skills müssen im Job erst erworben und weiterentwickelt werden. Dies stellt die Führungskräfte in den einstellenden Unternehmen vor große Herausforderungen und ist nicht selten mit erheblichen, oft auch ungeplanten Kosten verbunden.

Die Anzahl der Talente mit Unternehmer- und Führungsqualitäten wächst, bleibt aber insgesamt deutlich unter dem tatsächlichen Bedarf. Demzufolge werden Talente mit entsprechenden Fähigkeiten heiß umworben. Und da sich auch in China immer mehr Unternehmen im (internationalen) Wettbewerb beweisen müssen, wird sich der „War for Talents" unter den Unternehmen in den nächsten Jahren wohl noch verschärfen.

Darüber hinaus besteht die Gefahr, dass die qualifizierten und jungen Mitarbeiter schnell von anderen Unternehmen abgeworben werden. Dies hat zur Folge, dass Investitionen in die Qualifizierung der gerade rekrutierten Hochschulabsolventen den Unternehmen nicht besonders leichtfallen. Eingearbeitete Fachkräfte sind angesichts der Verlockungen besserer Bezahlung und attraktiverer Umgebung gerne zum schnellen

Wechsel bereit. Wachsende Unternehmen stehen hier vor einem Dilemma. Sie müssen viel Aufwand zur Personalbindung betreiben, was eines der vorherrschenden HR-Themen in China ist.

Alle Beteiligten – also sowohl die Studienabgänger und deren Lehrkräfte als auch die vermittelnden Agenturen und die einstellenden Unternehmen und deren Führungskräfte – müssen ihre Potenziale zur Verbesserung und damit zur Entschärfung der Gesamtsituation erkennen und ausschöpfen. Dies wird aber nur dann möglich werden, wenn alle am Prozess Beteiligten die nötige Einsicht erwerben und die Voraussetzungen zu einem tief greifenden Wandel schaffen und diesen dann auch vollziehen.

Literatur

Erling J (2013) Chinas Studenten taugen nicht für die Praxis. Die Welt. http://www.welt.de/wirtschaft/article118149090/Chinas-Studenten-taugen-nicht-fuer-die-Praxis.html. Zugegriffen: 8. Dez. 2015

German.CHINA.ORG.CN (2014) Neue Hochschulabsolventen erwarten höhere Gehälter. http://german.china.org.cn/china/2014-07/29/content_33084684.htm. Zugegriffen: 8. Dez. 2015

Über den Autor

Josef Lürkens erlangte 1979 an der RWTH Aachen sein Diplom in Mathematik und startete im Anschluss daran seine Karriere als kaufmännischer Angestellter mit Schwerpunkt im Einkauf, in deren Verlauf er mehrere Führungspositionen in namhaften Unternehmen bekleidete. Er verfügt über 30 Jahre Erfahrung, sowohl zu strategischen, als auch zu operativen Fragestellungen des Einkaufs. Zwischen 2004 und 2015 sammelte er in unterschiedlichen Führungs- und Beratungspositionen mehrerer international agierender Unternehmen in China, wie zuletzt der Brose Ltd. in Shanghai, interkulturelle Erfahrungen. Seit Oktober 2015 ist Herr Lürkens als freier Berater für Einkaufsthemen und Prozessoptimierung mit Standort Aachen tätig.

Kooperation mit Hochschulen, Rekrutierung und Bindung von Talenten – Vorgehen, Erfahrungen und Probleme in China

Philip Simon

Zusammenfassung

Die äußerst dynamische wirtschaftliche Entwicklung in China und die Tatsache, dass nur ca. 10 % der chinesischen Studenten jeden Jahrgangs für eine Anstellung in ausländischen Multinational Cooperations (MNCs) infrage kommen stellen das Personalwesen in China vor große Herausforderungen. Verstärkt wird dieser Trend durch die Tatsache, dass in den letzten 2 Jahren chinesische MNCs die ausländischen MNCs von den Spitzenplätzen der Rankings der beliebtesten Arbeitnehmer für Graduates verdrängt haben und dadurch Unternehmen wie Hua Wei, Baidu und Tecent im Wettbewerb um die besten Talente bereits jetzt von den chinesischen Studenten bevorzugt werden. Der Wettbewerb um die Top 10 % der Studenten in China wird in den kommenden Jahren durch die Internationalisierungsstrategie der chinesischen Unternehmen und den dadurch stetig steigenden Bedarf an gut ausgebildeten Fachkräften in China weiter zunehmen. Wer als ausländisches Unternehmen weiterhin um die besten Talente der chinesischen Universitäten konkurrieren will, sollte einen speziellen Fokus auf das Personalmanagement im Bereich der Kooperation mit Hochschulen, Rekrutierung und Bindung von Talenten legen. Im folgenden Kapitel werden die verschiedenen Kooperationsformen mit Universitäten sowie die wichtigsten Rekrutierungswege für chinesische Studenten behandelt. Nachfolgend werden der Rekrutierungsprozess sowie die Bindung von jungen Talenten behandelt. Neben weiteren wissenschaftlichen Quellen gibt der Autor auch einige konkrete Handlungsempfehllungen für das Personalmanagement in China.

P. Simon (✉)
Partner S&P Consulting, Shanghai, China
E-Mail: ps@sandp-consulting.com

© Springer Fachmedien Wiesbaden GmbH 2017
J. Freimuth und M. Schädler (Hrsg.), *Chinas Innovationsstrategie in der globalen Wissensökonomie*, DOI 10.1007/978-3-658-17651-8_16

Inhaltsverzeichnis

16.1 Einleitung

In China gibt es zurzeit ca. 24 Mio. Studenten. Im Jahr 2013 haben nach Angaben der Regierung 6,4 Mio. chinesische Studenten ihren Abschluss vollendet (Statista 2016). Einer großen Anzahl dieser Absolventen mangelt es jedoch an Arbeitsmarktfähigkeit. Dies wird durch aktuelle Studien bestätigt, welche die Rekrutierung und Bindung lokaler Talente als die größten Herausforderungen für deutsche Unternehmen in China identifizieren (Deutsche Handelskammer in China 2016). Beispielsweise sind laut der internationalen McKinsey-Studie „Addressing China's Looming Talent Shortage" lediglich 10 % eines Jahrganges in der Lage, für Multi National Cooperations (MNCs) zu arbeiten (Farrell und Grant 2005).

Am begehrtesten sind Absolventen der sogenannten „25 Top-Universitäten" in China. Jedoch macht der Anteil der Absolventen dieser Universitäten weniger als 1 % der Gesamtsumme aus (Reisach et al. 2007, S. 113). Jene Gruppe von Absolventen wird intensiv von Headhuntern, den großen MNCs sowie von chinesischen Unternehmen umworben. Eine ähnliche Situation ist bei den Absolventen von MBA-Studiengängen (Master of Business Administration) oder Business-Schools anzutreffen. In diesem Kapitel liegt der Fokus auf einer Analyse der chinesischen Top-Absolventen, den besagten 10 %, die für MNCs infrage kommen. Um einen möglichst objektiven und aktuellen Überblick über diese Thematik zu geben, werden weitere Quellen hinzugezogen. Zudem dienen praktische Fallbeispiele und Problemstellungen aus dem Unternehmensalltag des Autors, welche er in den letzten 6 Jahren in verschiedenen HR-Führungspositionen deutscher Konzerne in China beobachten konnte, der Veranschaulichung.

Im ersten Abschnitt werden die verschiedenen Kooperationsformen mit chinesischen Universitäten sowie ein praxisnaher Maßnahmenkatalog für Unternehmen vorgestellt.

Anschließend gibt der zweite Abschnitt einen Überblick über die wichtigsten Rekrutierungswege für Universitätsabsolventen und stellt verschiedene Beschaffungsquellen und Ansprachformen bei der Personalauswahl vor. Danach wird der Rekrutierungsprozess und spezifische Besonderheiten für China in diesem Zusammenhang kurz dargestellt.

Der dritte Abschnitt erläutert das Thema Bindung der jungen Talente. Dabei wird zuerst die Arbeitsmarkfähigkeit der Absolventen eingegangen und hierbei die Kompetenzen aber auch Erwartungshaltungen chinesischer Absolventen mit westlichen Absolventen verglichen. Anschließend werden einige sinnvolle Bindungs- und Entwicklungsmaßnahmen für Absolventen erläutert.

16.2 Kooperationsformen mit chinesischen Hochschulen

Nach Angaben des Erziehungsministeriums der VR China gab es im Jahre 2012 2138 Hochschulen und Universitäten (Chinesisches Bildungsministerium 2016). Die Qualität der akademischen Ausbildung in China schwankt stark zwischen den Bildungseinrichtungen. Momentan spielen in China zwei Initiativen eine wichtige Rolle: Das „Project 211" fördert gezielt den Aufbau von 100 universitären Einrichtungen in China, und das „Projekt 985" stellt finanzielle Mittel für den Ausbau von 39 Top-Universitäten zur Verfügung (vgl. hierzu Kap. 5). Die ausländischen Konzerne sowie große chinesische Unternehmen orientieren sich meistens an den Universitätsrankings des Erziehungsministeriums und fokussieren sich dabei gezielt auf die sogenannten „25 Top-Universitäten". Die Folge hiervon ist, dass sich die renommiertesten Universitäten und Hochschulen ihre Kooperationspartner auswählen können und eine langfristige Kooperation für die Unternehmen so hohe Kosten verursacht. Für kleine und mittelständische Unternehmen stellt daher eine Konzentration bzw. Ausweitung der Aktivitäten auf andere Hochschulen und Universitäten durchaus eine sinnvolle Option dar. Insbesondere die „Aufsteiger" in den Universitätsrankings sollten verstärkt für eine mögliche Zusammenarbeit gewonnen werden. Durch staatliche Investitionen in das chinesische Bildungssystem steigt das Ausbildungsniveau auch außerhalb der „Top-Universitäten" kontinuierlich.

Nachfolgend sollen einige praxisrelevante Empfehlungen für mögliche Kooperationen mit Universitäten gegeben werden. Ein wichtiger Punkt ist der Aufbau persönlicher Beziehungen zur Universitätsleitung sowie zu Professoren und Dozenten. Insbesondere Professoren können wertvolle Informationen bei der Suche nach potenziellen Mitarbeitern liefern. Chinesische Absolventen bleiben auch noch lange nach dem Studium in engem Kontakt mit ihrer „Alma Mater". Auch die Gründung von Stiftungslehrstühlen oder Institute sowie der Aufbau von Studiengängen und dualen Ausbildungsgängen können speziell auf die Anforderungen des Unternehmens zugeschnittene Kandidaten liefern. Eine weitere Möglichkeit ist die Förderung von Forschungsprojekten oder die Finanzierung von Stipendienprogrammen. Eine dauerhafte Präsenz auf dem Campus ermöglicht eine frühzeitige Identifikation von Talenten. Mit dieser Maßnahme kann zusätzlich die Bekanntheit des Unternehmens gesteigert werden.

Auch direkte Kontaktgespräche auf dem Campus oder die Teilnahme an universitären Veranstaltungen als Sponsor sowie das Angebot von Praktika, Diplomarbeiten und Trainee-Stellen sind ein bevorzugtes Instrument für Unternehmen. Im Wesentlichen entsprechen diese Maßnahmen den Vorgehensweisen, die in Deutschland unter der Überschrift „Personalmarketing an Hochschulen" schon länger bekannt sind.

16.3 Überblick der wichtigsten Rekrutierungswege für Universitätsabsolventen

Vor den wirtschaftlichen Reformen von 1978 existierten in der VR China keine freien Arbeitsmärkte. Alle Arbeitsplätze wurden von staatlichen Stellen zugewiesen. Dies war bis in die 1990er Jahre das gängige Verfahren (Kuhn et al. 2001, S. 187). Weder Arbeitskräfte noch Unternehmen hatten ein Mitbestimmungsrecht im Zuteilungsprozess. Ein Arbeitnehmer gehörte lebenslang einer Arbeitseinheit „Danwei" an. Eine Kündigung durch den Arbeitgeber oder Arbeitnehmer war ausgeschlossen. Somit lag eine Beschäftigungsgarantie vor (Wei 2002, S. 116). Erst mit den Wirtschaftsreformen wurde dieses System grundlegend geändert. Die Veränderungen auf dem Arbeitsmarkt führten zur Implementierung neuer Rekrutierungsmärkte. Bis zum Beitritt der VR China in die World Trade Organisation (WTO) im Jahre 2001 waren die Arbeitsmärkte für internationale Unternehmen stark reglementiert. Durch die Liberalisierung des Arbeitsmarktes verloren die staatlichen Personalbeschaffungsorganisationen zunehmend an Bedeutung. Die unterschiedlichen Rekrutierungsmöglichkeiten in China lassen sich nach den Beschaffungsquellen sowie den Arten der Ansprache potenzieller Arbeitnehmer unterscheiden (s. Tab. 16.1).

Im folgenden Abschnitt werden ausschließlich die wichtigsten Ansprechformen für Universitätsabsolventen in China behandelt. Dies sind Internetportale, der firmeneigene Internetauftritt, Jobmessen, Personalagenturen und der informelle Arbeitsmarkt.

16.3.1 Internetportale und firmeneigener Internetauftritt

Die derzeit führenden Internetportale in China für Universitätsabsolventen, aber auch für die Jobsuche im Allgemeinen sind: 51Job, Zhaopin und ChinaHR (Monster). Diese Websites verfügen über mehrere Millionen Lebensläufe und Kontaktdaten möglicher Kandidaten in ihren Datenbanken. Die aktuellsten Entwicklungen sind Videobewerbungen der möglichen Kandidaten sowie Vorauswahltests der Internetportale. Das im Westen beliebte Portal LinkedIn spielt in China für Absolventen eine untergeordnete Rolle. LinkedIn wird eher im Bereich für erfahrene Führungskräfte und in erster Linie von Headhuntern genutzt. Die meisten In-House-Recruitment-Teams bevorzugen aufgrund

Tab. 16.1 Überblick über die wichtigsten Beschaffungsquellen für internationale Unternehmen in der VR China. (Quelle: Eigene Darstellung in Anlehnung an Waldkirch 2009, S. 45; Wei 2002, S. 152–173)

Beschaffungsquellen	Methodenbeschreibung
Übernahme aus dem chinesischen Partnerbetrieb	Teilweise oder komplette Übernahme der Belegschaft des Partnerunternehmens im Rahmen von Joint Ventures und (M&A-)Transaktionen
Rekrutierung an Hochschulen	Kooperationen mit Universitäten zur Anwerbung von Absolventen
Abwerbung von anderen Unternehmen	Gezieltes Abwerben von Mitarbeitern ausländischer und chinesischer Unternehmen
Ansprachenformen	
Stellenanzeigen (Inserate)	Schaltung von Anzeigen in Tageszeitungen oder Fachzeitschriften (regional und überregional)
Internetportale	Anzeigenschaltung oder Arbeitnehmersuche auf Jobplattformen
Firmeneigener Internetauftritt	Rekrutierung über die firmeneigene Website
Arbeitsmessen	Jobmessen ermöglichen einen direkten Kontakt zwischen Arbeitnehmer und Arbeitgeber
Private Personalagenturen	Bieten verschiedene Dienstleistungen[a] im Bereich des HRM an
Staatliche Personalagenturen	Staatliche Personalvermittlung. Wird durch die FESCO, CITD, CIIC usw. angeboten
Informeller Arbeitsmarkt	Interner Arbeitsmarkt, meist Empfehlungen durch bestehende Mitarbeiter

[a]Zu den angebotenen Dienstleistungen der privaten Personalagenturen zählen beispielsweise Headhunting, die Durchführung von Bewerbungsgesprächen und sonstige Beratungsleistungen im HRM-Bereich

der chinesischen Menüführung und Inhalte die benannten lokalen Plattformen. Gerade bei der jüngeren Generation ist die Online-Jobsuche beliebt. Es ist davon auszugehen, dass die Bedeutung dieses Rekrutierungsweges in den nächsten Jahren weiter zunehmen wird. Die Internetportale haben klassische Stellenanzeigen in den Printmedien nahezu komplett abgelöst, weil sie sowohl für die Kandidaten als auch die Unternehmen eine deutlich schnellere und günstigere Alternative darstellen. Die Jobportale sind sehr kandidatenfreundlich, nach Anlage eines Profils auf Chinesisch und Englisch kann man sich mit einem Klick auf ausgeschriebene Positionen bewerben. Das Verfassen eines wie in Europa üblichen, auf das Unternehmen und die Rolle zugeschnittenen Anschreibens ist in China eher die Ausnahme. Dies führt dazu, dass viele Absolventen sich auf Dutzende Jobs gleichzeitig bewerben und die ausschreibenden Unternehmen eine Vielzahl von nicht qualifizierten Bewerbungen bekommen. Daher sind Unternehmen dazu gezwungen, die erste Grobselektion anhand weniger Kriterien durchzuführen. Das wichtigste und erste Selektionskriterium für Absolventen ist der Name der Universität und deren Ranking im nationalen Vergleich. Dies verdeutlicht die Auswirkungen und damit die Bedeutung der bereits in anderen Kapiteln dieses Buchs beschriebenen Universitäts-„Wahl" (vgl. hierzu Kap. 5 und 15).

Die firmeneigene Internetplattform ist zwar eine wichtige Möglichkeit zur Rekrutierung von externen Arbeitnehmern, spielt jedoch bei Absolventen eine eher untergeordnete Rolle. Aufgrund des Bewerbermarktes erwarten die Top 10 % der Absolventen, dass MNCs die großen Jobportale benutzen oder die Kandidaten an der Universität direkt ansprechen.

16.3.2 Jobmessen

Bei Jobmessen oder auch „Job-Fairs" handelt es sich um regionale Veranstaltungen, bei denen Bewerber direkt die vertretenen Unternehmen ansprechen können. Meistens werden die Messen nach dem chinesischen Neujahresfest oder im Herbst durchgeführt, nachdem die Universitätsabsolventen ihre letzten Prüfungen abgeschlossen haben und auf der Suche nach einem geeigneten Arbeitsplatz sind. Mitte der 1990er Jahre organisierten die staatlichen Organisationen (FESCO und CIIC) die ersten Jobmessen in Peking. In den darauffolgenden Jahren wuchs die Zahl der Jobmessen landesweit auf mehrere hundert an (Saxinger 2004). Bedingt durch die mangelhafte Eventorganisation der staatlichen Veranstalter und das allgemein geringe Qualifikationsniveau der potenziellen Arbeitnehmer, ermöglichten diese Messen keine effektive Rekrutierung hoch qualifizierter Arbeitnehmer. Aus diesem Grund wurden diese Messen deshalb zumeist auch nur für die Massenrekrutierung von niedrig qualifizierten Arbeitnehmern genutzt. Ab dem Jahr 2000 wurde die Organisation der Jobmessen allerdings professionalisiert und durch eine Reihe von Gesetzen auf nationaler und lokaler Ebene reguliert (Cooke 2005, S. 176). Dadurch erhöhte sich die Qualität und Attraktivität der Jobmessen, was eine stetig steigende Zahl von ausstellenden ausländischen Unternehmen zur Folge hatte. Bedingt durch diese Professionalisierung der Messen stiegen neben der Qualität allerdings auch die Teilnahmegebühren, die sich zuvor auf eher niedrigem Niveau befanden.

Die wichtigsten Messen werden trotz der hohen Teilnahmekosten von vielen multinationalen Unternehmen besucht. Für sie sind jene Messen nicht nur eine Rekrutierungsmöglichkeit, sondern zusätzlich eine Personalmarketingmaßnahme, um den Bekanntheitsgrad des Unternehmens zu erhöhen. Ein weiterer Vorzug der Messen ist die Möglichkeit, konkret vor Ort einen persönlichen Eindruck von potenziellen Kandidaten zu gewinnen. Bei Bedarf können direkt auf der Messe Interviews mit geeigneten Kandidaten durchgeführt werden. Zudem gibt es spezialisierte Jobmessen. Ein Beispiel hierfür ist die „German Job Fair" in Shanghai, welche halbjährlich und nur für deutsche Unternehmen von der Deutschen Außenhandelskammer organisiert wird. Die Zielgruppe sind

Studenten, denen Praktika angeboten werden, um Sie frühzeitig an das Unternehmen zu binden und junge Berufseinsteiger, mit bis zu 5 Jahren Arbeitserfahrung. Ein neuer Trend der letzten Jahre stellt die Teilnahme an Jobmessen in Deutschland mit einem gesonderten Messestandes dar, dessen Fokus auf der jeweiligen chinesischen Landesgesellschaft liegt, um gezielt chinesische Studenten in Deutschland anzusprechen.

Nachteilig wirken sich die langen Zeitabstände zwischen den einzelnen Messen aus. Zudem kommt für kleinere Unternehmen in der Regel aufgrund des hohen Kosten- und Organisationsaufwandes die Teilnahme an einer Jobmesse nicht infrage, sodass sie andere Strategien der Rekrutierung ins Auge fassen müssen.

16.3.3 Personalagenturen

Bei Personalagenturen muss unterschieden werden zwischen staatlichen Arbeitsagenturen und privaten Personaldienstleistungsunternehmen (PDU), welche auch als „Headhunter-Unternehmen" bezeichnet werden. Die FESCO und andere staatliche Arbeitsagenturen vermitteln momentan größtenteils noch Produktionsmitarbeiter, Assistenten und Spezialisten und dies auch überwiegend als befristete Arbeitnehmerüberlassung. Bei der Rekrutierung von unbefristeten Vollzeitstellen für ausländische MNCs wurden die staatlichen Organisationen aufgrund des intensiven Wettbewerbs mit den privaten PDUs weitestgehend verdrängt. Die staatlichen Organisationen haben sich daher weitestgehend auf die Arbeitnehmerüberlassung und HR-Outsourcing-Services spezialisiert, wie beispielsweise die Gehaltsabrechnung und die Abführung der Sozialabgaben. Private PDUs bieten verschiedenste Dienstleistungen im HR-Bereich an. Eine davon ist die klassische Personalvermittlung, worauf dieser Beitrag fokussiert. Objektive Daten über die Anzahl der in China tätigen privaten PDU liegen nicht vor.

Das folgende Zitat bezieht sich nur auf die in Peking und Shanghai ansässigen PDU:

> It is believed that there are at least 1000 headhunting and employment agencies in Shanghai and several hundred in Beijing (Cooke 2005, S. 186).

Die Personalagenturen, welche meist über eine IT-gestützte interne Kandidatendatenbank sowie ein weitreichendes Beziehungsnetzwerk verfügen, bieten den Vorteil, die gewünschten Kandidaten mit den entsprechenden Qualifikationen zu finden. Meistens verwenden die Headhunter auch standardisierte Auswahlverfahren und Rekrutierungsprozesse, die eine deutlich objektivere und systematischere Evaluation und fundiertere Beurteilung der Kandidatenqualität ermöglichen.

Die Nachteile von PDUs sind die teilweise signifikanten Qualitätsunterschiede der Agenturen und ihrer Berater. Die anfallenden Kosten für eine Agentur sollten daher unbedingt mit den möglichen Kosten einer In-House-Rekrutierungsabteilung abgeglichen werden.

Vor allem bei sehr spezialisierten, schwer zu besetzenden Stellen oder höheren Managementpositionen ist es meistens vorteilhafter, externe Agenturen in Anspruch zu

Tab. 16.2 Vor- und Nachteile von Headhunting in China. (Quelle: Eigene Darstellung)

Vorteile	Nachteile
Hohe Wahrscheinlichkeit, Kandidaten mit den gewünschten Qualifikationen zu finden	Unterschiede in der Servicequalität und Integrität der Headhunting-Firmen
Objektivere und systematischere Evaluation	Hohe Kosten (marktüblich in China momentan 18–25 % des Jahresbrutto inklusive aller monetären Lohnbestandteile)
Beziehungsnetz der Headhunting-Firmen und IT-gestützte Datenbanken mit mehreren hunderttausend Kandidaten	Kurzfristige Interessen des Beraters, da meist ein geringes Grundgehalt plus eine Platzierungsbeteiligung ausgezahlt wird
Effizientere Rekrutierungsprozesse standardisierte Prozesse in den Headhunting-Firmen	Kurzfristige Interessen des Beraters, da meist ein geringes Grundgehalt plus eine Platzierungsbeteiligung ausgezahlt wird

nehmen. Auch für viele kleine oder mittelständische Unternehmen ohne oder mit einem kleinen HR-Team in China sind Agenturen in der Regel die bessere Wahl, weil sie über mehr Kontakte, Erfahrungen und Kenntnisse verfügen und dadurch besser in der Lage sind, die passende Beschaffungsquelle zu wählen (vgl. hierzu Tab. 16.2).

16.3.4 Informeller Arbeitsmarkt

Schätzungsweise 20 bis 30 % aller Arbeitsplätze werden in China durch die Nutzung von informellen Beziehungsnetzwerken besetzt. Die Rekrutierung über den informellen Arbeitsmarkt wird wie folgt definiert:

> That means loyal employees, content clients, business partners or other persons who are closely related to the company recommend friends or family members, whom they are convinced will master the respective duties and are good reliable employees (Boss et al. 2003, S. 140).

Viele MNCs haben ein internes „Employee Referral Program", wobei monatlich alle offenen Stellen ausgeschrieben werden und Prämien für erfolgreiche Empfehlungen ausgezahlt werden.

Der informelle Arbeitsmarkt zeichnet sich dadurch aus, dass Unternehmen alle Beschaffungsquellen nutzen können und diese Mitarbeiter meist auch überdurchschnittlich loyal sind, weil sie sich dem Empfehler gegenüber verpflichtet fühlen. Durch den deutlich verkürzten Rekrutierungsprozess ergeben sich außerdem auch geringere Suchkosten.

Nachteile dieses Beschaffungsmarkts können bei der Entlassung von Arbeitnehmern entstehen, weil der Empfehlende hier sein Gesicht verliert. Ein weiteres Problem kann die mangelnde Objektivität der Referenzen sein. Ein strukturiertes „Employee Referral Program" mit einer klaren Guideline für den Mitarbeiter, der Empfehlungen ausspricht,

kann hier meist geeignete Abhilfe leisten. Zusätzlich sollte die interne Rekrutierungsab-
teilung sicherstellen, dass empfohlene Kandidaten geeignete Auswahltest und Interviews
durchlaufen und ein unabhängiger Referenzcheck durchgeführt wird.

16.4   Stadien der Personalauswahl

Die Stadien einer erfolgreichen Personalauswahl lassen sich wie folgt aufteilen:

1. Erstellung eines Anforderungsprofils,
2. Wahl des Rekrutierungsweges (Details s. Abschn. 16.2),
3. Vorselektion anhand der Bewerbungsunterlagen,
4. Bewerbungsgespräch oder sogenanntes Jobinterview,
5. Sonstige Instrumente der Personalauswahl.

Da der erste Schritt selbsterklärend ist und der zweite bereits in Abschn. 16.2 erläutert
wurde, werden in den nachfolgenden Abschnitten nur die Stadien drei bis fünf kurz vorgestellt und dabei auf chinesische Besonderheiten eingegangen.

16.4.1 Analyse der Bewerbungsunterlagen

Unter Bewerbungsunterlagen im Sinne des westlichen Personalmanagements sind
Bewerbungs- bzw. Motivationsschreiben, Lebenslauf mit Foto, Schul-, Universitäts- und
Arbeitszeugnisse sowie Referenzen zu subsumieren. Die Analyse der Bewerbungsunter-
lagen gilt im Personalmanagement als wichtigstes Instrument der Vorselektion. Dieser
Analyseprozess gestaltet sich auf dem chinesischen Arbeitsmarkt als besonders schwie-
rig. Dies betrifft bereits den Umfang der Bewerbungsunterlagen. Häufig umfassen die
Bewerbungsunterlagen lediglich einen Lebenslauf ohne Zeugnisse. Außerdem sind die
Lebensläufe auf die jeweilige Ausschreibung angepasst. Aus Sicht eines westlichen HR-
Managers erweisen sich die angeblich vorhandenen Qualifikationen in den Lebensläufen
oftmals als „stark übertrieben". Somit liefern die Lebensläufe häufig ein überzeichne-
tes Bild der Kandidaten. Ein weiteres und recht ernsthaftes Problem kann die Vorlage
gefälschter Zeugnisse sein. Die Studie „HR Issues in China" aus dem Jahr 2005 stellt in
Bezug auf dieses Problem folgendes fest:

> A frequent problem for companies recruiting in China is candidates showing false diplomas.
> A government survey found out that in 2000 more than 500,000 people had falsified their
> diplomas to be from prestigious universities (Gulev 2005, S. 19).

Das größte Problem ist jedoch die Anzahl der eingereichten Bewerbungsunterlagen. Da
ausländische MNCs oder Foreign Invested Enterprises (FIEs) attraktive Arbeitgeber darstellen, kommt es vermehrt zu Initiativbewerbungen und bei Ausschreibungen zu einer

Vielzahl an Bewerbungen. Um eine systematische und effektive Vorselektion der Bewerbungsunterlagen zu ermöglichen, sollten folgende Punkte beachtet werden: Die Vorselektion sollte eine Überprüfung der im Lebenslauf angegebenen Qualifikationen und eine Verifikation der vorgelegten Zeugnisse gewährleisten. Eine Möglichkeit zur Prüfung von Abschlusszeugnissen bietet z. B. die Außenstelle des Deutschen Akademischen Austauschdienstes (DAAD) in Peking (Holtbrügge und Puck 2008). Des Weiteren können informelle Netzwerke von Nutzen sein. Dies dient dem Zweck, ehemalige Arbeitgeber der Bewerber zu überprüfen und Referenzen über die Bewerber einzuholen. Im Bereich der Vorselektion der Bewerbungsunterlagen sollten verstärkt lokale HR-Mitarbeiter eingesetzt werden. Diese können die nach westlicher Meinung „stark übertriebenen" Lebensläufe besser interpretieren und richtigstellen. Außerdem können sie die Qualität der jeweils besuchten chinesischen Bildungseinrichtung einschätzen. Arbeitsplatzbiografien sollten in erster Linie unter dem Aspekt der bisherigen Arbeitgeber sowie der Anzahl der Arbeitsplatzwechsel bewertet werden. Einerseits stellt vorhandene Arbeitserfahrung in anderen – insbesondere westlichen Unternehmen – generell einen Vorteil des Bewerbers dar. In Bezug auf den Arbeitsplatzwechsel sollte jedoch andererseits das Phänomen des sogenannten „Job-Hopping"[1] beachtet werden. Können unter den potenziellen Arbeitnehmern „Job-Hopper" identifiziert werden, so sollte der Rekrutierungsprozess mit diesen natürlich nicht fortgeführt werden, weil man nicht mit ihrer Loyalität rechnen kann.

Eine Implementierung von standardisierten Internetbewerbungen sollte für Unternehmen, welche bereits über eine Internetplattform verfügen, in Betracht gezogen werden. Die Vorteile sind die bessere Vergleichbarkeit sowie eine Steigerung des Informationsgehaltes der eingereichten Bewerbungen. Zusätzlich können im weiteren Verlauf der Vorselektion durch eine EDV-gestützte Auswertung sowohl Zeit als auch Kosten eingespart werden. In den letzten Jahren bieten PDU verschiedene Dienstleistungen im Bereich der Vorselektion an. In Einzelfällen oder bei kleineren Unternehmen ohne geeignete Internetplattform kann diese Möglichkeit zusätzlich in Betracht gezogen werden.

16.4.2 Durchführung des Bewerbungsgespräches

Nach der Vorselektion der Bewerbungsunterlagen werden geeignete Kandidaten für ein Bewerbungsgespräch eingeladen. Eine wenig aufwendige erste Möglichkeit, die zwischen der Vorselektion und dem eigentlichen Bewerbungsgespräch einzuordnen ist, bildet das Telefoninterview. Dies kann zur Prüfung der im Lebenslauf angeführten Qualifikationen dienen. Effektiv lässt sich das Telefoninterview z. B. beim Verifizieren von angegeben Fremdsprachenkenntnissen einsetzen. Sind die Vorselektion und eventuell

---

[1]Bei „Job-Hoppern" handelt es sich meist um junge hoch qualifizierte Kandidaten mit Hochschulabschluss, die durch kurze Verweildauer im Unternehmen und niedrige Firmenloyalität gekennzeichnet sind.

durchgeführte Telefoninterviews abgeschlossen, werden i. d. R. 3 bis 5 Kandidaten zu einem strukturierten Bewerbungsgespräch eingeladen. Im Rahmen der Interviews werden die fachspezifischen Kenntnisse der Bewerber geprüft und eine Evaluation der Bewerber anhand strukturierter Interviewbögen durchgeführt. Aufgrund des bereits erwähnten Problems mit der Verifikation der Bewerbungsunterlagen und der Tatsache, dass Arbeitszeugnisse in China eher unüblich sind, sollten im Rahmen des Auswahlprozesses unbedingt zusätzlich Referenzen eingeholt werden. Mittels dieser kann eine Plausibilitätsprüfung des Lebenslaufes und der Karriereschritte durchgeführt werden.

16.4.3 Sonstige Instrumente der Personalauswahl

Um geeignete Kandidaten aus den oftmals mehreren hundert Bewerbern für eine Stelle herauszufiltern, haben sich schriftliche Tests und Arbeitsproben bewährt.

Schriftliche Tests eignen sich neben dem Jobinterview ebenfalls zum Prüfen der Sprachkenntnisse. Insbesondere in Bezug auf Kenntnisse der englischen Geschäftssprache kommen schriftliche Tests vermehrt zum Einsatz.

Zur Überprüfung der in den Bewerbungsunterlagen und/oder Jobinterviews angegebenen technischen Qualifikationen können Arbeitsproben, Assessment-Center (AC) und Rollenspiele sinnvoll eingesetzt werden. Hierbei werden kleine Aufgaben kreiert, die der Bewerber aufgrund seiner Fähigkeiten problemlos lösen können muss. In der westlichen Welt sind ACs eines der wichtigsten und verlässlichsten Selektionswerkzeuge bei der Rekrutierung von hoch qualifizierten Arbeitnehmern, insbesondere von Nachwuchskräften und Absolventen. Dabei kann es durchaus vorkommen, dass ein Bewerber den Test oder die Arbeitsprobe mit der Begründung abbricht, dies stelle mangelndes Vertrauen seitens des Unternehmens in Bezug auf seine angegebenen Fähigkeiten dar (Gebauer und Breuer 2007). Davon sollte sich das Personalmanagement jedoch nicht irritieren lassen. Eine Arbeitsprobe im technischen Bereich stellt keinen Vertrauensbruch dar und kann von zukünftigen Fach- und Führungskräften durchaus erwartet werden. Wie bereits erwähnt, müssen ACs, Arbeitsproben und sonstige Tests an die spezifischen interkulturellen Rahmenbedingungen in China angepasst werden (zur genaueren Auseinandersetzung mit den interkulturellen Rahmenbedingungen in China empfehle ich Kap. 5 und 18 sowie 21). Nach einer kulturkompatiblen Adaption stellen diese Maßnahmen jedoch äußerst wichtige Selektionsmittel dar und sollten gezielt zum Einsatz kommen.

16.5 Bindung von Talenten

Bevor das Thema Bindung angesprochen wird, ist es zunächst sinnvoll, die derzeitige Arbeitsmarktsituation für junge Absolventen der Top-10-Universitäten zu skizzieren: Ein Einstiegsgehalt für Akademiker liegt zwischen 500 und 1000 EUR (für Top-Absolventen) brutto im Monat. Verglichen mit einem deutschen Einstiegsgehalt ist dies eher gering. Da bei einem Jobwechsel in der Regel 20 bis 30 % Gehaltsaufschläge üblich sind, wechseln Berufseinsteiger im Durchschnitt alle 2 bis 3 Jahre den Job. Zu einem späteren Zeitpunkt mit ca. 8 bis 10 Jahren Berufserfahrung und dem Erreichen des Management- oder Senior-Management-Levels gleichen sich die westlichen und chinesischen Gehälter weitestgehend an und für einige besonders gefragte Berufsgruppen (z. B. IT, internationaler Vertrieb und einige Finanzpositionen) muss man in China bereits mit höheren Lohnkosten rechen als in Europa.

Somit stellt sich die durchaus berechtigte Frage: Ist das Gehalt der wichtigste Faktor, wenn es um die Bindung junger Talente geht?

In der gängigen westlichen Literatur und empirischen Studien kommen die meisten Autoren zu dem Ergebnis, dass die Höhe des Entgelts das wichtigste Bindungsinstrument in China ist. Zudem wird häufig die These vertreten, dass es den chinesischen Fach- und Führungskräften an Loyalität mangele und ein geringfügig höheres Gehalt bei einem anderen Unternehmen der stärkste Beweggrund für einen Arbeitsplatzwechsel sei. Exemplarisch sei hier eine Studie aufgeführt, die diesen Standpunkt vertritt:

> Im Gegensatz zu Deutschland stehen bei den chinesischen Arbeitnehmern materielle Anreize ganz oben auf der Prioritätenliste. Eine gute Bezahlung (1. Platz), Sonderboni und andere Zuwendungen (2. Platz) (Ganter 2006).

Bei einer kritischen Betrachtung der westlichen Studien stellte sich heraus, dass der überwiegende Teil der Befragten westliche Expats (abgekürzt für Expatriates) sind. Entsprechend kamen einige internationale Studien zu ganz anderen Ergebnissen. Hier steht das Gehalt nicht an erster Stelle der Anreize. Im Folgenden werden einige Studien und Belege genannt.

Im Rahmen der Studie „Towers Perrin Global Workforce Study 2007-2008" wurden 6000 Manager in China befragt. Mit dem Ergebnis, dass zwei nichtmonetäre Faktoren die wichtigsten Treiber für die Arbeitgeberattraktivität darstellen. Dabei belegten die Lern- und Entwicklungsmöglichkeiten den ersten Rang und die Aufstiegs- und Karrieremöglichkeiten den zweiten (Towers Perrin 2008, S. 22).

Ein weiterer Beleg lässt sich in einer Studie der deutschen Handelskammer in China finden. Im Rahmen der Studie „Challenge and Success Factors for the Human Resources Management of Multinational Companies in China" wurde Managern von MNCs Fragen dazu gestellt, welches die „Push & Pull"-Faktoren für eine Bindung bzw. ein Verlassen des Unternehmens seien. Die Umfrage kam zu folgenden Ergebnissen:

> When speaking about attraction and retention, survey participants named career opportunities (68 per cent), company/brand reputation (65 per cent) and compensation (59 per cent) (Deutsche Handelskammer in China 2009).

Auch meine persönlichen Erfahrungen in verschiedenen HR-Führungsrollen sowie der Austausch mit HR-Managern und Geschäftsführern in den letzten 6 Jahren in China bestätigen, dass eine HR-Management-Strategie, welche nur auf monetäre Faktoren setzt

und dabei andere wichtige Bindungs- und Motivationsinstrumente vernachlässigt, mittel-
bis langfristig ineffizient ist. Als generelle Handlungsempfehlung sollten junge Talente
marktgerecht vergütet und dann gezielt in die Personalentwicklung investiert werden, um
diese Talente langfristig an das Unternehmen zu binden. In der Praxis hat sich hier die
sogenannte „Talent Pipeline" bewährt. Die chinesischen Nachwuchskräfte sind durchaus
lebhaft an ihrer eigenen Qualifizierung und Professionalisierung interessiert. Daran wird
auch die Attraktivität eines Arbeitgebers gemessen. Am effektivsten ist diese Pipeline,
wenn die folgenden Programme zeitgleich im Unternehmen eingesetzt werden:

Praktikanten-(Bindungs-)Programme
Nach einem erfolgreich absolvierten Praktikum und einer entsprechend positiven Arbeit-
sperformance bleibt das Unternehmen in engem Kontakt mit den Praktikanten, bietet
z. B weitere Praktika an und lädt die Studenten zu Unternehmensevents ein. Dabei hat
es sich bewährt, sich auf die Top-20 % der Praktikanten entsprechend der individuellen
Performance zu fokussieren. Am wichtigsten ist es, drei bis sechs Monate vor dem pro-
gnostizierten Studienabschluss dem Kandidaten einen Arbeitsplatz anzubieten oder ihn
idealerweise in ein Graduate-Programm aufzunehmen.

Graduate-Programme
In einem ein- bis zweijährigen Graduate-Programm wird eine Gruppe von 10 bis 15
Top-Studenten im Unternehmen aufgenommen. Dabei haben die Absolventen aus dem
Praktikanten-(Bindungs-)Programm den Vorrang. Weitere Quellen für ein Graduate-
Programm stellen Absolventen der renommierten (z. B „Top 25") Universitäten in China
oder im Ausland dar. Alle Kandidaten sollten ein internes oder externes Assessment-
Center durchlaufen, um sicherzustellen, dass sie die entsprechenden Hard und Soft Skills
besitzen. Das Programm könnte die folgenden Bestandteile umfassen:

- gemeinsame Einführungstrainings (meist ein bis zwei Wochen vor Beginn),
- Job-Rotation im funktionalen Arbeitsbereich, vorzugsweise im drei- bis sechsmonati-
  gen Rhythmus inklusive Auslandsaufenthalt,
- einen Senior-Mentor, der idealerweise in einem fachfremden Bereich tätig ist, eine
  gewisse Seniorität hat und dem Mentee in allgemeinen Karrierefragen sowie mit seinem Netzwerk weiterhilft,
- alle drei bis sechs Monate ein gemeinsames Training mit Fokus auf die Entwicklung
  der Soft Skills
- sowie ein Graduation-Event mit dem Top-Management bzw. den Mentoren, welches
  das Programm abschließt.

Die Fluktuation während eines solchen Programms in China ist aus meiner Erfahrung
heraus sehr gering und beträgt meist nur 1 bis 2 %, im Gegensatz zur Peergroup-Fluk-
tuation von 15 bis 20 % im Gesamtunternehmen. Kritisch ist der Zeitraum kurz vor und
nach der Graduation des Programms. Denn insbesondere nach erfolgreich beendeten

Trainingsphasen besteht die Gefahr, dass der Arbeitnehmer das Unternehmen verlässt, besonders hoch. Dies liegt natürlich darin begründet, dass bedingt durch die Weiterbildung das individuelle Qualifikationsniveau des Arbeitnehmers deutlich gestiegen ist. Folglich wird der Arbeitnehmer ein höheres Entgelt vom Arbeitgeber verlangen. Da dieser jedoch die Höherqualifizierung finanziert hat, will er zuerst die getätigten Investitionen amortisieren. Ein Konkurrenzunternehmen ist jedoch in der Lage, ein höheres Einkommen zu zahlen, u. a. da es ja selbst keine Ausbildungskosten finanzieren musste. Somit ergibt sich ein „Ausbildungsparadoxon". Nach einer erfolgreichen Höherqualifizierung verlassen die Fach- und Führungskräfte das Unternehmen, um bei der Konkurrenz entsprechend der gestiegenen Produktivität entlohnt zu werden. Die meisten Graduate-Programme sind zwar mit einer sogenannten „Wechsel-Klausel" versehen, die besagt, dass ein Anteil an den Ausbildungskosten bei einem Wechsel innerhalb von ein bis zwei Jahren nach Abschluss des Programmes zurückgezahlt werden muss. In der Praxis sind solche Vertragsklauseln jedoch kaum rechtlich vor Gericht durchsetzbar und i. d. R. übernimmt bei einem Wechsel das abwerbende Unternehmen etwaige anfallende Kosten. Diese Klauseln haben sich daher nicht als Retention-Instrument bewährt und sind auch seltener anzutreffen, als dies noch vor einigen Jahren der Fall war.

Bietet der Arbeitgeber hingegen keine Trainingsmöglichkeiten an, wechseln die Arbeitnehmer aufgrund der mangelnden bzw. fehlenden Weiterbildungs- und Aufstiegsmöglichkeiten deutlich schneller, als im Falle guter Qualifizierungsmöglichkeiten. Hierzu heißt es in der Studie „The Influence of Chinese culture on cross-cultural management" aus dem Jahr 2006:

> If you don't train the people, they will leave. And if you do train them, they will get headhunted (Goodall et al. 2007).

Da der gesellschaftliche Stellenwert der Ausbildung und Weiterbildung in China verglichen mit dem Westen deutlich höher ist, haben dementsprechend auch Personalentwicklungsmaßnahmen eine höhere Relevanz. Aufgrund dieses Stellenwertes der Bildung in China verbunden mit den steigenden Ansprüchen in Bereichen wie Work-Life-Balance und Career-Development der jungen Generation (Generation Y) in China wird es in Zukunft immer wichtiger, dass die verschiedenen Personalentwicklungsmaßnahmen speziell auf das jeweilige Unternehmen „tailor made" zugeschnitten werden. Somit möchte ich diesen Artikel mit dem folgenden Zitat beenden:

> Der Stellenwert der Bildung ist in China so hoch, wie in kaum einem anderen Land der Welt (Holtbrügge und Puck 2005).

Literatur

Boos C, Boss E, Sieren F (2003) The China Management Handbook. Palgrave MacMillan, London

Chinesisches Bundesministerium (2016) Website. http://www.moe.gov.cn/publicfiles/business/htmlfiles/moe/moe_634/201205/135137.html. Zugegriffen: 27. Okt. 2016

Cooke F-L (2005) HRM, work, and employment in China. Routledge, New York

Deutsche Handelskammer in China (2009) Challenges and success factors for the human resources management of multinational companies in China – executive summary. http://www2.china.ahk.de/download/news/Executive_Summary_HRStudy.pdf. Zugegriffen: 5. Sept. 2016

Deutsche Handelskammer in China (2016) German Business in China. Business Confidence Survey 2016. http://china.ahk.de/fileadmin/ahk_china/Dokumente/Publications/Business_Confidence_Survey_2016.pdf. Zugegriffen: 7. Mai 2017

Farrell D, Grant A (2005) Addressing China's looming talent shortage. http://www.mckinsey.com/mgi/reports/pdfs/China_talent/ChinaPerspective.pdf. McKinsey Global Institute, McKinsey & Company, S 1 f.

Ganter G (2006) Führungsfalle Kultur. Personal, 9(September):38 f.

Gebauer M, Breuer N (2007) In China ist alles anders. Personalwirtschaft, Nr. 1, S 37

Goodall K, Li N, Warner M (2007) Expatriate managers in China: the influence of Chinese culture on cross-cultural management. Cambridge Judge Business School. J Gen Manag 2:57–76

Holtbrügge D, Puck JF (2005) Kulturunterschiede bleiben bestimmend. Personalwirtschaft, 10:12

Holtbrügge D, Puck JF (2008) Geschäftserfolg in China – Strategien für den größten Markt der Welt. Springer Gabler, Berlin

Kuhn D, Ning A, Shi H (2001) Markt China. Grundwissen zur erfolgreichen Markteröffnung. Oldenbourg Wissenschaftsverlag, Wien

Reisach U, Tauber T, Yuan X (2007) China – Wirtschaftspartner zwischen Wunsch und Wirklichkeit. Redline Wirtschaft, Heidelberg

Saxinger J (2004) Rückkehr zu Konfuzius. Wirtschaftswoche, Sonderausgabe, Nr.1 (30.9.2004), S 92 f.

Statista (2016) Anzahl der Absolventen allgemeiner Hochschulen in China in den Jahren 2001 bis 2013. http://de.statista.com/statistik/daten/studie/225949/umfrage/anzahl-der-absolventen-allgemeiner-hochschulen-in-china/. Zugegriffen: 5. Sept. 2016

Towers Perrin (2008) Towers perrin global workforce study 2007–2008. Towers Perrin

Waldkirch K (2009) Erfolgreiches Personalmanagement in China. Gabler, Wiesbaden

Wei C (2002) Personal- und Führungskräfterekrutierung in Unternehmen mit österreichischer und deutscher Kapitalbeteiligung in China – Unter Berücksichtigung der chinesischen Umweltfaktoren. Grin Verlag, München, S 152–173

Über den Autor

Philip Simon ist Gründer und CEO von S&P Consulting, einer Boutique HR Consulting Firma, spezialisiert auf strategische Personal- und Organisationsentwicklung, HR Prozessaudits und -optimierungen, Personalrekrutierung, Leadership Trainings und Management Coachings. Zuvor war Herr Simon für 4 Jahre in verschiedenen Führungsrollen in der Personal- und Organisationsentwicklung im Regional Headquarter Schaeffler Asia Pacific in Shanghai tätig, wobei er eine globale Expertise bei HR-Projekten, Trainings und Management Coachings in China, Deutschland, USA, Indien und zahlreichen weiteren asiatischen Ländern aufgebaut hat. Zwischen 2014 und 2015 leitete er zudem die Personalentwicklung für die Schaeffler Greater China Region.

Teil VII

Management von Wissen und Innovationen in chinesischen Unternehmen – Probleme und Lösungsansätze im betrieblichen Alltag

Die Entwicklung stabilen Produkt- und Prozesswissens – Erfahrungen mit Neuanläufen im Vorseriencenter beim Aufbau eines neuen Automobilwerks in China

17

Peter Schmitt

Zusammenfassung

In den Jahren 2011 bis 2013 wurde in der südchinesischen Provinz Guangdong in der Stadt Foshan ein neues FAW-Volkswagen-Werk errichtet und in den Serienbetrieb geführt. Das Management von Neuanläufen stellt in einer Fabrik, die auf der grünen Wiese gebaut wurde, eine besondere Herausforderung dar. In Foshan kamen zu den sprachlichen und kulturellen Unterschieden die Besonderheiten der Führungssituation in einem Joint Venture hinzu. Zudem war die Belegschaft sehr jung und damit noch kaum erfahren. Im Beitrag wird gezeigt, wie es gleichwohl gelingen kann, sowohl Produkt- und Prozesswissen als auch methodische und soziale Kompetenzen aufzubauen, um den komplexen Anforderungen in einer modernen Fabrik gerecht zu werden. Das Erfolgsrezept liegt einmal im intensiven Mitarbeiter-Coaching vor Ort und zum anderen in einer gezielten und systematischen Anwendung von Konzernstandards.

Inhaltsverzeichnis

P. Schmitt (✉)
Audi AG, Ingolstadt, Deutschland
E-Mail: peter.schmitt@audi.de

© Springer Fachmedien Wiesbaden GmbH 2017
J. Freimuth und M. Schädler (Hrsg.), *Chinas Innovationsstrategie
in der globalen Wissensökonomie*, DOI 10.1007/978-3-658-17651-8_17

17.1 Ausgangssituation

Mit diesem Kapitel beschreibe ich wesentliche Erkenntnisse[1] über die Führung und Entwicklung von Mitarbeitern bei Fertigungsneuanläufen, die ich während meiner Tätigkeit als Leiter des Vorseriencenters Foshan beim Anlauf und während des Betriebs des neuen Fertigungswerkes von FAW-Volkswagen am Standort Foshan, Provinz Guangdong, gewonnen habe.

Bei Neuanläufen handelt es sich immer um einen komplexen Change-Prozess (Roth und Kleiner 2000), der erhebliche Anforderungen an organisatorisches Lernen stellt. In einem kompetitiven und globalen Markt, wie der Automobilindustrie, liegen ganz wesentliche Produktivitäts- und Qualitätspotenziale in der frühzeitigen Stabilisierung und Standardisierung der Fertigungsprozesse (Clark und Fujimoto 1992). Die Fabrik muss sich möglichst schnell in einem eingeschwungenen Zustand befinden. Das geht nur, wenn sich alle Akteure und Prozesse aufeinander beziehen und im Verbund kooperieren.

Die hier skizzierten Erkenntnisse beruhen auf zahlreichen Beobachtungen sowie der Anwendung und Anpassung von Konzernstandards auf die lokalen Gegebenheiten. Es stand dabei stets im Mittelpunkt, gemeinsam mit den Mitarbeitern ein stabiles und verlässliches Produkt- und Prozesswissen in einer komplexen Fertigung mit hohem Qualitätsstandard zu etablieren. Fertigungsneuanläufe in einem neuen Werk sind eine große Herausforderung. Diese wurden durch die sprachlichen und kulturellen Unterschiede sowie das geringe Alter der Belegschaft weiter gesteigert. Der vorliegende Beitrag kann gleichsam als eine Art Feldstudie betrachtet werden, in der mittels systematischer Ansätze zur Kompetenzentwicklung möglichst schnell stabile Lernkurven erreicht und die Ergebnisse unter dem Blickwinkel der Lern- und Innovationsfähigkeit reflektiert werden können.

[1]Die Ergebnisse, Meinungen und Schlüsse dieses Beitrags sind nicht notwendigerweise die der Volkswagen Aktiengesellschaft.

17.1.1 FAW-Volkswagen am Standort Foshan

Die Provinz Guangdong hat ca. 145 Mio. Einwohner, ca. 30 Mio. davon sind Wanderarbeiter. Damit ist Guangdong die bevölkerungsreichste Provinz Chinas (Vertretungen
der Bundesrepublik Deutschland in der Volksrepublik China 2016). Guangdong ist die
erste Region Chinas, in der die Reform- und Öffnungspolitik Anfang der 1980er Jahre
eingeführt wurde. Vor allem um das Perlflussdelta im Süden entsteht mit dem Zusam-
menwachsen der Millionenstädte Kanton, Shenzhen, Donguang, Foshan, Zhuhai und
Zhongshan eine fast nahtlos ineinander übergehende Stadtlandschaft mit hoher industrieller Konzentration. Sie ist eine der sich am schnellsten entwickelnden Regionen der
Welt. Ihre Wachstumsrate des Bruttoinlandsprodukts lag 2015 über dem chinesischen
Durchschnitt. Zudem werden 10,4 % des Einzelhandelsvolumens in China sowie 21,3 %
der ausländischen Direktinvestitionen in dieser Provinz generiert bzw. getätigt. Dem
im Januar 2009 vom chinesischen Staatsrat verabschiedeten „Plan for the Reform and
Development of the Pearl River Delta (2008–2020)" zufolge soll die Region zu einem
der attraktivsten Wirtschaftsstandorte der Welt entwickelt werden. Insbesondere Wissenschaft, Technik und innovative Industrien sollen hier angesiedelt werden. Textil und
Bekleidung, Lebensmittel und Getränke, Baumaterialien, Elektronik und Informationstechnik, Elektrische Geräte und Anlagenbau, Petrochemie, Papierindustrie, Pharma-
zeutische Industrie und Automobilbau sind die neun Schlüsselbranchen in Guangdong.
(Vertretungen der Bundesrepublik Deutschland in der Volksrepublik China 2016) Die
Stadt Foshan liegt nur etwa 20 km von Guangdongs Metropole Kanton (Guangzhou) entfernt. Insgesamt finden sich in der Provinz somit gute Voraussetzungen für ein großes
strategisches Investment.

FAW-Volkswagen ist ein gemeinsames Joint Venture zwischen den Shareholdern First
Automotive Works, Ltd., der Volkswagen Aktiengesellschaft, der AUDI AG und der
Volkswagen China Investment Company Ltd.. In China fertigte das Joint Venture an den
Standorten Changchun bzw. Chengdu (2012) die Volkswagen Modelle Jetta, Bora, Sagi-
tar, Golf, Magotan sowie CC und die Audi-Modelle Q3, A4 L, Q5, A6 L. Im Dezember 2011 erfolgte die Grundsteinlegung für den Fertigungsstandort Foshan, China. Mit
dem Start der Vorserienproduktion des Golf A7 wurde Ende 2012 das Werk Foshan auf
Basis des Modularen Querbaukastens aus dem Volkswagen-Konzern in Betrieb genommen. Bestandteil des Modularen Querbaukastens ist eine flexible Fahrzeugarchitektur,
bei der konzeptbestimmende Abmessungen wie Radstände, Spurbreiten, Rädergröße und
Sitzposition im Konzern abgestimmt und variabel sind (Volkswagen 2012).

Im Jahr 2013 erfolgte die offizielle Eröffnung der „Car Plant 4" und der Start of Production (SOP) des Golf A7. Parallel dazu starteten die Vorserien für die Modelle Audi
A3 Sportback und Audi A3 Limousine, die ebenfalls auf dem Modularen Querbaukasten basieren. Die Vorserie ist dabei der Zeitraum vor dem Bau des ersten Kunden-
fahrzeugs, d. h. vor dem SOP. Während dieser Zeit werden Vorserienfahrzeuge unter
seriennahen Produktionsbedingungen hergestellt. Das Modell Audi A3 Sportback startete im Februar 2014 mit dem SOP, es folgte im Juni 2014 der SOP der A3 Limousine.

Im August 2014 lief nach einem Jahr Serienproduktion bereits das 100.000. Fahrzeug vom Band. Im Jahr 2015 erfolgte der SOP des Golf-GTI-Modells und die Vorserien des Derivats Golf Sportsvan begannen.

Parallel zum Serienanlauf der neuen Modelle galt es, das Werk und die komplette Supply-Chain in einen stabilen Dreischichtbetrieb zu überführen. Das stellte erhebliche Anforderungen an die Fähigkeit, in Zusammenhängen zu denken und über die einzelnen Arbeitsschritte hinaus mit anderen Gewerken zu kooperieren (Freimuth und Pieper 2015).

Insgesamt steht aktuell am Standort Foshan eine jährliche Fertigungskapazität von 300.000 Fahrzeugen auf Basis des Modularen Querbaukastens zur Verfügung. An diesem neuen Standort ist die komplette Wertschöpfungskette mit Presswerk, Karosseriebau, Lackiererei und Fahrzeugmontage vorhanden. Auf der nördlichen Seite des Werks ist ein Lieferantenpark mit ca. 20 Lieferanten angesiedelt. Zwei weitere Lieferantenparks mit sechs bzw. zwölf Lieferanten befinden sich im Umkreis von ca. 20 km. Beim Bau der Fabrik wurde besonders Wert auf Umweltschutz gelegt. So wird der Wasserverbrauch reduziert, indem das Abwasser biologisch geklärt und dann der Wiederverwendung zugeführt wird. Der Energieverbrauch wird durch den Einsatz innovativer Prozesstechnik, innovativer Gebäudetechnik und kontinuierliche Anlagenoptimierung reduziert.

Insgesamt arbeiten am Standort Foshan (Stand November 2015) 5945 Mitarbeiter. Die Mitarbeiter stammen dabei aus 28 Provinzen. 89 % der Mitarbeiter haben eine Fachschule besucht, 5 % einen Bachelor-Abschluss, 4 % einen Masterabschluss, und 2 % haben einen Abschluss der Oberschule. Der größte Teil der Mitarbeiter (95 %) ist unter 30 Jahre alt, der Altersdurchschnitt beträgt 25,8 Jahre. Im Detail ist die Altersstruktur wie folgt:

- 67 % unter 25 Jahren
- 28 % zwischen 26 Jahren und 30 Jahren
- 4 % zwischen 30 Jahren und 40 Jahren
- 1 % über 40 Jahren

Im Joint Venture sind einige der Führungspositionen durch eine sogenannte Doppelspitze besetzt, d. h. ein chinesischer und ein deutscher Manager verantworten gemeinsam den jeweiligen Fachbereich. Beispiele für solche Funktionen sind die Werkleitung, die Fertigungsleitung, verschiedene Funktionen innerhalb der Qualitätssicherung, die Planungsleitung und auch die Leitung des Vorseriencenters (VSC). Zielsetzungen der Doppelbesetzung von Führungspositionen sind ein kontinuierlicher Know-how-Aufbau im Joint Venture, eine wertorientierte und innovative Unternehmensführung und die Sicherstellung eines hohen Produkt- und Qualitätsstands. Auf der einen Seite ist mit dieser Organisationsform ein entsprechender Abstimmungsaufwand verbunden, auf der anderen Seite gelangt man so zu durchdachten Entscheidungen, die für beide Joint-Venture-Partner verständlicher und leichter vermittelbar sind.

Im VSC Foshan sind zusätzlich zur chinesischen Stammbesetzung einige Mitarbeiter aus Deutschland als Experten temporär nach Foshan entsendet. Das Ziel dieser Entsendung ist vor allem die fachliche und technologische Unterstützung bei komplexen Analysen, die Implementierung von Konzernstandards, z. B. zum Fehlerabstellprozess, und ein zügiger Informationsaustausch zwischen den Typführerwerken in Europa und Foshan. Diese Experten haben eine wichtige Multiplikatorenrolle, da sie die Standards des Unternehmens bei auftretenden Fragen und Problemen erläutern und umsetzen. Gemeinsam mit den Führungskräften in der Fabrik sind sie ein Teil eines umfassenden und systematischen Shop-Floor-Managements (Scherer 1998).

17.1.2 Vorseriencenter am Standort Foshan

Die Organisation des Standorts Foshans umfasst alle Kernabteilungen der Fertigung und Unterstützungsfunktionen. Eine dieser Unterstützungseinheiten ist das Vorseriencenter (VSC) Foshan, das sich wiederum in vier Kernbereiche teilt (s. dazu Abb. 17.1).

Der Schwerpunkt dieses Kapitels basiert auf den Erfahrungen im Kernbereich „Produkt- und Prozessanalyse Vorserien- und Serienfertigung". Im VSC werden die Analysefunktionen aufgeteilt in die Bereiche „Produkt- und Prozessanalyse Vorserienfertigung" sowie „Produkt- und Prozessanalyse Serienfertigung". Beide Analysebereiche sind wiederum gegliedert in die „Analyse Karosseriebau" und die „Analyse Gesamtfahrzeug". Der Bereich „Analyse Karosseriebau" ist analog dem Aufbauprozess der Karosseriebaufertigung strukturiert, die „Analyse Gesamtfahrzeug" in die Fahrzeugzonen Frontend, Heckend, Türen und Interieur/Exterieur. Die Bereiche Karosseriebauanalyse und Gesamtfahrzeug werden jeweils durch chinesische Chefingenieure verantwortet und gesteuert. Für jeden Subbereich ist immer ein Ingenieur zuständig. Er verantwortet die inhaltlichen Aufgaben und die Steuerung der Mitarbeiter (Techniker) je Subbereich.

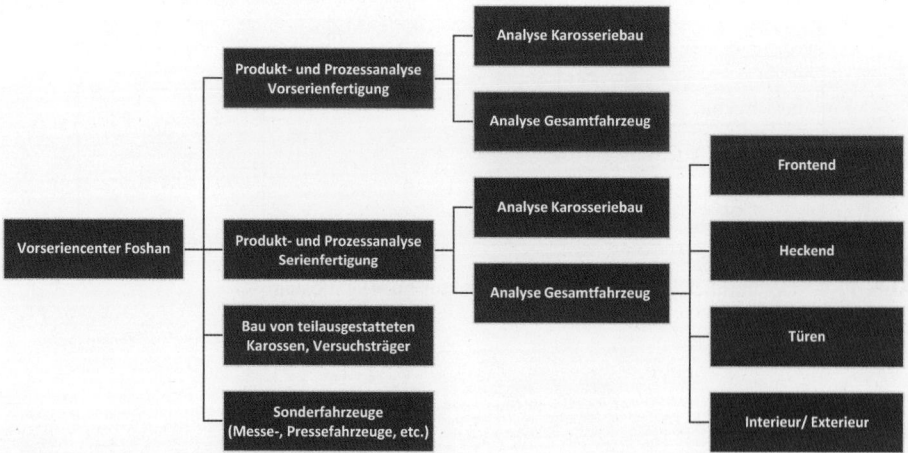

Abb. 17.1   Kernbereiche des VSC Foshan

Zusammenfassend ergibt sich folgende Gesamtübersicht an Mitarbeitern für das VSC am Standort Foshan (s. Abb. 17.2).

Ingenieure und Chefingenieure hatten im Januar 2015 eine durchschnittliche Berufserfahrung von 5,7 Jahren. Im Durchschnitt konnten die Ingenieure 0,25 Jahre außerhalb des FAW-Volkswagen-Joint-Ventures Berufserfahrung sammeln, 2,25 Jahre in Changchun und die restlichen 3,2 Jahre in Foshan. Wird die berufliche Erfahrung mit dem Anlauf des Standorts Foshan zeitlich übereinandergelegt, so hat ein Ingenieur im Durchschnitt 2,5 Jahre Berufserfahrung vor seinem Einsatz in Foshan gesammelt.

Die durchschnittliche Berufserfahrung der Techniker setzt sich aus ca. 0,2 Jahren Erfahrung in der Serienproduktion in Changchun, 0,33 Jahren in der FAW-Volkswagen-VSC-Zentrale in Changchun und ca. 3 Jahren Berufserfahrung im VSC in Foshan zusammen. Wird analog zu den Ingenieuren die berufliche Erfahrung mit dem Anlauf des Standorts Foshan zeitlich übereinandergelegt, so hat ein Techniker im Durchschnitt 0,5 Jahre Berufserfahrung vor seinem Einsatz in Foshan gesammelt. Hinsichtlich des Alters sind 7 Techniker jünger als 25 Jahre, der Rest zwischen 25 und 30 Jahren.

Aus diesen Fakten ist erkennbar, dass die Belegschaft sehr jung ist und zum Start der Vorserien über eine geringe berufliche Praxiserfahrung verfügte. Ferner hat die Belegschaft entweder eine akademische oder technische Ausbildung absolviert, die durchweg eine sehr gute theoretische Basis bildet. Im Rahmen des Anlaufs der Fabrik ging es im Kern darum, basierend auf diesen Grundlagen, möglichst schnell und nachhaltig ein umfassendes Erfahrungswissen aufzubauen, sodass die Mitarbeiter möglichst selbsttätig in der Lage waren, komplexere Fragestellungen zu beurteilen, pragmatische Problemlösungen gemeinsam zu entwickeln und diese umsichtig in den Betrieb umzusetzen (vgl. grundsätzlich dazu: Pfeiffer 2007 sowie Freimuth et al. 2002). Hierzu wurden im Konzern gültige Standards gezielt ausgewählt. Es galt dabei zunächst, ein Bewusstsein für vorhandene Erfahrungen im Konzern zu schaffen, diese zu vermitteln und auf die lokal vorhandenen Gegebenheiten anzupassen.

	Chefingenieure	Ingenieure	Techniker
Anzahl	2	10	51
Altersstruktur			
bis 25 Jahre	2		7
25 bis 30 Jahre	6		44
31 bis 40 Jahre	4		0

Abb. 17.2 Gesamtübersicht der Mitarbeiterstruktur im VSC Foshan

17.2   Erfahrungssammlung

17.2.1 Führung des Vorseriencenters Foshan

Fahrzeugneuanläufe stellen auch in den traditionell erfahrenen Standorten immer eine besondere Herausforderung dar. Neben den klassischen Anlaufherausforderungen, z. B. Produkt- bzw. Prozessreife oder Anlauforganisation, steigt die Komplexität noch einmal deutlich beim Anlauf in einer neuen Fabrik, einem sogenannten Greenfield-Projekt wie in Foshan. In diesem Beitrag fokussiere ich mich speziell auf die Erfahrungen im Vorseriencenter Foshan, die beim Aufbau der Analyseabteilung in den letzten Jahren gesammelt wurden.

Das VSC Foshan wird, wie oben bereits kurz erwähnt, durch eine sogenannte Doppelspitze geführt. Diese Form der Führung erfordert ein hohes Maß an Disziplin, Bereitschaft zur Zusammenarbeit und gegenseitige Abstimmung. Zum Aufbau des Bereichs und zur Führung wurde dafür eine spezielle Methodik der Portfoliotechnik auf die vorhandene Situation adaptiert und angewendet. Mittels der Portfoliotechnik lassen sich die verschiedensten Herausforderungen und Zusammenhänge visualisieren und strukturieren. Portfolios erlauben eine systematische und ganzheitliche Beurteilung von komplexen Zusammenhängen. In unserem Fall nutzte ich die Portfoliotechnik zur Entwicklung einer gemeinsamen Basis zwischen dem deutschen und chinesischen VSC-Management, zum Verständnis der Bedeutung der unterschiedlichen Herausforderungen und zu einer gemeinsamen Priorisierung für die Bearbeitung der relevanten Themen.

Die Achsen des Portfolios berücksichtigen zum einen die Analysequalität und zum anderen die Analysegeschwindigkeit. Beide Bewertungskategorien sind ausschlaggebend für die Effektivität und Effizienz der Produkt- und Prozessanalyse. Die identifizierten Herausforderungen wurden zunächst präzise diskutiert und hinsichtlich ihrer Auswirkung auf die Analysequalität bzw. Analysegeschwindigkeit bewertet (gering bis hoch). Im Anschluss erfolgte die Positionierung im Portfolio auf Basis der gemeinsamen Bewertung. Die Themen mit den höchsten Bewertungen werden im Anschluss mit einer zugehörigen Priorität bearbeitet. Hiermit konnten wir stets auf einer sachlichen Basis die Herausforderungen strukturieren und eine gemeinsam getragene Entscheidung treffen. Das Beispiel „Qualifizierung" soll die Anwendung kurz beschreiben. Für die Produkt- und Prozessanalyse resultiert eine hohe fachliche Kompetenz der Mitarbeiter in einer hohen Analysequalität und einer hohen Analysegeschwindigkeit. Das Themenfeld „Qualifizierung" wurde damit sowohl für die Analysequalität als auch für die Analysegeschwindigkeit gemeinsam als sehr hoch bewertet. Folglich haben wir mit entsprechender Priorität an den fachlichen Kompetenzen der Mitarbeiter gearbeitet und diese zusätzlich auch hinsichtlich der Prozessabläufe sowie der Gremienstrukturen des Joint Ventures qualifiziert. Unter Gremium verstehen wir hier einen Arbeitskreis, in den Informations- und Entscheidungsaufgaben für bestimmte Prozesse von der Unternehmensführung delegiert wurden. Dieser Aspekt wird später noch weiter erläutert.

Etwaige zeitliche versetzte Einflüsse auf die identifizierten Handlungsfelder wurden somit auf das gemeinsam erarbeitete Portfolio zurückgeführt, im Kontext der Gesamtsituation diskutiert und im Bedarfsfall angepasst. Die Diskussion der Einflüsse und deren Konsequenzen basierten somit auf dem gemeinsamen Konsens und weniger auf einem rein subjektiven Empfinden der handelnden Akteure auf deren bisher erworbenem Erfahrungswissens.

17.2.2 Entwicklung der fachlichen Kompetenzen

17.2.2.1 Ausgangssituation zur Mitarbeiterqualifizierung

Für den Standort Foshan galt es zunächst, ein stabiles Analysewissen in Form von Produkt- und Prozesswissen bei den Mitarbeitern aufzubauen. Die Analysequalität musste zügig erhöht werden, um eine hohe Produktqualität und eine stabile Serienproduktion zu gewährleisten.

Für das VSC Foshan lassen sich die wesentlichen fachlichen Kompetenzfelder der Produkt- und Prozessanalyse in die drei Bereiche

1. Produkt- und Anlagenkompetenz,
2. Analysekompetenz und
3. Problemmanagement gliedern.

Diese Kompetenzfelder bauen aufeinander auf. Ohne ein Verständnis des Produktkonzeptes und der zugehörigen Anlagentechnik können Problemfelder nicht richtig verstanden werden, und ohne dieses Verständnis kann es naturgemäß keine gezielten Problemlösungsstrategien geben.

Wie bereits in der Einführung dargestellt, sind die VSC-Mitarbeiter zum Start der Vorserienproduktion im November 2012 vor Ort in Foshan gewesen. Die berufliche Erfahrung erstreckte sich zu diesem Zeitpunkt auf durchschnittlich 2,5 Jahre für die Ingenieure und 0,5 Jahre für die Techniker. Das zu diesem Zeitpunkt vorhandene theoretische schulische Ausbildungsniveau wird aus meiner Sicht als gut bis sehr gut bewertet. Die Ingenieure sammelten vor ihrem Einsatz in Foshan erste berufliche Kenntnisse am Firmenhauptsitz des Joint Ventures in Changchun in verschiedenen Fahrzeugprojekten. Bei den Technikern sind Grundlagen im Bereich der Fahrzeugfertigung zu diesem Zeitpunkt verfügbar gewesen. Zum Beginn der Vorserienfertigung stand daher in Summe ein gewisses Grundlagenwissen zur Fertigungstechnik, Messtechnik, Analysetechnik und zu den internen Prozessabläufen im Joint Venture zur Verfügung.

17.2.2.2 Produkt- und Anlagenkompetenz

Zur Vermittlung der notwendigen Produkt- und Anlagenkompetenzen konnte ich in Foshan auf chinesische Mitarbeiter aus Changchun und deutsche Mitarbeiter der Volkswagen Aktiengesellschaft und AUDI AG zurückgreifen. Diese Anlaufunterstützung begleitete jedes Projekt für mindestens ein Jahr vor Ort in Foshan. Die kleinste Lern-zelle bildete ein sogenanntes „Triple" für die Subbereiche im Karosseriebau und in der Montage. Dabei fungierten die Mitarbeiter der Anlaufunterstützung aus Changchun und Deutschland als sogenannte Meister, die Foshan Mitarbeiter als sogenannte Schüler.

Die Schüler wurden von den Anlaufunterstützungskollegen *on the job* zu den spezifi-schen Eigenschaften des Produkts und der vor Ort installierten Anlagentechnik qualifi-ziert. Im Rahmen der Vorserie wurden mit gezielten Analyseschleifen die Produkt- und Prozessqualität kontinuierlich verbessert. Die Mitarbeiter lernten die Stellhebel für eine stabile Produktqualität auf Basis der vorhandenen Teile- und Prozessqualität kennen. Dieses Wissen ist vor allem für einen stabilen Anlauf und für eine stabile Serienproduk-tion von Bedeutung.

In dieser Phase zeigte sich die ausgeprägte Lernfähigkeit der Mitarbeiter bezüglich Produkt- und Anlagenkonzepten. Defizite wurden insbesondere im praktischen Umgang mit den Teilen, der Reaktion der Materialien im Fügeprozess und der Einflussmöglich-keiten im Rahmen des Fertigungsprozesses identifiziert. Die vorhandene Anlaufun-terstützung schloss exakt diese Lücke und half den Kollegen, sich Zug um Zug hierzu weiter zu qualifizieren. Lernen vor Ort mit engen Feedback-Schleifen, an konkreten The-men und in kleinen Einheiten erwies sich als Erfolgsrezept. Ergänzt wurde dieses durch die konkrete Anwendung von Konzernstandards, z. B. der Methode zur Problemlösetech-nik. Die vorhandene Methode wurde verwendet, um den Mitarbeitern eine Hilfestellung zur Ermittlung der tatsächlichen Problemursache zu vermitteln, diese strukturiert zu ana-lysieren, abzuarbeiten und bis zur nachhaltigen Lösung zu verfolgen.

17.2.2.3 Analysekompetenz

Aus Gründen der Vereinfachung unterscheide ich in diesem Beitrag zwischen zwei grundsätzlichen Arten der Analyse, der einfachen und der komplexen Analyse. Die einfa-che Analyse ist dadurch gekennzeichnet, dass durch den Einsatz eher pragmatischer und simpler Analyseinstrumente sehr zügig die relevanten Beitragsleister für die Problemlö-sung identifiziert werden. Ferner wird die Problemlösung durch den zeitnahen Einsatz der notwendigen Maßnahmen umgehend sichergestellt. Einige Beispiele illustrieren, was hier gemeint ist:

- Der Kreuzverbau von Teilen aus einem Fahrzeug, welches nicht in Ordnung ist, in ein Fahrzeug, das den Anforderungen entspricht;
- Einfache Messreihen oder Serienmessungen;
- Einfache Stellmaßnahmen in der Anlagentechnik.

Schließlich handelt es sich um Themen, die eine geringe Interaktion mit anderen Fachbe-reichen erfordern.

Die komplexe Analyse ist hingegen gekennzeichnet durch das Zusammenspiel meh-rerer Bauteile, Fertigungsprozesseinflüsse, Mehrfachmessungen mittels unterschiedlicher Messverfahren und Messtechniken sowie durch eine höhere Interaktion mit verschiede-nen Produktions- und Geschäftsbereichen. Ein strukturiertes und methodisches Vorgehen sichert dabei die Vollständigkeit der Analyse ab. Dieses methodische Vorgehen ist im Konzernstandard zur Problemlösetechnik beschrieben. Ziel der Methode ist die Wiederherstellung des Sollzustands. Im Mittelpunkt stehen das Erkennen der wirklichen Fehlerursachen und deren nachhaltige Abstellung. Dem Mitarbeiter wird der Unterschied zwischen Symptomen und Ursachen erklärt und eine präzise und einheitliche Fehleransprache sowie deren nachhaltige Abstellung vermittelt.

Im Zuge der Vorserien zeigte sich vor allem, dass alle Arten der einfachen Analyse zügig beherrscht wurden. Zur Behebung der Defizite bei den komplexeren Analysen wurde zum einen auf die Mitarbeiter der Anlaufunterstützung *on the job* zurückgegriffen, zum anderen wurde in Foshan die VSC-Akademie gegründet. Im Rahmen der VSC-Akademie wurde den Mitarbeitern eine Vielzahl an theoretischen Kenntnissen, Analysemethodik und Analysebeispiele vermittelt. Die VSC-Akademie basiert im Wesentlichen auf einer Vielzahl von überschaubaren Modulen, die didaktisch sorgfältig aufbereitet sind und ein tiefer gehendes Verständnis von komplexeren Zusammenhängen ermöglichen. Die praktische Anwendung des gelehrten Wissens erfolgte im Arbeitsalltag, mit der Zielsetzung, die Analysequalität kontinuierlich zu verbessern. In den täglichen Durchsprachen der komplexen Analysen mit Ingenieuren und Technikern wurde die konkrete Anwendung der gelehrten Methoden sichergestellt, die Analysefähigkeiten und Analyseergebnisse überprüft sowie im Bedarfsfall die notwendige Hilfestellung gegeben.

Die Analyse von Türschließkräften ist eines dieser komplexen Analysebeispiele. Einerseits geht es um die Interpretation einer Vielzahl von Messdaten bezüglich Türschließgeschwindigkeit, Türöffnungsgeschwindigkeit und Türschließenergie. Andererseits müssen anschließend die richtigen Schlussfolgerungen bezüglich des Analysevorgehens und der Maßnahmenableitung sowie ursprünglicher Problemansprache getroffen werden. Für den externen Kunden ist das Türöffnungs- und -schließverhalten ein wichtiges Beurteilungskriterium der Gesamtqualität des Fahrzeugs. Abweichungen von den im Konzern hierzu vereinbarten Standards mussten mit den vorhandenen Problemlösungstechniken bearbeitet und abgestellt werden.

Ich habe die Erfahrung gemacht, dass die deutschen Experten und die jungen Mitarbeiter unterschiedlich bei der Problemlösung vorgingen. Die deutschen Experten erstellten zunächst auf Basis der gelehrten Konzernstandards eine Gesamtübersicht hinsichtlich der relevanten produkttechnischen und technologischen Einflussparameter. Diese gründete auf Konzernstandards, Primär- sowie Sekundärliteratur in Kombination mit persönlichen Erfahrungshintergründen sowie persönlichen Netzwerken in den Heimatstandorten. In diesem Beispiel wurde basierend auf den Informationen und des physikalischen Wissens zur Energieerhaltung ein physikalisches Ersatzmodell erarbeitet. Es folgte die Zuordnung der Problemansprachen zu den jeweiligen Einzelwiderständen im physikalischen Ersatzmodell. Durch unterschiedliche Versuche und Messreihen wurden somit Erfahrungen gesammelt, die auf eine eindeutige und langfristige, d. h. eine nachhaltige Lösung des Problems abzielten. Hierzu bedienten sich die Mitarbeiter zunächst eines deduktiven Lösungsansatzes, der auf die Analysebreite und einer Vollständigkeit der Daten zielt. Im Anschluss erfolgten die Dateninterpretation und die Maßnahmen-ableitung. Im Gegensatz dazu fokussierten unsere jungen chinesischen Mitarbeiter vor allem auf eine kurzfristige Maßnahme zu Lösung des Problems und zur Sicherstellung der weiteren Serienproduktion. Dies wird im Weiteren als maßnahmenorientierter Ansatz bezeichnet.

Aus der Sicht der Führungsrolle gilt es zwischen den grundsätzlichen Ansätzen zur Analysemethodik und Analysezielsetzung der deutschen Kollegen und dem maßnah-menorientierten Ansatz der chinesischen Kollegen einen unternehmerisch zielführen-den Lösungsansatz zu entwickeln. Der maßnahmenorientierte Ansatz birgt naturgemäß das Risiko, dass die eigentlichen Ursachen nicht vollständig identifiziert und nachhaltig abgestellt werden. Die nachhaltige Problemlösung steht für den Kunden auf Basis der Optimierung von Produkten und Prozessen sowie eines systematischen Lösungsansatzes im Mittelpunkt. Um die Vollständigkeit der Analyse sicherzustellen, wurden somit beide Analysearten situativ kombiniert und die potenziellen Fehlerursachen systematisch bear-beitet. Beide Ansätze haben ihre Stärken und ihre Relevanz und spezifische Wirksamkeit. So findet der maßnahmenorientierte Ansatz vor allem in der Suche der Sofortmaßnahme zur Sicherstellung der weiteren Produktion seine Anwendung. Wichtig ist dabei, dass die Analyse mit dem Festlegen der Sofortmaßnahme nicht beendet ist, sondern anschließend intensiv fortgesetzt wird. Zur Fortsetzung eignet sich entweder der induktive oder deduk-tive Ansatz. Somit werden auf Basis des Konzernstandards zur Problemlösetechnik die Vollständigkeit der Analyse und der Einsatz der langfristigen Maßnahmen gewährleistet.

Die unterschiedlichen Analysewege bergen ein entsprechendes Konfliktpotenzial für die tägliche Zusammenarbeit, insbesondere bei der Vorstellung in den Gremien des Unternehmens. Diese Gremien sind sowohl mit deutschen als auch mit chinesischen Managern besetzt, die durchaus unterschiedliche Erwartungshaltungen an die Problem-lösungen haben. Das deutsche Management definiert seine Erwartung auf den bestehen-den Konzernstandards. Somit entsteht bei der Vorstellung der Analyseergebnisse durch chinesische Mitarbeiter bei dem deutschen Management oft der Eindruck, dass die Ana-lyse bei der Definition der Sofortmaßnahmen endet. Es bleibt der Eindruck der Unvoll-ständigkeit und der Unzufriedenheit gegenüber den erzielten Ergebnissen. Ferner wird die Analysekompetenz aufgrund des Vollständigkeitsdenkens deutscher Manager infrage gestellt und damit die Motivation des Mitarbeiters negativ beeinflusst. Um dieses Kon-fliktpotenzial zu lösen, habe ich den Mitarbeitern im Rahmen der VSC-Akademie einen strukturierten Lösungsansatz als eine Art Kochrezept vermittelt. Dieser beinhaltet eine strukturierte Analysemethodik, das Sammeln und Interpretieren von Daten, eindeutige Arbeitspläne und eine klare sowie transparente Kommunikation der Ergebnisse. Dem Mitarbeiter wird damit ermöglicht, sein Wissen aus den Informationen der verschiedenen Analysen nachhaltig aufzubauen und den Weg zu einem langfristig vollständigen Analy-seansatz und der zugehörigen Problemlösung sicherzustellen.

17.2.2.4 Problemmanagement und Fehlerabstellung

Wie bereits mehrfach erwähnt, wurde für die nachhaltige Lösung von Problemen und das Abstellen von Fehlern innerhalb des Joint Ventures ein strukturierter Fehlerabstellprozess auf Basis von Konzernstandards eingeführt. Analysemitarbeiter müssen sowohl das Fachwissen, die Methodenkompetenz als auch das Wissen zum Fehlerabstellprozess beherrschen und sich der Bedeutung der eigenen Verantwortung hinsichtlich der Abstellgeschwindigkeit bewusst sein.

Daher ist neben dem Aufbau von Fachwissen und Methodenkompetenz die Qualifizierung zum konzernweiten Fehlerabstellprozess eine weitere wichtige betriebliche Aufgabe. Dieses Wissensgebiet kann nur durch die firmeninternen Prozesse und Gremien beschrieben und vermittelt werden. Hierzu muss der Mitarbeiter die verschiedenen Instrumente der Fehlerabstellung (wie z. B. Änderungsanträge), Funktionen und Verantwortlichkeiten am Standort und im Joint Venture kennen und diese für die relevanten Entscheidungswege und Gremien sinnvoll einsetzen. Insbesondere in der Vorserie und im Anlauf ist dies von elementarer Bedeutung, da mittels eines korrekten Prozess- und Gremienablaufs die Umsetzungsgeschwindigkeit der Lösungen stark positiv beeinflusst wird.

17.2.3 Erfahrungen mit Kreativitätstechniken

Am Firmenhauptsitz des Joint Ventures FAW-Volkswagen in Changchun ist die Gesamtleitung des VSC von FAW-Volkswagen angesiedelt. Von dort aus werden die Standorte Chengdu und Foshan gesteuert. Die Steuerung erfolgt durch zentrale KPI-Vorgaben für die jeweiligen Subbereiche der anderen Standorte.

In Foshan wird das VSC, wie bereits erwähnt, durch einen deutschen und einen chinesischen Leiter geleitet. Um der besonderen Situation des Standorts Foshan Rechnung zu tragen, haben wir im Leitungs- und Chefingenieurskreis des VSC Foshan im Rahmen von halbjährlichen Workshops gemeinsam die nächsten Aufgabenpakete erarbeitet. Diese wurden zusätzlich zu den jährlichen KPIs vereinbart und umgesetzt. Die Moderation habe ich übernommen und war daher stets in der Doppelrolle, als VSC-Leiter einen Beitrag zum Workshop zu leisten und gleichzeitig als neutraler Workshop-Moderator zu wirken. Die Moderation folgte einem klassischen Muster. Zunächst wurden die Stärken und Schwächen der Abteilung mittels einer Kartenabfrage durch individuelle Beiträge gesammelt. Anschließend wurden Themengruppen gebildet und diese gemeinsam nach strategischen Gesichtspunkten gewichtet. Abschließend wurden Arbeitspakete festgelegt und umgesetzt. Als Moderator wurde ich mit mehreren Schwierigkeiten konfrontiert.

Das Arbeitsinstrument Workshop mit den entsprechenden Methoden war etwas völlig Neues für die Teilnehmer. Ungewohnt war dabei, dass vor allem die eigenen Ideen und Meinungen im Vordergrund stehen und weniger das direktive Anweisen durch die Führungsebene. Mein direkter Partner folgte zunächst dem direktiven Muster und schrieb bei der Kartenabfrage seine Punkte auf, die Chefingenieure trugen Sie nach vorn und stellten das Geschriebene kurz vor. Durch moderates Nachfragen zum besseren Verständnis fand dann allmählich das Öffnen und Einlassen auf die gewählte Workshop-Methodik statt, und das Interesse am Ergebnis des Workshops stieg. Die Chefingenieure zeigten ebenfalls zunächst mehr Zurückhaltung, insbesondere bei den eigenen Ideen. Mit zunehmender Sicherheit bezüglich der Vorgehensweise nahmen die Teilnehmer jedoch die Bedeutung der eigenen Meinung für den Erfolg dieses Instruments wahr. Das Kooperationsverhalten stieg ebenso wie die Diskussion innerhalb des Teilnehmerkreises. Es war allerdings deutlich zu erkennen, dass die Beiträge von uns als VSC-Leiter nicht von den Teilnehmern infrage gestellt bzw. auf Verständnis und Vollständigkeit hinterfragt wurden. Ein Rest von Hierarchie war also immer noch spürbar, die Diskussionsbereitschaft war jedoch ein sehr positiver Anfang.

Das Instrumentarium und seine Wirksamkeit wurden schnell und eindeutig verstanden. Die weitere Anwendung beruhte jedoch auf einer eher einseitigen Initiative meiner Person. Diese Form der Kooperation zwischen den Vertretern der Joint-Venture-Partner und die daraus resultierende Führungskultur ist eine eher unübliche Vorgehensweise und bedarf bestimmter Kompetenzen und gegenseitigem Vertrauen der Partner. Die Mitarbeiter sind einen direktiven Führungsstil gewohnt und erwarten diesen auch. Ich habe aber dennoch gesehen, dass die chinesischen Mitarbeiter und Kollegen nach anfänglichem Zögern bereitwillig mitarbeiteten und das Vorgehen durchaus positiv empfanden.

17.2.4 Soziale Kompetenz

17.2.4.1 Verantwortungsbewusstsein
Eine weitere wichtige Voraussetzung für die im vorhergehenden Abschnitt beschriebene Fehlerabstellung ist das eigene Verantwortungsverständnis des Problemlösers. Je ausgeprägter dieses vorhanden ist, desto zügiger werden die Probleme transparent dargestellt, Maßnahmen zur Umsetzung definiert und Termine zum Einsatz in die Serienproduktion verfolgt. Insbesondere die Terminverfolgung und die dazugehörigen Eskalationsmechanismen bei Verzögerungen sind entscheidende Erfolgsfaktoren. Zu beiden Faktoren gehört die Bereitschaft, sich mit anderen Kollegen auseinanderzusetzen, also ein gutes Konfliktmanagement.

Das eigene Verantwortungsbewusstsein ist ferner ein wesentlicher Faktor, um die Analysegeschwindigkeit positiv zu beeinflussen, welche wiederum von besonderer Bedeutung für die Gewichtung von Themenfeldern in der bereits dargestellten Portfoliotechnik ist. Es liegt daher die Schlussfolgerung nahe, dass die Analysegeschwindigkeit neben all den technischen und ressourcenorientierten Kriterien vor allem durch die Ausprägung der sozialen Kompetenz in Form von Verantwortungsbewusstsein, Zusammenarbeit und Kommunikation beeinflusst wird. Traditionell finden wir in China ein vor allem hierarchisch geprägtes Unternehmenssystem vor. Das Führungsverhalten erstreckt sich primär auf Anweisungen, exaktes Einhalten von Vorschriften und eine top-down-orientierte Umsetzung. Es ist daher leicht nachvollziehbar, dass das Entwickeln von Innovationen, hier besonders das Verständnis für und das Entwickeln von eigenen Ideen sowie für das Äußern dieser und die Akzeptanz anderer Meinungen (vgl. hierzu Kap. 18), eine hohe Herausforderung darstellt. Das gilt speziell gegenüber vermeintlichen Hierarchen, vor allem wenn diese aus dem Ausland kommen.

Das in diesem Fall vorgefundene Verantwortungsverständnis fokussierte sich oftmals auf die Abteilungsaufgaben und beschränkte sich meist auf die klassische Analyse. Nach deren Abschluss wurde das Analyseergebnis meist per E-Mail an die zuständige Abteilung gegeben und im Anschluss erhielt der Analytiker eine Terminaussage. Bei Überschreitung des Termins waren keine Automatismen zur Eskalation vorgesehen. Was ich hier also beobachten konnte, war die Tendenz, Konflikte zu vermeiden. Dieses Muster birgt die Gefahr, dass Einsatztermine zeitlich verschleppt und bei fehlender Aufmerksamkeit durch das Management nur bedingt gelöst werden. Für die Produktanläufe wurde daher ein intensives Themen-Tracking auf der Ebene des Werksmanagements etabliert. Dabei wurden Probleme, zugehörige Analysen und die Einsatztermine im Rahmen des Fehlerabstellprozesses intensiv besprochen und verfolgt. Die Verantwortung zur Problemverfolgung und -lösung wurde somit auf eine höhere Ebene des Unternehmens verlagert, um den Mustern der Konflikt- und Komplexitätsvermeidung in den darunterliegenden Ebenen entgegenzuwirken. Ferner wurden damit die Transparenz bezüglich der vorhandenen Probleme und deren Abarbeitung hergestellt. Aufgrund dieser Transparenz und der Aufmerksamkeit des Managements wurden termingerecht Entscheidungen getroffen und im Bedarfsfall klare Aufträge und Termine für die einzelnen Fachbereiche gesetzt, die von diesen auch akzeptiert wurden. Ich habe gelernt, dass Fachbereiche auf gleicher Management- bzw. Arbeitsebene diese Entscheidungshierarchie und die „Delegation nach oben" benötigen. Durch dieses Modell, konfliktträchtige Entscheidungen auf höherer Ebene zu treffen, wurde die Zusammenarbeit auf den darunterliegenden Ebenen nicht negativ beeinflusst. Möglicherweise wurde so „Gesichtsverlust" vermieden. Ferner musste ich berücksichtigen, dass bei dieser Vorgehensweise oftmals mehrere Runden notwendig sind, bis alle relevanten Entscheidungsfaktoren vorliegen und jeder sich in angemessener Zeit äußern konnte. Die entscheidungsrelevanten Faktoren wurden Schritt für Schritt aus unterschiedlichen Abteilungen zusammengetragen. Hierzu gehören beispielsweise die Kosten oder Termininformationen zum Einsatz von Maßnahmen. Dies benötigt zwar Zeit, welche vermeintlich nicht zur Verfügung steht, ist aber ein Weg, der am Ende auch zum Ziel führt und darauf kommt es letztlich an.

Die systematische und methodische Vorgehensweise ist im Konzernstandard zum Fehlerabstellprozess definiert. Die Anwendung dieses Standards erfolgt in den zentralen Standorten in Europa und in den Produktionswerken in China auf unterschiedlichen Ebenen im Management. Die konsequente Umsetzung in Foshan stellte einen wesentlichen Erfolgsfaktor beim Anlauf und der Produktqualität in der Serie dar.

17.2.4.2 Muster in der Zusammenarbeit

17.2.4.2.1 Interkulturelle Zusammenarbeit

Im Rahmen des Aufbaus des Standorts Foshans arbeiten sehr viele Menschen aus unterschiedlichen Kulturen und Ländern zusammen. Es scheint zunächst als normal und selbstverständlich, dass der kürzeste und effizienteste Weg der Kommunikation der in der jeweiligen Muttersprache ist. Persönliche Verbindungen und Netzwerke sind wertvolle Hilfsmittel, um den täglichen Herausforderungen des Fabrikaufbaus und Produktanlaufs entgegenzutreten. Aufgrund der komplexen Kunden-/Lieferantenbeziehungen im Bereich der Fabrikausstattung, der weltweiten Lokalisierung der Teilelieferanten und der damit verbundenen Warenströme sowie der Kooperation von Menschen mit unterschiedlichen beruflichen und kulturellen Erfahrungen entstehen jedoch besondere und weitergehende Anforderungen an eine intensive und übergreifende Zusammenarbeit. Das Attribut „intensiv" steht dabei vor allem für das Auseinandersetzen mit den Menschen, ihren Meinungen, Empfehlungen und Erfahrungen. Das Attribut „übergreifend" steht für die Zusammenarbeit zwischen den Fachbereichen des Joint Ventures, zwischen den Marken, den zentralen Standorten in Europa sowie der Joint-Venture-Zentrale in Changchun und vor allem zwischen den Kulturen. Fehlt diese Zusammenarbeit, so treten Missverständnisse, Informationsdefizite und ein enormer Zeitverlust bei Entscheidungen auf. Dies schlägt sich negativ auf den Fabrik- und Produktanlauf sowie die weitere Zusammenarbeit nieder.

Hier kommt man mit der eigenen Sprache schnell an Grenzen. Für die Zusammenarbeit und die damit notwendige gemeinsame Kommunikation ist die Festlegung einer gemeinsamen Sprache ein möglicher Weg. Auf der Managementebene wäre das Englisch, was aber nicht immer vorausgesetzt werden kann. Alternativ ist auf den Einsatz von qualifizierten und in ausreichender Zahl verfügbaren Dolmetschern zu achten. Ihnen kommt eine besondere Bedeutung zu, weil es neben dem fachlichen Verständnis oftmals auch auf die Zwischentöne ankommt.

Schließlich ist immer ein wertschätzender Umgang und Respekt, ein gemeinsames Verständnis bezüglich der diskutierten Themen sowie ein sensibles Konflikt- und Eskalationsmanagement wichtig. Dies erfordert nicht zuletzt Geduld und viel Selbstreflexion.

17.2.4.2.2 Interdisziplinäre Zusammenarbeit

In der alltäglichen Zusammenarbeit unter den chinesischen Mitarbeitern finden sich hier einige sehr auffällige und ausgeprägte Muster. Die Zusammenarbeit funktioniert dann gut, wenn die Menschen aufgrund ihres persönlichen Werdegangs einer bestimmten Gruppe (z. B. Hochschule, Ausbildung, Herkunft) zugehörig sind. Dies wird im Allgemeinen in der einschlägigen Literatur auch als persönliches Netzwerk *(guanxi)* bezeichnet (Luo 2007). Hindernisse zeigen sich beispielsweise in der Zusammenarbeit und beim Verantwortungsübergang von einer Projektphase zur nächsten. Im VSC Foshan findet der Verantwortungsübergang von der Vorserienanalyse zur Serienanalyse spätestens drei Monate nach dem SOP statt. Obwohl alle Mitarbeiter im VSC Foshan zur Gruppe des VSCs gehören, gab es zunächst beim Übergang der Verantwortung, insbesondere auf

Ingenieursebene, lediglich eine digitale Übergabe mit einem geringen Informations- und Wissenstransfer. Zeitpunktorientiert übernimmt der Bereich der Serienanalyse die Aufgaben und die Verantwortung für die Analyseumfänge. Auch das kann als ein Hinweis auf Probleme gesehen werden, Konflikten ins Auge zu sehen und Komplexität zuzulassen. Die mir bekannten und geläufigen Muster aus europäischen Standorten beruhen auf einem fließenden Übergang mit intensiven Durchsprachen der Problemblätter, Maßnahmen und Einsatzterminen sowie einer schon frühen Begleitung der Produkte bereits während der Vorserienproduktion. Somit ist ein vernetzter und integrierter Übergang und Wissenstransfer sichergestellt.

Um einen etwaigen Verlust an Informationen und einem direktiven Führungsstil entgegenzuwirken, wurde die Übergabe der Bereiche nach dem sogenannten „Pull-Prinzip" gestaltet. Das bedeutet, dass der nachfolgende Bereich der Serienanalyse schon in der Vorserie in den beschriebenen kleinsten „Triple-Lernzellen" integriert wurde. Der Fahrzeugaufbau und die damit verbundenen Analysen wurden mithilfe dieser Qualifizierung *on the job* erlernt. Die Kommunikation zwischen den Bereichen Vorserie und Serie wurde damit aktiv gefördert und die Eigenmotivation bei den Mitarbeitern der Serienanalyse und deren Verantwortung zur Problemlösung aus der Rolle des internen Kunden für die Übergabe in den Mittelpunkt gestellt. Ein Informations- und Wissensverlust konnte daher weitestgehend vermeiden werden.

17.3   Zusammenfassung und Würdigung

Was bedeuten diese Erfahrungen nun aus der Perspektive der globalen Wissensökonomie und Innovationsfähigkeit in China? In diesem Beitrag verstehe ich darunter vor allem die Kombinationsfähigkeit von bekannten Informationen, z. B. Konzernstandards, und neuen Erfahrungen hin zu nachhaltigen Lösungen. Voraussetzungen hierfür sind aus meiner Sicht:

- eine breite fachliche Grundausbildung im Rahmen der schulischen Ausbildung und der Hochschulausbildung,
- eine berufsgruppenorientierte Ausbildung durch die Unternehmen und das Sammeln von Praxiserfahrung im beruflichen Alltag,
- eine persönliche Bindung an das Unternehmen durch berufliche Entwicklungsmöglichkeiten
- sowie eine Unternehmenskultur, die kontinuierliche Verbesserung und Lernen fokussiert.

Für den Standort Foshan lässt sich unter diesen Voraussetzungen und meinen persönlichen Erfahrungen die Situation wie folgt zusammenfassen. Um am Marktwachstum in China zu partizipieren, besteht derzeit die Notwendigkeit, vor allem neue Standorte aufzubauen. Im Rahmen des Neuaufbaus des Standorts Foshans zeigte sich im Vorseriencenter zunächst der Bedarf, ein stabiles Analysewissen in Form von Produkt- und Prozesswissen auf Basis von Konzernstandards zu etablieren, um eine hohe Produkt- und Prozessqualität sicherzustellen. Das ist erfolgreich gelungen. Das Personal zählt bereits zu den Multiplikatoren, die zukünftig beim weiteren Ausbau der Fabrik zur Qualifikation neuer Mitarbeiter eingesetzt werden. Die Erfahrungen mit den in der Vergangenheit angewendeten Qualifizierungsmethoden werden zukünftig erneut angewendet und können durch innovative Ansätze ergänzt werden. Das ist eine der Grundlagen für den zukünftigen erfolgreichen Fabrik- und Produktanlauf.

Grundsätzlich haben die Mitarbeiter eine sehr gute theoretische und fachlich breite Ausbildung. Sie zeigen eine hohe Lernbereitschaft und Lernfähigkeit in Bezug auf Produkt- und Anlagentechnik. Defizite zeigten sich in der Vergangenheit bei der Kenntnis von methodischen Vorgehensweisen und deren Anwendung sowie bei Kenntnissen zu Einflüssen in Fertigungsprozessen auf das Produkt. Vonseiten des Unternehmens habe ich daraufhin eine eigene, auf den Fachbereich der Analyse zugeschnittene Akademie entwickelt und auf die Anwendung von Konzernstandards Wert gelegt sowie die Mitarbeiter damit *off the job* ausgebildet. Durch den Einsatz von Experten aus den Heimatstandorten wird dieses Wissen *on the job* weiter vertieft. Zukünftig wird die Bereitschaft der Mitarbeiter entscheidend sein, dieses Wissen stetig anzuwenden, zu komplettieren und damit die persönlichen beruflichen Erfahrungen weiter auszubauen. Die regelmäßige Anwendung und die damit verbundenen beruflichen Erfahrungen sind eine Möglichkeit, das Potenzial der Innovationsfähigkeit zu erhöhen.

Die Mitarbeiter selbst sind vor allem den Schulungsangeboten des Unternehmens gegenüber sehr aufgeschlossen. Es existiert eine Vielzahl interner und externer Schulungen, die sehr gefragt sind und auch intensiv genutzt werden. Es ist eine ausgeprägte Weiterbildungskultur vorhanden. Zusätzlich gibt es im Bereich der Analyse ein erstes mehrmonatiges Expertenqualifizierungsprogramm, das auch einen längeren Aufenthalt in den deutschen Stammwerken mit einschließt. Dem Mitarbeiter wird damit ermöglicht, Methoden in einem anderen Unternehmenssystem zu erfahren und sich gleichzeitig ein breiteres Fachwissen anzueignen. Diese hervorragenden Ausbildungsmöglichkeiten binden den Mitarbeiter persönlich und vertraglich an das Unternehmen. Mit dieser Investition in die Zukunft der Mitarbeiter ist gleichzeitig eine Erwartungshaltung des Unternehmens an sie verbunden. Nach der Reintegration in das Joint Venture soll das erworbene Wissen in der alltäglichen Praxis angewendet und in der Breite des Unternehmens bzw. der Fachbereiche etabliert werden. Entscheidend für den Erfolg ist der vom Unternehmen dem Mitarbeiter gegenüber gewährte Freiheitsgrad, diese Erkenntnisse umzusetzen, und die Veränderungsbereitschaft der Organisation gegenüber diesen für sie neuen Vorgehensweisen und Erkenntnissen.

Die übrigen Voraussetzungen des Joint Ventures hinsichtlich der Sicherheit des Arbeitsplatzes, der angemessenen Entlohnung, Kost und Logis und auch einer Vielzahl an gewerkschaftlich organisierten Aktivitäten im privaten Bereich sind sehr gut. Beispielsweise gehören hierzu der tägliche Transport aus den Wohnheimen zur Fabrik und zurück, verschiedene Vereins- und Sportaktivitäten sowie Partnerbörsen.

Zusammenfassend bieten sich aus meiner Perspektive grundsätzlich positive Voraussetzungen für die Lern- und Innovationsfähigkeit am Standort China. Die entscheidenden Faktoren für das Freisetzen des Innovationspotenzials sind vor allem in zwei Bereichen anzusiedeln. Aus unternehmerischer Perspektive ist es die Fähigkeit der Organisation, eine Lern- und Innovationskultur auszubilden. Das ist, wie hier gezeigt wurde, vornehmlich eine Managementaufgabe. In einer Fertigung bedeutet das vor allem ein intensives Mitarbeiter-Coaching vor Ort. Aus der individuellen Perspektive handelt es sich um die Ausbildung der methodischen und sozialen Kompetenzen, die Bereitschaft zu interdisziplinärer Kooperation sowie zur interkulturellen Kommunikation und der Entwicklung von Verantwortungsbewusstsein gegenüber dem Unternehmen. Basis für alles und für alle ist die Offenheit, jederzeit in einen wertschätzenden und konstruktiven Dialog mit den Menschen im Unternehmen einzutreten.

Literatur

Clark KB, Fujimoto T (1992) Automobilentwicklung mit System. Strategie, Organisation und Management in Europa, Japan und USA. Campus, Frankfurt a. M.

Freimuth J, Pieper K (2015) Schichtübergabe und Kooperation. Eine systemtheoretische Betrachtung von Schichtwechseln in vollkontinuierlichen Fertigungen. OrganisationsEntwicklung 33(2):54–61

Freimuth J, Hauck O, Asbahr T (2002) Struktur und Dynamik organisatorischen Erfahrungswissens. Zeitschrift für Personalforschung 16(1):5–38

Luo Y (2007) Guanxi and Business, 2. Aufl. World Scientific Publishers, Singapore

Pfeiffer S (2007) Montage und Erfahrung. Hampp, Mering

Roth G, Kleiner A (2000) Car launch. The human side of managing change. Oxford Universtiy Press, Oxford

Scherer E (Hrsg) (1998) Shop floor control – A systems perspective. From deterministic models towards agile operations management. Springer, Berlin

Vertretungen der Bundesrepublik Deutschland in der Volksrepublik China (2016) Wirtschaftsinformation zur Provinz Guangdong. http://www.china.diplo.de/Vertretung/china/de/201-kanton/region/wirtschaftgd-seite.html. Zugegriffen: 29. Aug. 2016

Volkswagen (2012) Beginn einer neuen Ära: Volkswagen führt Modularen Querbaukasten (MQB) ein. http://www.volkswagenag.com/content/vwcorp/info_center/de/themes/2012/02/MQB.html. Zugegriffen: 9. Aug. 2016

Über den Autor

Quelle: Audi AG

Peter Schmitt leitet derzeit die Abteilung der Aufbausteuerung für Erprobungsfahrzeuge im Vorseriencenter der Audi AG in Ingolstadt. Von Oktober 2012 bis Juni 2016 war er als deutscher Expatriate für die Leitung des Vorseriencenters in Foshan bei FAW-Volkswagen zuständig. Vor seiner Entsendung verantwortete er die Projektleitung des Geschäftsbereichs Produktion für die Generation der Modellreihe Audi A3 auf Basis des Modularen Querbaukastens. Zu den vorherigen beruflichen Stationen zählen Tätigkeiten in der Konzept- und Strategieplanung sowie der Anlagenplanung im Bereiche der Gesamtplanung bei der Audi AG. Ferner sammelte er weitere berufliche Erfahrung in internationalen Beratungsunternehmen. Seinen akademischen Werdegang schloss er mit einem Studium der Elektrotechnik an der Georg-Simon- Ohm Fachhochschule und mit einem berufsbegleitenden internationalem Master of Business Administration Studium an der Universität Würzburg, der Boston University und der Florida Gulf Coast University ab.

Voice – Die Bereitschaft zum kritischen Diskurs als wichtiger Beitrag zur Organisationsentwicklung

18

Annette Metz

Zusammenfassung

Das wirtschaftliche Agieren in China stellt Unternehmen mit deutschen Wurzeln vielfach vor Herausforderungen. Grund dafür sind u. a. hohe Anforderungen an Flexibilität und Schnelligkeit, die teils im Widerspruch zu deutschen Strukturen stehen. Umso wichtiger ist die Fähigkeit dieser Unternehmen, kontinuierlich die Organisation weiter zu entwickeln, um damit den Erfolg der Chinainvestition zu sichern. Dazu ist das Einbinden der Ideen und Meinungen chinesischer Mitarbeiter entscheidend, da sie die Wissensträger im chinesischen Umfeld darstellen. Ein Voice-Verhalten ermöglicht einen kritischen Diskurs, der die Basis für Organisationsentwicklung und somit auch für Innovation darstellt. Dementgegen stehen die Erfahrungen westlicher Manager, die ihre chinesischen Mitarbeiter vielfach als schweigsam erleben. In diesem Artikel werden Einflussfaktoren auf das Aussprechen von Mitarbeitern im internationalen Kontext dargelegt, Gründe für die unterschiedliche Ausprägung eines kritischen Diskurses erörtert sowie praxisnahe Empfehlungen zur Erzielung eines offenen Aussprechens gegeben.

Inhaltsverzeichnis

A. Metz (✉)
CONBEN Consulting, Shanghai, China
E-Mail: annette.metz@conben.com.cn

© Springer Fachmedien Wiesbaden GmbH 2017
J. Freimuth und M. Schädler (Hrsg.), *Chinas Innovationsstrategie
in der globalen Wissensökonomie*, DOI 10.1007/978-3-658-17651-8_18

18.1 Herausforderungen international agierender Unternehmen in China

China hat im letzten Jahrzehnt erheblich an Bedeutung in der Weltwirtschaft gewonnen. Nachdem westliche Unternehmen China zunächst aufgrund von Kostenvorteilen als attraktiven Zuliefer- und Produktionsstandort betrachtet haben, entwickelte sich über die Jahre zunehmend Interesse an China als Absatzmarkt und neuerdings auch als innovationstreibender Standort. Dies hat auch den China-Fokus vieler deutscher Unternehmen wachsen lassen; die deutsch-chinesischen Wirtschaftsbeziehungen haben sich seit der Öffnung Chinas in den 1980er Jahren kontinuierlich entwickelt. Heute gilt China als wichtigster Handelspartner Deutschlands in Asien. Insgesamt sind mehr als 5000 deutsche Unternehmen in China aktiv, die jährlich über US$ 2 Mrd. in China investieren (Das Handelsministerium der Volksrepublik China 2013). Im Vergleich zu westlichen Märkten gilt der chinesische Markt als weniger reif; Flexibilität und Schnelligkeit gelten als Voraussetzungen, um in diesem Land wirtschaftlich erfolgreich zu agieren (Hout und Michael 2014). Umso wichtiger ist die Fähigkeit der in China aktiven Unternehmen, die Organisation kontinuierlich weiter zu entwickeln. In dem Zusammenhang gewinnen Organisationsentwicklung und „organizational learning" an Bedeutung, das von Daft und Weick (1984, S. 286) als „process by which knowledge about action-outcome relationships between the organization and its environment is developed" definiert wird. Organisationsentwicklung und -lernen werden somit als Grundlage zum Erreichen kontinuierlicher Verbesserungen und Innovationen verstanden.

International agierende Unternehmen mit deutschen Wurzeln (sowohl Wholly Foreign Owned Enterprises als auch Joint Ventures) entsenden deutsche Expatriates[1] in ihre Niederlassungen nach China (z. B. asiatische Headquarter, Produktionswerke, Handelsniederlassungen). Dabei lässt sich in der Praxis folgendes Dilemma beobachten: Die deutschen Expatriates werden als ‚Wissende' entsandt, um einen Know-how-Aufbau und Know-how-Transfer von Deutschland nach China zu sichern; sie werden von chinesischen Kollegen auch entsprechend als ‚Wissende' positioniert. Vor Ort in China sind diese Expatriates allerdings in vielen Bereichen die ‚Unwissenden', die dringend auf Wissen z. B. in Bezug auf den chinesischen Markt und die kulturellen Gepflogenheiten angewiesen sind. Dabei stellen die Mitarbeiter wichtige Quellen für Informationen und Perspektiven für globale Unternehmenstätigkeiten dar. Im unternehmerischen

---

[1]In dem vorliegenden Artikel gelten personenbezogene Bezeichnungen (z. B. Mitarbeiter, Vorgesetzte) für beide Geschlechter.

Alltag gestaltet sich das Erlangen von Wissen von chinesischen Mitarbeitern als Herausforderung, denn deutsche Manager beschreiben vielfach das Problem ‚meine chinesischen Mitarbeiter sprechen nicht'. Problematisch wird das Schweigen der Mitarbeiter
vor allem, wenn es um Lokalisierung in China geht. Lokalisierung betrifft – soweit sie
ernst gemeint ist – in der Regel alle Funktionsbereiche, wie Einkauf, Produktion, F&E,
Vertrieb etc. Da Lokalisierung bedeutet, deutsche Prozesse, Standards, Produkte nicht
unreflektiert auf China zu übertragen, sondern diese den chinesischen Gegebenheiten
und Anforderungen entsprechend anzupassen oder auch komplett zu verändern, gewinnt
das von Argyris als Double-Loop Learning bezeichnete Lernverhalten an besonderer
Bedeutung. Im Vergleich zum Single-Loop Learning, das auf Optimierung existierender
Systeme und Prozesse ausgerichtet ist, umfasst das Double-Loop Learning das grundsätzliche Hinterfragen existierender Herangehensweisen (Argyris 1977). Das kritische
Hinterfragen, die kontinuierliche Reflektion, ob das, was an anderen Unternehmens-
tandorten getan wird und wie es getan wird, auch für den chinesischen Standort sinnvoll
erscheint, stellt somit den Kern für eine erfolgreiche Lokalisierung dar. Entscheidend ist
diese Lokalisierung auch dadurch, dass sie vielfach die Basis für das von Immelt et al.
als „reverse innovation" (2009, S. 56) bezeichnete Innovationspotenzial darstellt, indem
Produkte, die von Multinational Corporations (MNCs) in China für China entwickelt
und produziert, im weiteren Schritt erfolgreich auf dem Weltmarkt positioniert werden.
Somit hilft die erfolgreiche Lokalisierung in China auch, die Vitalität in entwickelten
Ländern zu erhalten, da Produkte oder Entwicklungsverfahren oder Produktionsprozesse
immer wieder auf den Prüfstein gestellt werden. Das heißt, dass Lokalisierung, kontinuierliche Organisationsentwicklung und Innovationskompetenz eng miteinander verzahnt
sind. Die Mitarbeiter repräsentieren durch ihre chinesische Markt- und Kulturkenntnis
die entscheidenden Wissensträger für die Lokalisierung. Das Phänomen der schweigenden Mitarbeiter beziehungsweise die Frage, wie chinesische Mitarbeiter von westlichen
Expatriates zum Aussprechen geführt werden können, ist daher für den Unternehmens-
erfolg deutscher Unternehmen in China – und gemäß der genannten Logik der „reverse
innovation" auch außerhalb von China sehr relevant. Im nächsten Abschnitt wird darauf eingegangen, wodurch das Aussprechen – das in der Literatur als Voice-Verhalten
bezeichnet wird (Morrison 2011) – im globalen Geschäftskontext beeinflusst wird.

18.2 Einflussfaktoren auf das Aussprechen von Mitarbeitern im internationalen Kontext

Eine internationale Führungssituation wird von vielfältigen Faktoren geprägt. Das in
Abb. 18.1 dargestellte Modell von Wolff aus der Neuen Institutionenökonomik bietet
sich an, um einen Überblick über diese Einflussfaktoren zu gewinnen.
   Im Zentrum des Modells ist die Organisation selbst zu sehen, die Corporate Governance; in der oben beschriebenen Ausgangslage ist dies ein in China agierendes deutsches Unternehmen. Der obere Teil des Modells verdeutlicht, dass diese Organisation

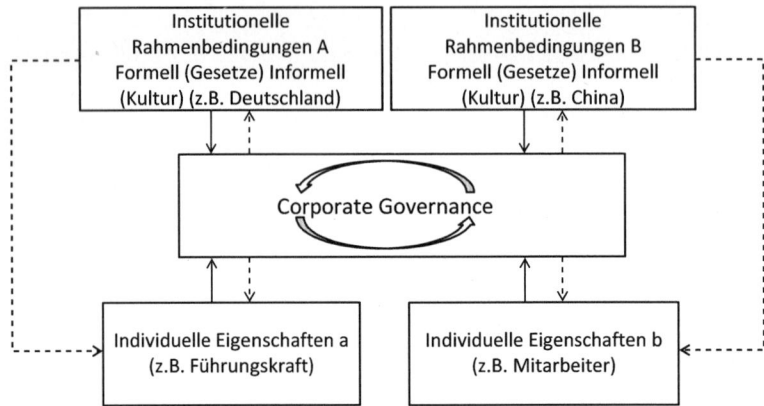

Abb. 18.1 Einflussfaktoren in einer internationalen Führungssituation. (Quelle: Vereinfachte Darstellung der Corporate Governance nach Wolff (2005, S. 113))

mit den institutionellen Rahmenbedingungen der Länder, in denen sie aktiv ist, in Wechselbeziehung steht. Im gegebenen Kontext heißt das, dass das deutsche Unternehmen von institutionellen Rahmenbedingungen sowohl in Deutschland als auch in China beeinflusst wird und diese ebenfalls beeinflusst. Zu den Rahmenbedingungen zählen sowohl formelle Rahmenbedingungen, wie z. B. Gesetze, als auch informelle Rahmenbedingungen, wie z. B. Kultur. Wie im unteren Teil des Modells dargestellt, bestehen darüber hinaus Einflussbeziehung zwischen der Organisation und den Individuen der Organisation, den Führungskräften und den Mitarbeitern. Diese sind wiederum durch ihr Ursprungsland geprägt. Im vorliegenden Fall sind die Führungskräfte durch die deutsche Kultur geprägt, deren Mitarbeiter jedoch durch die chinesische. Dieses Modell kann somit zur Darstellung einer internationalen Führungssituation genutzt werden.

Was heißt das bezogen auf das Voice-Verhalten? Die Voice-Literatur bietet vielseitige Erkenntnisse, um das Phänomen der schweigenden Mitarbeiter im globalen Kontext zu erklären. So sind auf der Ebene der Corporate Governance u. a. die Kontextfaktoren, z. B. die Unternehmenskultur, zu nennen, die das Aussprechen der Mitarbeiter beeinflussen. Je offener das Top-Management von Mitarbeitern empfunden wird, desto höher ist deren Bereitschaft, ihre Gedanken auszusprechen (Morrison und Phelps 1999). Auf der Ebene der institutionellen Rahmenbedingungen hilft beispielsweise das Verständnis von Kulturdimensionen der verschiedenen Länder, um das Schweigen oder Aussprechen einordnen zu können. So zeigt entsprechende Forschung, dass Mitarbeiter in Ländern mit einer höheren Machtdistanz sich verbal zurückhalten, um die gegebene Hierarchie aufrecht zu erhalten (Wei und Zhang 2010). Auf der Ebene der Individuen verweisen Forschungsergebnisse auf die Wichtigkeit eines kooperativen Führungsstils der Führungskraft, um einen Mitarbeiter zum Aussprechen zu ermuntern (Milliken et al. 2003). Darüber hinaus zeigen Studien, dass auch die individuellen Charakteristika des Mitarbeiters, z. B. ein gewisser Grad an Extrovertiertheit, sich positiv auf das Aussprechen des

Mitarbeiters auswirken (Detert und Edmonson 2005). Diese Ergebnisse der Voice-Literatur stammen zum Großteil aus Studien, die in der westlichen Welt durchgeführt worden sind. Die aktuell noch begrenzte Forschung im chinesischen Umfeld weist darüber hinaus auf die Wichtigkeit der persönlichen Identifikation eines Mitarbeiters mit einer spezifischen Führungskraft hin, damit der Mitarbeiter bereit ist, sich dem Vorgesetzten mitzuteilen (Liu et al. 2010). Eine Studie bestätigt diese Erkenntnisse auch für den deutsch-chinesischen Führungskontext (Metz 2015). In diesem aktuellen Forschungsbeitrag zeigt sich, dass vor allem der Aspekt der Wertschätzung eines Teammitglieds als Mensch und nicht nur als Mitarbeiter durch die Führungskraft als Kernelement zum Erreichen der persönlichen Identifikation gilt (Metz 2015). In Abb. 18.2 wird ein praktisches Fallbeispiel dargestellt und anhand der oben genannten Einflussfaktoren reflektiert.

Zusammenfassend weisen Erkenntnisse in der Voice-Forschung also in vielfältige Richtungen, die der Führungskraft als Anregungen dienen können, den Mitarbeiter

---

Beispiel aus einem in China aktiven Unternehmen mit deutschen Wurzeln
Das obere Managementteam diskutiert über die Leistung sowie das Potential ihrer chinesischen Mitarbeiter, um gemeinsam zu entscheiden, welche Mitarbeiter in den chinesischen Talentpool aufgenommen werden. Eine deutsche Führungskraft macht sich für einen spezifischen chinesischen Mitarbeiter sehr stark und hebt vor allem dessen ausgesprochen konstruktiv-kritische Beiträge in Einzelgesprächen und in Teammeetings hervor. Diese Bereitschaft, sich in die Diskussionen aktiv einzubringen, hilft dem Team entscheidend, sich weiterzuentwickeln. Eine zweite deutsche Führungskraft meldet sich zu Wort, meint, es müsse ein Missverständnis vorliegen, denn der besagte Mitarbeiter sei innerhalb einer Job Rotation für zwei Monate in seiner Abteilung gewesen und hätte in keinem der Teammeetings etwas ungefragt beigetragen.

Reflektion über den oben genannten Fall
Welche Einflussfaktoren kommen in Frage, um dieses unterschiedliche Voice-Verhalten des chinesischen Mitarbeiters zu erklären? Die Faktoren auf der Corporate Governance Ebene (z.B. Unternehmenskultur) sind wenig wahrscheinlich, da es sich um das gleiche Unternehmen und sogar den gleichen Standort handelt. Die institutionellen Rahmenbedingungen (z.B. Kulturdimensionen) sind ebenfalls unverändert. Auch die individuellen Charakteristika des Mitarbeiters können nicht als Erklärungsversuch dienen, da es sich um den gleichen Mitarbeiter handelt. Die Professionalität der Führungskräfte könnte Hinweise für das unterschiedliche Voice-Verhalten des Mitarbeiters bieten; allerdings handelt es sich in beiden Fällen der deutschen Manager um Vice Presidents mit langjähriger internationaler Führungserfahrung. Was bleibt dann als mögliche Erklärung? Die spezifische Beziehung zwischen der einzelnen Führungskraft und dem besagten Mitarbeiter. In vertraulichen Nachgesprächen mit beiden Führungskräften und dem chinesischen Mitarbeiter durch einen neutralen Berater betonte der chinesische Mitarbeiter deutlich seine unterschiedliche persönliche Identifikation mit den beiden Managern und damit seine Bereitschaft, sich offen in Diskussionen zu äußern.

Abb. 18.2 Ein Fallbeispiel und ein Erklärungsversuch. (Quelle: Erfahrungen der Autorin bei Ihrer Beratungstätigkeit [Anonymisiertes Beispiel aus einem mittelständischen Automobilzulieferer])

erfolgreich zum Mitteilen seiner Ideen, Gedanken, Anregungen und Kritikpunkte zu führen. Bevor im vierten Abschnitt des vorliegenden Artikels Hinweise zum Erreichen eines
kritischen Diskurses in der deutsch-chinesischen Führungspraxis vertieft werden, wird
zunächst der Grundsatzfrage nachgegangen, woran es liegt, dass westliche Führungskräfte chinesische Mitarbeiter im Vergleich zu westlichen Mitarbeitern tendenziell als
„schweigender" erleben.

18.3 Ein Blick in die Geschichte: Gründe für die unterschiedlichen Ausprägungen eines kritischen Diskurses im chinesisch-deutschen Führungskontext

In der oben genannten Ausgangslage steht die Zusammenarbeit deutscher Führungskräfte mit chinesischen Mitarbeitern im Fokus. Diese Zusammenarbeit wird durch eine
unterschiedliche Erwartungshaltung an das gegenseitige Kommunikationsverhalten
erschwert. Wie lässt sich erklären, dass Chinesen und Deutsche unterschiedliches Kommunikationsverhalten zeigen, wenn es um einen kritischen Diskurs geht? Ein Blick in
die Geschichte hilft, die kulturellen Unterschiede beider Länder – und damit die oben
genannten institutionellen Rahmenbedingungen – besser zu durchdringen. Nisbett (2003)
hat in seinem Werk ‚Geography of Thought' die Unterschiede der griechischen Antike,
auf der die deutsche Kultur basiert, und der chinesischen Kultur dargestellt und damit
dazu beigetragen, unterschiedliche Denkmuster zwischen Ost und West zu erklären.
Während in der griechischen Antike die Debatte, der Diskurs, das sich Auseinandersetzen mit unterschiedlichen Standpunkten als ansehensfördernd galt, stand in der traditionellen chinesischen Gesellschaft das Harmoniestreben im Vordergrund. Basierend auf
der traditionellen chinesischen Kultur galt es, das Kollektiv zu sichern, als Individuum
nicht abzuweichen, sondern alles zu tun, um ein harmonisches Miteinander in klaren
hierarchischen Strukturen aufrechtzuerhalten. Im alten China verbrachten die Menschen ihre Zeit gemeinsam mit Familie und Freunden, um diesen Respekt zu erweisen.
Ein – mit der heutigen Begrifflichkeit – Voice-Verhalten, hätte hier gegebenenfalls die
Harmonie des Kollektivs gefährdet und war somit unerwünscht. Im antiken Griechen-
land dagegen, stand das Individuum im Fokus, ob in Rededuellen auf dem öffentlichen
Marktplatz oder auch durch individuelle sportliche Leistungen innerhalb der Olympiade,
für die sogar kriegerische Tätigkeiten unterbrochen wurden. Ein Voice-Verhalten wurde
hier durch Erziehung und gesellschaftliche Veranstaltungen sogar gefördert. Das Kommunikationsverhalten deutscher und chinesischer Mitarbeiter entwickelt sich demnach
unter völlig unterschiedlichen Voraussetzungen.

Im Schnelldurchlauf durch die Geschichte spielt in der gegebenen Voice-Thematik
auch die Zeit der Aufklärung in Europa ab Ende des 17. Jahrhunderts eine wichtige
Rolle. Das sich Abwenden von der Allgültigkeit der Religion, das kritische Hinterfragen, der Beginn des wissenschaftlichen Diskurses mit dem Streben nach Objektivität,

hat die deutsche Kultur und damit die Bereitschaft des Einzelnen, den Status Quo kritisch zu hinterfragen, geprägt. Als weitere Einflussströmung auf die Voice-Thematik kann die protestantische Ethik gelten. Dem gegenüber steht die 5000-jährige chinesische Geschichte, die durch starke Herrscher, klar abgegrenzte Hierarchien und eine fast vollständige Unterordnung des Individuums unter das Kollektiv – und damit dem Schweigen des Individuums – gekennzeichnet ist. Diese über Jahrtausende gewachsenen Kulturunterschiede zeigen sich auch deutlich in den diversen interkulturellen Studien, die seit den 1970er Jahren durchgeführt wurden (Hofstede 1983, 1993; Trompenaars 1993). Eine zentrale Erkenntnis in diesen Studien betrifft die bereits im zweiten Abschnitt angesprochene Machtdistanz. Darüber hinaus zeigen die Ergebnisse des 1991 von Robert J. House initiierten GLOBE Forschungsprojektes, dass Deutschland im Vergleich zu China eine stärkere Leistungsorientierung aufweist (Javidan 2004). Diese Leistungsorientierung erklärt in Verbindung mit verstärktem partizipativen Führungsverhalten die Erwartungshaltung deutscher Vorgesetzter, dass Mitarbeiter durch das Aussprechen ihrer Ideen und Gedanken zur Leistungssteigerung der Organisation beitragen.

Die über Jahrhunderte gewachsene kulturelle Prägung spiegelt sich in dem anfangs dargestellten Phänomen der „schweigenden chinesischen Mitarbeiter" in der deutsch-chinesischen Führungspraxis wider. Gleichzeitig fordern die skizzierten Marktanforderungen den gemeinsamen kritischen Diskurs, um die – u. a. für eine erfolgreiche Lokalisierung so wichtige – kontinuierliche Organisationsentwicklung zu ermöglichen. Daher stellt sich die Frage nach praktischen Implikationen für die deutsch-chinesische Führungspraxis, auf die im nächsten Abschnitt eingegangen wird.

18.4   Implikationen für die deutsch-chinesische Führungspraxis: Wie westliche Führungskräfte ein offenes Aussprechen chinesischer Mitarbeiter erreichen

Der chinesische Markt ist durch Dynamik und Schnelllebigkeit charakterisiert. Wenn chinesische Mitarbeiter ihre Kenntnisse und Ideen nicht einbringen, besteht für die Organisation die Gefahr von Zeitverlust sowie von Ressourcenverschwendung. Ein verstärktes Aussprechen chinesischer Mitarbeiter gegenüber deutschen Führungskräften in internationalen Unternehmen in China ermöglicht eine kontinuierliche Organisationsentwicklung, die Effizienzsteigerungen und damit die langfristige Wettbewerbsfähigkeit sichern. Das oben angesprochene Double-Loop Learning von Argyris, als einer der Grundgedanken innerhalb kontinuierlicher Verbesserungsprozesse, macht es notwendig, einen Reflexionsraum zu kreieren, in den sich sowohl Führungskräfte als auch Mitarbeiter einbringen. Wie in dem obigen Überblick zur Voice-Literatur dargestellt, ist u. a. eine offene Unternehmenskultur wichtig, um Mitarbeiter zum Aussprechen zu ermuntern. Eine Unternehmenskultur wird allerdings von einer Gruppe von Menschen geformt und verändert. Was kann die einzelne deutsche Führungskraft tun? Was charakterisiert einen erfolgreichen Voice-Manager, also eine deutsche Führungskraft, die es schafft, ihre chinesischen Mitarbeiter zum Aussprechen von Gedanken und Ideen zu führen? Eine aktuelle Studie fasst vier Charakteristika einer westlichen Best Practice Voice Führungskraft zusammen:

1. hohe Menschenorientierung,
2. wertschätzende Einstellung,
3. Unternehmens- und Teaminteressen höher gewichten als persönliche Karriereentwicklung und
4. konsequentes und berechenbares Verhalten (Metz 2015)

Dabei können die wertschätzende Einstellung und das wertschätzende Verhalten gegenüber China und dem individuellen Mitarbeiter als Grundvoraussetzungen verstanden werden, deren Nicht-Vorhandensein durch kein anderes Charakteristikum ausgeglichen werden kann. Diese Charakteristika beschreiben, dass ein Mitarbeiter sich von der Führungskraft als Mensch wahrgenommen und wertgeschätzt fühlt – nicht nur als Mitarbeiter, der eine Arbeitsleistung erbringt. Diese Form der Wertschätzung stellt die Basis für eine persönliche Identifikation eines chinesischen Mitarbeiters mit der westlichen Führungskraft dar. Die hohe Menschenorientierung spiegelt sich in einer wohlwollenden kooperativen Führung wider, in der die westliche Führungskraft kontinuierlich im Gespräch mit dem chinesischen Mitarbeiter ist, indem sie sich viel Zeit nimmt, kontinuierlich bereit ist, Erklärungen zu geben und gemeinsam Themen zu erörtern. Darüber hinaus betont der Aspekt der wohlwollenden Führung, dass die Führungskraft einen Mehrwert für den Mitarbeiter schafft, welches u. a. durch praktische Hilfestellungen, durch Mitarbeiterentwicklung und Karriereplanung erreicht wird (Metz und Gunkel 2013). Insgesamt erscheint es sehr wichtig, dass sich die Führungskraft um den Mitarbeiter als Menschen kümmert, wie folgendes Zitat eines Best Practice Voice Managers verdeutlicht:

> Er [der Vorgesetzte, A.M.] muss sich um mehr kümmern als nur um die Arbeit, wo man im Westen denken würde, Mensch, der ist doch ein erwachsener Mensch, vieles, Familiäres oder Karriererelevantes kann er [der Mitarbeiter, A.M.] sich doch alleine drum kümmern, glaube ich, erwartet ein Chinese gerade, dass ein Chef ihm sowas aus der Hand nimmt. (…) zum Beispiel auch an seine Familie oder an seine Karriere, wie er sie verbessern könnte, wie er mehr in dem jetzigen Job lernen könnte. Was für Chance er hätte, sich persönlich zu verbessern oder vorwärts zu kommen, oder mehr zu verdienen, oder in eine höhere Position zu kommen, ich glaub der Angestellte würde es erwarten, dass sein Chef, mehr für ihn und seine Lebensplanung nachdenkt (Metz 2015, S. 100).

Teilweise betrachten westliche Expatriates die Entsendung nach China als notwendigen – und nicht immer geschätzten – Schritt, um die eigene Karriere im Mutterhaus der Organisation voranzutreiben. Das kann dazu führen, dass Chinesen, die in der Regel über ein sehr gutes Menschengespür verfügen, ein Team- und Unternehmensinteresse der Führungskraft vermissen und nicht willens sind, nur dem persönlichen Fortkommen eines westlichen Vorgesetzten zu dienen. Insofern empfiehlt es sich für den westlichen Expatriate, seine eigene Intention in Bezug auf den Chinaaufenthalt zu reflektieren. Wichtig zu erkennen ist, dass es sich bei einer erfolgreichen Best Practice Voice Führungskraft keineswegs um einen „weichen" Vorgesetzten handelt – worauf die genannten Themen „hohe Menschenorientierung" und „Wertschätzung" hinweisen könnten. Die erfolgreichen Voice-Führungskräfte zeichnen sich durch ein konsequentes und berechenbares Verhalten aus, in dem Erwartungen klar formuliert und – soweit diese nicht erfüllt werden – diesem durch konsequente Entscheidungen auch Rechnung getragen wird.

Die genannten Charakteristika einer Best Practice Voice Führungskraft sind teils schwer zu entwickeln und zu trainieren. Daher gewinnt die Auswahl der richtigen Expatriates an Bedeutung, soweit die Organisation das Ziel verfolgt, dass Expatriates eine Diskurskultur als Grundpfeiler einer kontinuierlichen Organisationsentwicklung mit chinesischen Mitarbeitern leben und fördern. Zusammenfassend lässt sich festhalten, dass erfolgreiche Führung im interkulturellen Kontext elementar für den Erfolg eines international agierendem Unternehmens ist.

18.5   Ausblick

Ein erster Blick auf die oben beschriebene Ausgangssituation lässt ggf. zu dem Rückschluss verleiten, dass schweigende chinesische Mitarbeiter mit zunächst verhaltener Bereitschaft zum kritischen Diskurs die Innovationskompetenz deutscher Unternehmen in China stark einschränken. Allerdings scheint diese Betrachtung aus zwei Gründen als zu einseitig. Erstens ist es, wie in diesem Beitrag dargestellt, für westliche Führungskräfte durchaus möglich, trotz der über Jahrhunderte entwickelten Unterschiede in den Kommunikationskulturen durch ein entsprechend wertschätzendes und beziehungsorientiertes Führungsverhalten chinesische Mitarbeiter zum Aussprechen zu ermuntern. Zweitens ist zu berücksichtigen, dass das Aussprechen zwar eine Basis zum kritischen Diskurs darstellt, allerdings nur eine Teilvoraussetzung für Innovationen repräsentiert. Innovation bedeutet, etwas Neues einzuführen, bereit zu sein, sich auf Andersartiges einzulassen und/oder sich flexibel zu zeigen, mit Unsicherheit umzugehen. Dazu braucht es Neugier. Fast jeder westliche Chinabesucher erlebt die positive Neugier und Offenheit der Chinesen. So ist z. B. das Smartphone und das damit verbundene online Kommunikations- und Einkaufsverhalten seit vielen Jahren in allen Alters- und Bildungsschichten Teil des chinesischen Alltags – nicht dagegen des deutschen Alltags. Darüber hinaus betonen westliche Führungskräfte immer wieder die praktische Intelligenz vieler ihrer Mitarbeiter, die Fähigkeit, flexible schnelle Lösungen für Alltagsprobleme zu finden. Die in diesen Beispielen sich widerspiegelnde Neugier und Offenheit stellen wichtige Ausgangsvoraussetzungen für Innovationen dar. Für Organisationsentwicklung und Innovationen wird beides benötigt: Struktur, die sich in deutschen Verhaltensweisen zeigt, und Flexibilität, die sich in chinesischen Verhaltensweisen widerspiegelt. Die Verbindung chinesischer und deutscher Denk- und Verhaltensmuster können somit als sehr geeignete

Basis für Neuerungen gelten. Der in diesem Artikel beleuchtete kritische Diskurs ist entscheidend, um wirklich Synergieeffekte beider Herangehensweisen zu ermöglichen; das Nicht-Nutzen der Stärken der einen oder anderen Seite stellt ein Verschwenden von Ressourcen dar. In diesem Zusammenhang kommt den Hochschulen sowohl in Deutschland als auch in China eine große Bedeutung bei, um die chinesischen sowie die deutschen Studenten auf die Herausforderungen international agierender Unternehmen optimal vorzubereiten. Bei dieser Vorbereitung gilt es einerseits, auf die richtigen Inhalte zu achten, die u. a. Themen wie kommunikative Fähigkeiten in Verbindung mit Innovationskompetenz (Problem- und Konfliktlösung) für chinesische Studenten sowie Beziehungsentwicklung und Vertrauensbildung für deutsche Studenten umfassen sollten. Andererseits gilt es, in den Hochschulen eine geeignete Methodik und Didaktik zu verwenden. Dazu zählt vor allem ein interaktiver Ansatz zwischen Lehrendem und Studenten, zwischen den Studenten sowie zwischen Studenten und Unternehmen. Hohe Reflexionsanteile, Praxisbezug und interdisziplinäre Ausrichtung helfen Studenten unabhängig von ihrer Nationalität, durch Diversität zu besseren Ergebnissen zu gelangen, indem Vielfalt durch Inklusion wertschöpfend genutzt wird.

Literatur

Argyris C (1977) Double look learning in organizations. Harv Bus Rev 55(5):115–129

Daft RL, Weick KE (1984) Towards a model of organizations as interpretation systems. Acad Manag Rev 9:284–295

Das Handelsministerium der Volksrepublik China (Hrsg) Ausländische Direktinvestitionen im Jahr 2013. http://german.mofcom.gov.cn/article/statistiken/kapital/201402/20140200483067.shtml. Zugegriffen: 20. Mai 2014

Detert JR, Edmondson AC (2005) No exit, no voice: the bind of risky voice opportunities in organizations. Academy of Management Best Conference Paper: OB: 01–06

Hofstede G (1983) The cultural relativity of organizational practices and theories. J Int Bus Stud 14(2):75–89

Hofstede G (1993) Interkulturelle Zusammenarbeit: Kulturen, Organisationen, Management. Gabler, Wiesbaden

Hout T, Michael D (2014) A Chinese approach to management. Harv Bus Rev 2014(9):103–107

Immelt JR, Govindarajan V, Trimble C (2009) How GE is disrupting itself. Harv Bus Rev 2009(10):56–65

Javidan M (2004) Empirical findings. In: House RJ, Hanges PJ, Javidan M, Dorfman PW, Gupta V (Hrsg) Culture, leadership, and organizations: the GLOBE study of 62 societies. Sage Publications, Thousand Oaks, S 235–281

Liu W, Zhu R, Yang Y (2010) I warn you because I like you: Voice behavior, employee identifications, and transformational leadership. Leadersh Q 21(1):189–202

Metz A (2015) Kulturkompatible Führung von chinesischen Mitarbeitern. Qualitative Untersuchung zum Voice-Verhalten. Springer Gabler, Heidelberg

Metz A, Gunkel M (2013) China schweigt – Wie westliche Expatriates erfolgreich mit Chinesen kommunizieren. Pers Q 4:14–19

Milliken FJ, Morrison EW, Hewlin PF (2003) An exploratory study of employee silence: issues that employees don't communicate upwards and why. J Manage Stud 40(6):1454–1476

Morrison EW (2011) Employee voice behavior: integration and directions for future research. Acad Manag Ann 5(1):373–412

Morrison EW, Phelps CC (1999) Taking charge at work: extrarole efforts to initiate workplace change. Acad Manag J 42(4):403–419

Nisbett RE (2003) The geography of thought. Free Press, New York

Trompenaars F (1993) Handbuch globales Managen: Wie man kulturelle Unterschiede im Geschäftsleben versteht. Econ, Düsseldorf

Wei X, Zhang Z (2010) Why are they silent? Lack of prohibitive voice in Chinese organizations. Working Paper submitted to 2010 IACMR Conference. Submission ID: EM i0507

Wolff B (2005) Internationales Management aus der Perspektive der Neuen Institutionenökonomik. In: Schauenberg B, Schreyögg G, Sydow J (Hrsg) Managementforschung 15: Institutionenökonomik als Managementlehre? Gabler, Wiesbaden, S 107–143

Über die Autorin

Dr. Annette Metz leitet seit 2004 das CONBEN Representative Office in Shanghai, einer auf Führungskräfteentwicklung spezialisierten Beratungsfirma, die sie 2002 in Deutschland als geschäftsführende Gesellschafterin mitgegründet hat. Frau Dr. Metz unterstützt Managementteams international agierender Unternehmen im Bereich der Personalentwicklung in Asien – vor allem China, Südostasien und Indien. Sowohl ihre langjährige Handels-/Marketingerfahrung in einem europäischen Handelsunternehmens als auch die Erfahrung in einer schweizerischen Unternehmensberatung stellen die Basis für Ihre Beratungstätigkeit dar. Ihre akademische Laufbahn umfasst ein European Business Studium mit dem Abschluss als Diplom-Kauffrau (FH) an der FH Osnabrück (D), der Sup de Co Lille (F) und der ASOEE Athen (GR), einen Master of Arts in European Marketing Management an der Brunel University (GB) und eine Promotion im Bereich des internationalen Managements an der Leuphana Universität (D).

Die Beziehungsdynamik in Teams chinesischer Experten und die Auswirkungen auf Innovationen – ein Erfahrungsbericht

19

Fabian Schneider

Zusammenfassung

Das folgende Kapitel beschreibt wesentliche Erkennungsmerkmale dysfunktionaler Teams in Unternehmen in China. Ziel ist es dabei, mögliche Risiken und Auswirkungen auf die Entwicklung und Innovationsleistung von Unternehmen in China zu beleuchten. Hauptbestandteil dieses Beitrags sind persönliche Erfahrungen, die der Autor während seiner beruflichen Laufbahn innerhalb eines deutschen mittelständischen Unternehmens in China sammeln konnte. Als theoretischer Leitfaden dienen insbesondere die von Patrick Lencioni in seinem Werk „The Five Dysfunctions of a Team" beschriebenen fünf Fehlfunktionen: Abwesenheit von Vertrauen, Furcht vor Konflikt, Mangel an Verpflichtung, Vermeidung von Verantwortlichkeit und Mangel an Ergebnisorientierung. Zusätzlich beschreibt der Autor kulturelle Besonderheiten, die insbesondere in China die Entwicklung dieser fünf Fehlfunktionen begünstigen. Dabei steht vor allem die Problematik der Implementierung westlicher Managementkonzepte in Unternehmen in China im Fokus dieser Arbeit. Der Autor stellt die Vermutung eines Generationswechsels in China an, der in Zukunft eine verstärkte Akzeptanz westlicher Managementkonzepte begünstigen könnte.

Inhaltsverzeichnis

F. Schneider (✉)
Dr. Wolff GmbH, Shanghai, China
E-Mail: fabian.schneider193@gmail.com

© Springer Fachmedien Wiesbaden GmbH 2017
J. Freimuth und M. Schädler (Hrsg.), *Chinas Innovationsstrategie in der globalen Wissensökonomie*, DOI 10.1007/978-3-658-17651-8_19

19.1 Einleitung

Dieser Beitrag basiert auf persönlichen Berufserfahrungen, die ich als lokaler Expatriate (kurz Expat) innerhalb einer chinesischen Außenstelle eines deutschen Mittelständlers (anonymisiert: Unternehmen X) in China über mehrere Jahre sammeln konnte. In meiner damaligen Funktion als Assistent der chinesischen Geschäftsführung war ich in der Lage, die Interaktion zwischen Top-Management und dem ersten und zweiten Managementlevel zu beobachten. Die chinesische Geschäftsführung interagierte dabei sowohl mit chinesischen als auch westlichen Managern des ersten und zweiten Levels. Mein theoretischer Bezugsrahmen ist das Buch von Patrick Lencioni „The Five Dysfunction of a Team" (Lencioni 2002).

19.1.1 Teamarbeit nach Patrick Lencioni

Das Konzept „The Five Dysfunctions of a Team" (Patrick Lencioni) bietet für meine Betrachtungen einen passenden theoretischen Rahmen, um die Erfahrungen strukturiert wiederzugeben und einen Einblick in die Beziehungsdynamiken chinesischer Teams zu gewährleisten. Ziel ist es, die Auswirkungen dieser Fehlfunktionen auf die Innovationsfähigkeit eines chinesisch geprägten Unternehmens zu veranschaulichen. Dabei wird jede einzelne Fehlfunktion entsprechend der folgenden Chronologie in jeweils einem eigenen Abschnitt behandelt:

1. *Abwesenheit von Vertrauen* beschreibt den Zustand in einem Team, bei dem der Teamleiter aufgrund von Mangel an Vertrauen in die Fähigkeiten seiner Teammitglieder Verantwortlichkeiten nicht überträgt.
2. *Furcht vor Konflikt* ist der Zustand in einem Team, in dem konstruktive Kritik als persönliche Kritik missverstanden wird und konkrete Probleme dadurch nicht thematisiert werden können.
3. *Mangel an Verpflichtung* beschreibt den Zustand in einem Team, bei dem sich die einzelnen Teammitglieder nur als ausführende Werkzeuge des Teamleiters verstehen und durch diesen Zustand nicht in der Lage sind, gegenüber dem Team ein Gefühl der Verpflichtung für dessen Erfolg selbst zu entwickeln.

4. *Vermeidung von Verantwortlichkeit* entsteht in einem Team, bei dem durch Angst vor Fehlern und Sanktionierung die einzelnen Teammitglieder keine klaren Verantwortungen für ihre Bereiche übernehmen und sich auch gegenseitig nicht für ihre Verpflichtungen verantwortlich machen.
5. *Mangel an Ergebnisorientierung* beschreibt den Zustand in einem Team, bei dem einzelne Teammitglieder persönliche Erfolge priorisieren und die Wichtigkeit des Teamerfolgs zurückstellen.

19.1.2 Aufbau der Arbeit

Der vorliegende Text argumentiert entlang dieser fünf skizzierten Teamprobleme. Meine persönlichen Erfahrungen dazu werde ich jeweils an Beispielen erläutern.

Im Abschnitt „Abwesenheit von Vertrauen" konzentriere ich mich auf Erfahrungen, die das in China allgegenwärtige Senioritätsprinzip illustrieren. Ich betrachte hier vor allem das Verhältnis zwischen älteren und jüngeren Mitarbeitern, das auf der sogenannten konfuzianischen kindlichen Pietät beruht (Weber 2011). Vereinfacht formuliert bezeichnet kindliche Pietät den Gehorsam der Kinder gegenüber ihren Eltern und hat seinen Ursprung in der Kulturgeschichte Chinas. Sie lässt sich dort in mehr oder weniger jeder hierarchischen Struktur, sowohl privat als auch beruflich, wiederfinden. Unter kindlicher Pietät versteht man die gegenseitige Verpflichtung innerhalb chinesischer Familien zur Fürsorge. D. h. während der Kindheitsphase sind die Eltern in der Fürsorgepflicht für ihre Kinder. Sobald die Kinder herangewachsen sind und die Eltern ein höheres Alter erreichen, übernehmen die Kinder wiederum die Fürsorgepflicht gegenüber ihren Eltern. Aus meiner persönlichen Erfahrung bildet dieses Verhältnis den Grundstein jeglicher sozialen Interaktion in China in allen gesellschaftlichen Schichten und Bereichen. In diesem Beitrag werde ich mich ausschließlich auf den Bereich der Angestellten von Unternehmen X konzentrieren.

Im zweiten Abschnitt geht es um Konflikte, die in China nicht offen angesprochen werden, was aus westlicher Sicht oft als Konfliktvermeidung erscheint. Hier ist insbesondere die Rolle des mittleren Managements von Interesse, dem innerhalb der Hierarchie eine wesentliche mediatorische Funktion zuzuschreiben ist. Das mittlere Management dient als Dolmetscher und Vermittler zwischen der Geschäftsführung, ihres ersten/zweiten Managementlevels und den operativen Mitarbeitern. Furcht vor Konflikt verhindert oftmals, dass das mittlere Management diese ausgleichende Funktion – nämlich in Zielkonflikten zu vermitteln und Lösungen zu finden – erfüllt.

Im dritten Abschnitt konzentriere ich mich auf die Tendenz zum Mangel an Verpflichtung von Mitarbeitern in chinesisch geprägten Unternehmenskulturen. Ich berufe mich hier auf meine Erfahrungen von ambivalenter Kommunikation im Unternehmen X. Ambivalente Kommunikation meint hier z. B. die Kommunikation seitens des Managements, das augenscheinlich innerbetriebliche Veränderungen fordert. Jedoch wird das tatsächliche Folgeleisten der Vorgabe häufig sanktioniert. Das schafft eine Pattsituation, in der der Angestellte zum einen vorgibt dem Aufruf des Managements Folge zu leisten, die Vorgabe jedoch praktisch nicht umsetzt, um nicht Gefahr zu laufen, sanktioniert zu werden. Ambivalente Kommunikation zwingt Mitarbeiter dazu, opportunistisch zu handeln, Probleme werden nicht angesprochen, um sich vor Konsequenzen zu schützen. Angst vor Fehlern innerhalb des mittleren Managements und dann auf dem operativen Level führt schließlich zur Stagnation von innovativen Prozessen.

Die Vermeidung von Verantwortlichkeit ist der Fokus des vierten Abschnitts. Die Entstehung dieses Musters wird am Beispiels eines Machtvakuums dargestellt. Verursacht wird dieses Vakuum im mittleren Management, da es sich weigert, proaktiv Verantwortung zu übernehmen. Mitarbeiter des operativen Levels werden dann vom mittleren Management auch nicht mehr geschützt, sondern bei Fehlern zum Teil offen kritisiert, um von eigenen Verantwortlichkeiten abzulenken.

Der Mangel an Ergebnisorientierung wird im fünften Abschnitt dieses Artikels betrachtet. Er ist ein logisches Resultat der vier vorangegangenen Fehlsteuerungen. In diesem Abschnitt werde ich am Beispiel von Unternehmen X abschließend beleuchten, wie sich die kollektive Indifferenz in einem Unternehmen auf die Mitarbeiter auswirkt und welche Gefahren dadurch für das innovative Potenzial in Unternehmen entstehen.

19.2   Abwesenheit von Vertrauen

Die akademische Ausbildung in der Volksrepublik China basiert noch vielfach auf dem Prinzip des Frontalunterrichts. Der Lernende ist dazu angehalten, die Lehren und Weisungen des Lehrers direkt zu verinnerlichen und ohne Interpretation zu übernehmen. Praktisch zeigt sich das z. B. daran, dass Schüler und Studenten nicht im diskursiven Austausch mit ihrer Lehrkraft stehen, sondern ausschließlich reproduzieren. Richtet man als Student oder Studentin das Wort an eine hierarchisch übergeordnete Person, so geschieht dies in der Rolle des Empfängers der Botschaft, d. h. man sucht als Student ausschließlich den Rat des Lehrenden. Die Lehre ist einseitig und nicht wechselseitig befruchtend.

Entsprechend werden Hochschulabsolventen beim Berufseinstieg im Unternehmen geprägt. Mitarbeiter jüngerer Generationen oder berufliche Neueinsteiger werden nicht motiviert, aktiv Themen aufzugreifen oder konstruktiv einzelne Projekte zu beeinflussen. Ihnen werden lediglich zuarbeitende Funktionen anvertraut.

Die Orientierung an Hierarchie manifestiert sich am Senioritätsprinzip und zeigt sich in Meetings. Die ranghöchsten Mitarbeiter dominieren dort und geben den Ton an. Auch hier findet ausschließlich einseitige Kommunikation statt. Von rangniedrigeren Mitarbeitern wird eine rein zustimmende Beteiligung erwartet. Diskurs oder herausforderndes Benehmen seitens jüngerer und rangniedriger Mitarbeiter werden strikt sanktioniert. Das Seniormanagement gibt die Direktive vor. Ihm ist bedingungslos Folge zu leisten. Ein Junior, Neueinsteiger oder generell rangniedriger Angestellter kann, wenn überhaupt, nur über indirekte Wege gestaltend mitwirken. Dies geschieht aber nur außerhalb der offiziellen Kommunikationskanäle, z. B. in persönlichen Seilschaften mit dem Seniormanagement. Ich konnte diese Ausnahme jedoch nur im Austausch zwischen dem ersten oder zweiten Level des Managements und der Geschäftsführung beobachten, da diese Mitarbeiter durch langjährige Erfahrung im Unternehmen über entsprechende Netzwerke verfügen. Junge oder rangniedrigere Mitarbeiter verfügen über diese Möglichkeiten offenbar nicht.

Linientreues und bedingungsloses Folgeleisten der Weisungen des Seniormanagements wird honoriert und konstruktive Kritik wird sanktioniert. Ein konkretes Beispiel, an dem ich dieses Prinzip beobachten konnte, war die Behandlung von chinesischen Praktikanten. Ähnlich junger oder rangniedriger Mitarbeiter nehmen auch sie den Stellenwert eines einfachen Zuarbeiters ein. Es werden bewusst nur äußerst simple, repetitive und monotone Aufgabenstellungen an sie übertragen, eigenständiges und kritisches Denken wird unterbunden. Das Vermitteln von Fähigkeiten oder die Unterstützung bei der Identifikation von persönlichen Stärken und Schwächen des Praktikanten scheinen nicht von Interesse zu sein. Praktikanten, die ich während meiner Zeit bei Unternehmen X beobachten konnte, haben teilweise über Monate hinweg ausschließlich administrative Aufgaben wie Kopieren oder Stempeln von Unterlagen übernommen. Die chinesischen Vorgesetzten sprachen hier oft von einer Art „Leiden" oder „Demut", die für eine konzerntaugliche Entwicklung grundsätzlich notwendig sei. Es scheint, dass nur, wer in großem Maße über eine längere Zeitspanne derartig „gelitten" hat, langfristig auch größerer Verantwortung würdig ist. Dabei spielt es keine Rolle, welche Qualifikation oder welches Engagement der chinesische Praktikant mitbringt.

Interessanterweise ist das Erlernen dieser Demutshaltung keine natürliche Zwangsläufigkeit. Ich konnte auch chinesische Praktikanten beobachten, die eine proaktive und gestalterische Bereitschaft an den Tag legten, wenn man ihnen die Chance dafür gab und Führungskräfte Offenheit oder gute Vorschläge honorierten.

Das Beispiel des chinesischen Praktikanten war kein Einzelfall. Auch Festangestellte wurden ausschließlich mit Aufgaben, die explizit ihrem Bereich zuzuordnen waren, beauftragt. Der Blick über den Tellerrand und der Versuch, abteilungsübergreifend zu arbeiten und ein holistisches Unternehmensbild zu gewinnen, wurden häufig sanktioniert. Die Art der Sanktionierung war oftmals sehr subtil.

Wenn das also die frühen Erfahrungen von Mitarbeitern im Unternehmen sind, dann lässt sich leicht vermuten, dass sich verunsichertes und defensives Verhalten ausbildet und sich wenig Mut zur innovativen Gestaltung von Prozessen oder Produkten entwickeln wird.

Beispielhaft lässt sich das an einem Leitprinzip zeigen, das bei Unternehmen X über viele Jahre hinweg Anwendung fand und bis heute noch findet: „Team, Trust and Transparency". Es stammte aus dem deutschen Hauptquartier von Unternehmen X und sollte die funktions- und hierarchieübergreifende Zusammenarbeit aller Abteilungen und Mitarbeiter forcieren. Vom deutschen Seniormanagement im Hauptquartier in Deutschland oder anderen westlich geprägten Zweigstellen wertschätzend euphorisch aufgenommen und mit entsprechender Kommunikation in die Organisation getragen, fehlte letztendlich auf den nachfolgenden Ebenen der chinesischen Führungskräfte das Verständnis des Leitbildes, und es entstand dort keine Akzeptanz, weil es mit hierarchischem Denken und dem Senioritätsprinzip nicht kompatibel ist. Das chinesische Management verbreitete diesen Leitgedanken daher auch nicht oder passte ihn je nach Bedarf seinen Interessen an. Mitarbeiter, die dem Prinzip „Team, Trust and Transparency" nach dem Verständnis des deutschen Hauptquartiers folgten, d. h. proaktiven Diskurs förderten, sich auf die Stärken der Mitarbeiter verließen und Transparenz praktizierten, erfuhren nicht selten Verwarnungen durch ihre Vorgesetzten.

Dieser ambivalente Zustand innerhalb der Organisation führte naturgemäß zu einem hohen Grad an Verunsicherung unter den Mitarbeitern und in letzter Konsequenz zu Enttäuschung und Frustration. Es wurde deutlich, dass Gestaltung und Partizipation insbesondere im mittleren Management und auf der Mitarbeiterebene nur schwer zu realisieren waren. Im Zuge verstärkter Lokalisierung, also der sukzessiven Besetzung von Positionen mit lokalen chinesischen Mitarbeitern von Unternehmen X, zog die Erkenntnis, dass durch „Team, Trust und Transparency" keine tatsächliche Veränderung erfolgte, hohe Fluktuationsraten und vor allem den Verlust von Talenten innerhalb des operativen Levels nach sich. Rückblickend bin ich der Meinung, dass diese Entwicklung nicht nur zum Verlust von talentierten Fachkräften führte, sondern auch einen negativen Einfluss auf alle Geschäftsfelder der Organisation hatte. Da keine Diskussions- und Feedbackkultur entstand, konnten innovative Potenziale nicht genutzt und strategische Risiken nur spät oder gar nicht erkannt werden.

Ein weiteres Beispiel für fehlendes Vertrauen ist das Fehlen von Verantwortungs- und Aufgabendelegation. Ich habe viele chinesische Vorgesetzte beobachtet, die als direkte Linienmanager die Führung von bis zu 50 Mitarbeitern gleichzeitig übernahmen. Der Grund dafür war schlichtweg ein grundsätzliches Misstrauen in die Fähigkeiten der eigenen Mitarbeiter. Ein funktionierendes und gesundes Unternehmen braucht jedoch Führungskräfte und Mitarbeiter, die Verantwortung teilen und zu delegieren wissen. Das schließt auch die Möglichkeit ein, Fehler zu machen und zu lernen. Es bedeutet hingegen nicht die Monopolisierung von Macht, Wissen und Einfluss bei wenigen dominanten Alpha-Tieren.

19.3 Furcht vor Konflikt

Die zweite Fehlfunktion, Furcht vor Konflikt, beschreibt Patrick Lencioni als das zwanghafte Verlangen nach Harmonie und die Vermeidung von konstruktiven Konflikten. In dysfunktionalen Teams wird konstruktive Kritik nicht als Konflikt mit Ideen oder Vorschlägen, sondern als Konflikt auf persönlicher Basis missverstanden. Konstruktive Kritik wird in diesem Sinne als Träger von Polemik oder Emotionen interpretiert. Der von Lencioni als für ein gesundes Unternehmen existenziell wichtig beschriebene Diskurs zielt nicht auf das Konzept richtig/falsch, Sieger/Verlierer ab, sondern auf den Austausch von Meinung und Ideen. Funktionierende Teams verschleiern konstruktive Kritik nicht, sie scheuen sich nicht vor der Offenlegung von Schwächen und der Thematisierung von Missständen, sondern diskutieren diese offen und direkt. Das wiederum steigert die Produktivität und fördert Innovationen, da sich die Mitglieder des Teams nicht mit politischer Korrektheit und zwischenmenschlichen Risikomanagement aufhalten (Lencioni 2002, S. 203).

Die Furcht vor Konflikten ist ein weiteres und häufig auftretendes Phänomen, das ich beobachten konnte. Auch hier lässt sich ein direkter Bezug zur chinesischen Kultur herstellen. Wiederholt habe ich während meiner Studien- und Arbeitszeit in China erlebt, dass die Wahrung des Gesichts innerhalb chinesischer Beziehungen ein äußerst wichtiges soziales Element darstellt. „Gesicht geben" und „Gesicht wahren" haben sowohl im alltäglichen Leben als auch in der Geschäftswelt einen allgegenwärtigen Stellenwert. Direkte offene Konflikte werden generell vermieden, da die Zielperson von Kritik in das Zentrum der allgemeinen Aufmerksamkeit gerückt wird. Eine gezielte Hervorhebung eines Individuums ist innerhalb der chinesischen Gesellschaft verpönt und scheint nur in bestimmten Fällen Anwendung zu finden. Meetings dienen oft als Plattform für gezielte öffentliche Kritik. In chinesisch geprägten Unternehmen werden Besprechungen zumeist frontal und top-down gestaltet. Der hierarchisch ranghöchste Teilnehmer dirigiert und die restlichen Teilnehmer reihen sich ein. Ich war in solchen Treffen wiederholt Zeuge offener Brüskierung. Das Ziel dieser Einzeldisziplinierung schien eine kollektive Erziehung der Anwesenden durch Abschreckung zu sein. In erster Linie verfolgte das Management also nicht das Ziel der Korrektur eines Fehlverhaltens der kritisierten Person. Vielmehr erschien es mir, als ob der öffentliche Gesichtsverlust nur ein Mittel zum Zweck darstellte. Vordergründig ging es zwar um die Unterbindung einer möglichen Wiederholung des kritisierten Verhaltens, im Kern zielte das Management aber auf Abschreckung und demonstrierte für alle Anwesenden die Unantastbarkeit der hierarchischen Ordnung. Die Folge dieser öffentlichen Schelte war somit stets auch das Einschwenken auf die gemeinsame vom Management vorgegebene Linie. Wurden innerhalb der Organisation neue Vorgaben oder Konzepte vorgestellt, geschah das nur einseitig top-down. Ein gemeinsamer oder gar kritischer Diskurs zur Optimierung der Vorschläge oder auch nur zum besseren Verständnis war nicht gewünscht. Da neue Vorgaben oder Konzepte demzufolge auch nicht wirklich verstanden waren, fiel es den Mitarbeitern natürlich schwer, diese praktisch zu implementieren. Dadurch stagnierten sie häufig und versandeten dann irgendwann.

Eine mangelnde Konfliktkultur hat nahezu unmittelbare Auswirkungen auf die Innovationskultur, weil sie nicht nur den kritischen Dialog zwischen Experten unterbindet, sondern mehr noch, das Unterbreiten von Vorschlägen bestraft. Ein weiteres Beispiel dazu: Während verschiedener Meetings mit dem Teamleiter versuchten Mitarbeiter sehr konstruktiv die Verfahrensweisen und Prozesse, die in der Verantwortung des Vorgesetzten lagen, zu diskutieren und zu optimieren. Ich wurde mehrfach Zeuge, wie Vorgesetzte höflich, aber sehr bestimmt das Gespräch schnellstmöglich beendeten. Dies geschah häufig harmonisch und ohne sichtbare emotionale Reaktion des Vorgesetzten. Teilweise wurde sogar das Engagement des Mitarbeiters gelobt. Die Kritik des Mitarbeiters blieb jedoch ungehört. Im Nachgang zu diesen Meetings folgten jedoch oft subtile sanktionierende Maßnahmen des Vorgesetzten gegenüber den Mitarbeitern. Dies geschah nie direkt im Anschluss an das Meeting, sondern immer nach einer gewissen Zeit (ca. 2 bis 3 Wochen). Die kritisierenden Mitarbeiter wurden etwa in ihrer Kompetenz beschnitten, indem der Vorgesetzte eine interne Umstrukturierung vornahm und den betroffenen Mitarbeitern ihre Personalverantwortung entzog. Der komplette Verlust des Teams war die Konsequenz. Diese Degradierungen vollzogen sich zudem ohne Ankündigung seitens des Vorgesetzten. Betroffene Mitarbeiter fanden sich während eines folgenden Teammeetings einfach nicht mehr auf dem präsentierten Teamorganisationschart wieder. Solche demonstrativen Zeichen können von niemandem missverstanden werden.

19.4   Mangel an Verpflichtung

Lencioni beschreibt die Fehlfunktion „Mangel an Verpflichtung" als ein Produkt der Furcht vor Konflikt. Er argumentiert, dass es unmöglich sei, absoluten Konsens in einem Team zu erreichen, und daher auch das Streben danach kontraproduktiv sei. Wichtig ist aber, dass bei Entscheidungen die Meinungen aller Teammitglieder gehört werden und man sich damit auseinandersetzt. Dann fällt es auch Teammitgliedern leicht, einer Entscheidung zu folgen, wo sie ursprünglich anderer Meinung waren. Sie fühlen sich der Entscheidung dennoch verpflichtet, weil sie eine faire Chance hatten, ihre Sicht zu thematisieren. Anzeichen von Mangel an Verpflichtung in einem Team sind ständig wiederkehrende Debatten über ungelöste Probleme. Die Unfähigkeit, zu einer abschließenden Lösung zu kommen, führt zu verunsichernden Spekulationen über Vorgaben und Managemententscheidungen (Lencioni 2002, S. 207).

In chinesischen Unternehmen finden sich auch Beispiele für diese Fehlfunktion: Vorgesetzte treffen oftmals keine klaren Aussagen, geben keine klaren Vorgaben und verweigern konstruktive Diskussionen. Das verhindert Konsensbildung. Die Mitarbeiter werden zwar letztendlich grob auf eine Richtung eingeschworen, daraus abzuleitende Maßnahmen werden jedoch nicht erläutert. Das führt zu allgemeiner Verunsicherung. Ein chinesischer Mitarbeiter ist grundsätzlich nicht dazu angehalten, selbstständig Verantwortung oder Entscheidungsgewalt zu übernehmen. Tut er dies in dieser Pattsituation trotzdem, so läuft er Gefahr, abgestraft zu werden. Die Folge ist daher oftmals stumpfes Abarbeiten von Vorgaben und Resignation.

Ich konnte diesen Mangel an Verpflichtung in chinesischen Vorständen am Beispiel chinesischer Vorstände beobachten. Ein am CEO-Office aufgehängtes Projekt war die Entwicklung der Personalabteilung zu einem Businesspartner. Das Ziel dieses Vorhabens war es, die Personalabteilung zu einer Organisation zu entwickeln, die allen Geschäftsbereichen und dem Vorstand bei Personalentwicklung, Positionsbesetzung und personalstrategischen Entscheidungen auf Augenhöhe beratend zur Seite stehen sollte. Obwohl vom chinesischen Vorstand offiziell so vorgegeben, wurden konkrete Klärungsversuche der Personalabteilung von verschiedenen Vorstandsmitgliedern unterschiedlich interpretiert. Und letztlich wurde die ausdrücklich vorgegebene Neuausrichtung nur theoretisch und nie praktisch umgesetzt. Da verschiedene Standpunkte zu dem Thema existierten, konnte keine einheitliche Linie vorgegeben werden. Anstatt jedoch den Dissens konstruktiv zu nutzen und sich mit den verschiedenen Argumenten auseinanderzusetzen, verfolgten der CEO und einige weitere Mitglieder des Vorstands ihre eigene Agenda. Unfähig, die verschiedenen Meinungen konstruktiv zu diskutieren, wurde ein oberflächlicher Konsens auf dem Papier gebildet und dabei beließ man es. Die so resultierende mangelhafte Kommunikation des unausgegorenen Konzeptes mit der Personalabteilung führte dort naturgemäß zu einem unklaren Verständnis. Es konnten somit keine notwendigen Schritte zur Realisierung dieser Neuausrichtung unternommen werden. Das Projekt der Neuausrichtung der Personalabteilung hängt bis dato in der Luft und niemand fühlt sich aufgerufen, die Grundgedanken des geplanten Change aufzugreifen und umzusetzen.

19.5 Vermeidung von Verantwortlichkeit

Aus der Sicht Lencionis basiert die Vermeidung von Verantwortlichkeit auf einem mangelhaften Rollenverständnis und der Unfähigkeit der Teamverantwortlichen, ihre persönlichen Beziehungen mit den eigenen Mitarbeitern im Arbeitskontext auszublenden und stattdessen von ihnen Leistung einzufordern.

Dieses Rollenverständnis ist grundsätzlich eine Folge der dritten Fehlfunktion (Mangel an Verpflichtung). Innerhalb der Organisation existiert kein echter Einsatz der Führungskräfte und Mitarbeiter für die Unternehmensziele, falls diese überhaupt bekannt sind. Demzufolge kann dafür auch kaum ein Gefühl für Verantwortung entstehen. Hinzu kommen unklare Verantwortungsbereiche der unterschiedlichen Funktionen, die niemand klärt und wo demzufolge regelmäßig Leerstellen entstehen, die niemand wirklich zur Kenntnis nimmt. Probleme bleiben ungelöst, Ideen zur Verbesserung werden nicht artikuliert oder besprochen.

Ein weiterer Aspekt der Vermeidung von Verantwortlichkeit ist, wie oben erwähnt, die Unfähigkeit oder Unwilligkeit der Vorgesetzten, eigene Mitarbeiter in die Verantwortung zu nehmen. Der Grund dafür sind persönliche Beziehungen zwischen Vorgesetzten und Mitarbeitern. Es fällt dem Vorgesetzten schwer, persönliche soziale Beziehungen mit den eigenen Mitarbeitern zu ignorieren, wenn beruflich bedingte Kritik notwendig ist (Lencioni 2002, S. 213). Im Verlauf meiner Tätigkeit bei Unternehmen X hat sich dieses Phänomen mehrfach wiederholt und wurde auch von verschiedenen westlichen Expats in der chinesischen Zweigstelle des Unternehmen X, der Chinaorganisation bestätigt. Es liegt die Vermutung nahe, dass in chinesischen Unternehmen häufig eine Überlappung von beruflicher und privater Beziehung vorhanden ist. Private Beziehungen innerhalb eines chinesisch geprägten Unternehmens scheinen einen weitaus wichtigeren Stellenwert als in der westlichen Arbeitswelt einzunehmen (vgl. hierzu Kap. 13).

Das mangelhafte Rollenverständnis von Führungskräften soll an einem Beispiel illustriert werden. Ich konnte einen chinesischen Teamleiter beobachten, der während eines Projektreviews vom Management des ersten Levels kritisiert wurde. Anstatt jedoch als Abteilungsleiter Verantwortung für die Arbeit seines Teams zu übernehmen und sich entsprechend schützend vor die Teammitglieder zu stellen, pickte er gezielt einzelne Teammitglieder heraus und gab die Kritik des Managements an diese Teammitglieder weiter. Obwohl er selbst verantwortlich für Team und Projekt war, identifizierte der Vorgesetzte Mitarbeiter, die für das nicht zufriedenstellende Resultat zur Verantwortung gezogen wurden. Die Mitarbeiter wurden dabei offen vom Teamleiter kritisiert und bloßgestellt. Eine Konsequenz dieser Handlungsweise war ein hohes Maß an Verunsicherung innerhalb des Teams, Schuldzuweisungen, Konkurrenzdenken und in letzter Instanz der Verlust der Glaubwürdigkeit des Teamleiters als fähige Führungsperson. Niemand fühlte sich mehr verantwortlich für Ziele und Aufgaben, ihre Erledigung ähnelte mehr einer Art von Dienst nach Vorschrift.

19.6   Mangel an Ergebnisorientierung

Als fünfte Fehlfunktion beschreibt Lencioni den Mangel an klaren Zielen als Maßstab des gemeinsamen Handelns und Erfolges. Die einzelnen Teammitglieder arbeiten dann auf der Oberfläche nach bestem Wissen und Gewissen, allerdings ohne abgestimmte und definierte Ziele zu verfolgen. Schlimmer noch, bedingt durch die kollektive Verunsicherung als Resultat der ersten vier Fehlfunktionen verfolgen manche Teammitglieder ihre eigenen Themen, schützen individuelle Privilegien und nehmen dabei auch bewusst Schaden am Unternehmen in Kauf (Lencioni 2002, S. 218).

In Unternehmen X begegnete ich häufig desillusionierten Mitarbeitern, die sich ausschließlich auf ihre persönlichen Benefits fokussierten. In manchen Abteilungen motivierten sich einzelne Mitarbeiter sogar damit, möglichst viele persönliche Vorteile zu erwirtschaften. Frustriert von Stagnation und Orientierungslosigkeit entwickelten sie sogar ein Verständnis, das man als „Wir gegen das Unternehmen" bezeichnen kann. Neuzugänge, die ihre ersten Wochen im Unternehmen verbrachten, wurden von Beginn an dazu erzogen, schnellstmöglich auf die eigenen Vorteile bedacht zu sein, um im Vergleich zu den anderen Mitarbeitern nicht das Nachsehen zu haben. Besonders Mitarbeiter mit langjähriger Erfahrung im Unternehmen positionierten sich gegenüber neuen Kollegen als alte Hasen, die es besonders gut verstanden, mögliche Schlupflöcher innerhalb der Organisation für ihre eigenen Interessen und Ziele zu nutzen.

19.7   Fazit

Ob Abwesenheit von Vertrauen, Furcht vor Konflikt, Mangel an Verpflichtung, Vermeidung von Verantwortlichkeit oder der Mangel an Ergebnisorientierung, während meiner Zeit bei Unternehmen X konnte ich all die von Lencioni beschriebenen fünf Dysfunktionen beobachten. Sicherlich sind diese fünf Fehlfunktionen kein rein chinesisches Phänomen. Jedoch drängt sich der Verdacht auf, dass viele der chinesischen Kultur zugeschriebenen Verhaltensweisen, wie die Vermeidung von Konflikt und die Wahrung des Gesichts, die Auswirkungen der einzelnen Fehlfunktionen verstärken. Die ursprünglich bezogen auf Führungsstil und Offenheit eher westlich geprägte Unternehmenskultur entwickelte sich mit der Übernahme durch lokale chinesische Manager des ersten, zweiten und mittleren Levels sukzessive zu einem stagnierenden System, das übergeordnete Ziele zwar propagierte, jedoch durch die in Abschn. 19.1 bis 19.5 aufgeführten Verhaltensweisen und Einstellungen zunehmend nicht in der Lage war, diese auch umzusetzen.

Aufgrund meiner persönlichen Erfahrungen erscheinen mir besonders die Abwesenheit von Vertrauen, die Furcht vor Konflikt und der Mangel an Verpflichtung aktuelle chinaspezifische Phänomene zu sein. Chinesische Führungskräfte berufen sich zwar häufig auf die Wichtigkeit des Teams, grenzen sich aber tatsächlich im Sinne des Senioritätsprinzips davon ab. Teammitgliedern steht lediglich eine rein operative und zuarbeitende Rolle zu. Diskurs und Transparenz werden zwar auf dem Papier kommuniziert, eine konstruktive Streitkultur ist dem chinesischen Management aber eher fremd. Die Idee der direkten Konfrontation trifft dabei auf starke kulturelle Barrieren, wie z. B. dem Konzept des Gesichtsverlusts. Diese Widersprüche scheinen den Nährboden für die in Unternehmen X beobachteten Irritationen innerhalb der Organisation zu sein. Im Kontext des verlangsamten Wirtschaftswachstums und der deshalb notwendigen Effizienzsteigerung der in China operierenden Unternehmen sind die beschriebenen Zustände in Unternehmen X als gefährlich zu betrachten. Konkret lassen sich folgende Risiken festhalten:

1. Hilfreiche Frühwarnsysteme, wie eine offene Unternehmenskommunikation und verantwortungsvolle Mitarbeiter, sind nicht vorhanden. Im Falle einer Unternehmenskrise, ausgelöst und beschleunigt durch externe Faktoren, steigt die Wahrscheinlichkeit eines signifikanten Schadens am Unternehmen.
2. Im Blick auf konkurrierende Unternehmen hemmt die interne Stagnation und allgemeine Teilnahmslosigkeit jede Kreativität und Innovationsfähigkeit. Kreative und proaktive Mitarbeiter drohen zudem an Unternehmen verloren zu gehen, die ihre Mitarbeiter und Führungskräfte besser motivieren und an sich binden.
3. Desillusionierte und auf eigene Vorteile bedachte Mitarbeiter sind deutlich anfälliger für unternehmensschädigendes Verhalten und Compliance-Verstöße, wie z. B. die Bereicherung auf Unternehmenskosten.

Interessanterweise zeigten allerdings besonders junge chinesische Mitarbeiter ein starkes Interesse an westlichen Managementpraktiken, die ihnen mehr Offenheit und Gestaltungsspielräume versprechen. Meinen Beobachtungen zufolge mussten sich diese Mitarbeiter jedoch stets den autoritären und hierarchischen Strukturen fügen. Eine voranschreitende Internationalisierung der Mitarbeiterschaft chinesischer Unternehmen und auch die veränderten Einstellungen der jetzt auf den Arbeitsmarkt drängenden jüngeren Generation lässt hier jedoch auf eine Trendwende in den kommenden Jahren hoffen.

Literatur

Lencioni PM (2002) The five dysfunctions of a team. A leadership fable. Jossey-Bass, San Francisco

Weber R (2011) Konfuzianische Selbstkultivierung als Philosophem und Politikum. In: polylog. Zeitschrift für interkulturelles Philosophieren. Thematic Issue: Selbstkultivierung. Politik und Kritik im zeitgenössischen Konfuzianismus 26:19–42

Über den Autor

Fabian Schneider studierte den Bachelor-Studiengang „Modern China" in Würzburg und anschließend das Master Programm „International Communication Studies" in Taiwan. Seine berufliche Karriere begann Herr Schneider 2011 in der Werbebranche im Bereich der strategischen Beratung für die Werbeagenturen Saatchi & Saatchi in Taiwan sowie Wunderman und Publicis in München. Ab 2013 war Herr Schneider als Regional Manager bei der Auslandshandelskammer Shanghai zuständig für die Erarbeitung und Implementierung einer Regionalstrategie. Im April 2014 wechselte Herr Schneider zur Schaeffler Gruppe in China, wo er für ein Jahr als Executive Assistant des CEOs der Schaeffler Gruppe tätig war. Seit Oktober 2015 leitet er das Büro der Dr. Wolff Gruppe in China, Taiwan und Korea, um die Marktexpansion des Unternehmens voranzutreiben.

Innovationen im Einkauf: Erfahrungen mit (chinesischen) Lieferanten und Mitarbeitern

Sabine Ursel

Zusammenfassung

Der Einkauf steht vor großen Herausforderungen. Er muss mit Partnern Innovation generieren, um so die Zukunftsfähigkeit des Unternehmens zu sichern. Die Fähigkeit zur professionellen Zusammenarbeit ist dabei ein wesentlicher Erfolgsfaktor. Gefragt sind vor allem Vertrauen und Verständnis. Wie kann gemeinsames Generieren von Innovationen in China funktionieren? Deutsche und Chinesen müssen sich in Projekten finden, Verständnis füreinander entwickeln und lernen, sich ergebnisorientiert Zielen zu nähern. Anpassung darf nicht zur Einbahnstraße werden. Die große Aufgabe ist, einen zündenden Mix aus Charakteren verschiedener Nationen zu finden, Hochleistungsteams zu formieren und zu befähigen.

Inhaltsverzeichnis

S. Ursel (✉)
Kommunikationsberatung, Wiesbaden, Deutschland
E-Mail: su@sabine-ursel.de

© Springer Fachmedien Wiesbaden GmbH 2017
J. Freimuth und M. Schädler (Hrsg.), *Chinas Innovationsstrategie in der globalen Wissensökonomie,* DOI 10.1007/978-3-658-17651-8_20

20.1 Einleitung

Märkte werden sich künftig rasant wandeln. Agilität entscheidet über die Zukunftsfähigkeit: Wie schnell sind Unternehmen in der Lage zu adaptieren und neue Innovationspotenziale zu erschließen? Gefragt sind Ideen für neue Geschäftsmodelle. Die Generierung von Innovation ist ein komplexer Prozess, der unternehmensübergreifend besondere Zusammenarbeitsformen bedingt. Transparenz und Vertrauen bilden die Basis für Kooperation in Projektteams mit speziellem Auftrag. Angesichts globaler Verflechtungen und neuer Anforderungen durch Industrie-4.0-Technologien, die in China auf besonderes Interesse stoßen, wird es zu einer großen Herausforderung, heterogene, international besetzte Innovationsteams zu bilden, die stringent Ziele verfolgen. Unternehmen müssen eine Kultur entwickeln, die alle Teammitglieder gleichermaßen befähigt, ihre Eigenschaften und Kenntnisse bestmöglich einzusetzen – ein Unterfangen, das schon bei rein national geprägten Teams kein Kinderspiel ist. Gilt es überdies, Mitarbeiter oder Lieferanten anderer Länder in Teams zu integrieren, wird Projektmanagement zum Kraftakt. Die besondere Stellung Chinas als Beschaffungs- und Produktionsstandort für deutsche Unternehmen macht es unabdingbar, etwa deutsche/europäische und chinesische Know-how-Träger zu entwickeln bzw. an einem Tisch zu versammeln. Die Aufgabe ist nicht nur, gemeinsame Ziele zu bestimmen, sondern über eine „gemeinsame Sprache" einen gemeinsamen Weg zu neuer Wertschöpfung zu ebnen. Nur wer es versteht, Befindlichkeiten, Charaktereigenschaften und Kulturunterschiede zu harmonisieren, wird am Ende erfolgreich sein.

Im Folgenden wird die Bedeutung von Innovationen im Einkauf besonders herausgestellt. Erfahrungen von Einkaufsleitern zeigen, dass die Zusammenarbeit mit chinesischen Partnern bzw. Mitarbeitern spezielle Trainingsmaßnahmen, hinreichend Zeit zur Reife und vor allem das richtige Gespür für die Humanressourcen erfordert.

20.2 Wirtschaftsfaktor Innovation in China

Das Thema Innovation ist vielen Chinesen durchaus bewusst, was die weite Verbreitung und Nutzung von Smartphones, Apps und Social-Media-Features zeigt. Neben klassischem On-Campus-Recruiting sind daher soziale Medien *der* Kanal, um junge Talente zu erreichen. Genauso sind sich Chinesen darüber im Klaren, dass China ohne

Innovationen aufgrund der steigenden Lohnkosten seine Wettbewerbsfähigkeit zu verlieren droht. Die „Made in China 2025"-Strategie (zweite Etappe bis 2049) der chinesischen Regierung benennt Innovation konkret als Motor für den angepeilten Aufstieg zur weltweit führenden Industrienation. Unternehmen wie Huawei sind derzeit schon beachtlich vorangekommen und setzen Maßstäbe. Inwieweit sich Erfolgsfälle landesweit übertragen lassen, wird sich erst in den kommenden Jahrzehnten erweisen. Die Generierung nachhaltiger Innovation wird auch im Reich der Mitte nicht zum Kinderspiel, nur weil sie staatlich verordnet ist.

Ein Fingerzeig – oder auch eine Warnung – ist die Regierungslinie allemal. Sie zeigt, dass sich kein Unternehmen auf etablierte Kernkompetenzen zurückziehen kann. Disruption und Innovation gehören die Zukunft. Nun gilt es, alle Kräfte sinnvoll zu bündeln, um sich für den weltweit schärfer werdenden Wettbewerb, auch im Hinblick auf Industrie 4.0 zu rüsten. Einige deutsche Unternehmen haben aus diesem Grund bereits lokale Forschungs- und Entwicklungszentren in China angesiedelt.

20.3 Bedeutung von Innovation im Einkauf

Ein enger cross-funktionaler Schulterschluss zwischen Einkauf und Produktentwicklung ist auch in China notwendig, um dort auch lokalen chinesischen Einkäufern Handlungsmöglichkeiten zu schaffen (Professor Lutz Kaufmann von der WHU in Vallendar; im Gespräch mit der Autorin dieses Beitrags).

Innovationsgenerierung mit Lieferanten ist ein gewichtiger Erfolgsfaktor für Unternehmen. Schließlich geht es darum, die Wettbewerbsfähigkeit mittel- und langfristig aufzubauen – durch die „Erfindung" neuer Produkte, Geschäftsfelder sowie Kundensegmente in der Wertschöpfungskette und jenseits von Unternehmensgrenzen. Dem Einkauf kommt dabei eine entscheidende Rolle zu. Unternehmen, die bei der Gewinnung von Innovation auf die spezielle Expertise ihrer Lieferantenmanager setzen, erzielen bessere Ergebnisbeiträge. Prof. Dr. Holger Schiele von der Universität Twente in den Niederlanden konnte das schon 2010 in einer Studie zum Thema untermauern (Schiele 2010).

Doch vieles, was Unternehmen als „innovativ" bezeichnen, verdient dieses Prädikat nicht einmal im Ansatz. Innovation stellt hohe Ansprüche. Fakt ist: Allen Beteiligten muss vor dem Projektstart bewusst sein, dass es sich bei der Generierung von Innovation um komplexe und kooperative Prozesse handelt, die Zeit zum Reifen brauchen. Disruption verändert Herangehensweisen, Einstellungen, Prozesse und Produkte – oftmals komplett. Transparenz und Vertrauen sind die Basis, wenn aus solch komplexen Denkstrukturen wirklich Neues – und Erfolgreiches – entstehen soll. Heinz Pechek, geschäftsführender Vorstand des Bundesverbands Materialwirtschaft, Einkauf und Logistik in Österreich (BMÖ): „Der Faktor Innovation ist angesichts instabiler geopolitischer Verhältnisse, volatiler Märkte, einer mittelfristig unsicheren Rohstoff- und Energiesituation und weltweit deutlich unterschiedlicher Wirtschaftsentwicklungen entscheidend, nicht nur für die Position im Wettbewerb, sondern in vielen Fällen für das Überleben von Unternehmen schlechthin. Der Einkauf ist gefordert, durch seine Lieferantenpolitik einen wesentlichen Beitrag zu leisten" (Ursel 2015, S. 31).

Verantwortliche müssen darüber hinaus herausfinden: Welcher Lieferant ist (mittel- bis langfristig) in der Lage, auf höchstem Niveau geistigen und physischen Input zu lie- fern? Wie steht es um dessen wirtschaftliche Performance? (Geraten der Lieferpartner oder ein für das Projekt bedeutsamer Unterlieferant in eine wirtschaftliche Schieflage, muss ein vorher erstellter Plan B greifen.) Welche Materialien werden während des Pro- jektes aus lokalen bzw. globalen Quellen benötigt? Wie sind die Verfügbarkeiten von Materialien in der Zukunft (Stichworte: seltene Erden, Kartelle, politische Einflüsse, die Eintrittswahrscheinlichkeit von Krisenfällen wie Streiks, Kampfhandlungen in Krisenge- bieten, Naturkatastrophen etc.). Folglich muss der Einkauf durch Früheinbindung in den Produktentwicklungsprozess Verantwortung übernehmen. Dazu gehört das Verständnis der Geschäftsleitung für die Komplexität der Prozesse und für die Bedeutung des eige- nen Einkaufs hinsichtlich der Wertschöpfung des ganzen Unternehmens.

In der Praxis stellt sich die Umsetzung als diffizil dar. Viele Unternehmen schöpfen ihre Potenziale unzureichend aus. KMU und auch Global Player stellen etwa bei der Umsetzung einer Lieferantenstrategie fest, dass Lieferanten ohne betriebsinterne Hil- festellung den Anforderungen nicht gerecht werden und Probleme in der Zulieferung verursachen. Wer seine Lieferanten nachhaltig integrieren will, muss sie konsequent entwickeln. Auftraggeber können durch intensive Schulung, Qualifizierung und Audi- tierung des Lieferanten die Wettbewerbsfähigkeit steigern – das gilt sowohl für die Neuproduktentwicklung, die Prozessoptimierung als auch für die Produktion. Beschaf- fungsentscheider sollten hochwertige Partnerschaften mit ausgesuchten Lieferanten anstreben, die auf Langfristigkeit ausgelegt sind.

20.4 Ein Praxisbeispiel: Innovationsteams im Einkauf

Eine Möglichkeit, den eben beschriebenen Austausch und eine intensive Zusammenar- beit zwischen allen am Entwicklungsprozess Beteiligten zu erreichen, sind sogenannte Innovationsteams. Hierbei werden Themen, wie beispielsweise eine Reduktion der Wertschöpfungstiefe, Standardisierung oder Best Cost Country Sourcing behandelt. Die Teams schaffen dadurch Know-how, um unentbehrliches Produkt-, Markt- und Lieferan- tenwissen zu generieren.

Insgesamt ist es wichtig, für alle Beteiligten eine Arbeitsatmosphäre zu schaffen, die von Offenheit und Kreativität geprägt ist und dadurch die Motivation der Mitarbeiter beflügelt. Mission, Vision, aber auch Risiken gilt es anzusprechen. Diese Freiheit sollte mit einer vernünftigen Kontrolle und Steuerung der Prozessfortschritte einhergehen – Risikobereitschaft ist Voraussetzung. Christian Busse (EBS Business School, Institute for Supply Management) und Carl Marcus Wallenburg (Lehrstuhlinhaber, WHU – Otto Beisheim School of Management) empfehlen: „Innovationsverantwortliche Projektteams sollten multidisziplinär zusammengesetzt sein, einen fest zugeordneten Projektleiter mit geeignetem Qualitätsprofil haben, durch interfunktionale Kommunikation und Zusammenarbeit gekennzeichnet sein, autonom arbeiten können und für den Innovationsprozess verantwortlich sein" (Busse und Wallenburg 2012, S. 37). Dem Einkauf kommt in diesem Prozess eine ganz besondere Rolle zu. Laut einer Befragung von Schiele (2010, S. 32 f.) fungiert der Einkauf als eine Art Schnittstelle zwischen unternehmensinternen und -externen Fachabteilungen.

Wie der Einkauf Projekte in Sachen Innovation angehen kann, zeigt das Beispiel Rehau, Kunststoffspezialist für polymerbasierte Lösungen der Branchen Automobil, Bau, Industrie und Möbel, und mit 18.000 Mitarbeitern in 54 Ländern, unter anderem in China, aktiv. Rehau wurde 2006 für seine Aktivitäten mit dem Innovationspreis des Bundesverbandes Materialwirtschaft, Einkauf und Logistik (BME e. V.) ausgezeichnet. Die Rehau-Prozesse gelten im Einkauf von Industrieunternehmen bis heute als Benchmark. Aufgeschlossene, für neue Lösungen stets offene Mitarbeiter sollten technische und wirtschaftliche Verbesserungspotenziale erkennen und das Wissen in technische Abteilungen hinein vermitteln. Für jede Innovationsidee im Einkauf definierte Rehau einen Innovationsmentor aus dem Management, der bei Problemen unterstützen sollte. Der Einkauf als Treiber und Moderator organisierte gemeinsam mit der Technik „Innovation Days". Die Intranet-Datenbank „Wer kennt eine Anwendung?" wurde allen Mitarbeitern zugänglich gemacht. Der Einkauf stellte Anwendungsfragen ein, die im unternehmensweiten Brainstorming beantwortet werden konnten. Lieferanten konnten über das Lieferantenportal „Innovationen" einen „Innovation Day" beantragen, um Ideen zu präsentieren (Abicht 2006). Dieses Beispiel macht deutlich, dass wahre Innovationsfindung eine komplexe intelligente Projektstruktur voraussetzt und ebenso eine flexible Geschäftsführung, die vorher nicht bekannte Pfade über einen langen Zeitraum hinweg mitgeht und engagierte, fähige Mitarbeiter „machen lässt".

Silke Sorger, Head of Purchasing bei der Infineon Technologies Austria AG, brachte es im Gespräch mit der Autorin dieses Beitrags auf den Punkt: „In Sachen Innovation gilt es, am Ball zu bleiben. Ideen, die vielleicht anfangs als Spinnerei abgetan werden, sind genauer zu durchdenken. Schräge Ideen sollte man zulassen und bei Bedarf mit einem möglichen Kunden diskutieren. Gleichzeitig müssen die Mitarbeiter Zeit haben, Ideen zu entwickeln. Innovationen entstehen nur, wenn das Unternehmensumfeld das auch fördert."

Daraus folgt: Erfolge lassen sich nur erzielen, wenn die richtigen Partner zusammenkommen. Belastbare, bewährte Beziehungen und ein notwendiges Maß an Vertrauen und Transparenz müssen gegeben sein, um ein gemeinsames Verständnis von zukunftsorientiertem Technologieaustausch zu entwickeln. Und nicht immer ist das Kundenunternehmen der Treiber schlechthin: Lieferanten mit gesichertem Know-how-Vorsprung werden sich genau überlegen, mit welchen Kundenunternehmen sie sich in eine neue Form der Zusammenarbeit und somit auch Abhängigkeit begeben. Innovation bedeutet Fragen ohne gesicherte Antworten, Herausgehen aus Komfortzonen. Nicht jeder Mitarbeiter ist in der Lage, diesem Druck standzuhalten. Der Auswahl von Teammitgliedern kommt große Bedeutung zu. Jedes Mitglied sollte im Idealfall seine speziellen Fähigkeiten und Kenntnisse einbringen und in der Lage sein zu diskutieren, zu abstrahieren und abzuwägen. Insbesondere auf internationaler Ebene kommen bei der Auswahl geeigneter Mitarbeiter noch kulturell bedingte und sprachliche Barrieren hinzu.

20.5 Grundsatzproblem in China: Fachkräfte dringend gesucht

Was heißt das nun für deutsche, in China agierende Unternehmen? Händeringend wird in China nach qualifiziertem Personal gesucht. Für 82 % der Unternehmen steht der kritische Faktor Human Resources, insbesondere das Recruiting, an erster Stelle der zehn größten Herausforderungen – noch vor steigenden Arbeitskosten, dem Halten von Personal und Währungsrisiken. Das hat die Klimaumfrage der Deutschen Handelskammer in China Mitte 2015 ergeben. 439 von 2600 Mitgliedsunternehmen gaben Auskunft.

Top Business Challenges	2015 (Wert +/– gegenüber 2014) (%)
Finden qualifizierter Mitarbeiter	82,4 (+)
Wachsende Arbeitskosten	75,8 (+)
Halten qualifizierter Mitarbeiter	62,2 (–)
Währungsrisiken	59,1 (+)
Bürokratische Hürden	57,2 (–)
Langsames Internet	56,6 (–)
Internetzensur	51,6 (neu)
Lokaler Protektionismus	48,2 (–)
Rechtliche Unsicherheiten	48,1 (–)
Schutz geistigen Eigentums	48,1 (–)
Quelle: German Chamber of Commerce 2015, S. 12	

Die Chamber of Commerce mit Sitz in Shanghai bezeichnet den Fachkräftemangel als ein Haupthemmnis für die Umgestaltung der chinesischen Wirtschaft. Die Unternehmen tun also gut daran, sich intensiv mit dem Thema Nachwuchsrekrutierung zu befassen.

Einer der möglichen Gründe für diese Problematik könnte in den bereits erwähnten Anforderungen an Mitarbeiter sein. Neben einer hohen fachlichen Kompetenz sind eben auch soziale und methodische Kompetenzen von großer Bedeutung, die zu einer höheren Selektion im Bewerbungsprozess führen. Einige der geforderten Kompetenzen sind:

- Kritisches Zusammenarbeiten in globalen Teams,
- Analysieren komplexer technischer Prozesse,
- Denken in Wertschöpfungsketten,
- Lösen von Problemen.

Daher stellt sich nun die Frage, ob der chinesische Nachwuchs hinreichend auf diese Anforderungen in seiner Ausbildung, beispielsweise während des Studiums, vorbereitet wird und was Unternehmen zur Weiterbildung ihrer Mitarbeiter tun können.

20.6 Erfahrungen von Einkaufsleitern mit chinesischen Kräften

Das immer noch allseits beliebte Abwerben fähiger Fachkräfte beim Konkurrenten (meist auf mehr Lohn beruhend, ein für Chinesen wichtiger Faktor) kann allenfalls eine Einzelfalllösung sein. Zu fragen ist: Wie nachhaltig können Trainingsmaßnahmen für Einkaufsmitarbeiter in China sein, wenn Unternehmen schon am Heimatstandort Deutschland gerade mal knapp zwei Seminartage pro Jahr für Einkäufer investieren? Und was bringen gut gemeinte weltweit aufgesetzte Programme, wenn sie nicht an landesspezifische Erfordernisse angepasst werden? Kultur und Kommunikationsgewohnheiten lassen sich nicht über einen Kamm scheren.

Thilo Köppe, Managing Director North Asia beim Schweizer Verbindungstechnikunternehmen Huber+Suhner, Standort Shanghai, äußerte sich gegenüber der Autorin wie folgt: „Oft hapert es schon bei der Identifikation von Talenten und der Definition von Stellenprofilen, um mittels Gap-Analysen Leute mit guten Ansätzen zu entwickeln." Trainings seien oftmals ungenügend zielgerichtet und würden eher als eine Art „Loyalty Award" eines verdienten Mitarbeiters gesehen.

Dr. Jin Shen, General Manager der SUSPA (Nanjing) Co. Ltd., Tochtergesellschaft der Nürnberger SUSPA GmbH, einem Hersteller von Gasdruckfedern, Dämpfern, Höhenverstellungen, Crash- und Sicherheitssystemen, hält viele Hochschulabgänger für „nicht reif beim selbstständigen Arbeiten". Der Grund dafür aus seiner Sicht: „Chinesische Studenten lernen hauptsächlich Theorie. Hinzu kommt oft ein ich-bezogenes Verhalten durch die Ein-Kind-Familie." Das erfordere im Job eine intensivere Betreuung in Sachen Technik und Sozialverhalten. Auch so mancher Einkaufsleiter hat bereits eine ganze Reihe allzu selbstbewusster Bewerber erlebt, die in Vorstellungsgesprächen übertrieben forsch und wenig adäquat auftreten. Während sich viele chinesische Frauen hierbei als zurückhaltender, später im Job aber als ehrgeiziger und kooperativer erweisen, kommt es bei Männern zuweilen zu einem bösen Erwachen, wenn es nicht mehr ausreicht, andere im Betrieb bzw. Büro für sich arbeiten zu lassen.

„Das Ausbildungsbudget hat sich bei SUSPA Nanjing in den vergangenen drei Jahren um ein Vielfaches erhöht", berichtet General Manager Shen. Junge chinesische Einkäufer seien in der Regel daran interessiert, Neues zu lernen. SUSPA berücksichtige beispielsweise Projektmanagement, Kommunikation, Beziehungsmanagement mit deutschen Kollegen und Firmen sowie lösungsorientiertes Vorgehen. Shen sagte im Interview mit der Autorin weiter: „Landesspezifisch sollte der Fokus auch auf Controlling von Einkaufsprojekten liegen, um Korruption einzudämmen." Mittelständler SUSPA schult u. a. in den Bereichen Einkaufsprozess und Einkaufsmanagement, Auditierungen von Lieferanten, technische Unterstützung bei Lieferantenverbesserungen sowie Fertigungsprozessen. Thilo Köppe von Huber+Suhner rät, auch den Umgang mit geistigem Eigentum

(IP, Intellectual Property) zum Schutz des Unternehmens intensiv zu vermitteln. Jochen Schultz, interkultureller Berater, Trainer und Coach mit Schwerpunkt China, empfiehlt im Gespräch mit der Autorin, Programme insbesondere dann zu lokalisieren, „wenn es um Soft Skills, Leadership und um strategischen Einkauf geht." Bei standardisierten Themen bietet sich laut Schultz auch E-Learning an. In China sollten Trainings viele spielerische Elemente beinhalten. Der Münchener Berater rät zur Einbindung lokaler Qualifizierungspartner mit belastbarem Netzwerk und profundem Know-how, die überdies in der Lage sein sollten, Leistungen zu evaluieren. Das Angebot an fähigen Trainern habe sich inzwischen merklich verbessert. „Viele Chinesen kommen aus dem Ausland zurück und sind nun im Bereich Qualifizierung tätig", sagt Schultz.

20.6.1 Problembereiche

Wer in China fähige Fachkräfte haben will, die Prioritäten zu setzen verstehen, die diskussionsfreudig, lösungsorientiert und teamfähig sind, muss sich proaktiv schon an Hochschulen umschauen. Das ist kein leichtes Unterfangen, denn „generell bilden die chinesischen Universitäten noch sehr theoretisch aus, und eine Integration von Praxiswissen in Form von Praktika ist oft weniger ausgeprägt", sagt Professor Lutz Kaufmann von der WHU in Vallendar. Bei der Rekrutierung müssten Firmen bei spezifischem Fachwissen Abstriche in Kauf nehmen, „aber sie treffen immerhin auf besonders wissbegierigen Nachwuchs".

Lutz Kaufmann hält eine länderspezifische Adaption von Seminaren hinsichtlich Inhalten und Art der Wissensvermittlung für sinnvoll: „Chinesische Mitarbeiter wollen gerne enger geführt werden, sodass die Trainingsinhalte mehr Details und konkretere Handlungsempfehlungen beinhalten sollten." Am besten seien Übungen mit Praxisbeispielen und Visualisierung. Kaufmanns Erfahrung: „Während eine PPT-(PowerPoint-) Unterlage in Deutschland eher schlicht und übersichtlich sein sollte, darf sie in China gerne knallbunt sein und beim Präsentieren mit blinkenden Animationen versehen sein."

Die Art der Wissensvermittlung und fachliche Inhalte sind nur eine Seite der Medaille – die andere Seite umfasst Problembereiche, mit denen deutsche/europäische Unternehmen in China bzw. an anderen Standorten konfrontiert sind: das Verhalten von Chinesen im Projekt, der Umgang mit Fehlern und die Lösungsfindung, mangelnde Kreativität und Flexibilität, eine wenig ausgeprägte Diskussions-, Team- und Kritikfähigkeit, die Art des Beziehungsmanagements (mit Nicht-Chinesen), scheinbar wenig Empathie (nach deutschen Maßstäben) etc. Laut Lutz Kaufmann resultieren missverständliche Situationen „meist nicht aus der chinesischen Kultur per se, sondern aus dem Zusammenprall zwischen Ost und West", etwa durch konträre Einstellungen zu Themen wie Hierarchie, Respekt und Höflichkeit, Beziehungen *(guanxi)*, Verhandlungsgebaren und nicht zuletzt durch Vorurteile bzw. Klischees. Wer in China erfolgreich sein will, muss laut Kaufmann seine Organisationskultur den lokalen Gegebenheiten anpassen, anstatt den Chinesen eigene Denk- und Handlungsmuster eins zu eins überzustülpen. Kaufmann verweist auf in China beliebte Awards und Auszeichnungen. Warum also nicht einen Award für die beste Team-leistung, die kreativste Problemlösung etc. einführen?

20.6.2 Dynamik in Innovationsteams

Eine Innovationskultur sowie kontinuierliche Verbesserung entstehen über Jahre. Die Geschäftsleitung muss über die ganze Dauer hinweg hinter den Zielen und dem Team stehen. Die vorangestellten Aussagen machen deutlich, dass die richtige Zusammenset-zung von Teams einer der Erfolgsfaktoren ist. Die Vermutung liegt nahe, dass so man-ches Innovationsvorhaben scheitert, weil sich Humanressourcen und Kulturen nicht mal eben beherrschbar machen lassen. Wie soll eine schwierige Aufgabe, die schon in heimi-schen Unternehmen so manchem als nahezu unlösbar erscheint, im Ausland klappen – speziell im fernen China, mit komplett anderen Herangehensweisen, anderen persönli-chen Befindlichkeiten und mit einem anderen Prozessverständnis?

Wer „die andere Seite" versteht, besser gesagt: deren kulturelle Hintergründe und Ausprägungen kennt, kann (s-)ein Team sachdienlicher führen. Chinesen müssen in der Regel ermutigt bzw. aufgefordert werden, in Projekten proaktiv zusammenzuarbeiten und kritische Anmerkungen in Diskussionsrunden zu formulieren. Wer Teil eines Inno-vationsteams ist, sollte in der Lage sein, ohne Hemmungen verbal Gedanken und Ideen vorzubringen, die dann von den anderen Mitgliedern auf den Prüfstand gestellt werden. In China hingegen ist etwa Brainstorming keine gelebte Tradition. Silodenken hat Vor-rang. Im Vordergrund stehen die Aneignung von Wissen durch Auswendiglernen und die Betonung von Fachkenntnissen. Kreativität, Fantasie und auch Kritikfähigkeit sind aber unabdingbare Eigenschaften, die Innovationsteams voranbringen – Eigenschaften, die in China in der Vergangenheit nicht gefordert und gefördert wurden.

Chinesen sollten nicht ohne Vorbereitung (also entsprechende Qualifikationsmaßna-men, etwa Teambuilding, Rollenspiele, Pro-/Kontra-Diskussionen, Moderationsfähigkeit, Übungen in Sachen Feedback, Problemlösungsfähigkeit, ganzheitliches, vernetztes Den-ken sowie die Förderung von Eigeninitiative) in spezielle Teams gedrängt werden, deren Dynamik und Zielfindungswege sich ihnen noch nicht erschlossen haben. Hierarchische Beziehungen und Autoritätsschemata dürfen in Innovationsrunden keine Rolle spie-len. Daran wird sich ein Chinese gewöhnen müssen, der aus seiner Heimat eine starre Rangordnung in Sachen Generation, Alter und Status kennt. Der Moderator einer Inno-vationsrunde sollte zu Beginn des Projektes auf eine offene, freie Diskussionsdynamik verweisen (und diese auch weiterverfolgen), um allen Teammitgliedern (das gilt auch für Deutsche bzw. Nicht-Chinesen) etwaige Ängste zu nehmen. Widerspruch ist hier ausdrücklich erwünscht – allerdings nachvollziehbar begründet. Gerade hierbei geraten Chinesen schnell in einen Gewissenskonflikt, weil sie gewohnt sind, indirekt zu kommu-nizieren. Kommt es zu Konflikten innerhalb des Teams, kann es ratsam sein, chinesische Mitarbeiter in Einzelgesprächen zu beruhigen (Gesichtswahrung), um so den „Dampf" herauszunehmen.

Funktionieren können derartige Projekte nur dann, wenn Leiter und auch die Team-mitglieder wissen, welche Faktoren zum Erfolg führen. Die multinationale Zusammen-setzung von Projektgruppen klappt nicht allein aufgrund der vermeintlichen Strategie, „die klügsten Köpfe" an einen Tisch zu zwingen und zum Erfolg zu verdammen. Und auch im Fall eines bereits herbeigeführten Projekterfolgs in der Heimat lassen sich deut-sche/europäische Mechanismen nicht „mal eben" auf Länder wie China übertragen. Verantwortliche stehen also in der Pflicht, sich in China eingehend mit der Kultur, Kom-munikationsgepflogenheiten und „landestypischen" Charaktereigenschaften auseinander-zusetzen, bevor sie das diffizile Thema Innovationsgenerierung angehen. Dazu gehören interkulturelle Trainings ebenso wie Maßnahmen zur Stärkung von Skills wie Argumen-tation, Verhandlungsgeschick, soziale und emotionale Intelligenz.

Deutsche Einkaufstrainer berichten inoffiziell von vergebener Liebesmüh selbst in Konzernunternehmen, wenn nach der Trainer-Abreise weitere Qualifizierungsmaß-nahmen einem chinesischen Teamleiter übertragen werden, der wenig Befähigung auf-weist. „Englisch ist kleinster gemeinsamer Nenner, aber die Sprachkenntnisse vieler chinesischer Mitarbeiter reichen oft nicht aus", sagt Dr. Axel Hamann vom Qualifizie-rungsanbieter Best Practice Institute in Wiesbaden in einem Interview mit der Autorin. Einen chinesischen Trainer mit fachlichem und didaktischem Know-how zu finden und eine gute Abstimmung mit bereits eingesetzten Trainern sicherzustellen, seien kritische Erfolgsfaktoren.

20.6.3 Mitarbeitermotivation und -bindung chinesischer Mitarbeiter

„Das neue Investitionsgesetz in China wird auch chinesischen Privatpersonen eine Betei-ligung an ausländischen Firmen erlauben. Das führt zu neuen Möglichkeiten, Mitar-beiter über Beteiligungsmodelle auch langfristig an die Firmen zu binden", sagt Bernd Reitmeier, Managing Director der Start-up-Factory (Kunshan) Co., Ltd., und Vorstands-mitglied der Deutschen Handelskammer Shanghai. Der ehemalige Geschäftsführer der Kammer (2007 bis 2010) verweist zudem auf die Kampagne „More than a market". Gemeinsam mit dem deutschen Generalkonsulat und der Bertelsmann-Stiftung will die AHK Shanghai deutsche Firmen motivieren, sich als moderner Arbeitgeber mit sozialer Verantwortung zu positionieren. „Um Talente zu gewinnen bzw. Mitarbeiter zu binden, sind regelmäßige Einladungen ins Mutterhaus – auch mal mit der gesamten Familie –, die Teilnahme an weltweiten Meetings, kontinuierliche und auch individuelle Weiterbil-dungsmöglichkeiten wichtige Pflichtaufgaben", so Bernd Reitmeier zur Autorin.

Professor Lutz Kaufmann von der WHU Vallendar berichtet vom Erfolgsmodell eines Automobilzulieferers in Sachen Personal: Einkaufsmitarbeiter werden durch persönli-ches Mentoring mithilfe individueller Entwicklungspläne qualifiziert. Die Führungskraft entwickelt dabei zusammen mit ihren Mitarbeitern individuelle Entwicklungspläne und begleitet durch regelmäßige Feedbackgespräche. „Diese simple Methodik ist besonders geeignet für das chinesische Verständnis von paternalistischer Führung", so Kaufmann. Das Mentoring signalisiere die persönliche Wertschätzung für den Mitarbeiter, baue ein Vertrauensverhältnis zwischen Mentor und Mentee auf und zeige Möglichkeiten zur individuellen Weiterentwicklung. Die Führungskraft könne mit offenem Ohr Unzufriedenheit der Mitarbeiter früh wahrnehmen und gegensteuern.

Eine weitere Möglichkeit zur Mitarbeitermotivation sind laut Kaufmann Parttime- und Fulltime- Entwicklungsmodelle. Ein Beispiel: Top-Talente sind zunächst in China im eigenen Unternehmen zu identifizieren und dann über einen längeren Zeitraum – etwa zwei Jahre – nach Deutschland zu transferieren. Die Talente arbeiten wochentags in der Firma und werden an den Wochenenden speziell geschult (etwa als Parttime-MBA). Nachdem die Kandidaten Projekterfahrung gesammelt haben (auch in Sachen Innovation, Kultur etc.), werden sie für Leitungsfunktionen nach China entsandt. Bei der Fulltime-Variante nehmen die identifizierten Talente an einem Vollzeitprogramm in Deutschland teil (Empfehlung: 15 Monate), arbeiten im Anschluss im Unternehmen und werden dann nach China transferiert. Entsprechende vertragliche Vereinbarungen sollten den jeweiligen Karriereweg verbindlich aufzeigen.

20.7   Fazit

Deutsche Unternehmen sollten in China ihre guten Karten ausspielen: das unverändert gute Image. Hier muss die Personalabteilung das richtige Händchen entwickeln. Es dürfte sich im Übrigen unter Absolventen auch herumsprechen, wie in Unternehmen Erfolge generiert werden – der Faktor Innovation spielt also auch bei der Rekrutierung von hoffnungsvollem Nachwuchs eine große Rolle. Fakt ist: Viele Hochschulabsolventen weisen sehr geringe Praxiserfahrung auf, sind aber durchaus lernbereit. Der hohe Leistungsdruck durch das Umfeld (Eltern, Wohnung, Auto etc.) führt dazu, dass junge Chinesen schnell im Unternehmen aufsteigen wollen. Diesen Umstand sollten sich Führungskräfte und Personalverantwortliche zunutze machen.

Innovationsgenerierung ist wie beschrieben eine Königsdisziplin, die volle Konzentration und eine hohe Ausdauer aller Prozessbeteiligter erfordert – in Zusammenarbeit mit Lieferanten und in eigenen Teams. Reibungsverluste sind an der Tagesordnung. Die individuellen Fähigkeiten und Kenntnisse der Teammitglieder und ihre Freiheitsgrade sind entscheidend für den Erfolg. Der kommt nicht über Nacht – weder in Deutschland noch in China. Die Frage ist, wie sich Deutsche und Chinesen in Projekten finden, welches Verständnis beide Seiten füreinander entwickeln und wie sie sich ergebnisorientiert Zielen nähern. Anpassung darf indes keine Einbahnstraße sein. Die große Aufgabe ist, einen zündenden Mix aus Charakteren verschiedener Nationen zu finden, Hochleistungsteams zu motivieren bzw. zu befähigen und auf gemeinsame Ziele hin einzuschwören. Für Konzerne und KMU gilt gleichermaßen, in Sachen Qualifizierung/Weiterbildung keine halben Sachen zu machen. Maßnahmen sind laufend zu hinterfragen und zu optimieren. Nur dann kann auch Innovation gelingen.

Literatur

Abicht M (2006) Die „Innovation-Scouts". Beschaffung aktuell. http://www.beschaffung-aktuell.
de/home/-/article/16537505/26156121/Die-%E2%80%9EInnovation-Scouts%E2%80%9C/art_
co_INSTANCE_0000/maximized/. Zugegriffen: 11. Mai 2016

Busse C, Wallenburg CM (2012) Innovationsmanagement auf der Unternehmensebene von Logis-
tikdienstleistern. In: Lieb TC, Stölzle W (Hrsg) Business Innovation in der Logistik. Universität
St. Gallen. Springer Gabler, Wiesbaden, S 37

German Chamber of Commerce in China (2015) German business in China: Business Confidence
Survey 2015 http://china.ahk.de/market-info/surveys-studies/business-confidence-survey-2015/.
Zugegriffen: 2. Mai 2016

Schiele H (2010) Innovationen von und mit Lieferanten. Quantitative Studie. Universität Twente,
Enschede: BME-Report

Ursel S (2015) Ausdauer und Vertrauen gefragt. Bus+Logist 2015(4):31

Über den Autorin

Sabine Ursel Die studierte Kommunikationswissenschaftlerin
Sabine Ursel ist Journalistin, Autorin und Kommunikationsexpertin
mit den Schwerpunkten Einkauf, Vertrieb und China-Business. Nach
ihrem Studienabschluss an der FU Berlin absolvierte Frau Ursel eine
Ausbildung zur Redakteurin und übernahm anschließend die Chefre-
daktion bei unterschiedlichen renommierten Zeitungen, Magazinen
und Buchprojekten. Zwischen 2001 und 2014 leitete sie für den Bun-
desverband Materialwirtschaft, Einkauf und Logistik e. V. (BME) die
Abteilung Kommunikation, war Pressesprecherin, betreute Sonder-
projekte und war China-Beauftragte. Als Inhaberin der Firma *Sabine
Ursel – Kommunikation I Presse I Netzwerk* (Wiesbaden) berät sie
seit 2015 an der Schnittstelle Einkauf/Dienstleistung, erstellt Kom-
munikationskonzepte und gibt Unterstützung im Marketing.

Teil VIII
Perspektiven und Ausblick

Innovationskompetenz, nationale Innovationssysteme und Industriepolitik in einer globalen Ökonomie – Generelle Betrachtungen und Implikationen für innovative Wachstumsstrategien in China

Joachim Freimuth

> *The existence of a state is essential for economic growth; the state,*
> *however, is the source of man-made economic decline.*
>
> (North 1981, S. 20)

Zusammenfassung

Das Dilemma der gegenwärtigen Politik- und Wirtschaftsentwicklung in China ist die Notwendigkeit der Liberalisierung und der demokratischen Öffnung in einer Struktur, die aber sehr autoritär agiert und in erster Linie an der Erhaltung der Macht interessiert zu sein scheint. Innovatives Wachstum ist nur möglich, wenn Risiken sich lohnen, Experten sich austauschen können und Institutionen verlässlich sind. Eine entsprechende strategische Industriepolitik ist heute im globalen Technologiewettbewerb auch eine staatliche Aufgabe. Aber viele gute Ansätze brechen sich in China immer wieder am Steuerungs- und Machtanspruch der Regierung bzw. der Partei und ihren inneren Widersprüchen. Welche Optionen für eine kontrollierte Transformation sind denkbar unter diesen Bedingungen, zudem für ein so riesiges Land mit derartig vielen inneren Konflikten und nicht zuletzt in einem globalen Wettbewerb, der kaum Raum lässt für die Herausbildung einer eigenständigen innovations- und wissensbasierten Industriestruktur? Welche Antworten kann die wirtschaftswissenschaftliche Diskussion zur Struktur und Rolle nationaler Innovationssystemen geben? Wie könnte

J. Freimuth (✉)
Hochschule Bremen, Bremen, Deutschland
E-Mail: joachim.freimuth@t-online.de

J. Freimuth und M. Schädler (Hrsg.), *Chinas Innovationsstrategie
in der globalen Wissensökonomie*, DOI 10.1007/978-3-658-17651-8_21

in China das Zusammenspiel von staatlicher Politik und Markt neu balanciert werden? Welche Rolle müssen dann Institutionen spielen? Was sind die Spannungsfelder, und wie könnte am Ende ein „Change Made in China" aussehen? Das sind Fragen, denen wir u. a. nachgehen wollen.

Inhaltsverzeichnis

21.1 Das Problemszenario – Erster Aufriss

China hat sich in den letzten Jahren zu einem Industriegiganten in der globalen Ökonomie entwickelt. Das Wachstum schwächt sich nun aber ab, und es gibt zudem deutliche Anzeichen von Erosionen in Wirtschaft, Gesellschaft und Umwelt, die das Ende des bisherigen Modells der wirtschaftlichen Entwicklung markieren (vgl. dazu das Kapitel im Gutachten des Sachverständigenrates 2016). Grundlage einer nächsten nachhaltigen Wachstumswelle und zugleich der mögliche Garant von langfristiger politisch-sozialer Stabilität muss die intensive Entwicklung des Humankapitals sowie die industrielle

Nutzung global konkurrenzfähigen innovativen Wissens sein. Diese Notwendigkeit wird in China von den Führungsverantwortlichen sehr klar auch so wahrgenommen:

> [...] we must be clear that our economy, though large in size, is not strong. Its growth, though fast, is not of high quality. The extensive development model featured by economic growth mainly driven by factor inputs such as natural resources is not sustainable. [...] The old path seems to be a dead end. Where is the new road? It lies in scientific and technological innovation, and in accelerated transition from factor-driven and investment-driven growth to innovation-driven growth (Xi 2014, S. 132 f.).

Innovative Wissensarbeit beruht u. a. auf freiwilliger Kooperation von Experten sowie auf emergenten Prozessen, die nicht künstlich von außen erzeugt werden können (Zimmermann 2006). Darüber können staatlich geförderte und publizistisch wirksame, jedoch eher singuläre Großprojekte nicht hinwegtäuschen, wie der Bau des schnellsten Rechners oder kürzlich die Inbetriebnahme des größten Teleskops der Welt in China. So bedeutsam diese Leistungen im Einzelnen auch sind, können sie am Ende doch nicht als Indikation für eine nachhaltig innovative Wirtschaft gelten. Es zählt auch nicht die schiere Quantität der Forschung und Entwicklung, sondern die kreative Qualität der Kooperation und der Tauschbeziehungen zwischen den treibenden Akteuren, die die Verbreiterung und Vervielfältigung nützlichen Wissens in alle Bereiche von Wirtschaft und Gesellschaft ermöglicht.

Letztlich bedarf es dazu, so vage und vielleicht auch wenig ökonomisch das zunächst klingen mag (zur Entwicklung der Verhaltensökonomie vgl. Thaler 2015), sowohl auf den Märkten des Wissens als auch auf denen der Waren, eines allgemein spürbaren Optimismus sowie des Gefühls, dass sich Leistung lohnt und Investitionen sich rentieren. Diese schon von Keynes (2011) identifizierten sogenannten berühmten „Animal Spirits" (Akerlof und Shiller 2009) stellen sich ein, wenn es verlässliche und kalkulierbare Institutionen gibt, wo man seine Ideen verfolgen und seine Rechte und Interessen in transparenten Verfahren geltend machen kann. Daron Acemoglu und James A. Robinson (2013, S. 56) bringen es in ihrer monumentalen Untersuchung über wirtschaftlichen Verfall von Nationen ganz simpel auf den Punkt: „Einen Einfall haben, eine Firma gründen und einen Kredit aufnehmen", das muss verlässlich funktionieren. Wenn sich diese Wahrnehmung allerdings nicht kollektiviert, hilft selbst eine beträchtliche keynesianische Nachfragesteuerung nicht weiter, wie die Chinesen im Moment bitter erfahren müssen, ebenso wenig wie man das Wachstum von Pflanzen beschleunigen kann, wenn man an ihnen zieht, wie es in einer berühmten Geschichte von Menzius heißt (Jullien 2006, S. 48 ff.).

Aus sozialem Vertrauen heraus sowie aus der Überzeugung, dass sich individuelles Engagement auszahlt und lohnt, schaukeln sich langfristig tragfähige makroökonomische Bewegungen hoch und entwickeln Fahrt oder auch nicht. Das ist eine systemische Betrachtung, die sich nicht auf Elemente, sondern auf Beziehungen richtet, die aus dichten Netzen von Interaktionen bestehen und beständig welche auslösen (Mazzucato 2014, S. 53). Dabei kann es sich um quirlige Warenmärkte handeln oder um den Tausch von Informationen auf den Märkten der Wissensproduktion. Gerade beim Industrie-4.0-Paradigma, dem das

Potenzial für eine neue industrielle Revolution zugesprochen wird und woran China ein besonderes strategisches Interesse hat, kommt es auf die Vernetzung von unterschiedlichsten Know-how-Feldern an. Diese spezifische Fähigkeit zur „System-Integration" fehlte dem Land aber schon am Vorabend der ersten industriellen Revolution, so die Analyse von Fukuyama (2014, S. 355 f.). Ihre Entwicklung wäre eine bedeutsame politische Aufgabe gewesen, so wie es nach dem Zweiten Weltkrieg etwa von den Japanern (Freeman 1987) und später von Korea vorgeführt wurde und worum die Chinesen sich gegenwärtig auch redlich bemühen.

Spätestens jetzt, wo sich der technische Fortschritt im globalen Maßstab überschlägt und kaum geschützter Raum für die entspannte Ausdifferenzierung von Innovationen bleibt, wird im Rahmen des nationalen Innovationssystems des Landes eine strategisch ausgerichtete Beobachter- und Steuerungsrolle notwendig, die sich auf allen Ebenen von Wirtschaft und Gesellschaft mit der systematischen Selbstorganisation von Wissen, Lernen und Wandel sowie der Vermarktung der entsprechenden Produkte beschäftigt (Stiglitz und Greenwald 2015). Das bedeutet allerdings, dass sich steuernde Interventionen nicht mehr vornehmlich direkt auf die Allokation von Ressourcen beziehen dürfen, schon gar nicht in die mehr oder weniger beweglichen Staatsbetriebe. Vielmehr geht es darum, die institutionellen Bedingungen dafür zu schaffen, damit Märkte funktionieren, innovatives Wissen entstehen, sich entwickeln, verbreiten und kommerzialisiert werden kann. Barocke Architekturen externer Steuerung und Kontrolle erübrigen sich. Die neue staatliche Rolle hat eher mit hintergründiger Kontextsteuerung zu tun, wie Helmut Willke es aus systemischer Perspektive genannt hat (1998, S. 401). Das beginnt mit leistungsfähigen Hochschulen und unabhängigen Instituten, mit Möglichkeiten der Informationsbeschaffung und des offenen Dialoges, die in Start-ups und Gründungen einmünden können und Arbeitsplätze schaffen.

Das sind zweifellos notwendige, aber heute keineswegs mehr hinreichende Bedingungen für innovatives Wachstum. Wir werden später zeigen, dass die steuernde Rolle des Staates im Rahmen der nationalen Innovationssysteme in sich entwickelnden Gesellschaften und unter den Bedingungen harter globaler Konkurrenz, nicht mehr nur allein auf die Sicherung institutioneller Stabilität reduziert werden kann, ebenso wenig auf finanzpolitische Anreize. Es kommen mindestens zwei weitere wichtige Aufgabenfelder hinzu:

- Nach außen muss es eine schützende Hand für sich entwickelnde innovative Branchen geben, sonst haben sie kaum eine Chance, auf den internationalen Märkten zu überleben (Stiglitz und Greenwald 2015).
- Parallel dazu muss sich die staatliche Politik nach innen darauf konzentrieren, im Rahmen eines strategischen Masterplans gezielt und mit einem langen Atem innovative und risikoreiche Forschungen zu fördern, die von eher kurzfristig agierenden Unternehmern nicht initiiert werden können (Mazzucato 2014).

Es ist nicht überraschend, dass das in China auch mit allen Mitteln versucht wird, trotz der Vorwürfe über Protektionismus oder Nationalismus. Von vielen Seiten wird den

Chinesen vorgeworfen, dass sie global großzügig einkaufen, aber ihre eigenen Märkte verschließen, was Sigmar Gabriel anlässlich seines Besuches in China im November 2016 nicht müde wurde anzumahnen und u. a. im „Handelsblatt" wirksam darzustellen (Höpner et al. 2016, S. 4–6). Allerdings hält der Sachverständigenrat (2016, S. 495 f.) dieses Argument mangelnder Reziprozität interessanterweise für überzogen, einmal weil das Exportland Deutschland vom Freihandel mehr profitiere und weil auf die Dauer China als Partner auf technologischer Augenhöhe einen größeren Vorteil darstelle. Ganz abgesehen davon war es immer schon die Rolle staatlicher Wirtschaftspolitik, auch in den westlichen Industrieländern, in der einen oder anderen Form die schützende Hand über sich entwickelnde Industrien zu halten, bis sie global konkurrenzfähig erschienen.

In China haben wir allerdings die Besonderheit, dass die zentrale politisch-strategische Steuerungsrolle von der Partei beansprucht wird, deren Wurzeln letztlich im autoritären Leninismus liegen, was nach weitgehend einhelliger Meinung kaum mit einer kreativen und offenen Form von Gesellschaft zusammenpasst. Das vordringliche Ziel der Partei ist gegenwärtig die Erhaltung ihrer Macht und die strikte Vermeidung jedweder Form von Kontrollverlust. Innovatives Wirtschaftswachstum ist in diesem Kontext auf weiten Strecken daher auch nur Mittel zum Zweck, nicht Zweck an sich. Wie Mancur Olson (2000, S. 192) mit seiner bewundernswerten klaren Logik gezeigt hat, verfügen die Länder mit den höchsten Einkommen pro Kopf über die am weitesten geschützten Persönlichkeitsrechte, die den Spielraum von Regierungen klar beschränken und die Allokation der Ressourcen eines Landes nach Effizienzgesichtspunkten erfolgen lässt. Wenn allerdings in China bei den ohnehin schon limitierten politischen Freiheiten auch noch der bescheidene Wohlstand auf dem Spiel stehen würde, dann hätte die Partei keinerlei glaubwürdige Geschichten mehr zu erzählen und keinerlei Erfolge mehr zu präsentieren, die ihren unbedingten Machtanspruch vor allem gegenüber der zunehmend selbstbewussteren und immer aufgeklärteren Mittelkasse legitimieren würde (Fukuyama 2014, S. 384 f.). Auch innerhalb der Arbeiterschaft gibt es ein Protestpotenzial, und die Regierung hat daraufhin bereits zahlreiche Gesetze erlassen (Beiträge bei: Scherrer 2011), um die Arbeitssituation in den Betrieben zu verbessern, die aber vielfach, wie in so vielen anderen Fällen auch, an der lokalen Umsetzung scheitern, weil die Interessenlagen dort anders liegen, als die der Regierung. Die Zeitschrift „The Economist" (2016b, S. 47 f.) liefert süffisant ein weiteres Beispiel, die Anti-Raucher-Kampagne von 2015, deren Botschafterin die Ehefrau von Xi Jinping ist. Die Kampagne sollte das Rauchen an öffentlichen Plätzen verbieten, das Umsetzungsinteresse ist aber eher lax. Die Widerstände sind groß, denn die chinesische, fast ausschließlich staatliche Tabakindustrie trug in den vergangenen Jahren zwischen 7 und 10 % zum zentralen Staatsbudget bei und in einigen Regionen im Südwesten Chinas, insbesondere der Provinz Yunnan, stellt sie den wichtigsten Pfeiler der lokalen Wirtschaft dar (Li 2012, S. 11 f.).

21.2   Autoritäre Modernisierung?

Autoritäre Modernisierung ist nach allen Erfahrungen, die bislang vorliegen, prinzipiell
ein Widerspruch in sich (Pei 2006). Henry Kissinger bringt es in seinem monumentalen
Werk über China auf den Punkt:

> Der Wechsel von der zentralen Planung zu einer stärker dezentralisierten Entscheidungsfin-
> dung war, wie sich herausstellte, ständig aus zwei Richtungen bedroht: 1. durch den Wider-
> stand einer verknöcherten Bürokratie mit einem starken Interesse an der Erhaltung des Status
> quo und 2. durch den Druck ungeduldiger Reformer, denen der Reformprozess zu langsam
> ging. Die wirtschaftliche Dezentralisierung führte dazu, dass auch bei politischen Entschei-
> dungen Pluralismus gefordert wurde. In diesem Sinne reflektierte die chinesische Umwäl-
> zung die unlösbaren Widersprüche des Reformkommunismus (Kissinger 2012, S. 433).

Aber in diesem Spannungsfeld bewegt sich die chinesische Politik und die Problemlage
lädt sich weiter auf. Die Belastungen im Umweltbereich oder die industriellen Überkapazitäten werden immer problematischer, andererseits zeigen die Steuerungsbemühungen
nicht die gewünschten und spürbaren Erfolge. Teilweise ist sogar das Gegenteil der Fall,
der Gini-Koeffizient, der die Ungleichheit der Einkommensverteilung zum Ausdruck
bringt, lag 1978 bei 0,29 und stieg 2012 auf 0,47. Als Alarmsignal gilt üblicherweise
ein Wert größer als 0,4 (Gu 2014, S. 25). Es muss also ein Entwicklungspfad definiert
und vor allem auch umgesetzt werden, der nicht in einem Fiasko endet, weil es zu politischen Konflikten kommt und/oder weil die natürlichen Ressourcen des Landes und
nicht zuletzt die Lebensbedingungen schon so weit heruntergewirtschaftet sind, dass es
für eine tragfähige Kehrtwende nicht mehr ausreicht. Schließlich ist auch die Eigendynamik von zentraler Macht in Betracht zu ziehen, die sich tendenziell immer weiter verhär-
ten kann, je unlösbarer die Probleme erscheinen. Auf den russischen Revolutionär Leo
Trotzki geht sinngemäß der Ausspruch zurück, erst ist es die Partei, dann das Zentralkomitee (ZK) und zuletzt ein Diktator.

Der komplette Zusammenbruch der planwirtschaftlichen Ökonomien in den letzten
Jahrzehnten, bedingt durch ihre Steuerungsinkompetenz sowie durch die Instrumenta-
lisierung der Ressourcen für militärische Interessen oder für unsinnige Prestigeprojekte
(Beiträge bei Gerschenkron 1966), scheint all diesen Befürchtungen in die Karten zu
spielen. Francis Fukuyama (1992) sprach vor diesem Hintergrund sogar vom „Ende der
Geschichte", womit gemeint war, dass die westlichen Gesellschaftsformen nun zum uni-
versellen Standard der soziokulturellen Evolution geworden seien.

Diese westlichen Standards werden von den eher kritischeren Beobachtern mit den
amerikanischen Lebensentwürfen und der amerikanischen Ökonomie gleichgesetzt, nicht
mit den Errungenschaften der repräsentativen Demokratie oder der Zivilgesellschaft.
Gegenüber dieser wahrgenommenen westlichen Prädominanz, die sich äußerlich mit ihren
globalen Produktmarken oder omnipräsenten Internetunternehmen zeigt, entwickeln sich
politische Gegenentwürfe. Dazu gehört der grassierende Populismus (Mishra 2016) sowie
auch alternative Konzepte der Modernisierung. Dabei werden scheinbar bislang als ant-
agonistisch wahrgenommene Ansätze zu neuen Konzepten kombiniert. Es wird von der

Koexistenz oder sogar Koevolution von Marktliberalismus und politischem Autoritarismus gesprochen, von einem autoritären Kapitalismus und von autoritärer Modernisierung (Bloom 2016). Dabei handelt es sich um Ein-Personen- oder Ein-Parteien-Formen
der Regierung, die nicht demokratisch legitimiert sind. Gleichwohl bleiben sie der konsequenten Liberalisierung von Märkten verpflichtet. Die Bevölkerung soll also gleichsam
zu ihrem Glück gezwungen werden. In dieser Formulierung kommt offenkundig schon
hinreichend die Paradoxie dieses Vorhabens zum Ausdruck. Ein nach wie vor sehr erfolgreiches Beispiel ist Singapur, natürlich ein eher überschaubarer Stadtstaat und daher kaum
ein Maßstab. Ein anderes Modell war bislang auch Chinas autoritärer Weg, dem zum Teil
Modellfähigkeit für das komplette 21. Jahrhundert zugeschrieben wurde (Halper 2010).
Die Debatte darüber hört auch nicht auf (vgl. Kissinger et al. 2012; deutlich weniger pola-
risierend plädiert Gu 2014), wenngleich China inzwischen auf der Suche nach einer neuen
Weichenstellung ist, weil die bisherige Balance zwischen der autoritären Steuerung und
eigendynamischer wirtschaftlicher Entwicklung spätestens jetzt nicht mehr stimmt.

Der Spannungsreichtum von Ansätzen der autoritären Modernisierung kommt durch
ein Theorem des Ökonomen Ian Bremmer (2006) sehr anschaulich zum Ausdruck, die
sogenannte J-Kurve (Abb. 21.1). Auf der waagerechten Achse wird die Offenheit oder
Freiheit einer Gesellschaft abgetragen, auf der senkrechten Achse die politische Stabilität. Staaten können also stabil sein, entweder weil sie geschlossene Systeme oder offene
Gesellschaften darstellen. Anders ausgedrückt, Stabilität beruht auf demokratischem Konsens oder autoritärer Herrschaft. Bewegt sich ein Land aus einer autoritären Struktur in
eine offenere Gesellschaft, etwa um innovativen Impulsen Raum zu geben, entsteht eine
äußerst konflikt- und problemreiche Phase des Übergangs, in der die alten Ordnungen
zerfallen und die neuen demokratischen Institutionen noch nicht ausreichend Einfluss

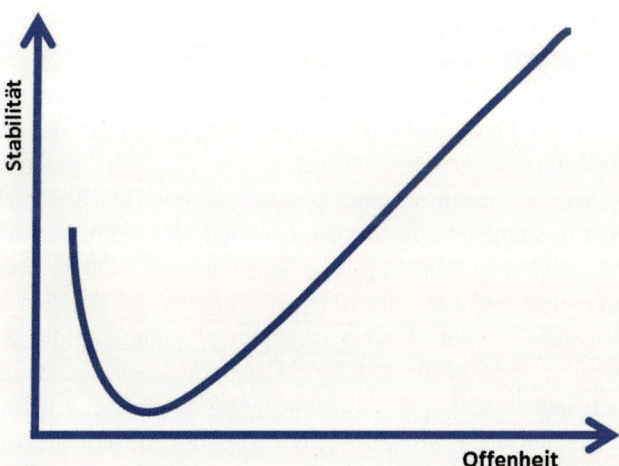

Abb. 21.1 Die J-Kurve – Modernisierung zwischen Offenheit und Stabilität. (Quelle: Eigene
Darstellung in Anlehnung an Bremmer 2006)

gewonnen haben. Die dann vorherrschende Anomie und Unsicherheit produziert an vielen Stellen ein Machtvakuum, in dem Missbrauch Tür und Tor geöffnet sind und wo die Gefahr der Regression in ein noch autoritäreres Regime als vorher ebenso wahrscheinlich ist, wie ein komplett unregierbares Land. Bremmer führt in seiner Analyse weiter aus, dass Geld und Ressourcen allein nicht ausreichend sind, um eine derartige Transformation zu bewerkstelligen. Die finanziellen Hilfen durch den Marshall-Plan nach den Zerstörungen des Zweiten Weltkrieges führten etwa in Europa nur deshalb so schnell wieder auf den Pfad des stabilen Wachstums, weil dort an eine ältere demokratische Kultur wieder angeknüpft werden konnte, die selbst die schlimmste Diktatur einigermaßen unbehelligt überstanden hat (Bremmer 2006, S. 16). Das ist ein wichtiger Hinweis auf die große, aber zuweilen nur schwer fassbare Bedeutung historischer und kultureller Faktoren für die wirtschaftliche Entwicklung. Henry Kissinger (2012, S. 421) betont daher auch an einigen Stellen seines Buches die traditionelle „chinesische Furcht vor dem Chaos und Erinnerungen an die Kulturrevolution". Man könne das nicht „als irrelevanten Anachronismus" abtun, „der nur einer ‚Korrektur' durch westliche Aufklärung bedürfe." (Kissinger 2012, S. 437). Die chinesische Geschichte biete seit zwei Jahrhunderten zahlreiche Beispiele dafür, wie die Zersplitterung der politischen Autorität und hohe Erwartungen an die Freiheit zu Unruhen führten, wobei sich häufig die militanten gegenüber liberalen Elementen durchsetzen konnten. Henry Kissinger bemerkt in diesem Zusammenhang, dass Proteste ihre eigene Dynamik entwickeln: „Ihre Akteure verlieren die Kontrolle über die Entwicklung und werden zu Figuren in einem Stück, dessen Skript sie nicht mehr kennen" (Kissinger 2012, S. 421). Genau das ist auch das Fazit der Analyse des Zusammenbruchs der DDR, der mit dem Fall der Mauer im November 1989 sichtbaren Ausdruck fand, der aber für alle Beteiligen völlig überraschend kam und dann nicht mehr aufzuhalten war, so die großartige Analyse von Hans-Hermann Hertle (1999). Allerdings gibt es keinerlei Garantien, dass es immer so friedlich verläuft wie in der deutschen Geschichte.

Bremmers Theorem trifft somit exakt das Dilemma der politischen Führung in China und erklärt ihr Schwanken zwischen Demokratisierung und autoritären Reaktionen sowie den Zick-Zack-Kurs zwischen Öffnung und Kontrolle, wobei gegenwärtig eine restriktive Politik vorherrscht. Es ist die Frage, ob dieser Trend in der Bevölkerung gleichwohl als Übergangsstadium wahrgenommen wird, in der – in den Worten Ernst Blochs – ein hoffnungsvoller Vor-Schein auf eine bessere Zukunft zum Ausdruck kommt. Was in dieser Hinsicht in China beobachtbar ist, kann jedoch skeptisch stimmen. Nach chinesischen Quellen gibt es gegenwärtig jedes Jahr um die 200.000 kleinere und größere Protestbewegungen mit mehr als 100 Akteuren, die von der Bereitschaft vieler Menschen Zeugnis ablegen, für ihre Rechte zu kämpfen, wenn das Maß überschritten ist (Shambaugh 2016, S. 62 f.). Moderne Informationstechnologien geben ihnen zudem die Möglichkeit, sich schnell und spontan zusammenzuschließen und ihren Protest in der Öffentlichkeit zu organisieren. Mit geschätzten 800 Mio. Nutzern sind die Chinesen die größte Internetnation der Welt (Lee 2016b).

Vor diesem Hintergrund beschreibt der politische Analyst und langjährige kritische Beobachter der Entwicklungen in China, David Shambaugh (2016, S. 1, 49 und 24 ff.), vier mögliche strategische Entwicklungspfade (Abb. 21.2).

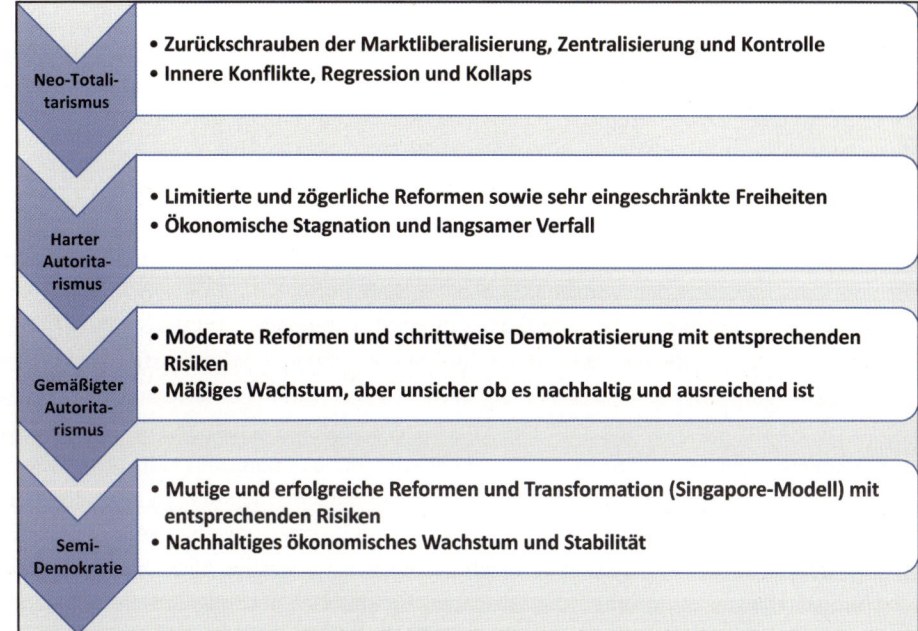

Abb. 21.2 Chinas Optionen politisch-ökonomischer Entwicklungspfade. (Quelle: Eigene Darstellung in Anlehnung an Shambaugh 2016)

Für eine adäquate Einordnung dieser Systematisierung muss man sich in Erinnerung rufen, dass unter Deng Xiaoping nach 1978 sehr mutige Schritte in Richtung einer demokratischen Öffnung Chinas unternommen wurden. Es gab eine Arbeitsgruppe unter dem Einfluss des bemerkenswerten Zhao Ziyang, der sich für eine Art demokratischen Sozialismus einsetzte und Eigeninitiativen mehr Freiräume gewähren wollte (Pei 2006, S. 45 ff.). Die tragischen Ereignisse auf dem Tiananmen-Platz im Jahre 1989 brachten jedoch all diese Versuche der Demokratisierung bekanntlich zum Stoppen.

Man darf bei der Beurteilung nicht außer Acht lassen, dass im gleichen Jahr die Berliner Mauer fiel. Beginnend im März 1990 mit der Unabhängigkeit Litauens und endend im Dezember 1991 mit der Unabhängigkeit Kasachstans wurde zudem auch das Ende des riesigen Sowjetreiches besiegelt. Nach den mutigen Öffnungen und Reformen unter Michael Gorbatschow wurden die Ressourcen Russlands nach heftigen Kämpfen unter den Oligarchen und alten Parteikadern aufgeteilt. Jeder Versuch einer nachhaltigen ökonomischen Entwicklung blieb dort so in den Anfängen stecken und brachte am Ende den populistischen Putinismus hervor (vgl. die kritische Zusammenfassung in: The Economist 2016a, S. 3–13). Er definiert sich nicht durch ein elaboriertes wirtschaftliches Programm der Modernisierung, sondern durch seinen wenig differenzierten Anti-Amerikanismus (Bloom 2016, S. 62 ff.) und ostentative Machtpolitik. Ökonomisch hoffte er darauf, von den reichlichen Rohstoffvorkommen des Landes leben zu können, was sich jedoch als fatale Fehlkalkulation erwiesen hat.

Die an den Reformen interessierten chinesischen Strategen hatten und haben natürlich derartige Beispiele des Scheiterns von Transformationen sehr genau im Blick und wollen diese Fehler vermeiden. Die Reaktion nach der als gescheitert wahrgenommenen Öffnung unter Deng bestand in einer Phase des Neo-Totalitarismus bis 1992, gefolgt von einer Zeit des harten Autoritarismus bis 1997. Die erneute Öffnungsphase mit einem gemäßigten Autoritarismus zwischen 1998 und 2008, verbunden mit einigen Freiheiten und Reformen, brachte eine Zeit der ökonomischen Prosperität mit sich, allerdings basierend auf einem extensiven Wachstumskonzept mit außerordentlichen Folgekosten. Mit dem Abschwächen des wirtschaftlichen Wachstums ist seit 2009 ein harter Autoritarismus zurückgekehrt, der innenpolitisch durch die ubiquitäre Angst vor Macht- und Kontrollverlust und außenpolitisch durch die ständige Sorge vor Überfremdung und Abhängigkeit getrieben ist (Shambaugh 2016, S. 99). Das naheliegende Rezept der keynesianischen Nachfragesteuerung und des Überflutens der Wirtschaft mit billigem Geld hat die Unternehmensschulden sowie die öffentliche Verschuldung in gefährliche Höhen getrieben (Sachverständigenrat 2016, S. 247). Parallel dazu werden die erodierenden Folgewirkungen einer viele Jahre während extensiven Ausbeutung der natürlichen und der Humanressourcen im Land überall sichtbar. Es wird etwa geschätzt, dass das jährliche Wirtschaftswachstum durch die Ausgaben für die vielen Umweltprobleme wieder kompensiert wird, sodass man faktisch auf ein Nullwachstum kommt (Gu 2014, S. 25). Hinzukommen der globale Wettbewerb, technischer Fortschritt in einem bislang noch nie gekannten Tempo und eine ökonomische Vernetzung, die neben Chancen auch einige Risiken für nicht mehr beherrschbare Kettenreaktionen birgt.

Die Hoffnung auf eine baldige Rückkehr zu einem gemäßigten Autoritarismus oder gar zur Semi-Demokratie ist gegenwärtig nicht sehr groß, zu dieser Schlussfolgerung kommt David Shambaugh. Andere Beobachter (Kennedy und Johnson 2016) gelangen ergänzend dazu zu der Überzeugung, dass sich die politischen Akteure zu direktiv in die Weichenstellungen für die Wirtschaftstechnologieentwicklung einmischen. Szenarien des Mercator Institute for China Studies (merics) kommen zu der Konklusion, dass die Person von Xi Jinping und mit ihm der Führungsanspruch der Partei ganz offensichtlich und symbolreich in den Vordergrund gerückt wird, um nach innen und außen den Eindruck unverbrüchlicher Stabilität zu suggerieren (Heilmann und Stephan 2016). Das gelingt aber nur mit großen Mühen.

21.3 Der Balance-Akt

Ein Problem in China ist, dass eine prosperierende Wirtschaft auch ein Mittel zum Zweck ist, dem Erhalt der politischen Macht der Regierung und besonders der Partei mit ihrem klaren Führungsanspruch. Nach der Rezession 2008/2009 gehen ökonomische Schwäche und politische Härte miteinander einher und schaukeln sich gegenseitig hoch. Die Härte erzeugt viel Unsicherheit, sodass etwa im öffentlichen Bereich von den Verantwortlichen aus Angst heraus kaum mehr riskante Entscheidungen getroffen werden und notwendige Reformen auf der Strecke bleiben, was wiederum die wirtschaftliche Stabilisierung und die weitere Entwicklung beeinträchtigen kann.

Diese autoritäre Ausrichtung ist im Zentrum der Macht des Landes keinesfalls ohne Widersprüche. Es gibt politische Richtungskämpfe und fortwährende Auseinandersetzungen zwischen Reformern und den konservativen Parteikadern. Es dreht sich um Einfluss und Macht von rivalisierenden Gruppierungen und eng verbundenen Seilschaften, etwa die ehemaligen Mitglieder der äußerst mächtigen kommunistischen Jugendliga oder die sogenannten „Prinzlinge", Nachkommen der kommunistischen Kader der ersten Stunde (Lee 2016a).

Inzwischen wird die Spannung offenbar auch im Top-Bereich der chinesischen Staatsführung spürbar. Premierminister Li Keqiang positioniert sich für weitgehende Reformen, Marktliberalisierung und sichert auch Hongkong Spielräume zu (China Daily, 17. März 2016), was mit dem aktuellen politischen Mainstream nicht sehr kompatibel ist. Das „Wall Street Journal" berichtet (Wei und Page 2016) von einer in der Tat nicht mehr zu übersehenden Differenz in öffentlichen Verlautbarungen zum politisch-ökonomischen Kurs zwischen dem Premier Li Keqiang und Präsident Xi Jinping. Der Premier macht sich für eine liberalisierte Politik stark und möchte die Rolle der Staatsunternehmen zurückdrehen, während der Präsident sehr klar den zentralistischen Kurs sowie den Führungsanspruch der Partei betont. Die Uneinigkeit in der Führungsspitze wird sehr genau beobachtet und führt auf den nachfolgenden Ebenen zum Vertagen von Entscheidungen und verbreiteter Inaktivität. Die paralysierenden Wirkungen dieser Unklarheit und Unentschiedenheit sind vermutlich noch sehr viel gravierender als ein autokratischer Stil, der wenigstens einigermaßen berechenbar erscheint.

Das ist das gegenwärtige Spannungsfeld und viele Analysten sehen hier eine wichtige Ursache für die Widersprüchlichkeit der Steuerungskonzepte in China und für die Langsamkeit der Reformen hin zu einer modernen Ökonomie mit verlässlichen Rahmenbedingungen. Was zuweilen als zögerlicher Gradualismus bezeichnet wird, Bremsen und maximal abwartendes Voranschreiten in den nötigen Transformationen, ist sicherlich auch ein Anzeichen für ein politisches Patt in der Partei, gegenwärtig allerdings mit einem klaren Übergewicht der konservativen Kräfte. Der Ton ist zuweilen sehr aggressiv.

Die Größe des Landes, die Ungleichzeitigkeiten der Entwicklungen in den verschiedenen Provinzen sowie die unkontrollierbaren dezentralen Strukturen tun ihr Übriges, um die Ressourcen des Landes in unproduktive Bereiche zu lenken. Die Regierung hat nach dem Muster „mehr desselben" seit Jahren versucht, die ökonomische Stagnation durch Geldpolitik und Schulden zu stoppen. Das hat allerdings zur erheblichen Erhöhung der Gesamtverschuldung des Landes auf das 2,5-Fache des BIP im Jahr 2015 beigetragen. Damit gehört China „zu den besonders hoch verschuldeten Ländern im Vergleich zu anderen Ländern mit ähnlichem Entwicklungsstand" (Sachverständigenrat 2016, S. 470), parallel geht das Wachstum stetig zurück. Innovative Unternehmen suchen derweil vergeblich nach Finanzierungsquellen. Dubiose Banken im Schattensektor brechen zusammen und gefährden das Vermögen zahlreicher Sparer. Ein großer Teil der Ressourcen des Landes wird zudem nach wie vor durch die politisch unterstützten, aber wenig produktiven Staatsunternehmen (SOEs) mit ihren gigantischen Überkapazitäten sowie das ausgedehnte Patronage-System der Partei auf allen Ebenen verschwendet. Systematische Korruption, Privilegien und Vetternwirtschaft verschwenden Ressourcen und unterminieren die Glaubwürdigkeit eines Systems, das sich durch soziale Gerechtigkeit legitimieren müsste (Pei 2016a).

Durch das rückläufige Wirtschaftswachstum stehen nun immer weniger Mittel zur Verfügung. Im Gleichschritt erhöhen sich die Ansprüche in dem System der Selbstbedienung und Alimentation, nach dem Muster „Rette sich, wer kann". Das erklärt die vom Parteivorsitzenden Xi Jinping gestartete Kampagne gegen Korruption, die zum Teil aber auch symbolischen Charakter hat und aktionistisch wirkt. Sie dient darüber hinaus dazu, alten Widersachern das Wasser abzugraben oder sie aus ihren Funktionen zu entfernen. Trotz aller Beschwichtigungen in der Öffentlichkeit macht die politische Elite im Moment keinen geschlossenen Eindruck.

Das so entstehende Klima im Land ist also derzeit ziemlich genau das Gegenteil dessen, was Wirtschaft, risikobereites Unternehmertum, Wissenschaft und technischer Fortschritt benötigen. All das ist auch an weitgehend freiheitliche Rahmenbedingungen geknüpft, die sich zunächst in Europa und dann in den USA über zwei Jahrhunderte schrittweise herausgebildet haben (Ferris 2010). Es gibt kein vergleichsweise belastbares Vertrauen in die zukünftige Solidität und Legitimität gesellschaftlicher Institutionen und staatlicher Politik in China. Im Gegenteil, mühselig erarbeitete Netzwerke funktionieren oftmals nicht mehr, weil ihre Akteure unsicher oder teilweise gar nicht mehr in ihren alten Rollen sind.

Man kann häufiger lesen, dass China ein neues Wirtschaftswunder benötigt. Das sind aber im Allgemeinen keine Wunder, sondern plausibel erklärbare Vorgänge, die nicht vom Himmel fallen. Die Wirtschaftswunder in Deutschland oder Japan nach dem Ende des Zweiten Weltkrieges verdanken sich dem Zusammenbruch von autoritären Systemen, aus deren Asche ein Aufbruch sowie ein institutioneller Neubeginn mit demokratischer Legitimität gestartet wurden (Olson 1991, S. 100). Auch der Wachstumsschub in China nach den Reformen durch Deng Xiaoping verdankt sich zu einem guten Teil gleichfalls der Tatsache, dass nach der Kulturrevolution bremsende Kräfte einerseits keinen Einfluss mehr hatten, andererseits nahezu alle Chinesen daran interessiert waren, das Chaos zu beenden. Dieser Aufwind zeigte sich zunächst in der Landwirtschaft, wo eine nach eigenen Interessen gesteuerte Marktökonomie gedeihen konnte (Olson 2000, S. 167) und dann in der übrigen Wirtschaft. Auf eine „schöpferische Zerstörung" dieser Art kann und darf man wohl nicht noch einmal hoffen. China ist auch global gesehen zu bedeutsam und etwa auch mit der deutschen Wirtschaft zu sehr verschränkt, um solche Risiken einzugehen und dann ggfs. zu scheitern.

Auf dem dritten Plenum des Zentralkomitees des 18. Parteitags der KPCh im November 2013 wurden daher erneut Strategien, Pläne und Konzepte diskutiert, um die tragenden Rahmen einer zukunftsfähigen Reform-Agenda zu formulieren. Der Fokus liegt wiederum und auch wenig überraschend auf einer Redefinition des Zusammenspiels von Politik und Markt. Die Agenda strebt auch ein verändertes Steuerungsmodell mit dosierten Freiräumen für eigenständige unternehmerische Initiativen an, um Impulse für Innovationen und für ein eigenständiges, sich selbst tragendes ökonomisches Wachstum anzuregen (Schucher und Noesselt 2013). Diese Themen sind also in ständiger Diskussion, und überall ist das Ringen um einen tragfähigen Entwicklungsweg zwischen Liberalisierung und politischer Stabilität zu spüren.

Die Reformziele, die in China 2013 anlässlich des dritten Plenums formuliert wurden, zielen scheinbar nicht unmittelbar auf die Innovationsförderung von Technologien und Produkten als Motoren des wirtschaftlichen Wachstums, sondern eher auf die kulturellen und institutionellen Bedingungen dafür. Es gibt somit Anzeichen dafür, dass die Bausteine eines nationalen Innovationssystems sowie ihr Zusammenwirken in das Interesse der strategischen Überlegungen in China gerückt sind. Eine Zwischenbilanz der politischen und ökonomischen Reformen nach dem Dritten ZK-Plenum durch das Mercator-Institut kommt allerdings insgesamt zu einem mehr als ernüchternden Fazit (Heep 2016), was die finanz- und fiskalpolitischen Weichenstellungen betrifft. Die Schere zwischen der Verschwendung der einstmals üppigen Ressourcen und ihrer produktiven Nutzung wird größer und der Handlungsspielraum nimmt ab, im Gleichschritt steigt die Angst vor Kontrollverlust. „Die Ironie dabei ist, dass die Angst vor dem Kontrollverlust genau diesen zur Folge haben könnte. Gelingt es der Regierung nicht, die Fundamente für ein neues Wachstumsmodell zu legen, wird sich die wirtschaftliche Krise unweigerlich verschärfen und die Arbeitslosigkeit im Land wird weiter steigen. Das aber wäre politisch extrem brisant. Denn die Legitimität der Partei beruht seit Jahrzehnten darauf, dass sie für einen wachsenden Wohlstand der Bevölkerung sorgt" (Heep 2016).

Ein derartiger politischer und institutioneller Wandel erfordert nicht nur eine außergewöhnliche Reflexivität sowie die Fähigkeit zu einer distanzierten und holistischen Betrachtung einer komplexen Problem- und Konfliktkonstellation, die ihresgleichen sucht, sondern nicht zuletzt auch ein neutrales Interesse an der nachhaltigen Entwicklung des Landes, seiner Ressourcen und seiner Menschen. Wie wir dargestellt haben, findet diese Reflexion allerdings nicht in einem politischen Vakuum statt, sowohl innenpolitisch als auch außenpolitisch gesehen. Der Herrschaftsanspruch der Parteiführung wird gebetsmühlenartig immer wieder betont und durch recht autoritäre Reaktionen auf Kritik auch umgesetzt.

Entscheidungen für autoritäre Eingriffe sind oft situationsgetrieben, und die Akteure betrachten sie als alternativlos, um weitere Verluste von Kontrolle und Macht zu vermeiden. Entscheidungen für Öffnungen hingegen unterliegen Abwägungen, sie können heute oder morgen getroffen werden. Sie bergen stets Risiken, und sie sind tendenziell irreversibel. All das führt möglicherweise dazu, sich nicht oder nicht gleich dafür zu entscheiden. Keine oder schleppende Entscheidungen sind aber auch Entscheidungen. Der daraus resultierende zögerliche Gradualismus impliziert an seiner Kehrseite, dass sich bestehende Pfadabhängigkeiten verstärken, alternative Entwicklungsmöglichkeiten werden unwiederbringlich verpasst, Optionen sind dann dauerhaft verstellt und nicht zuletzt geht insgesamt einiges an Vertrauen verloren.

Perspektivisch gibt es für die chinesische Führung in der gegenwärtigen Situation nur einen Ausweg aus der Bredouille, nämlich wie oben beschrieben, eine lange Welle des wirtschaftlichen Aufschwungs durch inklusives und auf Innovationen beruhendes Wachstum (beispielhaft: Shao 2014). Nicht Innovation vs. Nicht-Innovation, sondern die Dimension der Innovation ist daher die alles entscheidende Frage (Shambaugh 2016, S. 49).

Vor diesem Hintergrund wollen wir in den nächsten Abschnitten wie folgt weiter argumentieren: Wir fahren fort mit einigen kurzen Überlegungen zur Problematik des Humankapitals, definitorischen Bestimmungen zum Begriff der Innovation sowie Ausführungen zur Dynamik der Wissensentfaltung. Anschließend werden wir herausarbeiten, wie sich die ökonomische Diskussion zur Bedeutung von nationalen Innovationssystemen entwickelt hat bzw. wie sie weiterentwickelt werden müsste. Daran schließt sich die Frage an, was das alles für die chinesische Transformation bedeuten kann.

21.4 Humankapital, Innovation und Innovationskompetenz

Im Kap. 1 wurde bereits dargestellt, dass es für innovatives Wirtschaftswachstum der systematischen Entwicklung und Nutzung eines erheblichen Potenzials an Humankapital bedarf, worunter im Kern die angeborenen und erlernten Talente, Fähigkeiten und Erfahrungen der im tätigen Erwerbsleben befindlichen Bevölkerungsteile verstanden werden können (Übersicht bei: Kamaras 2010). Die Versuche, den Beitrag von Erziehung oder Ausbildung zum ökonomischen Wachstum in China zu messen, zeitigen jedoch sehr schwankende Ergebnisse (Wang 2016, S. 114 f.) und geben maximal einen ersten Eindruck. Viel wichtiger sind die externen Effekte oder Spill-over-Effekte, die entstehen, wenn Wirkungen an Stellen zu beobachten sind, wo sie nicht beabsichtigt waren, die aber dennoch für die gesamte ökonomische Wohlfahrt bedeutsam sind (zahlreiche Beispiele im Band von Psacharopoulos 1978). Darüber hinaus führen sie regelmäßig zu den multiplikativen Effekten, die den inneren Treiber dynamischen Wachstums ausmachen. Das ist beispielsweise der Fall, wenn Firmen systematisch in die Berufsausbildung investieren, der Wert dieser Investitionen sich aber in vielen anderen Unternehmen, in denen die Auszubildenden ihre Beschäftigung fortsetzen, mehrfach amortisiert. Wenn dann dieses System noch institutionell sehr breit abgesichert und weiterentwickelt wird, wie es in Deutschland der Fall ist, haben wir es hier mit einer erheblichen und nachhaltigen Investition in das Humankapital zu tun. Der volkswirtschaftliche Nutzen derartiger Effekte ist kaum zu kalkulieren, aber ebenso nicht zu unterschätzen. Aufgrund der Wertschöpfungstiefe ist es insbesondere die Industrie, die derartige Effekte auf andere Branchen und die gesamte Volkswirtschaft hat. Innerhalb der Industrien gibt es wiederum Branchen, die als besonders lernintensiv gelten und daher für die Entwicklung des volkswirtschaftlichen Humankapitals als besonders wichtig gelten (vgl. die Beiträge in: Locke und Wellhausen 2014).

Seit der Entdeckung des Einflusses von Wissen auf Innovation und Wachstum werden in China sehr erhebliche Mittel etwa in den Ausbau des gesamten Hochschulwesens investiert (vgl. dazu Kap. 5). Darüber werden Reformen vorangetrieben, um vor allem schnell einen Fundus an wissenschaftlich fundiertem sowie anwendungsbezogenem Wissen aufzubauen, das in der Lage ist, praxisbezogen und lösungsorientiert zu agieren (vgl. hierzu auch Kap. 6).

Als eine der größten Herausforderungen wird von strategischen Beobachtern ein signifikanter Engpass bei Technikern, Laborkräften und Ingenieuren, insbesondere im Bereich der Systementwickler gesehen. Unter diesem Mangel leidet die chinesische Produktionswirtschaft schon seit Jahren. Es ist nicht wirklich gelungen, hier eine eigene und tragfähige technologische Infrastruktur zu etablieren. Das ist auch ein Hinweis darauf, dass Patente oder Blaupausen nicht sehr viel weiterbringen, bedeutsamer ist das schrittweise und kollektive Lernen in der Anwendung unter Serienbedingungen. Die konkrete Umsetzung von Technologien in funktionierende Prozesse und Produkte beeinträchtigt schon seit längerem die globale Wettbewerbsfähigkeit des Landes. Infolgedessen hängt die chinesische Industrie bislang noch immer von der Zulieferung entsprechenden Wissens aus westlichen Quellen ab (Shao 2015).

Trotz der beschriebenen Engpässe und Limitationen der industriellen Basis in China darf man nicht den Fehler machen, das Land und auch sein jetziges Potenzial zu unterschätzen. Beginnend mit den Reformen 1978 hat das Land seit mehr als 35 Jahren eine bemerkenswerte Entwicklung hingelegt, und in gewisser Weise normalisiert sich das Wachstum jetzt auch etwas. China ist weltweit Spitzenreiter, etwa wenn man die Beschäftigtenzahlen in der Industrie oder die Investitionen für Forschung und Entwicklung für die Produktion betrachtet (Shao 2015). Im Jahr 2015 waren mehr als 11 Mio. Studenten an den ca. 1500 Colleges und Universitäten des Landes eingeschrieben. Ca. 7 Mio. Chinesen erreichen pro Jahr einen Abschluss im Hochschulsystem. Knapp ein Drittel der Undergraduates kommen aus dem Engineering (im Vergleich dazu: in den USA 5 %). In den Bereichen Naturwissenschaft und Technik hat China 7 Mio. Studenten bei den Undergraduates und 700.000 bei den Graduates. Die letzte Zahl ist höher als die in den USA und in der EU zusammen. 2013 schlossen in China 1,3 Mio. Studenten ihr Studium in Naturwissenschaft oder Technik erfolgreich ab (Zahlen aus: Haour und Zedtwitz 2016, S. 98). Das sind natürlich nur Zahlen, aber es ist auch ein Potenzial, es sind junge Menschen, die auf eine Perspektive warten.

Im Gefolge der globalen Arbeitsteilung in der modernen Ökonomie und der transnational vernetzten Wertschöpfungsketten verstärkt sich aber das Risiko signifikant, dass die weniger entwickelten Länder das Potenzial ihres Humankapitals nur sehr schwer adressieren bzw. gar nicht erst systematisch weiterentwickeln können. Es bleibt nicht die Zeit zum Lernen, um konkurrenzfähige Produkte zu entwickeln, zu fertigen und zu vermarkten. Sie stagnieren in der sogenannten Middle-Income-Trap (vgl. hierzu Kap. 1 sowie 2 und 9). Die Smiling-Curve bildet diesen Zusammenhang anschaulich ab, die Stagnation der Volkswirtschaften von sich entwickelnden Ländern in weniger werthaltigen Bereichen globaler Wertschöpfungsketten. China ist bis heute in erster Linie immer noch ein globaler Produktionsstandort für billige und gering qualifizierte Arbeitskräfte und weniger für weltweit führende und nachgefragte innovative Produkte oder globale Marken. Wird diese Entwicklung nicht unterbrochen, besteht die Gefahr der dauernden Abhängigkeit von ausländischen

Technologien und Investitionen sowie der Stagnation der ökonomischen und gesellschaftlichen Entwicklung.

Aber unabhängig davon, mit dem lapidaren Hinweis auf die notwendige Entfaltung und Entwicklung des Humankapitals, um technischen Fortschritt und tragfähige Wachstumsimpulse auszulösen, sind die Anforderungen an die unumgänglichen Reformen in der Wirtschaft und Gesellschaft in China nur sehr unzureichend beschrieben. Das wird sinnfällig, wenn man sich der begrifflichen Bestimmung von Innovation und Innovationssystemen zuwendet. Die Diskussionen in den Wirtschaftswissenschaften dazu gehen auf Joseph Alois Schumpeter zurück, der die Bedeutung von Innovationen für die ökonomische Entwicklung erstmals 1911 in seiner Theorie der wirtschaftlichen Entwicklung betonte. Innovation wollen wir daher hier, in Anlehnung an seinen alten, aber noch immer anregenden Entwurf aus dem beginnenden letzten Jahrhundert definieren. Sie umfasst die Herstellung eines neuen Produktes, einer neuen Produktionsmethode, die Erschließung eines neuen Marktes, einer neuen Bezugsquelle für Rohstoffe sowie die Durchsetzung einer neuen Organisation (Schumpeter 1997, S. 100 f.). Diese Definition ist insofern erstaunlich und mehr als weitsichtig, als sie die gesamte Wertschöpfungskette und auch systemische Veränderungen in der Struktur von Unternehmen umfasst. Das werden wir später als soziale Innovationen bezeichnen.

Innovation ist bei Schumpeter eine unternehmerische Funktion, die auf eine Kreation oder auf eine veränderte Kombination von Produktionsfaktoren bzw. die Bedingungen dafür abzielt. D. h. nach Schumpeter aber auch die schöpferische Zerstörung. Es bedeutet Diskontinuität, das Ausbrechen aus etablierten Mustern, das riskante Ausprobieren neuer Wege und nicht zuletzt die Möglichkeit des Scheiterns und erneuten Versuchens. Bei Schumpeter wird das vorangetrieben durch findige Entrepreneure. Wirtschaftliches Wachstum durch Innovation entsteht nach Schumpeter aber auch durch kollektives Lernen. Neue Kombinationen werden kopiert und weiterentwickelt, frühere Fehler werden vermieden und Erfahrungen verallgemeinert. Innovationen rufen weitere „Scharen von Unternehmern" auf den Plan, die Ideen aufgreifen und weitertreiben, sodass die Volkswirtschaft in eine Phase des Aufschwungs einmündet (Schumpeter 1997, S. 344 f.).

Vor diesem Kontext wollen wir somit Innovationskompetenz definieren als die Fähigkeit,

- neues Wissen erfolgreich zu generieren (Fähigkeit zur Kreativität und zum Musterbruch),
- es im Diskurs mit anderen Experten zu konkretisieren und mit vorhandenen Erfahrungen zu kombinieren (Konfliktfähigkeit und Diskursivität),
- es erfolgreich in die industrielle Produktion zu transferieren und wettbewerbsfähige und wertige Produkte zu erstellen (Problemlösungskompetenz und Handlungsorientierung)
- sowie Prozesse und Produkte kontinuierlich zu optimieren, weiterzuentwickeln (kontinuierliche Verbesserung und Shop-Floor-Management)
- und sie letztlich weltweit zu verteilen und zu vermarkten (Kooperation in Wertschöpfungsketten und Selbstdarstellung).

Die aktuelle Relevanz dieser Betrachtungsweise wird am Beispiel von Industrie 4.0 sofort und unmittelbar deutlich. Im Falle der digitalen Transformation liegt das innovative Potenzial in der Tat gerade in der Kombination von vorhandenen und neuen Technologien aus unterschiedlichen Bereichen, Software, Sensorik, Funktechnik, Produktionstechnik etc. Zugleich sind an der Entwicklung auch unterschiedlichste Spieler aus Instituten, Hochschulen, Unternehmen und Politik beteiligt und treiben das Thema zunächst in losen Kooperationen und in unterschiedlichen Feldern voran, bis sich konkretere Wege und machbare Optionen deutlicher herauskristallisieren. Zentralisierte bzw. autoritäre Formen der Steuerung würden dem organischen und teilweise chaotischen Charakter dieser sich selbst organisierenden Suchprozesse nicht gerecht werden. Es ist an dieser Stelle bemerkenswert, dass in einer Analyse der ökonomischen Lage der DDR, die 1989 vom ZK in Auftrag gegeben wurde, die Bedeutung hochintegrierter Schaltkreise für die Entwicklung erkannt wurde. Der Ausbau dieser Technologie erforderte ein „mehrfaches des internationalen Standards" aufgrund des „ungenügenden Standes der Arbeitsteilung", so die Formulierung in einem Originaldokument (Hertle 1999, Dokumentenanhang, S. 449). Gegen die explosive Dynamik von Silicon Valley kam der behäbige Sozialismus allerdings wirklich nicht an. Die digitale Revolution lebt „von flexiblen netzwerkartigen Organisationsformen und deren Fähigkeit zur ständigen Rekonfiguration, von hoher Innovationsdichte und schnellen Veränderungen" (Rödder 2015, S. 25), wenn der Markt es erfordert oder ermöglicht. Die Bedeutung staatlicher Förderung für Grundlagenforschung wurde in der DDR erkannt, allerdings verfügte das Land nicht über die Forschungskapazitäten und die notwendigen Finanzierungsquellen, um dieser Herausforderung gewachsen zu sein.

21.5 Die Selbstorganisation von Wissen und Innovation

Der Modus Vivendi der industriellen Moderne, das faustische Drängen nach Erkennen und Beherrschen, schafft sich seinen perfekten Ausdruck in zirkulären Bewegungen, die beständig aus sich heraus ihre eigene Vorwärtsbewegung erzeugen. Diese finden wir etwa – so Peter Sloterdijk (2016, S. 15–20) – in der zinsgetriebenen Ökonomie, die schon sehr frühzeitig große und weltweit agierende Unternehmen hervorgebracht hat. Die frühen Ökonomen, die noch der optimistischen Aufklärung verpflichtet waren, glaubten das Gleiche von den Warenmärkten. Die Ökonomen des 19. Jahrhunderts waren nicht mehr so davon überzeugt, dass dauerhaft tragfähige positive Rückkopplungen und sich selbsterzeugendes Wachstum systemisch möglich sein könnte. Ricardos Ertragsgesetz, Malthus' Bevölkerungsgesetz sowie das Marx'sche Gesetz tendenziell fallender Profite seien hier als Beispiele genannt.

Schumpeter entwickelte im 20 Jahrhundert gleichfalls eine Krisentheorie. Aber er war zudem auch der erste Ökonom, der das innovative Unternehmertum als treibende Kraft für nachhaltige Wachstumspfade beschrieb (Beiträge bei: Swedberg 2000). Allerdings sind Unternehmen heute eher kreativ, was die Verwertung von Wissen auf den globalen

Warenmärkten angeht, weniger was die Entwicklung innovativen Wissens betrifft. Deren Orte sind die Kathedralen der Wissensökonomie, die sich unter staatlicher Ägide auch in den westlichen Industrienationen als die wirklichen Entdecker erwiesen, bevor daraus eine industrielle Erfolgsgeschichte wurde, Hochschulen und Forschungsinstitute. Als ein modernes Beispiel mag die wegweisende Rolle der Stanford University gelten, die erst Silicon Valley und die großen Internetunternehmen möglich machte. Nahezu 5000 Unternehmen wurden insgesamt bislang von ihren Absolventen gegründet, darunter einige Giganten wie Google, Cisco oder Hewlett Packard (Hohensee 2009). Big Science in den Vereinigten Staaten war aber auch eindeutig durch militärische und politische Interessen getrieben und finanziert (Hiltzik 2015). Das gilt für nahezu alle großen Technologiethemen, vom Internet und der Informationstechnologie bis hin zur Biotechnologie oder der Optoelektronik (Beiträge bei: Block und Keller 2016).

Wie dem auch sei, neben Schumpeters Entrepreneur betritt nun ein zweiter Archetypus im faustischen Universum der kapitalistischen Ökonomie die Bühne, die Experten, Techniker, Forscher, Wissens- oder Symbolarbeiter, Tüftler, wie immer auch man sie bezeichnen mag. Sie bringen das notwendige und innovative Wissen hervor, entwickeln es im Dialog weiter und wenden es kreativ an (Beiträge in: Ericsson et al. 2009). Und so wie bei Schumpeter ein innovativer Unternehmer wiederum Scharen von Unternehmern anregt, ziehen Experten immer auch Experten an. Dabei erweist sich die Fähigkeit zur Kollektivierung ihrer individuellen Kenntnisse nicht nur als die einzige Chance, komplexe Themen zu lösen und entsprechende Produkte zu generieren, sie bringen sich vor allem auch selber als die Republik der Gelehrten und der Tüftler immer wieder hervor.

Die Experten sind die überall umworbenen Matadore der Wissensökonomie. Aber die systemische Sicht ist hier wichtig, denn Wissen kann nur innovative Flüsse generieren, wenn der Austausch und die Beziehungen funktionieren. Diese Fähigkeit könnte man auch als eine Metakompetenz bezeichnen, die einen neuartigen und bedeutsamen Wettbewerbsfaktor darstellt (Aguayo 2004). Es handelt sich um eine Kompetenz, die gleichsam wiederum Kompetenzen hervorbringt. Für einen Ingenieur geht es also nicht mehr nur darum, eine Idee einfach zu generieren, in der Hoffnung, dass sie dann irgendwie funktioniert. Sie muss vielmehr in einem widersprüchlichen Umfeld mit Zielkonflikten und mit divergierenden Interessen perspektivenreich betrachtet und im kollegialen Dialog weiterentwickelt werden (Mistree et al. 2014). Dieser Prozess beruht auch auf einer spezifischen Kultur des kritischen Diskurses und des Austausches, in die Information oder Wissen sozial eingebettet ist, dort eine eigene emergente Dynamik entfaltet und die Geburtsstätten des Neuen bildet (Brown und Duguid 2000). Das ist offenbar in China keinesfalls selbstverständlich (vgl. dazu Kap. 13).

Wissen ist so die eigentliche Produktivkraft, die prinzipiell unerschöpflich ist, das hat nach langem Zögern auch die Ökonomie entdeckt, anfänglich mit der Betonung des Zusammenhangs von Wissen, Innovation und Wachstum etwa durch Daniel Bell und Lester Thurow (1999) über die evolutionäre Ökonomie (Nelson 1996) bis heute mit den schier ausufernden Diskussionen über die Wissensökonomie (beispielhaft: Stewart 2001). Besonders den kulturellen Wissenspraktiken (Burke 2014), der kollektiven Entwicklung,

Sammlung, Analyse, Verbreitung sowie der Anwendung von Wissen, wird dort eine spezielle Aufmerksamkeit geschenkt. Wissen als Produktionsfaktor, wenn man diese technokratische Sprache hier überhaupt verwenden darf, hat die einzigartige Eigenschaft, sich durch den Einsatz oder Gebrauch zu vermehren und zu vervielfältigen (Willke 2001, S. 65). Mehr noch, die Kombination von Wissen führt zu neuen Ideen, die auf den alten Entwürfen beruhen, aber nicht durch sie hinreichend erklärbar sind, ein organisches Phänomen, das Polanyi (1985) als Emergenz bezeichnet hat. „Wissen realisiert sich selber" (Stehr 2003, S. 51; s. a. Orr 1996).

Derartige Entdeckungen werden von findigen Unternehmern aufgegriffen und gewinnbringend vermarktet, wenn es zwischen Wissensproduktion und Investitionen Kommunikation und Austausch gibt. Es gehört zu den sozialen Innovationen des westlichen Kapitalismus, dass es dafür prinzipiell Formen gibt, Start-ups oder Risikokapital-Finanzierungen. Aber es bedarf auch eines weise regulierenden Staates, der die Chance für die ersten Gehversuche in einem gnadenlosen globalen Wettbewerb offenhält. Gelingt das in systematischer Weise, schließt sich der Kreislaufprozess von der Entdeckung im Labor über erste Markterprobungen bis hin zur Verwertung auf globalen Märkten, den wir oben als Innovationskompetenz beschrieben haben. Für die weitere und nachhaltige Entwicklung der chinesischen Ökonomie sind das die zentralen Herausforderungen. Es handelt sich mit anderen Worten auch darum, eine lernende und das bedeutet immer auch eine angstfreie Gesellschaft zu etablieren.

21.6　Probleme der Innovationskompetenz in China

Die ersten Ansätze der chinesischen Industriepolitik, technologisches Wissen und Managementerfahrung aus dem Westen ins Land zu holen, haben selten zu den erhofften Erfolgen geführt. Fehlende Erfahrungen, zahlreiche Probleme und kulturelle Missverständnisse bildeten die Ursache dafür, dass viele Joint Ventures alles andere als eine Erfolgsgeschichte waren (Freimuth et al. 2005). Oftmals mündeten sie in langwierigen Konflikten und zermürbenden Kleinkriegen zwischen den Partnern. Viele gut gemeinte Versuche gingen zu Ende, bevor sie richtig begonnen hatten, oder scheiterten dann endgültig, wenn die Probleme eskalierten (Tsang 2007).

Die Interessenlagen in den Kooperationen waren auch nicht immer klar bzw. nicht identisch. Während die chinesischen Partner an Know-how und Lernen interessiert waren, ging es den westlichen Unternehmen primär darum, den sich abzeichnenden Markt in China nicht zu versäumen und sich rechtzeitig Wettbewerbsvorteile zu sichern. Folglich sahen sie das Land, wenn Fabriken gebaut wurden, wie schon erwähnt, primär als verlängerte Werkbank (Chow 2010). Die Verbesserung des Qualifikationsniveaus der Beschäftigten war demzufolge kaum in ihrem Interesse. Das alte Muster der chinesischen Industrialisierung, die extensive Nutzung der Humanressourcen, blieb so durch die ausländischen Investitionen im Kern erhalten.

Das ist auch einer der Hauptgründe dafür, dass der Schutz von intellektuellem Eigentum im Lande, trotz aller Gesetzgebungen und offiziellen Beteuerungen, nach wie vor von vielen Akteuren in China eher nachlässig gehandhabt wird. Wenn der Tausch von Wissen auf Augenhöhe nicht funktioniert und der Bedarf nach Wissen hoch ist, sucht man andere Wege, es zu erwerben. Es ist daher überhaupt nicht verwunderlich, wenn die ausländischen Partner sich in diesem Zusammenhang vorsichtig schützen und eher zurückhaltend bleiben (vgl. die Beiträge in: Freimuth et al. 2011). Der innovative Austausch findet dort also auch nicht im erhofften Maße statt.

Hochschulen und Forschungsinstitute in China haben im Hinblick auf ihre Anwendungsorientierung bei weitem keine vergleichbare Bedeutung wie in der westlichen Welt. Das ist oft betont und gesagt worden. Wie auch einige Beispiele im vorliegenden Band belegen, gibt es dort gleichwohl zahlreiche Initiativen und Reformen, und es sollte keinen Zweifel darangeben, dass China nicht alles daransetzen wird, systematisch und beharrlich aufzuholen. Aber es gibt noch immer viele Hindernisse, um aus eigener Kraft die weltweit vorgegebenen Standards der Forschung und Entwicklung zu erreichen. Ähnliches gilt für die Lehre und das Prüfungswesen. Der Fokus lag hier sehr lange auf unkritischer Reproduktion. Es ist daher nur ansatzweise gelungen, die Diffusion von Wissen und Erfahrungen aus den Hochschulen nachhaltig und in der erforderlichen Breite in der heimischen Industrie zu verankern und zu einem sich tragenden Zyklus des organischen Wachstums beizutragen.

Gründe für die mangelnde Innovationskompetenz chinesischer Hochschulen liegen zum einen in den Auswirkungen der Kulturrevolution, zum anderen in den kulturellen Wurzeln Chinas, ob es sich um repetitive Lehrformen handelt oder die strikte Trennung von Theorie und Praxis. Konkrete händische Arbeit ist mit wenig Prestige verbunden, während ein westlich ausgebildeter Ingenieur im Funktionieren eines vom ihm konstruierten Gerätes gerade seine Mission sieht. Wissen bedeutet in China auch eher Bewahrung, weniger Entwicklung. Hinzu kommt heute an den Hochschulen die mechanische Ausrichtung an quantitativen Zielen, nicht zu vergessen, zuweilen die Unterordnung unter politische oder gar militärische Ziele (Abb. 21.3).

Aus dieser kurzen Betrachtung ergibt sich eine weitreichende Konsequenz, auf die auch Constanze Wang (2016, S. 107 ff.) in ihrer breit recherchierten Studie hingewiesen hat: Es existiert in China keine mit dem sogenannten Knowledge-Worker oder Experten vergleichbare Rolle, wie sie sich in der westlichen Welt mit ihrem spezifischen Professionalitätsanspruch herausgebildet hat (Evetts et al. 2016). Die offiziellen Beschäftigungsstatistiken arbeiten, im Gegensatz zu anderen Ländern, mit sehr breit angelegten Kategorien, die nur sehr begrenzt einen Rückschluss auf Wissensarbeit und Expertentum zulassen. Gewiss gibt es sehr gut ausgebildete Fachkräfte, wenn auch relativ wenige, die faktisch in vergleichbaren Rollen tätig sind. Es liegt sehr nahe, dass sie nicht über eine vergleichbare Berufsethik und ein ähnliches Professionsverständnis verfügen, das auf diskursiver Weiterentwicklung, flexibler Wissensanwendung und konkreter Handlungsorientierung beruht. In der westlichen Moderne hat es sich beginnend mit der Renaissance (Wootton 2015) über Jahrhunderte ausgebildet.

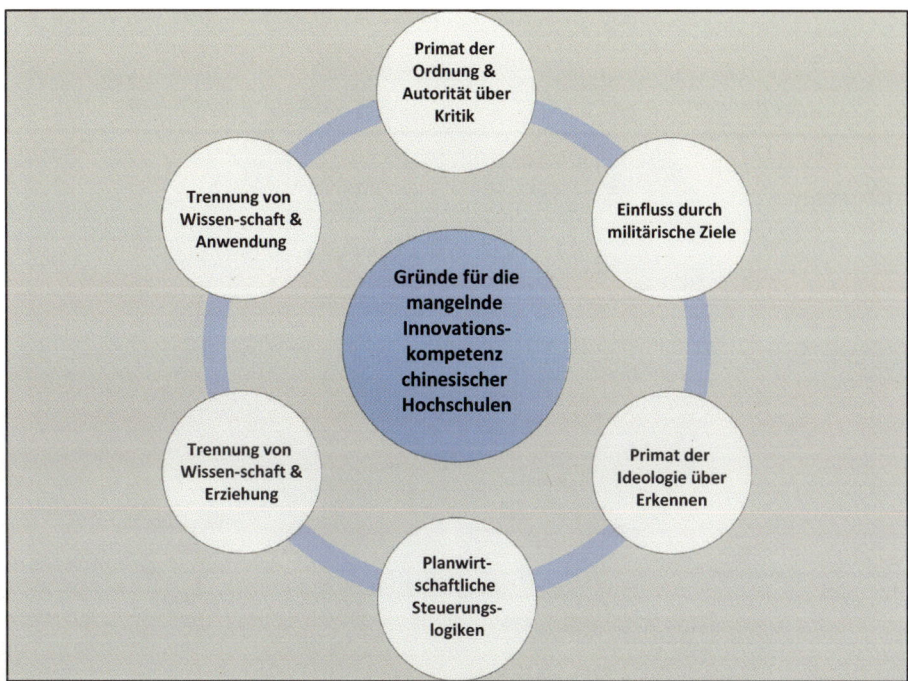

Abb. 21.3 Mangelnde Innovationskompetenz chinesischer Hochschulen. (Quelle: Eigene Darstellung)

Hochschulen sind in China aufgrund der traditionellen Praxisferne also noch nicht die Orte, wo Unternehmen ohne weiteres auf verwertbare Hinweise treffen können. Das Zusammenwirken von Hochschulforschung und Unternehmertum, ein Erfolgsrezept in vielen Industrienationen, kommt in China erst nach und nach in Gang. Eben darum wird bis heute regelmäßig die mangelnde Praxistauglichkeit der Hochschulabsolventen beklagt. Eine Option für Unternehmen wäre dann, selber systematisch in Personalentwicklung und Qualifizierung zu investieren. Das Kap. 17 über die Ansätze bei VW in Foshan zeigen, dass das möglich ist. Viele Betriebe in China scheuen aber genau davor zurück, weil sie vermutlich zurecht befürchten, dass dann der gerade gut ausgebildete eigene Nachwuchs für ein besseres Angebot des Wettbewerbs das Unternehmen wieder verlässt (vgl. auch Kap. 16), trotz der inzwischen in der fachlichen Diskussion immer wieder breit propagierten Maßnahmen zur systematischen Personalbindung (Geulen 2015).

Fasst man diese keineswegs erschöpfende Argumentation zusammen, dann ergibt sich für die Beurteilung der Entwicklung der Wissensbasis für eine moderne und innovative Industriegesellschaft in China ein eher ernüchterndes Bild (Abb. 21.4).

Hightech-Produkte machen gegenwärtig zwar 25 % der chinesischen Exporte aus. Gemäß unserer vorgeschlagenen Definition von Innovationskompetenz ist das innovative Wissen jedoch nur ein Aspekt, hinzu kommt die konkrete Anwendung und die

Abb. 21.4 Probleme der innovativen Wissensentwicklung in China. (Quelle: Eigene Darstellung)

möglichst globale Vermarktung der Ideen und Innovationen. Hier kommen in der Konzeption Schumpeters und seines Zeitgenossen Friedrich von Hayek die Entrepreneure in den Blick. Findige Unternehmer und Unternehmen spielen in China mittlerweile auch eine größere Rolle (Jin et al. 2015). Beispiele dafür werden gerne zitiert und als Erfolgsmodelle dargestellt. Auf die gerade gegenwärtig recht mangelhaften rechtlichen und politischen Rahmenbedingungen für mutiges Unternehmertum in China wurde bereits mehrfach verwiesen (vgl. Kap. 5 und 9).

Darüber hinaus haben wir es heute nur noch in Ausnahmefällen mit isolierten Unternehmern zu tun, ganz genauso wie der „einsame Tüftler" irgendwo in einem versteckten Garagenlabor keine reale Figur mehr darstellt. Ohne ein tragfähiges Netzwerk bleiben viele sehr gute unternehmerische Ideen heute vermutlich schon im Anfangsstadium stecken, nicht zuletzt, weil ein Einzelner etwa die Komplexität eines Geschäftsfeldes oder eines globalen Marktes gar nicht mehr überschauen könnte und schließlich die Konkurrenz auch keine Zeit für langes Nachdenken, Experimentieren oder gar für unausweichliche Fehler ließe.

In der modernen vernetzten Ökonomie, deren Innovationsimpulse nicht nur aus Wissen und Expertise, sondern aus der Integration und Vermarktung von Wissen und Expertise gewonnen werden, entstehen neue Anforderungen an die innovative Kompetenz von Unternehmen und Unternehmern, die es ihnen erlauben, etwa in kollaborativen Wertschöpfungsketten zu agieren. Mehr noch, Forschungs- und Produktionsnetzwerke sind heute auch im virtuellen Raum möglich und verbinden Menschen grenzüberschreitend (Frieden et al. 2016, S. 165 f.). Allerdings wies der Prophet des Zeitalters der Informationstechnologie, Manuel Castells (2001, S. 206), schon sehr frühzeitig auf einen der größten Schwachpunkte in den kleinformatigen chinesischen Netzwerken hin, nämlich „ihre Unfähigkeit zu großen strategischen Transformationen, die beispielsweise Investitionen in F&E, Kenntnisse über Weltmärkte, technologische Modernisierung großen Stils oder Produktion im Ausland erfordern". Eine aktuelle Analyse der Innovationskompetenz chinesischer Unternehmen kommt 15 Jahre später zu einem vergleichbaren kritischen Resultat:

- „In Sektoren wie Windkraft oder Flugzeugbau kann man von singulären Innovationen sprechen. Zwar ist das Bauen oder Nachbauen von Komponenten auch eine Kompetenz, etwas anderes ist es jedoch, spezifisches Wissen und Können zu entwickeln, die das Zusammenwirken von Komponenten in komplexen technischen Systemen sicherstellen. Chinesische Firmen haben Probleme, globale Wertschöpfungsketten zu verstehen und zu managen.
- Sie konzentrieren sich auch hier auf einzelne Teilbereiche und bauen Komponenten selber, um damit die Abhängigkeiten von Importen zu vermeiden. Globale westliche Konzerne suchen sich hingegen weltweit geeignete Partner, sie kooperieren langfristiger mit Lieferanten und bilden strategische Allianzen über den gesamten Globus" (Ghemawat und Hout 2016, S. 90 f.).

Dieser Befund belegt die Notwendigkeit für China, einen systemischen Ansatz des Innovationsmanagements zu entwickeln, der darauf abzielt, lebendige Netzwerke und Kooperation zwischen Experten zur kreativen Entwicklung und Verwendung von Wissen zu unterstützen. Darüber hinaus geht es um die Vernetzung von Wissensfeldern innerhalb von Wertschöpfungsketten und mit unterschiedlichen strategischen Partnern, Unternehmern, Investoren oder Banken. Diese Ausrichtung bekommt zusätzliche Dringlichkeit im Kontext von Industrie 4.0, deren wesentliches Merkmal – wie bereits erwähnt – in der Vernetzung von Technologien besteht. Vernetzung ist die magische Formel. Das ist ein eigendynamisches und sich selbstorganisierendes Phänomen, das sich nicht von außen aufoktroyieren lässt, aber gleichwohl Rahmenbedingungen benötigt (vgl. auch: Wübbeke et al. 2016).

21.7   Nationale Innovationssysteme

21.7.1 Zwischen Steuerung und Selbststeuerung

Wir möchten in diesem Zusammenhang kurz auf die ökonomische Diskussion über nationale Innovationssysteme zurückzukommen. Konzeptionell stammen die Ansätze aus Schulen der Wirtschaftstheorie und -politik, die weitaus mehr als die keynesianische Nachfragesteuerung (Keynes 2011), die verantwortliche, aktive und gestaltende Rolle des Staates, für das ökonomische Wachstum betonen (Übersichten bei Freeman 1995 und

Lundvall 1992). Sie greifen dafür auf die erstmalig von Joseph Alois Schumpeter aufge-worfene Frage nach den Bedingungen der Möglichkeit von Innovation und Wachstum auf, zum anderen knüpfen sie an die Institutionenökonomie an, die Wachstum vor allem an stabile politisch-rechtliche Rahmenbedingungen knüpft. Eine theoretische Weiter-entwicklung dazu stellt die Evolutionsökonomik dar, in der noch klarer der systemische Charakter der Entwicklung innovationsbasierten Wachstums und die spezielle Bedeutung von Forschung, Entwicklung und Expertenwissen für nachhaltige Pfade der industriellen Modernisierung von Volkswirtschaften hervorgehoben wird (Beispielhaft dazu: Nelson 1993 und 1996 sowie Nelson und Winter 1982). Schließlich gibt es Diskussionsrich-tungen, die sich mit den besonderen Bedingungen der Industrialisierung und Moderni-sierung von sich entwickelnden Ökonomien mit ihren limitierten Mitteln und Chancen befassen (Beispielhaft: Haggard 1990 oder Evans 1995).

Nationale Innovationssysteme bilden ein eingespieltes, interaktives und sich selbst tragendes System, bestehend aus politischen Akteuren, Hochschulen, Infrastrukturen und Unternehmen. Im letzteren Fall handelt es sich in erster Linie um Industrieunternehmen, die auch über eigenständige Labore, Institute sowie Forschungs- und Entwicklungsbe-reiche und in den Fertigungen über gut ausgebildete Mitarbeiter, Meister und Techniker verfügen. Aufgrund ihrer Lernintensität geht von ihnen ein innovativer Überschuss aus (Spill-over-Effekte), von dem viele andere Akteure in der Gesellschaft profitieren.

In dem Maße, wie die handelnden Akteure ihre Rolle im Innovationssystem wahr-nehmen, sprechen sie sich wechselseitig Kompetenz und Vertrauen sowie Legitimität zu. Wie wichtig gerade dieser Aspekt ist, lässt sich daran erkennen, dass trotz offenkun-dig fehlender Legitimität von Handlungen Wert darauf gelegt wird, gerade dann durch Formalismen zumindest den Schein von Legitimität aufrechtzuerhalten. Wenn der ver-trauensvolle Austausch im System aber wirklich und ohne große Bedenken funktioniert, entsteht ein eigendynamisches System, das ganz erhebliche Transaktionskosten erspart und die Hoffnung auf eine stabile Zukunft nährt, was für Innovationen und Investitionen wichtig ist. Die Akteure trauen und vertrauen sich, diese Stimuli, so die bleibende Beob-achtung von J. M. Keynes (2011, S. 50), seien die „Haupttriebfeder der Wirtschaftsma-schine". Dadurch entsteht auch der Vertrauensmultiplikator mit seiner treibenden Kraft (Akerlof und Shiller 2009, S. 30 f.), der auf der Oberfläche das ökonomische Wachstum hervorbringt, viel wichtiger aber, auf der Metaebene immer auch die Beziehungen zwi-schen den Akteuren selber. Diese systemische Betrachtung von Innovations- und Investi-tionsdynamik richtet sich also auf die rekursiven Beziehungen zwischen den beteiligten Akteuren, die insbesondere auch für den Fluss von Wissen und Ideen verantwortlich zeichnen:

> Die Betonung liegt hier nicht auf der Menge von Forschung und Entwicklung, sondern auf der Zirkulation von Wissen und seiner Verbreitung in einer Volkswirtschaft. Institutioneller Wandel wird nicht durch Kriterien erfasst, die auf der statischen Effizienz der Allokation beruhen, sondern danach beurteilt, inwieweit er technologischen und strukturellen Wandel fördert (Mazzucato 2014, S. 3).

Das Phänomen der gesellschaftlichen Selbstregulation konnte zum ersten Mal mit dem Übergang von der merkantilen Ökonomie zu sich selbst regulierenden Märkten beobachtet werden. Der Motor dieser „großen Transformation", wie Karl Polanyi (1978) diesen Übergang in seinem wegweisenden Buch nannte, war die industrielle Produktionsweise und die Maschine, die auf ihrer Kehrseite letztlich die Ökonomisierung aller Austauschbeziehungen erzeugten. Darüber hinaus erforderte der entstehende, sich selbst regulierende Markt auch eine „institutionelle Trennung der Gesellschaft in eine wirtschaftliche und eine politische Sphäre" (Polanyi 1978, S. 106).

Diese Transformation charakterisiert im Wesentlichen die erste industrielle Revolution. In den folgenden Transformationen der industriellen Produktion und spätestens heute spielt Wissen von Experten, das in den Republiken des Wissens, Hochschulen, Instituten, Laboratorien etc. generiert wird, die dominante Rolle für die ökonomische Entwicklung (Axtell 2016 und Mokyr 2002). Die Produktion von Wissen ist ein zweiter sich selbst reproduzierender Kreislauf, dessen Münze die Norm der Reziprozität ist. Sie beruht auf der jeweiligen Wahrnehmung der „ungefähren Gleichwertigkeit" zwischen Diensten und erwiderten Diensten (Gouldner 1984, S. 99), hier des Empfangens von Impulsen für Ideen und den eigenen Beiträgen für die Kollegen an der Tauschbörse des Wissens. Im gleichen Maß, wie sich Vertrauensbeziehungen und der Tausch von Wissen eigendynamisch entwickeln können, erübrigen sich äußerliche Steuerungen und entsprechende Transaktionskosten sowie Fehlsteuerungen bzw. Mitnahme-Effekte durch mangelnde Einsicht in die Mikrostrukturen von eigendynamischen Prozessen (Abb. 21.5).

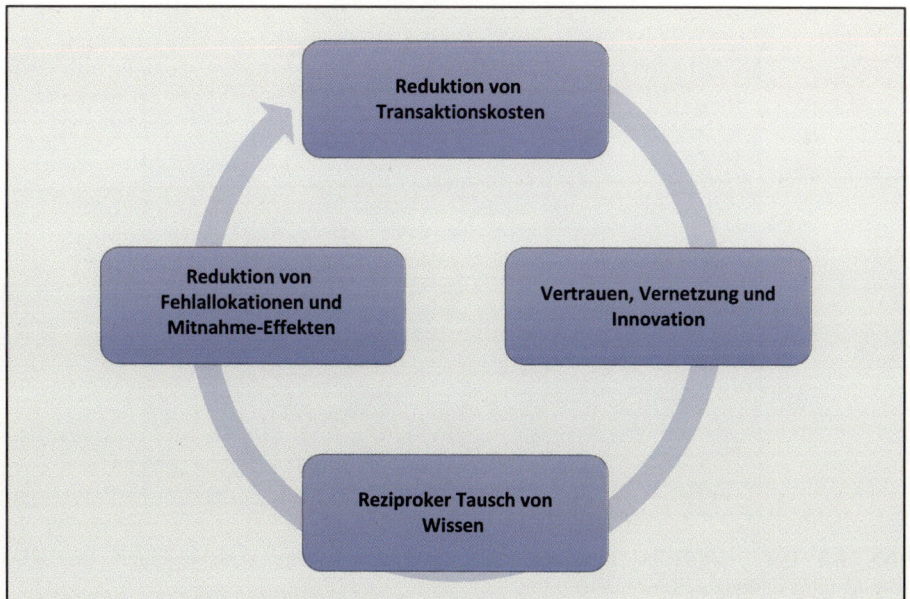

Abb. 21.5 Die Selbstorganisation innovativer Wissensentwicklung. (Quelle: Eigene Darstellung)

Im folgenden Abschnitt soll gezeigt werden, wie diese beiden Sphären der Selbstorganisation im Rahmen nationaler Innovationssysteme zur Entfaltung gebracht werden und welche Rolle staatliche Regulierung dabei spielen kann und sollte. Im Blick auf die weitere Modernisierung Chinas ist das eine der Kernfragen. Der Fokus der Steuerung liegt hier immer noch oftmals auf sehr durchschaubaren Anreizen und zum anderen stellt er nicht die Eigendynamik von komplexen Systemen in Rechnung, etwa bei der finanziellen Förderung von Hochschulen. So kommt es dort häufig entweder zu den erwähnten Mitnahme-Effekten, oder das Geld wird schlicht vergeudet und führt jedenfalls nicht zu den erhofften Multiplikator-Wirkungen.

21.7.2 Das Triple-Helix-Modell

Das eingängigste Modell zur Erklärung von nationalen Innovationssystemen geht auf den Ökonomen Henry Etzkowitz (2008) zurück, der drei Ebenen bzw. Funktionsbereiche (Abb. 21.6) unterschied:

Die drei Ebenen arbeiten prinzipiell für sich, bilden eigenständige Sphären, differenzieren sich dort funktional aus, entwickeln ihre spezifischen Codes und folgen ihren eigenen Logiken (ausführlich zur funktionalen Differenzierung von gesellschaftlichen Subsystemen: Luhmann 1977). Einige kurze Bemerkungen dazu.

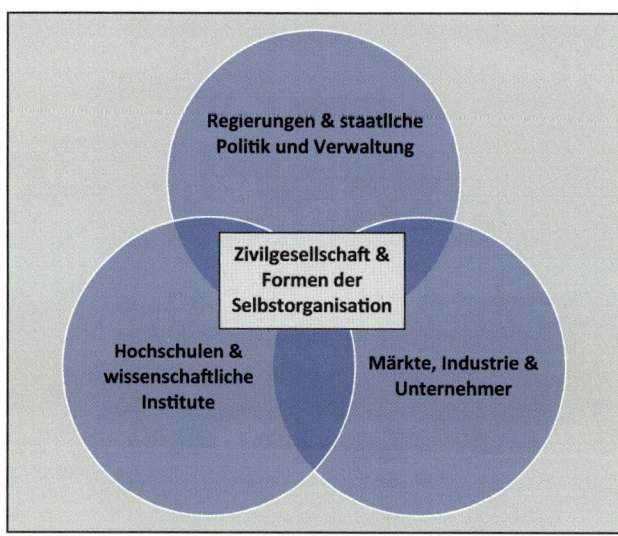

Abb. 21.6 Das Triple-Helix-Modell nationaler Innovationssysteme. (Quelle: Eigene Darstellung in Anlehnung an Etzkowitz)

21.7.2.1 Märkte, Unternehmen und Unternehmer

Es war vor allem Friedrich von Hayek, der die Selbstregulierungsfähigkeit von Märkten begründete und sie als ein Lern- und Entdeckungsverfahren beschrieb. Sie seien allein in der Lage, das verstreute Wissen ihrer Teilnehmer autonom und dezentral zu koordinieren, ohne dass ihnen dieser unbeabsichtigte Effekt bewusst wäre:

> Dieses verstreute Wissen ist seiner Natur nach verstreut und lässt sich keinesfalls sammeln und einer Behörde übermitteln, der die Aufgabe der vorsätzlichen Schaffung von Ordnung übertragen wäre (von Hayek 1996, S. 82).

Die freien Märkte revolutionieren sich aber auch immer wieder „von innen heraus", zerstören alte und schaffen neue Strukturen. „Dieser Prozess der ‚schöpferischen Zerstörung' ist das für den Kapitalismus wesentliche Faktum" (Schumpeter 1980, S. 138). Schumpeter hatte jedoch nur begrenzt Recht, was die Innovationsfähigkeit von Unternehmern betrifft. Diese Rolle kommt spätestens im letzten Jahrhundert Hochschulen und forschenden Institutionen zu, die weniger der kurzfristigen Profitabilität, sondern eher der langfristigen Erkenntnis und Problemlösung verpflichtet sind.

21.7.2.2 Hochschulen und Institute

Die technologischen Innovationen, die die Grundlagen der ersten industriellen Revolution charakterisierten, gründeten im Wesentlichen auf praktischem Erfahrungswissen, nicht auf Kenntnissen, die der systematischen Produktion von Wissen an Universitäten entstammten. Im Gegensatz dazu beruhten die zweite industrielle Revolution (Elektrifizierung) sowie die dritte industrielle Revolution (Computerisierung) ganz erheblich auf der systematisierten Entwicklung von Wissen und Technologien an sich dafür spezialisierenden Institutionen. Diese Verbindung systematischen Wissens mit praktischem Anwendungswissen war es, die den Unterschied ausmachte und das Potenzial für positive Feedback-Schleifen durch innovatives Wachstum ermöglichte (Mokyr 2002, S. 31 ff.).

Mit der Wissensökonomie betrat eine neue Gruppe von Akteuren die Szenerie nationaler Innovationsdynamik, die wissenserzeugenden und den Nachwuchs von Experten ausbildenden Hochschulen. Sie sind ursprünglich in Europa entstanden. Die Vereinigten Staaten versuchten mit ihrem Aufstieg zu einer neuen Wirtschaftsmacht insbesondere das deutsche Erfolgsmodell in ihr Land zu transferieren (Axtell 2016). Es galt ca. ab Mitte des 19. Jahrhunderts als wegweisend, einerseits durch die curriculare Einheit von Vorlesung, Seminar und Laboratorium, zum anderen durch die weitgehende Selbstbestimmtheit und Eigenverantwortlichkeit im Studium. Dieses Konzept brachte auf der einen Seite handlungsorientiert ausgebildete Experten, an deren Ideen auf der anderen Seite zahlreiche Entrepreneure anknüpften. Phasenweise waren Erfinder zugleich auch Unternehmer, aber diese Gleichung geht mit der zunehmenden Komplexität von Forschung einerseits und wirtschaftlicher Dynamik andererseits immer weniger auf.

21.7.2.3 Staatliche Politik, Verwaltung und verlässliche Institutionen

Die Geburt der Staatsform, die eine ausdifferenzierte Industriegesellschaft möglich machte, war ein Resultat der französischen Revolution und der napoleonischen Kriege, zu deren Erbe die repräsentative Demokratie, eine rationale staatliche Organisation und nicht zuletzt umfängliche gesetzliche Regelwerke in weiten Teilen Europas gehörten. Man kann zeigen, dass jene Nationen, die solche Reformen durchführten, sich auch wirtschaftlich besser entwickelt haben, als jene, in denen absolutistische Herrschaft erhalten blieb (Osborne 2008). Der Einfluss des Staates musste aber zunächst zurückgedrängt werden, bevor ihm eine konstruktive und die Freiheitsrechte stabilisierende Rolle zugewiesen wurde. Von daher ist die Urangst risikobereiter Akteure, von Unternehmern bis zu kritischen Denkern und Künstlern, vor unberechenbarer staatlicher Macht sicher nicht ganz unberechtigt.

Märkte gibt es überall, so bemerkt Mancur Olson (2000, S. XXV), auch in Form von sogenannten Schwarzmärkten, wenn sie keinen legalen Rahmen finden. Tausch und Handel liegen vielleicht in der menschlichen Natur, dienen aber immer auch dem Überleben. Ebenso gab und gibt es wegweisende Erfindungen, die jedoch in ihrer Wirkungsweise isoliert bleiben und kein eigendynamisches ökonomisches Wachstum auslösen. Die Schlüsselfrage ist, unter welchen Bedingungen tragen Märkte und Ideen dauerhaft zum „Reichtum der Nationen" bei, in welchem Kontext entfaltet sich ihr Potenzial und verbleibt in positiven Feedback-Schleifen? Systematische Antworten auf diese Fragen gab die Institutionenökonomie (Übersicht: Evans 2005). Aus dieser Perspektive reduziert sich die Frage nachhaltiger ökonomischer Entwicklung (North 2005, S. 42 f.) auf die Struktur menschlicher Interaktion zur Entwicklung von Produktivität. Stabile und kalkulierbare Institutionen sind in diesem Sinne als steuernde Anreize in Gesellschaften zu sehen, die dort spezifisches kollektives Verhalten attraktiv machen oder eben auch nicht. Institutionen entstehen, so erläutert North weiter, in den folgenden drei Ausprägungen:

- Formale Regelwerke – das sind im Wesentlichen staatlich initiierte Vorschriften, Gesetze und Regulierungen.
- Informelle Normen – hier handelt es sich um Konventionen oder Verhaltensgewohnheiten, die in den kulturellen Grundlagen der Gesellschaft wurzeln.
- Formen der Durchsetzung – diese können auf Internalisierung, sozialem Druck oder Sanktionen beruhen.

Investitionen, Innovationen, Humankapital oder Produktivität sind nicht die Bedingungen von Wachstum, sie sind das Wachstum (North und Thomas 1973, S. 2). Die Bedingungen dafür liegen in den Anreizen, die einzelne Akteure dazu motivieren, Risiken einzugehen, Verluste in Kauf zu nehmen, Mühen nicht zu scheuen oder zu experimentieren. Diese Anstrengungen erscheinen umso attraktiver, je mehr eine Gesellschaft bereit ist, die entstehenden Kosten dafür zu tragen, sodass ein als attraktiv wahrgenommener Gewinn individuell zurückfließt. Für die ökonomische Prosperität dreht es sich aus dieser

Sicht im Kern darum, wie sich in einer Gesellschaft die kollektive Wahrnehmung ausbildet, ob es sich lohnt, etwas zu lernen und zu leisten, d. h. jetzt zu investieren, in Wissen oder in Kapital, um in der Zukunft die eigene Ernte einzufahren. Das ist nur auf der Oberfläche ökonomisches Kalkül. Vielmehr hängt alles von sehr subjektiven Einschätzungen ab, Vertrauen in die Zukunft, Vertrauen in die Stabilität der Gesellschaft und ihrer Institutionen. Dieses Vertrauen repräsentiert der Beamte, für uns neben Unternehmer und Experten ein dritter Archetypus, der für eine sich entwickelnde Gesellschaft einsteht. Was das für eine Errungenschaft ist, weiß man erst, wenn man seine Interessen gegenüber korrupten Bürokratien behaupten muss.

21.7.2.4 Die drei Archetypen

Die drei Funktionsbereiche nationaler Innovationssysteme haben im Verlaufe der Kultur-, Sozial- und Wirtschaftsgeschichte in den westlichen Industrien drei Archetypen hervorgebracht, die den Kern und die Bedeutung dieser Sphären zum Ausdruck bringen, den Unternehmer bzw. Entrepreneur, den Experten oder Tüftler und nicht zuletzt den Beamten, der sich idealtypisch vor allem als Repräsentant geordneter und legalistischer Abläufe und Verfahren betrachtet (Abb. 21.7). In einer entwickelten und prosperierenden Gesellschaft auf einem hohen Niveau der allgemeinen Wohlfahrt „können sie nicht ohne einander".

Die Rollen sind jedoch unterschiedlich, Experten und Unternehmer bilden jeweils Regelkreise, die historisch nacheinander entstanden sind und sich in der modernen Wissensökonomie im Innovationsprozess zwischen Entdeckung und Verwertung begegnen

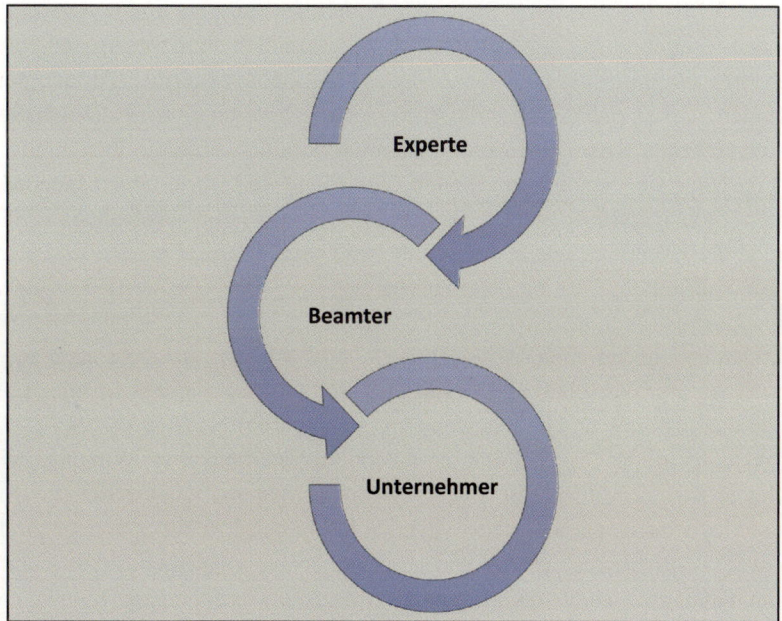

Abb. 21.7 Rollenarchetypen in nationalen Innovationssystemen. (Quelle: Eigene Darstellung)

und ergänzen. Die Rolle des Beamten besteht darin, die Bedingungen für funktionierende Märkte des Wissens und der Waren zu schaffen und für ihre neutrale Geltung zu
sorgen. Diese Rolle ist ihm von der Institutionenökonomie zugewiesen worden.

Experten und Unternehmer sind beide innovativ, zumindest in einer Ökonomie, die
sich noch nicht überwiegend – nach Mancur Olson (1991 und 2000) – eher auf die Verteilung von Verdiensten und nicht mehr auf ihre Erstellung konzentriert hat. Im letzteren
Fall verlieren der Staat bzw. seine Repräsentanten im Allgemeinen auch ihre unterstützende Rolle bzw. hatten sie oft niemals inne. Experten und Unternehmer handeln dann
nach ihrem eigenen Vorteil.

Diese Rollendifferenzierung in nationalen Innovationssystemen in einer sich entwickelnden Ökonomie ist für unseren Betrachtungsgegenstand China sehr bedeutsam. Wir
haben bereits darauf hingewiesen, dass es die Rolle des Experten dort so ausdifferenziert
nicht gibt. Das gilt gleichfalls für die Rolle des Beamten, der sich weniger als Diener
der Bürger, sondern als Vollzugsorgan des Staates begreift. Lediglich die Rolle des
Unternehmers hat sich in China in etwa so herausgebildet, obwohl die Bedeutung von
Nationalkulturen und die Rolle von Entrepreneurship beachtet werden muss (Zahra
2005, S. XXII f.).

Insgesamt stellt sich dann die Frage, wie unter diesen Bedingungen ein nationales
Innovationssystem in China entwickelt werden kann. Wir kommen darauf später zurück.

21.7.2.5 Kopplungen

Die drei Funktionsbereiche sind auf vielfältige Weise „strukturell gekoppelt", wie es in
der Systemtheorie genannt wird. Sie kooperieren über zufällige und definierte Pfade in
loseren und festeren Formen, vernetzen sich, stimmen sich ab, irritieren und korrigieren
sich, an ihren Grenzen und über diese hinaus. Ein kleines Beispiel: An den deutschen
Hochschulen haben beispielsweise die Professoren schon seit dem 19. Jahrhundert einen
höchst angesehenen Stand. Sie werden staatlich bezahlt, verfügen über politisch gesicherte Freiräume und werden angehalten, Forschung und Vorlesungen miteinander zu
verknüpfen (Axtell 2016, S. 240 f.). Sie dienen den Absolventen als Rollenmodell für die
Legitimität des Expertenstatus in Wirtschaft und Gesellschaft. Hingegen sind ihre Kollegen in der Volksrepublik China deutlich weniger angesehen und werden unangemessen
bezahlt, sodass es für Spitzenkräfte kaum attraktiv ist, den akademischen Berufsweg zu
wählen. Darunter leiden chinesische Hochschulen bis heute. Das geht auch auf Kosten
der Versorgung von Wirtschaft und Gesellschaft mit leistungs- und nicht zuletzt risikobe-
reiten, gut qualifizierten und innovativen Führungs- und Fachkräften.

Die Akteure in der Triple-Helix entfalten ihre multiplikative Wirkung, wie auch
Etzkowitz (2008) hervorhebt, in einer gestaltungsoffenen Zivilgesellschaft, die ihnen
vielfältige Möglichkeiten liefert, weitere hybride Institutionen zu bilden, um die produktiven
und innovativen Ressourcen eines Landes mit der höchst möglichen Effizienz zu nutzen.
Beispiele dafür sind Verbände, Kammern, Interessensvertretungen, Kampagnen oder
Initiativen. Die Modernisierung in Japan wurde nach dem Zweiten Weltkrieg auch etwa
durch eine nationale Bewegung und entsprechende Institutionen, die sich für höchste

Qualität in der industriellen Fertigung stark gemacht haben, nachhaltig unterstützt. In Deutschland sind in der ersten Hälfte des letzten Jahrhunderts die Bemühungen um Rationalisierung und Standardisierung in der Industrie hervorzuheben (Brady 1974). Wir nennen hier nur das Rationalisierungs-Kuratorium der Deutschen Wirtschaft (RKW), das Deutsche Institut für Normung (DIN) oder die zahlreichen Ingenieursverbände (VDI – Verein Deutscher Ingenieure). Sie alle verhalfen deutschen Produkten zu ihrer internationalen Qualitätsanmutung, die bis heute noch nachwirkt. Die chinesische Initiative „Made in China 2025" wurde durch diese Erfolgsgeschichte inspiriert. In diesem Sinne wird etwa auch daran gearbeitet, eigene Standards für das Internet oder die Elektronikindustrie zu definieren und durchzusetzen, um sich vom Diktat der globalen amerikanischen Anbieter unabhängig zu machen.

21.7.2.6 Rollenteilung und Rollenkonflikte

Wie besonders aus der Triple-Helix-Darstellung hervorgeht, lebt das Modell eines nationalen Innovationssystems, unabhängig von allen Überschneidungen und der Herausbildung von hybriden Zwischenformen, von einem definierten und wechselseitig respektierten Rollenkern. Probleme gibt es spätestens dann, wenn Rollen sich zu sehr überschneiden und nicht auflösbare Konflikte zwischen ihren Anforderungen entstehen. Das Schreckgespenst ist dabei in der Regel der übermächtige Staat, ein Bild, das insbesondere von neoliberalen Ökonomen gerne bemüht wird. Berechtigt ist diese Kritik allemal in der Entwicklungsökonomie, weil man dort aufgrund mangelnder demokratischer Kontrollen und Legitimationen oft auf Formen des „Predator-Staates" trifft, der in erster Linie eine extraktive Nutzung der nationalen Ressourcen zu eigenen Zwecken im Sinn hat. In der ehemaligen Sowjetunion sind etwa aufgrund der zentralisierten Kommandostruktur viele Ressourcen zwangsweise in die Rüstung bzw. in die Schwerindustrie gelenkt worden. Nach ihrem Zusammenbruch gelangten große Teile der ehemaligen staatlichen Betriebe in die Hände von Akteuren, die für sich die Gunst der Stunde nutzten. China schiebt zwar auch erhebliche Mittel in die großen Staatsbetriebe, ist im Vergleich zu Russland aber deutlich dezentraler und zudem sind einige nach den Reformen entstandenen Wirtschaftsinstitutionen auch eher an einer nachhaltigen bzw. inklusiven Nutzung der Ressourcen interessiert. Das gilt ganz gewiss nicht ohne Einschränkungen für die verschiedenen Verwaltungen und ihre Beamten, die politischen Institutionen und für die dahinterstehende Partei (Acemoglu und Robinson 2013, S. 513–523). Sie sind nach wie vor für die Bevölkerung im Allgemeinen, für Wissensarbeiter und Unternehmen im Besonderen eine unkalkulierbare Größe. Von daher ist die Sicherung der institutionellen Bedingungen des stabilen Wachstums und innovativer Entwürfe eine zentrale Aufgabe.

Das ist keine Entweder-oder-Diskussion, Staat vs. Markt oder Staat vs. Ideen. Vielmehr geht es um das Zusammenspiel, um die emergente Entwicklung eigentümlicher Formen im Zusammenwirken der beteiligten Akteure. Das benötigt Zeit und Vertrauen und kann nicht von oben dekretiert werden. Ein Rechtsstaat benötigt auch eine Rechtskultur sowie eine starke und selbstständige Zivilgesellschaft (Fukuyama 2000), die sich gerade in schwierigen Zeiten zeigt und bewährt.

21.7.3 Eine erweiterte Sicht nationaler Innovationssysteme

Nationale Innovationssysteme sind heute komplexer, als es die einfache Triple-Helix-Struktur nahelegt. Was in dem Modell auf jeden Fall ausgeblendet wird, sind die jeweiligen kulturellen Grundlagen, Werte, Logiken von Selbst- und Weltbildern. Innovation stellt beispielsweise immer Autorität und Hierarchie infrage. Das Bild von Autorität und Hierarchie ist zutiefst in den kulturellen Grundlagen einer Gesellschaft verankert, und es verändert sich nicht über Nacht. Diese Muster manifestieren sich in den politischen, rechtlichen und sozialen Institutionen der Gesellschaft, sie zeigen und erzeugen sich kreisförmig in Figuren des Austausches, der Kommunikation und Kooperation zwischen den Menschen. Wenn wir also über Innovationen reden, müssen wir derartige Aspekte in Rechnung stellen.

Der zweite kritisch anzumerkende Aspekt ist, dass die jeweiligen Rollen der im Triple-Helix-Modell beschriebenen Akteure sich im Verlaufe der industriellen Revolutionen verändert haben. Die marktförmige Ökonomie hat sich im Verhältnis zum Staat als eine sich selbst organisierende Sphäre des freien Unternehmertums herausgebildet. Die zweite sich selbst erzeugende Sphäre, die Republiken der Expertengemeinschaften und des Wissens, waren und sind ursprünglich öffentliche Institutionen, aber mit einem staatlich verbrieften Recht auf Eigenständigkeit, in Deutschlands Hochschulen mit der garantierten Freiheit von Forschung und Lehre. Ein großer Teil der Wissensproduktion sowie der Ausbildung von Experten hat sich auch in Unternehmen verlagert, aktuell allerdings mit der Tendenz, dass dort immer weniger in langfristige und risikoreiche Forschung investiert wird. Das wird – auch in den westlichen Industriegesellschaften – zunehmend von staatlich gestützten Institutionen übernommen (Mazzucato 2014), die Risiken eher tragen können und für diese Zwecke auch geduldigeres Geld bereitstellen. Die Rollen verschwimmen also durchaus.

Zugleich hat sich gezeigt, dass die marktförmige Ökonomie, ganz im Gegenteil zu den lang gehegten ideologischen Wunschfantasien des Neoliberalismus, permanent in der Gefahr ist, gigantische Fehlsteuerungen und Krisen zu fabrizieren, die Wirtschaften und Gesellschaften an den Rand von Katastrophen und darüber hinaus bringen (Stiglitz 2002). Wenn also die marktförmige Ökonomie vor Fehlsteuerungen nicht gefeit und sie bei weitem nicht so innovativ ist, wie auf den offiziellen Agenden oftmals proklamiert, andererseits aber die Sphäre der Eigensteuerung der Märkte des Wissens und der Waren gewahrt werden muss, erhebt sich die Frage nach der Steuerung all dieser Zusammenhänge als eine eigenständige Problemstellung innerhalb moderner nationaler Innovationssysteme.

Wir schlagen daher vor, den konzeptionellen Rahmen des Triple-Helix-Modells um zwei Aspekte zu erweitern (Abb. 21.8). Dabei möchten wir einmal die kulturellen Aspekte eines Landes stärker ins Spiel bringen. Sie manifestieren sich, wie gesagt, in den vielen Institutionen, wie z. B. in der Form der Ausbildung von Experten an Hochschulen oder den Ansätzen, wie ein Unternehmen geführt wird. Diese kulturellen Aspekte betrachten wir als grundlegend für das Verständnis und die Funktionalität nationaler Innovationssysteme.

Zweitens schlagen wir vor, den Aspekt der Steuerung besonders zu betrachten. Grundsätzlich kann sicher zwischen liberaler und autoritärer Steuerung unterschieden werden, zwischen Selbstorganisation und zentraler Regulierung. Damit ist auch die institutionelle Infrastruktur berührt, insbesondere das Zusammenspiel von Politik und Markt. Wir plädieren aber gleichwohl dafür, dem Aspekt der Steuerung eine eigenständige Bedeutung zuzuweisen, weil die Anforderungen an die Gestaltung des Wandels, wie man gerade in China sieht, sich durch eine besondere Komplexität auszeichnen. Nicht zuletzt haben wir in diesem Land einen spezifischen Akteur, der genau diese Kompetenz für sich reklamiert, die kommunistische Partei. Es handelt sich um eine allgegenwärtige Institution, die sich unmissverständlich als Avantgarde begreift und die die Definitions- und Steuerungshoheit über alle Themen der wirtschaftlichen, politischen oder gesellschaftlichen Entwicklung absolut für sich reklamiert. Die relevanten Entscheidungen werden daher auch von den Eliten der Eliten getroffen und das Zustandekommen bleibt für die beobachtende Öffentlichkeit unklar.

So kommen wir also zu einer erweiterten Sicht nationaler Innovationssysteme, die in Abb. 21.8 dargestellt ist. Wir sehen die Akteurssysteme, die im Triple-Helix-Modell beschrieben sind, als die sichtbare Oberfläche, die innerhalb ihrer Logiken jeweils spezifische Austauschbeziehungen unterhalten, neue Formen des Austauschs hervorbringen und schließlich untereinander in zahlreichen Kooperationen und Netzwerken formell und informell miteinander verbunden sind.

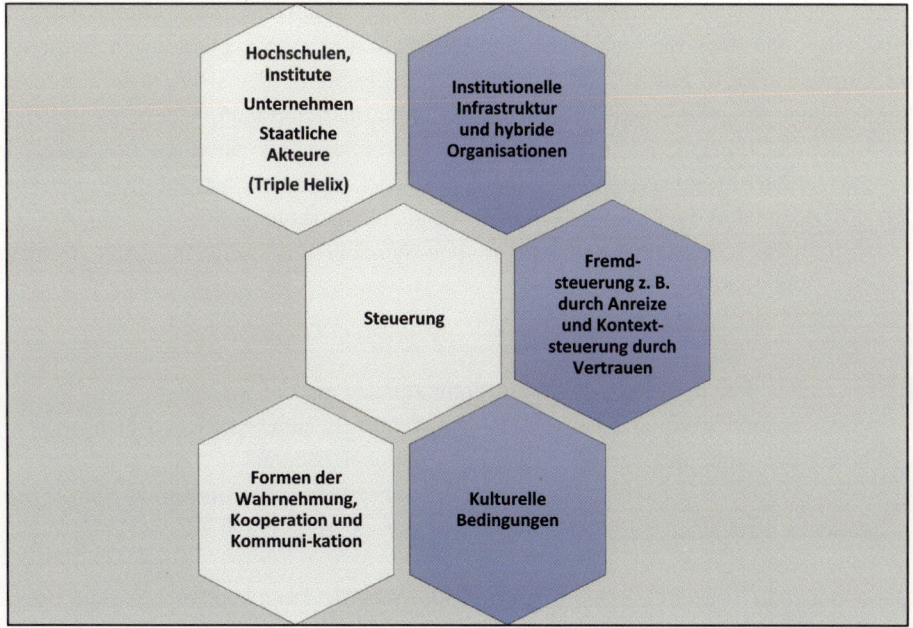

Abb. 21.8 Eine erweitere Sicht nationaler Innovationssysteme. (Quelle: Eigene Darstellung)

Von Anfang an in der Geschichte der Industrialisierung und in der politischen Ökonomie hat es permanent heftige Auseinandersetzungen darüber gegeben, in welchem
Bezugsrahmen Wirtschaft stattfinden kann und sollte. Wir bezeichnen das als die Frage
nach der Logik der Steuerung. D. h., es ging und geht darum, wer wie regulierend und
zielbewusst in die vermeintliche Eigenständigkeit der Marktgesetze eingreifen darf.
Schon im 18. Jahrhundert hat Francois Quesnay, der französische Arzt und Ökonom, mit
einem Kreislaufmodell der Wirtschaft versucht, diese als eine eigenständige und selbstre-
ferenziell geschlossene Sphäre zu beschreiben, in die der Staat nicht intervenieren, sondern maximal Rahmenbedingungen sicherstellen sollte. In Varianten geht es seitdem in
der Wirtschaftswissenschaft regelmäßig um die Frage des Wechselspiels von Steuerung
und Selbststeuerung. Das ist, wie man in China erleben kann, bei weitem keine primär
theoretische Frage.

Die Bedeutung der kulturellen Grundlagen sowie die Logik der Steuerung im Rahmen
nationaler Innovationssysteme sollen in den nachfolgenden beiden Abschnitten etwas
differenzierter betrachtet werden.

21.8 Die kulturellen Grundlagen

Der Buchdruck mithilfe von beweglichen Lettern war in China schon seit dem 11. Jahrhundert verbreitet und gehört mit Sicherheit zu den folgenreichsten sozialen Innovationen zur Diffusion und Speicherung von Wissen überhaupt (Man 2002). Aber die
Produktion und dann die technische Anwendung von Wissen explodierte in China niemals so wie etwa in Europa, das bemerkt David Landes (1998, S. 51) in seiner großen
Studie über den „Wohlstand der Nationen". In Europa habe man, anders als in China,
die Kultur der Entdeckung entdeckt bzw. entwickelt, die „Invention der Invention". Es
handelt sich hier offenbar um eine Reihe von Entdeckungen, die sich auf die Entdeckung
selber beziehen und die Bedingungen ihrer Möglichkeit erkunden.

Die Gründe dafür lägen sehr tief in den Wurzeln des abendländischen Denkens
(Landes 1998, S. 58 f.):

- dem Respekt vor der Handarbeit,
- dem Gebot, dass der Mensch sich die Natur zunutze machen soll,
- einem linearen Zeitverständnis, das – im Vergleich zum zyklischen Denken – ein
  Fortschreiten und nicht die Wiederkehr des Gleichen nahelegt
- sowie letztlich dem Faktum, dass es für Wissenserwerb und Innovation Märkte gibt,
  auf denen die Mühen des Nachdenkens sich auszahlen.

Die sogenannte Neuzeit bzw. die Moderne in Europa hat damit auch einen neuen Begriff
des Neuen hervorgebracht, der einmal durch seine Indifferenz gegenüber der Natur und

der Seele gekennzeichnet ist und zum anderen das Kontingenzbewusstsein geschärft bzw. geschaffen hat: Das, was ist, könnte auch anders sein, also machen wir es auch anders (Bolz 2008, S. 754 f.). Die industrielle Revolution im 18./19. Jahrhundert wurde zum Siedepunkt dieser Geisteshaltungen und generierte erst in England, dann in weiteren Ländern Europas und den USA eine lange Epoche der Prosperität und des Wachstums, deren Basis die Entwicklung und Anwendung von Wissen und das Transzendieren von Grenzen war (Bernstein 1996).

Sie brachte auch die beiden bereits erwähnten prägenden Gestalten hervor, die die Sache des Neuen vertreten, den Experten und den Unternehmer. Der Techniker erfindet die Möglichkeiten, der Unternehmer erweckt sie zum Leben (Bolz 2008, S. 760 f.). In der fruchtbaren Verbindung von Unternehmertum und Erfindungsgeist insbesondere von technischen Experten entstanden so aus den noch durch kunstvolle Handarbeit gepräg-ten klassischen Manu-Fakturen (!) die modernen Fabriken, basierend auf Fertigungs- und Energietechnik. Die beiden kreisförmigen Dynamiken zusammen, eifriges Gewinnstre-ben und Innovation, brachten die kapitalistische Form des Wirtschaftens hervor. „Innova-tion worked and paid" (Landes 1998, S. 59).

Dieser umtriebige Entdecker- und Unternehmergeist der industriellen Moderne beruht auf den nachfolgenden intellektuellen Grundhaltungen (Landes 1998, S. 201):

- die wachsende Autonomie intellektuellen Fragens und Untersuchens,
- die Entwicklung systematischer Methoden des kritischen Diskurses und der Ausein-andersetzung aus verschiedenen Perspektiven
- sowie schließlich die Systematisierung von Forschungsmethoden und hier insbeson-dere von experimentellen Ansätzen, die ein empirisches Fortschreiten zu belastbaren Kenntnissen und Praktiken ermöglichten.

An der Schnittstelle zwischen abstraktem Wissen und industrieller Produktion wurden dann das Labor und das Technikum zu den Orten der Simulation und des Ausprobie-rens und kontrollierten Bedingungen. Diese Geisteshaltung wurde auch an den Univer-sitäten der Neuzeit aufgegriffen, gepflegt und gelehrt. Die kritische Wissenschaft und die systematische Produktion von Wissen an Hochschulen war eine europäische Erfin-dung (Osterhammel 2009, S. 1147 f.), während in China der Begriff Wissenschaft eher in einer konfuzianisch-bewahrenden Weise weniger als Wissenserwerb, sondern als Kate-gorisierung und curriculare Organisation gesehen wurde (Osterhammel 2009, S. 1150). Dahinter stecken ganz andere Grundwerte als im Westen, der Glaube an Hierarchie bzw. Autorität, an Harmonie und eine kosmische Grundordnung, wo kritisches Fragen überall seine Begrenzungen findet und der Diskurs abbricht.

China ist ein Land mit einer viel älteren kulturellen und religiösen Tradition als Europa oder die USA. Die Wurzeln liegen u. a. im Konfuzianismus, und sie sind trotz der egalitaristischen kommunistischen Ideologie, der Kulturrevolution und aktuell dem

Materialismus des Turbo-Kapitalismus dennoch allenthalben spürbar. Joseph Needham (1954), der große Historiker der chinesischen Technik- und Wissenschaftsgeschichte, kommt am Ende auch zu einem ähnlichen Schluss, obwohl allenthalben vor monokausalen Erklärungen gewarnt wird. Viele Beobachter sehen in diesem alten Konservatismus gleichwohl eine wichtige Innovationsbremse, die sich auf der institutionellen Ebene etwa in Bildung zeigt, wo primär auf Reproduktion und weniger auf Eigenständigkeit und Kritikfähigkeit Wert gelegt wird (vgl. auch die Studie von Huff 2003).

Der Rekurs auf den Konservativismus des Konfuzianismus allein reicht, wie gesagt, zur Erklärung von Innovationsbarrieren nicht aus. Wie etwa Tonio Andrade (2016) in seiner Monografie über die Erfindung des Schießpulvers in China gezeigt hat, konnten die sich daraus entwickelnden Technologien etwa im Bau von Kriegsschiffen in China über lange Jahre sowohl mit Japan als auch mit westlichen Ländern mithalten. Die sich anschließende Stagnation dieser Industrie in diesem Land ist auf mangelnde bzw. fehlende Finanzierungsformen zurückzuführen. Das ist eher ein institutionelles Problem. In den westlichen Ökonomien wurden dafür eigene Unternehmensformen erfunden, z. B. Kapitalgesellschaften, die zugleich juristische Personen sind. Diese Konstruktion ist einerseits Ausdruck der breiten Innovationskraft einer marktgetriebenen Ökonomie. Sie belegt darüber hinaus auch das notwendige Zusammenspiel der unterschiedlichen institutionellen Ebenen einer komplexen Gesellschaft, denn die gesetzlichen Grundlagen und die Überwachung ihrer Einhaltung ist eine Sache der Politik bzw. der Rechtsprechung. Am Schluss drückt sich in dieser Findigkeit eine Kultur aus, die lehrt, in Zusammenhängen zu denken, Rollen zu definieren und zu integrieren und schließlich Grenzen zu überschreiten. Die Finanzierung innovativer Unternehmen ist in China nach wie vor ein aktuelles und dringliches Problem.

In China haben sich im Gefolge der vorherrschenden Traditionen ganz andere Institutionen gebildet. Das Resultat war, zunächst vor allem im südlichen China, ein auf Verwandtschaft, Familien und Clans basiertes Unternehmertum, das am Staat vorbei und strikt innerhalb seiner vertrauten Beziehungen und Netzwerke agierte. Francis Fukuyama (1995) spricht in diesem Zusammenhang von einer „Low Trust Society". Während in Europa das Recht in erster Linie aus Sicht der Bürger definiert wurde, um den Einfluss des Staates im Zaum zu halten, war chinesisches Recht traditionell die Geltendmachung staatlicher Autorität zur Aufrechterhaltung der öffentlichen Ordnung (Fukuyama 2014, S. 357 f.). Rein formal betrachtet, scheint das bis heute der Fall zu sein.

Für den erforderlichen Wandel in China mit dem Ziel innovativen Wachstums darf man somit die kulturellen Besonderheiten nicht aus dem Auge verlieren. Auf der anderen Seite verändern sich Kulturen aber nicht, wie die Geschichte in China gelehrt hat, von oben nach unten, sondern adaptiv und evolutionär (Boyd und Richerson 2005), unter Einflüssen von außen und bei veränderten gesellschaftlichen Entwicklungsbedingungen. Auch neue Generationen verändern kulturelle Orientierungen, wie unsere eigenen Untersuchungen mit jungen chinesischen Studenten gezeigt haben (vgl. dazu Kap. 14).

21.9 Soziale Innovationen und eine veränderte Logik der Steuerung

Es gibt eine Reihe von Gründen, warum in China die Innovationsimpulse nur sehr gebremst bei den relevanten Akteuren ankommen:

- Einmal fließen nach wie vor aus politisch-strategischen und militärischen Interessen viele produktive und finanzielle Ressourcen in die großen und wenig effizienten Staatsbetriebe. Das bedeutet nicht nur einen Verlust von Produktivität, sondern vor allem auch an Wissen und Lernen. Diese Mittel fehlen innovativen Branchen, die für zahlreiche Spill-over-Effekte in anderen Branchen und im Sinne der gesellschaftlichen Wohlfahrt sorgen würden.
- Zweitens folgt die gegenwärtige Steuerungslogik immer noch einem zentralwirtschaftlichen Paradigma, also oftmals dem Prinzip der Gießkanne. Neben der sektoralen müsste also auch eine regionale Differenzierung erfolgen und vor allem müsste dorthin die Kompetenz für die Steuerung delegiert werden.
- Der Zusammenhang zwischen Ziel, Mittelzuwendung und Resultat wird oftmals sehr mechanisch betrachtet und verliert aus dem Blick, dass in komplexen und wenig erfahrenen Kontexten Wirkungen Zeit brauchen und sich nicht einfach einstellen. Es gibt Beispiele, dass so etwa Hochschulen plötzlich in den Genuss von Mitteln kommen und gar nicht über die Infrastruktur oder die personellen Ausstattungen verfügen, um daraus gleichsam aus dem Stand und organisch neuartiges Wissen oder innovative Lehre zu entwickeln. Es gibt auch Beispiele dafür, dass Firmen im Rahmen der Initiative „Made in China 2025" ihre Roboter wieder abbauten, weil sie nicht in der Lage waren, sie produktiv einzusetzen (Wübbeke et al. 2016, S. 35).
- Viertens wird der vermeintliche Erfolg von Interventionen oft in mehr oder weniger aussagefähigen Parametern gemessen. Gegenwärtig bestehe die Gefahr, so ein kritischer Beobachter dieses Zusammenhangs, primär den Erwartungen von offiziellen politischen Planungsbehörden zu entsprechen und lediglich „Showcases" zu liefern, als sich wirklich etwa um die Kommerzialisierung von Erfindungen und Entdeckungen zu kümmern (Feng 2014, S. 95).

Äußere Anreize, direkte Formen der Steuerung und vordergründige Indikatoren reichen nicht für nachhaltige Innovationsimpulse aus. Bei den handelnden Akteuren muss die innere Bereitschaft zum langfristigen Engagement und zum vertrauensvollen Tausch entstehen, damit Steuerungsimpulse aufgenommen und weitergetragen werden. Sonst erzeugt man lediglich die bekannten Mitnahme-Effekte oder die investierten Mittel versickern ohne substanzielle Wirkung irgendwo im Niemandsland. Die Statistiken verlegen sich auf die Produktion von Potemkin'schen Dörfern, die in der Öffentlichkeit dann fröhlich bejubelt werden.

Welche Optionen der Steuerung in Richtung eines innovationsgetriebenen Wachstums verbleiben dann? Zur Entwicklung und Umsetzung von innovativem Wissen, so beobachtete Lester Thurow (1999, S. 104), muss es in Gesellschaften „eine richtige Mischung aus Chaos und Ordnung" geben. Ordnung dürfe nicht erdrückend wirken und ständiges Chaos dürfe nicht langfristig strategisches Handeln unmöglich machen. Das ist ein Verhältnis, das sich einpendelt und das ständig auch auf die Balance hin beobachtet und korrigiert werden muss. Wie einleitend zum vorliegenden Beitrag bemerkt, handelt es sich um Innovationen im Innovationsmanagement. Es geht auf der politisch-strategischen Metaebene also um Innovationen, die wiederum Innovationen im engeren, technischen Sinne etwa im Wissenschaftssystem und in den Unternehmungen ermöglichen. In Abb. 21.9 wurde der Versuch unternommen, die Zusammenhänge dieser veränderten Steuerungslogik zu veranschaulichen.

Der Fokus sollte sich nicht direktiv und unmittelbar auf das Handeln der Akteure richten und sich auch nicht in erster Linie an traditionellen makroökonomischen Parametern (Ziele erster Ordnung) orientieren, sonst erzeugt man lediglich einige vordergründige Ergebnisse und unter Umständen nicht erwünschte Nebeneffekte. Krude Zahlenwerke sind nicht in der Lage, die Komplexität der Transformationen, um die es hier geht, auch nur annähernd abzubilden, geschweige denn, dass sie als Zielgrößen gelten dürfen. Die Geschichte der Wirtschaftspolitik ist voll von Beispielen dieser selbst verschuldeten Formen systematischer Selbsttäuschung. Systemtheoretisch könnte man den veränderten Ansatz als Kontextsteuerung (Willke 1998b) bezeichnen, die sich an Zielen zweiter Ordnung ausrichten. Statt also etwa Hochschulen mit Geld vollzupumpen, könnten gezieltere Anreize dafür geschaffen werden, die Lehre zu verbessern oder daran zu arbeiten,

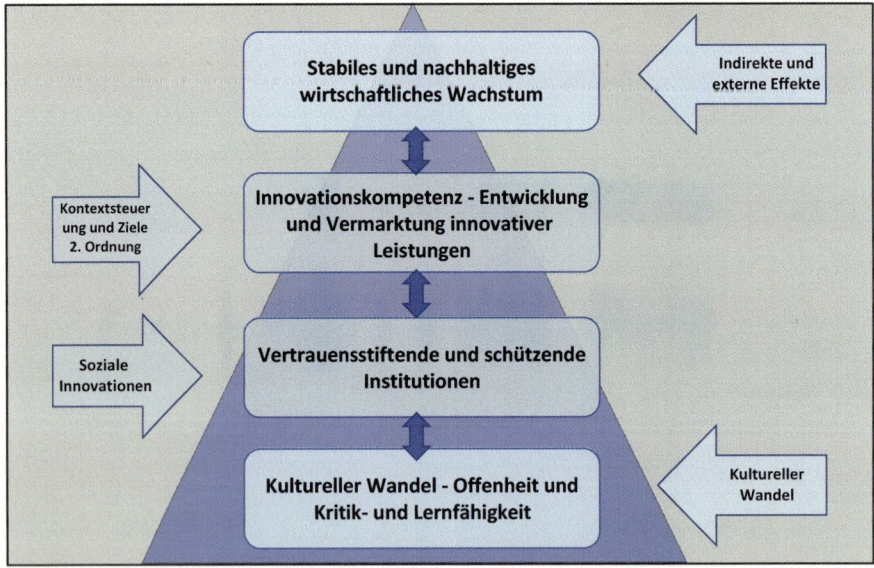

Abb. 21.9 Steuerungs- und Zielebenen elaborierter nationaler Innovationssysteme. (Quelle: Eigene Darstellung)

das Rollenbild von Professoren von dem eines Wissenden in das eines gleichfalls Lernenden zu verändern. Die Form der Lehre ist die eigentliche Botschaft (Simon 1997, S. 153). Die multiplikativen Effekte eines derartig veränderten Rollenbildes von Experten in der betrieblichen Praxis kann man sich in etwa ausmalen.

Ein weiterer Ansatz, der auf den Aspekt der institutionellen Verlässlichkeit und Kalkulierbarkeit zielt, die wir an vielen Stellen als Bedingung für Investitionen und Innovationen in Unternehmen genannt haben, ist die Ausbildung und Entwicklung verlässlicher Beamter im gesamten Land. Irgendwann und irgendwie muss damit begonnen werden. Für jeden engagierten Unternehmer oder Experten ist es immer wieder frustrierend, in korrupten und wenig effizienten Behörden gegen Windmühlen anzulaufen.

Es handelt sich bei den gewählten Beispielen um soziale Innovationen, die in der klassischen Arbeit von Wolfgang Zapf (1989, S. 177) definiert worden sind als „neue Wege, Ziele zu erreichen, insbesondere Organisationsformen, neue Regulierungen, neue Lebensstile, die die Richtung des sozialen Wandels verändern, Probleme besser lösen als frühere Praktiken, und die es deshalb wert sind, nachgeahmt und institutionalisiert zu werden." Soziale Innovationen führen zu verändertem Verhalten, aber sie brauchen Zeit, und sie müssen sich bewähren.

Wir sind überzeugt, dass eine Veränderung der Steuerungslogik in China im hier skizzierten Sinne mittelbar und unmittelbar zur nachhaltigen Verbesserung der gesellschaftlichen Wohlfahrt und des Wachstums beitragen. Und ganz nebenbei, darauf kommt es an, wird sich das auch in den traditionellen makroökonomischen Parametern der volkswirtschaftlichen Gesamtrechnung zeigen. Wir glauben weiter, dass sich auf diese Weise unbeabsichtigt, aber gerade auch dadurch, ein kultureller Wandel einstellt, der nach und nach die Chance hat, in eine offenere und lernende Gesellschaft zu münden. Jede Form des dauerhaften Tausches, ob es sich um Waren oder um Wissen handelt, beruht auf jeweils spezifischen Formen der Kommunikation und der Kooperation, die sich herausbilden und durch gemeinsame Erfahrungen verstetigen bzw. institutionalisieren können. Das braucht entsprechenden Raum und Zeit, es führt zu Vertrauen und reduziert Transaktionskosten durch künstliche Anreize oder aufdringliche Fremdsteuerung. Es ist darüber hinaus naheliegend, dass sich derartige Verhaltensmuster umso leichter bilden, je weniger aufwendig Kommunikation wird. Genau das leistet räumliche Nähe, die zugleich auch den Zeitaufwand reduziert. Es ist daher überaus sinnvoll, die Bildung von innovativen Clustern mit regionalen Innovationssystemen in den Vordergrund zu stellen.

21.10 Regionale Innovationssysteme – Von der Makro- zur Meso-Ebene der Steuerung

Je komplexer und widersprüchlicher die Entwicklungsbedingungen einer Volkswirtschaft sind, umso weniger funktioniert makroökonomische Steuerung mit dem Ziel der direkten Verhaltensbeeinflussung der handelnden Akteure. In China war das in den letzten Jahren sehr gut zu beobachten, als das Land versuchte, das rückläufige Wachstum mit billigem

Geld wieder anzuheizen. Die Effekte waren maximal vordergründig und das tatsächliche Ergebnis ist wie beschrieben u. a. ein Grad der Verschuldung, der besorgniserregend und nicht vertrauensbildend wirkt. Es gibt keinerlei verlässliche Fernwirkungen auf das Individualverhalten durch zentrale Steuerungsinterventionen. Abgesehen davon, dass individuelle Kalküle dafür viel zu vielfältig und widersprüchlich sind, fehlt es der zentralistischen Steuerung an Vermittlungsebenen bzw. diese Vermittlungsebenen entfalten eigenständige Interessen und unterlaufen die wohlgemeinten Ziele.

Wie zahlreiche Beispiele von innovativen Zentren und auch empirische Studien (Brown et al. 2010) deutlich belegen, hatte das aktive Zusammenspiel all der verschiedenen Akteure im Rahmen der innovativen Wissensentwicklung und von Unternehmensgründungen immer schon auch eine räumliche Komponente (Klassisch: Porter 1990). Wissen baut auf Wissen auf, daher suchen sich Innovatoren und Entrepreneure, und sie finden sich an Orten, an denen sie Gleichgesinnte vermuten (Ausgezeichnet und neu dazu: Johnson 2016). Diese Territorialität von Wissens- und Innovationsdynamik wird in zahlreichen sowohl aktuellen als auch klassischen Beiträgen zu regionalen Innovationssystemen thematisiert (Kürzere Übersichten: Rehfeld und Terstriep 2013 sowie Arnold et al. 2014).

Regionale Innovationssysteme werden als ein komplexes, vernetztes und interaktives Geflecht von Akteuren aus lokaler Politik, Wirtschaft, Hochschulen und Forschungseinrichtungen beschrieben, die mit ihren Bestrebungen räumlich und kulturell an die vorhandenen Ressourcen anknüpfen und neue bilden und anziehen (Arnold et al. 2014). Dort ist es besonders die kreative Atmosphäre, die offenbar eine Rolle spielt, sie zieht Gründer ebenso an wie Wissensarbeiter, es wird überdurchschnittlich bezahlt, es entstehen neue Arbeitsplätze, Nachfrage etc., Nähe verringert Transaktionskosten und erleichtert naturgemäß die Kommunikation und Kooperation (vgl. dazu auch die Arbeiten von Richard Florida 2005, 2008 und 2012). Dort bilden sich auch jene von Douglass North beschriebenen informellen Normen und Regeln als Bausteine verlässlicher Institutionen heraus, die in derartig strukturierten Kontexten sehr viel besser beobachtet, kontrolliert und sozial durchgesetzt werden können. EU und OECD setzen sehr stark auf diesen strukturpolitischen Ansatz, nicht zuletzt auch, um den zahlreichen neuen Herausforderungen der Gegenwart, wie etwa Klimawandel, Bevölkerungsentwicklung oder digitaler Transformation, mit innovativen Impulsen zu begegnen (Rehfeld und Terstriep 2013).

Die gezielte Förderung und Entwicklung innovativer Cluster und besonderer Zonen wirtschaftlicher Entwicklung sind ein erklärtes und probates Ziel chinesischer Industriepolitik (vgl. dazu Kap. 10). Auch hier handelt es sich um lokale Netzwerke öffentlicher und privater Akteure (Fallbeispiel: Child et al. 2013), etwa Ministerien, Hochschulen, Institute, Unternehmen, Städte, Kommunen und zuweilen internationale Partner (Göbel 2014). Ihre Kooperation wird ebenfalls durch regionale politische Kräfte gezielt mit verschiedenen Instrumentarien, etwa durch Talentförderung, strategisches Funding, Gründungsinitiativen, steuerliche Anreize und auch strategische Partnerschaften u. Ä. (Shao 2014), angeregt und gefördert.

Es ist so durchaus gelungen, strategische Kompetenzen zu entwickeln und innovative Standards zu setzen (Übersicht bei: Zhang 2014), vornehmlich in den Regionen Beijing,

Shanghai und Shenzhen. Nach den Angaben von Georges Haour und Max von Zedtwitz (2016, S. 38) gibt es in China 115 universitäre Wissenschaftsparks, und 1600 technologische Businessinkubatoren begleiten innovative Start-ups. In diesen Institutionen gibt es über 80.000 Unternehmen, die 1,7 Mio. Jobs generiert haben. Da sind sie wieder, die gut klingenden Zahlen, so auch die beiden Autoren. Die Wirklichkeit hinter den Kulissen ist oft anders, und die Erfolge lassen noch auf sich warten. Wenngleich die lokalen Autoritäten große Freiheitsgrade zur Bildung regionaler Cluster erhalten haben, zeigt sich gleichwohl an vielen Details, wie schwierig die Ausdifferenzierung der in der Triple-Helix skizzierten Funktionsbereiche ist. Es gibt beispielsweise Regionen, wo die lokale Regierung eine Position in den Boards der dort gegründeten Unternehmen beansprucht. Andere Lokalpolitiker nehmen eher in indirekter Weise Einfluss und unterstützen, etwa indem sie Gründerseminare organisieren, Aufenthaltserlaubnisse (Hukou) für Fachkräfte beschaffen oder öffentliche Mittel nicht in SOEs, sondern direkt in innovative Technologien investieren (Meyer-Comte 2012, S. 159). Auf der anderen Seite erweist sich, dass die Durchlässigkeit bzw. die strukturelle Kopplung zwischen Wissenschaft und Industrie Schwierigkeiten bereitet, weil beide Bereiche sich auch noch in der Phase der Planwirtschaft weitgehend parallel zueinander entwickelt haben (Meyer-Comte 2012, S. 161).

Dennoch kann es keinen Zweifel geben, dass dies der richtige Weg ist. Er dient auch dazu, die zahlreichen Widerstände zu umgehen, die sich auf regionaler Ebene gegen zentralistische Durchsteuerung auftun und viele gut gemeinte Ansätze einfach sterben lassen. Aber man kann innovative Milieus auf Dauer nicht künstlich erzeugen und nachhaltig am Leben erhalten (Dijk 2003). Gerade zu Anfang braucht es für ihr Überleben oftmals auch eine gewisse subversive Komponente, durchaus an offiziellen Beobachtern vorbei. Innovation lebt am Beginn auch vom Regelbruch, bevor sie selber zur Regel wird.

Interessant und bemerkenswert in dem Zusammenhang ist eine Beobachtung von Constanze Wang (2016, S. 214 ff. sowie auch. Kap. 13). Sie demonstriert an Beispielen aus der betrieblichen Praxis, dass chinesische Mitarbeiter sehr wohl bereitwillig und effizient Wissen austauschen, wenn sie sich in einem gesicherten Raum befinden. Gemeint damit ist die von ihnen wahrgenommene Wertschätzung, Vertrauen und Verlässlichkeit. Derartige Einschätzungen und Verhaltensmuster lassen sich nur durch räumliche Nähe erzeugen, anders ausgedrückt, aus räumlicher Nähe entstehen verlässliche Muster, kalkulierbare Institutionen und schließlich eine veränderte Kultur. Es passiert zwanglos, wenn man dafür den Raum gibt, in dem sich mit der Zeit neue „Gestalten" kristallisieren (vgl. auch Kap. 18).

21.11 Eine neue Rolle des Staates – Strategische Innovationssteuerung

Mit diesen hier umrissenen Vorschlägen für eine veränderte Steuerungslogik der Wirtschaftspolitik in China ist die neue Rolle des Staates aber noch nicht erschöpfend dargestellt. Es kommen drei weitere, äußerst relevante Themenfelder hinzu.

- Kein Unternehmen ist in der Lage bzw. willens, größere Risiken auf sich zu nehmen, immer die Richtung von Innovationen zu ahnen und über die erforderlichen Mittel zu verfügen, um die nötigen Weichenstellungen einzuleiten. Vielfach suchen sie daher Kooperationen. Volkswirtschaften und damit aber auch wieder dort tätige Unternehmen sind daher zunehmend auf einen übergeordneten Blickwinkel, Weichenstellungen und Ressourcen angewiesen, um Risiken zu umgehen und innovative Chancen zu nutzen. Spätestens jetzt, im beginnenden Zeitalter der vierten industriellen Revolution, kommt der Staat in Kooperation mit den Hochschulen und Instituten, in die Rolle des innovativen Impulsgebers und Weichenstellers.
- Unter den Wettbewerbsbedingungen, die global herrschen und die den technischen Wandel ständig vorantreiben, hat keine sich entwickelnde Ökonomie die Chance, sich unter ihren spezifischen Bedingungen eine eigene innovative Wissens- und Industriebasis aufzubauen. Dazu bedarf es des staatlichen Schutzes, wenn auch nur vorübergehend. Das ist in der Entwicklungsökonomie das sogenannte „Infant Economy"- bzw. „Infant Industry"-Argument.
- Schließlich braucht es auch die Rolle des Financiers von Risikoprojekten sowie von Infrastrukturprojekten. Privates Venture-Kapital, das zeigen die Erfahrungen, steigt erst ein, wenn die Risiken schon kalkulierbar sind. Darüber verfügen sich entwickelnde Ökonomien nicht über elaboriertere Finanzsysteme.

Wir betrachten diese neuen Aufgabenfelder in den folgenden drei Abschnitten, nach einigen allgemeineren Anmerkungen zu diesen Themen. Im historischen Kontext betrachtet lassen sich im Verlaufe der Modernisierungsgeschichte hier grob vier unterschiedliche Rollen des Staates unterscheiden (Abb. 21.10).

Zu Beginn ging es vor allem um den Schutz vor dem merkantilistischen Staat, seine Enthaltsamkeit in der Ökonomie und die Sicherung von Grundrechten, insbesondere das Recht auf Eigentum. Die Rolle wurde erweitert durch die zunehmende Notwendigkeit unterschiedlichster politischer, rechtlicher oder sozialer Institutionen, die der Komplexität sich ausdehnender wirtschaftlicher Aktivitäten einen verlässlichen Rahmen und Infrastrukturen lieferten. Im Gefolge eines zunehmend beobachtbaren Marktversagens und ökonomischer Krisen wurde mit der ökonomischen Theorie von Keynes eine aktivere Rolle des Staates gefordert, indirekte fiskalische Steuerung und aktive Nachfrage als Investor. Diese Ausrichtung wurde in Folgejahren von den neoliberalen Schulen erfolgreich bekämpft. Sie gewannen auf der offiziellen politischen Agenda globaler Wirtschaftspolitik die Oberhand. Aber unter der Hand geschah in den westlichen Ländern genau das Gegenteil. Die faktische Rolle des Staates bei der aktiven Förderung von neuen Themen, Innovationen und der Förderung risikoreicher Forschung war viel bedeutsamer, als es nach außen hin verkauft wurde. Das gilt insbesondere für vermeintliche Innovationsmythen wie Silicon Valley oder die Pharmaindustrie. Die risikoreichen Grundlagenforschungen dafür fanden überwiegend an öffentlich geförderten Hochschulen und Instituten statt, die innovative Leistung der Unternehmen bestand in ihrer Vermarktung (vgl. dazu die eindrucksvolle Analyse von Mazzucato 2014). Da haben wir

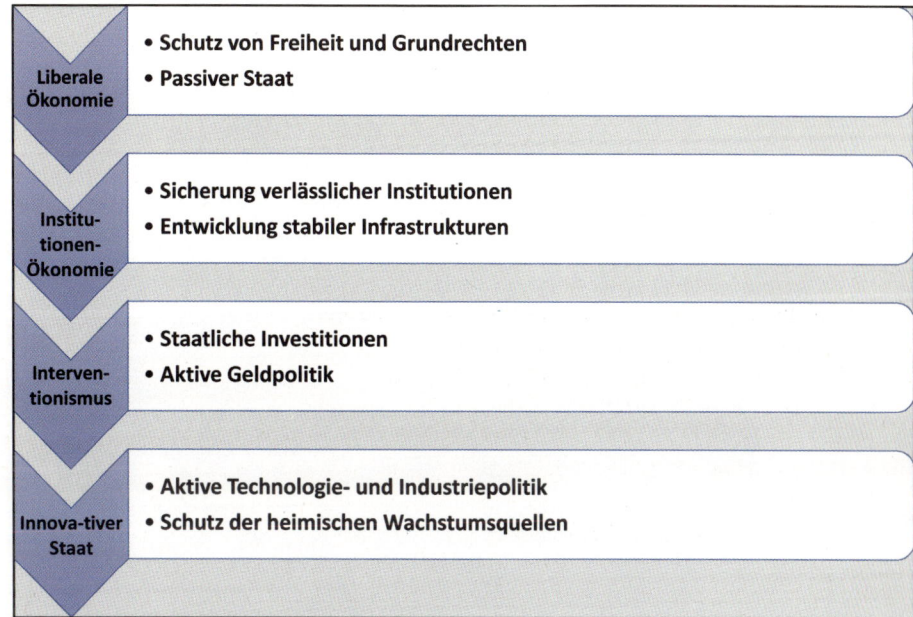

Liberale
Ökonomie
- Schutz von Freiheit und Grundrechten
- Passiver Staat

Institu-
tionen-
Ökonomie
- Sicherung verlässlicher Institutionen
- Entwicklung stabiler Infrastrukturen

Interven-
tionismus
- Staatliche Investitionen
- Aktive Geldpolitik

Innova-tiver
Staat
- Aktive Technologie- und Industriepolitik
- Schutz der heimischen Wachstumsquellen

Abb. 21.10 Die veränderte Rolle des Staates im Verhältnis zur Wirtschaft. (Quelle: Eigene Darstellung)

sie also wieder, die alte und neue Rollenteilung zwischen Experten und Entrepreneuren sowie die bedeutsame Rolle des Staates als weichenstellende und impulsgebende Steuerungsinstanz im Hintergrund (ähnlich auch die Studie von: Berger 2013).

21.12 Industrie 4.0 – Das neue Innovationsparadigma für die chinesische Industriepolitik

Die Anfänge dieser neuen aktiven Rolle des Staates in der gezielten Innovationsförderung und der Technologie- und Industriepolitik konnte man wie erwähnt schon in Japan nach dem Zweiten Weltkrieg beobachten, wobei dort auch die japanischen Firmen einen bedeutsamen Beitrag durch zahlreiche soziale Innovationen leisteten, etwa bei der Flexibilisierung der Produktion, der Passion für Qualität oder der Vermeidung von Verschwendung. Ähnliches gilt im Übrigen für die sogenannten Tigerstaaten in Asien (vgl. auch Kap. 1).

Im Einzelnen und in Anlehnung an Mazzucato (2014, S. 58 f.) lassen sich fünf unterschiedliche neue Rollen des Staates als Innovationstreiber unterscheiden (Abb. 21.11). Diese aktive staatliche Industriepolitik wurde in den letzten Jahren, in denen die Unternehmen immer mehr von kurzfristigen Gewinninteressen und dem Shareholder Value getrieben sind (Freimuth 2016), zudem das Engagement in langfristigen Zukunftsthemen immer undurchschaubarer und risikoreicher erscheint, noch sehr viel wichtiger als zuvor.

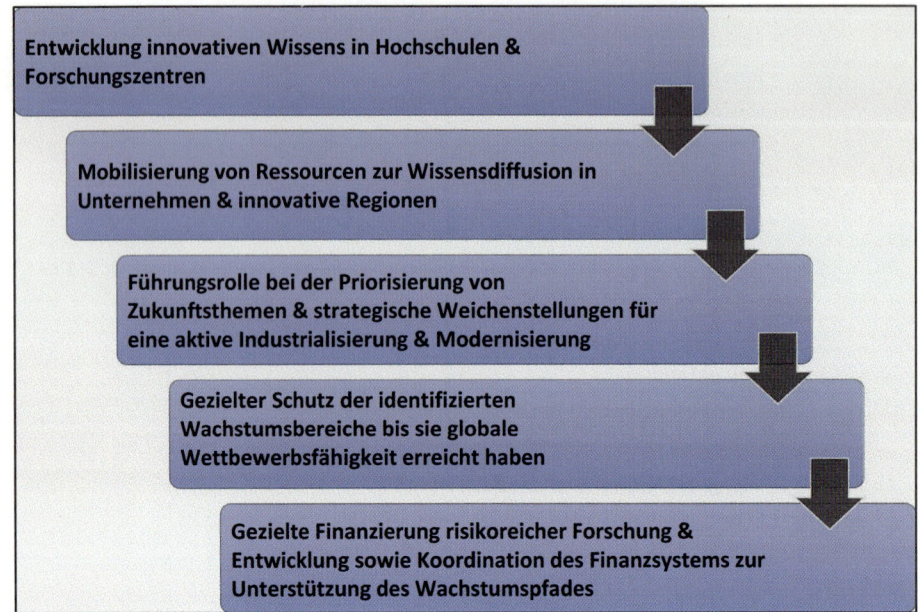

Abb. 21.11 Rollen des Staates als Innovationstreiber. (Quelle: Eigene Darstellung)

Es gibt in der Tat eine Reihe von sehr konkreten Hinweisen dafür, dass die chinesische Regierung strikt in genau diese Richtung geht und eine aktive Rolle staatlicher Politik in der Technologie- und Innovationsförderung sowie in der Unterstützung entsprechender Industrialisierungsprojekte sieht. Ganz vorn an steht dabei das Thema Industrie 4.0. Diese Vision steht im Zentrum der neuen chinesischen Initiative für eine innovative Industriepolitik mit der Überschrift „Made in China 2025", die nicht zufällig an das Label „Made in Germany" angelehnt ist. Die Diskussion über „Industrie 4.0" wird auch weitgehend in Deutschland geführt. Seit die Hannover Messe 2013 sich ausführlich dem Themenkreis Industrie 4.0 widmete, ist das Thema bei den chinesischen Strategen der ökonomischen Entwicklung im Fokus. Was sie am deutschen Ansatz 4.0 schätzen, „sind Präzision, Qualität und Zuverlässigkeit. Es soll Chinas Sprungbrett zur ‚Industrie-Supermacht' werden" (Heilmann 2015), und es zeichnet sich trotz einiger Schwierigkeiten ab, dass die Unternehmen, die sich in China in diesem Feld bewegen, erhebliche Unterstützung und Aufwind bekommen (Wübbeke et al. 2016).

Der Begriff „Industrie 4.0" wurde vom Bundesministerium für Bildung und Forschung geprägt (BMBF 2013). Man kann in diesem Zusammenhang durchaus von einem Paradigmenwechsel oder gar, nach der Dampfmaschine (18./19. Jahrhundert), dem Fließband (19./20. Jahrhundert) sowie der IT und Elektronik (20./21. Jahrhundert), von einer vierten industriellen Revolution im 21. Jahrhundert sprechen, die auf intelligenter Vernetzung und digitaler Selbstorganisation von Fertigungen beruht (vgl. u. a.: McKinsey 2015).

Insgesamt bündeln und potenzieren sich aktuell vor diesem Hintergrund verschiedene ökonomische und technologische Trends:

- Globaler Wettbewerb, technischer Fortschritt und die Differenzierung der Kunden-wünsche vervielfältigen in traditionell seriell gesteuerten Fertigungen die Anforderun-gen an Flexibilität und erzeugen dort eine Komplexität, die nicht mehr zu beschreiben und nur noch sehr schwer zu steuern ist.
- Auf der technologischen Mikroebene entwickelt sich jetzt eine Vielzahl von Innova-tionen, die den Abschied vom seriellen Denken und den Weg in eine vernetzte Fer-tigungssteuerung einläuten. Zu nennen sind hier u. a. die Sensor- und Funktechnik, Chip-Technologien oder die mobile Datenerfassung (RFID). So ist es etwa denkbar, dass Werkstücke oder Teile in der Produktion mit Maschinen kommunizieren und dort den nächsten Verarbeitungsschritt gleichsam absprechen und auch initiieren.
- Auf der Makroebene erlauben die Verbindungen mit dem Internet und Cloud-Appli-kationen die direkte Kommunikation und bedarfsorientierte Abstimmung mit Partnern in der gesamten Wertschöpfungskette in Echtzeit. Das könnte auch die Steuerung des Personaleinsatzes betreffen. Die Mitarbeiter werden dann etwa über eine entspre-chende App über einen bevorstehenden Arbeitseinsatz informiert und stimmen ab, ob sie verfügbar sind oder ob auf eine Reserve ausgewichen werden muss.
- Zugleich wird über all diese Technologien der direkte und schnelle Austausch mit Kun-denwünschen ermöglicht. Damit löst sich der alte Widerspruch zwischen Großserien-fertigung mit den Vorteilen von Skalen- und Erfahrungskurven-Effekten einerseits und den spezifischen sowie veränderlichen Kundenwünschen andererseits tendenziell auf. „Mass Customization" ist ein zentrales Ziel im Rahmen von Industrie-4.0-Strategien.

Dieses Trendbündel könnte ein neuartiges Innovationspotenzial in bislang noch nicht abschätzbaren Dimensionen freilegen. Im Moment klingt das alles noch sehr futuristisch, praktische Beispiele sind eher selten. Die Debatte über das Konzept wird in Deutschland in erster Linie von Verbänden, Instituten (Beispielhaft: BITKOM und Fraunhofer 2014) und Hochschulen geführt. Einige wenige innovative Unternehmen übernehmen aber bereits die Pionierrolle und führen konkrete Versuche durch (Müller 2015).

Insgesamt sind die Strategen der langfristigen Industriepolitik in China am The-menkomplex Industrie 4.0 und den entsprechenden Anstrengungen in Deutschland offenbar sehr interessiert. Im Rahmen der dritten Deutsch-Chinesischen Wirtschafts-konsultationen im Oktober 2014 haben die beiden Regierungen eine Innovationspartner-schaft gegründet, wo explizit auch eine Kooperation im Zusammenhang mit Industrie 4.0 vereinbart wurde (Presse- und Informationsdienst der Bundesregierung 2014).

Es gibt dafür einige verständliche Gründe:

- Deutschland hat es seit weit über 100 Jahren immer wieder vermocht, sich mit einer überaus innovativen und produktiven Industrie in der Weltspitze zu behaupten und Stan-dards zu setzen. In einem Land von mittlerer Größe und nicht sehr vielen natürlichen

Ressourcen war das nur möglich durch den gezielten Aufbau und die systematische Nutzung von Humankapital, und zwar ebenso in Büros, in Forschungslabors und in Fabrikhallen. Dafür gibt es in der Welt kaum einen Vergleich.

- Auch wenn es noch nicht viele konkrete Beispiele für funktionierende Fabriken gibt, die nach dem neuen Paradigma arbeiten, verfügen große deutsche Unternehmungen über viele der notwendigen Technologien. Neben dem klassischen Maschinenbau wären das die erwähnte Sensortechnik, Funkchips, Industrie-Software oder auch Industrieroboter. Das traditionell sehr innovative Potenzial des deutschen Mittelstandes mit seinen vielen „Hidden Champions" ist dabei noch gar nicht im Blick. Sie tüfteln eher im Kleinen, sind nicht so in der Öffentlichkeit und werden aus Risikogründen sicher nicht die Ersten sein, die mit diesen Themen in China Kooperationen suchen. Marktführer, wie etwa Siemens oder SAP, werden hier Pionierarbeit leisten.
- Nicht zuletzt steht hinter diesen einzelnen Entwicklungen und Versuchen eine zukunftsorientierte Vision, die davon lebt, die Komponenten und Bausteine zu einem größeren Entwurf zusammenzubinden, in dem sich die Wirkungen multiplizieren. Dieser Glaube an die Zukunft, auch wenn er aktuell phasenweise noch etwas spekulativ daherkommt, schafft ein kreatives Klima des Nachdenkens, Ausprobierens und Entwickelns, ein innovatives Treibhaus, in dem sich Talente und Entrepreneure mit Ideen und Initiativen entfalten können.
- *Last but not least* steht das Vorhaben in Deutschland politisch auf der strategischen Agenda und wird mit entsprechenden Mitteln von der Bundesregierung tatkräftig unterstützt. Dazu gehört explizit auch die Förderung der Kooperation mit chinesischen Unternehmungen und entsprechenden Forschungseinrichtungen.

Die hohe Attraktivität von der Vision Industrie 4.0 für China reflektiert sehr klar, dass die Notwendigkeit erkannt wurde, einen neuen Pfad der Modernisierung zu entwickeln, der nur mit einer trag- und zukunftsfähigen technologischen und wirtschaftlichen Basis möglich sein wird.

21.13 Jenseits des Washington-Consensus

Seit mehr als einer Generation wird die einschlägige wirtschaftspolitische Diskussion in den westlichen Demokratien dominiert durch den sogenannten Washington-Consensus, der Modernisierung auch und gerade in den sich entwickelnden Ländern mit einem radikalen Marktliberalismus gleichgesetzt hat. Jene Nationen und besonders natürlich ihre Bevölkerungen, die sich den Normen, Vorgaben und Zwängen von IWF und Weltbank gebeugt haben, bezahlten dafür einen hohen Preis, wie insbesondere Joseph Stiglitz (2002, 2006 und 2010) frühzeitig und mehrfach herausstellte. Der afrikanische Kontinent und viele Länder in Südamerika (BMZ-Diskurs 2004) wurden so aufgrund vermeintlicher komparativer Kostenvorteile nahezu komplett deindustrialisiert und haben nur noch limitierte Lern- und Entwicklungschancen, um den jetzt schon mehr als riesigen Abstand zu den für die Zukunft relevanten Technologien, dem spezifischen Expertenwissen und den für seine Entfaltung notwendigen sozialen, kulturellen und institutionellen Voraussetzungen auch nur zu egalisieren. Angesichts dieser Erfahrungen ist es verständlich, dass sich die BRICS-Staaten gegen diese globale Dominanz zusammengeschlossen haben und nach eigenen Entwicklungswegen ausschauen. China hat sich mit seinem Modell ganz bewusst gegen den Washington-Consensus positioniert und einen eigenständigen chinesischen Weg vor Augen.

Der Markt allein, das kristallisiert sich nach mehr als 200 Jahren politischer oder besser unpolitischer Ökonomie klar heraus, hat allerdings für derartig komplexe Probleme nur eine limitierte Steuerungskompetenz. Investitionen in Innovation, Lernen und Wissensentwicklung kann man den vorherrschenden kurzfristigen Kalkülen nicht überlassen. Der wissenschaftliche Diskurs hatte hier bis weit in das letzte Jahrhundert hinein auch einen komplett blinden Fleck. Erst nach den Arbeiten von Gary Becker (1993) wurde der enge Zusammenhang von Investitionen in Ausbildung und Erziehung, der Entstehung von Wissen und Innovationen sowie dem wirtschaftlichen Wachstum schrittweise in der Ökonomie und der von ihr beeinflussten politischen Praxis etwa von IWF oder Weltbank wahrgenommen (Boettke und Sautert 2010). An die Stelle der alten Produktionsfaktoren des Industriekapitalismus tritt eine neue Klassifikation: Menschen, Ideen und traditionelle Ressourcen (Warsh 2006). Ideen vermehren sich durch den Gebrauch, und man kann andere von ihrer Nutzung nur schwer ausschließen. Damit wird eine Grundannahme der (neo-)klassischen Ökonomie hinfällig, nämlich die prinzipielle Knappheit von Ressourcen.

Allerdings müssen die sich entwickelnden Länder die Chance haben, Wissen und Ideen sowie eine darauf basierende industrielle Basis zu entwickeln und mit entsprechenden Produkten auf Augenhöhe zu konkurrieren. Und hier stoßen wir auf einen weiteren blinden Fleck der Wirtschaftswissenschaften. Es kann keinen vernünftigen Zweifel daran geben, dass in einer globalen und äußerst kompetitiven Ökonomie sich entwickelnde Nationen gut daran tun, ihre innovativen und lernenden Industrien zunächst zu schützen, damit sie überhaupt eine realistische Chance auf dem Weltmarkt bekommen. Ohne eigene strategische Industriepolitik – so spöttisch Stiglitz und Greenwald (2015, S. 274) – würde etwa Südkorea heute ausschließlich Reis anbauen und exportieren, weil in der Landwirtschaft ursprünglich sein großer komparativer Kostenvorteil lag. Die heute so wichtigen Elektroniktechnologien würden sie stattdessen aus den westlichen Ländern importieren (s. a.: Haggard 1990).

Heute gehört Südkorea jedoch zu den sogenannten Kompetenzfestungen (vgl. zu den folgenden Angaben: Heinsohn 2015). Das sind Länder, wie etwa auch Singapur, Taiwan, aber auch Neuseeland oder teilweise Australien, denen es gelingt, im überdurchschnittlichen Maße Wissensarbeiter und Talente ausbilden, zu halten und aus anderen Ländern anzuziehen. Korea hat mit seinen 50 Mio. Einwohnern beim Bevölkerungsanteil mit Hochschulabschluss (25- bis 34-Jährige) und bei den internationalen Anmeldungen für Patente (pro Millionen Einwohner) die Weltspitze erreichen können. Das – so die Prognose von Gunnar Heinsohn weiter – können knapp 1,4 Mrd. Chinesen auch schaffen. Bis

2019 sollen anvisierte 40 Mio. neue Hochschulabsolventen helfen, die industrielle Struktur des Landes umzuwälzen und für Innovationen zu sorgen.

Wie erwähnt, ist es für sich entwickelnde Ökonomien zunächst sehr plausibel, durch Abgrenzung und Protektion zunächst die Freiräume zu schaffen, um eigene Ressourcen aufzubauen. Genau dafür plädiert auch Stiglitz in seinem jüngsten Band, entgegen dem noch sehr einflussreichen Mainstream der neoliberalen Ökonomie:

> Staatliche Eingriffe in den Marktmechanismus sind wünschenswert, um nach Möglichkeit durch Handelsbeschränkungen das Wachstum von Sektoren anzuregen, in denen mehr gelernt wird und die Spillover-Effekte größer sind (Stiglitz 2015, S. 266 f.).

Bei näherem Hinsehen zeigt sich im Übrigen, dass die Rolle von staatlichen Investitionen und Protektion bei einer Vielzahl von wachstumsinduzierenden Innovationen in den westlichen Demokratien genau so beschrieben werden kann. Ob es sich um Nanotechnologie, Biotechnologie oder die Grundlagen der Informationstechnologie und des Internets handelt, die Basisinnovationen waren das Ergebnis staatlich geförderter und geschützter Forschung. Findige Entrepreneure sind auf diese Welle erst später aufgesprungen (Block und Keller 2016 sowie Mazzucato 2014).

China kann den Schutz seiner innovativen Wachstumssektoren durch den Beitritt zur WTO allerdings nur sehr bedingt über Handelsbeschränkungen erreichen. Der niedrige Wechselkurs der Währung erzielt jedoch die gleiche Wirkung. Wie dem auch sei, aus der industriepolitischen Sicht sind solche Vorgehensweisen kein nationalistischer Rückzug, und sie streben auch nicht nach Autarkie. Vielmehr handelt es sich lediglich um die bewusste Schaffung von Freiräumen, um Humankapital, innovatives Wissen und Erfahrungen zu entwickeln und überhaupt erst einmal in eine gewisse Nähe zur internationalen Wettbewerbsfähigkeit zu kommen. In diesem Sinne plädierte Xi Jinping (2017) auch für Freihandel auf dem jüngsten World Economic Forum in Davos.

21.14 Finanzierung von Risiken – Die chinesische Entwicklungsbank (CDB)

Bei all der Bedeutung von Industrie 4.0 darf man nicht aus den Augen verlieren, dass es darüber hinaus auch andere wichtige Technologiefelder und Themenbereiche gibt, in denen enorme Potenziale für die Modernisierung liegen. Sie sind in China gleichfalls auf der Agenda, und in einem Bereich haben wir das in Deutschland schon zu spüren bekommen. Im gesamten Bereich der grünen Technologien hat China an vielen Stellen eine führende Stellung übernommen. Zum Teil wurde das begünstigt durch das Scheitern derartiger Strategien in einigen westlichen Ländern, weil dieser Wandel vitale Interessen etablierter Energieunternehmen berührt. In China hat das Thema aufgrund der massiven Umweltprobleme einen ganz anderen Stellenwert.

Die chinesische Entwicklungsbank hat an dieser Erfolgsgeschichte einen ganz erheblichen Anteil (Sanderson und Forsythe 2013, S. 147 ff.), etwa bei der Förderung der führenden Hersteller von Solarmodulen (Martin 2011). Auch das chinesische Vorzeige-unternehmen Huawei hat seine Expansion einem beträchtlichen Kredit von der CDB zu verdanken (Sanderson und Forsythe 2013, S. 159 ff.). Gemeinsam mit der chinesischen Import-Exportbank verfügt die CDB über ein Kreditvolumen von 550 Mrd. US$, was knapp um das Vierfache höher als der Kreditraum der Weltbank ist (Sachverständigenrat 2016, S. 493).

Das führt uns zu einigen kurzen Hinweisen auf die Rolle der CDB bei der Finanzie-rung von innovativen Projekten (Abb. 21.12), wenn Unternehmen, bedingt durch die unkalkulierbaren Risiken, die hohen Beträge oder den langen Zeithorizont für den Mit-telrückfluss zurückschrecken. Wagniskapital wird benötigt, wenn die Forschungen abge-schlossen sind und sich erste vielversprechende Ideen abzeichnen, ohne dass allerdings belastbare Business-Cases vorliegen. Private Firmen steigen im Allgemeinen erst ein, wenn die erfolgreiche Vermarktung sichergestellt und das Risiko des Scheiterns nur noch gering ist. In diese Lücke können und müssen in sich entwickelnden Ökonomien Ent-wicklungsbanken (!) gehen, weil der Markt und die dort agierenden Unternehmen i. d. R. kein Interesse daran haben können.

Rolle und Reichweite von Banken wie die CDB gehen über die Finanzierung hinaus, vor allem wenn sie ihre Aufgabe im Konzert mit einer klugen nationalen Industrialisie-rungsstrategie verbinden. Sie können Mittel in Investitionsfelder lenken, die weniger Kapitalrenditen abwerfen, aber beispielsweise von einem beträchtlichen sozialen oder ökologischen Nutzen sind und somit mittelbar auf den „Wohlstand der Nationen" einen erheblichen Einfluss nehmen. Lebensqualität, Umweltschutz und Gesundheit sind solche Themen, die für die Anwerbung von Talenten, Experten und Unternehmern ein starkes Argument sein können. Das ist bekanntlich besonders in den urbanen Ballungsräumen Chinas ein großes Thema.

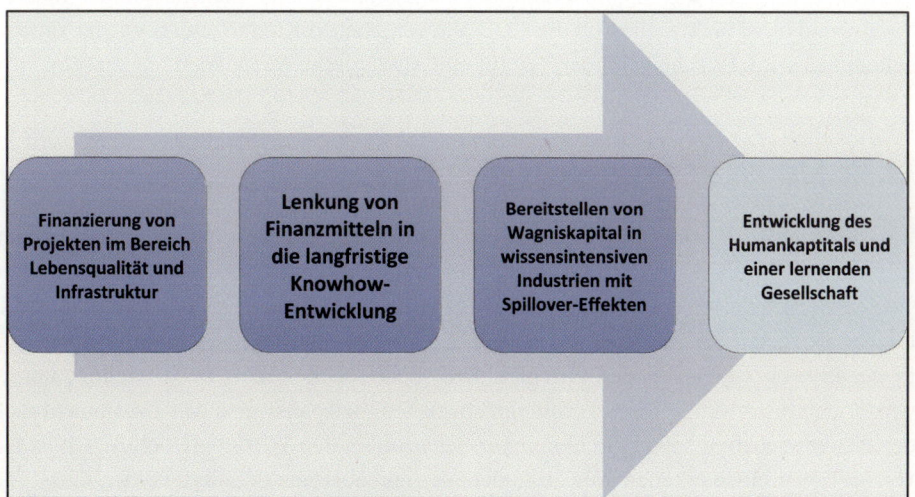

Abb. 21.12 Industriepolitik, Entwicklungsbanken und Lernen. (Quelle: Eigene Darstellung)

Ein kleines Beispiel möge die Dimension dieser Thematik nur andeuten: Gegenwärtig wird für den überforderten Ballungsraum Beijing daran gearbeitet, eine Megametropole zu entwickeln, in der die 20 Mio. Einwohner der Hauptstadt mit den 10 Mio. Einwohnern der Metropole Tianjin sowie der umliegenden Provinz Hebei bis 2030 verschmolzen werden sollen. Diese dann größte Metropole der Welt hätte 130 Mio. Einwohner, mehr als Deutschland und Polen zusammen, auf einer Fläche, die mehr als dreimal so groß ist wie Bayern. Nur allein für den Ausbau des Schienennetzes mit weiteren 1000 km werden in den kommenden vier Jahren 30 Mrd. EUR investiert (Lee 2016c).

Die Aufgabe von Entwicklungsbanken besteht auch darin, Mittel in Sektoren oder Industriezweige zu lenken, die bedeutende externe Effekte bzw. Spill-over-Effekte auf andere Sektoren und Industriezweige auslösen. Kein Unternehmen würde investieren, wenn sich der Nutzen dieser Investition nicht in der eigenen, sondern in einer anderen Kasse zeigt. Eine strategisch agierende Industriepolitik, die mit den Finanzen einer Entwicklungsbank ausgestattet ist, kann das tun, weil sie primär an den sozioökonomischen Gesamtwirkungen und Lerneffekten interessiert ist. Selbst wenn ein geförderter Industriezweig niemals selber profitabel wird und nur von Subventionen lebt, so kann er in anderen Sektoren und Zweigen gleichwohl viele Spill-over-Effekte auslösen, die die Lern- und Wettbewerbsstärke der übrigen Volkswirtschaft nachhaltig verbessern. Damit wird, so argumentieren Stiglitz und Greenwald (2015, S. 275), nicht nur das Lernen eines einzelnen Unternehmens oder eines besonderen Industriezweiges, sondern der gesamten Ökonomie angekurbelt, „Es entsteht eine lernende Gesellschaft."

Das muss die Vision sein. Davon ist die CDB allerdings gegenwärtig noch weit entfernt. Sie ist allzu sehr mit dem Machtapparat verbunden und stellt auch selber einen Machtapparat dar. Die leichte Verfügbarkeit von Geld hat auch dazu geführt, die Steuerungsaktivitäten auf die Gabe von Geld zu reduzieren. Die auch dadurch auf die Spitze getriebene Verschuldung in China holt die Finanzjongleure inzwischen auch hier gnadenlos ein, und es ist nicht sicher, ob die CDB alle vergebenen Kredite jemals wieder zurückbekommen wird. Es scheint an der Zeit für eine strategische Neuausrichtung zu sein.

21.15 Change „Made in China 2025"?

Im vorliegenden Beitrag ging es darum, ansatzweise darzulegen, wie sich im globalen Kontext und in einer von Innovationen und Wissen gekennzeichneten Ökonomie eine sich entwickelnde Volkswirtschaft wie China aufstellen könnte. Das geschah unter zahlreichen Rekursen auf die Diskussionen in der wissenschaftlichen Ökonomie, aber auch in der kritisch beobachtenden Öffentlichkeit. Schließlich war es auch wichtig, immer wieder den historischen Kontext mit einzubeziehen, beispielsweise den Zusammenbruch der Planwirtschaften sowie die Dominanz der neoliberalen Wirtschaftspolitik. China hat versucht, hier einen eigenen Weg zu finden, der nun aber neu definiert werden muss. Ein wirklicher Sprung nach vorn ist nur möglich durch inklusive Innovationen, die sich in innovativen Sphären selbsttätig entwickeln. Das ist die Botschaft der Diskussion über regionale Innovationssysteme. Damit muss eine schrittweise Verlagerung der Steuerungshoheit einhergehen, damit sich die Treiber dieser Entwicklung, Unternehmer und Experten begegnen und vernetzen können und das in einem institutionellen Umfeld mit kalkulierbaren Beamten.

Es wurde sehr deutlich, dass das Hauptproblem in diesem mächtigen Land gegenwärtig darin besteht, das Zerbrechen der Gesellschaft unter der Last der Herausforderungen für alle Beteiligten zu vermeiden. Hier hat die politische Steuerung eine Dynamik entwickelt, die nur mit der Logik von Machtsystemen unter erheblichem Druck erklärbar ist. Die reflexhafte vermeintliche Lösung, mehr zentrale Kontrolle, ist zugleich das Problem.

Während die chinesische Politik sich so auch um sich selber dreht, bleibt die Welt nicht stehen, ganz im Gegenteil. Es gibt jedoch keinerlei Blaupausen für eine derartige Herausforderung und keinen Königsweg, das muss man fairerweise immer in die Betrachtung einbeziehen. Was auf der Oberfläche vermeintlich als Entscheidungsschwäche erscheint, ist viel mehr. Es ist der Ausdruck einer Entscheidungskomplexität, die ihresgleichen sucht, und es ist die Symptomatik eines politischen Patts.

Es kann in so einem Kontext auch Kalkül sein, auf Zeit zu spielen und auf ein Momentum zu warten, das sich im Gefolge veränderter Rahmenbedingungen plötzlich ergibt und eine neue Chance bietet. Es ist somit denkbar, dass dieser scheinbar so zögerliche und widersprüchliche Gradualismus der einzige Weg ist, um mit kontrolliertem Risiko schrittweise aus den skizzierten Dilemmata herauszukommen. Folgt man den sehr erhellenden Analysen von Francois Jullien (2002, 2006 und 2008), so entspricht diese Kombination aus situativem Opportunismus, geduldigem Abwarten und gleichgewichtiger Regulierung angesichts von komplexen Veränderungen einer langen und zutiefst chinesischen Denkweise, die bis auf die Klassiker Konfuzius und Menzius zurückreicht:

- Es geht einmal darum, die Wahrheit des Augenblicks zu erkennen und dann zu handeln,
- das Zweite ist, dabei die tragenden Kräfte zu erkennen und sie in seinem Sinne zu nutzen,
- und schließlich kommt es darauf an, das mit ruhigem Bedacht zu tun und Gleichgewichte nicht zu gefährden.

Von außen wirkt das vielleicht wie Zaudern oder mangelnde Kraft zum Entschluss. Warten auf einen geeigneten Augenblick kann aber eben auch Kalkül sein und ist sicher besser als undifferenzierte Eingriffe.

Literatur

Acemoglu D, Robinson JA (2013) Warum Nationen scheitern. Die Ursprünge von Macht, Wohlstand und Armut. Fischer, Frankfurt a. M.
Aguayo R (2004) The metaknowledge advantage. The key to success in the new economy. Free Press, New York

Akerlof GA, Shiller RJ (2009) Animal Spirits. Wie Wirtschaft wirklich funktioniert. Campus, Frankfurt a. M.

Andrade T (2016) The gunpowder age. China, military innovation, and the rise of the West in world history. Princeton University Press, Princeton

Arnold M, Mattes A, Sandner P (2014) Regionale Innovationssysteme im Vergleich. DIW Wochenbericht 5:79–87

Axtell J (2016) Wisdoms's workshops. The rise of the modern University. Princeton University Press, Princeton

Becker G (1993) Human capital. A theoretical and empirical analysis with special reference to education, 3. Aufl. University of Chicago Press, Chicago

Berger S (2013) Making in America. From innovation to market. MIT Press, Cambridge

Bernstein PL (1996) Against the gods. The remarkable story of risk. Wiley, New York

BITKOM & Fraunhofer IAO (2014) Industrie 4.0 – Volkswirtschaftliches Potenzial für Deutschland. Studie, Berlin

Block F, Keller MR (Hrsg) (2016) State of innovation. The U.S. government's role in technology development. Routledge, London

Bloom P (2016) Authoritarian capitalism in the age of globalization. Elgar, Cheltenham

BMBF (2013) Zukunftsbild „Industrie 4.0". BMBF, Bonn

BMZ-Diskurs (2004) Post-Washington-Consensus – Einige Überlegungen. Ein Diskussionspapier des BMZ. Bundesministerium für wirtschaftliche Zusammenarbeit und Entwicklung, Nr. 003, BMZ, Bonn

Boettke P, Sautet F (2010) The use of knowledge in economics. In: Moldaschl M, Stehr N (Hrsg) Wissensökonomie und Innovation Beiträge zu einer Ökonomie der Wissensgesellschaft. Metropolis, Marburg, S 77–92

Bolz N (2008) Der Prothesengott. Über die Legitimität der Innovation. In: Bohrer KH, Scheel K (Hrsg) Neugier. Vom europäischen Denken. Sonderheft Merkur 62(9/10):753–761

Boyd R, Richerson PJ (2005) The origin and evolution of cultures. Oxford University Press, Oxford

Brady RA (1974) The rationalization movement in German industry. A study in the evolution of economic planning. Howard Fertig, New York

Bremmer I (2006) The J-Curve. A new way to understand why nations rise and fall. Simon & Schuster, New York.

Brown JS, Duguid P (2000) The social life of information. Harvard University Press, Boston

Brown K, Burgess J, Festing M, Royer S (Hrsg) (2010) Value adding webs and clusters. Concepts and cases. Hampp, München

Burke P (2014) Die Explosion des Wissens. Von der Encyclopédie bis Wikipedia. Wagenbach, Berlin

Castells M (2001) Das Informationszeitalter I. Die Netzwerkgesellschaft. Leske + Budrich, Opladen

Child J, Tse KKT, Rodrigues SB (2013) The dynamics of corporate co-evolution. A case study of port development in China. Elgar, Cheltenham

China Daily (17. Marz 2016) Li Delivers Assurance on Growth and Reform, S 1 ff.

Chow PCY (2010) China as the world Market and/or World factory in the global economy. In: Chuang Y-c, Thomas S (Hrsg) China and the world economy. Berliner China-Hefte 37:39–63.

Dijk van MP (2003) Is Nanjing's concentration of it companies an innovative cluster? In: Fornnahl D, Brenner T (Hrsg) Cooperation, networks and institutions in regional innovation systems. Elgar, Cheltenham, S 173–193

Ericsson KA, Charness N, Feltovich PJ, Hoffman R (Hrsg) (2009) The Cambridge Handbook of Expertise and Expert Management. University Press, Cambridge

Etzkowitz H (2008) The triple helix. University-Industry-Government. Innovation in action. Routledge, New York

Evans P (1995) Embedded autonomy. States & industrial transformation. Princeton University Press, Princeton

Evans P (2005) The challenge of the ‚institutional turn‘: new interdisciplinary opportunities in development theory. In: Nee V, Swedberg R (Hrsg) The economic sociology of capitalism. University Press, Princeton, S 90–116

Evetts J, Mieg HA, Felt U (2016) Professionalization, scientific expertise, and elitism: a sociological perspective. In: Ericsson KA, Charness N, Feltovich PJ, Hoffman RR (Hrsg) The Cambridge Handbook of Expertise and Expert Performance. University Press, Cambridge, S 105–123

Feng X (2014) Challenges to China’s self-driven innovation and intellectual property practice. In: Shao K, Feng X (Hrsg) Innovation and intellectual property in China. Elgar, Cheltenham, S 80–110

Ferris T (2010) The science of liberty. Democracy, reason, and the law of nature. Harper & Collins, New York

Florida R (2005) Cities and the creative class. Routledge, New York

Florida R (2008) Who’s your city?. Basic Books, New York

Florida R (2012) The rise of the creative class. Basic Books, New York

Freeman C (1987) Technology policy and economic performance. Lessons from Japan. Pinter Publishers, London

Freeman C (1995) The ‚national system of innovation‘ in historical perspective. Cambr J Econ 19:5–24

Freimuth J (2016) Saldo Mortale. Betriebswirtschaftliche Vernunft versus systemische Intelligenz. Organisationsentwicklung 35(1):80–85

Freimuth J, Krieg R, Luo M, Müller C, Schädler M (Hrsg) (2011) Geistiges Eigentum in China. Neuere Entwicklungen und praktische Ansätze für den Schutz und Austausch von Wissen. Gabler, Wiesbaden

Freimuth J, Krieg R, Schädler M (2005) Kulturelle Konflikte in deutsch-chinesischen Joint Ventures. Zeitschrift für Personalforschung 19(2):159–180

Frieden L, Heinen N, Leithner S (2016) Europa 5.0. Ein Geschäftsmodell für unseren Kontinent. Campus, Frankfurt

Fukuyama F (1992) The end of history and the last man. Free Press, New York

Fukuyama F (1995) Trust: the social virtues and the creation of prosperity. Free Press, New York

Fukuyama F (2014) Political order and political decay. From the industrial revolution to the globalization of democracy. Farrar, Straus & Giroux, New York

Gerschenkron A (1966) Economic backwardness in historical perspective. A book of essays. Belknap Press of Harvard University Press, Cambridge

Geulen T (2015) Mitarbeiterbindung: Neue Wege gehen. In: Contact China (Hrsg) Deutsch-Chinesische Mittelstandskooperation. Ein Handbuch. OWC, Beijing, S 32–38

Ghemawat P, Hout T (2016) Can China’s companies conquer the world? Foreign Aff 95(2):86–98

Göbel C (2014) Innovationsgesellschaft China? Politische und wirtschaftliche Herausforderungen. In: Fischer D, Möller-Hofstede C (Hrsg) Länderbericht China. Bundeszentrale für politische Bildung, Bonn, S 573–606

Gouldner A (1984) Reziprozität und Autonomie. Suhrkamp, Frankfurt a. M.

Gu X (2014) Die Große Mauer in den Köpfen. China, der Westen und die Suche nach Verständigung. Edition Körber Stiftung, Hamburg

Haggard S (1990) Pathways from the periphery. The politics of growth in the newly industrializing countries. Cornell University Press, Ithaca

Halper S (2010) The Beijing consensus. How China’s authoritarian model will dominate the twenty-first century. Basic Books, New York

Hayek, F v (1996) Die verhängnisvolle Anmaßung: Die Irrtümer des Sozialismus. Mohr, Tübingen

Heep S (2016) Führungslos in Peking. http://www.Zeit.de/wirtschaft/2016-01/china-wirtschafts-lage-kontrollverlust-regierung. Zugegriffen: 5. Febr. 2016

Heilmann S (2015) China will ein Wirtschaftswunder. Frankfurter Allgemeine. Fazit – das Wirt-schaftsblog.   http://blogs.faz.net/fazit/2015/08/28/china-will-ein-wirtschaftswunder-6395/. Zugegriffen: 2. Jan. 2016.

Heilmann S, Stepan M (2016) (Hrsg.) China's core executive. Leadership styles, structures and processes under Xi Jinping. Merics Papers on China, Berlin

Heinsohn G (2015) Konkurrenz der Kompetenzfestungen bleibt auch 2015 Trend. Malik Blog. https://blog.malik-management.com/1-2/. Zugegriffen: 28. Aug. 2016

Hertle H-H (1999) Der Fall der Mauer. Die unbeabsichtigte Selbstauflösung des SED-Staates (2. Aufl.). Westdeutscher Verlag, Opladen

Hiltzik M (2015) Big science. Ernest Lawrence and the invention that launched the military-industrial complex. Simon & Schuster, New York

Hohensee M (2009) Uni Stanford. Die Ideenschmiede des Sillicon Valley. http://www.wiwo.de/unternehmen/uni-stanford-die-ideenschmiede-des-silicon-valley/5562728.html.   Zugegriffen: 29. Dez. 2016

Höpner A, Scheuer S, Stratmann K (2016) Die rote Gefahr. Vom Partner zum Rivalen. Handelsblatt vom 7 November 215:4–6

Huff T (2003) The rise of early modern science: Islam, China, and the West. University of Chicago Press, Cambridge

Jin J, Zhang Z, McKelvey M (2015) The emergence of knowledge-intensive entrepreneurship in China: four start-up companies in nanotechnology in Sushou. In: McKelvey M, Bagchi-Sen S (Hrsg) Innovation spaces in Asia. Entrepreneurs, multinational enterprises and policy. Elgar, Cheltenham, S 144–166

Johnson S (2016) Wo gute Ideen herkommen. Eine kurze Geschichte der Innovation, 4. Aufl. Sco-venta Verlagsgesellschaft, Deutschland

Jullien F (2002) Der Umweg über China. Ein Ortswechsel des Denkens. Merve, Berlin

Jullien F (2006) Vortrag vor Managern über Wirksamkeit und Effizienz in China und im Westen. Merve, Berlin

Jullien F (2008) Umweg über China. Kontroverse über China. Sino-Philosophie. Merve, Berlin, S 7–29

Kamaras E (2010) Humankapital in der Wachstumstheorie. In: Moldaschl M, Stehr N (Hrsg) Wis-sensökonomie und Innovation. Beiträge zu einer Ökonomie der Wissensgesellschaft. Metropo-lis, Marburg, S 113–144

Keynes JM (2011) Das Ende des Laissez-Faire. Duncker & Humblot, Berlin

Kissinger H (2012) China. Zwischen Tradition und Herausforderung, 2. Aufl. Pantheon, München

Kissinger H, Zakaria F, Ferguson N, Li DD (2012) Wird China das 21. Jahrhundert beherrschen? Eine Debatte. Pantheon, München

Landes D (1998) The wealth and poverty of nations. Why some are so rich and some so poor. Norton, New York

Lee F (2016a). Chinas starker Mann macht sich viele Feinde. Weser Kurier, 24. Oktober, S 2

Lee F (2016b). Frühstück per Smartphone. Weser Kurier, 24. November, S 19

Lee F (2016c). Es wird eng im Reich der Mitte. Weser Kurier, 24. November, S 3

Li Cheng (2012) The political mapping of China's tobacco industry and anti-smoking campaign. www.brookings.edu. John L. Thornton China Center at Brookings, Washington D. C.

Locke RM, Wellhausen RL (Hrsg) (2014) Production in the innovation economy. MIT press, Cambridge

Luhmann N (1977) Die Gesellschaft der Gesellschaft. 2 Bände. Suhrkamp, Frankfurt a. M.

Lundvall B-A (Hrsg) (1992) National systems of innovation. Towards a theory of innovation and interactive learning. Pinter Publishers, London

Man J (2002) The Gutenberg Revolution. The story of a genius and an invention that changed the world. Headline Book Publishing, London

Martin K (2011) Solarenergie in China. In: Heilmann S (Hrsg) China analysis 87(2011). Trier University

Mazzucato M (2014) Das Kapital des Staates. Eine andere Geschichte von Innovation und Wachstum. Kunstmann, München

McKinsey & Company (2015) Industry 4.0 – How to navigate digitization of the manufacturing sector. McKinsey Digital

Meier-Comte E (2012) Knowledge transfers and innovation for a Western multinational company in Chinese and Indian technology clusters. Hampp, Mering

Mishra P (2016) The globalization of rage. Why today's extremism looks familiar. Foreign Aff 95(6):46–54

Mistree F, Panchal JH, Schäfer D, Allen JK, Haroon S, Siddique Z (2014) Personalized engineering education for the twenty first century. In: Gosper M, Ifenthaler D (Hrsg) Curriculum models for the 21st century. Springer, Berlin, S 91–112

Mokyr J (2002) The gifts of Athena. Historical origins of the knowledge economy. University Press, Princeton

Müller B (2015) Keine Angst vor 4.0. Technology Review. Das Magazin für Innovation, S 1–4. http://www.heise.de/tr/artikel/keine-Angst-vor-4-0-2880799.html. Zugegriffen: 31. Jan. 2016

Needham J (1954) Science and civilisation in China. University of Chicago Press, Cambridge

Nelson RR (Hrsg) (1993) National innovation systems. A comparative analysis. Oxford University Press, New York

Nelson RR (1996) The Sources of economic growth. Harvard University Press, Cambridge

Nelson RR, Winter SG (Hrsg) (1982) An Evolutionary Theory of Economic Change. The Belknap Press of Harvard University Press, Cambridge Massachusetts

North DC (1981) Structure and change in economic history. Norton, New York

North DC (2005) Capitalism and economic growth. In: Nee V, Swedberg R (Hrsg) The economic sociology of capitalism. Princeton University Press, Princeton, S 41–52

North DC, Thomas RP (1973) The rise of the western world. A new economic history. University of Chicago Press, Cambridge

Olson M (1991) Aufstieg und Niedergang von Nationen, 2. Aufl. Mohr Siebeck, Tübingen

Olson M (2000) Power and prosperity. Outgrowing communist and capitalist dictatorships. Basic Books, New York

Orr JE (1996) Talking about machines. An ethnography of a modern job. Cornell University Press, Ithaca

Osborne R (2008) Civilization. A new history of the western world. Pegasus Books, New York

Osterhammel J (2009) Die Verwandlung der Welt. Eine Geschichte des 19. Jahrhunderts, 4. Aufl. Beck, München

Pei M (2006) China's trapped transition. The limits of developmental autocracy. University of Chicago Press, Cambridge

Pei M (2016a) China's crony capitalism. The dynamics of regime decay. Harvard University Press, Cambridge

Polanyi K (1978) The Great Transformation. Politische und ökonomische Ursprünge von Gesellschaften und Wirtschaftssystemen. Suhrkamp, Frankfurt a. M.

Polanyi M (1985) Implizites Wissen. Suhrkamp, Frankfurt a. M.

Porter ME (1990) The competitive advantage of nations. Free Press, New York

Presse- und Informationsdienst der Bundesregierung (2014) Aktionsrahmen für die deutsch-chinesische Zusammenarbeit: „Innovation gemeinsam gestalten!" http://www.bundesregierung.de/Content/DE/Pressmitteilungen/BPA/2014/10/2014/-10-10-aktionsrahmen-dt-chin-konsultationen.html. Zugegriffen: 31. Jan. 2016

Rödder A (2015) 21.0 – Eine kurze Geschichte der Gegenwart. Beck, München

Sachverständigenrat zur Begutachtung der gesamtwirtschaftlichen Entwicklung (2016) Zeit für Reformen. Jahresgutachten 16/17. Statistisches Bundesamt, Wiesbaden

Sanderson H, Forsythe M (2013) China's superbank. Debt, oil and influence – how Chinas development bank is rewriting the rules of finance. Wiley, Singapur

Scherrer C (Hrsg) (2011) China's labor question. Hampp, München

Schucher G, Noesselt N (2013) Weichenstellung für Systemerhalt: Reformbeschluss der Kommunistischen Partei Chinas. GIGA-Focus 10:1–8

Schumpeter JA (1980) Kapitalismus, Sozialismus und Demokratie (6. Aufl.). Francke, München

Schumpeter JA (1997) Theorie der wirtschaftlichen Entwicklung (9. Aufl.). Duncker & Humblot, Tübingen

Shambaugh D (2016) China's future. Polity Press, Cambridge (UK)

Shao K (2014) The cores and contexts of China's 21st-century national innovation system. In: Shao K, Feng X (Hrsg) Innovation and intellectual property in China. Elgar, Cheltenham, S 1–29

Shao Y (2015) Strategic vision and outlook of „Made in China 2025" (Part 1). Possibilities and challenges for Industry 4.0 China Version. Mizuho China Monthly 7(2015):8–18

Simon FB (1997) Die Kunst nicht zu lernen. Carl Auer, Heidelberg

Sloterdijk P (2016) Was geschah im 20. Jahrhundert? Suhrkamp, Berlin

Stehr N (2003) Wissenspolitik. Suhrkamp, Frankfurt

Stewart TA (2001) The Wealth of knowledge. Intellectual capital and the twenty-first century organization. Currency & Doubleday, New York

Stiglitz JE (2002) Die Schatten der Globalisierung. Siedler, Berlin

Stiglitz JE (2006) Die Chancen der Globalisierung. Siedler, Berlin

Stiglitz JE (2010) Im freien Fall. Vom Versagen der Märkte bis zur Neuordnung der Weltwirtschaft. Siedler, München

Stiglitz JE, Greenwald BC (2015) Die innovative Gesellschaft. Wie Fortschritt gelingt und warum grenzenloser Freihandel die Wirtschaft bremst. Econ, Berlin

Swedberg R (Hrsg) (2000) Entrepreneurship. The social science view. Oxford University Press, Oxford

Thaler RH (2015) Misbehaving. The making of behavioral economics. Norton, New York

The Economist (2016a) Inside the Bear. 421(9012), 28th Oktober, S 3–13

Thurow LC (1999) Creating wealth. Nicholas Brealey, London

Tsang EWK (2007) Transferring knowledge to enterprises in China. In: Yeung HW-c (Hrsg) Handbook of Research on Asian Business. Elgar, Cheltenham, S 84–98

Wang C (2016) The subtle logics of knowledge conflicts in China's foreign enterprises. Springer VS, Wiesbaden

Warsh D (2006) Knowledge and the wealth of nations. A story of economic discovery. Norton, New York

Wei L, Page J (2016) Discord between China's top two leaders spills into the open. Wall Street Journal. http://www.wsj.com/articles/discord-between-chinas-top-two-leaders-sills-into-the-open-1469134110. Zugegriffen: 23. Dez. 2016

Willke H (1998a) Systemisches Wissensmanagement. UTB, Stuttgart

Willke H (1998b) Systemtheorie III: Steuerungstheorie (2. Aufl.). UTB, Stuttgart

Willke H (2001) Systemisches Wissensmanagement (2. Aufl.). Lucius & Lucius und UTB, Stuttgart

Wootton D (2015) The invention of science. A new histroy of the scientific revolution. Penguin Books, NewYork

Wübbeke J, Meissner M, Zenglein JI, Conrad B (2016) Made in China 2015. The making of a high-tech superpower and consequences for industrial countries. Merics Papers on China 2(11). Merics (Mercator Institute for China Studies)

Xi J (2014) Transition to innovation-driven growth. Jinping X. The governance of China. Foreign Language Press, Beijing, S 131–142

Xi J (2017) President Xi's speech in Davos in full. https://www.weforum.org/agenda/2017/01/full-text-of-xi-jinping-keynote-at-the-world-economic-forum. Zugegriffen: 5. Febr. 2017

Zahra SA (2005) Introduction. In: Zahra SA (Hrsg) Corporate entrepreneurship and growth. Elgar, Cheltenham, S XIII–XXVI

Zapf W (1989) Über soziale Innovationen. Soziale Welt 40(1/2):170–183

Zhang H (2014) Agglomeration and product innovation in China. http://www.voxeu.org/article/agglomeration-and-product-innovation-china. Zugegriffen: 7. Febr. 2016

Zimmermann BJ (2006) Development and adaptation of expertise: the role of self-regulatory processes and beliefs. In: Ericsson KA, Charness N, Feltovich PJ, Hoffmann RR (Hrsg) The Cambridge Handbook of Expertise and Expert Performance. University of Chicago Press, Cambridge, S 705–722

Quellen und weiterführende Literatur

Bachmann R, Zaheer A (Hrsg) (2006) Handbook of Trust Research. Elgar, Cheltenham

Drucker PF (2008) Knowledge is all. In: Drucker PF (Hrsg) Management. Harper & Collins, New York, S 37–44 (Revised Edition)

Fligstein N (2005) States, markets, and economic growth. In: Nee V, Swedberg R (Hrsg) The economic sociology of capitalism. Princeton University Press, Princeton, S 119–143

Fukuyama F (1999) Der grosse Aufbruch. Zsolnay, Wien

Fukuyama F (2005) Still disenchanted? the modernity of postindustrial capitalism. In: Nee V, Swedberg R (Hrsg) The economic sociology of capitalism. Princeton University Press, Princeton, S 75–89

Grabher G, Powell WW (Hrsg) (2004). Networks. 2 Bände. Elgar, Cheltenham

Haour G, Zedtwitz M v (2016) Created in China. How China is becoming a global innovator. Bloomsbury, London

Heep S, unter Mitarbeit von Messer M (2016) Mehr Markt nach den Regeln der Partei: Eine Zwischenbilanz der Wirtschaftsreformen seit dem Dritten ZK-Plenum 2013. China Monitor, Nr. 27/11. November 2015. Merics (Mercator Institute for China Studies)

Heinsohn G, Steiger O (1996) Eigentum, Zins und Geld. Ungelöste Rätsel der Wirtschaftswissenschaft. Rowohlt, Reinbek

Hirsch-Kreinsen H, Ittermann P, Niehans J (Hrsg) (2015) Digitalisierung industrieller Arbeit. Die Vision Industrie 4.0 und ihre sozialen Herausforderungen. Nomos, Baden-Baden

Kennedy S, Johnson CK (2016) Perfecting China, Inc. The 13th five-year plan. Center for strategic & international studies, CSIS, Washington

Lützeler PM (2008) Zeigt sich die Neue Welt in China? In: Bohrer KH, Scheel K (Hrsg) Neugier. Vom europäischen Denken. Sonderheft Merkur 62(9/10):869–875

Nee V (2005) Organizational dynamics of institutional change: politicized capitalism in China. In: Nee V, Swedberg R (Hrsg) The economic sociology of capitalism. Princeton University Press, Princeton, S 53–74

Nolan P, Zhang J, Liu C (2007) The global business revolution, the cascade effect, and the challenge for firms from developing countries. Camb J Econ 32:29–47

Pei M (2016b) Twilight of the CCP? In: The American Interest XI(4):27–35

Pollard S (1965) The genesis of modern management. A study of the industrial revolution in Great Britain. Edward Arnold Publishers, London

Psycharopoulos G (1987) Economics of research and education. Research and studies. Pergamon, Oxford

Schulte B (2014) Chinas Bildungssystem im Wandel: Elitenbildung, Ungleichheiten, Reformversuche. In: Fischer D, Möller-Hofstede C (Hrsg) Länderbericht China. Bundeszentrale für politische Bildung, Bonn, S 499–541

Stiftung Bertelsmann (2016) China 2030. Szenarien und Strategien für Deutschland. Bertelsmann Stiftung, Gütersloh

The Economist (2016b) Master of Nothing. 421(9012), 28th Oktober, S 47–48

Über den Autor

 **Joachim Freimuth** Jg. 1951, studierte Betriebs- und Volkswirtschaftslehre sowie Betriebspädagogik in Bremen und Landau. Er verfügt über langjährige Fach-, Führungs- und Beratungserfahrungen, veröffentlichte zahlreiche Publikationen, u. a. über die Entwicklung in China. Joachim Freimuth ist ehemaliger Professor für Personalmanagement an der Hochschule Bremen und derzeit noch als freiberuflicher Trainer, Moderator und Berater für Change-Management tätig.

Printed by Printforce, the Netherlands